機械性感受性チャネル（MS チャネル）の構造

P. 8 へ

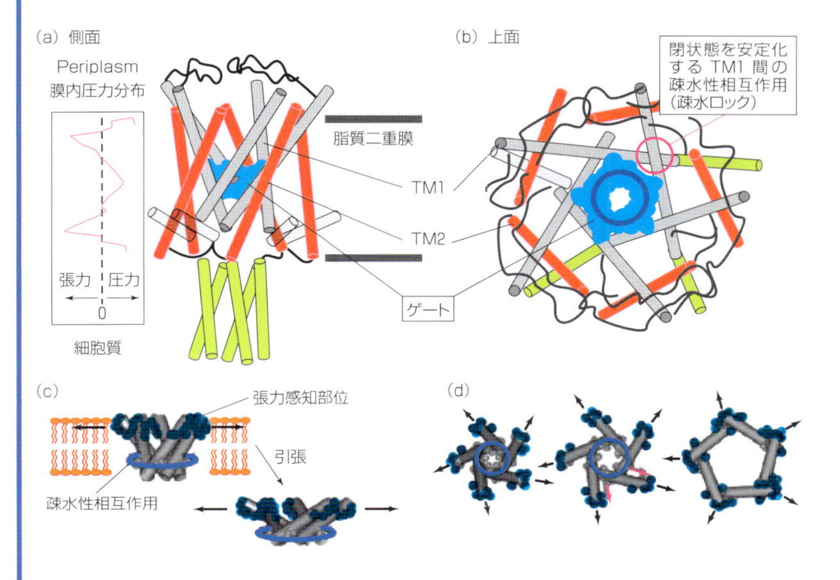

図 1.3　細菌 MS チャネル MscL の高次構造（閉状態）と活性化（開口）過程
MscL は内側ヘリックス（TM1, 灰色）と外側ヘリックス（TM2, 赤色）の 2 回膜貫通ドメインをもつヘアピン状のサブユニットが環状に会合したホモ五量体である[6]．TM1 はイオン透過路（ポア）を構成するとともに，脂質膜内葉で交差してポアの最狭部（ゲート）を形成し，交差部位の疎水性相互作用で閉状態を安定化している．TM2 は脂質膜と相互作用して MscL を膜中で安定化しているが，脂質膜が伸展されると，TM2 中で脂質膜と最も強く相互作用する脂質膜外葉近傍のフェニルアラニン（F78, 張力センサー）が膜面方向に引張され，TM1/TM2 は膜面方向に倒れる（図 c）とともに TM1 の交差部が半径方向にスライドしてゲートが開口する（図 d）。図（a）のグラフは脂質膜内の圧力（張力）分布を示す[8]．

創傷治癒モデル

P. 15 へ

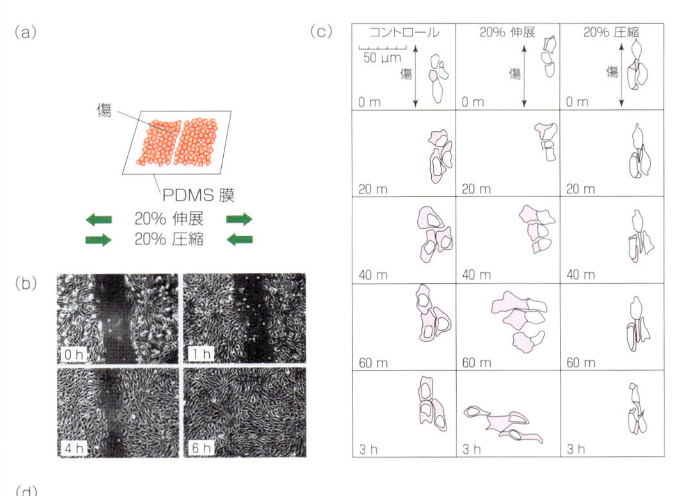

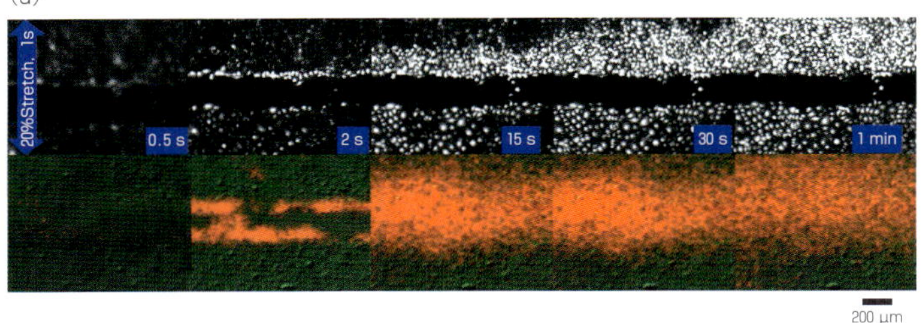

図 1.7　創傷治癒に対する機械刺激の効果とその仕組み
（a）伸展可能な PDMS 膜上に細胞を単層培養した後，ピペット先端で幅数百ナノメートルの傷をつけて創傷モデルを作る．（b）血管内皮細胞の創傷治癒過程（0，1，4，6 時間後）．（c）先頭細胞の形態と遊走に対する機械刺激の効果．伸展刺激は創傷治癒を 2 〜 3 倍加速し，圧縮刺激はほぼ完全に抑制する．左カラム：機械刺激なし，中央：20%伸展，右：20%圧縮[29]．（d）ケラチノサイト（HaCaT 細胞）における伸展刺激（20%，1 秒）で引き起こされる細胞内 Ca^{2+} 波の伝搬（上）と先頭細胞の機械受容（MS）チャネル（ヘミチャネル）から放出された ATP の細胞外拡散（下）[27]．ヘミチャネルをブロックすると機械刺激の有無にかかわらず，Ca^{2+} 波も細胞移動もほぼ完全に抑制されるので，細胞の発生する力によるヘミチャネルからの ATP 放出がすべての始まりであるらしい．

細胞接着斑

3章
P. 38 へ

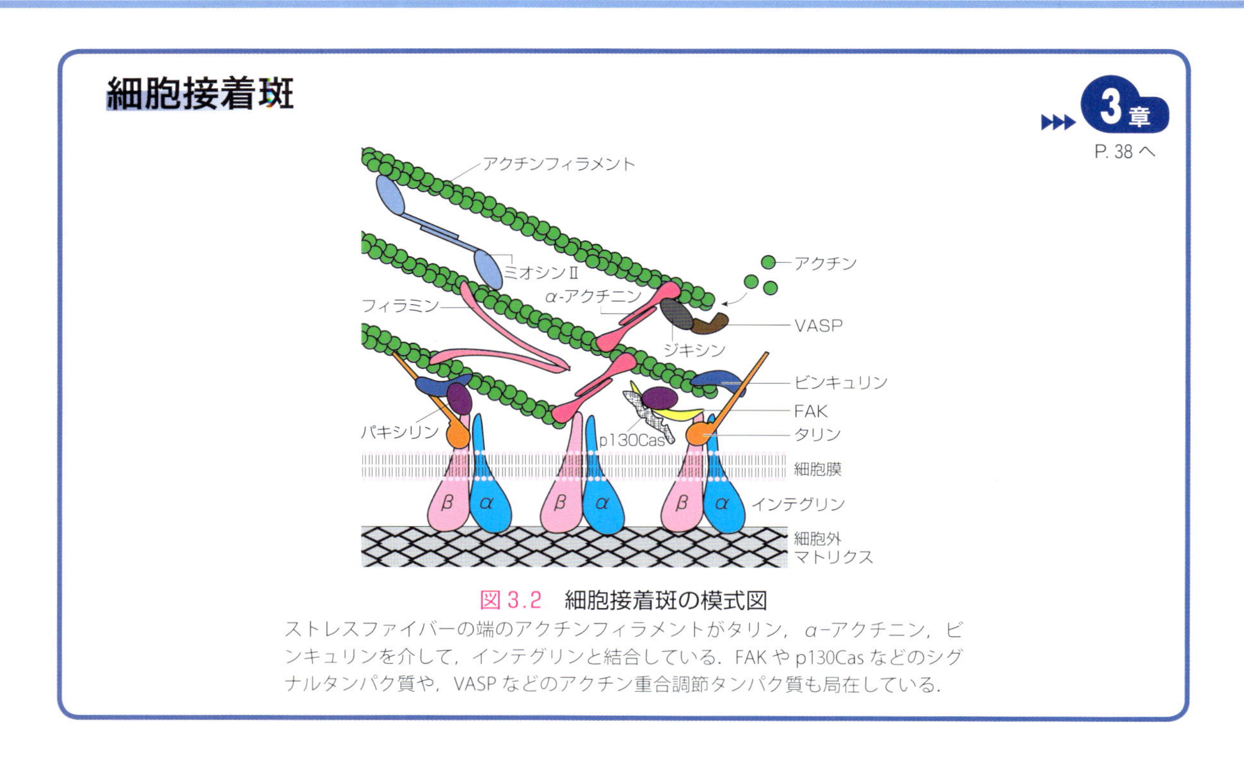

図 3.2　細胞接着斑の模式図

ストレスファイバーの端のアクチンフィラメントがタリン，α-アクチニン，ビンキュリンを介して，インテグリンと結合している．FAK や p130Cas などのシグナルタンパク質や，VASP などのアクチン重合調節タンパク質も局在している．

アドヘレンスジャンクションの構造

4章
P. 58 へ

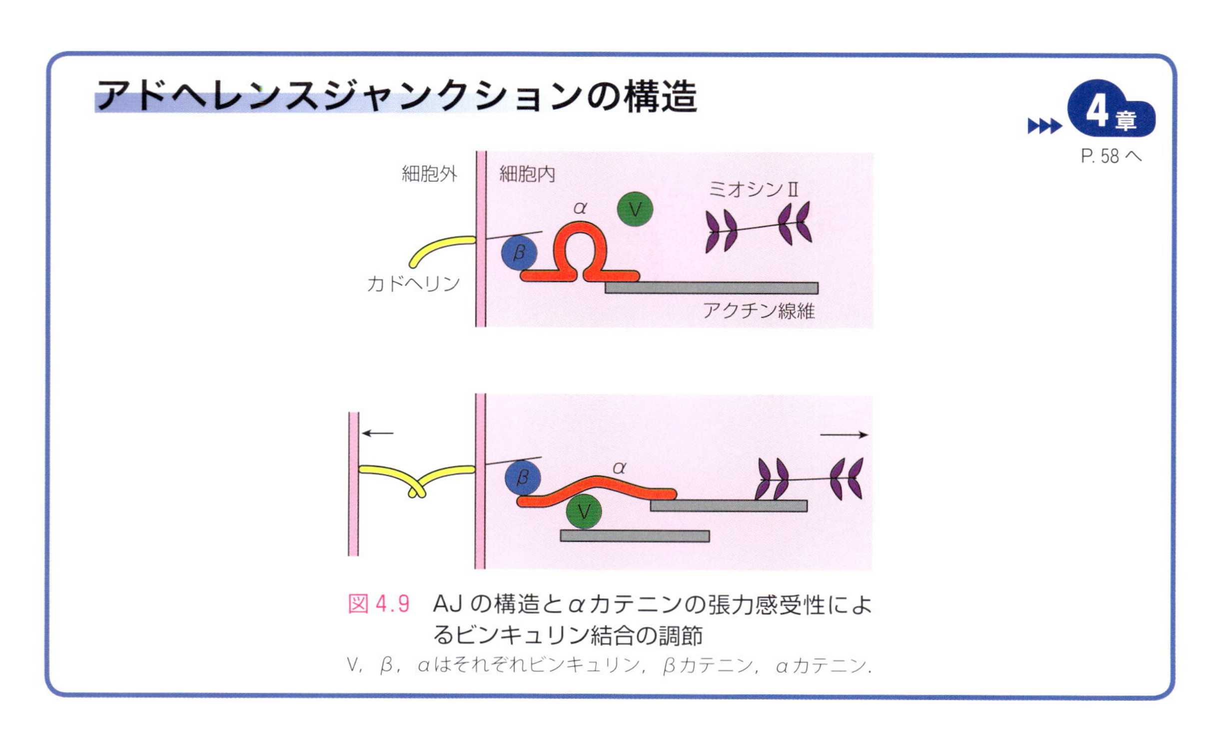

図 4.9　AJ の構造とαカテニンの張力感受性によるビンキュリン結合の調節

V，β，αはそれぞれビンキュリン，βカテニン，αカテニン．

F アクチン

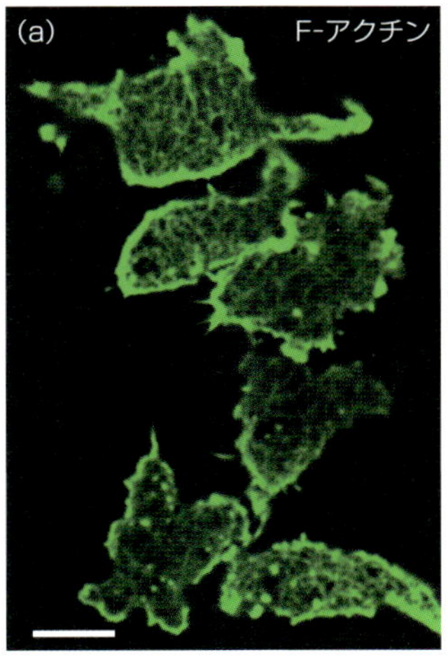

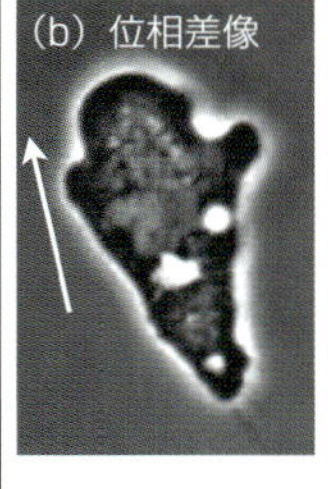

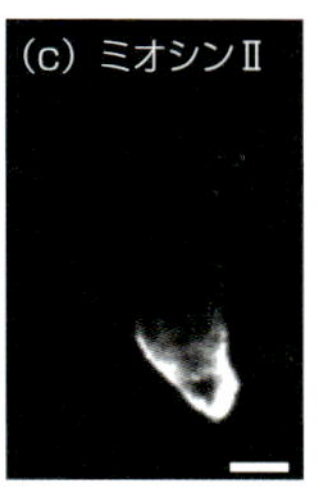

図 5.8　粘菌のアクチンフィラメントとミオシンII の分布

（a）アクチン束化タンパク質 filamin のアクチン結合ドメインに GFP を融合させたものを粘菌の細胞内に発現させ共焦点顕微鏡下で観察した．アクチンフィラメントが網の目のように存在している．（b）運動中の粘菌の位相差像．矢印は運動方向．（c）（b）と同じ細胞の GFP–myosin II の分布．Bar ＝ 5 μm.

ATP 放出のリアルタイムイメージング

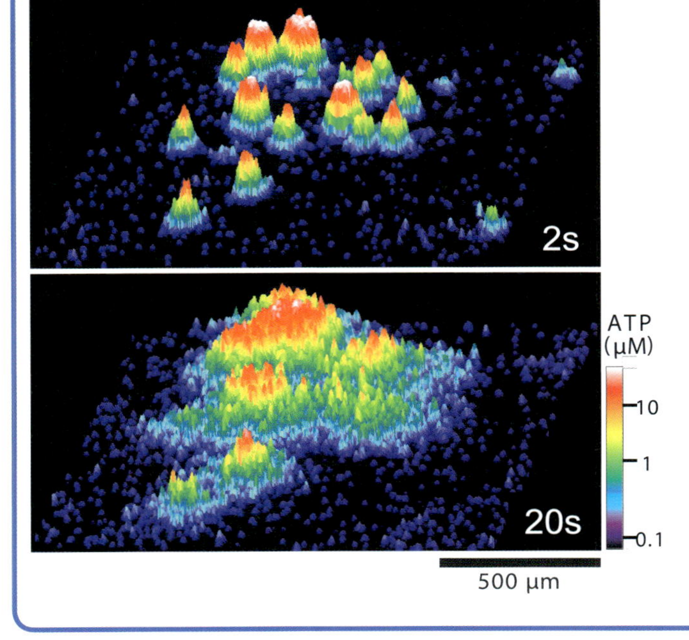

図 7.2　リアルタイムイメージングによる ATP 放出と ATP 雰囲気の広がり（ATP「雲」）の様子

ラット小腸絨毛上皮下線維細胞をフレキシブルなシリコーンチェンバーに培養し 0s で図の縦（*Y* 軸）方向に 10%伸展したときの ATP 反応．ATP による Luciferin–Luciferase のバイオルミネッセンスを超高感度カメラシステムでイメージング．ATP 濃度を *Z* 軸にして三次元的に表示．細胞はほぼ全面に生えているが反応は，特定ではない一部の細胞で起こる．ピークでは 10 μM を超え，拡散によって広い領域を覆う ATP 雰囲気（雲）が形成される．

ATP 放出反応

11章 P. 154 へ

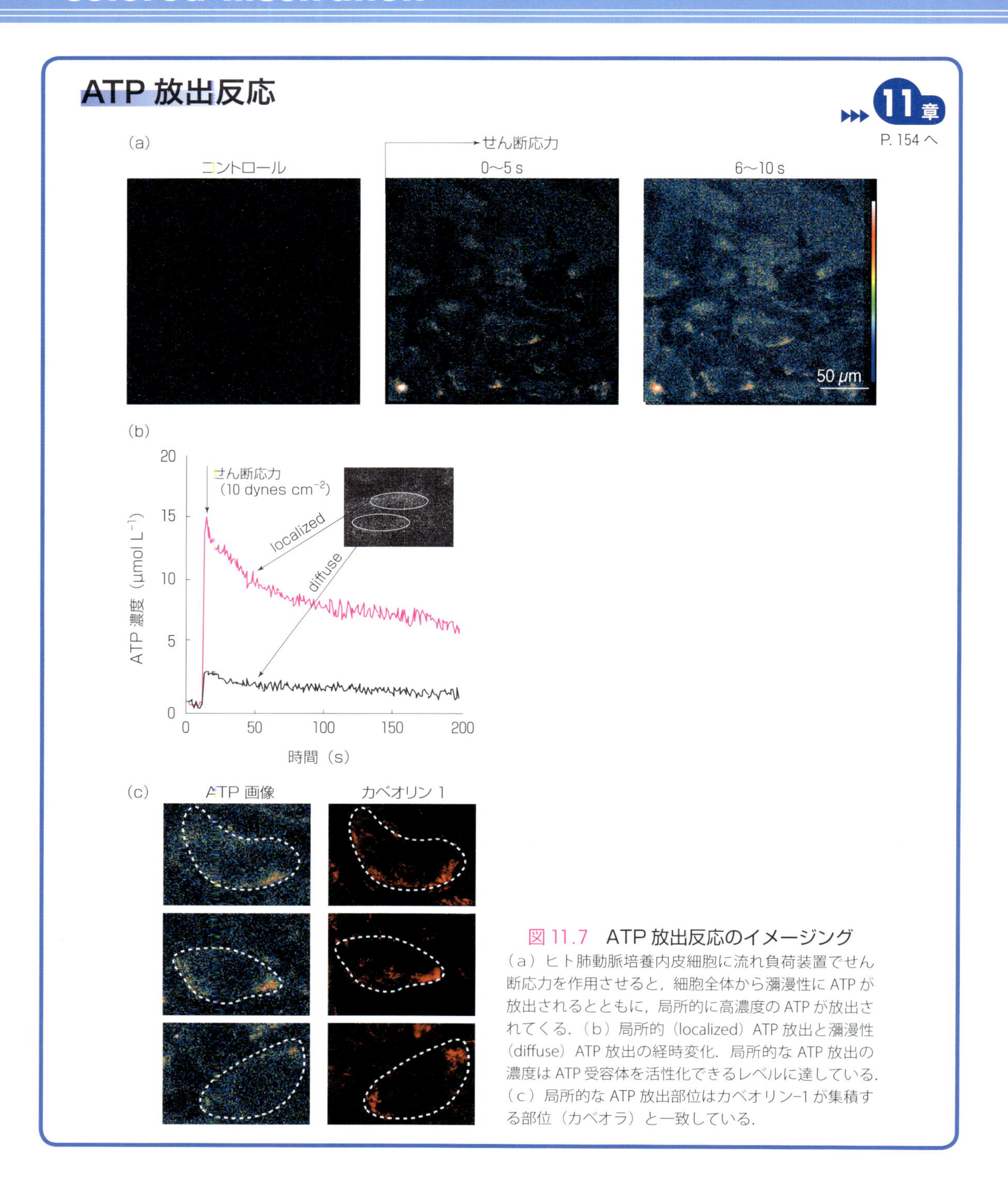

図 11.7　ATP 放出反応のイメージング
（a）ヒト肺動脈培養内皮細胞に流れ負荷装置でせん断応力を作用させると，細胞全体から瀰漫性に ATP が放出されるとともに，局所的に高濃度の ATP が放出されてくる．（b）局所的（localized）ATP 放出と瀰漫性（diffuse）ATP 放出の経時変化．局所的な ATP 放出の濃度は ATP 受容体を活性化できるレベルに達している．（c）局所的な ATP 放出部位はカベオリン-1 が集積する部位（カベオラ）と一致している．

横紋筋収縮機能の階層的自己組織化

12章
P. 170 へ

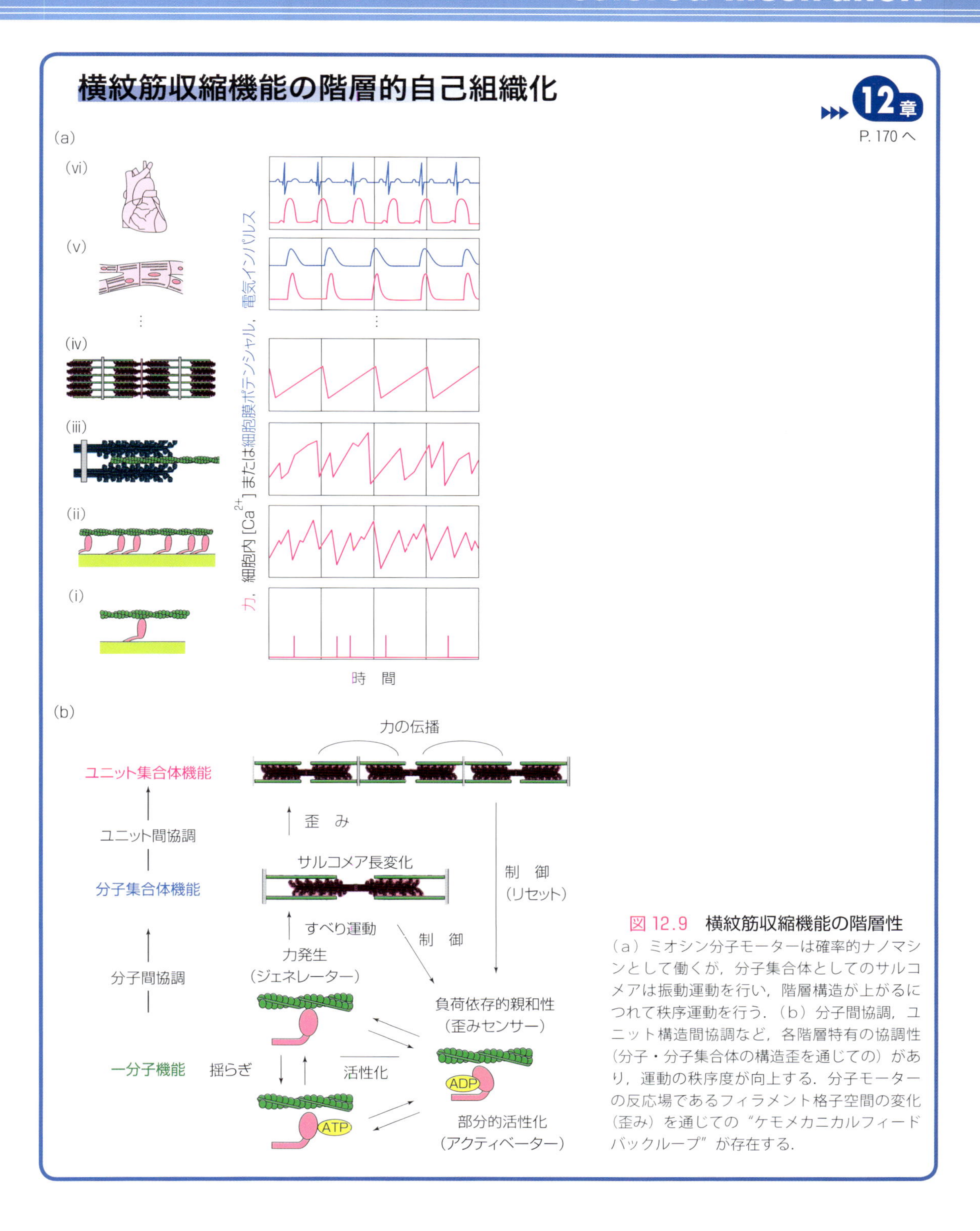

図 12.9　横紋筋収縮機能の階層性
(a) ミオシン分子モーターは確率的ナノマシンとして働くが，分子集合体としてのサルコメアは振動運動を行い，階層構造が上がるにつれて秩序運動を行う．(b) 分子間協調，ユニット構造間協調など，各階層特有の協調性(分子・分子集合体の構造歪を通じての)があり，運動の秩序度が向上する．分子モーターの反応場であるフィラメント格子空間の変化(歪み) を通じての“ケモメカニカルフィードバックループ”が存在する．

機械的な痛みの研究手法

P. 206 へ

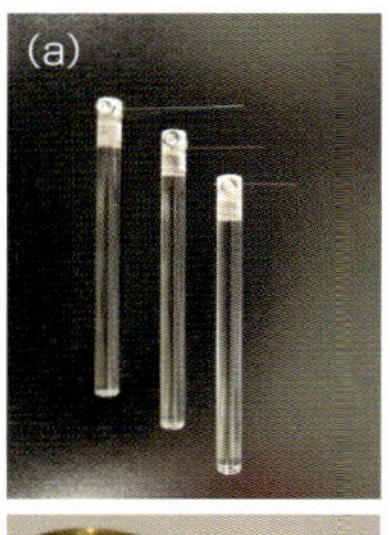

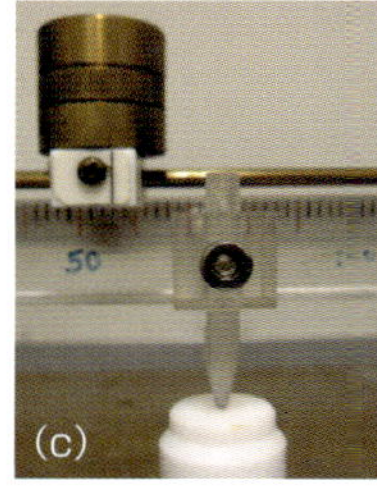

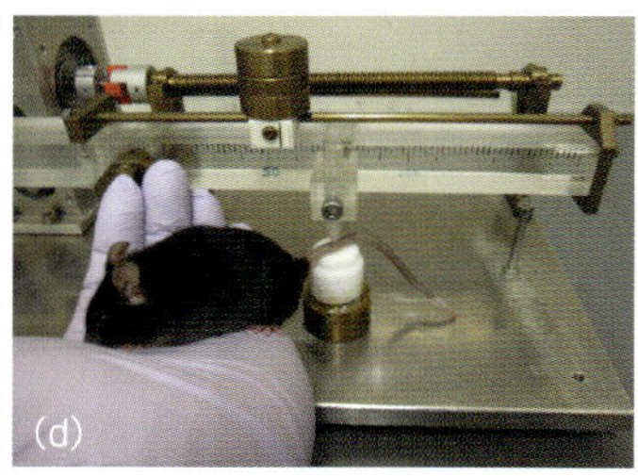

図 16.2　機械痛覚行動試験

（a）フォンフライ・ヘア．強度の異なる 3 種類のフィラメント．（b）フォンフライテストによる足底皮膚の痛覚測定の様子．（c）ランダル–セリット法に用いる円錐状のプローブ（中央）と可動式のおもり（左上）．（d）ランダル–セリット法による尾の機械痛覚閾値測定の様子．おもりが左から右へと移動することにより加重する．

機械痛覚過敏発症の末梢メカニズム

P. 214 へ

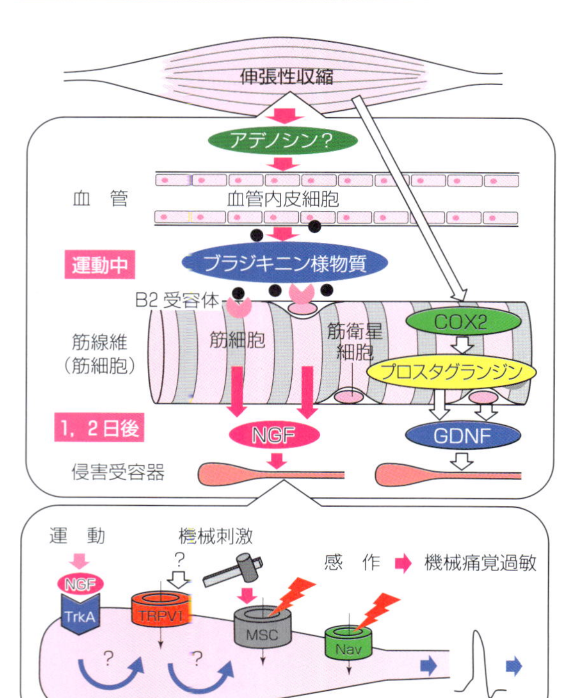

図 16.5　遅発性筋痛での一次機械痛覚過敏発症のメカニズム（仮説）

詳細は本文を参照．NGF：神経成長因子，GDNF：グリア細胞由来神経栄養因子，COX2：シクロオキシゲナーゼ 2，TrkA：高親和性 NGF 受容体，MSC：機械感受性チャネル，Nav：電位依存性ナトリウムチャネル．

分子に力をかけて反応を調べる

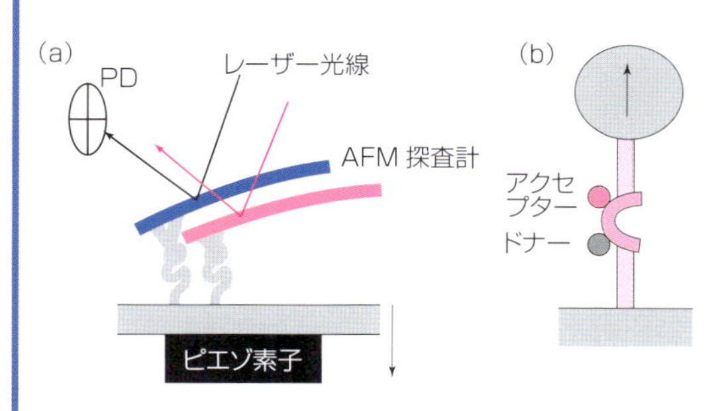

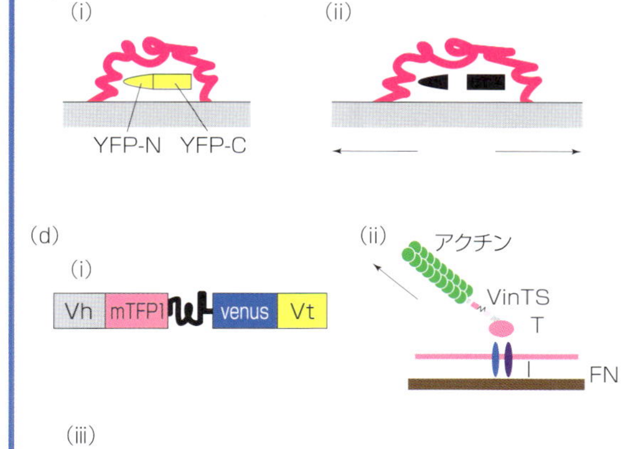

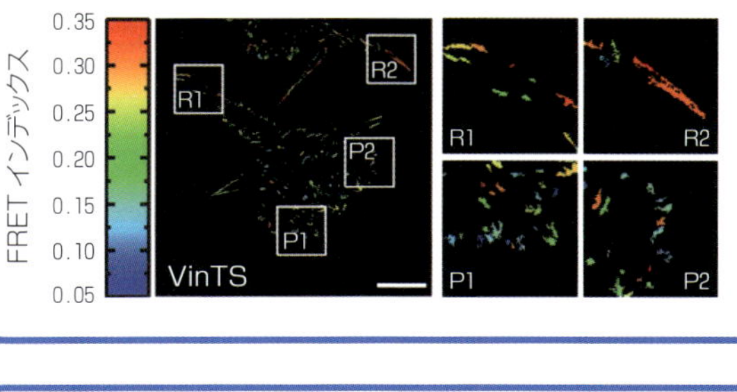

図 18.4　1分子蛍光エネルギー共鳴移動法による分子に働く力の推定

（a）原子間力顕微鏡により力を負荷して分子の変形を調べる方法．プローブのたわみはプローブで反射したレーザー光線を複数個の光受容素子（PD）で受光することでモニターする．ピエゾ素子で支えられている支持台を上下に移動させて分子に力を負荷する．分子が変形（たとえば，ほどけるあるいは切断されるなど）するとプローブのたわみが変化してレーザー光線の反射の向きが変わって光受容素子で測定される．（b）磁気ビーズに測定対象の分子をつなぐ．分子の両端にはドナーとアクセプターがついている．磁気ビーズを介して力が負荷されると分子は変形し FRET 効率が変化する．（c）シリコン膜に YFP-N（1-154）と YFP-C（155-238）がついている測定対象の分子を結合する．YFP-N（1-154）と YFP-C（155-238）は近くにあると蛍光タンパク質 YFP を構成して蛍光を発する（i）．シリコン膜を伸長することで分子に変形を与えて YFP-N（1-154）と YFP-C（155-238）の距離を伸ばして蛍光タンパク質分子 YFP を引き裂く．それに伴って YFP の蛍光は消える（ii）．（d）（i）VinTS の構成図．（ii）細胞に発現した VinTS はアクチン線維およびインテグリン（I）にタリン（T）を介して結合する．アクチン線維に発生した張力は VinTS に作用する．（iii）VinTS の FRET 効率の分布．P1 と P2 は細胞が進む方向のラメリポディアの FRET 効率の分布画像．R1 と R2 は細胞の後端の FRET 効率の分布画像．図（d）は文献 40 による．

動脈硬化血管

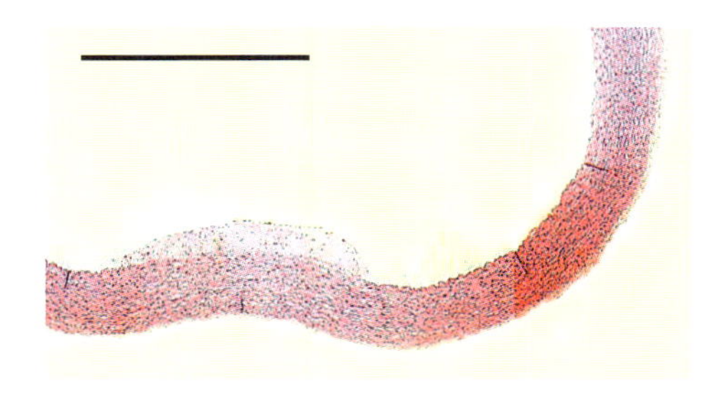

図 19.3　動脈硬化組織写真

高コレステロール食を投与して動脈硬化病変を発症させた家兎胸大動脈．中央左側の壁面から上方（内腔側）に盛り上がっている部分がプラーク．HE 染色．バーは 1mm.

アクチン細胞骨格

24章 P. 294 へ

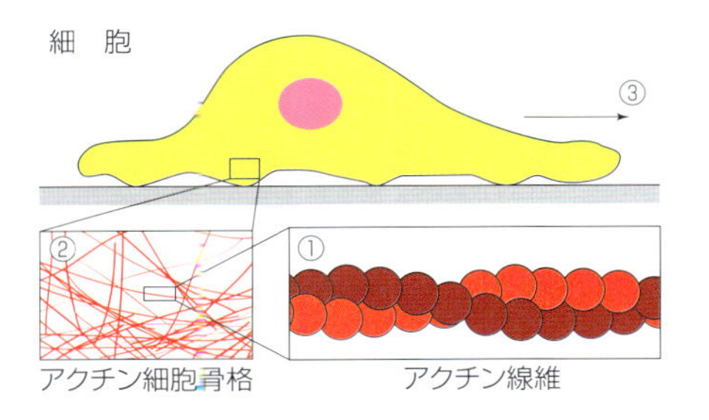

図 24.1　アクチンの計算科学的メカノバイオロジー

①張力作用下アクチン線維の立体構造変化シミュレーション，②アクチン細胞骨格における収縮力発生と細胞骨格構造の再編シミュレーション，③遊走性細胞の仮足突出シミュレーション

マクロスケールの血流

25章 P. 307 へ

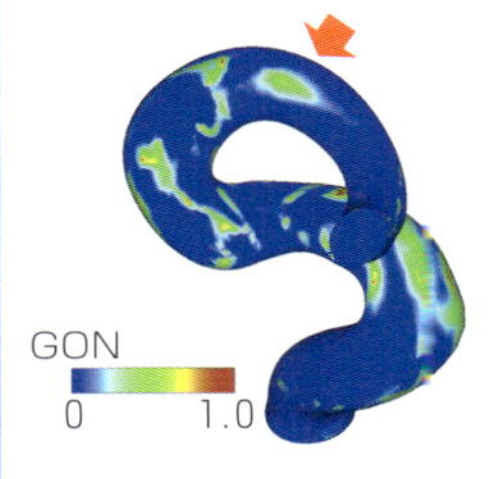

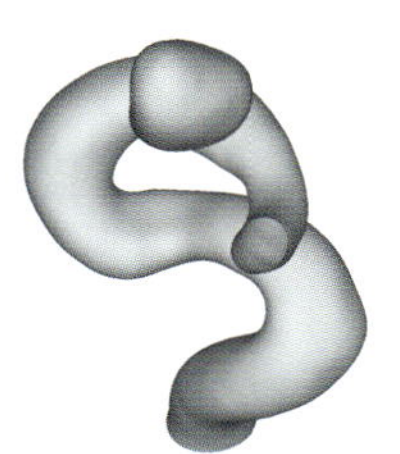

図 25.3　動脈瘤発症前の血管形状における GON の分布

ミクロスケールの血流

25章 P. 311 へ

(a)

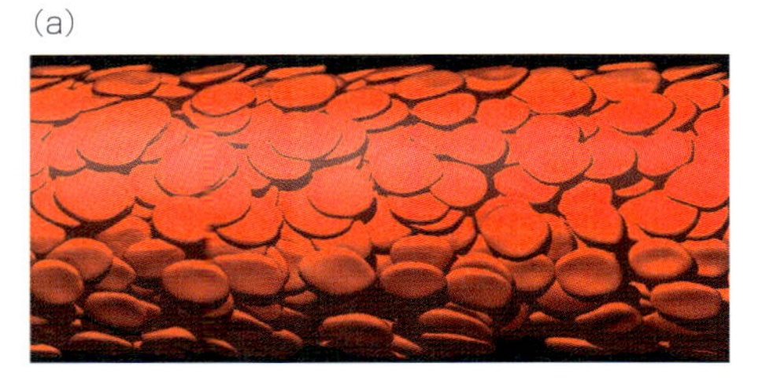

(b)

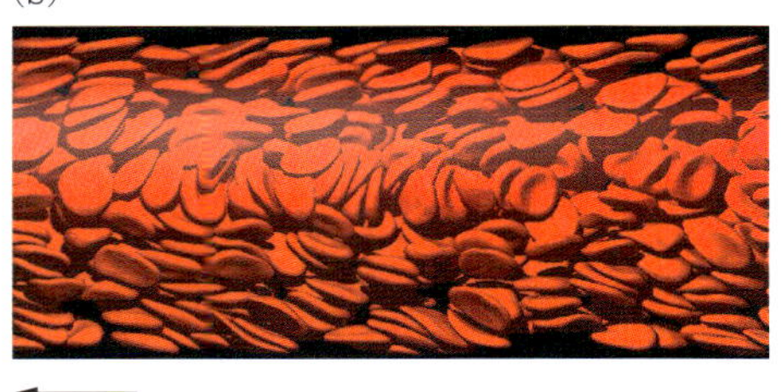

図 25.9　直径 50 μm の微小血管を流動する Hct = 45%の血液の計算結果

流れの方向は右から左.（a）すべての赤血球を可視化したもの.（b）中央断面より奥の赤血球のみを可視化したもの.

メカノバイオロジー

細胞が力を感じ応答する仕組み

曽我部正博 編

化学同人

執筆者一覧

編　者

曽我部正博	名古屋大学 大学院医学系研究科 メカノバイオロジー・ラボ

執筆者

1章	曽我部正博	名古屋大学 大学院医学系研究科 メカノバイオロジー・ラボ
2章	出口　真次	名古屋工業大学 大学院工学研究科 共同ナノメディシン科学専攻
	松井　　翼	名古屋工業大学 大学院工学研究科 共同ナノメディシン科学専攻
	佐藤　正明	東北大学 学際科学フロンティア研究所
3章	平田　宏聡	R-Pharm Japan/名古屋大学 大学院医学系研究科 メカノバイオロジー・ラボ
	曽我部正博	名古屋大学 大学院医学系研究科 メカノバイオロジー・ラボ
4章	米村　重信	理化学研究所 ライフサイエンス技術基盤研究センター 超微形態研究チーム
5章	岩楯　好昭	山口大学 大学院医学系研究科 応用分子生命科学系専攻
6章	小椋　利彦	東北大学 加齢医学研究所 神経機能情報研究分野
7章	古家喜四夫	名古屋大学 大学院医学系研究科 メカノバイオロジー・ラボ
8章	最上　善広	お茶の水女子大学 大学院人間文化創成科学研究科 ライフサイエンス専攻
	坂爪明日香	お茶の水女子大学 大学院人間文化創成科学研究科 ライフサイエンス専攻
9章	二川　　健	徳島大学 大学院医歯薬学研究部 生体栄養分野
10章	豊田　正嗣	University of Wisconsin-Madison Department of Botany
11章	安藤　穣二	獨協医科大学 医学部 生体医工学研究室
	山本希美子	東京大学 大学院医学系研究科 システム生理学
12章	石渡　信一	早稲田大学 理工学術院 先進理工学部 物理学科
	島本　勇太	国立遺伝学研究所 新分野創造センター 定量メカノバイオロジー研究室
	福田　紀男	東京慈恵会医科大学 細胞生理学講座
13章	伊藤　　理	名古屋大学 医学部附属病院 呼吸器内科
14章	野田　政樹	東京医科歯科大学 難治疾患研究所 分子薬理学
15章	高垣　裕子	神奈川歯科大学 大学院 口腔科学講座 硬組織分子細胞生物学分野
16章	水村　和枝	中部大学 生命健康科学部 理学療法学科
	片野坂公明	中部大学 生命健康科学部 生命医科学科
17章	河上　敬介	大分大学 福祉健康科学部（仮称）設置準備室
	宮津真寿美	愛知医療短期大学 リハビリテーション学科 理学療法学専攻
18章	辰巳　仁史	金沢工業大学 バイオ・化学部 応用バイオ学科
	早川　公英	名古屋大学 大学院医学系研究科 メカノバイオロジー・ラボ
19章	松本　健郎	名古屋工業大学 大学院工学研究科 機能工学専攻
20章	成瀬　恵治	岡山大学 大学院医歯薬学総合研究科 システム生理学
	松浦　宏治	岡山大学 大学院医歯薬学総合研究科 システム生理学
	原　　鐵晃	県立広島病院 生殖医療科
21章	牛田多加志	東京大学 大学院工学系研究科 機械工学専攻/バイオエンジニアリング専攻
	古川　克子	東京大学 大学院工学系研究科 バイオエンジニアリング専攻
22章	木戸秋　悟	九州大学 先導物質化学研究所 医用生物物理化学分野
	小林　　剛	名古屋大学 大学院医学系研究科 統合生理学分野
23章	谷下　一夫	早稲田大学 ナノ・ライフ創新研究機構
	須藤　　亮	慶應義塾大学 理工学部 システムデザイン工学科
	阿部　順紀	元慶應義塾大学 理工学部 システムデザイン工学科
24章	安達　泰治	京都大学 再生医科学研究所 バイオメカニクス研究領域
	井上　康博	京都大学 再生医科学研究所 バイオメカニクス研究領域
25章	山口　隆美	東北大学 高度教養教育・学生支援機構 教養教育院
	今井　陽介	東北大学 大学院工学研究科 バイオロボティクス専攻
	石川　拓司	東北大学 大学院工学研究科

まえがき：メカノバイオロジーへの誘い

宇宙から帰還した飛行士の筋肉は萎縮し，骨は骨粗鬆症を呈することはよく知られている．日常生活では気づかないが，重力が生体の機能維持に深く関与しているのである．また，内耳に分布する有毛細胞や皮膚の機械受容器はもとより，大腸菌や植物細胞も機械刺激に応答する．このように，生体における“**力**”のかかわりは特に目新しい話題ではない．では，いまなぜ生体における力が改めて注目されているのであろうか．

まず培養細胞系を中心に，事実上すべての細胞が機械刺激に応答すること，さらには伸展刺激，流れ刺激，あるいは静水圧などの多彩な機械刺激（**外力**）を識別して応答することがわかり，**細胞力覚**という術語が生まれた．さらに生体中の細胞も，骨格筋や臓器の動き，血流や重力，あるいは当該の細胞自身や隣接する細胞が生み出すさまざまな機械刺激を感知して，自らの成長，増殖，死，形態，運動の調節などに利用していることが確実になってきた．そして，再生医療で注目を集めている幹細胞（万能細胞）の分化が，細胞を支える基質の硬さで決まるという発見がさらに大きなインパクトを与えた．つまり，細胞は力を感じるだけではなく，硬さに代表される細胞周囲の機械的な環境情報を感知して応答することがわかったのである．そのメカニズムの解明は，発生や創傷治癒における秩序だった組織形成，その破綻としてのがん発症，安定した再生医療技術など，これまでに十分に理解・確立されてこなかった基礎的課題や臨床的課題の解決に向けて大きな突破口を開くものである．こうして細胞力覚は，細胞，組織，器官，個体のあらゆるレベルで重要な働きをすることが明らかとなり，生体における“力”の役割と仕組みを解明してその応用を目指す“**メカノバイオロジー**”という新しい学問がここ 10 年のうちに誕生した．

メカノバイオロジーの対象は広範囲にわたるが，分子と組織・個体を連結する中核的プラットフォームが**細胞**である．したがって，細胞がどのようにして力を生み，感じ，そして応答するのかを解明することが，メカノバイオロジーの中心課題の一つである．現在，細胞における力発生機構や力感知機構の研究が急速に進んでおり，残る大きな課題の一つは，力の感知から細胞応答に至るシグナル機構の解明である．本書の **PART Ⅰ** と **PART Ⅱ** にはこうした細胞のメカノバイオロジーに関する基礎的知見がまとめられている．

メカノバイオロジーの応用分野では，人工血管，人工心臓，ステント，人工関節，歯列矯正，骨延展法など，すでに実用化が先行している技術もあるが，その科学的基盤はまだ脆弱である．今後，組織・器官レベルでの力覚・応答機構の科学的理解が深まれば，これらの技術が体系化され，飛躍的に進歩することはいうまでもない．そうすれば，力覚異常に起因する心房細動，筋萎縮，骨粗鬆症，がん，老化をはじめとした深刻な疾患に対する創薬や予防・治療法の開発も夢ではない．さらには，科学的根拠に基づく新しい理学療法，作業療法の開発やスポーツ医学／宇宙医学の体系化が促進され，メカノバイオロジーが直接人類の福祉に貢献する日も遠くはないであろう．本書の **PART Ⅲ** と **PART Ⅳ** では，こうした近未来の応用メカノバイオロジーを目指した組織・器官レベルでの最新知見が紹介されている．

メカノバイオロジーは，微小な力を分子，オルガネラ，細胞に負荷できる原子間力顕微鏡，レーザピンセット，MEMS（メムス，micro electro mechanical systems），表面の化学組成やナノトポグラフィーで細胞の機能を制御するナノ表面加工材料などのナノテクノロジー，あるいはその結果生じる細胞内分子の動態を計測・解析する1分子イメージングや計算・シミュレーション科学などの先端科学技術で支えられている．これらの技術はメカノバイオロジーと刺激しあってナノ・メカノバイオエンジニアリングという新領域を生み出しつつある．**PART IV**にその最新動向の一端が記載されている．

本書は，こうした広範な領域にまたがり発展途上にあるメカノバイオロジーの基礎と応用の両面をその歴史と背景も含めてできるだけわかりやすく解説した．本書を通して多くの方がこの分野に興味をもち，参画されることを願っている．

2015年6月

名古屋大学大学院医学系研究科メカノバイオロジーラボ・特任教授　曽我部正博

目　次

9章　重力感知のメカノバイオロジーII：メカノストレスと筋萎縮/筋肥大　113

10章　重力感知のメカノバイオロジーIII：植物細胞　125

Part III　医学におけるメカノバイオロジー

11章　血管のメカノバイオロジー　143

12章　横紋筋のメカノバイオフィジックス：マクロからミクロへ　159

13章　呼吸器とがんのメカノバイオロジー：気道，肺，肺胞　173

14章　骨のメカノバイオロジー：骨の疾患とメカニカルストレス　185

15章　口腔におけるメカノバイオロジー　193

16章　痛みのメカノバイオロジー：機械刺激と痛み　203

17章　理学療法のメカノバイオロジー：機械刺激と筋治療　217

Part IV　医工学におけるメカノバイオロジー

18章　細胞・細胞器官・生体高分子への機械刺激法と機能推定　227

19章　動脈硬化のバイオメカニクス：生理学/メカニクス/診断　243

20章　生殖工学のバイオメカニクス：生理学/メカニクス/治療　251

21章　再生医工学におけるメカノバイオロジーⅠ：総論　263

22章　再生医工学におけるメカノバイオロジーⅡ：創傷治癒/基質硬度検知/基質工学　273

23章　再生医工学におけるメカノバイオロジーⅢ：血管　283

24章　計算科学的メカノバイオロジーⅠ：分子と細胞　293

25章　計算科学的メカノバイオロジーⅡ：循環系セミマクロ　305

I

メカノバイオロジーの基礎

入門メカノバイオロジー：細胞力覚の世界

Summary

あらゆる細胞は力（ちから）刺激を感知して応答する．この機能を「細胞力覚」と呼ぶ．その最初のステップであるメカノトランスダクション（力の感知と細胞内シグナルへの変換）を担う分子をメカノセンサーと呼び，機械受容（MS）チャネルとそれ以外の非チャネル型メカノセンサーに大別できる．後者はごく最近明らかになったメカノセンサー群で，接着分子とアクチン細胞骨格をリンクするタンパク質（たとえばタリン）や，アクチン細胞骨格が知られている．ここではこれらの活性化機構を中心に解説する．興味深いことに，接着性細胞ではアクチン細胞骨格が接着分子を介して基質を引っ張り，その硬さに応じた反力をメカノセンサーが感知して（能動力覚），増殖，細胞死，分化，運動などの制御に利用することがわかってきた．

1.1　はじめに

われわれは多様な機械感覚をもつ．物体の皮膚への接触は触覚や痛覚を，気体の振動は内耳聴器や皮膚機械受容器を介してそれぞれ聴覚と振動感覚を引き起こす．また，骨格筋や臓器の変形と動きは筋紡錘や内臓圧受容器を介して筋感覚や内臓感覚を生じ，個体全体の姿勢や動きは内耳前庭器を経て姿勢/運動感覚を導く．機械感覚の最初のステップであるメカノトランスダクションは専用の感覚神経終末や感覚細胞で行われ，その実体は機械受容（MS）チャネルである．しかし，技術的理由でその分子同定は遅れている．

一方，感覚系に属さない一般の細胞も多彩なメカノトランスダクションを行っている．たとえば，血液の流れは血管内皮細胞表面や腎臓尿細管一次繊毛で感知され，その細胞自身あるいはその細胞を含む組織や器官の生理機能の維持に使われている．およそすべての細胞は，流れ・伸展・圧縮刺激に応答する．その多くはMSチャネルを介しているが，最近になって多様な非チャネル型のメカノセンサー分子（インテグリン，タリン，アクチン線維など）が次々と報告され，細胞が驚くほど多彩な力覚機構を備えていることが明らかになってきた．

細胞力覚研究の目標は，① メカノセンサー分子の同定と作動機構の分子論的解明，② その下流シグナリングと最終細胞応答の分子・細胞生物学的解明，③ その生理学的・病理学的意義の理解，に大別できる．現在研究が進んでいるのは①のみで，②と③は今後の課題である．本章では，MSチャネルと非チャネル型メカノセンサーについて，①に関する最新知見を紹介する．それに先立って，メカノバイオロジーの基礎となる，生体における力について概説する．

1.2　“力”とは何か

1.2.1　弾性体における力（歪みと応力，ばね定数とヤング（弾性）率，膜張力）

ここでは生体の分子や組織の近似モデルとして

よく使われる，弾性体における力について概説する．メカノバイオロジーの文献でしばしば登場する力の単位に関する説明なので，辞書代わりに使うと便利であるが，読み飛ばしていただいても構わない．

対象に対して，外から負荷される力を外力（荷重）と呼ぶ．これに対して，外力による対象の変形（歪み：strain）によって対象内に生まれる力を応力（stress）と呼ぶ．細胞力覚のメカニズムを考えるときには応力が重要になる．なぜなら，細胞力覚を担うメカノセンサー分子は脂質膜に埋まったタンパク質か細胞骨格に結合したタンパク質であり，それらが応力（膜張力，骨格張力など）によって構造変化し，力刺激を細胞内化学信号に変換するからである．メカノセンサータンパク質は，膜や細胞骨格よりも機械的に軟らかく設計されているはずである．メカノセンサータンパク質の活性化はタンパク質の構造変化であり，軟らかいほど一定の力刺激（膜や骨格の張力）に対して大きく変形するからである．逆に膜や骨格は，硬くなければ力を効率よくメカノセンサーに伝えられない．

応力は力（N，ニュートン）ではなく単位面積あたりの力で，単位は Pa（パスカル，[N/m^2]）であり，圧力と同じ次元である．工学分野では硬い物体を扱うことが多いので，m^2（平方メートル）の代わりに mm^2（平方ミリメートル）を単位として使う習慣があり，応力には MKS 表示の 10^6 倍である 1 MPa（メガパスカル，[N/mm^2]）が使われる．また膜の応力（一般には膜面方向の応力）表記では，N（ニュートン）の代わりに CGS 単位系である dyn（ダイン）が使われることが多い．これは質量 1 g の物体に，1 cm/s^2 の加速度を与える力の大きさであり，1 dyn $= 10^{-5}$ N の関係がある．ちなみに膜張力は二次元の応力なので単位長さあたりで定義され，dyn/cm と表記する．MKS 表記ならば mN/m（ミリニュートン/メートル）となる．

生体構成要素は液体と固体の中間である粘弾性体で近似できるが，粘性力（摩擦力）は力の速度に比例するので，静止状態では対象を弾性体とみなして応力を計算する．ここでは棒（線維）状および膜状弾性体の応力について考えてみる．まず細胞骨格のモデルとして断面積 S 長さ L の円柱（四角柱でも構わない）弾性体を想定する（図 1.1a）．これに長軸方向の引張力 F[N] を負荷したときの円柱の軸方向の伸びを dL とする．dL が微小なら，F と dL は比例し，$F = k\mathrm{d}L$（フックの法則）となる．このとき k[N/m] はばね定数と呼ばれ，弾性体の延びにくさ，すなわち硬さを表す．しかし，ばね定数は L に比例し S に反比例する．つまり物体の形状に依存する．そこで形状に依存せず

(a)

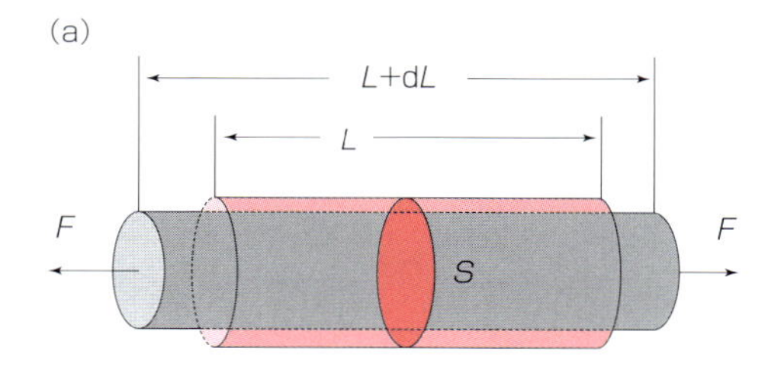

(b)

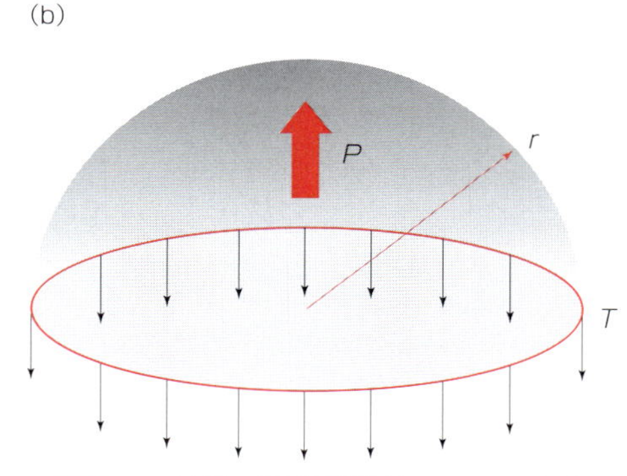

図 1.1　棒状／膜状弾性体の歪みと応力

（a）棒（線維）状物体の引張力（F）による歪み（dL/L）と応力（σ）の発生．（b）周囲が固定された円状膜が圧力 P で押し上げられたときに生じる膜張力 T の計算法．膜全体に負荷される力（$P \cdot \pi r^2$）と全膜張力（$T \cdot 2\pi r$）のつりあいから $T = Pr/2$ となる．このとき，r は球面の曲率半径を表す．図では簡単のために半球の場合（曲率半径と固定縁円の半径が一致する）を示しているが，任意の曲率半径で $T = Pr/2$ が成り立つ．

に物体の硬さを表すパラメーターであるヤング率（弾性率）Eを導入する．円柱の歪み（伸びの割合）を$\mathrm{d}L/L$，円柱内に生じる応力をσ（F/S[N/m^2]）とすれば，ヤング率Eは$\sigma \times$（$L/\mathrm{d}L$）となる．書き換えると，$\sigma = E$（$\mathrm{d}L/L$）となり，拡張されたフックの法則が成り立つ．この場合は軸方向の弾性率なので縦弾性率とも呼ばれる．弾性率は細胞骨格や基質の硬さを表す重要な指標で，歪みが無次元（$\mathrm{d}L/L$）であることから応力と同じ単位（Pa[N/m^2]）となる．しかし断面積が推定しにくい細胞骨格などの場合は，便宜上ばね定数が使われる場合も多い．ばね定数と弾性率は混同されることが多いので注意しておきたい．両者は$k = E \cdot S/L$の関係である．

弾性率は薄膜（たとえば細胞膜）の膜面接線方向の硬さの指標としても使われ，生体では単位長さ（cm）あたりの表記（dyn/cm）が一般的である．細胞では機械刺激による膜の伸展は最も一般的な変形であり，その結果生じる膜張力が応力になる．一般的にはラプラスの法則に基づいて，膜の曲率半径rと経膜圧力差Pを用いて，見かけの膜張力Tは$T = Pr/2$と書ける（図1.1b）．この式に基づいてパッチクランプ電極内の膜張力と機械受容チャネルの膜張力依存性がはじめて定量的に解析された[1)]．実際の細胞膜は脂質二重層であり，膜の厚み方向の構造が不均一なので，膜貫通軸に沿った応力（圧力）分布は複雑である．これを推定するには分子動力学を使う．その結果によれば，膜表面の脂質極性基近傍に最大張力（負の圧力）が発生し，膜内部の炭化水素鎖領域は正の圧力を示す分布となる（図1.3左端のグラフ）．したがって膜貫通タンパク質は，膜内部では炭化水素鎖の熱運動による圧力で圧迫され，膜の両界面では膜張力による引張力で引っ張られている．膜を伸展するとこの傾向がより強くなる．膜貫通軸に沿って圧力を積分すると力のつり合いからゼロになる．そのために膜は安定なのである．このように膜に埋まったタンパク質の構造変化（活性化）機構を論じるには，見かけの機械工学的な応力計算ではなく，原子レベルでの力学的解析が必要になる．

1.2.2 生体に生じるさまざまな力（外力，応力，残留応力，能動力）

図1.2はメカノセンサー分子（推定も含む）の分布を中心に描いた血管内皮細胞のモデルである．ここでは種々の膜タンパク質やカベオラを含む細胞膜に囲まれた核のみを想定し，膜タンパク質間と膜タンパク質-核間がアクチン細胞骨格でリンクし，細胞-細胞間と細胞-基質間が接着分子（それぞれインテグリンとカドヘリン）で結合している．生理的に負荷される外力は，血管の拡張/収縮による伸展/圧縮刺激と，血液による流れ刺激があり，それらに対応した変形によって細胞の各所に応力が生じる．

たとえば，血圧上昇による血管拡張で生じる血管周方向の伸展刺激では，細胞膜の張力増大，カベオラの口径増大，細胞骨格，細胞間/細胞基質間接着構造，あるいは細胞骨格-核での張力増大，そして核の扁平化などが生じる．血管の収縮はこれと逆の結果を導く．体や内臓の動きによっては，血管走向方向の伸張や圧縮が生じる．興味深いのは，内皮細胞が伸展刺激よりもはるかに小さな応力（せん断応力，shear-stress）しか生じない血流変化に敏感に応答することである．せん断応力の感知部位はカベオラであるという報告もあるが[2)]，詳細は不明である．

これ以外に，細胞内外の浸透圧変化でも細胞膜やオルガネラ膜に伸展/圧縮刺激が負荷される．注意すべきは，外力で生じる細胞内構造の応力は均一ではないことである．容易に想像できるように，接着部位（固定部位）には大きな応力が生じる．このような部位は応力集中点と呼ばれ，メカノセンサーが分布する可能性が高い．応力集中点

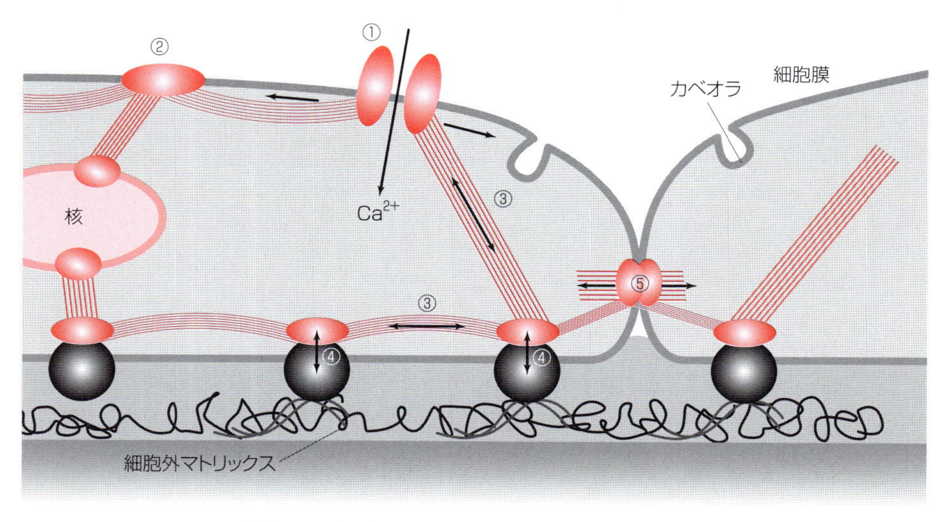

図 1.2　細胞におけるメカノセンサーの分布
①MS チャネル，②MS 受容体（推定），③ストレス線維，④接着斑（インテグリンとタリン），⑤接着結合（E カドヘリンと α カテニン）．細胞伸展で細胞膜，細胞骨格や接着構造に生じた応力にメカノセンサーが応答して細胞力覚が生じる．

は壊れやすいので，構造上の強化（たとえば大きな接着斑と太いストレス線維の形成，後述）が見られる．

組織や器官は，外力が負荷されない状態でも応力を発生している．これは残留応力と呼ばれ，血管でよく調べられている[3]．体内から取り出して輪切りにした血管の 1 カ所を切断するとその輪は外側に広がる．これは外力が負荷されていない血管でも内壁には圧縮力，外壁には引張力が残存しており，切断によって機械的拘束が解かれると，内壁は広がり外壁が収縮するためである．血管拡張時は血管壁が薄くなるので，内壁の伸展割合と応力は外壁よりも大きくなり応力が内壁に集中する．残留応力（内壁の圧縮力：外壁構成要素間の引張力）にはこの応力集中に対抗して血管破壊を免れるという重要な生理的意義がある．血管の残留応力は主として血管半径方向の細胞外マトリックス構築の機械的不均一性によって実現している．

実は，外力が負荷されていない接着性培養細胞でも残留応力が存在する．細胞の接着部位を機械的に破壊するとその部位は急速に縮む．すなわち接着部位には大きな引張力が負荷されている．しかしその引張力発生の仕組みは血管の場合とは異なる．この引張力は ATP の枯渇やストレス線維のミオシンリン酸化の抑制で消失するので，接着部位に結合するアクトミオシン線維の ATP 依存性的な能動的収縮力で生じていることがわかる．

これ以外に細胞が能動的に生み出している力の仕組みとして，細胞運動に関係の深いラメリポディア（葉状仮足）やフィロポディア（針状仮足）でのアクチン重合がある．細胞膜に垂直に接するアクチン線維先端（P 端）へのアクチンモノマーの付加が細胞膜を押し出す方向に力（突出力）を発生しており，これが細胞の前進を先導している．また代謝による細胞内浸透圧の上昇に伴う体積増大も細胞膜の伸展刺激となる．細胞膜の硬さに不均一性があれば，細胞内の浸透圧増大は軟らかい部分を押し出す力となる．細胞分裂時に観察される染色体の移動も微小管（紡錘糸）の能動力によるが，最近，その力が微小管脱重合因子 MCKA による張力発生に基づくことがわかった[4]．このように細胞には外力以外に，さまざまな内力を発生する仕組みが存在する．その力は出しっぱなしではなく，力が負荷された対象の機械的応答（変形と応力）がそこに存在するメカノセンサーで感知され，力発生装置にフィードバックされ，適切な発生力の制御に利用される．

1.3　力を感知するメカノセンサー分子：MS チャネル，接着関連タンパク質，アクチン細胞骨格

1.3.1　MS チャネル

ここまでは，細胞内外に生じた力による細胞構成要素の変形（strain）と応力（stress）について解説した．次の課題は細胞がどのように応力を感知して適切な細胞応答を導くかであり，その主役がメカノセンサーである．メカノセンサーは単に力に応じて構造や集合状態を変えるのではなく，細胞応答を導く適切な信号を生み出す実体である．正確にはメカノトランスデューサと呼ぶべきであるが，ここでは簡単のためにメカノセンサーとしておく．最初に発見された細胞のメカノセンサーは細胞膜の伸展で活性化される伸展活性化チャネル（stretch-activated channel，SA チャネル）である[5]．最近は，より一般的な機械感受性チャネル（mecahnosensitive channel，MS チャネル）という名称が使われている．細菌由来の MS チャネル MscL は最初に結晶構造（閉状態）が決定された MS チャネルで[6]，原子レベルでの活性化機構の解析も進んでおり，あらゆるイオンチャネルの中で最も早く，構造-機能連関が解明されると期待されている．

MscL は降雨などで周囲が低浸透圧になったときに生じる細胞の膨張（細胞膜の伸展）で活性化（開口）し，細胞内溶質と水を排出することで細菌の破裂死を防いでいる．いわば圧力鍋の安全弁のようなものである．これなしには細菌ですら生き延びることは難しく，生物の進化も起こりえなかったであろう．事実，MscL あるいはもう一つの細菌 MS チャネルである MscS の遺伝子ホモログは，あらゆる細菌，古細菌，あるいは一部の原生動物や植物に受け継がれている．だが大きな移動能を獲得した動物では痕跡は認められていない．

図 1.3 に MscL タンパク質の高次構造と活性化の分子モデルを示す．MscL は内側ヘリックス（TM1，灰色）と外側ヘリックス（TM2，赤色）の 2 回膜貫通ドメインをもつヘアピン状のサブユニットが環状に会合したホモ五量体である[3]．TM1 はイオン透過路（ポア）を構成するとともに，脂質膜内葉で交差してポアの最狭部（ゲート）を形成し，交差部位の疎水性相互作用で閉状態を安定化している（疎水ロック）．TM2 は脂質膜と相互作用して MscL を膜中で安定化している．ここで重要な点は細菌の MS チャネルは再構成されたリポソーム上でも *in vivo* と同様な活性を示すことから，純粋に膜の張力で活性化されるという事実である．したがって，MscL の活性化機構を論じるにあたっては，MscL と脂質膜（＋水）の相互作用のみを考察すれば十分である．

脂質膜が伸展されると，TM2 中で脂質膜と最も強く相互作用する脂質膜外葉近傍のフェニルアラニン（F78，張力センサー）が膜面方向に引張され，次ページの模式図に示すように TM1/TM2 は膜面方向に倒れる（図 1.3c）とともに TM1 の交差部が半径方向にスライドしてゲートが開く（図 1.3d）．図 1.3（a）左端のグラフは分子動力学計算から推定された脂質膜貫通方向の圧力（張力）分布を示す[8]．脂質膜中の最大張力発生部位が MscL の張力感知部位（張力センサー部位）とほぼ同じ位置にあることに注意してほしい．詳しくは文献[8]を参照されたい．

細菌 MS チャネルでは，まだ多くの解くべき謎が残ってはいるが，結晶構造解析に点突然変異体，さらにはリアルタイム 1 分子機能解析（パッチクランプ），EPR，NMR，そして分子動力学などの

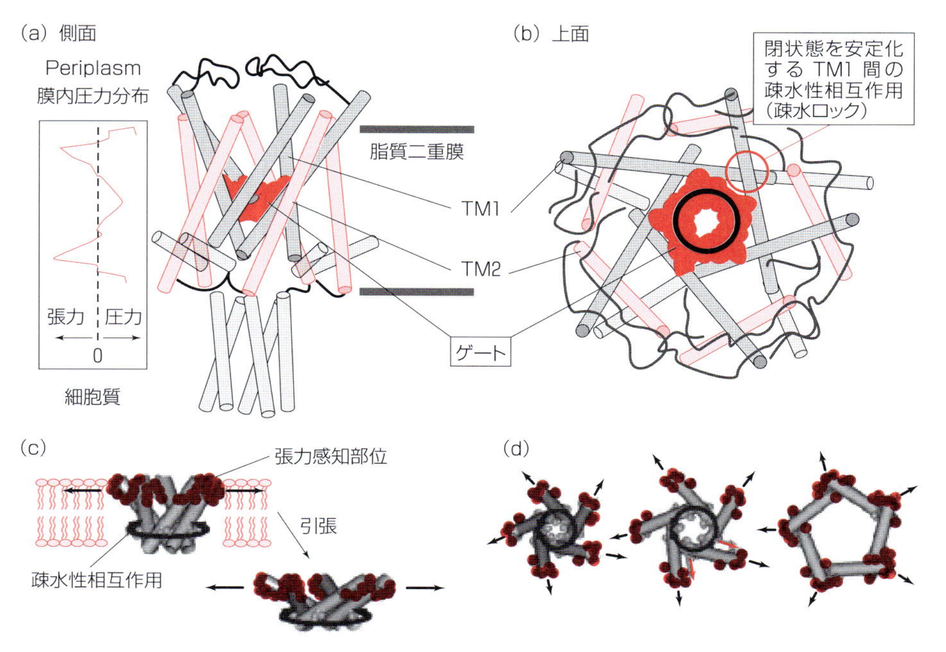

図 1.3　細菌 MS チャネル MscL の高次構造（閉状態）と活性化（開口）の分子モデル
（a）側面から見た図.（b）上面から見た図. 活性化（開口）過程の模式図：（c）側面図,（d）上面図.

先端手法が総動員され，構造機能連関の大筋は見えてきた．これに対して真核細胞では多様な MS チャネルが知られているものの，結晶構造の解析が難しいために活性化機構は明確ではない．しかし別の側面で興味深い研究が進行している．その代表例がアクチン細胞骨格との連携である．いくつかの間接証拠から細胞骨格（特にアクチン線維，ストレス線維）に生じる張力が真核細胞 MS チャネルの活性化に重要と指摘されてきた[1]．

最近，筆者らはストレス線維 1 本をレーザーピンセットで引張して，血管内皮細胞の Ca^{2+} 透過性 MS チャネルがわずか 1 pN という力で活性化されることを証明した[9]．その分子実体はまだ確定していないが，それが接着斑（インテグリン）のごく近傍に発現することは確認されている．すなわち，ストレス線維/接着斑/MS チャネル・複合体が，接着斑近傍に生じた“力”を細胞内 Ca^{2+} 濃度に変換するメカノセンサーであることが明確になった（図 1.4a）．その生理的意義は 1.4 節の「アクティブタッチ」で説明する．ちなみに MS チャネルの多くは Ca^{2+} 透過性なのでその活性化は細胞内 Ca^{2+} 濃度の上昇を導き，さまざまな細胞内シグナル伝達系の活性化に関与する．また後述するように，一部の MS チャネルは ATP 透過性をもっており，機械刺激に対して細胞内 ATP を放出し，それが細胞外シグナルとして機能することで細胞集団の組織だった行動の制御に寄与している．

1.3.2　接着斑関連タンパク質（タリン，インテグリン，アクチン線維）

応力集中点である接着斑と，そこに連結するストレス線維（図 1.4b）は負荷される力に応じてサイズが大きくなるという明瞭な構造的応答を示す．これには応力集中点の破壊を防止するという意義があり，そのメカニズムとその中心分子であるメカノセンサーを探る研究が盛んに行われている．最初に報告されたメカノセンサー候補が Src ファミリーキナーゼの基質である接着斑タンパク質p130Casである．チロシンリン酸化されたp130CasはアダプタータンパクCrkを介して，Rap1/RacのGTP/GDP交換因子（C3G/DOCK180）と結合して細胞の接着性や運動，あるいはERKシグナル系を活性化する．ラバー上に固定されたp130Casは折り畳まれていたリン酸化ドメインが伸展刺激で露出してSrcによるリン酸化が促進されることが示された[10]．しかし，p130Casは力を伝達するアクチンやアクチン結合タンパク質との結合は知られておらず，生細胞中でメカノセンサーとして機能するのか否かは検証されていない．

(1) タリン

タリンは，その両端がそれぞれインテグリンとアクチン線維に結合して両者を連結し（図1.4b），アクチン線維の張力が直接負荷される接着斑タンパク質である．タリンのロッドドメインにはアクチン線維とタリンをリンクするビンキュリンの結合サイトが多数あり，その多くはタリンの折り畳み構造の中に隠蔽されている（図1.4c）．*in vitro* と *in vivo* の実験により，ストレス線維のミオシンⅡの活性化による引張力で，折り畳まれていたロッドドメインが伸長してビンキュリン結合サイト（VBS）が露出することがわかり，メカノセンサーとして機能することが明らかとなった（図1.4c）[11, 12]．ビンキュリンはタリンとアクチン線維をリンクするだけではなく，アクチン線維どうしを架橋する α-アクチニンとも結合するので（図1.

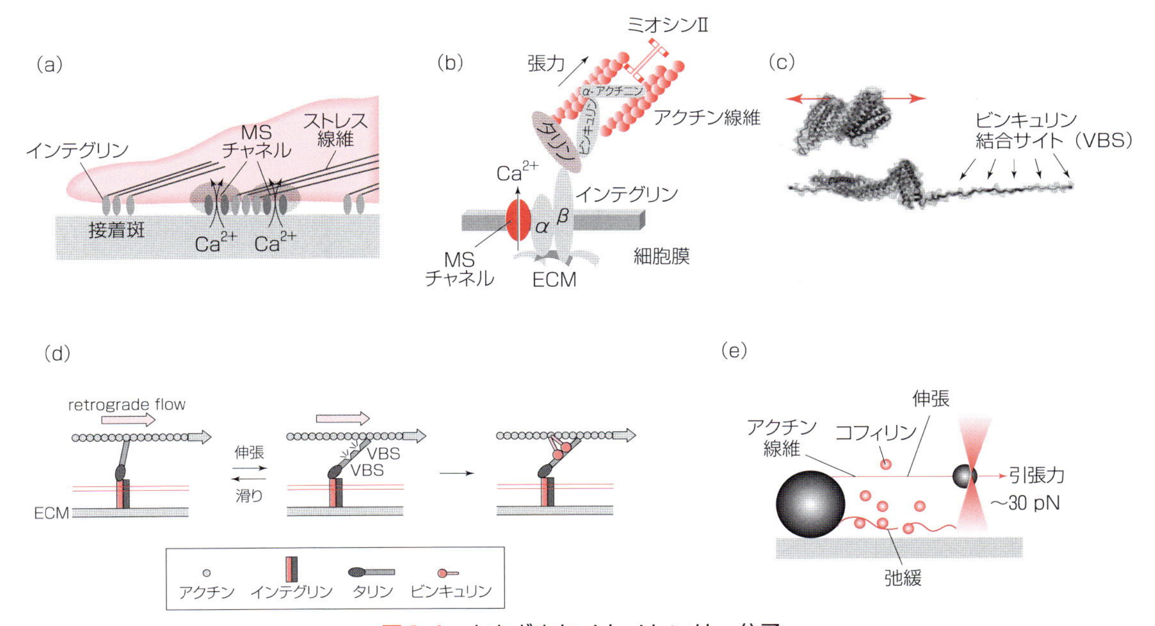

図 1.4　さまざまなメカノセンサー分子

（a）内皮細胞で発見されたストレス線維/インテグリン/MS チャネル複合体．ストレス線維の張力はインテグリンを介して Ca^{2+}透過性 MS チャネルを活性化し，接着斑近傍の細胞内 Ca^{2+}レベルを上昇させる[9]．（b）接着斑分子構築の模式図．ストレス線維の張力はタリンを引張して[11, 12]，（c）ビンキュリン/α-アクチニン／ストレス線維の接着斑への会合を促進すると同時に，インテグリンの ECM への親和力を強化する[16]．（d）アクチン線維の引張力が弱いとタリン―アクチン線維間の結合は弱く（スリップボンド），アクチン線維の retrograde-flow が生じる（左）．アクチン線維の引張力増大でタリンのビンキュリン結合部位（VBS）が露出し（中央），ビンキュリンがタリンとアクチン線維間を架橋することでタリンとアクチン線維の結合が強化され，retrograde-flow が止まる（右）．このとき P 端へのアクチン重合で細胞膜を押す突出力が発生する[14]．（e）単一アクチン線維の一端を大きなビーズに固定し，小さなビーズを結合させたもう一端をレーザーピンセットでトラップして伸張刺激を負荷する実験の模式図．伸張した線維（上）にはコフィリンは結合しないが，弛緩した線維（下）にはコフィリンが結合して線維を切断する[20]．

4b)，ビンキュリンのタリンへの結合はストレス線維のサイズ増大を招くことが想像される．

ビンキュリンはタリンとアクチン線維を鎹（かすがい）のように架橋し（図 1.4b），結果としてタリンとアクチン線維の結合を強化する．タリンとアクチン線維のみの結合では約 2 pN の結合力しかないが，ビンキュリンの補強で 40 pN 程度の力に耐えられるようになる．前者の場合，アクチン線維はミオシンによる引張力で細胞の中心部に向かって引っ張られ，平均 2 秒程度の結合寿命で全体として中心部に向かって滑っていく（スリップボンドと呼ぶ）．一方，アクチン線維の辺縁側の先端（P 端）には次々とアクチンモノマーが重合するので，アクチン線維全体が中心部に向かって滑っていくように見え，これはアクチンの retrograde-flow として知られている．この場合は，細胞辺縁は実質的に前進しない．ところが接着点のインテグリンが基質と一定以上の強い結合を形成すると，タリンが伸長してビンキュリンが結合し，アクチン線維とタリン/ビンキュリンの結合が強まり，中心部への移動が止まることでアクチン先端でのアクチン重合が細胞膜を前方に押し，細胞の前進が可能となると想像されてきた（図 1.4d）[14]．最近，生細胞でこの仮説が直接証明された[13]．細胞間を連結する接着結合では，インテグリンが E カドヘリン，タリンが α カテニンに相当し，α カテニンがメカノセンサーであるという説が提唱されている[15]．

（2）インテグリン

インテグリンは α，β サブユニットのヘテロダイマーからなる膜貫通タンパク質で，β サブユニットの細胞質側ドメインはタリンと結合し，細胞外ドメインは細胞外マトリックス（ECM）に結合してアクチン線維の引張力を ECM に負荷している（図 1.4b）．β サブユニットと ECM の結合は β サブユニットへのタリンの結合で強化されるが，不思議なことにタリンを介した引張力がこの結合をさらに強化することが知られている[16]．通常，分子間の結合は，そこに力が加わると結合寿命が短くなり，解離しやすくなる（前述のタリン-アクチン線維のスリップボンドを参照）が，この場合はそれと反対でキャッチボンドと呼ばれており[17]，インテグリンはこの仕組みを通してメカノセンサーとして機能するといってよい．

インテグリンと ECM の結合寿命が長くなるということは，インテグリンの代謝を考慮すると，接着斑のインテグリンの数が増えることを意味しており，接着斑サイズの増大をもたらすことになる．先のストレス線維のサイズ（太さ）増大とあわせて，引張力による接着斑とストレス線維増強の仕組みの大筋が見えてきた．

（3）アクチン線維

ストレス線維（図 1.4b）は，骨格筋の筋原線維のサルコメアと同様に，ミオシン II，α-アクチニン，トロポミオシンが周期的に分布した細胞内の収縮装置で，通常は数 10 本のアクチン線維の束から構成される．ストレス線維の両端は通常，接着斑に終端するが，細胞間接着結合（AJ）や核にリンクする像も知られている（図 1.1）．いずれにせよその機能は収縮によって接着端間を引張することにある．興味深いことにミオシンを阻害して収縮能を抑制すると，数分の経過でストレス線維が消失する．ストレス線維が維持されるためには一定の張力が必要なのである．そこであらかじめ引張したシリコン膜上に血管内皮細胞を培養し，ストレス線維が十分発達した後にシリコン膜の引張を解除してストレス線維を弛緩させると，予想通りストレス線維は数分の経過で消失した[18]．そのメカニズムを詳しく調べたところ，弛緩したストレス線維（正確には弛緩したアクチン線維）にアクチン切断因子コフィリンが選択的に結合してこれを切断することがわかった．いい換えると，アクチン線維は弛緩したときにコフィリンに対する親和性を増大させて自らの崩壊を招く“負の張力センサー”であることがわかった（図 1.4d）[18]．

アクチン線維はモノマーが螺旋状に重合して線維を形成するが，コフィリンが結合すると，螺旋のピッチが大きくなる（より捻れる）ことが知られている[19]．逆にいえばコフィリンはより捻れた線維に高い親和性をもつ可能性がある．アクチン線維の捻れ度はいつも揺らいでいるが，緊張したアクチン線維はこの揺らぎが小さくなり[18]，コフィリンの親和性が減少するものと思われる．アクチン線維は元来力を発生伝達するアクチュエーターである．それ自身が自らの機能状態（張力）をモニターして自らにフィードバックして，不要（張力減少）ならば破壊するという確実で簡潔なインテリジェントシステムを構成していることは驚嘆に値する．こうしたアクチン線維の性質はおそらく細胞運動の制御と深い関係があるものと想像される[20]．

◆

以上，MS チャネルに加えて，タリン，インテグリン，アクチン線維という非チャネル型のメカノセンサーを紹介した．MS チャネルは古典的センサーであるが，それ以外はこれまでのセンサーの概念を超えた新しい型のセンサーで，その活性化は直接，接着斑やストレス線維というメソスコピックな細胞構造の動態を制御するという特徴をもつ．それゆえメカノセンサーは細胞形態や細胞運動といったマクロな空間構造やその動態を制御できるのであり，長い間謎であった細胞の形態や運動の仕組みが細胞力覚を通して解決できる可能性が出てきた．最近，アクチン線維に結合する接着斑タンパク質ビンキュリンに蜘蛛の糸由来の伸び縮みするペプチドの両端に蛍光タンパク質をつけた FRET 型プローブを挿入した張力測定ツールが開発され[21]，1 分子レベルでの力測定に基づいた詳細な研究が進んでいる．

1.4　アクティブタッチ（能動力覚）：力発生と力覚の統合による環境硬度の感知

1.4.1　細胞-基質間コミュニュケーション

細胞の収縮装置であるストレス線維は，接着装置を介して基質や隣接細胞を常時引張して自らの構造を維持している．これはいったい何のためなのだろうか．たとえば，接着性細胞のミオシン活性を阻害してストレス線維の収縮力を解除すると，ストレス線維の消失に続いて接着斑も消失し，細胞は浮遊して死に至る（アノイキス，anoikis と呼ぶ）．また基質の接着面を著しく制限すると，ストレス線維が未発達になり十分な引張力を発揮できず，やがて細胞死が訪れる．すなわちストレス線維/接着斑に一定の引張力が維持されることが接着性細胞の生死を決めるのである．

ストレス線維の引張力はアクトミオシンの活性だけではなく，接着斑を介して接着する基質の硬さにも依存する．これに関連して，間葉系幹細胞の分化が基質硬度に依存するという驚くべき事実が発見された[22]．細胞は，おそらく接着斑を介したストレス線維の引張力に対する基質の反力を感知して基質の硬度を識別していると思われる．ストレス線維の引張力が一定であれば，硬い基質では接着斑タンパク質（たとえばタリン）が伸張し，逆に基質が軟らかければ基質が伸張するので，接着斑タンパク質の相対的伸張度から硬度を識別できるはずである．筆者らはこのような細胞力覚を“アクティブタッチ/能動力覚”と呼んでいる[23]．

1.4.2　アクティブタッチと Ca^{2+} シグナル

アクティブタッチは，基質の硬さに応じたタリンの活性化に引き続いて，接着斑・ストレス線維のサイズ調節，さらにはアノイキスや細胞分化や細胞周期などの根幹機能を制御しており，活発な研究が展開されている．これらはいずれも分～時オーダーの比較的ゆっくりした応答である．一方，前節で紹介したようにストレス線維の張力変化はMSチャネルを即座に活性化して細胞内Ca^{2+}濃度の上昇を惹起する．ここではCa^{2+}応答とアクティブタッチに関連する最近の話題を紹介する．

内皮細胞の接着斑では，ストレス線維/接着斑/MSチャネル・複合体がストレス線維に生じた張力を細胞内Ca^{2+}濃度に変換するメカノセンサーシステムとして働く（図1.4a）．もしこのシステムが基質硬度のアクティブタッチセンサーとして働けば，その情報は接着斑タンパク質（タリン，インテグリン）への引張刺激だけではなく（Ca^{2+}透過性）MSチャネルの活性化と細胞内Ca^{2+}濃度上昇に変換される可能性がある（図1.5a）．事実，内皮細胞を硬度の違う基質に培養して自発的な細胞内Ca^{2+}濃度変化を測定すると，予想通り，硬い基質では軟らかい基質よりも大きなCa^{2+}振動が観測された．興味深いことに，細胞が硬度の違う基質の境界に差し掛かると，Ca^{2+}振動はそれまで以上に活発かつ大きくなった（図1.5b）[23]．このことは，ストレス線維/接着斑/MSチャネル・複合体が基質硬度の大きさだけでなく，その勾配を感知して細胞のより硬い基質（正確には細胞種ごとに最適な硬度）への移動（触走性あるいはメカノタキシスと呼ぶ）を促進する可能性を示唆している．

MSチャネル活性化による細胞内Ca^{2+}濃度の上昇がどのように細胞運動に関与するのかは明確ではないが，細胞の前進エンジンである葉状仮足の形成には細胞内Ca^{2+}濃度によるRacの活性化が重要であることが報告されている[24]．また，ストレス線維の強い収縮による細胞内Ca^{2+}濃度の上昇は，移動する細胞の後端に分布する接着斑を脱接着する際のインテグリンのエンドサイトーシスに重要ではないかと想像されている[25]．

以上をまとめると，ストレス線維/接着斑（/MSチャネル）は引張力を基質に負荷して基質に応じた反力を（インテグリン，タリン，MSチャネルなどで）感知して，その値と細胞自身がもつ基準値（セットポイント）を比較し，直接・間接に自らの構造と機能を変化させることで接着力や引張力を調節するフィードバック機能を備えたインテリジェントなメカノセンサーシステムであることが示唆される．この機能だけでも接着斑複合体は

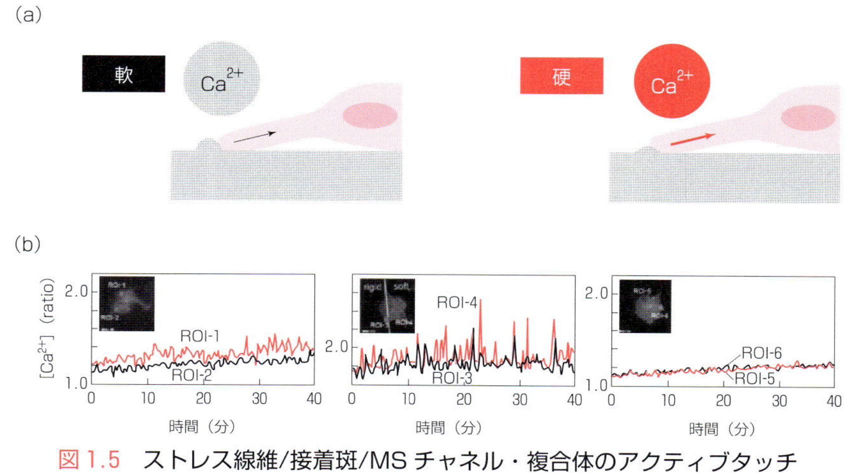

図1.5　ストレス線維/接着斑/MSチャネル・複合体のアクティブタッチ

（a）基質の硬さに応じた反力でMSチャネルが活性化され，接着斑近傍の細胞内Ca^{2+}濃度が上昇する．軟らかい基質ではCa^{2+}応答は小さいが，硬い基質では大きい．（b）血管内皮細胞が，硬（左），軟（右），硬軟境界（中）に位置するときの自発的な細胞内Ca^{2+}濃度の揺らぎ．基質の硬軟境界において最も活発なアクティブタッチが観測される[23]．

細胞の形態形成や運動の調節に寄与できるが，さらに接着斑やストレス線維に会合する多彩なタンパク質のリン酸化レベルなどを調節して，細胞死，細胞増殖，細胞分化，細胞周期などを調節するプラットフォームとしても働いている可能性が高い．

1.4.3 細胞-細胞間コミュニケーション

では細胞間の接着構造における引張力にはどのような意義があるのだろうか．上皮細胞の創傷治癒や発生過程における細胞集団の移動において細胞間引張力が重要であることは想像に難くない．たとえば上皮に円状の損傷が生じると，傷を囲む細胞が間葉系細胞に形質（EM）転換して前進すると同時に，細胞膜前端の裏側に，基質に対して平行に走るストレス線維様の構造が発達する．その構造の両端は細胞間を連結する接着結合（AJ）に終端し，傷口を取り囲むリングを形成する．その構造は収縮力を発揮して，あたかも傷口を輪ゴムで締め上げるようにして死んだ細胞の残渣を取り除きながら傷口を狭める[15]．

創傷治癒の過程では，先端の細胞は後続の細胞を牽引する．この牽引力は次第に後方の細胞に伝搬し細胞層として移動しながら増殖することによって創傷治癒が進行する（図 1.6a）．創傷に面する細胞がどのようにして形質転換するのかは不明であるが，創傷によって片面の隣接細胞からの引張刺激を失うと同時に引張負荷を与える対象を失うことが引き金ではないかと想像される．傷口に向かいあう細胞どうしが接触すると，カドヘリンを核としたピット状の細胞間接着構造が形成されるとともに互いに引きあう．その後，細胞密度が上昇して細胞どうしが押しあうようになると接着構造が成熟して再び上皮細胞に分化するとともに接触阻害により増殖も停止して修復が完了する（図 1.6b）．

発生過程での成虫原基における細胞増殖の調節も細胞間の圧縮力と引張力に依存するという説が提唱されている[26]．発生の初期では原基周辺の細胞は細胞間の引張刺激と原基細胞から分泌される高濃度の増殖因子で活発に増殖する．発生が進行すると原基周辺の細胞はその周囲に増殖した細胞により圧縮されて増殖を停止する．一方，周辺の細胞は互いの引張刺激で増殖が盛んであるが，原基のサイズが大きくなるにつれて原基親細胞からの成長因子の濃度が薄くなり，サイズがあるレベルに達すると周辺細胞も増殖を止めて一定サイズの組織/器官が完成するというモデルである．細胞間の圧縮と引張による細胞増殖の調節は古くから

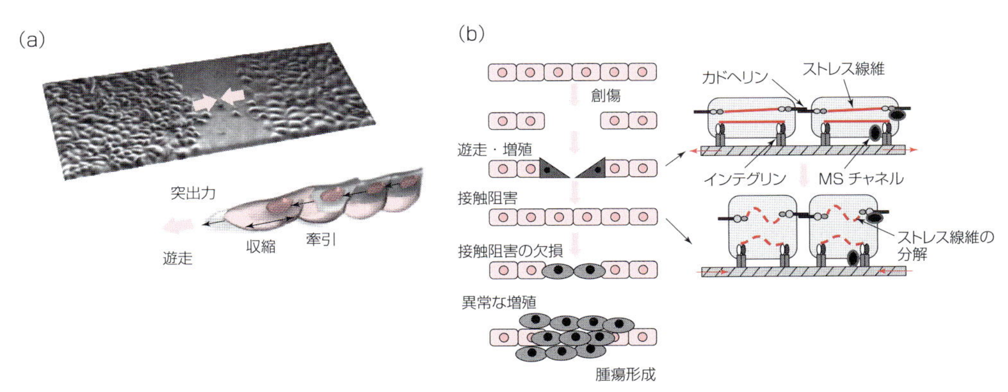

図 1.6 創傷治癒過程で細胞間に生じる力とその役割

（a）ケラチノサイトの創傷治癒過程のイメージ（上）と細胞内，細胞間に生じるさまざまな力[27]．（b）創傷治癒過程と接触阻害，および接触阻害の欠損による腫瘍化の模式図（左）．右図は，創傷治癒過程で細胞間に引張力が負荷されているとき（上）と接触阻害による圧縮で，それぞれアクチン細胞骨格が伸展および弛緩→切断・分解される様子を示す（想像図）．

知られている細胞増殖の接触阻害の謎を解く大きなカギになると期待されるテーマである．それは必然的に接触阻害に異常があるがん細胞の無限増殖能の謎を解く鍵になるに違いない（図1.6b）．

1.4.4　創傷治癒における機械刺激依存性ATP放出

創傷治癒に関連して，筆者らは最近たいへん興味深い事実を発見した[27]．それは伸展刺激依存性のATP放出である．実は広範な細胞種が伸展刺激や流れ刺激に応じてATPを放出する[2,28]．細胞内ATP濃度は数mMであるのに対して細胞外濃度は少なくとも4桁以上低いためにATPは細胞外メッセンジャーとして機能し，機械刺激を受けた細胞が周辺の細胞にそのシグナルを伝達して動員をかける仕組みと思われる[28]．放出されたATPはオートクライン，パラクライン的に細胞膜上のプリン受容体（P2Y，P2Xファミリー）を活性化して細胞内Ca^{2+}上昇を導く．細胞集団における機械刺激の効果や仕組みを考えるうえできわめて重要な応答である．

さてATP放出と創傷治癒の関係である．血管内細胞を伸展可能なシリコンチャンバー上に培養し，confluent達成後に幅数百μm程度の直線状の傷を形成し，伸展刺激と圧縮刺激（それぞれ傷に対して垂直方向の20%長短の持続刺激）を負荷して，治癒過程に対する効果を調べた（図1.7a）．伸展刺激は修復速度（細胞移動速度）を著しく亢進したのに対して圧縮刺激は細胞移動をほぼ完全に抑制した（図1.7b）[29]．その後，伸展刺激で細胞層に何が起こっているのかをケラチノサイト（HaCaT細胞）を用いて調べたところ，傷に面する先頭の1列の細胞の細胞内Ca^{2+}濃度が上昇し，それがゆっくりと後方の細胞に波のように伝搬する様子が見えた（図1.7c上）．細胞外Ca^{2+}を除去すると，このCa^{2+}波が消失するとともに細胞移動も停止したので，このCa^{2+}応答が創傷治癒に必須であることがわかった．またこのCa^{2+}波はATP分解酵素apyraseの添加，あるいはATP受容体P2YRの抑制剤suraminで消失することから，伸展依存性ATP放出の関与が疑われた．

そこでATPのリアルタイムイメージング[30]を行ったところ，伸展刺激によって先頭列の細胞のみから大量のATPが放出され拡散する様子が観察された（図1.7c下）[27]．ATPとCa^{2+}のkinetics，および薬理学による解析から，伸展刺激によってまず先頭列の細胞からATPが放出され，これが拡散によって後方の細胞のP2Y受容体を活性化し，その下流でTRPC6チャネルが開口してCa^{2+}が流入することで細胞移動がトリガーされることが判明した．さらに詳しい解析により，先頭列の細胞のみに機能的に発現しているヘミチャネルが伸展刺激で開口してATPを放出することがわかった[27]．伸展刺激を与えない通常の創傷治癒においては，おそらく測定感度のために，ATP放出は観察できていない．しかし薬理学的効果は伸展時とほぼ同じなので，同じ仕組みが働いているものと推定される．以上の例では結局MSチャネルの仲間であるヘミチャネル（pannexin，connexin）が最初のメカノセンサーなのだが，放出ATPによる細胞動員がなければ，細胞集団の共同作業である創傷治癒は機能しないことに注意しよう．なお，胚発生における細胞層の移動においても，細胞外ATPシグナリングの関与が示唆されている[31]．

1.5　受動力覚の生理機能と疾患

前節では，細胞が発生する能動力に基づくアクティブタッチ（能動力覚）を中心に解説した．しかし細胞外から負荷される外力に対する力覚（受動力覚）の意義が小さいということではない．むしろ骨，筋，血管，肺などでは負荷される外力の大きさ（血圧，筋収縮，吸気量など）やその動態自体が生理機能と直結している．その調節は臓器

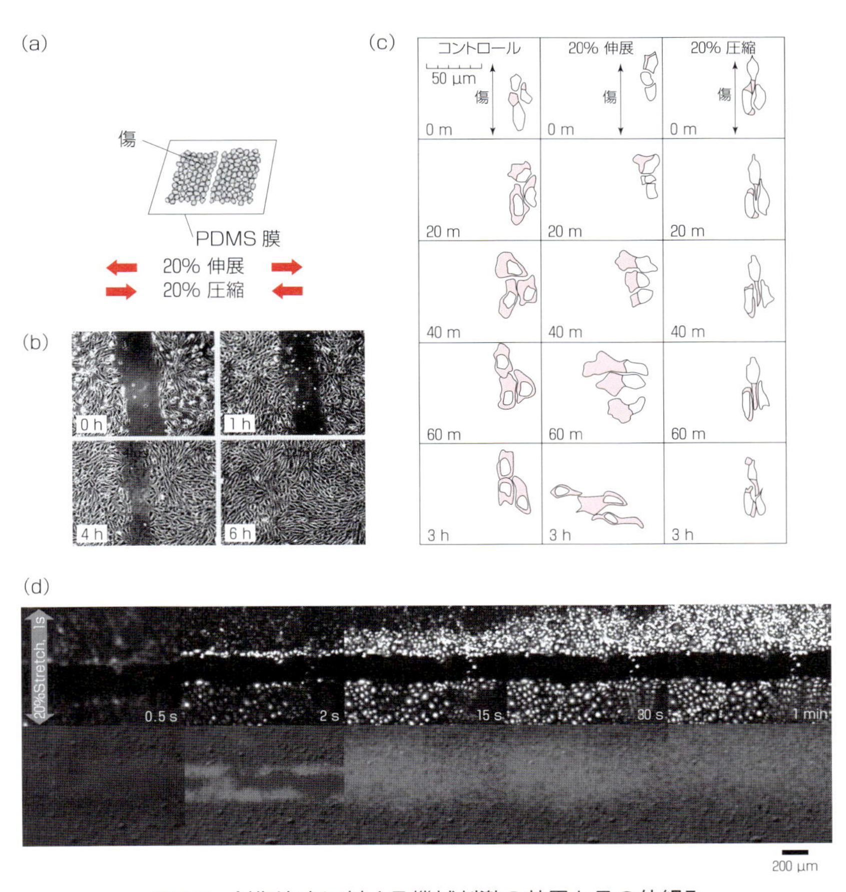

図 1.7　創傷治癒に対する機械刺激の効果とその仕組み

（a）伸展可能な PDMS 膜上に細胞を単層培養した後，ピペット先端で幅数百ナノメートルの傷をつけて創傷モデルを作る．（b）血管内皮細胞の創傷治癒過程（0，1，4，6 時間後）．（c）先頭細胞の形態と遊走に対する機械刺激の効果．伸展刺激は創傷治癒を 2〜3 倍加速し，圧縮刺激はほぼ完全に抑制する．左カラム：機械刺激なし，中央：20%伸展，右：20%圧縮[29]．（d）ケラチノサイト（HaCaT 細胞）における伸展刺激（20%，1 秒）で引き起こされる細胞内 Ca^{2+} 波の伝搬（上）と先頭細胞の機械受容（MS）チャネル（ヘミチャネル）から放出された ATP の細胞外拡散（下）[27]．ヘミチャネルをブロックすると機械刺激の有無にかかわらず，Ca^{2+} 波も細胞移動もほぼ完全に抑制されるので，細胞の発生する力によるヘミチャネルからの ATP 放出がすべての始まりであるらしい．

に付随した専用の機械受容器（圧受容器，筋紡錘など）からの信号に基づく中枢性制御に加えて，組織，臓器を構成する特定の細胞（破骨/骨芽細胞，血管内皮細胞など）の受動力覚に基づく局所的制御を受けている．

通常の生理的レベルの外力はこれらの受動力覚を介して臓器が適切に機能するためのフィードバック信号として使われる．しかし外力が生理的レベルを逸脱したり，あるいは力覚細胞そのものに異常があると，この調節システムが暴走してさまざまな疾病の原因になる．たとえば，内皮細胞の異常による高血圧の発症，高血圧による動脈硬化の進行，微小重力環境（宇宙飛行）や寝たきりで発症する骨粗鬆症や筋萎縮などがある．

1.6　おわりに

細胞力覚の研究は，入り口であるメカノセンサー分子の同定と作動機構の解明にとどまらず，その下流シグナリング機構，そして最終的な細胞応答も含んでいる．過去10年間にTRPチャネル，ピエゾチャネル，ヘミチャネルなどのMSチャネルに加えて，さまざまな非チャネル型メカノセンサーが次々と同定され，伸展刺激による，キャッチボンド制御（インテグリン）[17]，タンパク質の折り畳み制御（タリン）[11]，鎖状高分子モノマー間の揺らぎ制御（アクチン線維）[18]など，生物物理学的にもきわめて興味深い力覚機構の発見をもたらした．しかし，下流のシグナル機構の大半は謎のままである．その理由の一つは，機械刺激がおそらく複数種のメカノセンサーを同時に活性化し，複雑なクロストークを経てさまざまな時間経過で複数の細胞応答を導いているためと推定される．網羅的解析も含めて，この複雑な回路機能を解きほぐす体系的戦略を確立することが大きな課題である．

一方，細胞–基質間や細胞間のアクティブタッチなど，多細胞系における細胞力覚の重要性が明らかになってきた．これらは，再生や発生だけではなく，がん，動脈硬化，筋萎縮，骨粗鬆症など，高齢化社会が抱える深刻な疾病の発症機構を解く新しい手がかりを与えるものと期待される．この分野の研究は緒に就いたばかりで，たとえば組織における細胞間の力を定量的に測定・制御する手法すらめどが立っていない．分子レベルだけではなく，細胞システムにおける細胞間，組織間の力学的相互作用をシステムとして解析するセミマクロな実験法と理論（モデル）的解析手法を開発して，分子レベルの知見と統合していくことが喫緊の課題である[33]．

（曽我部正博）

文　献

1）M. Sokabe et al., *Biophys. J.*, **59**, 722（1991）.
2）K. Yamamoto et al., *J. Cell Sci.*, **124**, 3477（2011）.
3）T. Matsumoto, *J. Jpn. Coll. Angiol.*, **46**, 749（2006）.
4）Y. Oguchi et al., *Nature Cell Biol.*, **13**, 846（2011）.
5）F. Guharay, F. Sachs, *J. Physiol.*, **55**, 685（1984）.
6）G. Chang et al., *Science*, **282**, 2220（1998）.
7）K. Yoshimura, M. Sokabe, *J. Roy. Soc. Interface*, **7**, S307（2010）.
8）Y. Sawada et al., *Channels*, **6**(**4**), 317（2012）.
9）K. Hayakawa et al., *J. Cell Sci.*, **121**, 496（2008）.
10）Y. Sawada et al., *Cell*, **127**(**5**), 1015（2006）.
11）A. Del Rio et al., *Science*, **323**, 638（2009）.
12）P. Kanchanawong et al., *Nature*, **468**, 580（2010）.
13）H. Hirata et al., *Am. J. Physiol. Cell Physiol.*, **306**(**6**), C607（2014）.
14）H. Hirata et al., *Pflügers Archiv -Eur. J. Physiol.*, **467**(**1**), 141（2015）.
15）S. Yonemura et al., *Nature Cell Biol.*, **12**, 533（2010）.
16）J. C. Friedland et al., *Science*, **323**, 642（2009）.
17）F. Kong et al., *J. Cell Biol.*, **185**, 1275（2009）.
18）K. Hayakawa et al., *J. Cell Biol.*, **195**, 721（2011）.
19）V. E. Galkin et al., *J. Cell Biol.*, **153**, 75（2001）.
20）K. Hayakawa et al., *Commun. Integr. Biol.*, **5**(**6**), 572（2012）.
21）C. Grashoff et al., *Nature*, **466**, 263（2010）.
22）A. J. Engler et al., *Cell*, **126**, 677（2006）.
23）T. Kobayashi, M. Sokabe, *Curr. Opin. Cell Biol.*, **22**, 669（2010）.
24）L. S. Price et al., *Science*, **302**, 1704（2003）.
25）D. Kiyoshima et al., *J. Cell Sci.*, **124**, 3859（2011）.
26）L. Hufnagel et al., *Proc. Natl. Acad. Sci. USA.*, **104**, 3835（2007）.
27）H. Takada et al., *J. Cell Sci.*, **127**, 4159（2014）.
28）K. Furuya et al., *Nihon Yakurigaku Zasshi*, **123**, 397（2004）.
29）K. Tanaka et al., "Biomechanics at Micro-and Nanoscale Levels I," H. Wada eds., *World Sci Pub*（2005）, p. 75-87.
30）K. Furuya et al., *Methods*, **66**(**2**), 330（2014）.
31）A. Shindo et al., *PLOS One*, **3**, e1600（2008）.
32）H. Hirata et al., *Commun. Integr. Biol.*, **1**(**2**), 1（2008）.
33）本章は，曽我部正博，「再生医療におけるメカノバイオロジー」，再生医療，**13**(**1**)，30（2014）に加筆修正したものである．

細胞における力の発生と維持機構：細胞力学入門

Summary

分裂能をもつ細胞には，非筋II型ミオシンとアクチンの相互作用に起因する内因性の張力が普遍的に存在している．細胞外からの機械刺激は，この内因性の張力（正確には，張力ホメオスタシスによって一定に保たれている細胞接着斑単位面積あたりの引張力）のバランスを乱す要素として働く．この力のバランスの変化は，引張力を支えている細胞接着斑の構造に直接物理的な影響を及ぼし，細胞接着斑由来シグナル分子の活性化レベルの変動をもたらす．しかし，その細胞接着斑がダイナミックに移動あるいは構造を再構築しながら，機械刺激による強制変形を受けにくい細胞内位置に再形成されると，そのシグナル分子の活性変動は抑制されて基準レベルにまで戻される．このように細胞内の力のバランス変動の感知と抑制を経て，細胞は力学環境の変化に適応する．

細胞接着斑の再構築を通して細胞内の力と細胞接着斑由来シグナル分子の活性化レベルが維持されるかどうかは，細胞が増殖，分化，アポトーシスのいずれの状態をとるかという基本的問題に結びつくことが明らかにされつつある．本章では，この細胞内の力の発生と維持の分子メカニズムに関する現在の研究状況について述べる．この張力ホメオスタシスや適応現象の理解には，特定の分子や要素に機能を帰着させる従来的な分子生物学による考え方・アプローチだけでは不十分である．それは必然的に物理的考察を含む複合的知識が必要となる新しく挑戦的な総合生命科学問題である．

2.1　はじめに

細胞による機械刺激の感知と応答の分子メカニズムはメカノバイオロジー研究の中心課題の一つである．「機械刺激」(mechanical stress) という言葉からは，メカノバイオロジーが扱う内容は，何らかの外的な力を受けた後に初めて現れる現象というイメージを抱くかもしれない．その場合，メカノバイオロジーとは――たとえば高い血圧を受ける動脈血管の細胞など――明らかに外力を受ける器官の細胞の特殊な問題と見なされるかもしれない．

しかし一見外力がなくても，分裂能をもつ細胞には非筋II型ミオシンがあり，細胞全体を縮ませる能力を備えている（図2.1）．この縮もうとする動きを細胞周囲の構造（別の細胞や細胞外基質との接着）が拘束すると，張力が発生する（図2.2）．物理学における「作用・反作用の法則」のためである．このように細胞には非筋II型ミオシンに起因する内因性の張力が普遍的に存在しており，それが細胞機能を調節するうえで本質的な役割を果たしていることが最近明らかになりつつある．そのためメカノバイオロジーは決して特定の細胞の特殊な問題ではなく，生命機能を生み出す機構を理解するうえで不可欠で，普遍性の高い研究課題といえる．

また，「力」といえば何らかのダイナミックな動きを伴うというイメージも抱くかもしれない．細

(a)

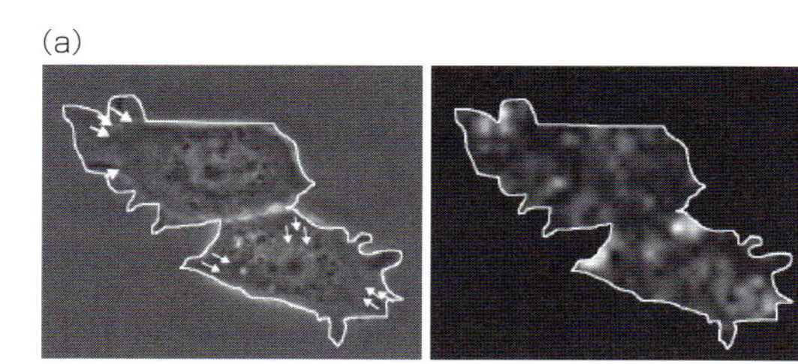

(b)

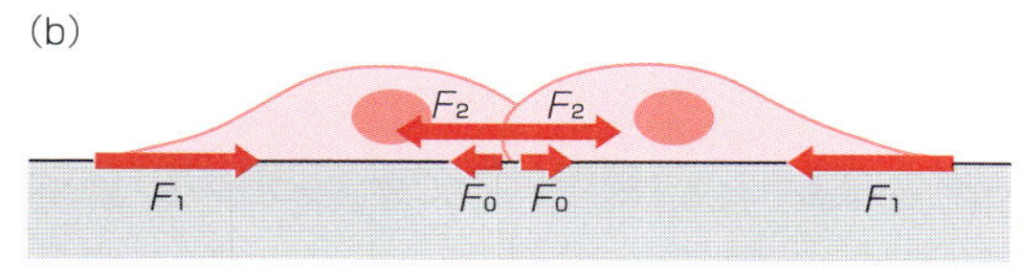

図 2.1　細胞内の力のバランス

（a）TFM の一例．柔らかいゲルに埋め込んだ蛍光ビーズの移動から細胞接着斑に作用する引張力（正確にはゲルのひずみ）を計測できる．左の画像内の矢印は顕著なビーズの変位を強調して示したもの．細胞（輪郭をなぞっている）の辺縁において中心側に向かう引張力が発生する．右の画像では引張力の空間分布を輝度で示している．（b）二つの細胞が接着する際の力のバランスを横から眺めたときの模式図．細胞間接着の真下ではほとんど引張力が発生しないため（$F_0 = 0$），$F_1 = F_2$ と仮定して，TFM により直接得られる細胞接着斑引張力 F_1 から細胞間接着に作用する力 F_2 も見積もることができる．

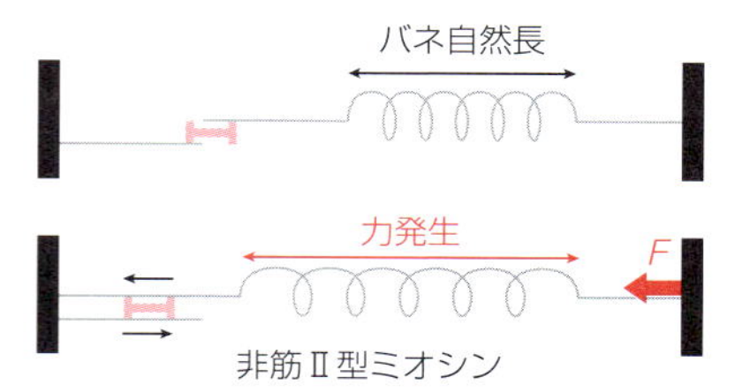

図 2.2　弾性要素，収縮要素，および拘束物があると張力が発生する

非筋 II 型ミオシンは双極性線維（bipolar filament）を形成する．これが滑り運動するとき，周囲の構造物がその動きを一部でも妨げると，弾性要素が伸ばされるために張力が発生する．このように見た目の長さ（この図では左右の端の間隔）が変わらなくても，その内部には力が発生しうる．

胞が発生する力の例として，細胞先導端でのアクチン重合が細胞膜を押し出すときの力や，移動中の細胞の後端における退縮を担う力があげられる．しかし本章で対象とするのは「細胞内で維持される，一見動きのない張力」である．一見動きのない力とは地味であり，その重要性も軽視されがちであるが，この動きを伴わない張力を細胞が維持するかどうかは，増殖・分化・アポトーシスのいずれの状態をとるかという細胞の運命決定にかかわる重要な要素である．本章ではこの非筋 II 型ミオシンによる力の発生と維持の機構，および細胞内張力を一定に保つ機能の意義について概説する．

2.2　細胞内の力の発生と維持：力学的考察

2.2.1　細胞周囲の力学場の可視化

「一見動きのない力」と先に記したのはその力が細胞内でバランスされており，動きが見えないためである．実際には（レーザーを用いてバランスに関与する構造物を切断するなど）バランスを崩せば動きが現れ，力の存在を確認できる[1-3]．あるいは細胞内にミオシン収縮力（内因性の張力）が存在することを traction force microscopy（TFM）によって確かめることができる（図 2.1）．細胞を柔らかいゲルの上に培養すると，ゲルには微小な“シワ”が寄る．TFM とはこのシワの寄り具合（ひずみ）を力学的に解析してゲル表面上の応力（traction stress）の空間分布を調べる方法である[4]．

細胞が遊走しているときにこの traction stress はバランスされておらず，遊走移動と同じ方向への成分をもつ．一方，特定の方向に遊走していない spread しただけの状態あるいはコンフルエント状態でも traction stress が発生しているが，それらはおよそバランスしており合力はゼロと考えて差し支えない．

TFM によって直接可視化できるのは，細胞と細胞外基質との間のインテグリンを介した接着構造に働く力（図 2.1）である．この細胞–細胞外基質間接着は細胞接着斑と呼ばれるが，詳しくは本章の 2.3.4 項で分類する．その他に細胞どうしの接着（ホモフィリックに結合するカドヘリンなどを介した細胞間接着）にも力が働き，特に組織形成において重要な役割を果たしている．細胞間接着にかかる力も，TFM による実験および仮定に基づく解析を併せて，定量化する試みがなされている[5,6]．本章では前者の細胞接着斑に作用する力を対象として述べる．

2.2.2 細胞接着斑に作用する引張力の計測と見積もり

細胞内で主に力を支えているのは細胞骨格成分（アクチンフィラメント，微小管，中間径フィラメント）である．細胞骨格の構造的役割を考慮した初期（1990 年代）の細胞力学モデルにテンセグリティー（tension＋integrity の造語）モデル[7]がある．このモデルではアクチンフィラメントや中間径フィラメントが張力を，微小管が圧縮力をそれぞれ支え，これらが接続されて細胞全体のバランスを保つと考えている．これは細胞を単純化した概念的モデルに過ぎないが，このような力学モデルの提示は細胞内の力のバランスと意義について議論を始めるきっかけとなった．

その意義とのかかわりでテンセグリティーモデルに基づき注目された重要な要素として「細胞接着斑に作用する引張力」がある．この内因性の引張力の発生源は分子モーターのⅡ型ミオシンである．非筋細胞内のⅡ型ミオシンには少なくとも nonmuscle myosin ⅡA，nonmuscle myosin ⅡB，nonmuscle myosin ⅡC，smooth muscle myosin Ⅱのアイソフォームがあり，本章では特に断らない限りこれらを総称してミオシンと呼ぶ．

TFM などによる定量的な計測の結果，かなりのばらつきがあるものの，個々の細胞接着斑にはおよそ 1～10 nN（ナノニュートン）程度の引張力が作用していることがわかっている[8-10]（図 2.3）．ミオシンがこの力の発生源であることは，その特異的阻害剤（ミオシンによる ATP 加水分解過程における無機リン酸の放出を妨げる blebbistatin など）を用いると traction stress が低下することなどから確認できる．ミオシンは単独ではアクチ

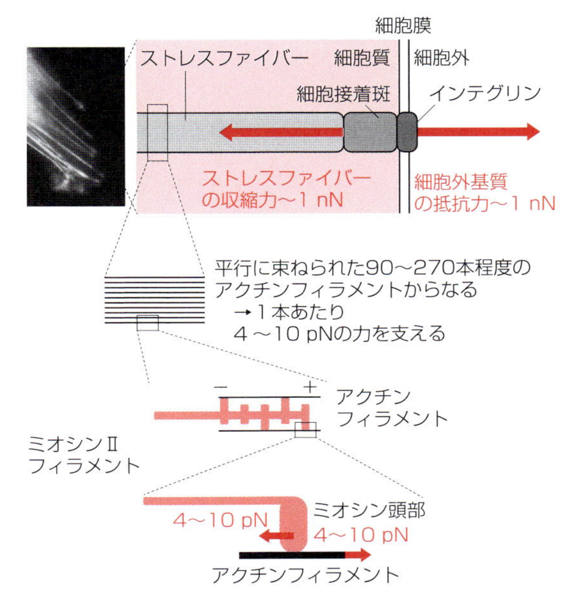

図 2.3 マルチスケールでの細胞内の力の大きさの見積もり

個々の分子モーターが発生する力はピコニュートンオーダーであり，個々の細胞接着斑に作用する力はナノニュートンオーダーである．

ンフィラメントというレールに沿って数 pN（ピコニュートン）オーダーの力しか発生させない．しかし細胞接着斑という高次構造（数百 nm の太さをもつ）を細胞質側から複数のミオシンが引っ張るために 1～10 nN もの大きさとなる．

より詳しくは，細胞接着斑に引張力を与えるミオシンはアクチンフィラメントとともに束化され，ストレスファイバー（stress fiber）と呼ばれる構造を構築する（図 2.3）．線維芽細胞に関する電子顕微鏡観察[11]によると，ストレスファイバーを含む薄切（厚さ 40nm）内で平行に走るアクチンフィラメントは 10～30 本程度であった．同研究で測定されたストレスファイバー自体の太さの平均値は 360nm であることから，同じ厚さの薄切 9（＝360/40）枚分に相当する．したがって，1 本のストレスファイバーにつき，90（＝10 × 9）本から 270（＝30 × 9）本のアクチンフィラメントが平行に束ねられていることになる．これらのア

クチンフィラメントがTFMなどにより実測される1nNの力を支えているとすると，個々のアクチンフィラメントには0.01（=1/90）nNから0.004（=1/270）nNの力が作用している．これが個々のアクチン・ミオシン結合（クロスブリッジ）で支えられる力と等しいとすると，ミオシン頭部には少なくとも4pNから10pNの力が作用していることになる．これはちょうど先述の単一ミオシンが発生する力と等しいオーダーである．

2.3　細胞内の力の発生と維持：シグナル分子と物理からの複合的考察

2.3.1　細胞接着斑の再配置と同期する一過性の機械刺激応答

細胞は機械刺激に応答して自身の構造を変化させる．たとえば内皮細胞に（拍動による周期的血管拡張を模擬して）「周期的伸展刺激」を負荷すると，伸展方向とは垂直の方向に配向する（図2.4）．入力としての機械刺激が，出力として生化学的変化（たとえば結合親和性の変化）へと変換する分子はメカノセンサーと呼ばれる．

これまでのメカノバイオロジー研究ではメカノセンサーの同定に主眼がおかれていた[12-14]．たとえば細胞接着斑に存在するp130Casは外力によって強制的にコンフォメーションもしくはその揺らぎ方が変わり，与えた引張ひずみに比例した分だけSrcキナーゼによるリン酸化を受けるメカノセンサーであることが指摘されている[12]．

本章の主題である「細胞における力の維持」の意義や細胞の機械刺激応答はメカノセンサー（およびその下流のシグナル分子）に関する知識だけでは必ずしも理解できない．その重要な例を述べる．まず，細胞の形態変化には細胞接着斑の再構築が必要である．そこでたとえば細胞接着斑タンパク質のFAKや下流シグナルのJNKなどのMAP（mitogen-activated protein）キナーゼに注目すると，それらは周期的伸展刺激を与えれば一過性にリン酸化レベルを変化させる（図2.5）[15-17]．具体的にはJNKは，一時的にリン酸化レベルが上昇を示した後に，同じ周期的伸展刺激を内皮細

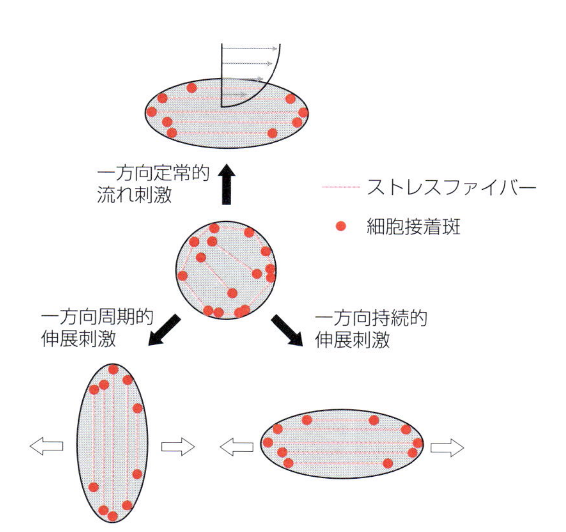

図2.4　機械刺激を受けた細胞の構造変化
静置培養下では方向性のない形態をもつ細胞が各種刺激に対して特定の方向へ配向する．細胞内部のストレスファイバーと細胞接着斑も分布と配向を変える．

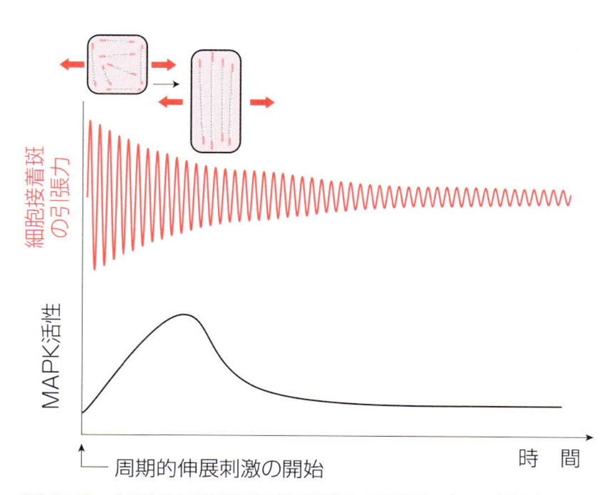

図2.5　細胞接着斑の再構築に同期した一過性のシグナル応答
単一方向（赤色矢印）に周期的伸展刺激を負荷すると，およそ30分程度で伸展とは垂直方向に細胞接着斑が配向を完了する．この細胞接着斑の再構築に同期してJNKを含むMAPキナーゼ（MAPK）の活性化が抑制される．このように細胞接着斑は伸展刺激によって自らが受ける強制変形（および引張力の変動）を避けることにより，下流のシグナル伝達の活性化を基準レベルに戻す（上の波形の減衰）．

胞に与え続けているにもかかわらず，そのリン酸化レベルは基準レベルにまで戻される．この「一過性応答」は細胞の構造変化（具体的には細胞接着斑——より正確には，後述する focal adhesions と分類される成熟の進んだインテグリンを含む接着構造——の「機械刺激による強制変形」を受けにくい細胞内位置への再構築）と時間的に同期しており，再構築を終えると基準レベルに戻る．その後，引き続き細胞に周期的伸展刺激を与えても，それ以上変化が起こらない．つまり入力としての継続的外力負荷とメカノセンサー下流のシグナル分子活性の間には相関がない．

一方，二軸方向への周期的伸展刺激負荷，あるいは方向性のない流れせん断応力（disturbed flow）負荷[16,18]のもとでは細胞は特定の方向へ配向しない（図 2.6）．これらの力学環境では細胞接着斑がどの方向に配向したとしても，「機械刺激による強制変形」を長期的には避けられない．そのため FAK や MAP キナーゼの活性化は一過性に沈静することなく持続する．

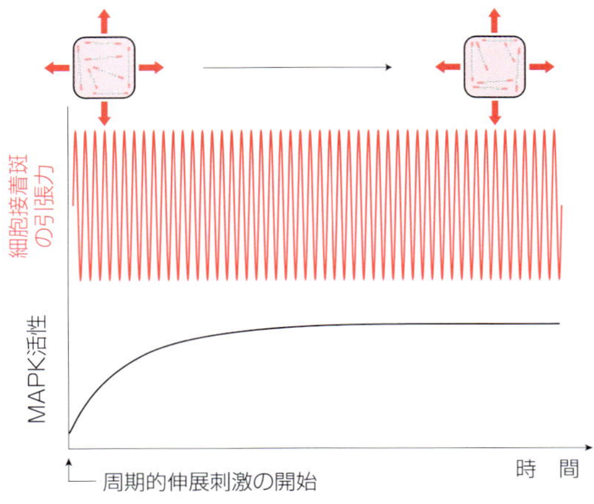

図 2.6　細胞接着斑の再構築を力学的に阻害すると，細胞接着斑下流シグナル分子が持続的に活性化する

二方向（赤色矢印）に周期的伸展刺激を負荷すると，どの細胞接着斑も（たとえ配向を変えたとしても）継続的に力学的負荷が作用し続けることを避けられない．このように強制変形を避けられる方向がないとき，細胞接着斑および細胞は特定の方向に配向しない．それに伴い MAP キナーゼ（MAPK）の活性変化も基準レベルに戻らず持続する．

ここで述べたことは，機械刺激への適応（接着構造が継続的な強制変形を受けにくいように再構築すること）を達成したとして満足感を抱き（物理の言葉でいえば，自由エネルギーが極小値をもち），細胞接着斑由来のシグナル分子の活性を基準レベルに戻し，かつ（見かけの）応答を終える機構が存在することを示唆する．さらにこのことは，単なる力（従来的なメカノセンサーが感知できるもの）ではなく，細胞にとって（上記の満足感を抱かせる）「適応にかなう」力を識別し，そこからの「ずれ」を補正する負のフィードバック（作用）が細胞内に存在することを意味する．このように細胞内の力の維持（そして，その結果としての機械刺激への「適応」）に関する分子メカニズムの解明には，単に力を感知するだけのメカノセンサーという一要素の概念を越えて，分子と物理の複合的知識と考察に基づく細胞挙動のシステム的理解が求められる．

2.3.2　張力ホメオスタシスの存在

前項では細胞に周期的伸展刺激を与えると，細胞接着斑への強制変形を避けるように配向方向を変えることを述べた．ここで，細胞接着斑が配向した直後に周期的伸展刺激などの機械刺激を除く，つまり静置培養の状態に戻すと細胞接着斑は元のランダムな配向を取り戻す．つまり図 2.4 に示した細胞形態変化は（分化やアポトーシスを導く閾値[10,19]を超えない限り）可逆的である．このことから細胞は何らかの力学量が関与した恒常性（ホメオスタシス）を保つ機構をもつと考えることができる．「構造変化が止む＝応答を終えること」を「ホメオスタシスの基準状態に移った（戻った）」と捉えるのである．このホメオスタシスにおける恒常値，すなわち細胞にとっての「適応にかなう力」は何なのだろうか．

周期的伸展刺激を与えると垂直方向に伸張した

形態へと変化して適応的応答を終える（図 2.4）．適応の前後で（見た目の）細胞形態が変わるため，見た目の形態（にかかわる力学的な量）は恒常値として制御される set-point 対象ではない．したがって形態という「見た目」ではなく，細胞内のどこかに「適応にかなう」ように制御される物理対象があり，細胞接着斑の構造や細胞形態の再構築を利用して目的の達成を図る，つまり（機械刺激によって引き起こされる）外乱の抑制を目指すと考えられる．

2.1 節で述べた通り，細胞内には無負荷静置培養下（つまり恒常状態）においても，ミオシン収縮（収縮といっても見た目の長さが縮むわけではないために等尺性収縮と呼ばれる）による引張力が発生している．筆者らはこの「見た目」には現れないものの，常に細胞に内在する引張力（正確には細胞接着斑に作用する単位面積あたりの引張力）がこのホメオスタシスの調節対象（上記の「適応にかなう力」に相当）であることを示す結果を得ている[20]．また筆者ら以外のグループからも，引張力が一定値に保たれる現象に関する多くの報告がある[9,10,20-23]．以降はこれを張力ホメオスタシスと呼び，完全には解明されていない分子メカニズムについて，とりわけ筆者らの研究成果をもとに議論する．

2.3.3　張力ホメオスタシスにおける正の作用

細胞接着斑に作用する引張力の維持を可能にする張力ホメオスタシスの実現には，正・負の両作用（フィードバック）が必要である．正の作用とは，引張力があれば細胞接着斑が発達し，逆に細胞接着斑があれば引張力が大きくなる，つまり互いを高め合う関係をなす調節作用である．また，負の作用とは，引張力があれば細胞接着斑が消失する側に変化が起こり，逆に細胞接着斑があれば引張力が小さくなる，つまり互いを抑制し合う関係をなす調節作用である．両者のバランスにより，ゼロではない何らかの値をもった引張力が維持される．まず本項では正の作用について述べる．

図 2.7 は正の作用の存在を強く示唆する結果である[24]．右側の列はそれぞれ（細胞のサイズと同程度の）微小なアルファベット文字 V，T，U 字型をもつマイクロパターン上に培養した単一の細胞を示す．マイクロパターンを用いることによって細胞の形態が固定されるだけでなく，細胞接着斑（ここではその代表的タンパク質としてビンキュリンを蛍光染色している）が常に特定の位置に現れる．一方，図 2.7 左側の列は（単位面積あたりの）引張力の空間分布を解析した結果である．マイクロパターン上に播種しただけで機械刺激がない静置培養においても，このようにアクチン・

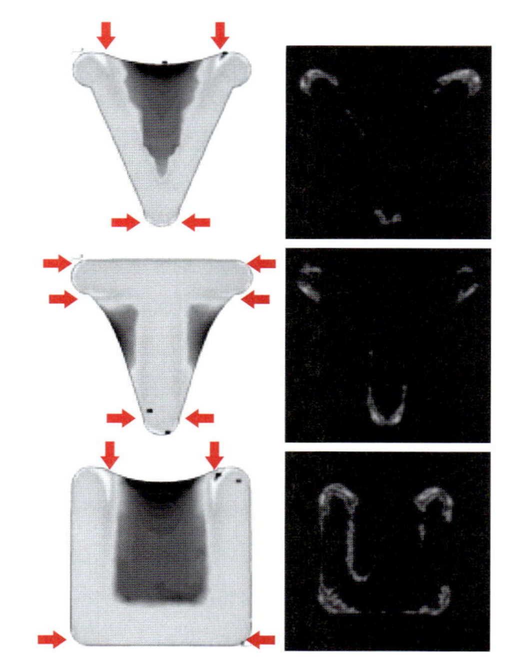

図 2.7　細胞接着斑は細胞内で力が作用しやすい場所に形成される
右の列は，V，T，U 字型のマイクロパターン上にそれぞれ培養した単一細胞のビンキュリンの発生位置を示す．左の列は各マイクロパターン上の細胞における引張力の空間分布を調べた解析結果．細胞接着斑の局在と高い正の相関があることから，正の作用（力が強い場所ほど接着が促進される）の存在が示唆される．S. Deguchi et al., *Cytoskeleton*, **68**, 639（2011）より改変．

ミオシンの相互作用のために内因性の引張力（図中の矢印の位置）が非一様に発生する．ビンキュリンの局在（右列）と引張力（左列）には高い正の相関があることがわかる．つまり「引張力の大きい場所ほど細胞接着斑が発達する」という正の作用の存在を強く示唆している．

細胞接着斑と引張力の間に存在する正の作用を担うシグナル伝達経路の実体は，図 2.7 のような再現性の高い実験を通して同定できると期待される．過去の研究から次の経路が想定される[24]．RhoA の GEF（guanine nucleotide exchange factor; RhoA を含む small GTPase を活性化させる分子）の一つである p190RhoGEF（別名 Rgnef）が，引張力を受けた細胞接着斑においてリン酸化され，活性型となることが報告されている[25,26]．そのリン酸化酵素は接着斑タンパク質 Src と複合体を形成したチロシンキナーゼ FAK である．Rgnef により活性型となった RhoA は Rho-kinase を活性化し，さらに活性型 Rho-kinase はミオシン調節軽鎖をリン酸化する．リン酸化ミオシン調節軽鎖を結合したミオシンは，アクチンと結合すると速い速度で ATP を加水分解できるようになるため，より大きな引張力を発生できる．つまり「引張力→ FAK/Src → Rgnef → RhoA → Rho-kinase →ミオシン調節軽鎖→引張力→…繰り返し」という経路を経て，引張力と細胞接着斑が互いを誘発し合い（正の作用），強固な接着があるべき必要な場所でより強い接着構造が形成されると考えられる（図 2.8）．

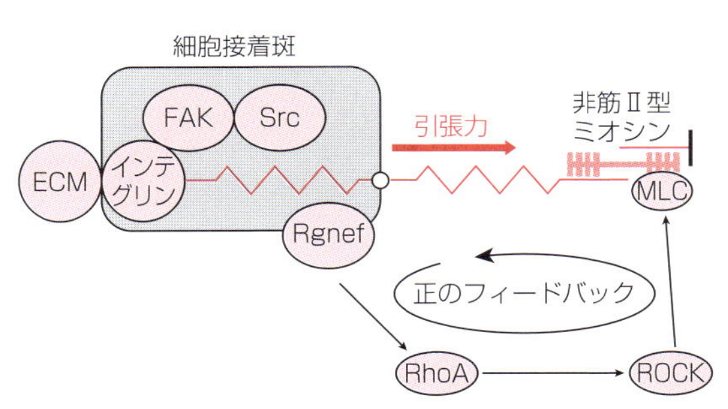

図 2.8　細胞接着斑に関する正の作用（力が強い場所ほど接着が促進される）のモデル
ECM: extracellular matrix，細胞外マトリクス．ROCK: Rho キナーゼ．MLC: myosin regulatory light chain，ミオシン調節軽鎖．

2.3.4　成熟前の細胞接着斑の役割

ただし，細胞接着斑の発達過程すべてが引張力に依存しているわけではない．インテグリンと細胞外基質との結合そのものは，引張力の発生を抑制する（図 2.9）．そして逆に Rac1 の活性化を通して仮足の形成を促し，細胞辺縁の移動をより柔軟に行えるようにする．このように引張力を抑制しないと，2.3.3 項で述べた正の作用のためにいずれの細胞接着斑も構造的に成熟してしまい，強固な接着が形成されて，その結果細胞のすみやかな移動を妨げてしまう．

インテグリンと細胞外基質の一つフィブロネクチンの結合を例にあげると，両者の結合後に cAMP/PKA[27,28] および p190RhoGAP[25,29,30] がかかわる経路が活性化されることが知られている．まず，cAMP は PKA の活性化を経て，Rho-kinase と MLCK（myosin light chain kinase）をリン酸化する．これらのリン酸化はその酵素活性を阻害する．Rho-kinase と MLCK はいずれもミオシン調節軽鎖をリン酸化するため，これらのキナーゼが

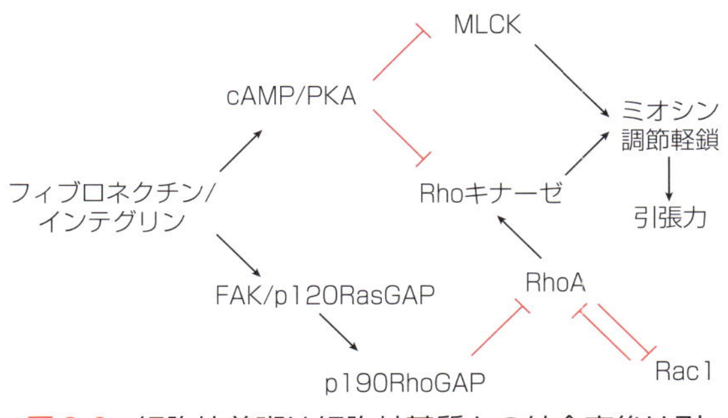

図 2.9　細胞接着斑は細胞外基質との結合直後は引張力の発生を抑制する
細胞接着斑と細胞外基質との結合そのものは引張力の発生を抑制して仮足の形成を促す．接着後に十分時間が経過するとミオシンによる内因性の引張力のために図 2.8 の正の作用が支配的となり，細胞接着斑は構造的に成熟していく．

cAMP/PKAによって阻害されると結果的にミオシンによる引張力の発生は抑制される（図2.9）.

もう一方のp190RhoGAPはRhoAに特異的なGAP（GTPase-activating protein; RhoAを含むsmall GTPaseを不活性化する分子）として知られる．インテグリンとフィブロネクチンが結合するとFAKの397番チロシン残基が自己リン酸化され，p120RasGAPがFAKと結合する．同時にFAKはp190RhoGAPをリン酸化して活性化する[29]．もしくはFAKではなく，Srcによってp190RhoGAPが活性化されるという報告もある[30]．いずれにせよこのp190RhoGAPがRhoAを不活性化してミオシンによる引張力の発生を抑制する．なおp190RhoGAPは，FAK/p120RasGAPと複合体を形成したままRhoAを不活性化するという報告[25]があるが，それとは異なり，通常はp190RhoGAPはp120RasGAPへの結合に対してパキシリンと競合しており，パキシリンの31番・118番チロシン残基の脱リン酸化を経て細胞質中に放出されてRhoAを不活性化するという報告[29]もある．

ここに記した二つのシグナル伝達経路に代表されるように，インテグリンとフィブロネクチンの結合そのものは細胞辺縁において局所的にRhoAの働きを抑える．RhoAの抑制は，同じくsmall GTPaseの一つであるRac1を活性化する．またインテグリンとフィブロネクチンの結合がRhoAの抑制を介さず直接Rac1を活性化するシグナル経路も知られる[31]．これらは細胞を播種後，細胞外基質に結合しながら細胞接着面積が広がる際に支配的に起こる．しかし数十分程度の時間が経過して細胞が十分にspreadすると，2.3.3項で述べた正の作用が支配的となり，ミオシンの力に依存して接着構造が成熟していく[28,30]．

このようにインテグリンとフィブロネクチンの結合そのものは引張力の発生を抑制するため，細胞接着斑の形成に対して負の作用を及ぼすとみなせる．数十分程度の時間を要する負の作用から正の作用への切り替わりのメカニズム（あるいは，細胞のspreadingが止まるメカニズムといい換えられるかもしれない）は明らかにされていない．それは実際には，膜のエキソサイトーシス[32]など，ここで述べた細胞接着由来のシグナルだけでは説明しきれない要素がかかわる複雑な問題かもしれない．あるいは単純に，細胞が広がる速さ（インテグリンはフィブロネクチンからの解離定数が比較的高い（10^{-7}M）ために，付いたり離れたりを頻繁に繰り返す）に比べて，ミオシンが凝集する速さが勝る（したがって持続的に引張力が作用し続ける）ことによる支配作用の切り替わり，と説明できるかもしれない．たとえばV，T，U字型マイクロパターンの頂点位置（図2.7）のように，それ以上細胞が広がることができず，かつ負荷がかかりやすい位置では，引張力と細胞接着斑が互いを高め合う正の作用が支配的になる．

なお，細胞が完全に広がった後でも細胞辺縁では常にインテグリンとフィブロネクチンとの結合が起こるために，本項で述べた「(引張力と正の相関のない）成熟前の細胞接着斑の挙動」は常に現れる．それは，細胞を動画観察すると（RhoAの不活性化によって促進される）仮足（ラメリポディア）の絶え間ない形成が見られることからも確認できる．

ここまで細胞接着斑という言葉を用いてきたが，以上のように力に依存する接着（2.3.3項）と依存しない接着（2.3.4項）の二つに大別できる．これを区別するために，英語ではしばしば前者をfocal adhesions，後者をfocal complexと呼ぶ．前者は太く長く，後者は成熟前であるためにサイズがより小さい．

なお先に断った通り本章ではインテグリンを含む細胞－細胞外基質間接着について述べているが，細胞－細胞間接着でも同様に力に依存した正・負の作用が働くことが知られている．ここで

p190RhoGAP はカドヘリンのホモフィリックな結合によって一時的に活性化されて RhoA を不活性化するが，成熟した細胞間接着はむしろ（RhoA が活性化されて）基準レベルの張力が存在すれば安定化される[33]．

2.3.5　張力ホメオスタシスにおける負の作用

2.3.2 項で述べた張力ホメオスタシス（「細胞接着斑の状態」および「その下流シグナルの MAP キナーゼの活性レベル」の両者は，機械刺激を与え続けても，一時的な変動を経て基準レベルに戻される）を実現するには「負の作用」の関与も必要である．負の作用とは，引張力が細胞接着斑の形成を抑制するという意味である．もし 2.3.3 項で述べた正の作用しか存在しないとすれば，2.3.1 項に示した一過性の機械刺激応答を示すことはなく，単調な変化に続いてプラトーに達するだけであろう[34]．

この機械刺激応答時の負の作用を，2.3.4 項で述べたシグナル伝達経路に基づいて説明しようとしたモデル例がある[35]．しかし，2.3.4 項の経路はそこで解説した通り focal complex に関する反応であり，ミオシン由来引張力と直接の関連がある focal adhesions の反応ではないために，このモデルは誤りであると思われる．また，仮に別のシグナル伝達経路に基づいて機械刺激応答時の負の作用を説明しようとしても，いずれにせよ，その経路のどこかに「力学環境への適応を達したこと」を感知し，かつ（2.3.1 項で述べたように MAP キナーゼなどの）活性変化を基準レベルに戻して見かけの応答を終える分子が存在しなければならない．つまり，「単なる力」ではなく，細胞にとって「（2.3.1 項および 2.3.2 項で述べた）適応にかなう力」を識別し，その力からのずれを自律的に補正する負の作用のメカニズム，およびそれを可能にする分子実体の解明が求められる．

果たして，従来的なメカノセンサーの考え方（2.3.1 項）だけでそのような「適応にかなう力」を識別できるメカニズムを説明できるであろうか．現在，筆者らは種々の実験結果に基づき，この張力ホメオスタシスの負の作用を担うことができるのは非筋Ⅱ型ミオシンを含む複合体であると考え，その分子メカニズムの研究を進めている[20]．本項に続く 2.3.6 項および 2.3.7 項で諸知識に触れた後の 2.3.8 項で述べる通り，このミオシン複合体は単に力を感知するメカノセンサーとしてだけではなく，上記の「適応にかなう引張力」を達成するまで自己再構築を行い続ける力の調節器（メカノコントローラーとも呼べる）の役割を果たすと考えられる．

2.3.6　ストレスファイバー：細胞接着斑に内因性張力を与える要素

前項までは細胞接着斑と力の関係に焦点を絞って解説した．そもそも細胞接着斑の構造変化がミオシン由来の引張力と密接な関係があるのは，細胞接着斑がアクチン・ミオシンを含むストレスファイバー（2.2.2 項）と物理的に直接結合しているためである（図 2.3）．細胞接着斑とストレスファイバーは直列につながってその長軸は一致しており，力を共有している．つまりこれまで述べた細胞接着斑に作用する引張力とは，ストレスファイバーがアクチン・ミオシンの相互作用に基づいて発生する収縮力とおよそ等しい．およそと記したのは，ストレスファイバーは細胞質内では別のストレスファイバーや周囲のアクチンメッシュワークと結合しており，少なからず力が分散されるためである．しかし本章では単純にストレスファイバーが発生する引張力がそのまま細胞接着斑に作用すると考える．

ストレスファイバーは横紋筋（骨格筋・心筋）のサルコメア（sarcomere）に似た構造をしている．以降は横紋筋のサルコメアを筋肉サルコメア，ストレスファイバーのそれを非筋サルコメアと呼

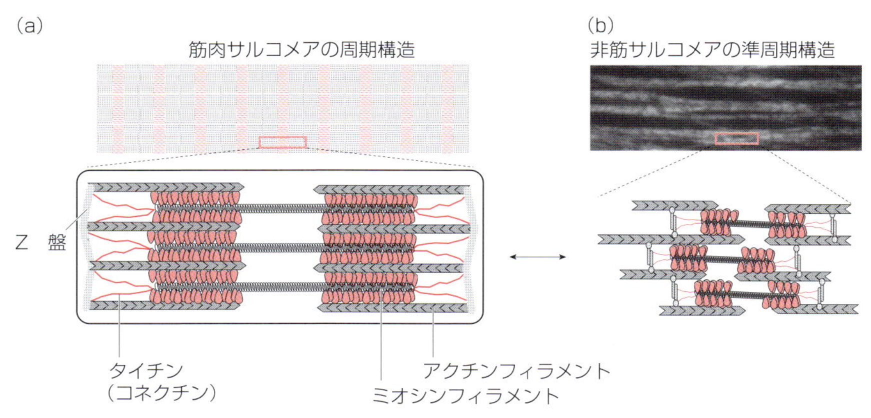

図 2.10　筋原線維とストレスファイバーのサルコメアの比較

筋肉サルコメアは周期的な構造をもつが，ストレスファイバー内の非筋サルコメアは不均一性が高い．アクチンフィラメントの長さのばらつきなどに起因するこの不均一性のため，筋原線維とは異なり，ストレスファイバーは長さの下限なく縮むことができる．

ぶ．筋肉サルコメアとは筋肉内の筋原線維の長軸に沿ってアクチンフィラメントと骨格筋/心筋ミオシンが交互に，ただし重なりをもちながら周期的に並んだ構造を指す（図 2.10）．各周期は Z 盤という要素で仕切られている．Z 盤は α-アクチニンを主成分とした複合タンパク質構造である．また筋肉サルコメア内のアクチンフィラメントにはその長さを固定するネブリンというタンパク質が結合し，ミオシンには（筋肉が弛緩した際にも）Z 盤から離れないようにタイチン（別名コネクチン）が結合するなど，収縮運動という機能に特化した構造を備えている．単一の筋肉サルコメア内のアクチンフィラメント 1 本には最大 150 個のミオシン頭部が結合しうる．またアクチンフィラメントに沿ってトロポミオシン・トロポニンが発現し，これが Ca^{2+} 依存でアクチンとミオシンの結合を調節している．

一方，ストレスファイバー内非筋サルコメアは筋肉サルコメアほど整然とした構造を備えていない．すでに 2.2.2 項で述べたように，非筋サルコメア内のアクチンフィラメント 1 本には最大 10 個程度のミオシン頭部しか存在しない[36, 37]．またミオシンを活性化するミオシン調節軽鎖のリン酸化レベルも同一のストレスファイバーに沿ってばらつきがある[38]．同一のストレスファイバーに異なるミオシンのアイソフォーム，すなわち non-muscle myosin IIA，IIB，smooth muscle myosin II が発現する[39]．またアクチンフィラメントの長さを固定化するネブリンの発現は見られない．したがって，ストレスファイバー内のアクチンフィラメントの長さにはかなりのばらつきがある．おそらくこれらの不均一な構造に伴い（実質的に均一な長さをもつ筋肉サルコメアと異なり），非筋サルコメアの長さはストレスファイバーの長軸に沿って少なからずばらつきがある．たとえば α アクチニン抗体を用いて培養平滑筋細胞内の非筋サルコメアの間隔を測定すると 1.51±0.35 μm（平均±標準偏差）という結果が得られる[40]．また，線維芽細胞などではタイチン/コネクチンが発現しているという報告もあるが[41]，まだ不明な点が多い．また，ストレスファイバーに存在する非筋アイソフォームの α アクチニンはアクチンからの解離が Ca^{2+} 濃度 10^{-7} M から 10^{-6} M にかけて飛躍的に進む[42]．細胞への機械刺激は Ca^{2+} の流入を引き起こすために[43]，とりわけ外因性の機械刺激を受ける細胞内では α アクチニンはアクチンから解離しやすいと考えられる．これは筋肉のαアクチニンとアクチンの結合がCa^{2+}依存ではなく，安定的にZ盤を保持するのと対照的である．このように収縮運動に特化した筋肉とは異なり，ストレスファイバーは力学環境の変化を感知して柔軟に適応的再構築することに適した分子的・力学的構造をもっているとみなせる．

またストレスファイバーにはトロポミオシン・カルデスモン（トロポミオシンに似た機能を果たす）が発現しているが，Ca^{2+}依存でないRhoAによる収縮誘起経路も存在する（図2.8）．むしろ成熟した細胞接着斑の制御にはCa^{2+}依存のmyosin light chain kinaseよりも，RhoA/Rho-kinaseのほうがミオシン調節軽鎖のリン酸化に支配的である（筆者らの未発表データによる）．したがって，外因性の機械刺激が不在時にはCa^{2+}流入がなくてもストレスファイバーはRhoA依存的に等尺性収縮を達成できる．

筆者らはこれまでにストレスファイバーを培養平滑筋細胞から抽出・単離し，その1本のストレスファイバーが発生する収縮力を計測してきた．細胞質内と同程度の1mMの濃度のATP（Mgと事前に複合体を作らせる）を与えてストレスファイバーの収縮を誘起する．非筋サルコメアの長さを変えながら計測を行ったところ，そのストレスファイバーが単離前に細胞内でもっている非筋サルコメアの長さにおいて最も大きな収縮力を発生することがわかった．つまり，ストレスファイバーには最大の収縮力を発生するうえで最適な非筋サルコメア長さをもっており，その長さより引っ張られても圧縮されても収縮力が低下する（図2.11）．これはよく知られる筋原線維の等尺性収縮特性（筋肉サルコメアの変化に対して，最大発生収縮力は上に凸の関数を示す）と似ている．つまり，非筋サルコメアは筋肉サルコメアに比べて秩序だった構造に欠けるが，等尺性収縮特性に限っては筋肉とストレスファイバーは定性的に似

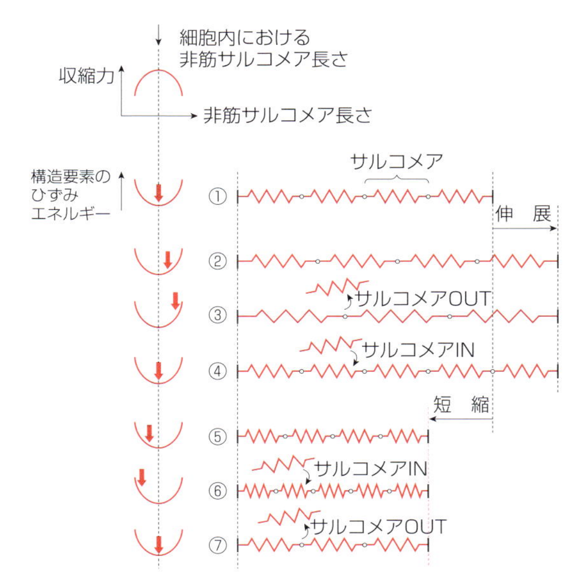

図2.11　張力ホメオスタシスの説明図

左上の「上に凸の曲線」は実験によって得られるストレスファイバーの収縮力と非筋サルコメア間隔との関係を模式的に示している．これはストレスファイバーを構成する構造要素のひずみエネルギーが，非筋サルコメア間隔に対して下に凸の曲線をもつことを意味している．簡単のために曲線を左右対称に描いている．右は，個々の非筋サルコメアを一つの一次元弾性バネで表現し，ストレスファイバーを四つの非筋サルコメアが直列に結合されたものと近似している．ただし，ストレスファイバーのミオシンに結合しているミオシン調節軽鎖は常にリン酸化されており，無負荷の状態（①）でもすでに収縮力を発生し，この図のバネは伸ばされた状態にある．また，簡単のため非筋サルコメア一つ一つが出入りするように描いているが，実際には非筋サルコメアの構成成分それぞれが別々に出入りする．詳細は本文を参照．

た挙動を示す．

2.3.7　ストレスファイバーのその他の性質

細胞接着斑を制御するストレスファイバーについて，前項の特徴的な収縮特性に加えて，次の三つの基本的な性質を記しておく．

まず，①細胞内では常に分子のターンオーバーが起きている．ストレスファイバーを構成するミオシンなどの分子は常に別の分子が入り込んできたり，あるいはすでにストレスファイバーに組み込まれている分子が離れたりする．その出入りの速度が等しいときが平衡状態である．なお，厳密

には生命システムは外界との物質やエネルギーの出入りによって成り立つ非平衡開放系である．本章でいう平衡状態とは，システム内の観察対象を限定した――観察対象以外の外界との物質とエネルギーの授受の変化は十分に遅いものとみなす――「準」平衡状態を考えている．ここでの観察対象とはストレスファイバーと細胞接着斑である．この両者のマクロな構造は力学的または化学的な負荷（じょう乱ではない）を加えない限り安定した構造として観察される（たとえば図 2.7 で示したマイクロパターン上の細胞の振る舞いを参照）．

また，②ストレスファイバーはミオシン調節軽鎖のリン酸化レベルが上がるほど構造が安定であり，さらなる重合・発達が促される[44]．逆にミオシン調節軽鎖のリン酸化レベルが下がると，ストレスファイバーは脱重合する．この分子メカニズムとしては次のことが考えられる．ミオシン頭部は ATP を結合すると，アクチンからすみやかに離れる．ここでミオシン調節軽鎖がリン酸化されているほどミオシン頭部の ATP 加水分解能が高い．ストレスファイバー内のいくつかのミオシンは ATP を分解して得たエネルギーを利用してアクチンフィラメント上を滑り運動できる．つまり収縮できる．このように ATP を結合した後にいったん離れていたミオシンがアクチンフィラメントへと再び戻れることは，ストレスファイバー構造の安定化につながる．一方，リン酸化レベルが低いとすべてのミオシンがアクチンフィラメントへ戻ることができずに，ストレスファイバーが徐々に細くなり，ひいては脱重合してしまう[38]．つまり不安定な構造となる．

さらに，③作用・反作用の法則を利用して大きな収縮力を発生するストレスファイバーにとって，自らに負荷がかかるほど大きな張力を生じることができる．ここで負荷（力学的な抵抗）の役割を果たすのが，細胞外基質である．つまり細胞外基質が硬いときにはストレスファイバーには大きな張力が存在している．逆に細胞外基質が軟らかいときにはストレスファイバーは大きな収縮力を発生できない．このときストレスファイバーと細胞外基質の間に直列につながって存在する細胞接着斑にも同じ大きさの大きな張力が加えられる（図 2.3）．この力によって細胞接着斑タンパク質の活性化が形成・維持され（2.3.2 項），アポトーシスや別の細胞へと分化誘導されずに増殖能を維持する．

2.3.8　張力ホメオスタシス：一軸持続的伸展の場合

2.3.6 項，2.3.7 項で述べたストレスファイバーに関する諸性質を考慮して，本項では細胞内に存在する張力ホメオスタシスの機構について考察する．2.3.4 項までのシグナル分子だけの議論に加えて，必然的に物理的要素が濃くなる．

ここでは最も簡単な例として，一方向への持続的伸展時の応答を考える（図 2.11）．また 2.3.7 項で述べた準平衡状態を考える．接着した細胞を一方向にゆっくりと引っ張ってその長さを固定すると，その方向に平行なストレスファイバーは伸ばされる．このとき自発的な変化（リモデリング）の方向を示す自由エネルギーについて考えると，まず，一般にアクチンフィラメントのように自己組織化する物体では重合時にエントロピーが減少する．しかしエンタルピーの減少が十分小さいために，結果として自由エネルギーが減少する．実際の自由エネルギーにはこれに加えて，非筋サルコメア構造内のひずみを関数とするひずみエネルギー（ポテンシャルエネルギー）が関与する．

2.3.6 項で既に述べたように，無負荷時の細胞内ではストレスファイバーは最適な非筋サルコメア間隔をもっており，その時点でのミオシン調節軽鎖リン酸化レベルに応じた最大の収縮力を発生している（図 2.11 ①）．その状態から外力を与えて引き伸ばすと，収縮力は低下する（図 2.11 ②）．

ここで，2.3.7 項の①で述べたターンオーバーが起こった際に，分子がストレスファイバーから出ること（図 2.11 ③）と，もしくはストレスファイバーへ入ること（図 2.11 ④）とでどちらが優勢になるのかを考える（分子交換は絶えず起きているが，自由エネルギーの観点からどちらが自発的に起こる現象であるかを考える）．

もしこの伸ばされたストレスファイバーにすでに組み込まれていたアクチンあるいはミオシン分子がストレスファイバーから解離したとすると，それはますます引っ張りひずみ（あるいは非筋サルコメア間隔）を増加することにつながる．これはひずみエネルギーを増大させるとともに，最適な非筋サルコメア間隔からさらに遠ざかることにつながるため収縮力は一層低下する（図 2.11 ③）．一方，新たなアクチンあるいはミオシン分子がこの伸ばされたストレスファイバーの中に取り入れられたとすると，ひずみが減る（図 2.11 ④）．したがって，ひずみによってストレスファイバー内部に蓄えられていたひずみエネルギーを開放・低下させるとともに，元々もっていた最適な非筋サルコメア間隔へと近づくために収縮力は回復する．

逆に，細胞をゆっくりと圧縮してストレスファイバーを短くしたときも，収縮力の低下の原因となるフィラメントどうしの重なりや押し合いが進んで圧縮構造ひずみが増し，ひずみエネルギーの増加につながる（図 2.11 ⑤）．このとき，引っ張り時と同様に，初期の最適な非筋サルコメア間隔よりも短くされたことが原因で収縮力は低下する．この状態での新たなアクチンあるいはミオシン分子の出入りを考えると，ストレスファイバーへと取り入れられた場合にはますます圧縮ひずみが増え，ひずみエネルギーが増えつつ収縮力は低下する（図 2.11 ⑥）．これに対して，アクチンあるいはミオシン分子が離脱すると構造ひずみが減ってひずみエネルギーは下がり，かつ収縮力が回復する（図 2.11 ⑦）．

以上のように，最大収縮力を発生する最適な非筋サルコメア間隔の存在，および頻繁に起こるターンオーバーを考慮すると，この最適な非筋サルコメア間隔へ戻るというストレスファイバーのリモデリング（構造の再構築）が自発的に起こりやすいことが説明される．

2.3.7 項で述べたように，収縮力が高いストレスファイバーは安定な構造を保ち収縮を続けることが知られている[44]．一方，収縮力が弱いストレスファイバーはミオシンがアクチンフィラメントをたぐり寄せる力が弱いために構造が不安定となり，構成タンパク質はストレスファイバーから離脱していく．つまりストレスファイバーに力学的なじょう乱が加わると，エネルギーの観点から最適な非筋サルコメア間隔に戻すターンオーバーが優勢となり，結果的にじょう乱を抑制してストレスファイバーは安定な構造を保つことになる．つまり負の作用，すなわちネガティブ（抑制）フィードバックの機構が働く（図 2.12）．

しかも構造を元に戻すことは，常に定まった張力を維持することを意味する（図 2.11 の①，④，⑦では各バネの伸びが同じであることに注意）．また一定の張力を維持するという観点から，張力ホメオスタシスが存在していると見なすことができる．この一定の張力の存在は，（ミオシン調節軽鎖のリン酸化レベルに依存した）一定値のひずみがストレスファイバーに存在していること[45]からも裏づけられる．このひずみは元来，初期ひずみ（prestrain）と呼ばれ，細胞バイオメカニクス研究者の間で注目を集めることが多いが[7]，なぜ一定に保たれるのかは説明されていなかった．

筆者らは細胞に伸展や圧縮を与える実験によって図 2.11 に示した非筋サルコメア変化が実際に現れることを確認している．また，ここでは単純に一次元のモデルで考えたが，実際には 2.2.2 項に記したようにストレスファイバーは数百 nm の太さの束構造をもつ．詳細は省くが，この束の太さ（ひいては張力を太さで除した引張応力；単位面積あたりの引張力）の変化も，非筋サルコメア間隔に対して下に凸の自由エネルギーをもつストレスファイバー単位構造を考慮することにより説明できる．これらの実験的・理論的結果から，ストレスファイバー（かつそれに直列につながる細胞接着斑）に作用する引張応力が一定に保たれることが説明される．

2.4 細胞内で力が維持されることの意義

2.4.1 各種の機械刺激に対する張力ホメオスタシス

前項までは張力ホメオスタシスの本質部分を説明するために，最も簡単な一方向への持続的伸展刺激（図 2.11）の場合を対象としていた．本項ではその他の一般的な機械刺激を受けたときのストレスファイバーの寄与について述べる．

すでに 2.3.7 項で述べたように，ミオシン調節軽鎖のリン酸化レベルが低く収縮力が弱いときは，ストレスファイバーは脱重合する．単一方向への周期的伸展刺激（図 2.5）を受けた場合，2.3.6 項の最後の段落で説明した最適な非筋サルコメア間隔からアクチン・ミオシンの両フィラメントが互いにずれる時間が長くなるために，構造が不安定になると考えられる．これに加えて，筆者らのグループでは，周期的伸展刺激時のミオシンへの前進負荷によるアクチンからの解離定数の上昇[37]がストレスファイバーの力方向依存的な脱重合を引き起こすというモデルを提案している[38,40]．

持続的伸展刺激を受けた細胞ではストレスファイバーの大部分が消失することなく伸展方向に配向するのに対して，周期的伸展刺激を受けた細胞ではいったんストレスファイバーが脱重合して消失し，その後に伸展方向とは垂直な方向に配向した形で現れる（図 2.4）．このように「いったん」不安定になり消失することが持続的伸展刺激とは異なる変化である．筆者らはミオシン調節軽鎖のリン酸化レベルが下がって脱重合したストレスファイバーの多くは，アクチンが単分子になるまで脱重合されるのではなく，無数のフィラメント構造を保ったまま細胞質に広がること（アクチンメッシュワーク）を観察した[38]．単一のアクチンフィラメントに分解されて細胞質に均一に拡がった構成要素が，再びアクチン・ミオシン収縮を利用して新たなストレスファイバーを作っていく．つまり，いったんストレスファイバーがない状態にリセットされて，ランダムなアクチンメッシュワークの状態から再びストレスファイバーが新しい力学環境に適した構造を再構築していく．

なお，細胞に（一軸方向ではなく）多方向へ周期的伸展刺激を与えると，ストレスファイバーは特定の方向へ配向したとしても常に力学的なじょう乱を受け続けることになる（図 2.6）．その場合にはストレスファイバーは安定な構造を保つことができず，引張力および細胞接着斑下流シグナル分子の活性化が持続的に上昇する[15,17]．

その他の例として，血液など体液の流れによる一方向への定常せん断応力を受けた際には，（持続的伸展刺激と同じく）元々流れ方向にあったストレスファイバーが同方向にさらに発達していくことが知られている[18]（図 2.5）．よってストレスファイバーに着目すれば，持続的伸展刺激のときと同様な再構築が起こると考えることができる．実際の血流には拍動が存在する．これは拍動流れ（せん断応力の時間平均値がゼロではない），あるいは振動流れ（せん断応力の時間平均値がゼロ）とモデル化され，それぞれの場合における細胞の応答が調べられている．このときの応答について細胞接着斑の活性変化から分類すると，①「拍動流れ・定常流れ刺激」や「一方向伸展刺激」における細胞応答が似ており，一方，②「振動流れ」と「多方向伸展刺激」が似ている[18]．より具体的には，本章で述べた張力ホメオスタシスに基づいて説明すると，①では細胞に負荷される合力のベクトルに特定の方向が存在するためにストレスファイバーが特定の方向に配向できる（適応できる）．これに対して，②では特定の方向への合力ベクトルが存在しないためにストレスファイバーが配向できない（適応できない）ことに由来すると解釈できる．実際にこの考えを裏づけるように，①では細胞接着斑タンパク質のチロシンリン酸化および MAP キナーゼなど炎症促進シグナルの活性化レベルが変動後に基準レベルで保たれるのに対して，②ではこれらが持続的に上昇を続けてプラトーに達する[16-18]．生体内では②に相当する力学環境にさらされた血管内皮細胞には慢性的な炎症促進反応が生じ，動脈硬化の好発部位になることが知られている[16]．したがって，本章で述べた張力ホメオスタシスの破綻と動脈硬化の発症に密接な関係がある可能性がある．

2.4.2　張力ホメオスタシスと適応

2.3.7 項で述べた通り，作用・反作用の法則に従い，ストレスファイバーは負荷が大きいほど大きな収縮力を発生する．この負荷とはストレスファイバーの収縮力とつり合う外部の力である．この外部で支えられる力は実際の細胞では細胞外基質の硬さが決定因子の一つとなる．細胞は基質に接着すると細胞外基質を作るタンパク質を産生して，徐々に自らの足場を固めていく．十分に細胞外基質が発達した定常状態においては，基質の硬さが安定している．このとき細胞内部のストレスファイバーに目を向けると，前項で述べた負の作用の機構に基づいてストレスファイバーは一定の収縮力を発生する．つまり，ストレスファイバーから細胞外基質までの線維，すなわち細胞接着斑も含めて，これらの内部に一定の引張力が維持されることになる．

2.3.7 項の③で述べたように，細胞が分裂能を維持するためには，ストレスファイバーの両端にある細胞接着斑に常に力がかかっていなくてはいけない．細胞接着斑に存在している他のタンパク質の多くにも同様に張力がかかってその機能が調節されており，結果として MAP キナーゼ（2.3.1 項）を含む下流のシグナル伝達経路が活性化される．したがって，引張力を一定に保つ張力ホメオスタシスの機構があれば，これらのタンパク質の活性化レベルも一定に保たれる（図 2.12）．これが当ホメオスタシスの重要な点であり，かつ機械刺激を受けた細胞がストレスファイバーと細胞接着斑の再構築を経て達成しようとする「適応」のメカニズムに寄与すると考えられる．引張力の制御対象 set-point の値より小さい張力しか発生できない場合（たとえば，マイクロパターンの使

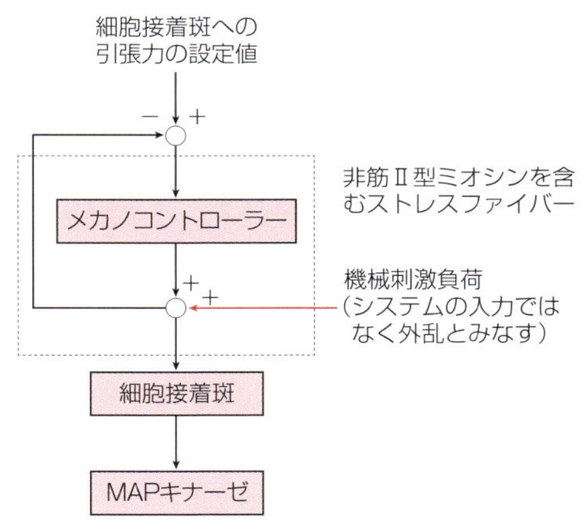

図 2.12　細胞における力の維持（張力ホメオスタシス）のシステム表現

ストレスファイバーが制御器におけるコントローラーの役割を果たす．その分子実体は，自己組織化するミオシンとアクチンを含む高次構造からなる．したがってその機能を単一の分子に帰着させることができない．機械刺激は，このコントローラーで制御される引張力を乱す要素とみなせる．ミオシンやアクチンなどの構造要素はターンオーバーを経てひずみエネルギーを下げて，一定の引張力を保持する．その結果，ストレスファイバーに物理的に直列につながる細胞接着斑（図 2.3）に一定の引張力が加わる．細胞接着斑内のメカノセンサーへの入力が一定になることから，その生化学的出力（下流の MAP キナーゼ活性を含む）も一定になる．このように外乱が与えられても，ストレスファイバーと細胞接着斑の再構築と同期して，MAP キナーゼの活性は基準レベルに戻される（図 2.5）．

用によって細胞の接着面積が十分に広がらないとき），アポトーシスが誘導されるか[19]，またはprimary ciliaの形成とともに細胞周期を停止して分化誘導（アポトーシス回避）される[46]．

2.5　おわりに

機械刺激とは，細胞接着構造への引張力のバランスを乱すものとみなせる．機械刺激という外乱が加わりこの引張力に変動が生じても，非筋Ⅱ型ミオシン依存的にそれが基準レベルに戻され，結果的に細胞接着構造に作用する引張力の大きさを維持する．このようにして細胞は力学環境の変化に適応する．本文の最初に「細胞における力の維持（張力ホメオスタシス）」が特殊な問題でないと記した理由の一つは，細胞分裂が可能な細胞種に広く発現する非筋Ⅱ型ミオシンが主役を演じることである．

本現象が特に重要なのは図2.6に示したMAPキナーゼなど細胞接着斑タンパク質の下流シグナルの持続的活性状態との関連である．細胞接着斑が機械刺激による強制変化にさらされ続けざるをえない多方向周期的伸展刺激や，disturbed flow（2.3.1項参照）の力学環境において持続的に活性化されるMAPキナーゼは炎症を誘発する因子である．慢性炎症が一原因とされる動脈硬化症が血管分岐部などdisturbed flow領域で局所的に起こることから，免疫応答の関与以前に，ここで述べた（何らかの機能不全により細胞接着構造の再構築が不可能な細胞の）問題の炎症慢性化への関与が示唆される[16,17]．この細胞内の力の維持や適応現象，およびその機能の破綻と疾患との関係にかかわる分子メカニズムを理解するためには分子と物理の複合的知識が求められる．本章で概説したように必然的に物理現象がそのメカニズムにおいて本質的な役割を果たすために，特定のシグナル分子や一要素に機能を帰着させる従来的な考え方では不十分である．この新しく挑戦的な総合生命科学問題の解明のために，今後さらに緻密な研究が必要である．

（出口真次・松井　翼・佐藤正明）

文　献

1）Z. Rajfur et al., *Nat. Cell Biol.*, **4**, 286（2002）.
2）S. Kumar et al., *Biophys. J.*, **90**, 3762（2006）.
3）K. Nagayama et al., *FEBS Lett.*, **585**, 3992（2011）.
4）M. Dembo, Y. L. Wang, *Biophys. J.*, **76**, 2307（1999）.
5）V. Maruthamuthu et al., *Proc. Natl. Acad. Sci. U. S. A.*, **108**, 4708（2011）.
6）Q. Tseng et al., *Proc. Natl. Acad. Sci. U. S. A.*, **109**, 1506（2012）.
7）N. Wang et al., *Science*, **260**, 1124（1993）.
8）N. Q. Balaban et al., *Nat. Cell Biol.*, **3**, 466（2001）.
9）J. Tan et al., *Proc. Natl. Acad. Sci. U. S. A.*, **100**, 1484（2003）.
10）J. M. Goffin et al., *J. Cell Biol.*, **172**, 259（2006）.
11）L. P. Cramer et al., *J. Cell Biol.*, **136**, 1287（1997）.
12）Y. Sawada et al., *Cell*, **127**, 1015（2006）.
13）A. del Rio et al., *Science*, **323**, 638（2009）.
14）S. Yonemura et al., *Nat. Cell Biol.*, **12**, 533（2010）.
15）R. Kaunas et al., *Cell Signal.*, **18**, 1924（2006）.
16）C. Hahn, M. A. Schwartz, *Nat. Rev. Mol. Cell Biol.*, **10**, 53（2009）.
17）S. Chien, *Am. J. Physiol. Heart Circ. Physiol.*, **292**, H1209（2007）.
18）C. S. Chen et al., *Science*, **276**, 1425（1997）.
19）T. Mizutani et al., *Cytoskeleton*, **59**, 242（2004）.
20）R. Kaunas, S. Deguchi, *Cell Mol. Bioeng.*, **4**, 182（2011）.
21）J. D. Humphrey, *Cell Biochem. Biophys.*, **50**, 53（2008）.
22）K. Nagayama et al., *J. Biomech. Sci. Eng.*, **7**, 130（2012）.
23）T. Watanabe-Nakayama et al., *Biophys. J.*, **100**, 564（2011）.
24）S. Deguchi et al., *Cytoskeleton*, **68**, 639（2011）.
25）Y. Lim et al., *J. Cell Biol.*, **180**, 187（2008）.
26）A. Tomar, D. D. Schlaepfer, *Curr. Opin. Cell Biol.*, **21**, 676（2009）.
27）Y. He, F. Grinnell, *J. Cell Biol.*, **126**, 457（1994）.
28）S. M. Schoenwaelder, K. Burridge, *Curr. Opin. Cell Biol.*, **11**, 274（1999）.
29）A. Tsubouchi et al., *J. Cell Biol.*, **159**, 673（2002）.
30）K. A. DeMali et al., *Curr. Opin. Cell. Biol.*, **15**, 572（2003）.

31) J. D. Hood, D. A. Cheresh, *Nat. Rev. Cancer*, **2**, 91 (2002).
32) N. C. Gauthier et al., *Mol. Biol. Cell*, **20**, 3261 (2009).
33) N. K. Noren et al., *J. Biol. Chem.*, **278**, 13615 (2003).
34) A. Besser, U. S. Schwarz, *New J. Phys.*, **9**, 425 (2007).
35) G. Civelekoglu-Scholey et al., *J. Theor. Biol.*, **232**, 569 (2005).
36) A. B. Verkhovsky et al., *J. Cell Biol.*, **131**, 989 (1995).
37) M. Kovacs et al., *Proc. Natl Acad. Sci. U. S. A.*, **104**, 9994 (2007).
38) T. S. Matsui et al., *Biochem. Biophys. Res. Commun.*, **395**, 301 (2011).
39) T. Saitoh et al., *FEBS Lett.*, **509**, 365 (2011).
40) T. S. Matsui et al., *Interface Focus*, **1**, 754 (2011).
41) K. J. Eilertsen et al., *J. Cell Biol.*, **126**, 1201 (1994).
42) K. Burridge, J. R. Feramisco, *Nature*, **294**, 565 (1981).
43) K. Naruse et al., *Am. J. Physiol.*, **27**4, H1532 (1998).
44) M. Chrzanowska-Wodnicka, K. Burridge, *J. Cell Biol.*, **133**, 1403 (1996).
45) L. Lu et al., *Cell Motil. Cytoskeleton*, **65**, 281 (2008).
46) A. Pitaval et al., *J. Cell Biol.*, **191**, 303 (2010).

Ⅱ

細胞の メカノバイオロジー

細胞接着斑とアクチン細胞骨格のメカノバイオロジー

Summary

細胞接着斑は，細胞を細胞外マトリックスに固定する接着装置であると同時に，細胞内外の力学情報を双方向に伝えるシグナル伝達装置でもある．接着斑は，アクチン線維や収縮線維ストレスファイバーと結合しており，細胞から細胞外マトリックスへ力を伝えると同時に，その反力を感知して細胞外マトリックスの硬さを細胞に伝えている．一方で，細胞接着斑やアクチン細胞骨格に生じる力がこれらの構造自体を変化させて，接着力や細胞骨格のダイナミクスを調節することで，細胞の運動や形態形成に本質的にかかわっている．つまり細胞接着斑は，力のセンサーであると同時にアクチュエーターでもあるというヌエ的性格をもつ複雑な分子装置である．本章では，細胞接着斑とアクチン細胞骨格に対する細胞内外の力学環境の影響について，特に力の作用/感知プロセスの分子機構を中心に解説する．

3.1　はじめに

生体内において，細胞は筋収縮，血流，創傷などに起因するさまざまな機械刺激にさらされている．細胞は，隣接する細胞や，細胞を取り囲む細胞外マトリックス（extracellular matrix）との間に接着構造を形成しており，細胞周辺に生じる力学的変化は，主にこれらの接着構造を介して細胞に伝えられる．細胞の内側では，細胞骨格と呼ばれるタンパク質線維が張り巡らされ，接着構造につながっている．この細胞骨格ネットワークは，細胞に物理的強度を与えて細胞の形状を保持するとともに，核を含む細胞内小器官にリンクすることで，細胞外から接着構造に加わった力をそれら小器官に伝達する[1)]．

一方で，接着構造や細胞骨格は，単に力を支えて伝えるだけの静的な構造体ではなく，常にダイナミックに再編成されている．メカノバイオロジーの観点から特に注目すべき点は，それらの再編成が機械刺激に応じて調節を受けるという事実である．また細胞骨格のうち，アクチン（actin）フィラメントは共役するモータータンパク質であるミオシン（myosin）とともに，細胞内での主要な力発生装置となっている．アクチン-ミオシンの系により細胞内で生じた力もまた，接着構造や細胞骨格ネットワークに伝達され，それらの再編成に影響を与える．

細胞の接着構造のうち，力に対する応答性が特によく調べられてきているのは，細胞接着斑もしくは焦点接着斑（focal adhesion）と呼ばれる，細胞-細胞外マトリックス間の接着構造である（図3.1）．そこで本章では，細胞接着斑とそれに結合したアクチン細胞骨格に焦点を当てて，これらの構造が力によりどのように調節されているのか概説する．

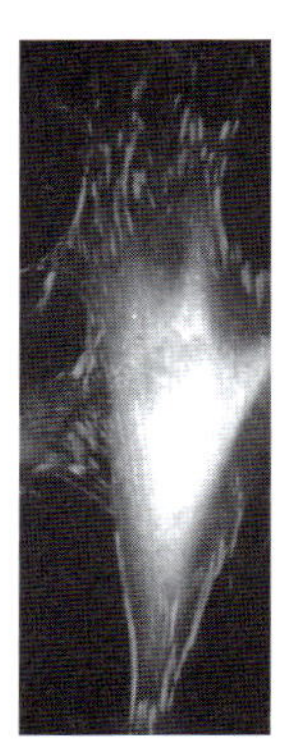

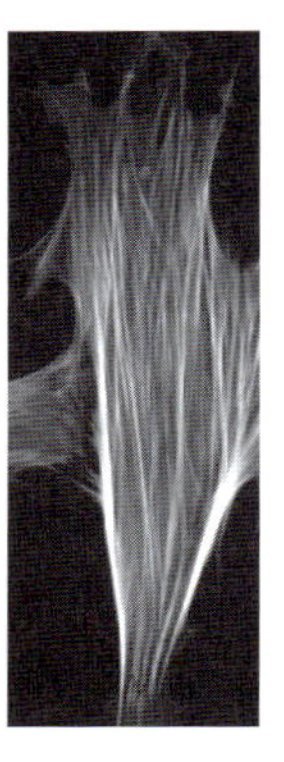

図 3.1　細胞接着斑とストレスファイバー
培養線維芽細胞における細胞接着斑（左）およびストレスファイバー（中）の分布と，その模式図（右）.

3.2　細胞接着斑の構造と機能

ほぼすべての細胞にとって，細胞外マトリックスとの接着は，生存・分化・増殖・運動といった細胞の基本機能の調節に必須である．正常な接着性細胞は，細胞外マトリックスと結合できない浮遊条件に置くと，アポトーシスを起こし死滅する．一方で，がん化した細胞は，細胞外マトリックスとの接着に依存せずに細胞塊を形成・成長させ，また血管中を浮遊した状態でも生存し遠隔転移を引き起こす．

細胞外マトリックスは，線維状タンパク質，プロテオグリカン，多糖などからなる会合体である．細胞外マトリックスに対する細胞膜上の受容体が細胞外マトリックスの各成分を特異的に認識し結合することで，細胞は細胞外マトリックスと接着する．この接着において主要な役割を果たしている細胞外マトリックス受容体が，インテグリンと呼ばれる一群の細胞膜貫通糖タンパク質である．インテグリンはα鎖とβ鎖が非共有結合で会合したヘテロダイマーとして機能している．18 種類のα鎖と 8 種類のβ鎖の組合せからなる 24 種類のヘテロダイマーがある[2]．各ヘテロダイマーはそれぞれ特定の細胞外マトリックスタンパク質と結合するため，発現するインテグリンの種類の違いによって，生体内では異なる細胞外マトリックス特異性をもつ多様な細胞が存在する．ただし，ほとんどのインテグリンヘテロダイマーは，異なる親和性で複数種の細胞外マトリックスと結合でき，やや緩やかな結合特異性をもっている．

細胞接着斑は，平面基質上に培養した線維芽細胞の電子顕微鏡による観察で，基質に面した電子密度の高い領域として見出された[3]．また，反射干渉顕微鏡を用いて，細胞が基質にきわめて接近（10〜15 nm）した領域として観察された[4]．その後，インテグリンがこの領域に集積していることが判明し[5,6]，細胞接着斑は細胞と基質との間の接着を担う主要な装置であることが明らかとなった．

細胞接着斑には，インテグリン以外にもさまざまなタンパク質が局在しており（図 3.2），わかっているだけでも 90 種類を超える[7]．細胞接着斑に存在するタンパク質の機能は多岐にわたるが，大まかには以下のように分類できる．

①細胞外マトリックス結合膜タンパク質：各種イ

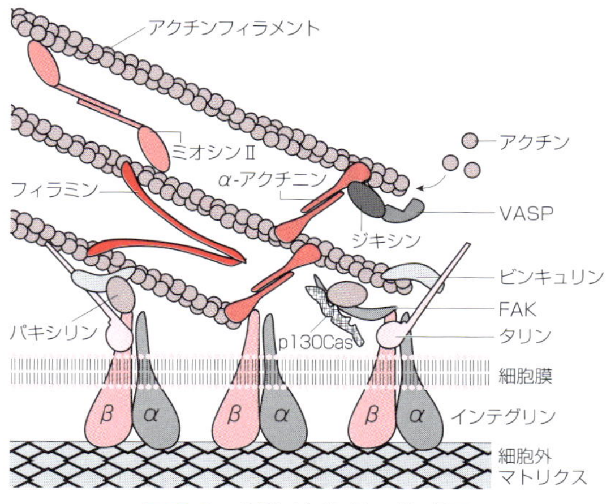

図 3.2　細胞接着斑の模式図
ストレスファイバーの端のアクチンフィラメントがタリン，α-アクチニン，ビンキュリンを介して，インテグリンと結合している．FAK や p130Cas などのシグナルタンパク質や，VASP などのアクチン重合調節タンパク質も局在している．

ンテグリンの他に，シンデカン4やライリンなどを含む．

②インテグリン-アクチン架橋タンパク質：インテグリンとアクチンの両方に結合することで，細胞接着斑とアクチン細胞骨格（ストレスファイバー）とをつなぐタンパク質．タリン（talin），α-アクチニン，フィラミン（filamin），テンシンなど．ビンキュリン（vinculin）はインテグリンとは直接結合しないが，タリン，α-アクチニン，アクチンと結合し，結果としてインテグリンとアクチンとをつなぐことに寄与しているので，ここに含める．

③チロシンリン酸化シグナルタンパク質：細胞接着斑にはチロシンリン酸化タンパク質が集積しており，リン酸化チロシンに対する抗体は細胞接着斑をきれいに染め上げる．チロシンキナーゼ（FAK; focal adhesion kinase や Src ファミリーキナーゼ），チロシンホスファターゼ（SHP2 や RPTP-α），およびそれらの基質タンパク質〔パキシリン（paxilin）や p130Cas〕が局在している．

④その他：上の①～③以外の機能をもつタンパク質．セリン/トレオニンリン酸化シグナルにかかわるタンパク質（ILK; integrin-linked kinase や PAK），リン脂質キナーゼ（PI3 キナーゼや PIP5 キナーゼ），アダプタータンパク質〔ジキシン（zyxin）やビネキシン〕，アクチン重合調節タンパク質（Ena/VASP やプロフィリン），低分子量Gタンパク質調節タンパク質（β-Pix）などが存在する．

上記のリストからもわかるように，細胞接着斑には接着を構造的に支持するタンパク質（上記分類の①と②）以外に，細胞内シグナリングにかかわるさまざまなタンパク質が局在している．これらのタンパク質は，インテグリンの細胞外マトリックスへの結合に応答して，下流にさまざまなシグナルを発生させ，細胞の生存・分化・増殖・運動の調節にかかわっている．すなわち細胞接着斑は，物理的な接着構造であると同時に，シグナル伝達のプラットフォームとしても機能している．

3.3 細胞接着斑の形成と発達

細胞接着斑の形成・解体の調節は，特に細胞の伸展や移動にとって本質的に重要である．細胞は伸展や移動に際して，仮足と呼ばれる突起を細胞先端から伸ばすが，その仮足部分に微小なドット状の接着構造（focal complex）を形成する．この初期接着構造は，短い時間サイクル（1～数分）で形成と解体を繰り返すが，このうち一部のものは，解体されずにより大きな細胞接着斑（focal adhesion もしくは focal contact）へと発達する．そして，細胞接着斑は，細胞の移動・伸展とともに，より長く伸びて安定な構造へと変化する（fibrillar adhesion とも呼ばれる）．これらの異なる接着構造では，その形状と動態のみではなく，構成する分子種にも違いが見られる（図3.3）[8]．

3.4 力による細胞接着斑の調節

細胞接着斑はストレスファイバーの一端と結合している．非筋細胞のストレスファイバーは，筋細胞の筋原線維と構造や分子構成（たとえばミオシンⅡや α-アクチニン）に共通性があり，当初から収縮力を発生するものと想像されていた．実際に Isenberg らは，レーザーで切り出した1本のストレスファイバーが ATP 存在下で収縮することを示した[9]．その後，薄いシリコン膜の上で培養した線維芽細胞がシリコン膜をひずませることが観察されたことで[10]，細胞内で発生した収縮力は接着を介して基質に伝わっていることが明らかとなった．

一方で細胞接着斑は，単に力を伝達するだけで

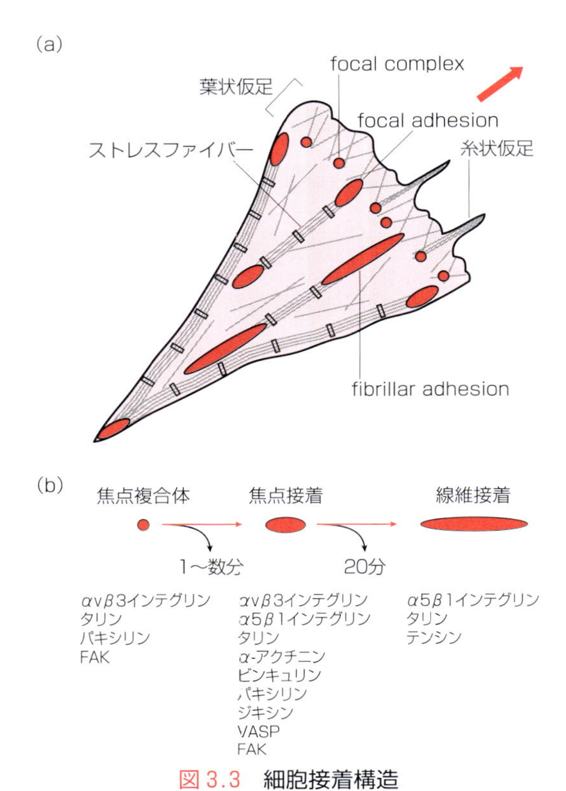

図 3.3　細胞接着構造

（a）移動中の細胞における細胞接着構造とアクチン細胞骨格の模式図．細胞は進行方向に向かって，アクチンフィラメントに富んだ葉状仮足や糸状仮足を伸ばし，そこで focal complex と呼ばれる初期接着構造を形成する．focal complex のうち一部のものは，ストレスファイバーとリンクした focal adhesion へと発達する．focal adhesion はさらに，長く伸びた fibrillar adhesion へと変化する．（b）細胞接着構造の発達に伴う，動態と構成分子の変化．focal complex は 1 〜数分で，focal adhesion は 20 分程度で解体される．解体されなかった一部のものは，より安定した接着構造へと発達する．各タイプの細胞接着構造を構成する代表的な分子を記す．

はなく，その構造自身が力によって調節を受けている．細胞の収縮力の発生は主にミオシンⅡに依存しており，非筋ミオシンⅡはその調節軽鎖のリン酸化により活性化される．Ca^{2+}/カルモジュリンによるミオシン軽鎖キナーゼ（MLCK）の活性化と低分子量 G タンパク質 RhoA による Rho キナーゼの活性化とがミオシンⅡ調節軽鎖のリン酸化にかかわっており，MLCK，RhoA，Rho キナーゼのいずれの阻害によっても細胞接着斑は消失し，形成されなくなる[11-14]．また，ミオシンⅡの ATPase 活性を阻害しても，細胞接着斑が消失する．一方で，初期接着構造（focal complex）はミオシンⅡが不活性の条件でも形成されることから，ミオシンⅡの活性は，focal complex から細胞接着斑への変換と，細胞接着斑の維持に必要であると考えられた．重要なことに，ミオシンⅡの活性を阻害した条件でも，細胞外からインテグリンを介して力を負荷すると，細胞接着斑の形成が見られた[15]．このことから，力そのものが細胞接着斑の形成にかかわっていることが明らかとなった．一つの細胞における個々の細胞接着斑の面積は，それぞれの細胞接着斑に加わる力の大きさに比例しており[16]，外力を一部の細胞接着斑に加えるとその細胞接着斑の面積のみが大きくなる[15]．すなわち，細胞接着斑は，その一つ一つが，局所的な力学状態（細胞外マトリックス-細胞接着斑-ストレスファイバー系の張力）を感知して応答する超分子力学センサーであるといえる．

3.5　細胞接着斑構成分子の力に対する応答の多様性

前節では，細胞接着斑をひとくくりにして，その力依存性について述べたが，実際には，細胞接着斑を構成する分子の細胞接着斑への局在は，分子の種類によって異なる力依存性を示す．細胞接着斑の力依存性について調べた研究のうちの多くは，ビンキュリンを細胞接着斑のマーカータンパク質として用いており，ビンキュリンの集積状態の変化で細胞接着斑の形成・消失を議論している．実際，ビンキュリンの細胞接着斑への局在は，高い力依存性を示す[15,16]．しかし，ビンキュリンの結合相手であるタリンとパキシリン，および一部のインテグリンは，ミオシンⅡの ATPase 活性を阻害しても集積が形成される[17,18]．注目すべきことに，これらの分子は初期接着構造の構成成分である．このことから，インテグリン，タリン，パキシリンのクラスターはミオシンⅡによる力に依存せずに形成され，そこに力が加わることでビンキュリンを含む他の分子が集積し，細胞接着斑へと発達するものと考えられる．

ミオシンⅡによる力の発生は，接着部位への分子の局在調節だけではなく，細胞接着斑分子の生化学的修飾にもかかわっている．上述のように，パキシリンの局在はミオシンⅡに依存しないが，ミオシンⅡの活性化によりリン酸化される[18]．同じくFAKのリン酸化もミオシンⅡの活性に依存している．リン酸化されたパキシリンは，ビンキュリンやアダプタータンパク質Crkと結合し，これらの分子の細胞接着斑への局在や，細胞運動の調節にかかわっている[18,19]．またリン酸化FAKは，Srcファミリーキナーゼと結合しそれを活性化することで，細胞の増殖や運動の調節にかかわる多くの細胞内シグナル経路を活性化する[19]．

3.6　細胞接着部位の機械的強度の力による調節

細胞が機械刺激（血流による剪断応力や，細胞外マトリックスの変形）によって剥離されず，また細胞移動に際して十分な大きさの牽引力を発生するためには，これらの力学的負荷に抗するだけの十分な機械的強度が細胞接着部位に必要である．感心することに，細胞は細胞外マトリックスとの接着部位に負荷がかかると，その部分の機械的強度を強化する（硬くする）[20,21]．

この現象の実態は，接着部位のインテグリンクラスターと，細胞内のアクチン細胞骨格との間のリンクの増強である．細胞外マトリックスと結合したインテグリンは，まずタリンを介してアクチン細胞骨格と結合するが[22]，このタリンを介した結合に力が加わると，アクチン細胞骨格とインテグリンとの間の結合強度が増加する[23]．そして，この結合強化には，アクチンフィラメントが局所的に集積することがかかわっている[24,25]．力が加わった接着部位には，アクチン重合促進タンパク質VASPがアダプタータンパク質であるジキシンとともにリクルートされ，アクチン重合によるアクチンフィラメントの形成を局所的に促進する[17]．形成されたアクチンフィラメントはアクチン架橋タンパク質によってアクチン細胞骨格ネットワークとリンクされる．アクチンフィラメントに加えてフィラミンやビンキュリンが力依存的に集積することで[15,26]，インテグリン・タリンのクラスターとアクチン細胞骨格とをつなぐ結合数が増加し，両者の間のリンクが増強されるものと考えられる．

3.7　細胞接着斑における力学センサー分子の探索

ここまでで述べたように細胞接着斑は力により局所的かつ高度に調節されているが，その分子機構の理解はなかなか進まなかった．その理由の一つとして，力を感知して細胞生物的シグナルに変換する分子実体（力学センサー）が長らく不明であったことがあげられる．そのため近年，細胞接着斑における力学センサー分子を同定するための試みが盛んになってきている．

3.7.1　p130Cas

力学センサー分子として機能しうることが報告された最初の細胞接着斑分子は，チロシンリン酸化タンパク質p130Casである．p130CasはSrcファミリーキナーゼによりリン酸化され，それによってアダプタータンパク質Crkを介して，低分子量Gタンパク質（Rap1やRac）のGTP/GDP交換因子（C3GやDOCK180）と結合するようになる．またp130Casのリン酸化は，細胞接着斑の解体を促進する．組換えタンパク質を用いた *in vitro* での実験から，p130Cas は基質ドメインが引き伸ばされることで，Src ファミリーキナーゼによるリン酸化を受けるようになることが示された[27]．p130Cas は N 末端の SH3 ドメインで FAK と結合することにより細胞接着斑に局在するが，p130Cas とアクチンもしくはアクチン結合タンパク質との直接の結合は報告されておらず，実際の細胞において p130Cas がどのように力を受けて引き伸ばされるのかについては，これからの研究で明らかにされる必要がある．

3.7.2 タリン

タリンは，N 末端のヘッドドメインとそれ以外のロッドドメインからなり，長さ 60 nm ほどの長く柔軟なタンパク質である（図 3.4）[28]．タリンは，インテグリンおよびアクチンの両方に結合でき，

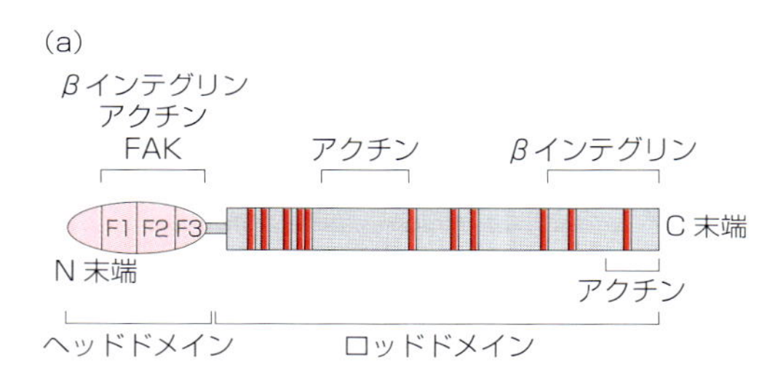

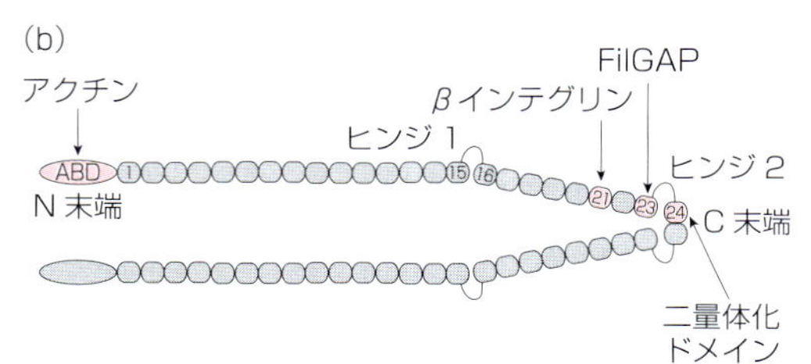

図 3.4　タリンとフィラミン A

（a）タリンのドメイン構造．ヘッドドメインとロッドドメインからなり，ヘッドドメインには FERM ドメイン（F1，F2，F3）を含む．ロッドドメインには最大 11 個のビンキュリン結合サイト（赤）が存在する．ヘッドドメインとロッドドメインの両方に，インテグリンおよびアクチンへの結合部位が存在する．（b）フィラミン A ホモ二量体のドメイン構造．N 末端のアクチン結合ドメイン（ABD）と 24 個のイムノグロブリン様（Ig）ドメインからなり，途中 2 カ所のヒンジ領域を含む．24 番目の Ig ドメインでホモ二量体を形成する．21 番目の Ig ドメインにはβインテグリンが，23 番目の Ig ドメインには FilGAP が結合する．

上述したように，インテグリンとアクチン細胞骨格との間のリンクに寄与している．このことから，タリンは両者の間で力を受ける環境にあり，長らく細胞接着斑における力学センサー分子の有力候補と目されてきた．タリンのロッドドメインには最大 11 個のビンキュリン結合サイトがあるが，興味深いことに，そのうちの多くのものは，タリンの分子内相互作用で隠されていて，分子表面に露出していない[29,30]．分子動力学シミュレーションにより，これらの分子内に隠れたビンキュリン結合サイトは，タリンへの力の負荷により露出することが予想された[31]．そして実際に，精製したタリンのロッドドメインに *in vitro* で力を負荷すると，蛍光標識したビンキュリンヘッドドメインの結合数が増加することが観察された[32]．その後，N 末端と C 末端をそれぞれ蛍光標識したタリン分子の細胞内における高分解能イメージングによって，タリン分子はインテグリンとアクチン細胞骨格とをつなぐように配向しており[33]，またミオシン II の活性に依存して引き伸ばされていることが明らかとなった[34]．

3.7.3 インテグリン

インテグリンは細胞外マトリックスの直接の受容体であり，細胞はインテグリンを介して力を細胞外マトリックスに伝えている．インテグリンの細胞外マトリックスに対する親和性は，細胞内からの “inside-out” シグナリングで調節されており，インテグリン β サブユニットの細胞質ドメインにタリンのヘッドドメインが結合することで，インテグリンは活性化され細胞外マトリックスへの親和性が高まる[35]．

このタリンによる調節に加えて，インテグリンと細胞外マトリックスとの結合は，そこに力（外力やストレスファイバー由来の内力）が加わることによって強化されることが明らかになってきた[36,37]．通常，分子間の結合は，そこに力が加わ

ると結合寿命が短くなり，解離しやすくなる．しかし，$\alpha 5\beta 1$ インテグリンとそのリガンドであるフィブロネクチン（fibronectin）との結合は，10～30 pN の力が加わると，結合寿命が長くなるのである[37]．このような，力の負荷により結合寿命が長くなる結合はキャッチボンド（catch bond）と呼ばれ，他のいくつかのタンパク質間結合でも報告されてきている（たとえば文献 38）．

3.7.4 フィラミン A

フィラミン A は，分子量 280 kDa のアクチン結合タンパク質である．N 末端にアクチン結合ドメイン，C 末端には二量体形成ドメインがあり，ホモ二量体としてアクチンフィラメントを架橋する．分子中に 2 カ所のヒンジ領域があり，またイムノグロブリン様の折りたたみが 24 個連なった構造をしているため，非常に柔軟である（図 3.4）．

フィラミン A はインテグリンを含む数多くのタンパク質と結合するが，このうち $\beta 7$ インテグリンおよび FilGAP（低分子量 G タンパク質 Rac の GTPase 活性化因子）のフィラミン A との結合が，力により調節を受けるとの報告がなされた[39]．フィラミン A とアクチンフィラメントを混ぜて *in vitro* で構成したメッシュワークに，$\beta 7$ インテグリンと FilGAP を加えると，FilGAP がフィラミン A と結合する．しかしこのメッシュワークに力を加えると，FilGAP はフィラミン A から解離し，代わりに $\beta 7$ インテグリンが結合するようになる．同様の現象が実際の細胞内で機能しているのかどうかは現在のところ不明だが，フィラミン A はアクチン細胞骨格に生じる力を感知し，細胞接着斑におけるインテグリンとアクチン細胞骨格とのリンクを調節しているのかもしれない．

3.7.5 フィブロネクチン

細胞外マトリックスの成分であるフィブロネクチンにも，力応答性のあることが明らかにされている．フィブロネクチンは可溶性の二量体として細胞から分泌されるが，互いに結合して不溶性の線維を形成する．この線維形成が，細胞からインテグリンを介して伝えられる力によって促進される．この現象は，フィブロネクチン分子が力によって部分的に引き伸ばされ，フィブロネクチン結合サイトを露出することによっている[40-42]．RhoA を介したミオシン II の活性化を阻害したりアクチン細胞骨格を壊したりして細胞の収縮力発生を妨げると，フィブロネクチンの線維形成は抑制される[39]．

3.8 細胞接着斑の動的描像

細胞接着斑は比較的安定に形状を保持しその場に留まるが（数十分程度），一方でその構成分子の多くは細胞接着斑と細胞質との間で素早く入れ替わっている（数秒～1分）[18]．また細胞接着斑分子の細胞接着斑からの解離速度は，細胞接着斑への力の負荷によって変化する[43,44]．すなわち力による細胞接着斑の調節は，ある分子間結合をオン-オフするというよりも，構成分子の細胞接着斑への結合・解離速度をモジュレートすることによっているというほうが正確であろう．

アクチン細胞骨格とインテグリンとの間をつなぐ分子（たとえば α-アクチニン，タリン，ビンキュリン）も細胞接着斑において常に入れ替わっている．そのため，アクチン細胞骨格は細胞接着斑に強固に固定されているのではなく，ミオシン II による収縮力によってインテグリンのクラスターに対して滑り運動を生じる[45,46]．細胞は，この滑りやすさの度合いを調節することによって，収縮力をどの程度インテグリンを介して細胞外に伝えるか決めているように見える（図 3.5）．このメカニズムは，自動車においてエンジンから車輪への駆動力の伝達がクラッチによって調節されて

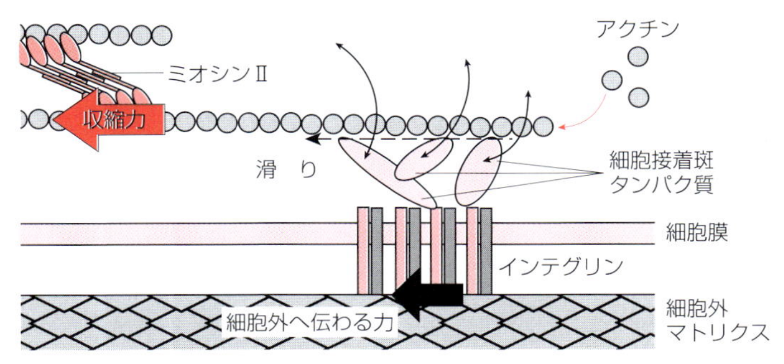

図 3.5　細胞接着斑とアクチン細胞骨格とのリンクの動的描像

インテグリンとアクチンフィラメントとの間を架橋する細胞接着斑タンパク質は，細胞接着斑と細胞質との間で入れ替わっている．このような架橋の動的性質のため，ミオシンII により引っ張られたアクチンフィラメントは細胞接着斑に対して滑りを生じる．この滑りの度合いは，架橋タンパク質の細胞接着斑における数と滞在時間によって調節される．架橋タンパク質が細胞接着斑に少なかったり，細胞接着斑からすぐ解離したりすると，アクチンフィラメントの細胞接着斑に対する滑りが大きく，力をインテグリンにあまり伝えられない．一方，多数の架橋タンパク質が細胞接着斑に長時間留まると，アクチンフィラメントは細胞接着斑に対してほとんど滑らなくなり，力を効率よくインテグリンに伝えることができる．

いることと似ており，「分子クラッチ機構」とも呼ばれる[47]．最近，筆者らは，細胞接着斑でタリン分子に力が加わってビンキュリンが集積するようになることが，アクチン細胞骨格とインテグリンとの間で「クラッチ」をつなぐことに必須であることを見出した[48]．

3.9　アクチン細胞骨格の力に対する応答

ストレスファイバーは，もともと光学顕微鏡により培養非筋細胞中を横切る直線状の構造として観察され，1924 年に報告された[49]．このときすでに原形質中の張力状態と関係があるのではないかと想像され，“tension striae” と名づけられている．その後，この構造がアクチンフィラメントの束からなること[50]，またこの構造に沿って，筋原線維のサルコメアパターンと同様に，ミオシン，α-アクチニン，トロポミオシンが周期的に分布することが明らかとなり[51-53]，すでに述べたように Isenberg らによってその収縮能が確認された[9]．

ストレスファイバーは，収縮力の発生装置であると同時にそれ自身の形成と解体も細胞の力学的状態に依存している．細胞接着斑の場合と同様，ストレスファイバーの形成・維持には，RhoA-Rho キナーゼ経路によるミオシンIIの活性化が必要である[11-14]．また細胞を微小なガラス針で引っ張ると，引っ張られた領域でその方向と平行にストレスファイバーが形成される[54,55]．これらのことから，細胞内での張力の発生がストレスファイバーの形成に重要であると考えられた．実際，ミオシンIIの活性を阻害した状態でも，細胞に外から伸展刺激を与えることによってストレスファイバーは形成されることから[56,57]，張力そのものが重要であることは確かなようである．基質に固定したコラーゲンゲル上に培養した線維芽細胞はストレスファイバーを形成するが，ゲルを基質から浮かした場合には形成しない[58]．この結果もまた，ストレスファイバー形成への張力の重要性を支持する．

では，ストレスファイバーは細胞内においてどのように形成されるのであろうか．細胞の細胞外マトリックスへの接着部ではアクチン重合が盛んであり，初期接着構造からアクチンフィラメントの束が徐々に伸びてくる[59]．これには，アクチン伸長因子であるFormin ファミリーのmDia1 がかかわっている．それと同時に，ミオシンⅡの多量体がアクチンフィラメントのメッシュワークを束ねていく[60]．そして，このようにしてできた短いアクチンフィラメントの束どうしは互いに融合し，長いストレスファイバーへと成長していく[59,61]．

このストレスファイバー形成の過程において，細胞内の力がどのように関与しているのかは現在のところ不明である．ただ興味深いことに，細胞膜に穴をあけて細胞質中の可溶成分を除いた系において，アクチンフィラメントとミオシンⅡ，アクチン架橋タンパク質からなるメッシュワークに外部から引張力を加えると，その向きと平行なアクチンフィラメントの束が形成される[61]．このことから，アクチンフィラメントのメッシュワーク自体に，引張力に応答して束構造へと変化する自己組織化能のあることが想像される（図3.6）[62]．また最近，アクチンフィラメントに張力が生じると，アクチン切断タンパク質であるコフィリン（cofilin）による切断を受けにくくなるとの報告がなされた[63]．一定の張力が生じているアクチンフィラメントが選択的に安定化され，ストレスファイバーを形成するのかもしれない．

ストレスファイバーの太さも，細胞の力学状態により変化する．細胞に伸展刺激やせん断応力刺激を加えると，ストレスファイバーが太くなる現象が観察される．このストレスファイバーの強化には，アクチン重合促進タンパク質VASP がアダプタータンパク質ジキシンとともに刺激に応答してストレスファイバーへ局在するようになることが必要である[57,64]．ジキシンとVASP は，ストレスファイバーの修復にもかかわっている．1本のストレスファイバーの中に，細く引き伸ばされて切れそうになった部位ができると，ジキシンとVASP がその部位に集積し，おそらくアクチン重合を局所的に促進することで，ストレスファイバーが切れて崩壊するのを防いでいる[65,66]．

3.10 おわりに

本章では，細胞接着斑とアクチン細胞骨格の力に対する応答性について述べた．これらの構造が

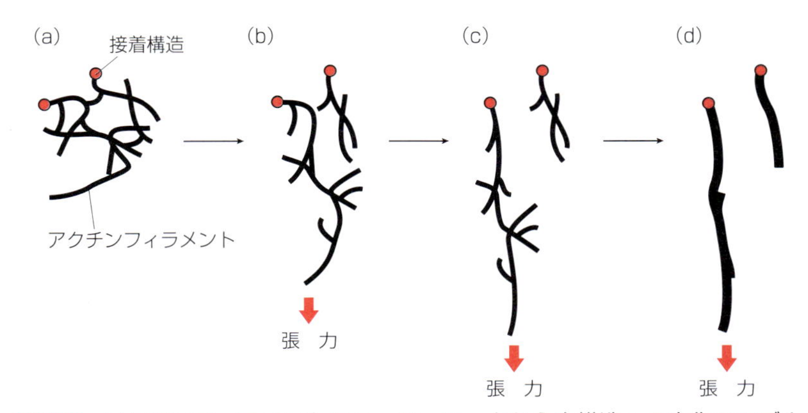

図3.6 アクチンフィラメントのメッシュワークから束構造への変化のモデル
（a）アクチンフィラメントが互いに架橋されてできたメッシュワーク．一部が細胞接着部位に結合している．（b）メッシュワークに張力がかかると，弱い架橋がはずれる．（c）つながり合ったアクチンフィラメントが，張力の方向に伸ばされる．（d）アクチンフィラメントどうしがミオシンⅡの多量体によるジッパリング作用によって束ねられ，張力の向きと平行なアクチンフィラメントの束が形成される．

力と密接にかかわっているということは，古くから認識されてきた．にもかかわらず，力によりこれらの構造が調節される分子メカニズムについては，ようやくその一部がわかり始めてきた段階である．力の受容から，分子間相互作用や分子修飾などの生化学的変化へと至る「メカノトランスダクション（mechanotransduction）」の仕組みを理解するためには，その入力（力）—応答（生化学反応）関係を明らかにする必要がある．しかし，実際の細胞において細胞接着斑やアクチン細胞骨格の構成分子に生じた力の大きさを見積もることは難しく，このことがメカノバイオロジー研究の一つのネックとなっていた．

ところが近年，細胞接着斑のビンキュリンに生じた力の大きさを生細胞中でピコニュートン（pN）レベルで定量する方法が開発された[67]．ビンキュリンの分子中にクモの糸のタンパク質由来の弾性ペプチド配列を挿入し，そのペプチド配列の伸びをペプチド配列の両端につけた蛍光タンパク質間の蛍光共鳴エネルギー移動（fluorescence resonance energy transfer；FRET）効率から評価する．これによって，弾性ペプチド配列にかかっている引張力（ビンキュリン分子に生じた力）の大きさを定量するのである．この方法は，ビンキュリン以外のタンパク質にも適用可能であり，細胞接着斑・アクチン細胞骨格におけるメカノトランスダクション機構の理解を飛躍的に発展させる可能性を秘めている．

（平田宏聡・曽我部正博）

文　献

1）A. J. Maniotis et al., *Proc. Natl. Acad. Sci. USA*, **94**, 849（1997）.
2）C. Margadant et al., *Curr. Opin. Cell Biol.*, **23**, 607（2011）.
3）M. Abercrombie et al., *Exp. Cell Res.*, **67**, 359（1971）.
4）C. S. Izzard, L. R. Lochner, *J. Cell Sci.*, **21**, 129（1976）.
5）W. T. Chen et al., *J. Cell Biol.*, **100**, 1103（1985）.
6）C. H. Damsky et al., *J. Cell Biol.*, **100**, 1528（1985）.
7）R. Zaidel-Bar et al., *Nat. Cell Biol.*, **9**, 858（2007）.
8）R. Zaidel-Bar et al., *Biochem. Soc. Trans.*, **32**, 416（2004）.
9）G. Isenberg et al., *Cell Tiss. Res.*, **166**, 427（1976）.
10）A. K. Harris et al., *Science*, **208**, 177（1980）.
11）A. J. Ridley, A. Hall, *Cell*, **70**, 389（1992）.
12）M. Chrzanowska-Wodnicka, K. Burridge, *J. Cell Biol.*, **133**, 1403（1996）.
13）M. Uehata et al., *Nature*, **389**, 990（1997）.
14）M. Amano et al., *Science*, **275**, 1308（1997）.
15）D. Riveline et al., *J. Cell Biol.*, **153**, 1175（2001）.
16）N. Q. Balaban et al., *Nat. Cell Biol.*, **3**, 466（2001）.
17）H. Hirata et al., *J. Cell Sci.*, **121**, 2795（2008）.
18）A. M. Pasapera et al., *J. Cell Biol.*, **188**, 877（2010）.
19）S. K. Mitra et al., *Nat. Rev. Mol. Cell Biol.*, **6**, 56（2005）.
20）N. Wang et al., *Science*, **260**, 1124（1993）.
21）D. Choquet et al., *Cell*, **88**, 39（1997）.
22）G. Jiang et al., *Nature*, **424**, 334（2003）.
23）G. Giannone et al., *J. Cell Biol.*, **163**, 409（2003）.
24）M. Glogauer et al., *J. Cell Sci.*, **110**, 11（1997）.
25）D. Icard-Arcizet et al., *Biophys. J.*, **94**, 2906（2008）.
26）M. Glogauer et al., *J. Biol. Chem.*, **273**, 1689（1998）.
27）Y. Sawada et al., *Cell*, **127**, 1015（2006）.
28）D. R. Critchley, *Biochem. Soc. Trans.*, **32**, 831（2004）.
29）E. Papagrigoriou et al., *EMBO J.*, **23**, 2942（2004）.
30）A. R. Gingras et al., *J. Biol. Chem.*, **280**, 37217（2005）.
31）S. E. Lee et al., *J. Biomech.*, **40**, 2096（2007）.
32）A. del Rio et al., *Science*, **323**, 638（2009）.
33）P. Kanchanawong et al., *Nature*, **468**, 580（2010）.
34）F. Margadant et al., *PLoS Biol.*, **9**, e1001223（2011）.
35）S. Tadokoro et al., *Science*, **302**, 103（2003）.
36）J. C. Friedland et al., *Science*, **323**, 642（2009）.
37）F. Kong et al., *J. Cell Biol.*, **185**, 1275（2009）.
38）B. T. Marshall et al., *Nature*, **423**, 190（2003）.
39）A. J. Ehrlicher et al., *Nature*, **478**, 260（2011）.
40）C. Zhong et al., *J. Cell Biol.*, **141**, 539（1998）.
41）G. Baneyx et al., *Proc. Natl. Acad. Sci. USA.*, **99**,

5139 (2002).
42) M. Gao et al., *Proc. Natl. Acad. Sci. USA*, **100**, 14784 (2003).
43) T. P. Lele et al., *J. Cell Physiol.*, **207**, 187 (2006).
44) H. Wolfenson et al., *J. Cell Sci.*, **124**, 1425 (2011).
45) C. M. Brown et al., *J. Cell Sci.*, **23**, 2942 (2006).
46) K. Hu et al., *Science*, **315**, 111 (2007).
47) G. Giannone et al., *Trends Cell Biol.*, **19**, 475 (2009).
48) H. Hirata et al., *Am. J. Physiol. Cell Physiol.*, **306**, C607 (2014).
49) W. H. Lewis, M. R. Lewis, "*General Cytology*," E. V. Cowdry eds., University Chicago Press, pp.385 (1924).
50) R. D. Goldman et al., *Cell Res.*, **90**, 333 (1975).
51) K. Weber, U. Groeschel-Stewart, *Proc. Natl. Acad. Sci. USA.*, **71**, 4561 (1974).
52) E. Lazarides, K. Burridge, *Cell*, **6**, 289 (1975).
53) E. Lazarides, *J. Cell Biol.*, **65**, 549 (1975).
54) J. Kolega, *J. Cell Biol.*, **102**, 1400 (1986).
55) I. Kaverina et al., *J. Cell Sci*, **115**, 2283 (2002).
56) R. Kaunas et al., *Proc. Natl. Acad. Sci. USA.*, **102**, 15895 (2005).
57) L. M. Hoffman et al., *Mol. Biol. Cell*, **23**, 1846 (2012).
58) J. M. A. Farsi, J. E. Aubin, *Cell Motil.*, **4**, 29 (1984).
59) P. Hotulainen, P. Lappalainen, *J. Cell Biol.*, **173**, 383 (2006).
60) A. B. Verkhovsky et al., *J. Cell Biol.*, **131**, 989 (1995).
61) B. Zimerman et al., *Cell Motil. Cytoskeleton*, **58**, 143 (2004).
62) H. Hirata et al., *Biochim. Biophys. Acta*, **1770**, 1115 (2007).
63) K. Hayakawa et al., *J. Cell Biol*, **195**, 721 (2011).
64) M. Yoshigi et al., *J. Cell Biol.*, **171**, 209 (2005).
65) J. Colombelli et al., *J. Cell Sci.*, **122**, 1665 (2009).
66) M. A. Smith et al., *Dev. Cell*, **19**, 365 (2010).
67) C. Grashoff et al., *Nature*, **466**, 263 (2010).

細胞間接着のメカノバイオロジー

Summary

多細胞動物の組織では細胞は細胞外基質からの力を受けているだけではなく，隣接する細胞からの力も受けている．このような力は特に上皮組織の変形や形態維持に重要である．しかし近年まで，細胞間に伝達する力がどのように感知されているのか，また実際に力に対する明確な反応があるのかどうかは不明であった．細胞内の収縮力を隣接する細胞へ伝達する役割を担うのがアクチン線維を結合した細胞間接着装置であるアドヘレンスジャンクション（AJ）である．隣接する細胞はAJを介して引っ張りあっている．AJの構造的な発達や特定の構成要素の集積はAJにかかる力に依存し，力が強い程AJは発達し，力に抵抗し，また引っぱり返すことができるようになる．このように，力がかかるとAJという構造そのものが力を感知し，タンパクの集積を変化させるという反応をすることが近年明らかになった．AJの構成要素の一つであるビンキュリンというアクチン線維結合タンパク質が張力依存性の集積を明瞭に示すことから，それを手がかりにAJにおけるメカノトランスダクションの分子機構を解明する研究が進みつつある．AJの必須な要素，カドヘリン-カテニン複合体中のαカテニンが張力感受性をもち，αカテニンに張力がかかると分子内のビンキュリンとの結合の阻害が解除されビンキュリンと結合できるようになる．強い力で引っ張られたAJはビンキュリンが集積することでより多くのアクチン線維と結合できるようになり，引っ張り返すことができるという，隣接する細胞間の張力のバランスを取る仕組みの存在が見えてきている．さらなる分子機構の理解，またこのような張力感受性の形態形成における意義，さらには細胞の増殖，分化などへの影響について今後の研究の進展が期待される．

4.1　はじめに

細胞はそれが接着している細胞外基質などからだけでなく，隣接する細胞によっても押されたり引っ張られたりの力を受けていることは古くから知られている．細胞どうしが引っ張りあう力が多細胞動物の形態形成に重要であることについては，近年になっても重要な報告がされている[1-4]．細胞外基質からの力に対しては，細胞が細胞基質間接着装置の形成を調節すること，また核での遺伝子発現を変化させ分化を起こすことなど，かなり多くのことがわかってきている[5-11]．しかし，細胞間に働く力学的シグナルに対する生体の反応に関しては最近までほとんどわかっておらず，細胞が隣接する細胞からの力をどのように感知するのかという点についても，分子レベルの実験的な研究は全くなかった．

この理由の一つは，細胞外基質の場合は成分，形（パターン），硬さなどを変えて実験的に解析するのが容易であるのに対し，細胞を都合よく操作して細胞間にかかる力を変えさせたり，細胞間にかかっている力を実測したりするのはかなり困難なためであろう．さらにもう一つの理由は，細胞が力を細胞間接着装置によって伝達するとしても，それは非常に安定であって，力の強さを感じて変化するものとはみなされてこなかったためと考えられる．

しかし最近，細胞が隣接する細胞からの張力を感じて細胞間接着装置の発達を調節すること，そしてその分子機構の一端がようやくわかってきた．これらをさらに発展させ，分子機構の全貌を理解し，その機構をもっていることが多細胞動物の形態形成や機能，分化に対していかに重要であるかを実験的に明らかにしていくことを目指す研究が世界的に進行しており，現在開拓中の分野となっている[12, 13]．

4.2 細胞間接着という現象とその重要性

4.2.1 上皮の接着と極性

細胞間接着は多細胞動物の体作りにおいては非常に基本的な現象である．細胞は接着によって結合して集合体（組織）を作ることができる．特に上皮細胞という体の表面を覆う細胞は，接着して上皮シートとなることで生体外と生体内とを明確に仕切り，生体内という特別な空間を作る．外表面を覆う上皮組織には表皮や乳腺などがあり，内表面を覆っているのは消化管内腔に面した上皮や腎臓の尿細管の細胞などである．これらの上皮がしっかり接着していなければ，生体内の環境が保てず，恒常性が維持できない．体液が外部に漏れたり，消化液，食物，病原菌が体内に自由に侵入するようでは困る．血液の成分をろ過し，その後，選択的に再吸収することができるのも上皮が隙間のないシートを形成しているためである．多くの上皮シートでは，細胞間はタイトジャンクション（tight junction）という接着装置によって隙間なく結合しており，高分子はもちろん，低分子の無機イオンも自由に通過できないようになっている．これは上皮のバリア機能と呼ばれる（図4.1）[14]．

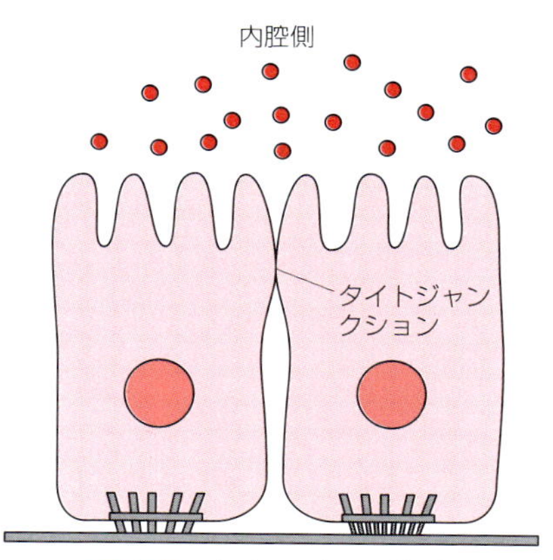

図4.1　上皮のバリア機能
内腔側の分子がタイトジャンクションを自由に通過できず，上皮細胞シートを挟んで異なる細胞外環境が作られる．

上皮細胞が体を覆って特別な空間を作るのに関連することだが，上皮細胞には極性がある．生体内，具体的には細胞外基質に接しているベイサル（basal）側と，隣接する細胞と接するラテラル（lateral）側とを合わせてバソラテラル（baso-lateral）側と呼び，生体外に面している側はアピカル（apical）側と呼ぶ（図4.2）．たとえば消化管内腔に面した上皮細胞は，アピカル側では栄養を細胞内へ吸収し，バソラテラル側では栄養を細胞外へ放出する必要がある．この機能の違いに伴い，細胞膜上のタンパク質の分布，細胞内のオル

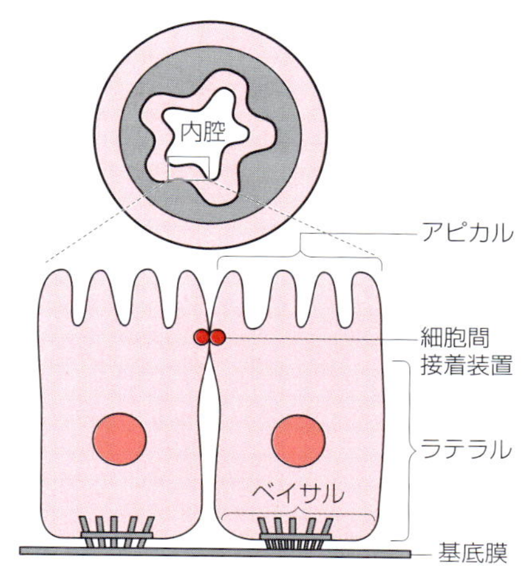

図4.2　上皮細胞の極性
例として消化管の内腔を覆う上皮細胞を示している．

ガネラや細胞骨格などの分布が偏り（極性）をもっている．このような細胞の極性化は細胞が隙間なく接着することと密接に関連しており，器官の機能を支えている[15]．

4.2.2　接着と組織の増殖，分化，機能

また細胞間の接着と細胞の増殖には密接な関係がある．増殖の接触阻止と呼ばれる現象が古くから知られている．培養した細胞の密度が高くなり，細胞間に生理的な接着が起こると，増殖率が低下する．がん細胞には無限の増殖能の獲得に加え，細胞間接着の破綻が起きているものも多い．細胞間接着がどのようなシグナルを誘発し，細胞増殖を抑制しているのかについての研究も盛んに行われている[16]．

上皮シートが独自の機能をもつ器官へと分化する際には細胞間接着のさらに二つの機能が重要となる．一つは細胞認識の機能である．たとえば同じ上皮細胞とは，同じ細胞であることを認識して接着を行い，血球や筋肉などとは接着をしないような仕組みが必要である．もう一つは細胞が離れてしまわないような結合の強さをもつこと，またそれに関連して細胞の収縮力を隣接する細胞に伝達するという機能である．これらは特定の細胞が集まり，特定の形態形成を行い，さらに器官の形態を維持するために欠かせない機能である[2,17]．またこれまで話を上皮細胞に限ってきたが，心筋のような力を発生することに特化した上皮でない細胞でも，細胞が接着することによって細胞間に力が伝達する．これは，心臓のポンプの作用に必須である．

さらに細胞間の接着は神経におけるシナプス形成，免疫系細胞の特定の細胞との相互作用，血管内を流れる血球と血管内皮細胞との一過的な接着などさまざまな重要なものがあるが，ここでは力の伝達や形態形成についてさらに解説する．

4.3　細胞間接着における力の伝達

筋肉が収縮するとき，細胞間接着が十分な構造的な強さをもたないと細胞が解離することになり，組織全体の収縮ができずに機能不全となる．なお，骨格筋や平滑筋ではその筋細胞の収縮力の伝達は細胞と細胞外基質間との接着を介してなされるが，心筋では上述のように細胞と細胞との接着を介してなされる．

4.3.1　力の伝達の二つの例：アピカルコンストリクションと損傷修復

細胞集団が細胞の収縮力を隣接する細胞に伝達し，それを形態形成に利用する例として有名なものはアピカルコンストリクション（apical constriction）と呼ばれる現象である[18]．これは脊椎動物の胚発生における神経管形成などで顕著である（図 4.3）．細胞外基質の上に付着している平らな上皮シートは横断面で見ると一層の細胞が横に並んでいて上面がアピカル面である．このとき，ある領域内の細胞集団においてアピカル面近くで細胞内のアクトミオシン（actomyosin）による収縮

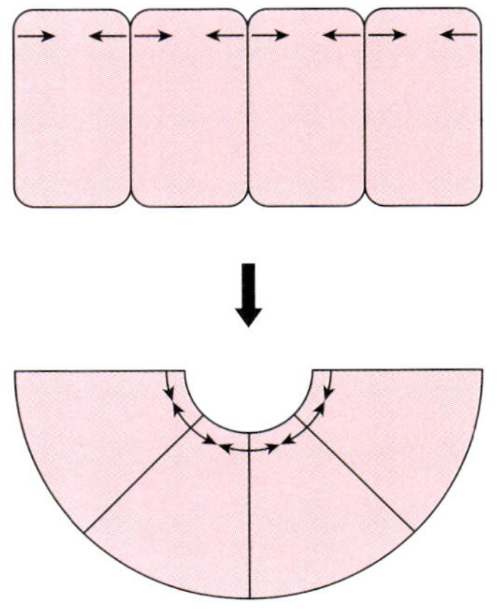

図 4.3　アピカルコンストリクション
アピカル近くの細胞質で収縮が起こり，細胞が変形する．その際に隣接する細胞を引っ張りあうことで上皮シートに曲がりが生じる．これが上皮シートの形態形成のいくつかの場面では非常に重要である．矢印は力の働く方向を示す．

が起こると，個々の細胞はアピカル面近くが細くなった，三角の形になる．そのときに細胞間の接着が維持され，一つの細胞の収縮力が隣接する細胞に伝達されれば，細胞間に隙間ができることなく，その領域では上皮シートが窪んだような溝ができる．神経管形成の場合はこれが神経溝であり，それが進行してさらに窪みが分離すれば神経管ができる．

成体であっても細胞間接着における力の伝達が非常に重要な場合もある．その例の一つは組織の修復の際に見られる．極性の発達した消化管などの上皮細胞では，細胞が死ぬとその周囲の細胞が死んだ細胞を排除すると同時にその領域を覆って傷口を塞ぐ（図 4.4）．このとき，死細胞の周辺の細胞では死細胞に接している面のみにアクトミオシンが集積する．複数の細胞内のアクトミオシンが細胞間接着を介して連結して，死細胞を取り巻くリングを作ることになる．それぞれの細胞のアクトミオシンが収縮し，それが隣接する細胞に伝達されて全体としてリングが縮み，これが死細胞を排除するとともに傷口が塞がるという協調的な運動を起こしている[19]．アピカルコンストリクションとリングによる損傷修復といずれの場合も一過的な現象であり，収縮装置も接着装置も一過的な形成崩壊を伴うことが想像される．

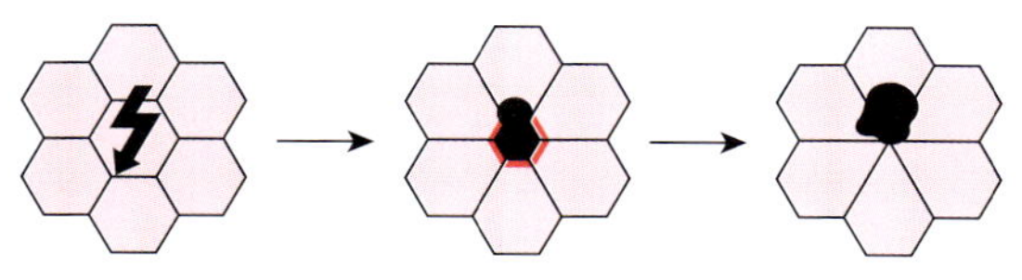

図 4.4　極性をもつ上皮細胞の損傷修復（傷口の閉塞）

中央の細胞が死ぬと，その周囲の細胞の死んだ細胞に接している面にのみ，アクチン，ミオシンⅡの集積（赤）が見られ，複数の細胞からなるアクトミオシンのリング構造ができる．それぞれの細胞でのアクトミオシンの収縮が隣接する細胞に伝達され，全体としてリングが縮み，死細胞の占めていた領域が生細胞で覆われ，同時に死細胞を排除するという運動を助ける．

4.3.2　細胞間接着の計測

ただ，形態形成については細胞間接着を介した細胞収縮力の伝達が必ずしも主要な役割を果たすわけではない場面も多いことは注意しておく必要がある．細胞の局所的な増殖による，押す力のほうが重要である場合もある．また細胞が配置換えを行うような場合は，強い力を伝えられる強固で安定な細胞間接着よりも素早く形成崩壊を繰り返すことのできる動的な細胞間接着であるほうが望ましいと考えられる[1, 2, 20]．

細胞間に実際に働いている力を実測するのは困難である．細胞間を破壊した直後の変化を見れば破壊直前にかかっていた力を見積もることは可能であるが，このように侵襲的な方法では，あるタイミングで 1 カ所しか測定できず，経時的な変化は追えない．それに対し，各細胞の形からその細胞間にかかる力を推測するという方法も開発されてきており[21]，多くの形態形成例に対しての応用が期待される．一方，FRET を利用した張力センサーをタンパクに融合させてそのタンパクにかかる力をライブイメージングデータから計測するという手法も応用されつつある[22]．

4.4　アドヘレンスジャンクションとアクチン，ミオシンの接続

4.4.1　アドヘレンスジャンクションとは

細胞間の力の伝達を行う細胞構造は細胞間接着装置である．その領域の細胞表面では隣接する細胞の細胞表面を認識，結合する膜タンパクが集積している．力の伝達のために，その細胞質側にはいくつかの裏打ちタンパクを介して，細胞骨格が接続している．

中間径線維を接続しているデスモソーム（desmosome）は非常に堅固であり，細胞間接着が外力により剥がされるのに強く抵抗できる．実際に日常的に強い力のかかりうる皮膚の表皮細胞では，

デスモソームがよく発達している．遺伝性の皮膚疾患の中には表皮組織内の接着が保たれずに水疱を生じてしまうものがあり，その原因遺伝子がデスモソームの構成成分ないしは中間径線維である例が知られている．しかし，中間径線維は力を発生するモータータンパク質とは相互作用をせず，あくまで受動的に力を伝達している．細胞が自ら発生した力を隣接した細胞に伝達するときはアドヘレンスジャンクション（adherens junction, AJ）という細胞間接着装置が使われる．

AJ は多細胞動物がそれぞれの細胞を認識して細胞間接着を行うとき，最初に形成する基本的な細胞間接着装置である．すでに述べたタイトジャンクションもデスモソームも AJ の形成に依存してその後に作られる．AJ では，膜タンパク質であるカドヘリン（cadherin）が細胞表面で認識と接着を行う．カドヘリンは細胞質領域でカテニン（catenin）という数種類のタンパク質などと複合体を作り，複合体中に含まれる複数のアクチン結合タンパク質を介して最終的にアクチン線維と結合している．アクチン線維はモータータンパク質であるミオシンとの相互作用によって生じた力を AJ に伝え，それはカドヘリンを介して隣接する細胞に伝達される[1-3, 17, 23]．

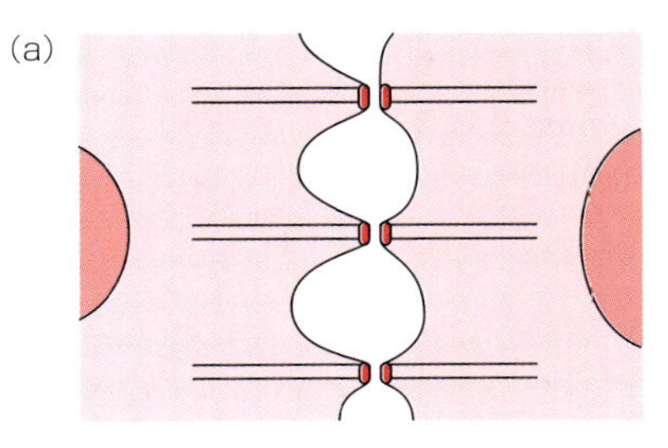

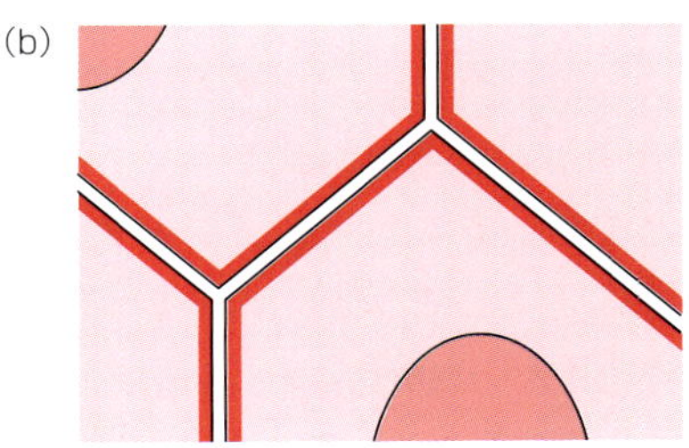

図 4.5　2 種類の AJ（PA と ZA）
（a）PA では AJ（赤）が点状であり，結合するアクチン線維は細胞膜に対して垂直に配向している．（b）ZA では AJ は線状で細胞全体を隙間なく取り囲み，結合するアクチン線維は細胞膜に平行である．

4.4.2　ZA と PA の 2 種類の AJ

AJ には構造的に 2 種類ある（図 4.5）[12, 13, 24]．上皮細胞を連続的に取り巻く AJ は zonula adherens（ZA），細胞の周りを連続的に取り巻かず，点状に形成される AJ は punctum adherens（PA）と呼ばれる．いずれも電子顕微鏡による観察では細胞膜間の距離が 20 nm ほどで裏打ち構造を伴い，アクチン線維束が付着している．しかし，アクチン線維の結合様式には違いが見られる．PA では基本的に AJ の細胞膜に対してアクチン線維束の方向が垂直である．隣接する 2 細胞間にできる PA であれば，その両側に付着するアクチン線維束は一直線上に並んでおり，2 細胞が PA を介して綱引きをしていることがよくわかる．一方，ZA の場合は，アクチン線維束の配向は細胞膜に平行である．このアクチン線維束が ZA の裏打ちに侵入して付着するときの結合の仕方の詳細は形態学的にもわかっていない．このアクチン線維束の収縮は細胞膜に平行な力を発生することになるが，ZA もそれに付着するアクチン線維束も細胞を一周取り巻いているので，それぞれの ZA がその長さを縮めるように収縮することは，隣接する細胞を ZA を介して引っ張ることになる．極性化した細胞が上から見て正六角形であると仮定すると，細胞の角は三つの細胞の接点となる．このような場所の細胞間接着装置は通常の 2 細胞間のものとは全く同じにはなりえないはずで，tricellular junction と特別に呼ばれる．細胞膜に平行な ZA を縮めるような収縮は，この場所では 3 細胞による引っ張り合いとなり，ZA を介した力の伝達の主要な部分はこの tricellular junction の場所で行われるのではないかと考えられる．

面白いことに接着タンパクがアクチン線維と連結している点でAJは細胞と細胞外基質間との接着装置であるフォーカルアドヒージョン（focal adhesion）と似ている．さらに後述するビンキュリン（vinculin）という共通するアクチン結合タンパク質も含んでいる．両者の機能やそれを支える分子機構にも共通点があると想像される[25]．

4.4.3 PAからZAへ

典型的なPAは，哺乳類の心筋細胞間のAJとして見られる．各心筋細胞の収縮を直列に繋がった隣の細胞に伝える機能をもつ明快なAJである．

培養細胞では，線維芽細胞様とされるものでPAが明瞭に観察される．極性化した上皮細胞シート中では，PAは見られずZAが見られる．しかし，いくつかの極性化した培養上皮細胞ではPAもZAも形成されることがある（図4.6）．それらの上皮細胞では細胞が接触するとまずPAが形成される．すなわちその段階では線維芽細胞様のAJを作っていることになる．線維芽細胞と異なるのは，細胞の中央部に環状のアクチン線維束をもつことである．PAに接続するアクチン線維の束はこの環状のアクチン線維束から放射状に伸びているように見える．接触から時間が経つうちにPAは連続して短い直線の集まりになっていき，やがて長く繋がっていく．このとき，細胞の中央部にあった環状のアクチン線維束はどんどん広がり，細胞膜へ近づく．それに応じて放射状のアクチン線維束は短くなる．放射状のアクチン線維束がほとんどなくなり，環状のアクチン線維束が細胞膜に近接した場所ではPAが連続して長くなりZAとなる．このように極性化した上皮では由来の異なるアクチン線維の構造がバトンタッチをしてPAからZAへと転換する[24,26]．

4.4.4 ミオシンII

AJにおける張力はミオシンモータータンパクが担っていると考えられ，その主要なものはミオシンIIである．ミオシンIIの活性はその調節軽鎖のリン酸化によってなされる．このリン酸化にはRho/Rock経路が中心的に関与すると考えられており，局所的なRhoの活性化制御がさまざまなRhoの活性化因子（RhoGEF），不活性化因子（RhoGAP）によってなされているという報告が多数ある[27-34]．

4.5 AJの張力感受性

4.5.1 張力に応答するビンキュリンの集積

AJがフォーカルアドヒージョンと共通点をもつことから[25]，AJもまた「張力に応じて発達する」などの張力感受性をもつことが予想されてお

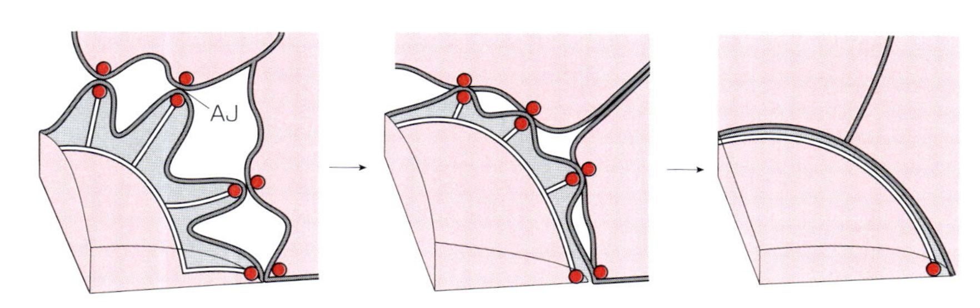

図4.6　上皮細胞におけるPAからZAへの移行
いくつかの上皮細胞ではまずPAが生じる．それと同時に細胞の中央部で環状のアクチン線維の束ができる．やがてPAに結合する細胞膜に垂直なアクチン線維が短くなるとともに，環状のアクチン線維が細胞膜に近づく．環状のアクチン線維が細胞膜に近接し，細胞膜に垂直なアクチン線維がなくなるとAJが連続して細胞を取り囲み，ZAとなる．

り，最近，実際にそれが実証された[35-37]．

AJ の構成要素の一つであるビンキュリンは AJ に強い張力がかかるとより多く集積し，張力が弱くなると AJ から解離していく．ビンキュリンはアクチン線維結合タンパク質なので，ビンキュリンの集積はより多くのアクチン線維が AJ に結合すること，すなわち AJ が構造的に強化してより大きな張力を伝達でき，また同時に強い張力に対して抵抗できるようになる可能性を示す．一方，細胞の力が強すぎて隣接する細胞のアクトミオシンや AJ の裏打ちを破壊してしまったような場合は，綱引きの相手チームが綱を手離してしまったような状態なので，もはや強い力がかからないためビンキュリンが解離する．するとアクチン線維の結合量も減り，隣接する細胞を引っ張る力も弱くなる．隣接する細胞側は引っ張られたためにビンキュリンが集積し，引っ張り返す構造的基盤ができる．このようにして，隣接する細胞において一方だけが収縮してしまうことがないようにバランスをとる機構があるのではないかと考えられる（図 4.7）．

実質的な張力伝達の必要に応じて AJ は構造的に発達の程度を変えるという，理にかなったメカノレスポンスである．具体的には，細胞内の代表的なミオシンであるミオシンⅡの活性を薬剤で阻害して細胞内の張力発生を弱めると，ビンキュリンの AJ からの解離が見られる．AJ の形成に必須であるカドヘリン-カテニン複合体の分布が全く変わらなくてもビンキュリンの集積だけは変化するのである．ミオシンⅡによる張力発生は阻害しなくても，細胞間の結合を断ち切ったり（接着分子カドヘリンの接着能を培養液のカルシウム濃度を減らすことで阻害する），細胞内のアクチン線維を破壊することでも AJ に力はかからなくなるはずであり，事実，ビンキュリンは AJ から解離する[37]．

ビンキュリンの集積だけでなく，AJ の構造自体も張力に応じて発達することが電子顕微鏡観察で見られている[35]．この場合は培養上皮シートの一部の細胞を殺傷し，周囲の細胞にアクトミオシンのリングとそれを連結する AJ が一過的に形成されることが報告されている．同一の細胞内でも，この AJ の部分には生理的な範囲内で特に強い張力がかかっており，ビンキュリンが強く集積するとともに AJ の裏打ち構造の発達が見られる．

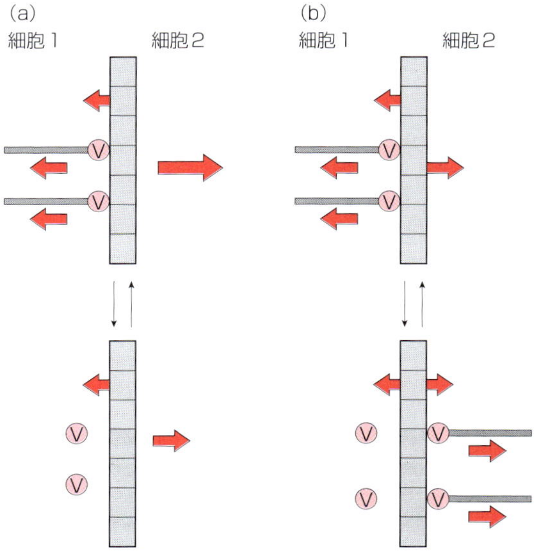

図 4.7　AJ へのビンキュリンの結合の調節と細胞間に伝わる力のバランス

（a）細胞 2 から強い力で引っ張られていると，細胞 1 にはビンキュリンが結合するため，より多くのアクチン線維が結合して強い力に対抗できるようになる．細胞 2 からの力が弱くなるとビンキュリンは離れるので，アクチン線維の結合も減り，弱い力には弱い力で対応する，というバランスをとる．（b）細胞 1 がビンキュリンを介して多くのアクチン線維による強い力で細胞 2 を引っ張り，細胞 2 がそれに対抗する力を出せない場合，細胞 1 では十分な張力がかからないので，ビンキュリンは離れる．一方，細胞 2 では強い力で引っ張られたためビンキュリンが結合して強い力で引っ張り返すようになる．このように強い力で引っ張りすぎた場合には自然と力を弱めるようなフィードバック機構が存在するのかもしれない．

4.5.2　張力と AJ の位置決定

この AJ 形成の張力感受性の発見はこれまで未解決であった細胞生物学上の問題に一つの解答を与えている．前述のように上皮細胞は極性をもち，細胞間接着装置は細胞が接するラテラル面に形成されるが，そのラテラル面上の位置について，AJ とタイトジャンクションは必ずアピカル面近くに作られる．接着分子であるカドヘリンはラテラル面にほぼ均一に分布しており，カドヘリンが AJ の位置を決定しているわけではない．カドヘリンのあるところはすべて AJ となる可能性があるが，張力が AJ の位置を決定しているわけである．

実際に AJ の位置にミオシンⅡの濃縮があること，また細胞に力を及ぼしていることが確認されている[37]．細胞極性に沿った細胞間接着装置の形成はミオシンⅡの活性化の位置を決定する機構に依存すると考えられる．また，AJ 形成につながる細胞の認識は単純に結合しあう接着タンパクが表面に発現しているかどうかで決まるのではなく，それぞれの細胞が引っ張りあうという力学的な情報が重要であることも示唆している．

4.5.3　AJ にかかる張力の実測と操作

AJ にかかる張力を生物物理学的手法で実測することによっても，AJ の張力に対する応答が解析されている．2 細胞間のカドヘリンに依存する接着面の面積は，その 2 細胞の牽引力が増すにつれて増加し，それはカドヘリンとカテニンとの結合に依存しているという培養細胞を用いた実験結果が報告されている[38]．また，細胞をカドヘリンによってコートされた基質に培養し，基質との間にカドヘリン接着を作らせる場合，その基質が硬いほど，細胞は強い力で基質を引っ張り，集積するカドヘリンの量が多くなることがわかっている[39]．

力に依存してカドヘリンの集積した領域が増加するというこれらの報告では，基質を微細加工することで作られたマイクロピラーの曲がり具合の計測をすることで，定量的に力が測定されている．カドヘリンをコートした磁気ビーズを細胞にふりかけ，結合したビーズを短い周期で変化させた磁界によって動かすと，時間とともにビーズの動きの幅が小さくなる[36]．これは与えた力が，カドヘリン結合を介すことで，直下の細胞表層の構造に何らかの変化を及ぼし，力に抵抗するようになったためと考えられる．もちろん，カドヘリン結合を介さない接着ではこのような反応は見られない．

この磁気ビーズと細胞表面との接着は，生理的な AJ における接着とは異なる点が多いものの，そこで見られる反応はメカノトランスダクションが行われていることを如実に示している．この系ではビンキュリンがその接着の場所に集積することで反応が増強することも示されている．一方で細胞と細胞との結合の力を原子間力顕微鏡で測定して，カドヘリン結合はカドヘリンが α カテニンと結合できなくなると弱くなることを示しているグループもある[40]．基質に培養した細胞と原子間力顕微鏡のカンチレバー上に培養した細胞とが，短い接着時間（300 ms 以下）に作った接着を引き剥がすことで力を測定している．この場合は，AJ のような構造を作るということとは時間的にも異なり，もっと少数の分子からなる初期の接着に α カテニンが強く関与しているということになる．力に対する AJ の反応とは直接かかわらないかもしれない．

4.6　AJ を構成する分子と張力感受性

AJ においてどのように力が知覚され（メカノセンシング），どのように生化学的なシグナルに変換されるのか（メカノトランスダクション）を解明するためには，AJ を構成する分子についての基礎的な理解が必要である．接着分子であるカドヘリンに直接結合するβ-カテニンにはα-カテニンがさらに結合し，この3者はカドヘリン-カテニン複合体という接着複合体を作る．この3者のどれ一つが欠けても細胞は正常な接着ができなくなる．カドヘリンはさらにp120というカテニンとも結合し，これはカドヘリン-カテニン複合体の分解の調節に関与する[2,41]．α-カテニンは多くのタンパクと結合することが知られている．その中にはビンキュリン，ZO-1，エプリンなどのアクチン結合能をもつタンパクが含まれている[12,42]．また，AJにはカドヘリン-カテニン複合体とは別の接着複合体が機能している．ネクチン/エキノイドと呼ばれる接着タンパクとAF6/アファディン/カヌーと呼ばれるアクチン結合タンパクとの複合体である[43]．これらのAJを形成するタンパクのうち，明瞭に張力に応答するのは前述したようにビンキュリンの集積である．これはZAの場合に非常に顕著である．PAの場合にはそもそも張力の低下によりカドヘリン-カテニン複合体の集積も減少するので，ZO-1などの他の要素も減少するが，おそらく二次的なものと考えられる[35]．

AJの中で張力を感知し得るタンパクとしては，カドヘリン分子そのものからアクチン線維に至るまで，その結合に関わっているタンパク全てが等しく力を受けている以上，全てのタンパクが候補である．実際のところは，アクチン線維そのものが張力を感じてその重合のピッチの長さが変わり，その結果他のタンパクとの相互作用が変化するという報告[44]と，後述するα-カテニンの張力に依存したビンキュリンとの結合の変化についての報告[37]が主要なものである．

4.7 AJにおけるメカノトランスデューサーとしてのα-カテニン

AJにおいて張力依存的なビンキュリンの集積[35-37]が見られたことから，その分子機構を解明する試みがなされてきている．AJへのビンキュリンの集積に必須であり，ビンキュリンに結合するのはα-カテニンであるという報告[45]がある．このことから，α-カテニンとビンキュリンとの結合が張力依存性をもつという考えのもと，α-カテニンを発現していない上皮細胞株にさまざまな変異α-カテニンを発現させることで，α-カテニンの張力感受性の基本的な仕組みが理解された[37]．

このような最近の知見を加えると，α-カテニン分子の機能的な領域は以下のようになる[12,13]（図4.8）．N末端ではβ-カテニンと結合し，また同じ領域でα-カテニンはホモの二量体を形成する．それよりも分子の中央よりにビンキュリンと結合する領域がある．さらに中央よりもC末端よりにビンキュリンとの結合を阻害する領域がある．それよりもC末端側はZO-1，エプリンなどのアクチン結合タンパク質との結合が報告されており，またアクチン線維自体にも直接結合することがわかっている．ビンキュリン結合領域よりもC末端側を除去したα-カテニンは，決して阻害がかからないため，張力の有無にかかわらずビンキュリンと常に結合する．N末端から阻害領域までを含み，C末端を除去したα-カテニンは，ビンキュリンとの結合に常に阻害がかかる．正常なα-カテニンは張力に依存してこの阻害が解除されるが，そのためにはアクチン線維との結合領域であるC末端が必要である．このα-カテニンとビンキュリンとの結合，またその阻害はリコンビナントタンパク質を使った生化学実験でも確かめられ，別のタンパク質やリン酸化などの修飾は不要である

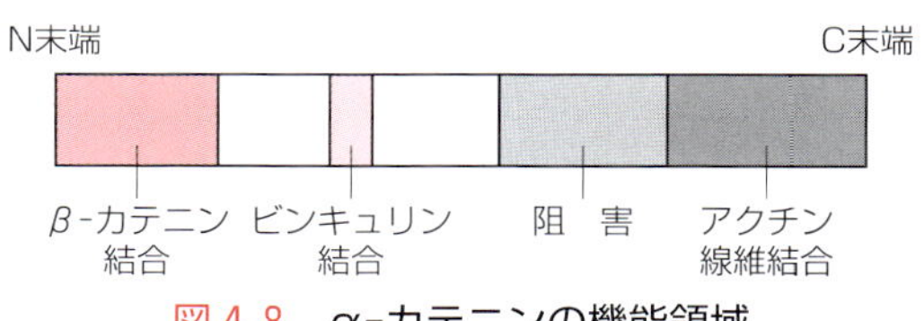

図4.8 α-カテニンの機能領域

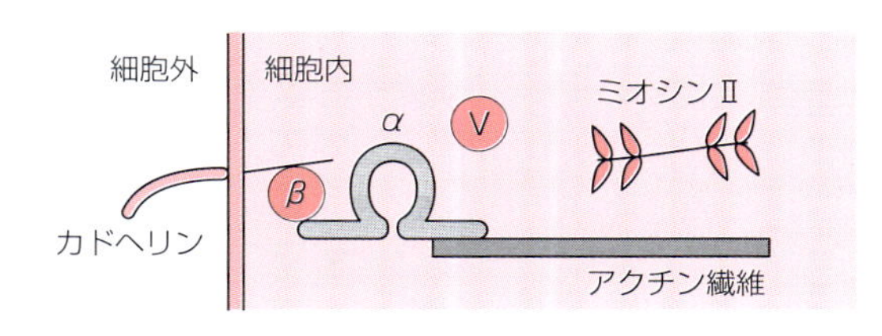

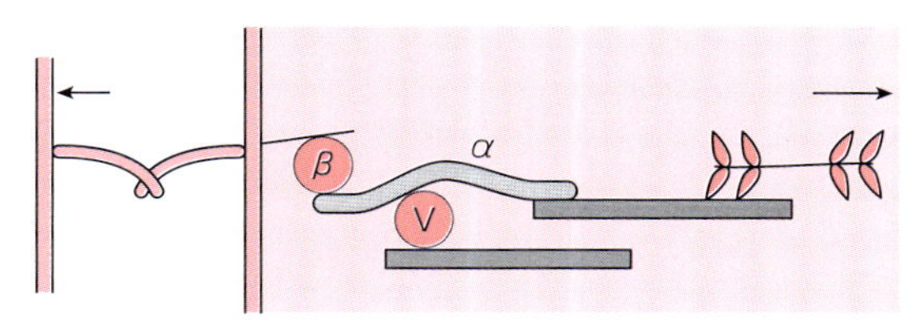

図4.9　AJの構造とα-カテニンの張力感受性によるビンキュリン結合の調節

V，β，αはそれぞれビンキュリン，β-カテニン，α-カテニン．

ことが示されている．張力が働いているα-カテニンのみを強く認識する抗体が存在することからも，α-カテニンに張力がかかると何らかの構造変化が起こると考えられる（図4.9）．しかし，その構造変化による阻害の解除とビンキュリンとの結合の実態を分子構造レベルで理解するには，これからの研究の進展を待たねばならない．

以上のようなα-カテニンを中心とするメカノトランスダクションがAJで行われているが，その生理的な意義についても不明な点が多い．阻害領域からC末端を除去したα-カテニンは張力感受性を失い常にビンキュリンを結合するが，その変異α-カテニンを正常なα-カテニンの代わりに発現する細胞は，一見正常な上皮シートを形成するものの，細胞の丈が不揃いになる．正常なα-カテニンを発現する上皮シートでは細胞の丈がほぼ均一である[37]．このような違いが細胞集団の形態形成の仕組みとどのように関係するのか，今後の解析が待たれる．さらに，α-カテニンに張力依存的に結合する別のタンパクがある可能性も考える必要がある．

4.8　おわりに

細胞集団が球状の形をとるとき，個々の細胞が全く均等な力を発生しているというのはやや考えにくい．細胞間には多少の揺らぎがあり，少し力の強い細胞や弱い細胞があるほうが自然である．しかし胚発生中や，三次元培養下に形成されるシストはきれいな球状で，個々の細胞の力の差が直接反映されているようには見えない．隣接する細胞からの力の情報はAJというローカルな構造で知覚されるが，それが細胞間の張力のバランスをとるための新たな情報に変換されると，協調したグローバルな形態形成につながると考えられる．分子から多細胞の形態形成まではいくつもの階層を超えなければ理解できないように思えるが，メカノセンシングに注目することでそれが可能になると考えている．細胞間に働く力の感知と細胞分化（核における遺伝子発現）との関係も，明らかにすべき課題である．これらの研究は試験管内の器官形成に対しても重要な基盤技術を提供するだろう．

（米村重信）

文　献

1）M. Cavey, T. Lecuit, *Cold Spring Harb. Perspect. Biol.*, **1**, a002998（2009）.
2）T. Nishimura, M. Takeichi, *Curr. Top. Dev. Biol.*, **89**, 33（2009）.
3）V. Maruthamuthu et al., *Curr. Opin. Cell Biol.*, **22**, 583（2010）.
4）K. E. Kasza, J. A. Zallen, *Curr. Opin. Cell Biol.*, **23**, 30（2011）.
5）B. Geiger et al., *Nat. Rev. Mol. Cell Biol.*, **10**, 21（2009）.
6）T. Kobayashi, M. Sokabe, *Curr. Opin. Cell Biol.*, **22**, 669（2010）.
7）M. A. Schwartz, D. W. DeSimone, *Curr. Opin. Cell Biol.*, **20**: 551（2008）.
8）V. Vogel, *Annu. Rev. Biophys. Biomol. Struct.*, **35**, 459（2006）.
9）A. J. Engler et al., *Cell*, **126**, 677（2006）.

10) N. Wang et al., *Nat. Rev. Mol. Cell Biol.*, **10**, 75 (2009).
11) A. del Rio et al., *Science*, **323**, 638 (2009).
12) S. Yonemura, *Curr. Opin. Cell Biol.*, **23**, 515 (2011).
13) S. Yonemura, *Bioessay.*, **33**, 732 (2011).
14) M. Furuse, S. Tsukita, *Trends Cell Biol.*, **16**, 181 (2006).
15) W. J. Nelson, *Nature*, **422**, 766 (2003).
16) W. Hong, K. L. Guan, *Semin. Cell Dev. Biol.*, **23**, 785 (2012).
17) B. M. Gumbiner, *Nat. Rev. Mol. Cell Biol.*, **6**, 622 (2005).
18) J. M. Sawyer et al., *Dev. Biol.*, **341**, 5 (2009).
19) A. Jacinto et al., *Nat. Cell Biol.*, **3**, E117 (2001).
20) T. Lecuit, P. F. Lenne, *Nat. Rev. Mol. Cell Biol.*, **8**, 633 (2007).
21) S. Ishihara, K. Sugimura, *J. Theor. Biol.*, **313**, 201 (2012).
22) C. Grashoff et al., *Nature*, **466**, 263 (2010).
23) T. J. Harris, U. Tepass, *Nat. Rev. Mol. Cell Biol.*, 11, 502 (2010).
24) S. Yonemura et al., *J. Cell Sci.*, **108**, 127 (1995).
25) B. Geiger et al., *J. Cell Biol.*, **101**, 1523 (1985).
26) M. Kishikawa et al., *J. Cell Sci.*, **121**, 2481 (2008).
27) T. Ishiuchi, M. Takeichi, *Nat. Cell Biol.*, **13**, 860 (2011).
28) T. Nishimura, M. Takeichi, *Development*, **135**, 1493 (2008).
29) T. Nishimura et al., *Cell*, **149**, 1084 (2012).
30) H. Nakajima, T. Tanoue, *J. Cell Biol.*, **195**, 245 (2011).
31) S. J. Terry et al., *Nat. Cell Biol.*, **13**, 159 (2011).
32) M. Itoh et al., *Proc. Natl. Acad. Sci. U. S. A.*, **109**, 9905 (2012).
33) A. Ratheesh et al., *Nat. Cell Biol.*, **14**, 818 (2012).
34) T. Omelchenko, A. Hall, *Curr. Biol.*, **22**, 278 (2012).
35) Y. Miyake et al., *Exp. Cell Res.*, **312**, 1637 (2006).
36) Q. le Duc et al., *J. Cell Biol.*, **189**, 1107 (2010).
37) S. Yonemura et al., *Nat. Cell Biol.*, **12**, 533 (2010).
38) Z. Liu et al., *Proc. Natl. Acad. Sci. U. S. A.*, **107**, 9944 (2010).
39) B. Ladoux et al., *Biophys. J.*, **98**, 534 (2010).
40) S. Bajpai et al., *Proc. Natl. Acad. Sci. U. S. A.*, **105**, 18331 (2008).
41) W. Meng, M. Takeichi, *Cold Spring Harb. Perspect. Biol.*, **1**, a002999 (2009).
42) K. Abe, M. Takeichi, *Proc. Natl. Acad. Sci. U. S. A.*, **105**, 13 (2008).
43) Y. Takai et al., *Annu. Rev. Cell Biol.*, **24**, 309 (2008).
44) K. Hayakawa et al., *J. Cell Biol.*, **195**, 721 (2011).
45) M. Watabe-Uchida et al., *J. Cell Biol.*, **142**, 847 (1998).

細胞運動のメカノバイオロジー

Summary

細胞運動は，原生動物の移動から血球の遊走や神経細胞のネットワーク形成にまで見られる細胞の普遍的な機能である．細胞が動くためには，常に前端の伸長と後端の収縮の均衡を維持し続けなくてはならない．外部に誘引物質などがないときでも，細胞は前後端がデタラメに動いて細胞そのものが崩壊するようなことはなく，それどころかランダムながらも立派に方向を決めて運動している．このとき細胞はどうやって前後極性を作り均衡を維持し，運動しているのだろうか．外部からの刺激がないとき，細胞が感知しうる情報は自分が基質に発揮した牽引力の反作用のみのはずである．だとすると細胞は，時々刻々細胞底面各所で受ける牽引力の反作用を，細胞全体で計算して前後極性を形成し運動方向を決定しているはずだ．

運動性細胞は線維芽細胞などの運動速度の遅いものと，細胞性粘菌アメーバ，魚類ケラトサイト，好中球などの運動速度の速いものとに分けられる．線維芽細胞と粘菌を比べてみると，線維芽細胞の運動速度は粘菌の 10 分の 1 だが，細胞の大きさは 10 倍大きい．細胞骨格構造として線維芽細胞にはストレスファイバーが見られるが，粘菌にはなく，より細いアクチンの密な網目構造が見られる．基質牽引力を測ると，線維芽細胞は粘菌の 10 倍の力を発揮している．さらに牽引力の分布は，線維芽細胞では前端で大きいのに対し，粘菌では後端で大きい．硬さの不均一な基質上では，線維芽細胞は基質の硬い方向に進むのに対し，粘菌は柔らかい方向に進む．遅い運動性細胞の線維芽細胞と速い運動性細胞の粘菌では，細胞運動に果たす“力”の役割が異なるのだろう．速い運動性細胞のうち，大きさや形が粘菌とそっくりな白血球は，繰り返し基質伸展のような外部からの機械刺激を与えると粘菌と同じ応答を示し，ストレスファイバーをもつケラトサイトは粘菌と異なる応答を示す．

運動性細胞と“力”の分子レベルの関係は，“力”シグナルが細胞局所で何を起こすかによることが，最近ようやく細胞種ごとに分かってきた．局所的な反応が前後極性など細胞全体の運動に発展する機構やそれが細胞種に依存しない原理であるかどうかなどが今後の興味深い課題である．

5.1　はじめに

細胞運動は生物にとって重要な機能である．原腸陥入時の細胞の移動から神経組織形成時の神経細胞の成長円錐による移動まで，形態形成において根本的な役割を行っている[1-3]．また成熟した個体においても，傷修復時の上皮細胞[4,5]や免疫応答における好中球[6]の移動などで重要な役割を担い続けている．

後輪駆動の自動車の前進は，後ろのタイヤの回転が原動力になっている．突然，前輪が駆動し始めるようなことはない．車体は硬く，形が不変の剛体であるため，後輪が回れば車全体が前に進むことに疑問をもつ人はいないだろう．一方，粘弾性をもつしなやかな細胞は，時々刻々，形態と内部構造，さらには駆動箇所をも大規模に変えながら，細胞全体の“力”の均衡を保ち，自分自身を崩壊させず，運動をも実現している．細胞運動では，細胞の進行方向前端が伸長し後端が収縮する．このとき，伸長と収縮がそれぞれ勝手に行われていれば，運動が破綻し，それぱかりか細胞そのものが崩壊してしまうだろう．外部に誘引物質があるとき，細胞は細胞膜にある受容体でその濃度勾配を検知して，濃度の高い方向に移動する（走化性）[7]．しかし誘引物質がない場合でも，方向はでたらめだとしても，細胞は運動そのものはできる．つまり，でたらめながらも細胞は方向を決めて運動しており，細胞の右半身が右に進み，左半身が左に進もうとして，細胞がちぎれてしまうようなことはまずない（図 5.1）．これは一見すると当たり前のようだが，実はかなり高度なことではないだろうか．

走化性[8-10]や電場の向きに沿って動く走電性[11, 12]運動時の細胞内のシグナル伝達経路はかなり詳細に明らかになっている．しかし外部からの刺激が

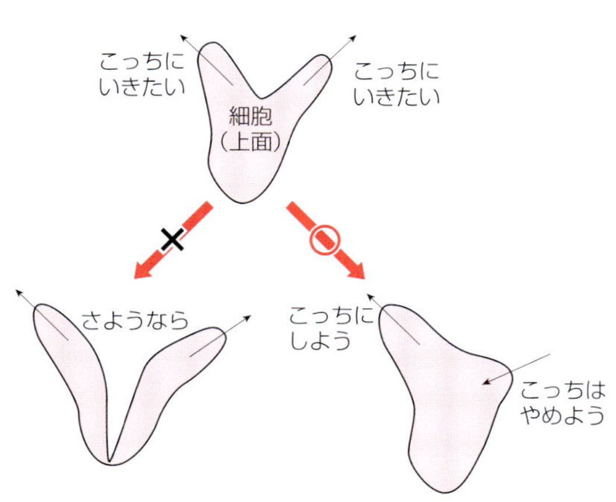

図 5.1　細胞は外部からの刺激に依存せず破綻せず運動できる

誘引物質や忌避物質などのない状況でも細胞は運動している．この状況で細胞が受け取り得る信号は，自分が基質に発揮した牽引力の反作用のみであろう．だとすると，細胞は自分で出した力を自分で感知して運動のための前後極性を作り出していることになる．どうやって？

ないとき，どうやって細胞が前後極性を決め運動しているのかはわかっていない．この根本的な動くメカニズムはどうなっているのだろう．細胞は運動するために，接着している基質に対して牽引力（cell traction forces）を及ぼしている．細胞はこの牽引力の反作用を，程度の差こそあれ，必ず細胞膜や細胞骨格の変形として受容している．このような“力”のシグナルは，運動している細胞であれば，外部の誘引物質の有無にかかわらず必ず受けることになり，運動の方向や速度を決定するシグナルになっていてもおかしくない．また細胞は組織の中で，血流の力，浸透圧，周辺細胞からの力などに常にさらされており，これらの力に適切に応答しなければならない．本章では代表的な細胞について，細胞の牽引力と，細胞運動に影響を与える“力”シグナルについて，細胞運動が“力”シグナルをもとにどのように成り立つのかという見地から概説する．

5.2　細胞運動の仕組み

細胞運動はアクチン–ミオシン細胞骨格系および接着斑（focal adhesion）の動的な構造変化によって媒介される複雑な過程である（図 5.2）．現在では，前端のアクチン重合が細胞前方の伸長の原動力になっていることが，神経細胞成長円錐[13, 14]，魚類ケラトサイト[15-17]，線維芽細胞[18, 19]，好中球[6, 20]，粘菌[6]などで明らかになっている．一方，細胞後端の脱着と収縮は，後端へ集合したミオシンⅡがアクトミオシンとなって収縮することで引き起こされることが，粘菌[21-23]や線維芽細胞[19, 24]で明らかになっている．前端の伸長に伴い細胞前部に新たな接着斑が形成され，後端の脱着によって消失される[25]．

細胞運動の特徴は，細胞が内在的に発生させた“力”を，自分自身が移動するために，接着している基質に発揮することである．アクチン重合や

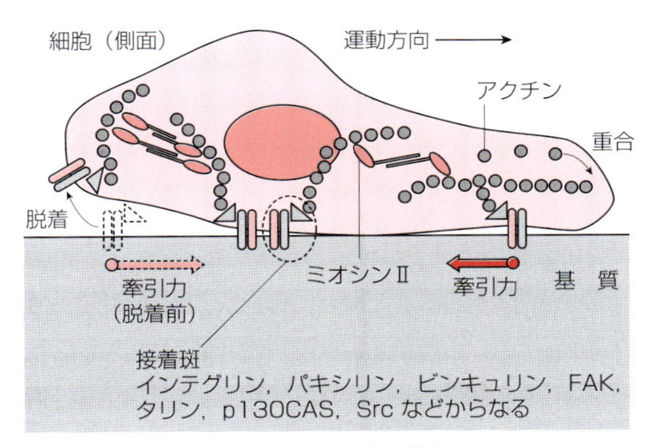

図 5.2　細胞運動の仕組み

細胞は基質に接着斑を介して接着している．前端のアクチン重合が付近の接着斑を支点として張力を生じ，これが接着斑から基質に細胞の進行方向とは逆向きの牽引力として伝わる．後端ではアクトミオシンの収縮力が進行方向と同じ向きの牽引力を発生させ，そののち接着斑の脱着，細胞の収縮が起きる．

アクトミオシン収縮によって細胞は変形し，この変形が細胞骨格に弾性的に“力”（張力）として蓄えられる[26]．張力は細胞骨格に接続した接着斑を介して基質に伝達される[27-29]．この力が細胞運動の牽引力と呼ばれている．前端で細胞膜を伸展させるアクチン重合の力の支点となるのが付近の接着斑であり，接着斑を介してアクチン重合の力が牽引力として基質に伝わる．したがって，この牽引力の方向は細胞の運動方向とは反対になる．前端のアクチン重合の力により細胞全体が前に進むため，この力が後部まで伝わり，後端でも小さな受動的な牽引力が細胞の運動と同じ方向に生じる．さらに，後端ではミオシンIIがアクチン線維とアクトミオシンを形成し，アクトミオシンの収縮力が上乗せされ，接着斑の脱着が起きるといわれる．

そうだとすると，接着斑を介して基質に伝わる牽引力は細胞前後で異なり，細胞底面で一様でない分布を形成しているはずである．そのため，細胞が発揮する牽引力の二次元的な分布を知ることは，細胞運動の仕組みを理解するために重要である．単一の細胞が発揮する牽引力の二次元的な分布を測定するために，薄膜の上を細胞に這わせ細胞の牽引力によって薄膜に皺を生じさせる方法[29,30]，蛍光ビーズを埋め込んだ弾性体の上に細胞を這わせ牽引力による弾性体の歪みをビーズの変位から読み取る方法[31,32]，弾性のある微小な柱を剣山のように多数配列させた上を細胞に這わせ，細胞の牽引力で柱をたわませる方法[27,33,34]，あるいは精密なカンチレバーを細胞の下に並べて直接牽引力を測定する方法[19]などがこれまでに開発されてきた（図 5.3）．

これらの新しい測定技術によって，細胞が基質に発揮する牽引力の二次元的な分布とその源となる細胞骨格の振る舞いとの関係が明らかになってきた．細胞運動の基本的な機構は，前端でのアクチン重合と後端でのアクトミオシン収縮であり，多くの細胞種で共通である．しかし，発揮される牽引力の分布，細胞の運動速度，運動を司るアクチン-ミオシン細胞骨格の詳しい構造は，細胞種ごとに大きく異なっていることがわかってきた（図 5.4）．以下，代表的な細胞種について，① 細胞運動の速度や方向，細胞形態，② 細胞が発揮する牽引力，および③ 細胞への“力”シグナル，がどのように関連しているか，新しい知見を述べる．

5.3　線維芽細胞の運動と“力”

5.3.1　TFM による計測

線維芽細胞は細胞の大きさが長さにして 100 μm 程度で細胞の形を変えながら運動する（図 5.4）．運動速度は 1 μm/min 程度である．細胞は細胞膜を貫通して存在する接着斑を介して細胞外側で基質と結合している．接着斑は，細胞内側では，ストレスファイバーと呼ばれるアクチンやミオシンIIからなるフィラメントの束に連結している．ストレスファイバーは比較的離れて存在する接着斑同士をまっすぐに結ぶように存在している．

牽引力の二次元的な分布を詳細に検討するために，Dembo らは，先に述べた細胞の牽引力によ

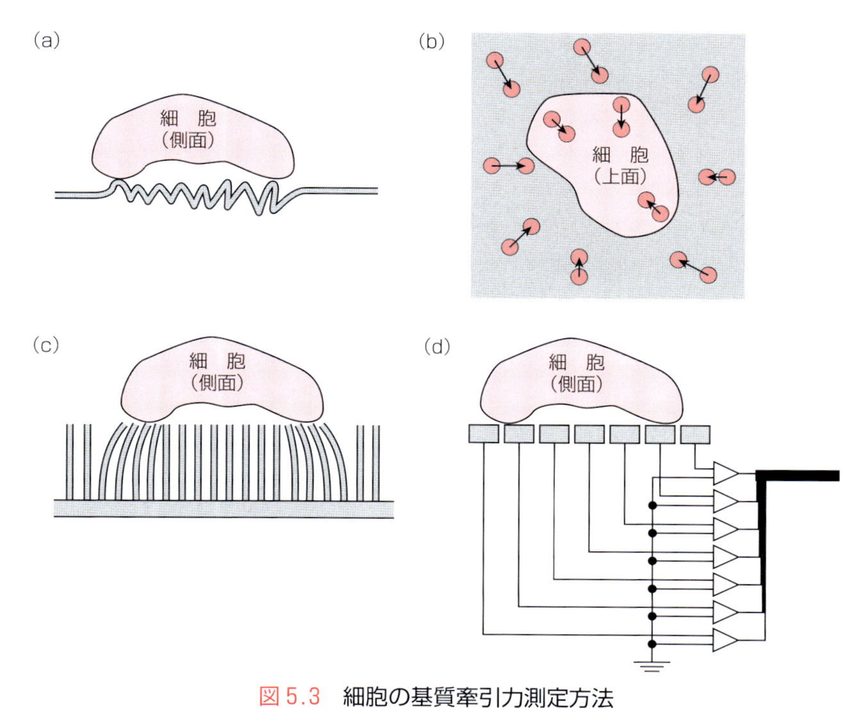

図 5.3　細胞の基質牽引力測定方法

（a）牽引力によって薄膜に皺を生じさせる方法.（b）蛍光ビーズを埋め込んだ弾性体の上に細胞を這わせ牽引力による弾性体の歪みをビーズの変位から読み取る方法.（c）弾性のある微小な柱を多数配列させた上を細胞に這わせ，細胞の牽引力で柱をたわませる方法.（d）精密なセンサーを細胞の下に並べて直接牽引力を測定する方法.

る弾性基質上のビーズの変位を計測し，有限要素法を用いてビーズの変位から牽引力を計算する方法を考案し[35,36]，traction force microscopy（TFM）と呼んだ．これを用いて，運動している単体の線維芽細胞が発揮する牽引力の二次元地図を作成した[37-41]．牽引力の分布を観察すると[39]，牽引力は主に細胞の前後端で生じるものの，細胞前端での牽引力は後端の牽引力に比べ非常に大きいことがわかった（図 5.4）．牽引力の最大値を弾性基質に生じた応力で表現すると，およそ 20 kPa ほどである[42]．また免疫蛍光法でミオシンⅡの局在を観察すると，牽引力測定の結果を裏づけるように，細胞後端にミオシンⅡは存在するものの，量はそれほど多くはなかった[43]．これらのことから，線維芽細胞の運動の原動力としては前端のアクチン重合の寄与が大きいことがわかる．

5.3.2 “力”シグナルの影響

さて，次に“力”シグナルが線維芽細胞の運動にどのような影響を与えるのかを見てみる．Lo らは 2000 年に非常に興味深い観察をした[44]．線維芽細胞を左右で硬さの異なる基質の境界付近に接着させると，硬い基質から柔らかい基質にさしかかった細胞は反転し硬い基質に戻るが，柔らかい基質から硬い基質にさしかかった細胞はそのまま硬い基質に進入した（図 5.5a）[44]．この応答を彼らは durotaxis と呼んだ．この応答は，線維芽細胞が自分の牽引力の反作用を感知して前後極性を作り，運動方向を決めることを明瞭に示している．

細胞（細胞骨格，接着斑，細胞膜）と基質をいずれもバネ状の弾性体だと考える．細胞が基質に牽引力を及ぼすとき，その牽引力と牽引力の反作

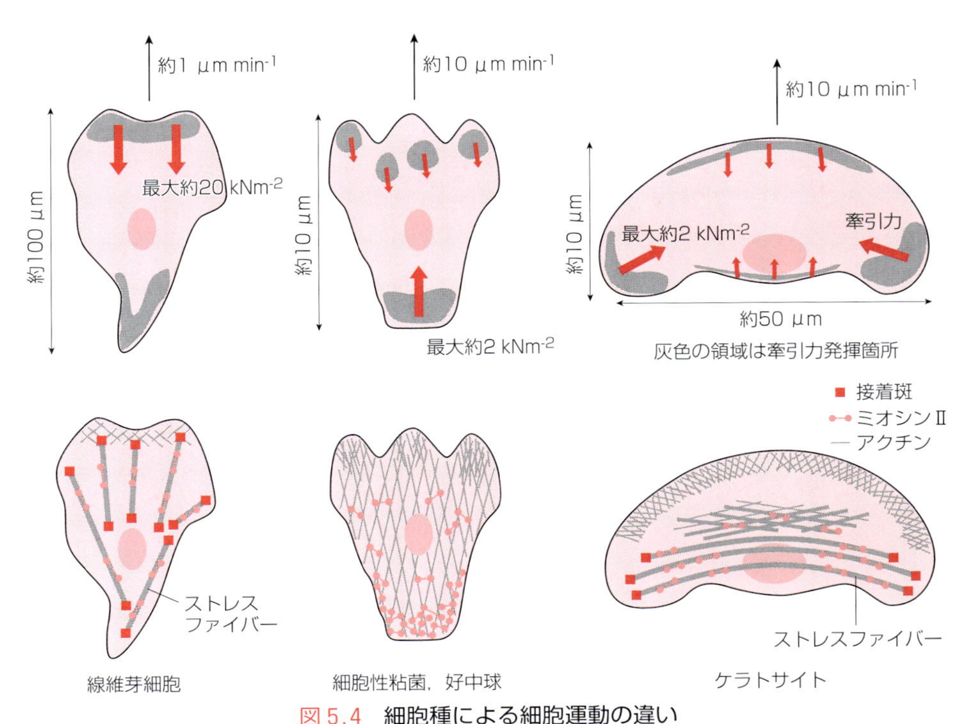

図 5.4　細胞種による細胞運動の違い

細胞の大きさ，運動速度，運動をつかさどるアクチン–ミオシン細胞骨格の詳しい構造，発揮される基質牽引力の強さや分布は，細胞種ごとに大きく異なっている．線維芽細胞とケラトサイトにはストレスファイバーがあるが，細胞性粘菌，好中球にはない．

用は，直列つなぎになった細胞バネと基質バネがそれぞれ受けると考えてよいだろう（図 5.6）．このとき，それぞれのバネの伸びはバネ定数に依存するので，細胞が時々刻々，ランダムな方向にランダムな大きさの牽引力を発揮しているとするなら，硬い基質にさしかかった仮足の細胞バネの伸びの平均値は，柔らかい基質にさしかかった仮足の細胞バネの伸びの平均値よりも大きいはずである．線維芽細胞が柔らかい基質から硬い基質に移動するということは，細胞がより伸ばされた（正確には自分の牽引力で伸びた状態が保たれた）方向に進むと理解してよいだろう．

線維芽細胞が "力" を感知して運動方向を決めることは，細胞に人為的に "力" 刺激を与える方法でも確かめられている．線維芽細胞を這わせた弾性基質の細胞近傍をガラス微小針で引き，基質の一部および直上の細胞の一部を伸展させると，

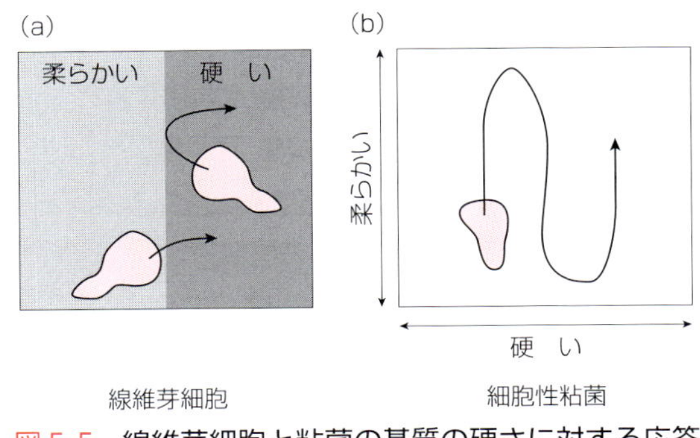

図 5.5　線維芽細胞と粘菌の基質の硬さに対する応答

（a）硬さの異なる基質の境界付近の線維芽細胞は，硬い基質から柔らかい基質にさしかかると反転し硬い基質に戻るが，柔らかい基質から硬い基質にさしかかってもそのまま硬い基質に進む．（b）横方向が硬く，縦方向が粘菌の牽引力で歪ませられる程度の柔らかさの基質を作成し，その上を粘菌に這わせると，粘菌は柔らかい縦方向に運動する．

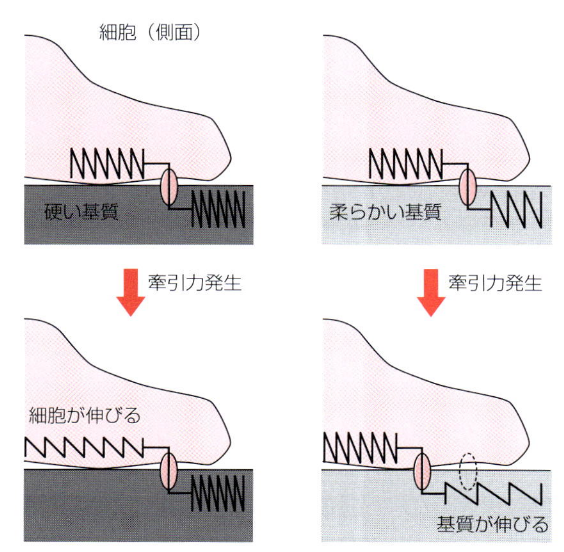

図 5.6　細胞の基質の硬さの感知の仮説
硬い基質にさしかかった仮足の細胞バネの伸び（左）は，柔らかい基質にさしかかった仮足の細胞バネの伸び（右）よりも大きい．

細胞は微小針の方向に向かって動く[44]．反対に，基質を微小針で押して細胞の一部を圧縮させると，細胞は微小針とは反対の方向に進んでいった[45]．細胞は確かに自分が伸ばされた方向に進むのである．

5.3.3　運動方向を決めるメカニズム

線維芽細胞自身の牽引力の反作用や細胞外から加えられた“力”はどうやら線維芽細胞の運動方向を決めることができるようだが，自由に運動している線維芽細胞は① 分子レベルでどのように“力”を受容し，② その後どのようなシグナル伝達を経て，③ アクチン-ミオシン細胞骨格がどのように変化し，④ 最終的に運動方向が決まるのだろうか．

線維芽細胞では FAK[41]，p130Cas[44]，RPTP alpha[43] などの接着斑関連分子がメカノセンサーとして報告されている．また接着斑に“力”が加わると，接着斑構成分子であるパキシリンやビンキュリンが接着斑にさらに集積する[46]．また，細胞が基質からの“力”に応答するかどうかを確かめるよい方法の一つに，細胞を弾性体のシート状の基質の上に這わせ，基質を人為的に繰り返し伸縮させ，細胞の様子を観察する方法[47]がある．この方法で，基質から細胞へ繰り返し同じ刺激を与え続けると，線維芽細胞，内皮細胞，平滑筋細胞などでは，ストレスファイバーが伸縮方向とは垂直な方向に配向し，細胞も同じ向きが長軸になる（図 5.7a）[48–55]．繰り返し基質伸展に伴うストレスファイバーの配向に関連して，アクチンフィラメントの変形がコフィリンやミオシンⅡの親和性を変える，すなわちアクチンフィラメントそのものが“力”センサーである，という報告もある[56, 57]．先に述べたガラス微小針で線維芽細胞を局所的に伸展させたとき細胞が微小針に向かってくる反応は，ミオシンⅡB 欠損細胞では起こらない[58]．こ

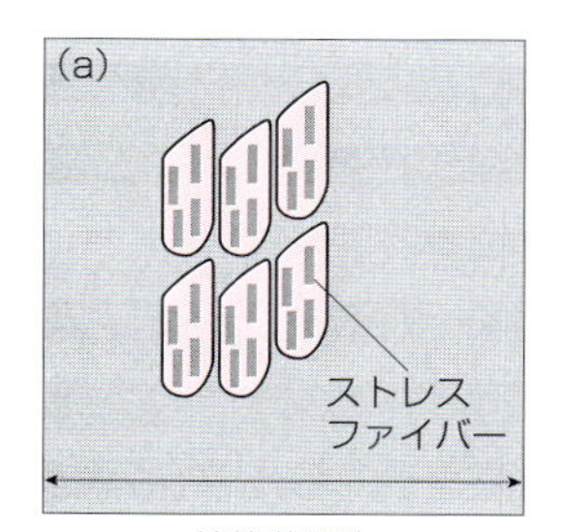

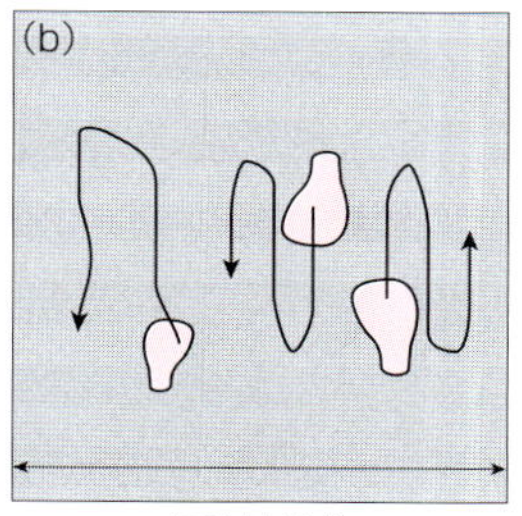

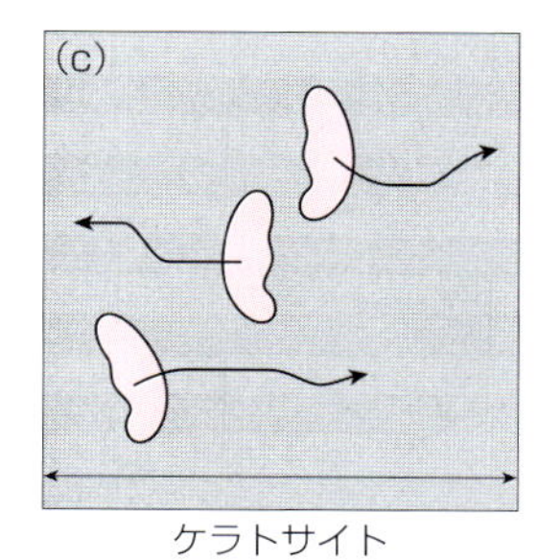

図 5.7　繰り返し基質伸展に対する細胞ごとの応答の違い
（a）線維芽細胞．ストレスファイバーが伸展と垂直な方向に配向し細胞も同じ向きが長軸になる．（b）粘菌，HL-60 細胞（好中球）．伸展と垂直な方向に運動する．（c）ケラトサイト．伸展と平行な方向に運動する．各図，両矢印は繰り返し伸展の方向．

れはミオシンⅡBが線維芽細胞の“力”による運動方向決定に不可欠であることを意味する．

このように，線維芽細胞と“力”の関係は上記①〜④それぞれ個別の現象としてはさまざまなことがわかってきた．しかし，自由運動中の線維芽細胞が基質との力の相互作用に基づき進行方向をどうやって決めるかという見地から，①に始まり④に至るまでの包括的なモデルはまだ示されていない．

5.4　速い細胞の運動と“力”

5.4.1　細胞性粘菌アメーバ

細胞性粘菌（*Dictyostelium discoideum*）は，周囲に餌があれば細胞分裂を繰り返し増殖する．増殖期の細胞は葉酸に対して走化性を示し[59]，バクテリアなどの餌のある方向へ移動する．周囲に餌のない状況におかれた飢餓状態の粘菌は増殖を停止し，自ら放出する細胞外cAMPへの走化性を用いて集合し，多細胞化する．大きさは10 μm程度で，飢餓状態の細胞の運動速度は10 μm/min程度である（図5.4）．線維芽細胞と比べると，粘菌の細胞の大きさは長さにして10倍小さく，運動の速さは10倍速い．細胞の大きさを基準として運動の速さを比較すると，粘菌は線維芽細胞より100倍速いことになる．細胞の構造を見てみると，線維芽細胞にあるストレスファイバーのような明瞭な太い線維は粘菌にはなく，その代わりにアクチンフィラメントのもっと細い束が密な網の目のような状態で細胞全体に存在している（図5.8a）．さらに，細胞後端でのミオシンⅡの集積が粘菌では非常に顕著に観察できる（図5.8b，c）．

細胞が基質に及ぼす牽引力を計測すると[60, 61]，線維芽細胞同様，細胞の前端では進行方向と反対の，後端では進行方向と同じ向きの牽引力が観測できる（図5.4）．ところが面白いことに，粘菌の場合は前部の牽引力よりも後端の牽引力の大きさのほうが大きくなるときがある[60, 61]．細胞が細胞運動をするためにアクチン–ミオシン細胞骨格がどのように“力”を発揮しているか，さらにその反作用を受けて次のステップでどのような挙動を示すかを調べるためには，細胞内のアクチンやミ

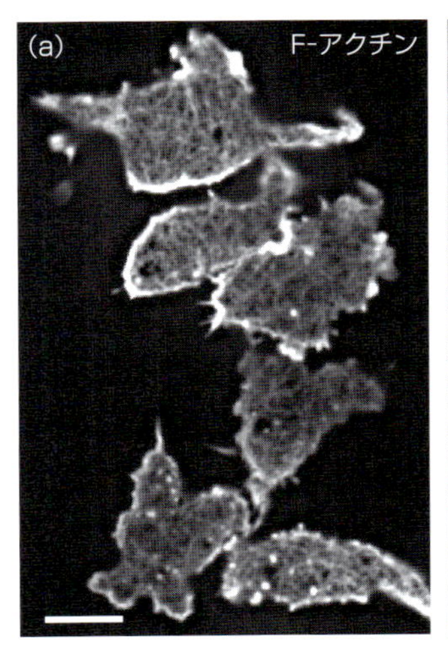

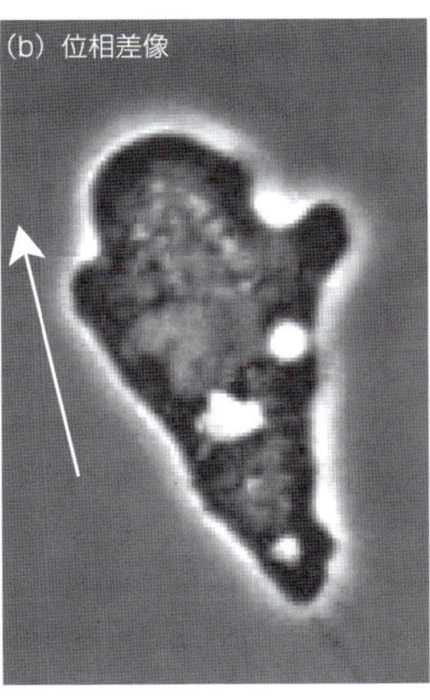

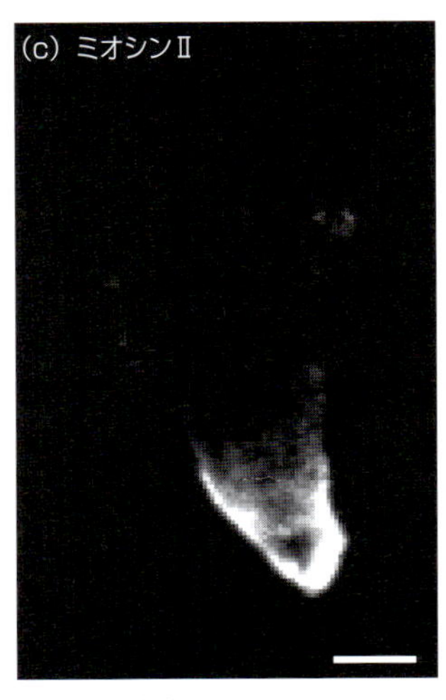

図5.8　粘菌のアクチンフィラメントとミオシンⅡの分布

（a）アクチン束化タンパク質filaminのアクチン結合ドメインにGFPを融合させたものを粘菌の細胞内に発現させ共焦点顕微鏡下で観察した．アクチンフィラメントが網の目のように存在している．（b）運動中の粘菌の位相差像．矢印は運動方向．（c）（b）と同じ細胞のGFP–myosin IIの分布．Bar = 5 μm.

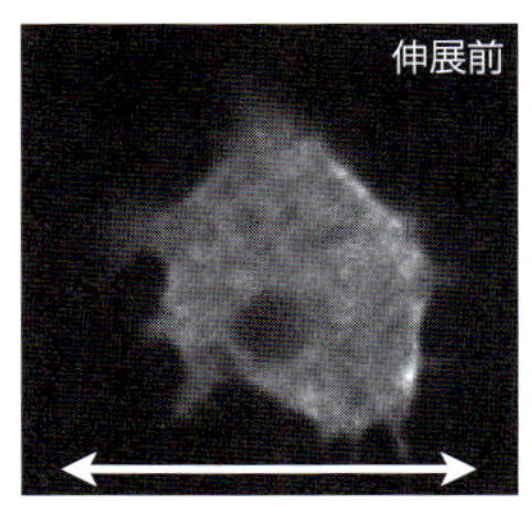

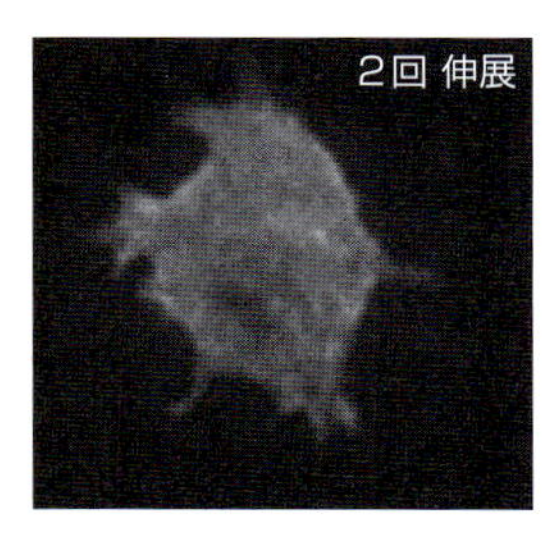

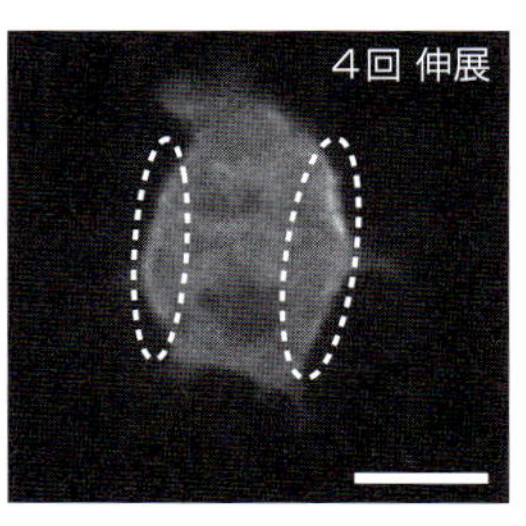

図 5.9　基質伸展による粘菌のミオシンⅡ集積

微小伸展装置で GFP–myosin II を発現した粘菌を伸展させると，細胞の伸展両側に GFP–myosin II の集積（点線）が見られる．両矢印は繰り返し伸展の方向．Bar = 3 μm（沖村千夏氏（山口大）撮影）．

オシンⅡと牽引力の分布を同時に観察する必要がある．筆者らは，TFM と共焦点顕微鏡，全反射顕微鏡を組み合わせて[62]細胞骨格と牽引力を同時に観察した．すると，粘菌の細胞後端の大きな牽引力はミオシンⅡの集積後に生じていた[61]．さらに，細胞の前部で進行方向と逆向きに発生する牽引力はアクチンの集積箇所と一致しており，前端のアクチン重合の支点となっていると予想される[61]．粘菌の牽引力の最大値は，線維芽細胞の 10 分の 1 の 2 kPa 程度である（図 5.4）[60, 61]．

飢餓状態の粘菌を cAMP のない状況においても，細胞はランダムな運動を行うことができる[63]．ランダムな運動ができるということは，粘菌は cAMP も餌もなくても自律的に前後極性を作って運動できているということになる．そのためには自己完結的に前後極性を作る[64]か，あるいは線維芽細胞同様，自分が基質に発揮した牽引力の反作用を感知しているのかもしれない．粘菌の運動速度は線維芽細胞よりもはるかに速いため，粘菌を弾性基質シートの上に這わせて基質を繰り返し伸展させたとき，運動の軌跡をとることができる[65]．牽引力の反作用を人為的に細胞に与えることはできないが，基質からの力を基質の繰り返し伸展刺激で粘菌に与えることはできる．すると，粘菌は伸展とは垂直な方向に運動する（図 5.7b）[65]．

通常の大きさの基質伸展装置[65]で高倍率の顕微鏡観察を行うと，伸展時に細胞が視野から外れてしまう．Sato らは，100 倍の対物レンズを用いても伸展時に細胞が視野から外れない微小伸展装置を開発した[66]．これを用いて粘菌の単一細胞で基質の伸展がアクチン–ミオシン細胞骨格にどのような影響を与えるのかを観察すると，線維芽細胞のストレスファイバーが伸展に垂直に配列するのとは異なり，アクチンメッシュワークに目立った配列変化は見られなかった．その代わりに，ミオシンⅡが細胞の伸展方向両側に集積することがわかった[67]（図 5.9）．ミオシンⅡが欠損した粘菌は繰り返しの基質伸展下でもランダムな方向に運動することから，粘菌が基質伸展と垂直な方向に運動するのはミオシンⅡの集積が原因であることがわかる．興味深いことに，ミオシンⅡ欠損細胞に ATPase 活性のない改変ミオシンⅡを発現させた細胞では，伸展方向両側へのミオシンⅡの集積も伸展と垂直な方向への運動も回復する．つまり，“力”シグナルに基づく粘菌の運動方向決定に，ミオシンⅡは必要だがアクトミオシンの収縮は必要ないのである．

これらの結果は，線維芽細胞で述べた①～④すべてが明らかになったわけではないが，少なくとも“力”シグナルを受けた後の③アクチン–ミオシン細胞骨格の変化と，④運動方向の関係を明瞭に示している．粘菌は基質から“力”を受けると，受容メカニズムはわからないが，ミオシンⅡが力を受けた箇所に集積し，その方向には仮足を伸ばさないのである．

線維芽細胞は，基質の硬さの境界を認識する．いい換えると，自分自身の牽引力の反作用から進行方向を決めることができる．速い運動をする粘菌はどうだろうか．粘菌の細胞は線維芽細胞よりもはるかに小さいため，この細胞よりも小さな硬さの異なる基質の境界を作ることは難しく，境界での運動の仕方はわからない．その代わりに横方向が硬く，縦方向が粘菌の牽引力で歪ませられる程度の柔らかさの基質を作成し，その上を粘菌に這わせてみると，粘菌は柔らかい縦方向に運動する[67]（図 5.5b）．繰り返し基質伸展の実験と同様に，ミオシンⅡ欠損細胞では方向性のある運動は示さず，ATPase 活性のない改変ミオシンⅡを発現させた細胞は基質の柔らかい方向に進んだ．すなわち，粘菌は強制的に引っ張られた方向には進まない，また，自分の牽引力をかけられる硬い方向には進まない，ということである．細胞が基質牽引力のかけられない方向に進むというのは一見奇異に感じる．現在，牽引力分布の詳細な理論的解析により，物理学的な立場から運動法則の原理が明らかになりつつある[68]．粘菌が局所的に大きな牽引力を発揮しても，必ずしもその方向には進まない．大きな牽引力が発生するとその部分で細胞が基質から脱着し滑るという効果を考えると，局所的に大きな牽引力を発揮する方向と反対に運動することはありえるという[69]．細胞運動における粘菌（速い細胞）の“力”に対する応答は，線維芽細胞（遅い細胞）のそれとは異なるようである．細胞の大きさや運動速度，細胞骨格の違いも大きいことから，速い細胞と遅い細胞の運動と“力”との関係は区別して考える必要があるだろう．

5.4.2　ケラトサイト

魚類ケラトサイト（fish keratocyte）は，魚の鱗の下にある上皮細胞で，鱗の脱離などの損傷時に，周辺部から損傷箇所に移動して傷を塞ぐ．魚

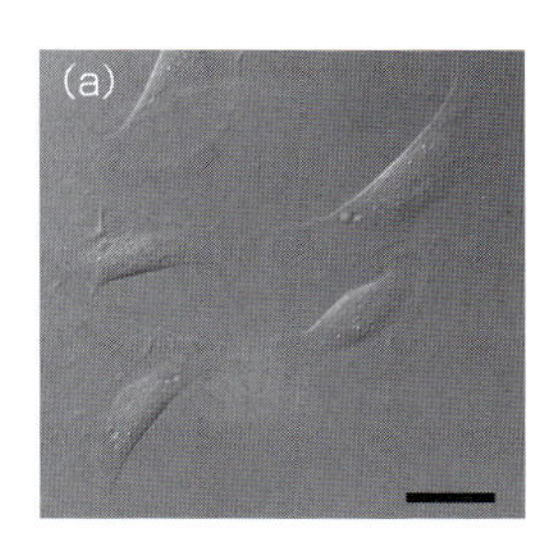

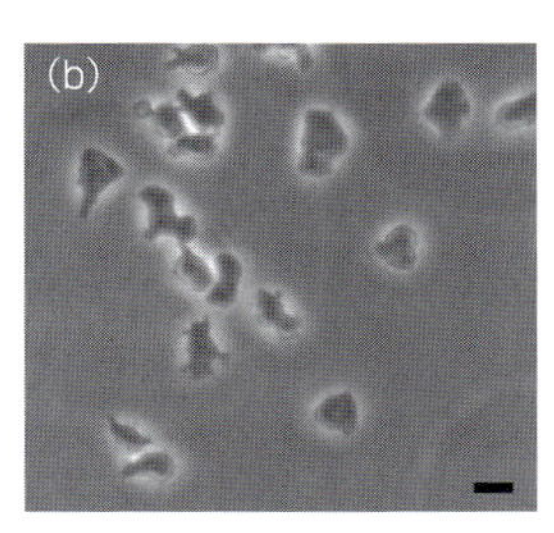

図 5.10　魚類ケラトサイトと HL-60 細胞
（a）魚類ケラトサイト．すべての細胞が同一の餃子のような形を維持し，餃子のひだの方向に運動する．（b）好中球様に分化誘導させた HL-60 細胞．Bar = 10 μm（沖村千夏氏（山口大）撮影）．

の鱗を剥がし，鱗の魚体側をカバーガラスに密着させ一晩待つと，鱗とともに魚体から剥離されたケラトサイトがカバーガラスに這い出してくる（図 5.10a）．這い出して細胞運動しているケラトサイトは，どれも餃子のような形を維持しており，細胞生物物理学者の興味を引いている．ちょうど餃子の具が細胞質に，ひだの部分が葉状仮足に相当する．ひだの方向を前とすると左右対称なことからもわかるように，ひだの方向にむかってほぼ直進運動する．

細胞の大きさは前後軸 10 μm，横 50 μm ほどである．運動速度は粘菌とほぼ等しく，また細胞質の領域には，進行方向と垂直な方向にストレスファイバーがあり[70]（図 5.11），葉状仮足には，ストレスファイバーの代わりに，粘菌で見られるよ

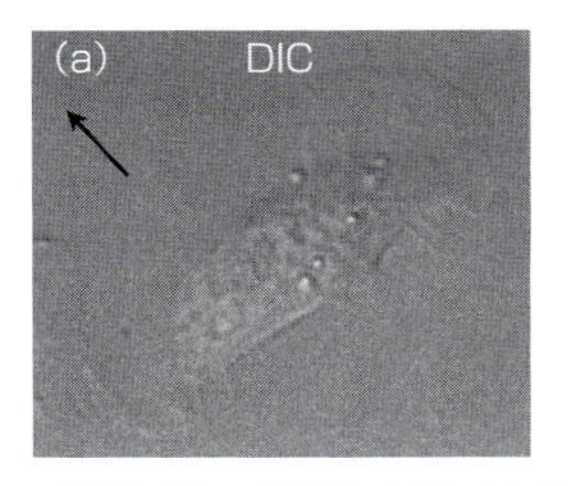

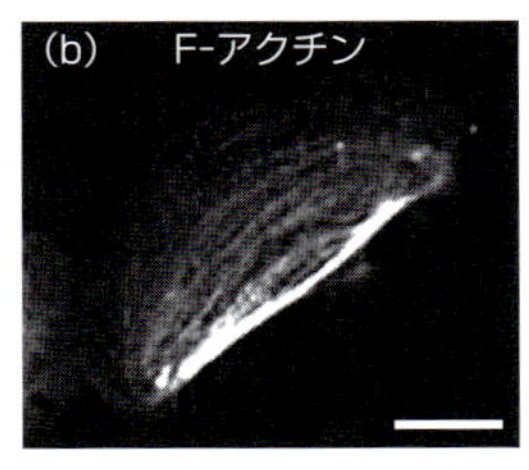

図 5.11　魚類ケラトサイトのストレスファイバー
Alexa Fluor 546 Phalloidin を導入した運動中のケラトサイト．（a）微分干渉像．矢印は運動方向．（b）共焦点顕微鏡像．細胞質に進行方向と垂直にストレスファイバーが見える．細胞質にフォーカスを合わせているため葉状仮足中のアクチンは見えていない．Bar = 10 μm（沖村千夏氏（山口大）撮影）．

うな密なアクチン線維が観察される[15]．細胞が基質に及ぼす牽引力は，細胞の形態同様，独特な分布になる（図5.4）[71]．細胞前端での後ろ向きの牽引力，および後端での前向きの牽引力の大きさは小さく，その代わりにストレスファイバーに沿って左右両側から細胞の中心よりやや前方向きに大きな牽引力を発揮している．ケラトサイトの牽引力の最大値は，およそ2kPaで粘菌と同程度である．

粘菌は外部に誘引物質がなくても運動できたが，ケラトサイトは運動するだけでなく餃子の形態を維持し続ける．運動中のケラトサイトをセリントレオニンキナーゼ阻害剤であるスタウロスポリンで処理すると，仮足がバラバラに伸びていき，やがて細胞がちぎれて断片化してしまう[72-74]．ちぎれた細胞断片は，核や細胞質が入っている断片や，細胞質がほとんど含まれず細胞骨格成分のみの平べったい断片になる．驚くべきことに，これらの細胞断片は核や細胞質の有無にかかわらず，元の細胞と同じ餃子の形になって運動し続ける．このとき，断片化した細胞はその形だけではなく，内部のアクチン-ミオシン細胞骨格の様子も元の大きな細胞のそれと非常によく似ている[72]．ケラトサイトは，細胞が接着できる足場を空間的に制限すると，細胞の形が変わったり，運動方向が制限されることが知られており[75,76]，基質との接着が細胞の形の維持や運動に不可欠である．これらの事実は，独特なケラトサイトの形や細胞運動は核や細胞質とは無関係に，細胞と基質との力学的な相互作用によって，アクチン-ミオシン細胞骨格の再配置を経て，形成されることを強く示唆している．

ケラトサイトは外部からの“力”刺激，とりわけ基質からの“力”で形態や運動方向をどのように変化させるのだろう．ケラトサイトを弾性基質シートの上に這わせて基質を繰り返し伸展させ運動の軌跡をとると，ケラトサイト，ケラトサイト断片のいずれも伸展と平行な方向に進む[77]．これは，微小なガラス針でケラトサイトを直接引っ張ったとき，引っ張った方向にケラトサイトが進む[78]ことと一致する．ケラトサイトと同様に速く運動する細胞である粘菌が，伸展と垂直な方向に進むこととは異なっており興味深い．

ケラトサイトでは，細胞を引き伸ばしたときに，細胞外からのカルシウムイオンの流入が観測されている[79]．細胞の運動を注意深く観察すると，自発的な細胞内カルシウムレベルの上昇に続いて，細胞全域での牽引力の増大と前端の伸長および後端の収縮が見られる[71]．ケラトサイトの運動では，運動中に牽引力が機械刺激受容カルシウムチャネルの開口の閾値を超えると，チャネルが開き細胞外からの流入によりカルシウム濃度の上昇が起きる．これによりミオシンⅡが活性化され，アクトミオシンの収縮によりさらに牽引力が上昇する．牽引力が細胞後部の基質との接着力を超えると，細胞後部の脱着が起こり，牽引力が大きく下がる．こういうことを繰り返しながら，一定の形態を維持しているのかもしれない[80]．

5.4.3 好中球

白血球の一種である好中球は，細胞の大きさ，運動速度ともに粘菌と同程度で，細胞の基質に及ぼす牽引力の分布も粘菌によく似ている．前部，後部の両方で牽引力が見られるが，牽引力の発生箇所は，線維芽細胞ほど明瞭に前後端に局在してはいない（図5.4）[81,82]．粘菌はミオシンⅡを後端により強く局在させるが，好中球では前端のアクチン重合部でもミオシンⅡが局在している．好中球の牽引力の最大値は，粘菌やケラトサイト同様2kPa程度である[81]．

好中球は熱処理によって断片化し基質上で運動する[83]．これは，好中球やその断片が（ケラトサイト同様に）基質との力学的な相互作用さえあれば，運動できることを強く示唆している．HL-60

細胞は前骨髄球で培地中にDMSOを添加することで，好中球様に分化誘導できる（図5.10b）．白血病細胞株であるため培地中で継続的に増殖，培養できるため，血液細胞の分化の研究や細胞運動の研究に広く用いられている．運動中の好中球と基質との力学的な相互作用を検討するために，HL-60細胞を弾性基質シートの上に這わせて基質を繰り返し伸展させ運動の軌跡をとると，HL-60細胞は粘菌同様，基質伸展と垂直な方向に運動した（図5.7）[77]．好中球は，粘菌と細胞の大きさと運動速度がほぼ同じで，いずれも形が不定形であることなどからも，運動と“力”との関係は好中球と粘菌とで共通なのであろう．

好中球全体に走化性物質のfMLPを作用させると，細胞全体の張力が上昇するとともに全域で仮足が伸長可能になる．また，前後極性を形成して特定の方向に運動中の好中球の一部を微小ピペットで吸引し細胞膜の張力を細胞全体で高めると，進行方向に突出していた仮足が退縮するとともに，WAVEやRacのシグナルも減少する．反対に走化性運動中の好中球を浸透圧の高い溶液中に移し，細胞全体の張力を下げると，細胞前部に局在していたSCAR/WAVE複合体のシグナルは細胞全域に広がり，同時に仮足も細胞全域で伸長するようになる[84]．好中球は細胞膜の張力を細胞伸長，すなわちアクチン重合箇所を限定するために利用しているのかもしれない．

5.5 おわりに

これまで運動中の細胞が基質に発揮する“力”については，いろいろな細胞で多くのことがわかってきた．一方，細胞が“力”を受けてどのように運動が制御されるのかはまだわからないことが多い．“力”刺激に対する細胞の応答は，チャネルの開口や分子のリン酸化，あるいはアクチンフィラメントとそれに結合する分子の親和性の変化といった局所的な空間での分子レベルの出来事である．それに対して，細胞運動というものは，局所ごとの出来事が細胞全体で調和して初めて成り立つ細胞レベルの出来事であり，両者の間にスケールの大きなギャップがあるからである．

細胞が運動すれば必ず“力”が発生する．“力”は化学的な物質と違って運動中の細胞から取り去ることができない．“力”シグナルは細胞運動が成立するための最も根本的なメカニズムを担っているのかもしれない．今後，分子レベルでの“力”受容と細胞レベルでの運動の成立との間のギャップを埋めることが，細胞運動が成立するメカニズムの解明につながるだろう．

（岩楯好昭）

文 献

1）D. A. Lauffenburger, A. F. Horwitz, *Cell*, **84**, 359 (1996).
2）A. J. Ridley et al., *Science*, **302**, 1704 (2003).
3）M. Raftopoulou, A. Hall, *Dev. Biol.*, **265**, 23 (2004).
4）B. Reid et al., *FASEB J.*, **19**, 379 (2005).
5）M. Zhao et al., *Nature*, **442**, 457 (2006).
6）C. A. Parent, *Curr. Opin. Cell Biol.*, **16**, 4 (2004).
7）M. Ueda et al., *Science*, **294**, 864 (2001).
8）J. S. King, R. H. Insall, *Trends Cell Biol.*, **19**, 523 (2009).
9）P. J. M. Van Haastert, P. N. Devreotes, *Nat. Rev. Mol. Cell Biol.*, **5**, 626 (2004).
10）K. F. Swaney et al., *Annu. Rev. Biophys.*, **39**, 265 (2010).
11）M. Zhao, *Semin. Cell Dev. Biol.*, **20**, 674 (2009).
12）M. J. Sato et al., *PNAS*, **106**, 6667 (2009).
13）E. W. Dent, F. B. Gertler, *Neuron*, **40**, 209 (2003).
14）K. Kalil, E. W. Dent, *Curr. Opin. Neurobiol.*, **15**, 521 (2005).
15）T. M. Svitkina et al., *J. Cell Biol.*, **139**, 397 (1997).
16）T. D. Pollard, G. G. Borisy, *Cell*, **112**, 453 (2003).
17）C. Jurado et al., *Mol. Biol. Cell*, **16**, 507 (2005).
18）Y. L. Wang, *J. Cell Biol.*, **101**, 597 (1985).
19）C. G. Galbraith, M. P. Sheetz, *PNAS*, **94**, 9114 (1997).
20）M. Torres, T. D. Coates, *J. Immunol. Methods*, **232**, 89 (1999).
21）J. V. Small, *Curr. Opin. Cell Biol.*, **1**, 75 (1989).

22) P. Y. Jay, E. L. Elson, *Nature*, **356**, 438 (1992).
23) P. Y. Jay et al., *J. Cell Sci.*, **108**, 387 (1995).
24) W. T. Chen, *J. Cell Biol.*, **90**, 187 (1981).
25) R. Ananthakrishnan, *Int. J. Biol. Sci.*, 303 (2007).
26) E. D. Korn, J. A. Hammer, *Annu. Rev. Biophys. Biophys. Chem.*, **17**, 23 (1988).
27) N. Q. Balaban et al., *Nat. Cell Biol.*, **3**, 466 (2001).
28) K. Burridge, M. Chrzanowska-Wodnicka, *Annu. Rev. Cell Dev. Biol.*, **12**, 463 (1996).
29) A. K. Harris et al., *Nature*, **290**, 249 (1981).
30) A. K. Harris et al., *Science*, **208**, 177 (1980).
31) T. Oliver et al., *Cell Motil. Cytoskeleton*, **31**, 225 (1995).
32) T. Oliver et al., *J. Cell Biol.*, **145**, 589 (1999).
33) O. du Roure et al., *PNAS*, **102**, 2390 (2005).
34) J. L. Tan et al., *PNAS*, **100**, 1484 (2003).
35) M. Dembo et al., *Biophys. J.*, **70**, 2008 (1996).
36) M. Dembo, Y. L. Wang, *Biophys. J.*, **76**, 2307 (1999).
37) K. A. Beningo et al., *J. Cell Biol.*, **153**, 881 (2001).
38) S. Munevar et al., *J. Cell Sci.*, **117**, 85 (2004).
39) S. Munevar et al., *Mol. Biol. Cell*, **12**, 3947 (2001).
40) Y.-T. Shiu et al., *Biophys. J.*, **86**, 2558 (2004).
41) S. Curtze et al., *J. Cell Sci.*, **117**, 2721 (2004).
42) S. Munevar et al., *Biophys. J.*, **80**, 1744 (2001).
43) P. A. Conrad et al., *J. Cell Biol.*, **120**, 1381 (1993).
44) C. M. Lo et al., *Biophys. J.*, **79**, 144 (2000).
45) H. B. Wang et al., *PNAS*, **98**, 11295 (2001).
46) D. Riveline et al., *J. Cell Biol.*, **153**, 1175 (2001).
47) K. Naruse et al., *Oncogene*, **17**, 455 (1998).
48) X. Sai et al., *J. Cell Sci.*, **112**, 1365 (1999).
49) K. G. Birukov et al., *Am. J. Physiol. Lung Cell Mol. Physiol.*, **285**, L785 (2003).
50) R. Kaunas et al., *PNAS*, **102**, 15895 (2005).
51) A. Tondon et al., *J. Biomech.*, 45, 728 (2011).
52) C.-F. Lee et al., *Biochem. Biophys. Res. Commun.*, **401**, 344 (2010).
53) L. Zhao et al., *J. Biomech.*, **44**, 2388 (2011).
54) K. Sato et al., *J. Biomech.*, **38**, 1895 (2005).
55) M. Morioka et al., *PloS One*, **6**, e26384 (2011).
56) K. Hayakawa et al., *J. Cell Biol.*, **195**, 721 (2011).
57) T. Q. P. Uyeda et al., *PloS One*, **6**, e26200 (2011).
58) C.-M. Lo et al., *Mol. Biol. Cell*, **15**, 982 (2004).
59) P. Pan et al., *Nature*, **237**, 181 (1972).
60) M. L. Lombardi et al., *J. Cell Sci.*, **120**, 1624 (2007).
61) Y. Iwadate, S. Yumura, *J. Cell Sci.*, **121**, 1314 (2008).
62) Y. Iwadate, S. Yumura, *BioTechniques*, **44**, 739 (2008).
63) H. Takagi et al., *PloS One*, **3**, e2648 (2008).
64) Y. Arai *et al.*, *PNAS*, **107**, 12399 (2010).
65) Y. Iwadate, S. Yumura, *BioTechniques*, **47**, 757 (2009).
66) K. Sato et al., *Int. J. Mech. Sci.*, **52**, 251 (2010).
67) Y. Iwadate et al., *Biophys. J.*, **104**, 748-758 (2013).
68) H. Tanimoto, M. Sano, *Biophys. J.*, **106**, 16 (2014).
69) Y. Sakumura, Y. Iwadate, 生物物理, **52**, S119 (2012).
70) K. O. Okeyo et al., *J. Biomech.*, **42**, 2540 (2009).
71) A. Doyle et al., *J. Cell Sci.*, **117**, 2203 (2004).
72) A. B. Verkhovsky et al., *Curr. Biol.*, **9**, 11 (1999).
73) N. Ofer et al., *PNAS*, **108**, 20394 (2011).
74) T. Mizuno, Y. Sekiguchi, *Biophysics*, **7**, 69 (2011).
75) H. Miyoshi et al., *Biomaterials*, **31**, 8539 (2010).
76) E. L. Barnhart et al., *PLoS Biol.*, **9**, e1001059 (2011).
77) C. Okimura et al., 生物物理, **52**, S118 (2012).
78) J. Kolega, *J. Cell Biol.*, **102**, 1400 (1986).
79) J. Lee et al., *Nature*, **400**, 382 (1999).
80) A. D. Doyle, J. Lee, *J. Cell Sci.*, **118**, 369 (2005).
81) L. A. Smith et al., *Biophys. J.*, **92**, L58 (2007).
82) M. E. Shin et al., *Blood*, **116**, 3297 (2010).
83) T. Mizuno et al., *Cell Motil. Cytoskeleton*, **35**, 289 (1996).
84) A. R. Houk et al., *Cell*, **148**, 175 (2012).

発生のメカノバイオロジー

Summary

近年，発生生物学はゲノム情報の拡大とともに大きく発展してきた．広範な生物種に保存される発生/分化制御遺伝子を中心に，詳細な遺伝子機能解析によって形態形成の分子基盤が明らかにされてきた．○○オームの爆発的拡大は，*in silico* 解析を含む多様な解析手法を可能にした．また新しい cDNA が容易に購入でき，一つ一つを単離している研究者は，もうほとんどいないだろう．このような顕著な進展は，発生生物学以外の研究領域にも大きな波及効果をもたらしている．そして，山中 4 因子による iPS 細胞作製技術の発見が，この潮流の一つのピークであると感じられる．

しかし，ゲノム科学の進展をこのまま進めていけば，発生の全体像を掴むことができるのだろうか．また，ある生物のゲノム情報から，その生物の形を正確に予測できるだろうか．多くの研究者は，これらの疑問に対し否定的だろう．すなわち，遺伝子中心主義的な視点とは違った見方があると感じているだろう．

本章では，発生を遺伝子以外の観点で再解釈するための新しい視点を提供したい．その視点は“力”であり，形態形成を力学的な現象であると捉え直してみたい．物理的な力刺激を受容して生化学的反応に変換するメカニズムをメカノトランスダクション（mechanotransduction）と呼ぶが，このシグナル伝達機構を考察するのがメカノバイオロジーである．発生生物学をメカノバイオロジーの視点から再解釈し，これまでの遺伝子中心の機能解析では理解しえなかった発生の素過程を論述したい．このようなアプローチは，発生生物学以外にも医学的な応用に強く結びつく可能性を秘めており，ポストゲノム時代の新しい生物学として期待できる．

6.1　はじめに

近年の発生生物学は，いくつかの発見を機に発展してきた．一つは，ショウジョウバエの形態形成を制御する *Hox* 遺伝子がヒトを含む高等生物にも高度に保存されているという事実である．また，モルフォージェンの分子実体の解明が進み，*Shh* などいくつかが単離された．そして，*Shh* もショウジョウバエに高度に保存されていることがわかり，形態形成の基盤をなす遺伝子群の普遍性が，発生を考えるうえで重要となった．これを機に多くの発生遺伝子が見つけられ，解析されてきたが，生物の個々の形そのもの，その多様性をどれだけ説明できたであろうか．

筆者自身，ショウジョウバエからヒトまで広範な生物種に保存されている遺伝子の機能を解析してきたが，むしろそういった研究によって見捨てられてきた側面がもつ重要性を認識するようになった．遺伝子の機能解析による研究成果は，生物種がもつ形態そのものを説明するうえで，あまり役立たない側面があるのではないだろうかと．また，発生過程で見せる組織や器官の形のダイナミックな変化は，ゲノムから理解するものではなく，力学的な過程ではないかと．

分子生物学者や発生生物学者が，発生現象を力学的に再解釈することは容易ではない．しかもこれまでのメカノバイオロジーは，メカノセンサー（力刺激感知因子）の単離とその機能原理の解析に集中しており，マクロな生物形態の解釈に結びつける試みはなされてこなかった．しかし，この乖離はここ数年間に埋められつつある．むしろ乖離した部分にこそ，新しい解釈を見つけ出す原石が転がっているように思う．しかも，メカノバイオロジーは医学的な応用への展開も期待できる．本章ではこのような観点に立って，発生現象をメカノバイオロジーの視点から論考したい．

6.2　脳の形態問題（ヒトの脳はなぜシワシワか）

ヒトの脳は，なぜシワシワなのだろうか（図6.1a）．ごく素朴な疑問であるが，この疑問に正確に答えられる研究者はいないだろう．頭蓋骨内の限られた容積の中に，より多くの神経細胞を格納するために脳の表面がシワシワになっていると答えることはできる．ではなぜ，ヒトの脳のシワシワはほぼ一定のパターンを示すのか（正確には，大まかな脳溝，脳回の位置は一定であるが，細かい陥没溝の位置はずれる）．種によって特徴的なシワシワパターンがあるのはなぜか．このことを考えると，シワの形状はある程度ゲノム情報に記されていることが推測できる．では，ゲノム情報の関与を考慮しながらシワシワ形態ができるメカニズムを考え出せるだろうか．

実は，この問題はかなり昔から多くの研究者が考えてきた．1975年の*Science*誌にはMechanical Model of Brain Convolutional Developmentと題する論文がV. S. Caviness Jr.から出され[1]，大脳皮質の座屈（buckling）モデルが提唱されている．ある部材に，その長軸方向から圧縮力を加えると，ある一定の荷重で変形が起こり，さらに力を加えると破壊が起こる．大脳皮質は建築材料とは違って柔らかいから，狭い空間に閉じ込められたまま成長する皮質は，たわんで波打つことで歪み負荷を開放できる．一方，発達中の皮質は層構造をもち，かつそれぞれの層を構成する細胞の密度，種類は不均一である．この組織構造上の不均一性は遺伝子支配によって決まっていると考えることができるから，どこで座屈して屈曲するかはある程度決まっていると考えてもよい．したがって，ヒトの脳のたたみ込みパターンはほぼ一定であると説明できる．そして，皮質の波打ちの周期（波長）は皮質の物性（たとえばヤング率）にも依存するから，皮質組織の不均一性，物性，成長が引き起こす圧縮力の総和によって脳表面のしわのパターンが決定されるというモデルとなる．

1997年には，新しいモデルが提唱された．論文のタイトルは，A tension-based theory of morphogenesis and compact wiring in the central nervous systemで，張力（tension）を考慮したモデルになっている[2]．皮質には成熟した神経細胞があり軸索を伸ばし，標的組織にシナプスして張力を生む．軸索が張力をもつということは，神経細胞にとってきわめて重要である．たとえば軸索張力はそのシナプス末端において，神経伝達物質の放出などに関与するシナプトタグミン（synaptotagmin）の集積に関与し，張力を失うとこの分子集積が不完全になってシナプスの成熟が遅れる[3]．また，神経軸索の張力には勾配があり，この勾配が軸索膜輸送に関与する[4]．実際，新生児のつま先の先端に伸びる運動神経は，大人になるまで何倍に伸びるだろうか．神経が引っ張られ，引っ張りという物理的な刺激がその恒常性維持に関与することは容易に想像できる．そして，このような物理的刺激がなくなると，恒常性に破綻をきたしうることも推測できる．

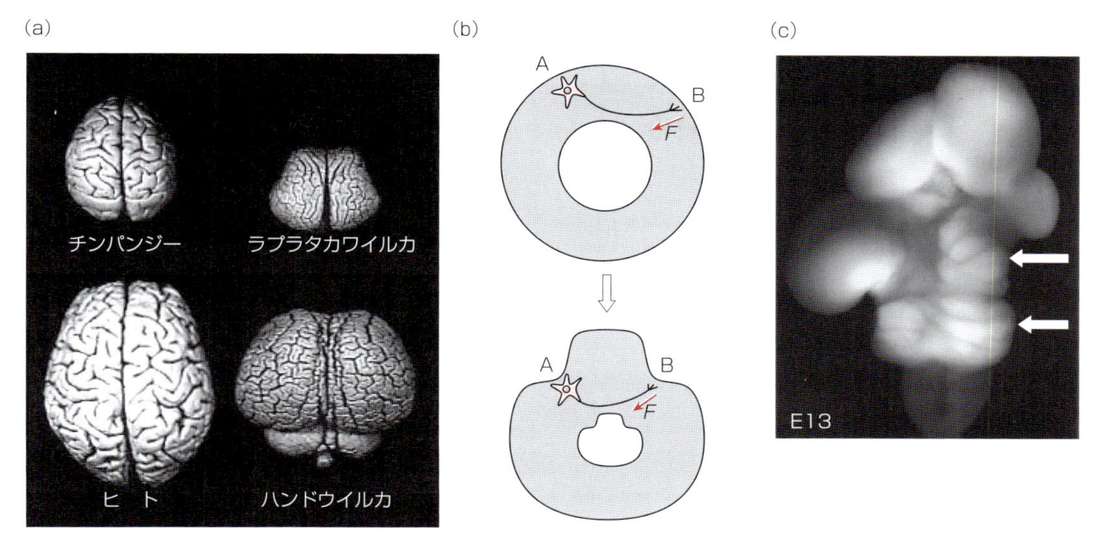

図 6.1　ヒト，チンパンジー，イルカの大脳表面構造

（a）種によって脳表面のシワ構造に違いがあることがわかる．イルカの脳のほうがシワは多い．東京大学 神谷敏郎氏提供．（b）脳の A 点にある神経細胞群が B 点に軸索を伸ばし，張力 F を発生する．すると，A 点/B 点間の距離が短縮し，A 点と B 点が陥没すると同時にその間は山となって，脳表面に凹凸が生じる．また，A 点/B 点間の距離短縮は両点間の compact wiring を可能にする．B 点には張力がかかることによって，シナプスの成熟も進む．（c）*Irx2*，*Fgf8* 遺伝子の強制的共発現をニワトリ中脳領域右側に行って，小脳を異所的に作ることができる[5]．赤矢印が異所的小脳，白矢印が本来の右小脳．左側の正常小脳，右側の小脳，異所的小脳において，表面のシワ構造に違いがあることに注意．

丸いテニスボールのような構造を考える．ボールの A 点に成熟した神経細胞が集積し，B 点に軸索を伸ばしてシナプスを作ったとする．この軸索は張力を発生するから A 点，B 点の間に引張力が生まれる．発生中の皮質は柔らかく，この張力によって A 点，B 点が互いに近づき，ボール全体が変形する．この変形によって，A 点，B 点は谷，A 点と B 点の間は山となる（図 6.1b）．大脳皮質の各所でこのような軸索張力結合が多数生まれることによって，脳のシワシワパターンが形成される．このとき，たとえば A 点，B 点間の距離も短くなり，2 点間の compact wiring も達成できる．脳表面のどこに神経細胞が集まり，どこに軸索を伸ばすかはゲノム情報に規定されるから，ヒトの脳がほぼ一定の構造をもつメカニズムが説明可能である．

ヒトの大脳の構造に関して二つの仮説を紹介したが，現時点でこの二つの説を正確，かつ定量的/定性的に検証することはかなり困難である．まず，発生過程のヒトの脳を経時的に観察できない（ただし，これはニワトリやマウスをモデルにすることで解消できるかもしれない）（図 6.1c）[5-7]．また，ある一定の構造体の中で，応力とひずみ（stress と strain）の分布を正確に測定することは難しい．この力の測定方法の開発（できれば定量的可視化，後述）は，これからのメカノバイオロジーにとってきわめて重要である．

なお脳の形態に関する説は，紹介した二つ以外にもいくつか発表されているし，また反証もある[8,9]．重要なのは実験を通してモデルを実証することであり，遺伝子操作や力刺激印加によって脳の形態を操作し，さまざまな形態の脳を作出することである．たとえば，マウスにヒトやイルカの脳の形態を作ることができれば，発生学，生理学，進化の観点で重要な知見を生むと思われる．

6.3　腸の形態形成（腸はなぜ，グニャグニャ波打って腹腔内に納まっているか）

前述の大脳皮質の場合とよく似ているが，腸も腹腔内の限られたスペースに，長い腸管が格納されている．このような事実からわかるように，限定された空間内で器官/組織が成長すると，容量のアンバランスが起こる．そして，アンバランスは一定のパターン形成を促すと考えてよい．

YouTube に，興味深い動画が投稿されている（http://www.youtube.com/watch?v=CMYISqxS3K4）．この動画では，だんだん遅くなるベルトの上に，粘性の高いシロップが一定のスピードで落とされている．ベルトの動きが速いうちは，シロップはまっすぐだが，ベルトの移動が遅くなるにつれ，シロップは蛇行（meandering）し，そして複雑な模様を描き始める（さまざまなパターンは突然切り替わって現れることに注意）．これはゆっくり動くベルトにシロップが納まりきらなくなったために起こる．また，ビニールを引きちぎったとき，その断端には一定の規則正しいうねり，蛇行が生じる．きれいに裂くとフラクタル（コッホ）曲線に似た形になる（図6.2）．この場合も，断端は伸びたのに基部は伸びていないため，そのアンバランスが蛇行で解消されていると考えることができる．

では，腸の場合はどうだろうか[10]．腸は成長とともに伸長するが，その基部は腸間膜で固定されている．そして，腸の伸長と腸間膜の伸長は同じではなく，腸の伸長のほうが早い．この成長の差が，アンバランス/歪みを生み，腸がうねることで解消される．そして，うねりの周期は腸/腸間膜の物性，成長速度などのパラメーターで規定される（図6.3）．このモデルの重要な点は，各種パラメーターを実測すれば，ニワトリ，ウズラ，フィンチなどの鳥類に加え，マウスなどの哺乳動物の腸のうねり形態も予測できることである．さ

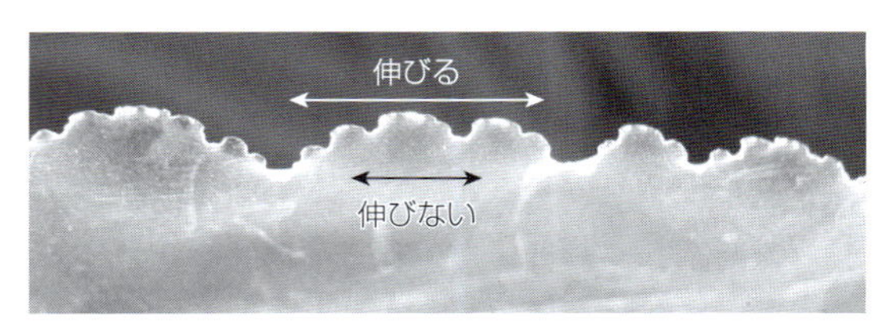

図6.2　ビニール片を引き裂いたときにできる断端のパターン
断端側は引き裂いたときに延ばされるが，基部の長さは変わらない．きれいに一定の力で引き裂くと，断端はうねり，フラクタル様のパターンができる．

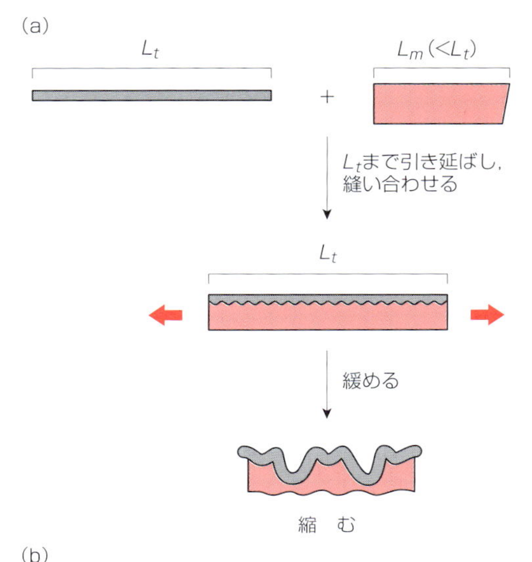

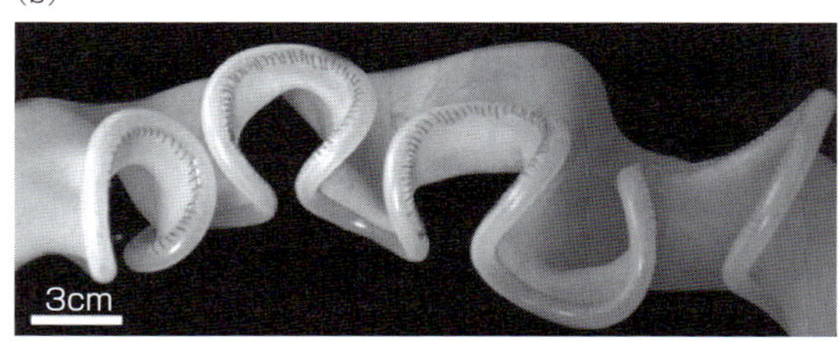

図6.3　腸のうねり
棒状のゴムと板状のゴムを用意し，板状のゴムを引き延ばしたまま縫い合わせる．縫合後，引き延ばしを開放すると，板状ゴムは縮み，棒状ゴムを圧縮する．この圧縮力は棒状ゴムのうねりとなって平衡に至る．*Nature*, **476**, 57 (2011).

らに，この論文では磁石を使って腸の物性を知る実験が行われている．切断した腸の一方に磁石を固定して別の磁石で引っ張ることで，どの程度の力でどの程度伸びるかを測定し，応力と歪み（stress と strain）の関係を正確に求めている．このような磁石を使った物理操作は，今後，多様な応用が可能である．

実は，この腸の蛇行問題と脳のシワ問題は，他の多くの器官や組織の形態を説明する原理を提供している．二つ（あるいはそれ以上）の要素にアンバランスが起こると，自律的にパターン形成が生まれると述べたが，この原理で説明できる器官/組織がいくつか指摘できる．たとえば，腸管内腔にはヒダヒダの腸粘膜が形成されるが，これも一定の腸管内面積に成長拡大する粘膜が格納されることに起因する可能性がある．また，老化とともに皮膚には皺が入るが，これも皮下組織の萎縮によって上皮と真皮の間にアンバランスが生じることによるかもしれない（図 6.4a）．また，心臓では肉柱形成がこの原理で説明可能であると考えられる．ゼブラフィッシュの心臓をモデルに考えると，発生初期の心臓では心筋層と心内膜層が分離しており，その間には cardiac jelly（心臓ゼリー）と呼ばれる細胞外マトリックスが充満している．発生が進むにつれて心臓ゼリーは吸収され，心筋層と心内膜層が密着する．心筋は規則正しく収縮するが，心内膜は収縮しない．したがって，心内膜は心筋の収縮の度に圧縮されることになる．収縮の度に心筋/心内膜にアンバランスが生まれ，その結果，心内膜はうねり，心臓内に突出し，肉柱の元となる突起構造を作る可能性がある．いったん突出した部位は，血流による強いせん断応力に曝されるから，血流の刺激による遺伝子発現誘導を伴った新しい形態形成が開始しうる（図 6.4b）．

ここで一つ重要なことは，このような発生過程では，遺伝子の働きを考えなくても形態形成を説

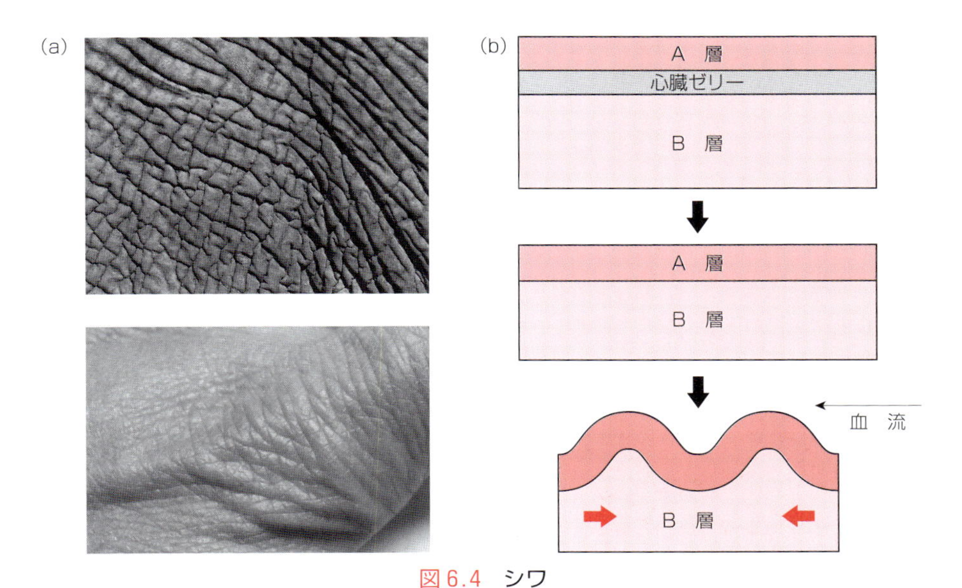

図 6.4　シワ

（a）象とヒトの手背のシワ．このようなシワも一種のパターン形成といえる．（b）最初，A 層（心内膜）と B 層（心筋）の間に空隙があり，心臓ゼリーのようなゲル上の物質で満たされている．これが吸収され，A 層，B 層が密着する．B 層に一定の収縮（心拍）が起こると，収縮しない A 層は収縮のたびに圧縮される．これは B 層のうねりを生むが，突出した部分に血流がぶつかり，剪断応力が突出部先端に加わると，新しい遺伝子発現（*EGF; epidermal growth factor* など）が起こり，突出部が成長してうねりが固定される．

明できるという点である．これまでの発生生物学は，種に普遍的な形態形成遺伝子（たとえば，ショウジョウバエからヒトまで高度に保存されている *Hox* 遺伝子）から形態形成を説明しようとしてきたが，形態を作る過程では，遺伝子以外のパラメーターがより重要な働きを担う局面があることを忘れてはならない．むしろ，遺伝子/ゲノムに関する知識を用いずに形態形成を説明するという試みを喫緊の課題とすべきではないだろうか（D'Arcy Thompson の著作 "On Growth and Form" には，いまでも新しい考え方がふんだんに記述されている）．また後述するように，形態や形態がもつ機能が遺伝子を調節するという，真逆の発想も必要である．

6.4　形態や形態がもつ機能が遺伝子発現を調節する逆経路

果たして，形態や形態がもつ機能が遺伝子を調節することはありえるのだろうか．通常は，ゲノム上の遺伝子が緻密に働いて形態形成を制御すると考える．では生物の多様な形態は，ゲノム上に緻密にプログラムされているのだろうか．ヒトゲノムを 32 億塩基対（3.2×10^9 塩基対）とすると，これは約 6400×10^6 ビット ≒ 約 800 メガバイトの情報量となる．ヒト一人を作り上げるのに，この程度の情報量で足りるのだろうか．おそらくゲノムは，ヒトのボディープランを精密にプログラムしていない．むしろ前述したように，遺伝子がほとんど関与しないメカニズムと，遺伝子の使い方にこれまでとは違うメカニズムがあると予想できる．本節では，形態や形態がもつ機能に由来する力学刺激が遺伝子発現を積極的に支配する逆経路について議論する．

2003 年，フランスの E. Farge によって，興味深い論文が発表された[11]．彼は，ショウジョウバエの胚（blastderm，胚盤葉）をピエゾ素子で動かせるようにしたカバーガラスの下に置き，ピエゾを駆動して胚を押しつぶした（図 6.5）．約 10% 程度の圧縮である．驚くべきことに，圧縮刺激 6 分後から *Twist* 遺伝子の発現が誘導され，8 分後にはほぼピークに達している．圧縮という力刺激を加えた後，短時間で *Twist* 遺伝子の発現誘導が一気に進むことを示している．その後の研究で，Src 依存的にアルマジロ α/β カテニンが核内に移行することによって *Twist* 遺伝子の誘導が起こることが示された[12]．

細胞に対して，力学刺激がどのように β カテニンの核内シャトルを引き起こすのか，そのメカニズムは現時点で明確ではないが，培養細胞を伸展することで β カテニンがすみやかに核移行することは筆者らも確認しており，TOP-flash レポーターの活性化も起こる．一般的に，細胞に伸展/

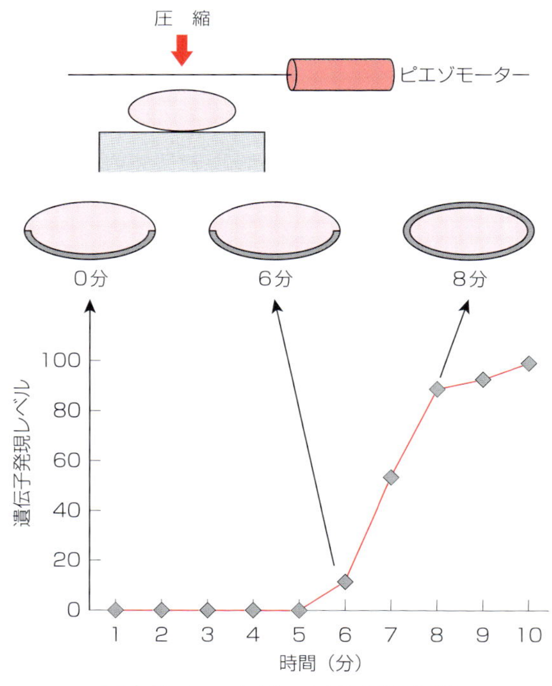

図 6.5　ショウジョウバエ胚の圧縮
ピエゾモーターに取りつけたカバーガラスでショウジョウバエ胚を圧縮すると，圧縮後 6 分ほどで *Twist* 遺伝子の発現が起こり，8 分後には胚全体に拡大するとともに，その強度も増加する[11]．

圧縮などの力学刺激が加わると，細胞の力学的な基盤を作っている部分（細胞骨格や接着斑）に最も力が加わる．インテグリン/細胞骨格接合部にはFAK，Talin，Src，p130Casなどの多様な分子が会合しており，それぞれのタンパク質が変形して活性化（あるいは不活性化）が起こることは容易に想像できる[13, 14]．また，カドヘリンを含む接着結合部（adherens junstion）に存在するα-カテニンは張力感知能をもち，力による変形がビンキュリンの会合を惹起すると報告されている[15]．

細胞にどのくらいの力を加えるとどのくらい変形するのか，また，細胞の変形はどのようにタンパク質の変形を起こすのか．この問題に関する知見は多くない．しかし一部の生物物理学の研究者たちによってシミュレーションが試みられており，そのムービーは一見に値する(http://www.ks.uiuc.edu/Gallery/Movies/ProteinFoldingStretching/)．実際にタンパク質の変形を実測することはまだできないが，力によってタンパク質は変形し，新しい機能を発揮しうると考えてよい．

2006年にはDischerらによって興味深い報告がなされた[16]．ヒトの間葉系幹細胞をさまざまな硬さの基質の上で培養すると，硬い基質の上では骨，柔らかい基質では神経細胞，中間の硬さの基質では筋肉細胞が分化する．細胞は基質に接着した後，ミオシンによって張力を作って接着斑を引っ張る．われわれがものの柔らかさ，硬さを測るために押したり引いたりするのと同じく，細胞は基質を引っ張って（active touch）外部環境（基質）の力学特性を計測できる．そして，基質の硬さによって遺伝子発現プロファイルを変え，その物理環境に沿った細胞へと分化する．

筆者らの研究室でも，C2C12細胞を繰り返し伸展することによって，骨格筋細胞への分化誘導と自律的，自発的な筋管網目パターン形成を起こせることを見出している（図6.6）．C2C12細胞の培養液に分化誘導因子を添加しなくても，この

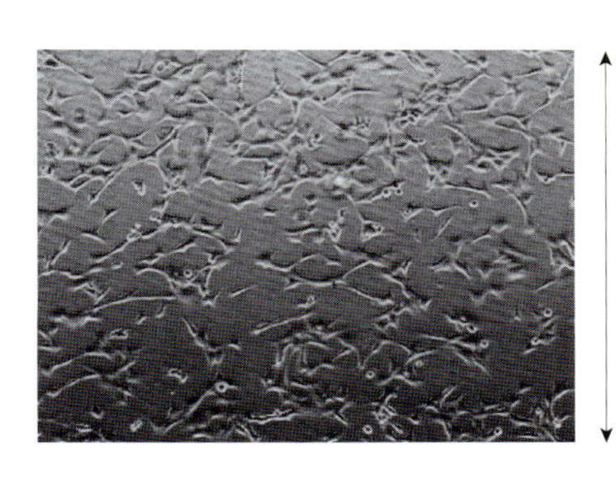

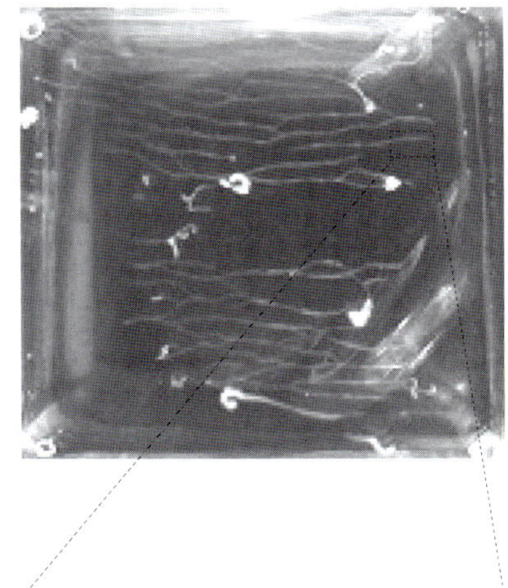

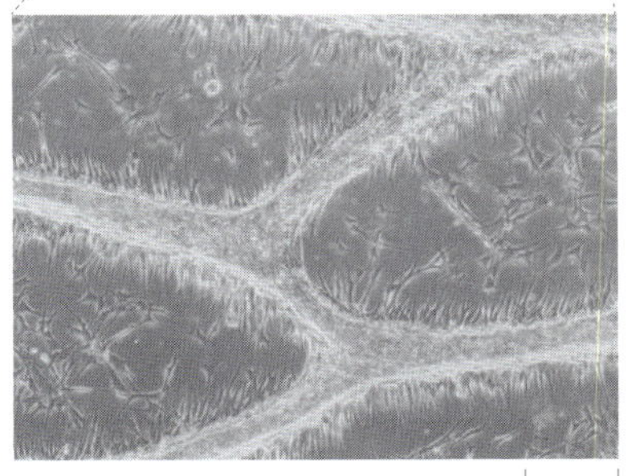

図6.6　C2C12細胞への伸展刺激

C2C12細胞をゼラチンでコートしたシリコン培養皿に播種する．播種直後，個々の細胞はランダムな方向を向いている．この状態で縦方向に周期的な伸展刺激を加えると，C2C12細胞が形態を変えながら集合し，網目状に自己組織化する．この網目状の構造は，遺伝子発現，形態的に筋管であると思われる．拡大すると，個々の細胞が網目状の筋管に向かって遊走し，融合するのが観察できる．

ような分化/パターン形成が自律的に起こる．またDischerらは別の論文で，心筋細胞の拍動性と基質の硬さに関する報告もしており，細胞の物理的環境，力刺激を組織再生技術の一つとして積極的に取り入れられる可能性を示した[17]．

力学刺激，幹細胞，細胞分化に関する研究は他にもいくつか報告されている．たとえば，TIP（tension-induced/inhibited protein）も間葉系幹細胞をモデルに同定された[18]．肺の間葉系幹細胞は伸展刺激によって筋細胞に分化することが知られており，実際にどのような遺伝子が伸展によって誘導されるかを探索したところ，TIPが同定された．TIPはスプライシングによってTIP-1～3の3種類が作られる．TIP-1は伸展によって誘導され筋肉分化を促進し，TIP-3は逆に伸展によって発現が抑制されるが脂肪細胞への分化を促進する．したがって，TIPは間葉系幹細胞の筋肉分化/脂肪細胞分化のbinary decisionに関与する．TIPタンパク質はSANT，LXXLLなどのモチーフをもっており，脂肪細胞分化に関与するPPAR（peroxisome proliferator activated receptor）などの核内受容体やクロマチン因子と相互作用することが示唆されている．また興味深いことに，TIP-1，TIP-3は伸展刺激によって細胞質から核内にシャトルする．そしてその後，複数種あるTIPタンパク質の一つ，TIP-6がp300と相互作用してそのヒストンアセチルトランスフェラーゼ（HAT）活性を制御すること，実際にNIH3T3-L1細胞の脂肪細胞分化を誘導すること，などが示された[19]．

筋肉に病的な萎縮が起こると，徐々に脂肪細胞に置換される．骨格筋は常に力学刺激にさらされている組織であり，力学刺激を受容し，反応するメカニズムを保持していると考えられている．また，骨格筋には再生を起こしうる幹細胞が存在することも考えあわせると[20]，筋肉の再生，代謝，肥大/萎縮などの恒常性の維持に，力学刺激（たとえば運動に起因する）が深く関与していることが予想される．

以上，いくつかの事例を概説したが，力刺激はどのように遺伝子発現を制御するか，その詳しいメカニズムは解明されていない．しかし遺伝子が作りあげた一定の構造ができあがり，それが機能し始めると，構造/機能からゲノムへと流れる逆のシグナル伝達機構が存在することは確かである．

6.5　細胞質から核へ

テンセグリティー（tensegrity）という概念がある．これは張力（tension）と統合（integrity）を合わせた造語で，K. Snelsonが提唱した．Buckminster Fullerの構造（図6.7a）では，直線上の金属部材がゴムのような伸縮材で結びつけられている．この構造は安定で，圧縮していったん変形させても，伸縮材が復元してすぐに元の形に戻る．細胞や組織が示す力学的構造の安定性をアクチン骨格の力学特性を考慮してテンセグリティーとして説明しようとするアイデアは，D. E. Ingberによって提唱された[21]．後に，テンセグリティーはDNA構造にまで拡張されるが[22]，この概念は細胞がどのように力刺激を受容し，反応するかを考えるうえで重要な視点をもたらしてくれる．まず接着斑，細胞骨格，核などが細胞の力学的構造を支える部材であるとする観点である．細胞や組織に力が加わって変形すると，このような部材に応力が集中する．そして変形する．この変形は何らかの形で生化学的なシグナルに変換される（メカノトランスダクション；mechanotransduction）[23]．

たとえば，テンセグリティーを構成するアクチン骨格に力が加わると，その網目構造が変化してフィラミンAの構造変化を起こす．変形したフィラミンAからFilGAPが解離し，下流の反応を引き起こす（図6.7b）[24]．フィラミンの構造

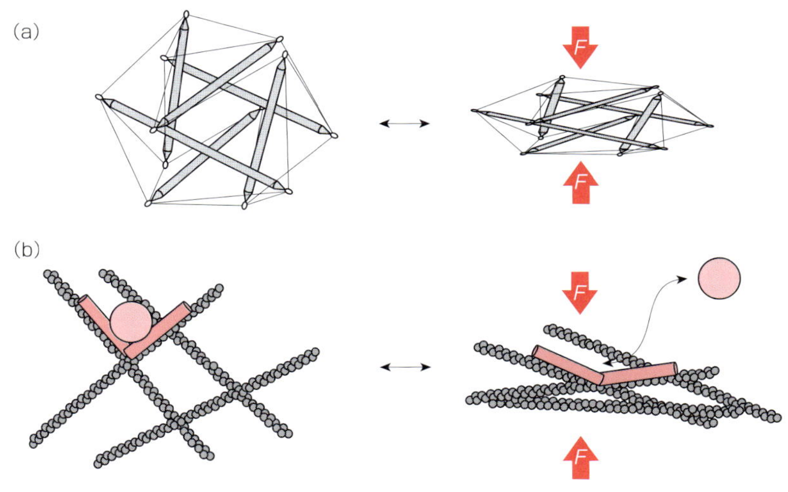

図 6.7　テンセグリティー
（a）Buckminster Fuller が考えだしたテンセグリティー構造．複数の金属棒をゴムのような伸縮剤で結びつけてある．この構造は安定で，圧縮して大きく変形させても，力を開放するとすぐに元の形に復元する．（b）アクチン線維は，フィラミン分子が結合することで網目状構造を安定させることができる．フィラミン分子には複数の分子が結合している．力が加わってアクチン網目構造が変形すると，フィラミン分子も変形するが，変形によってフィラミン分子から解離するものがある．このような因子は，解離によって活性化したり，核に移行してシグナルを伝えることが予想される．変形が戻ると，それぞれの分子は元の状態に復帰しうる．

変化は分子動力学によって考察されているし[25]，たとえば Ankyrin 繰り返し構造をもつタンパク質はバネとしての特性をもつことも示されている[26]．ならば，応力が集中して変形したタンパク質から解離し，核内にシャトルして転写制御を行う因子の存在を予想することもできるし，細胞内で大きな空間を占める核自体が力を感知することも予想できる[27]．そして確かに，核自体は予想以上に変形しており[28]，核は細胞骨格と LINC（linker of nucleoskeleton and cytoskeleton）複合体を介して結合しているから[29]，細胞への外力が核やクロマチンに直接伝えられる可能性を考える必要もある．このような新しい観点から遺伝子発現の調節機構を考え直すことも必要である．加えて細胞分裂の方向が，細胞に加わっている外力によって決められることを示した報告もあり[30]，物理的な力は，核や染色体，遺伝子発現などに予想以上に影響を及ぼしている．

6.6　力への反応性を基盤にした組織/形態の合目的的性

骨は力学負荷が増えるとリモデリングを起こし，増加した負荷に耐えるように変化する．リモデリングは骨内部でも起こり，骨梁に形態の変化を伴う．このような合目的的な適応を Wolff's law と呼ぶ．微小重力下の宇宙飛行士に見られる顕著な骨萎縮は，Wolff's law からも説明できる．また大腿骨の断面を観察すると，骨梁が描く複雑な曲線を見ることができる．この骨梁パターンは，骨にかかる応力を一様化して分散できることがわかっており，シミュレーションもされている[31]．すなわち，機能や機能が生む力が形態を決めることが起こりうる．

では発生過程で骨格筋に自発的な収縮が起こらず，骨に力学的な負荷がかからなかった場合はどうなるのだろうか[32]．突然変異マウス *mdg*（*muscular dysgenesis*）では，骨格筋特異的カルシウムチャネル（Cacna1s, voltage-dependent, L type calcium channel alpha 1S subunit）に変異があり，胎児期に骨格筋は一切収縮しない．この変異マウスの骨をmicro-CTで解析すると，明らかな骨の形態異常や成熟遅延が見られる．また，破骨細胞の活性低下と骨芽細胞の骨皮質内分布異常も見られる．

一方，筋収縮が及ぼす影響は骨に限らない．*Pax3*遺伝子に変異をもち，筋芽細胞が肢芽に移動しないために四肢の骨格筋が欠損する変異マウス *Splotch delayed*（Sp^d）では，関節が形成されない[33]．興味深いことにこの変異マウスでは，予定関節形成部位のβカテニンの活性が落ちている．Wntリガンドである *Wnt4*，*Wnt9a* の発現には大差ない．前述したように，ショウジョウバエ胚内での力刺激依存的な遺伝子発現にアルマジロβカテニンが関与しているが[12]，脊椎動物の関節形成細胞でも同様の制御系が働いていることを示唆している．また，収縮による応力が集中する腱の発生も筋収縮による負荷の影響を大きく受ける[34]．

このように，運動器を構成する骨，関節，腱などの組織形成は力学刺激によって正に制御されており，その合目的的な形態の発生を支えている．

絶えず動き，その動きに起因する力学刺激の影響を受けている組織の代表が心臓であろう．成体において，循環の物理量が心機能に影響することは誰でも経験している．水分を過剰に摂取して循環血液量が増えて心臓と大血管が拡張すると，その伸展刺激が利尿ホルモン（ANF, atrial natriuretic factor）の分泌を促し，利尿によって循環血液量を元に戻す．また，発作性上室性頻脈ではバルサルバ法が有効であるが，これは強く息むことによる胸郭内圧上昇に対する迷走神経反射を利用したものである（生理学では，生体内には圧受容体baroreceptorが存在して圧力をモニターしていると教えるが，この圧受容体の分子実体はいまだに確定されていない）．

またヒト先天性心疾患は，生産児の約1％という高い発症率を示すが，臨床的に遺伝的背景（家族歴など）をもつものは少ない（もちろん，明確な遺伝子異常によるものは多数報告されている）．すなわち，ゲノムが正常でも先天性心疾患を発症しうる．そして昔から，心臓は拍動して動いていないと正常に発生しないといわれてきた[35]．このような事実を説明するメカニズムは何だろうか．

ゼブラフィッシュは，心拍がなくても心臓以外は一定時期まで正常に発生するから，このようなテーマを扱うのに最適である．先駆的な報告が2003年に *Nature* 誌に報告されている[36]．この中で，発生過程のゼブラフィッシュ心臓に直径50μmの微小なガラスビーズを埋め込んでいる．この操作によって，心臓内の血流動態を変化させることができる．そしてこの物理的操作は，looping異常，流入路/流出路の形成不全，房室弁欠損など，さまざまな形態異常を起こすことが示された．すなわち遺伝子基盤が正常でも，血流動態の乱れが種々の心奇形を生む．

弁形成に関しては，2009年にさらに詳しい報告がなされている[37]．この中で，弁形成前の心臓では逆流/順流の規則正しい反復流が弁形成部で *klf2a* 遺伝子の発現を誘導維持すること，反復流の逆流成分がせん断応力の大小よりも *klf2a* 遺伝子発現に大きく影響すること，*klf2a* 遺伝子の機能阻害によって弁形成が抑制されることが示された．すなわち，弁形成の逆流主体の血流が *klf2a* 遺伝子を誘導し，弁形成を起こして逆流を止めるという，きわめて合目的的なメカニズムが機能している．

心拍は心臓の形態，心筋細胞の形態，サルコメア形成にも大きく影響するし[38]，血流は肉柱形成にも関与することも報告されている[39]．このことは，外力が細胞分裂方向を決められること[30]と関連しているし，肉柱形成と血流/心拍との関係は前述した通りである．

心臓発生では，いくつかの心臓を作る遺伝子（*Gata4*，*Mef2c*，*Tbx5* など）[40]が拍動する心筒を作ると，その中を血液が流れ，心筋には圧迫/伸展刺激が反復するようになる．このように一定の機能を獲得した後は，機能に起因する力学刺激が遺伝子発現を制御するようになり，合目的的な形態へ成熟していく．

数学者のアラン・チューリングは，呼吸中枢のような生命維持に必須な小神経回路の発生には遺伝子が緻密に働いてその形成を制御するが，高度な神経活動を担う大脳皮質の形成には，遺伝子の働きはむしろ重要ではないかもしれないと述べている．この考え方は，これまでわれわれが仮定してきたものと全く逆の発想である．またアラン・チューリングは，性質の異なる活性化物質と抑制物質が混在するだけでさまざまなパターンが自己組織化して自律的に生み出されることを予想し，そしてそれが実際に起こっていることが明らかとなった[41]．遺伝子の機能を考慮せず，生物の一定のパターン形成を考えるという試みから，Goethe や D. Thompson が考えた形態形成の醍醐味を味わってもよいのではないだろうか．

6.7　おわりに

発生のメカノバイオロジー研究を進めるためには，いくつか喫緊の課題がある．列挙すると以下のようになる．

① 力感知因子の単離と作動原理
② タンパク質変形の実測
③ 力センサーの開発と力測定，力刺激可視化
④ 力刺激に対する反応の可視化
⑤ 生命現象，発生現象の力学的再解釈
⑥ 生物学的，医学的アウトプット

細胞/組織が力刺激をどのように受容するのか，どのように生化学的反応に変換するのかを理解するためには，力感知因子の同定が必須であり，その作動原理を知る必要がある．おそらく，それは力によるタンパク質の変形に由来する部分が大きいと予測できるが，この変形を実測する技術はいまだに確立されていない．変形の実際を知れば，力を可視化するセンサーの開発も進むし[42]，それを発生中の組織に用いて力を定量的に可視化することも可能となる．発生過程の組織，器官内での力，歪みの分布が正確にわかれば，形態の変化を力学的に再解釈することが可能となる．

また力学刺激は，たとえば先天性心疾患の発症メカニズムを知り，廃用性骨/筋萎縮の新しい治療薬や新しい原理に基づいた循環制御薬の開発，運動のよる力学刺激をミミックした代謝賦活剤/抗肥満薬/抗糖尿病薬（exercise pill）の開発につながる．このような薬剤は，高齢化社会の日本に大きく貢献するだろう（実際，老化の諸症状は，力学刺激への反応性の低下によって現れる症状とよく似ている[43]）．

メカノバイオロジーを大きく発展させ，新しい生命観を創り，医学応用へ大きく展開することが必要であり，若い研究者の参画を期待したい．そして，ポストゲノムサイエンスとして，生物，医学，工学，物理，数理を統合した第三世代の生物学が創設されることを願っている．

（小椋利彦）

文　献

1） V. S. Caviness Jr., *Science*, **189**, 18 (1975).
2） D. C. Van Essen, *Nature*, **385**, 313 (1997).
3） S. Siechen et al., *Proc. Natl. Acad. Sci. USA.*, **106**, 12611 (2009).
4） J. Dai J, M. P. Sheetz, *Cell*, **83**, 693 (1995).
5） K. Matsumoto et al., *Nat. Neurosci.*, **7**, 605 (2004).
6） A. Sudarov, A. L. Joyner, *Neural Dev.*, **2**, 26 (2007).
7） P. Rakic, *Nat. Rev. Neurosci.*, **10**, 724 (2009).
8） J. Lefèvre, J. F. Mangin, *PLoS Comput.* Biol., **6**, e1000749 (2010).

9）G. Xu et al., *J. Biomech. Eng.*, **132**, 071013（2010）.
10）T. Savin et al., *Nature*, **476**, 57（2011）.
11）E. Farge, *Curr. Biol.*, **13**, 1365（2003）.
12）N. Desprat et al., *Dev. Cell*, **15**, 470（2008）.
13）H. Matsui et al., *Genes Cancer*, **3**, 394（2012）.
14）Y. Sawada et al., *Cell*, **127**, 1015（2006）.
15）S. Yonemura et al., *Nat. Cell Biol.*, **533**, doi: 10.1038/ncb2055（2010）.
16）A. J. Engler et al., *Cell*, **126**, 677（2006）.
17）A. J. Engler et al., *J. Cell Sci.*, **121**, 3794（2008）.
18）S. Jakkaraju et al., *Dev. Cell*, **9**, 39（2005）.
19）K. R. Badri et al., *Mol. Cell Biol.*, **28**, 6358（2008）.
20）A. S. Brack, T. A. Rando, *Cell Stem Cell*, **10**, 504（2012）.
21）Y. Luo et al., *J. Biomech.*, **41**, 2379（2008）.
22）T. Liedl et al., *Nat. Nanotechnol.*, **5**, 520（2010）.
23）D. E. Ingber, *Prog. Biophys. Mol. Biol.*, **97**, 163（2008）.
24）A. J. Ehrlicher, *Nature*, **478**, 260（2011）.
25）K. S. Kolahi, M. R. Mofrad, *Biophys. J.*, **94**, 1075（2008）.
26）G. Lee et al., *Nature*, **440**, 246（2006）.
27）N. Wang et al., *Nat. Rev. Mol. Cell Biol.*, **10**, 75（2009）.
28）S. Deguchi et al., *J. Biomech.*, **38**, 1751（2005）.
29）R. P. Martins et al., *Annu. Rev. Biomed. Eng.*, **14**, 431（2012）.
30）J. Fink et al., *Nat. Cell Biol.*, **13**, 771（2011）.
31）K. Tsubota et al., *J. Biomech.*, **42**, 1088（2009）.
32）A. Sharir et al., *Development*, **138**, 3247（2011）.
33）J. Kahn et al., *Dev. Cell*, **16**, 734（2009）.
34）C. Beckham et al., *Am. J. Anat.*, **150**, 443（1977）.
35）A. J. Sehnert et al., *Nat. Genet.*, **31**, 106（2002）.
36）J. R. Hove et al., *Nature*, **421**, 172（2003）.
37）J. Vermot et al., *PLoS Biol.*, **7**, e1000246（2009）.
38）H. J. Auman et al., *PLoS Biol.*, **5**, e53（2007）.
39）C. Peshkovsky et al., *Dev. Dyn.*, **240**, 446（2011）.
40）M. Ieda et al., *Cell*, **142**, 375（2010）.
41）S. Kondo S, T. Miura, *Science*, **329**, 1616（2010）.
42）C. Grashoff et al., *Nature*, **466**, 263（2010）.
43）ジョーン・ヴァーニカス,『宇宙飛行士は早く老ける？―重力と老化の意外な関係』, 朝日選書（2006）.

細胞外シグナルのメカノバイオロジー：ATP シグナリング

Summary

すべての生きている細胞は ATP をもっており，ほとんどの細胞は何らかの ATP 受容体を発現していることによって，ATP（ヌクレオチドも含む）はきわめて多彩な生理作用を担う細胞間シグナリング分子として機能している．ATP の放出は細胞の伸展や膨張，液の流れによるせん断応力などの機械刺激と深くかかわっており，生体のいたるところで ATP とメカノが相互作用する ATP–メカノシグナリング系が働いていることが明らかになってきた．しかし，一種のメカノセンシング機序ともいえる ATP 放出機構の解明は，ATP 受容体の研究に比べてかなり遅れており，その要素も全体像もまだ明らかになっていない．ATP 放出経路としては開口分泌，アニオンチャネル，ヘミチャネルなどが考えられ，$P2X_7$ ATP 受容体や TRP チャネルの関与も示唆されている．本章ではそれぞれの経路の特性を述べるとともに，それがどのように働いているか ATP シグナリングの典型的な生理作用を記述する．それらから，ATP は単なる伝達物質として働くだけではなく，組織中において局所的ではあるが一定の広がりをもった領域に ATP 雰囲気を作り，周りとは異なった状態に遷移させるというユニークな働きをしていることがわかる．また経路に関しては，一つの機能に複数の経路が関与し，それぞれが相互作用していることや経路そのものが分子複合体であることも想像されている．

7.1　はじめに

すべての細胞は生きている限り，絶えず ATP を作り，絶えず ATP を消費しており，細胞内にはいつも mM オーダーの濃度で，動的な平衡状態で ATP が存在している．一方，細胞外では細胞膜にある ATP 分解酵素（ecto-nucleotidase）によってすみやかに分解されるためほとんどゼロに保たれており，ATP が細胞間シグナリング分子として働く条件が整えられている．ATP（やその他のヌクレオチド）に対する受容体は代謝調節型の P2Y，イオンチャネル型の P2X，代謝産物のアデノシンに対する P1 受容体を含め 19 種類以上が同定され，ほとんどすべての細胞に何らかの受容体が発現しており，現在，他に類を見ないほどの多様な生理作用が明らかになりつつある[1-5]．これはいわば細胞内外は逆であるが，細胞外に普遍的に存在する Ca^{2+} を細胞内から排除することによって実現している細胞内 Ca^{2+} シグナリング系にも匹敵する．

エネルギー通貨ともいわれる ATP を細胞外シグナル分子として使うことはもったいないというい い方もあるが，別のトランスミッター専用の分子を合成し分泌小胞内に蓄えそれを輸送するのにも多くの ATP が必要であることを考えれば，かえって省エネなのかもしれない．またすべての細胞が情報発信源になれ，ほとんどすべての細胞がその受け手になりうるという大きな利点がある．さらに，細胞外の分解酵素によって ADP → AMP → アデノシンと分解され，それぞれが異なった受容体を活性化することにより多彩な情報伝達系を構成していることも特徴である．

ATP シグナリング系はその全容が現在急速に明らかになりつつあるが，受容体研究に比べて放出経路の解明が遅れている．放出経路はシグナリング系の情報発信源であり Ca^{2+} 細胞内シグナリング系では Ca^{2+} チャネルにも相当するキーポイントである．興味深いことに，多くの細胞や組織において ATP 放出が伸展や膨張，液の流れなどのメカノ刺激によって引き起こされメカノシグナリングと密接なかかわりがある．傷や細胞損傷によって漏出する ATP はアポトーシスや免疫系細胞の誘導シグナルとして確かに働いている．しかし生物はそのような破壊的放出だけではなく，もっと生理的に制御されたやり方で ATP を放出し ATP シグナリング系を構築していることがわかってきた．

本章ではメカノセンシング機序としての ATP 放出の概念と具体例を示すとともに，まだ実体やメカノ感受機序などはわかってはいないが ATP 放出の機構について概観する．

7.2　ATP 受容体

ATP あるいはヌクレオチド受容体としては代謝調節型の $P2Y_{1,2,4,6,11,12,13,14}$，イオンチャネル型の $P2X_{1\text{-}7}$，さらにそれに関連して ATP の代謝産物であるアデノシンに対する受容体 $A_{1,2A,2B,3}$ が同定されている．この詳細については多くの総説があるのでそれを参照いただきたい[4,6,7,8]．ここではそれらを参考にしてその主な分布，アゴニストなどの性質を表 7.1 にまとめるにとどめる．

ほとんどの細胞は何らかの ATP 受容体をもっており，また種やその状態によっても大きく異なるので，この表での「主な分布」はその受容体の大まかな位置づけだと考えていただきたい．

7.3　組織におけるメカノ刺激と ATP 放出

細胞に対するメカノ刺激としては，細胞を触るタッチ，細胞を引っ張って伸展するストレッチ，細胞表面の液体の流れによるシェアーストレス（流れずり応力），低張（低浸透圧）溶液中での細胞の膨潤による低張刺激があり，さらには細胞の動きそのものがメカノ刺激になる場合もある．生体内では腺胞状の組織（膀胱，乳腺腺胞，肺胞など）や管状の組織（腸，血管，気道，腎臓など）においては，細胞は組織の膨張や収縮による伸展や圧縮刺激を受け，また管腔内を流れる液体や粘液によるシェアーストレスを受け，上皮や内皮，あるいは周りの支持細胞が ATP を放出する（図 7.1）．これらの刺激によって放出された ATP は拡散し，その組織を支配している知覚神経終末の P2X 受容体を介して中枢に痛みなどのシグナルを伝える．さらに，周りの細胞の各種 ATP 受容体を活性化させるオートクライン・パラクライン作用によりさまざまな生理機能に関与している．

ATP 放出の様子を Luciferine-Luciferase のバイオルミネッセンスを用いて顕微鏡下でリアルタイムにイメージングすることができる[9-11]．それによると，伸展刺激や低張刺激によって，特定ではないが限られた数の細胞が大きな ATP 放出反応を起こすことが明らかになった（図 7.2a）[10]．反応の大きさはピーク濃度でときとして 100 μM を超える場合もある．これは ATP 放出反応の特徴の一つで，数％から 10 数％程度の細胞がパラパラと反応するが，そこから出た ATP は拡散し融合して一定の濃度の ATP 雰囲気（ATP「雲」）を形成する．10 秒ほどで 10 μM 近くの濃度で 150 μm 程度に広がり，その後，数 10 秒間にわたって 1 μM 近くの濃度で数 100 μm にわたって広がる（図 7.2b）[10]．実際の組織中では，細胞外のスペースが限定されていることと ATP 分解酵

表 7.1　ATP 受容体およびアデノシン受容体の特性

受容体	サブタイプ	主な分布	アゴニスト	伝達経路
P2Y 代謝調節型 ATP 受容体	P2Y1	上皮・内皮細胞，胎盤 免疫細胞，骨，脳	MRS2365 ＞ *ADP* ＝ *ATP* ＝ 2MeSADP	Gq/11
	P2Y2	免疫細胞，上皮・内皮細胞 骨，腎尿細管	*UTP* ＝ MRS2698 ≧ *ATP*	Gq/11 (Gi)
	P2Y4	気道・腸上皮，内皮細胞 脾臓，胸腺，胎盤	*UTP* ＞ *ATP*	Gq/11 (Gi)
	P2Y6	気道・腸上皮，胎盤，T 細胞 胸腺，ミクログリア（活性型）	MRS2693 ＞ UDPβS ≫ *UDP* ＞ *UTP* ≫ *ATP*	Gq/11
	P2Y11	脳，脾臓，リンパ球 腸，顆粒球	AR-C67085 ≫ ATPγS ＝ BzATP ≧ *ATP*	Gs Gq/11
	P2Y12	血小板，ミクログリア，骨	2MeSADP ≧ *ADP* ＞ *ATP*	Gi/o
	P2Y13	脾臓，脳，骨髄，血小板	2MeSADP ＞ ADP ＞ *ATP*	Gi/o
	P2Y14	胎盤，脂肪組織，胃，腸，脳	UDPglucose ＞ UDPgalactose ≧ UDPglucosamine	Gi/o (βγ:Ca)
P2X イオンチャネル 型 ATP 受容体	P2X1	平滑筋，胎盤 小脳，後角脊椎神経	BzATP ＞ *ATP* ＝ 2MeSATP (0.07 μM)	cation fast
	P2X2	平滑筋，中枢神経系 自律・感覚神経，膵臓	*ATP* ≧ ATPγS ≧ 2MeSATP (1.2 μM)	cation slow
	P2X3	感覚神経，交感神経	2MeSATP ≧ *ATP* (0.5 μM)	cation fast
	P2X4	中枢神経系，精巣，大腸 ミクログリア，内皮細胞	*ATP* ≫ α,βmeATP (10 μM)	cation slow
	P2X5	表皮，腸，膀胱，胸腺 脊髄，心臓，副腎髄質	*ATP* ＝ 2MeSATP ＝ ATPγS (10 μM)	cation slow
	P2X6	中枢神経系 脊髄運動神経	no functional homomer	cation
	P2X7	免疫細胞，膵臓，表皮 ミクログリア，骨	BzATP ＞ *ATP* ≧ 2MeSATP (100 μM)	cation no (large)
P1 アデノシン 受容体	A1	脳，脊髄，精巣，心臓 自律神経終末	adenosine, CCPA	Gi/o
	A2A	脳，心臓，肺，脾臓	adenosine, HENECA	Gs
	A2B	大腸，膀胱，肺	adenosine, Bay60-6583	Gs
	A3	肺，肝臓，脳，精巣，心臓	adenosine, IB-MECA	Gi/o

8 種類の代謝調節型 ATP 受容体 P2Y，7 種類のイオンチャネル型 ATP 受容体 P2X，4 種類のアデノシン受容体（代謝調節型）P1 の主な特性を示す．P2X の「伝達経路」slow，fast，no は電流の脱感作の程度．文献 4，6，7，8 などを参考に作成．

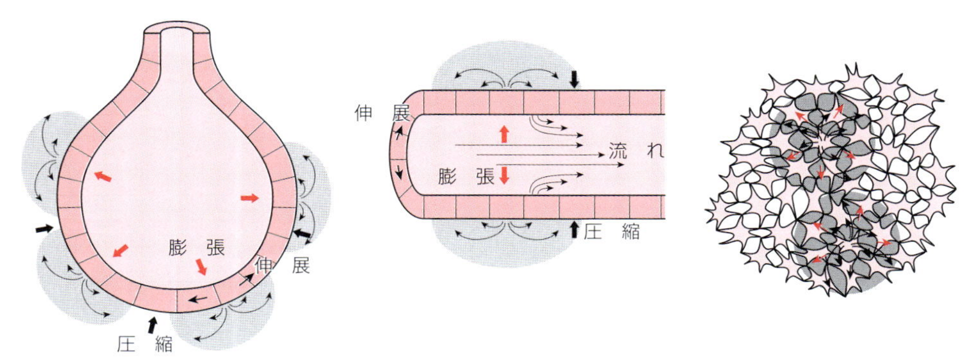

図 7.1　生体組織におけるメカノ刺激と ATP 放出のイメージ

生体組織はその形に応じて種々のメカノ刺激を受ける．左：腺胞状（膀胱，肺胞，乳腺など），中央：管状（血管，腸，気道，尿管，腎臓など），右：網目状（ネットワークを形成．アストロサイト，上皮下線維細胞，皮膚，肝臓，骨，網膜など）．受けた力に応じて一部の細胞から ATP が放出され組織全体（ある機能単位内）に広がり ATP 雰囲気を形成する．

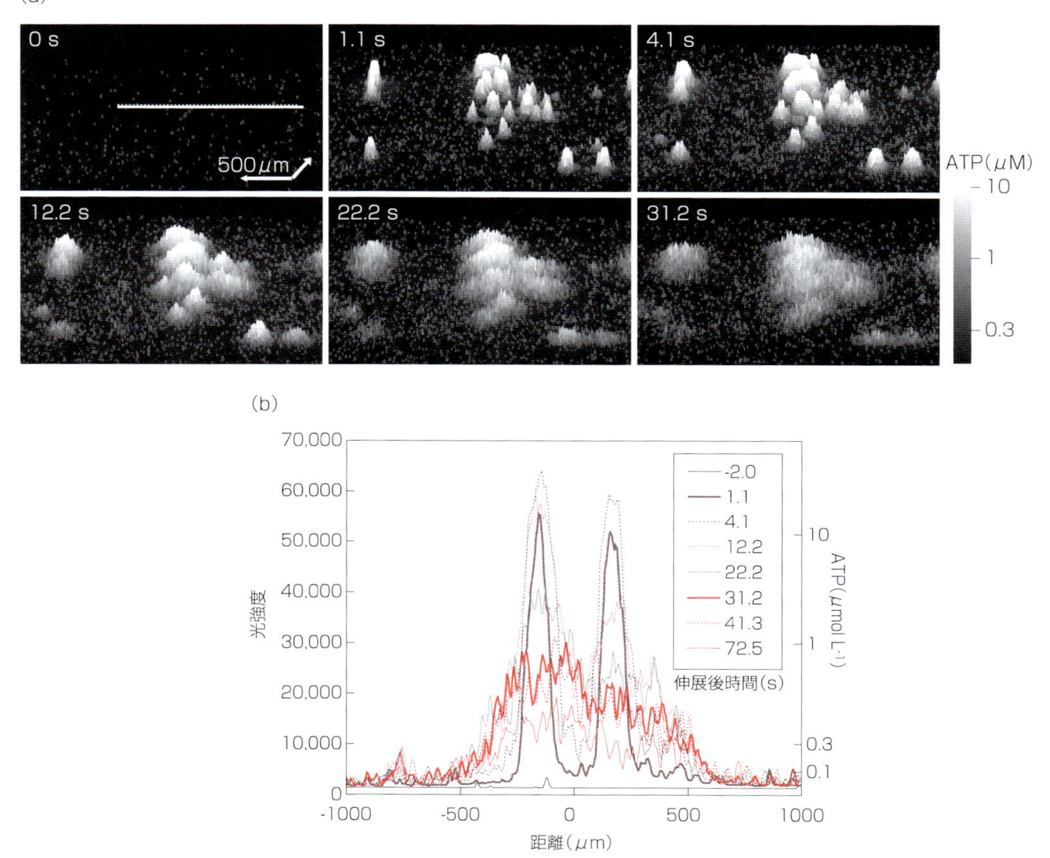

図 7.2　リアルタイムイメージングによる ATP 放出と ATP 雰囲気の広がり（ATP「雲」）の様子

（a）ラット小腸絨毛上皮下線維細胞をフレキシブルなシリコーンチェンバーに培養し 0s と 1.1s の間で図の縦（*Y* 軸）方向に 10%伸展したときの ATP 反応．ATP による Luciferin–Luciferase のバイオルミネッセンスを超高感度カメラシステムでイメージング．ATP 濃度を *Z* 軸にとり三次元的に表示．細胞はほぼ全面に生えているが反応は，特定ではない一部の細胞で起こる．ピークでは 10 μM を超え，拡散によって広い領域を覆う ATP 雰囲気（雲）が形成される．（b）（a）の 0s の直線にそっての強度の時間変化．

素があることでこの広がり方は異なるが，このような ATP 雰囲気はパラクライン的に周りの細胞の ATP 受容体を活性化し，あるいは状態を変えるのに十分な濃度を保っている．

7.4　ATP 放出機構

ATP 放出は ATP シグナリング系の情報発信源であり，情報伝達系のキーポイントであるにもかかわらず，どのような経路で放出されるかの全体像はまだ明らかになっていない．Ca^{2+} 細胞内シグナリング系において Ca^{2+} チャネルや細胞内 Ca^{2+} 上昇の機構が多彩であるのと同様，ATP 放出機構もきわめて多彩であり，一つの細胞にも複数の機序があり，状態によってそれが変化すると考えられる．

現在，ATP 放出の機序として以下のような経路が考えられている（図 7.3）[12, 13]．

① 開口分泌（exocytosis）：ATP 含有ベシクル（小胞）が細胞膜と融合することによって放出される．

② アニオンチャネル：−4 価あるいは −2 価（Ca^{2+}，Mg^{2+} と結合している場合）のアニオンである ATP を透過性のアニオンチャネルを介した放出で，現在はマキシアニオンチャネル（maxi anion channel），容量調節性アニオンチャネル（volume-regulated anion channel；VRAC）などが有力になっているが分子実体はまだわかっていない．

③ ヘミチャネル（hemi-channel）：細胞間のギャップ（gap）結合を形成するタンパク質であるコネキシン（connexin, Cx）やそれに似たタンパ

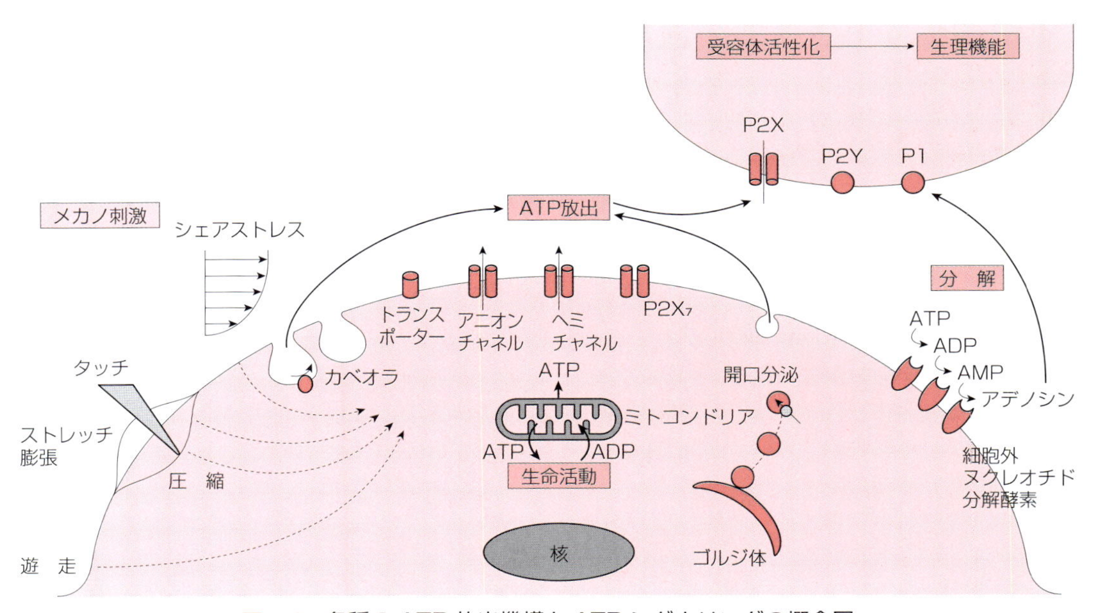

図 7.3　各種の ATP 放出機構と ATP シグナリングの概念図
生きている細胞において，ATP は消費と生成のダイナミックなバランスで一定に保たれている．各種メカノ刺激を感知していろいろな機序の放出経路から ATP を放出．その ATP は自身あるいは周りの細胞の各種 ATP 受容体を活性化することによりさまざまな生理作用を果たす．細胞外では ATP は分解酵素によって急速に分解されるがその途中で分解産物のアデノシンもアデノシン受容体（P1）を介して別の生理機能を果たす．ATP 放出経路の実体とそれがメカノ刺激をどのように感知するのかはよくわかっていない．

ク質であるパネキシン（pannexin, Panx）は細胞膜上で相手の細胞と結合していない単独のチャネル（ヘミチャネル）を形成する．それらはATPを含む比較的大きなイオンも透過する．

④ $P2X_7$：イオンチャネル型ATP受容体の一つである$P2X_7$は持続して活性化すると大きなporeを形成するという特異な性質をもち，ATPをも透過する．

⑤ TRPチャネル：TRPチャネルは各種の物理的（熱，浸透圧，ずり応力，伸展）刺激のセンサーとして働いている．カチオンチャネルであるTRP自体がATPを透過するとは考えられていないが，メカノ刺激によるATP放出にTRPの活性化が必須であるとの報告もいくつかあり，メカノセンサーとしての役割が考えられる．

⑥ その他，シェアーストレスによるATP放出に細胞膜のカベオラ（caveolae）やATP合成酵素の関与が示唆されている．

また，未解明の放出機構が存在する可能性も十分にある．以下でそれぞれの機序について詳しく見ていく．

7.4.1 開口分泌

1960から70年代にかけてG. Burnstockは，ATPが自律神経系においてアセチルコリンやノルアドレナリンとともに伝達物質として機能していることを精力的に研究し，いわゆるプリン作動性（purinergic）シグナリング系の存在を明らかにした[14]．このような神経や神経内分泌系のクロマフィン細胞などにおいて，ATPはセロトニンやカテコールアミンなどとともに分泌小胞に蓄えられ，刺激を受けて開口分泌によって細胞間隙に放出される．非神経細胞でも膵腺房細胞（acinar cells），膵島β細胞（isletβcell），上皮の杯細胞（goblet cell），マスト細胞などの外分泌・内分泌組織において，その分泌小胞にATPが共局在し開口分泌によって放出されている．

これらの刺激に応じて放出される調節性開口分泌では，分泌小胞と細胞膜の融合過程がCa^{2+}依存的でありBAPTAなどのCa^{2+}キレート剤で抑制され，また小胞分泌経路にかかわる細胞骨格であるアクチンを壊すcytochalasineや微小管を壊すnocodazole，ゴルジ膜輸送の阻害剤であるblefeldin Aなどによっても阻害される．伝達物質は小胞膜に存在する液胞型プロトンポンプ（vacuolar-type H^+-ATPase, V-ATPase）が作るプロトン濃度勾配による膜電位差を使って小胞内に輸送される．Bafilomycin A_1はV-ATPaseの特異的な阻害剤である．これら薬物は濃度によっては細胞の状態を変え細胞内ATPの産生量を抑えたりすることもあるので解釈に注意が必要であるが，ATP放出への分泌小胞の関与の判断の一つに使われている．

最近，ATPの分泌小胞への輸送を担うトランスポーター分子が森山らによって明らかにされた[15,16]．12回膜貫通型で430個のアミノ酸で構成されるリン酸トランスポーターSLC17A9で，VNUT（vesicular nucleotide transporter）と名づけられた．クロマフィン細胞のモデルとして使われるPC12細胞においてVNUTはその抗体反応が分泌小胞のマーカーであるシナプトタグミンと共局在し，siRNAによるノックダウンでATP放出量が減少した．DIDSやEvans BlueはVNUTのよい阻害剤として作用する．

膵臓では腺房細胞のチモーゲン顆粒（zymogen granule）にATPが共存しコリン作動薬刺激で放出され，導管でのセクレチンによる炭酸水素（bicarbonate）と溶液の分泌を亢進する．このチモーゲン顆粒にVNUTがあり，顆粒へのATP輸送に働いている[17,18]．またβ細胞ではインスリン顆粒にVNUTがあり，グルコース上昇に伴うインスリン分泌の際にATPも分泌されインスリン分泌を増強する[19]．胆嚢では胆汁を分泌する胆管細胞にVNUT陽性の顆粒があり，放出された

ATP は胆汁分泌をやはり増強する[20]．味覚では，うま味などを感じるタイプ 2 味細胞に VNUT が発現しており，ATP は味覚受容にもかかわっている[21]．このように VNUT の mRNA や免疫反応性は脳や神経内分泌系組織だけではなく胃，腸，肝臓，肺，骨格筋，甲状腺，脾臓，血球，化学受容上皮細胞，表皮細胞など多くの組織で見られ[22,15]，分泌系の細胞に限らず VNUT 陽性の分泌小胞が存在し，開口分泌を介した ATP の放出がさまざまな生理機能とかかわっていることを示唆している．

7.4.2 アニオンチャネル

遺伝子が同定された Cl^- チャネルとしては VDAC1（ミトコンドリアの電位依存性アニオンチャネル），ABC トランスポーターファミリーの MDR-1（多剤耐性タンパク質）や CFTR（嚢胞性線維症膜コンダクタンス制御因子）が ATP 透過性のチャネルとして考えられ，いろいろな細胞でその阻害剤や遺伝子導入などの実験が行われた．しかしそれぞれの実験結果は錯綜しており，どれも ATP 放出経路であるという確証は得られていない[23]．現在のところ分子実体はまだ明らかではないが，ATP 透過性のアニオンチャネルとしては大きなコンダクタンスのアニオンチャネル〔マキシアニオンチャネル（maxi anion channel）〕と容積調節性アニオンチャネル（VRAC）が有力視されている．

マキシアニオンチャネルは R. Savirov らによって電気生理学的に ATP の透過性が示された[24,25]．低浸透圧刺激による細胞膨張や虚血，低酸素あるいはパッチ膜の切り取りが刺激となり，300〜400 ps の単一チャネルコンダクタンスで広い開口をもったチャネルを活性化し，グルタミン酸，ATP，UTP を透過する．Gd^{3+} や各種アニオンチャネルの阻害剤である DIDS，NPPB，SITS，DPC などで抑制されるが，後述の VRAC の阻害剤でもある DCPIB，glybenclamide は効かない．マキシアニオンチャネルは心筋細胞，アストロサイト，腎臓の緻密斑（macula densa）など多くの組織・細胞に見られ，低張や虚血時の ATP 放出経路として働いている[26]．

大池らは牛大動脈血管内皮細胞を用い，VRAC 阻害剤による電流と ATP 放出量の抑制の濃度反応関係が一致していること，および低濃度 ATP によって VRAC 電流が阻害されるいわゆる透過型阻害効果を受けることから，この細胞での低張刺激による ATP 放出は VRAC を介すると結論づけた[27,28]．このチャネルは VSOR（容積感受性外向き整流性）チャネルとしても知られているが，glibenclamide，verapamil，tamoxifen，fluoxetine，niflumic acid，quinine，NPPB，DIDS，SITS，DCPIB のような広い範囲の阻害剤が作用する．VRAC の低張刺激による活性化および ATP 放出には Rho キナーゼとそれに続くチロシンキナーゼが関与しており，その阻害剤 Y27632 と herbimysin A によっても抑制される[29]．LPA（リゾリン酸）がその経路を活性化し ATP 放出するように，細胞内外の因子によって VRAC は制御される．ヒトのアストロサイト腫細胞 1321N1 ではトロンビン（thorombin）による PAR1（protease-activated receptor1）を介した G タンパク質の活性化と低張刺激が相乗的に VRAC に作用し ATP 放出を変調している[30]．一方，マウスの胎児アストロサイトの初代培養系では，低張刺激だけではなくブラジキニンが ROS を介して VRAC を活性化し ATP ではなくグルタミン酸放出を起こしていることが示された[31]．VRAC も多数の細胞に発現しており，細胞の種類や状態によって多様な修飾を受けていることが示唆される．

R. D. Fields らは培養後根神経節を用い，神経軸索において活動電位の発火に伴う軸索の微小な膨張を検出し，それがメカノ刺激となり，VRAC やマキシアニオンチャネルとの関係は明らかでは

ないが容量活性型 Cl^- チャネルの活性化による ATP 放出が見られることを報告している[32, 33]．この機構は軸索-グリア間の非シナプス情報伝達の一つとして働いている可能性が示唆された．

7.4.3 ヘミチャネル

(1) コネキシン (connexin)

コネキシン（Cx）は脊椎動物において細胞間のギャップ結合を構成するタンパク質で 20 以上のアイソフォームがありその分子量（23〜62 kDa）を元に名前がつけられている（Cx26，Cx43 など）．Cx は 4 回膜貫通型で六量体のヘミチャネルを形成する．隣り合う二つの細胞のヘミチャネルが互いに結合することにより細胞質中の小分子が移動可能なギャップ結合ができあがる．最近このヘミチャネルが対にならないまま細胞膜上に存在し，ATP などのシグナル分子を通すことがわかってきた[34]．ヘミチャネルは低分子量の色素（propidium iodide，ethidium iodide，carboxyfluorescein，YoPro，lucifer yellow，calcein など）を通し，carbenoxolone（CBX），α-glycyrrhetinic acid，flufenamic acid（FFA），alkanols，Cx の細胞外ループを模した合成ペプチド（GAP24，26，27 など）などで抑制される．

メカノ刺激による細胞間を伝播する Ca^{2+} 波は 1990 年代の発見当初は，ATP の放出と拡散[35]によるもの以外に，ギャップ結合を介しての IP_3 あるいは Ca^{2+} 自体の伝播であるとの説も有力であった．それはメカノ刺激に応答しない（Ca^{2+} 波が広がらない）C6 ラットグリオーマ細胞に Cx43 を強制発現すると Ca^{2+} 波の見事な伝播が見られたという実験による[36]．しかし M. Nedergaard らは，これが細胞間にギャップ結合ができたことによるものではなく，膜上に Cx43 ヘミチャネルが発現しそれを介して ATP が放出されたためであることを明らかにし，ATP 放出に細胞膜上の Cx ヘミチャネルが関与することを初めて示した[37]．実際，パッチ電極法を使って吸引による刺激を与えると Cx チャネルの活性化が見られ，それと同期して PI の取り込み[38]，あるいは Luciferin-Luciferase による ATP 発光[39]の同期が見られた．

Cx ヘミチャネルは 200〜350 pS（Cx26，Cx43，Cx46 などで）の大きなコンダクタンスをもつチャネルで，静止状態では閉じているが以下のような刺激で開く．

① 膜電位：ほとんどの Cx ヘミチャネルは静止電位では閉じており，40〜60 mV の脱分極によって開く．

② 低 Ca^{2+} 溶液：細胞外液の Ca^{2+} 濃度を EGTA などのキレーターで下げることによって開く[37, 38]．このような状態は病態としては虚血状態（ischemia）の組織で起こっており，実際に心筋では Cx の阻害剤で ATP の上昇は抑制される[40]．しかし病態だけではなく正常な状態でも機能していることが最近明らかになった[41]．中枢神経系では，神経活動に伴いシナプス近傍で Ca^{2+} 濃度が低下する．アストロサイトはその低下を Cx43 ヘミチャネルの開口を介して検出して ATP 放出し，周りのアストロサイトに Ca^{2+} 波を伝播する．同時に ATP は抑制性のインターニューロンの P2Y 受容体も活性化し，神経の過活動を抑えるフィードバック機構を働かせる．このことは，正常および *Cx43* ノックアウトマウスの脳海馬スライスにおいて，光感受性の Ca^{2+} キレーターとケージドグルタミン酸を用い，シナプス活動を模した局所かつ短時間の変化を与えることにより明らかにされた[41]．

③ メカニカル負荷：Cx46 を Xenopus oocyte に発現させると，パッチクランプ法で吸引刺激によって膜を引っ張ったり，全細胞記録で低張溶液にして膜を膨張させることによって電流が活性化する[42]．この Xenopus の実験では Cx43 の直接の活性化は見られないが，アストロサイト，角膜内皮細胞，歯根膜細胞，骨細胞など多くの

細胞においてメカノ刺激による Cx43 の活性化とそれを介した ATP 放出および Ca^{2+} 波の伝播が報告されている．骨細胞においてはプロスタグランジン E2 の放出を伴っている[43]．

④ いろいろな修飾：Cx ヘミチャネルは pH の低下，脱リン酸化，redox 電位低下でも開く．その他，各種サイトカインやケモカイン，成長因子なども Cx を修飾し ATP 放出を制御しており，さまざまな生理作用にかかわっている．牛の角膜内皮細胞ではメカノ刺激に応答して Cx43 ヘミチャネルを介した ATP 放出が見られるが，その経路は炎症介在物質であるトロンビンやヒスタミン関与の RhoA GTPase の制御を受けている[44]．血中の CO_2 濃度は脳幹延髄腹側面のケモセンサーで感知され厳密にコントロールされているが，その感知機序はアストロサイトの Cx26 ヘミチャネルが CO_2 を感知し ATP を放出することによっている．放出された ATP は pH 依存性のケモセンサー神経の P2Y 受容体を活性化する[45]．その他，腎臓遠位ネフロンの間在細胞では Cx30 が[46]，内耳の蝸牛では Cx26 と Cx30 が[47]，炎症に伴う免疫防御での好中球の活性化では Cx43[48]が，それぞれのヘミチャネルを介した ATP 放出により重要な生理作用を果たしていることがそれぞれの遺伝子欠損などによって示された．

(2) パネキシン（pannexin）

無脊椎動物におけるギャップ結合を構成するタンパク質としてイネキシン（innexin, Inx）が同定され，脊椎動物のコネキシンと同様に 4 回膜貫通型で六量体のチャネルを形成することがわかったが，Cx と配列上のホモロジーはなかった．興味深いことに Inx のホモログが脊椎動物で見つかり，それはパネキシン（pannexin，Panx）と名づけられた．Panx は Cx や Inx と同様の立体構造をもちヘミチャネルを形成するが，Cx，Inx とは異なり細胞間の結合は形成しない．現在，*Panx1*，*2*，*3* の三つの遺伝子が見つかっているが，*Panx1* が多くの細胞で発現しており最もよく調べられている[49]．

Xenopus oocyte に発現した Panx1 はパッチ電極の吸引刺激によって電流が活性化し，ATP も透過することが示された[50]．その開閉には Cx と異なり大きな電位依存性はなく，外液 Ca^{2+} 依存性もない．開いたチャネルは非選択性で 1kD までの分子を通す．阻害剤としては carbenoxolone（CBX．Cx に対してより高感度：$IC_{50} = 5\mu M$），DIDS，NPPB（Cl^-チャネル阻害剤）[51]，probenecid（Cl^-トランスポーターの阻害，痛風薬，Cx には作用しない），その他 Panx の細胞外ループを模した合成ペプチド（^{10}Panx）などが作用する．最近，キノロン系抗生物質 trovafloxacin が Panx1 を特異的に阻害し，アポトーシスにも影響することが示された[52]．

Panx1 は生体のいたるところで発現しており，中枢神経系，気道上皮，味蕾，免疫細胞，赤血球，内皮細胞，表皮細胞などで ATP 放出を介してさまざまな生理機能を果たしている[13, 49]．たとえば，アポトーシスが始まった細胞は早い段階で貪食細胞（マクロファージ）に「find-me」シグナルを出して貪食細胞を招き寄せる．そのシグナルはヌクレオチドの ATP や UTP であることが知られていたが，アポトーシス細胞では Panx1 が活性化しそこを通って ATP などが放出されることを，F. B. Chekeni らが薬理学的阻害や siRNA を用いて明らかにした[53]．さらに興味深いことに，アポトーシスの関連分解酵素カスパーゼにより C 末端を切断すると，Panx1 が活性化されることも明らかにした[53]．最近，この Panx1 を不活性化する C 末端はチャネルのポア領域と相互作用しており，いわゆる ball-and-chain モデル（自由度のあるチェーンでつながれた球状の C 末端がチャネルの孔の領域にぴたりとはまりチャネルをふさぐ）で不活性化していることが明らかにされた[54]．このモデルは Cx でも働いており，pH 依存性や電位による開閉にもかかわっている[55]．

Panx1 は他のチャネルや受容体と相互作用し修飾を受けていることがわかってきた[13]．貪食細胞（macrophage）は ATP によって $P2X_7$ を介して活性化し，大きなポアを形成してインターロイキン（IL）-1β を放出するが，そのとき $P2X_7$ は Panx1 とカップルして大きなコンダクタンスのチャネルを形成することが示された[56]．また T-細胞では $P2X_7$ ではなく $P2X_{1,4}$ とカップリングしている[57]など，他の P2X 受容体も Panx1 活性化に関与していることが免疫細胞や脳下垂体，毛様体上皮などで明らかになりつつある．さらに脳海馬錐体細胞においては，Panx1 は ATP 受容体だけではなく NMDA 受容体にカップルし，Src ファミリーのキナーゼ（SFK）によって活性化され，後シナプスに持続姓の電流を引き起こし，てんかん発作に関与することが示唆された[58,59]．

7.4.4　その他の経路と一つの展望

（1）$P2X_7$

$P2X_7$ は数 10 秒のアゴニスト（BzATP など）刺激により $P2X_7$ 自身のポアが拡張する[60]と考えられているが，上記のように Panx1 とカップルして ATP 透過チャネルを形成するという機序もある．*Panx1* をノックアウトした系においても ATP 透過が見られることから[61]，他のチャネルとのカップリングも考えられ，まだ ATP 透過経路形成の機序はわかっていない．$P2X_7$ は免疫系細胞に発現が多く見られ，サイトカインの生成にかかわり，K_d 値は高いが活性化すると大きな透過性を示し，かなりの細胞毒性を示すことなどから，病態や細胞死の制御に関与していることが考えられる[62]．この ATP によって ATP 透過経路が開くという機序は Ca^{2+} シグナリング系での Ca^{2+} induced Ca^{2+} release に相当し，ATP induced ATP release のようなフィードフォワード的機能を果たしているのかもしれない．

（2）TRP（V4，C6 など）チャネル

TRP チャネルファミリーは Ca^{2+} や Na^+ を通すカチオンチャネルであるが，ポリモーダルの受容体として各種の物理的刺激（熱，浸透圧，ずり応力，伸展）のセンサーとして働き，また足場として他のチャネルやタンパク質とシグナル複合体を形成する[63]．メカノ刺激による ATP 放出に TRP の活性化が関与する例が，いくつかの系で主にノックアウト動物系を使って明らかになってきた．

尿管や膀胱は尿が溜まって膨張するとその上皮細胞が伸展刺激を受け ATP を放出し，上皮下に足を伸ばしている知覚神経終末の $P2X_3$，$P2X_{2/3}$ ATP 受容体を活性化することにより尿の状態の感知と周りの平滑筋の収縮の制御を行っている[64]．この伸展刺激による膀胱上皮細胞からの ATP 放出は，TRPV4 ノックアウトマウスでは抑制され，ATP 放出経路との関連は不明であるが TRPV4 がメカノセンサーとして働いていることを示唆している[65]．TRPV4 が必須の同様のメカニズムが腎臓遠位ネフロン[66]や食道の上皮細胞[67]でも働いており，食道の場合は ATP の小胞への輸送体である VNUT の高発現が見られ開口分泌経路の関与が示唆される[67]．その他，TRPV4 は血管内皮，骨芽細胞，表皮細胞，気道上皮などでもメカノ刺激を受けての生理的機能にかかわっている[68]．

その他の TRP ファミリーでは TRPC6 が少なくとも間接的にメカノセンシングにかかわっていることが心筋[69,70]や内耳[71]で示されている．筆者らは表皮細胞の創傷治癒促進に，機械刺激による創傷部最前線の細胞からのへミチャネル（Panx1）を介した ATP 放出と後続細胞での P2Y1 活性化とそれに続く TRPC6 を介した持続性 Ca^{2+} 流入が重要であることを最近明らかにした[72]．

（3）カベオラ，ATP 合成酵素，その他

血管内皮細胞は血流によるシェアーストレスを受け，その変化に応じた細胞応答をすることに

よって血管の機能を保っている．詳しいことは第11章で扱うが，シェアーストレスによって起こるATP放出と $P2X_4$ 受容体の活性化が重要な働きをしている．このATP放出には細胞膜外側にあるATP合成酵素の活性化とカベオラ（caveola）の局在が関与している[73]．ATP放出のリアルタイムイメージングと細胞内 Ca^{2+} 変化のイメージングおよび実験後のカベオラ免疫染色の比較から，ATP放出部位と Ca^{2+} 波の起点は細胞の同じ場所，すなわちカベオラの集積場所であることがわかった[73]．カベオラと流れずり応力によるATP放出機構との関連はまだ明らかではないが，カベオラあるいはそれに類似した膜領域が足場構造となり複数の素子が集合し，メカノの反応場を形成していることが考えられる．

最近，ヘミチャネルと構造の似たチャネルであるCALHM1（Calcium Homeostasis Modulator 1）がアルツハイマー病の発症にかかわる Ca^{2+} チャネルとして同定された[74]．このチャネルはヘミチャネルと同様に脱分極や低 Ca^{2+} 条件で開くが，イオン選択制も弱く Ca^{2+} だけではなくATPも透過することがわかり，味細胞において伝達物質としてのATP放出を担っていることが示された[75]．

ヘミチャネル（Panx1）は $P2X_7$ をはじめいろいろな膜タンパク質あるいは細胞骨格，カスパーゼのような分解酵素と相互作用しており，ATP透過活性はそれらによって制御を受けている．ヘミチャネルやTRPは大きな細胞内ドメインをもっており足場として他のチャネルや受容体，細胞骨格とシグナル複合体を形成し，メカノ感受性のATP放出経路を形成しているかもしれない．さらには他のATP放出経路どうしの直接，間接の相互作用も考えられる．それには細胞内 Ca^{2+} 濃度上昇や細胞骨格などが関与している可能性もある．カベオラはその上にシグナル分子が集まりシグナル複合体を形成する場を提供しているがATP放出経路複合体も同様にできていることが考えられる（図7.4）．

7.5　多彩な生理作用

メカノ刺激によるATP放出の機構についてはまだまだわからないことが多く，何よりもその全体像がまだ見えてこない．しかし生体におけるメ

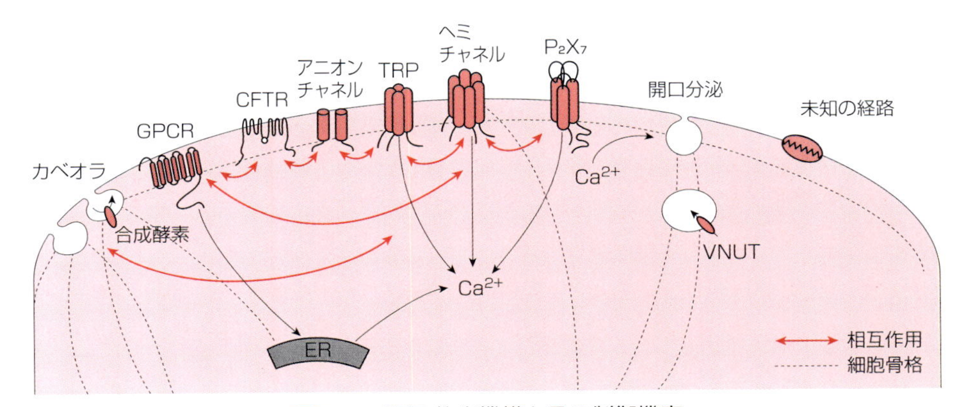

図 7.4　ATP放出機構とその制御機序

ヘミチャネル（Panx1）は $P2X_7$ をはじめいろいろな膜タンパク質あるいは細胞骨格，カスパーゼのような分解酵素などと相互作用しておりATPなどの透過活性はそれらの制御を受けている．ヘミチャネルやTRPは足場として他のチャネルや受容体，細胞骨格とシグナル複合体を形成していることが考えられる．さらには他のATP放出経路どうしも直接あるいは Ca^{2+} や細胞骨格などを介して相互作用している可能性もある．その相互作用はカベオラのような膜上の特殊な場の上で行われているかもしれない．

カノセンシングの一つの本質的な機序であることは多くの細胞や組織においてそれが実際に機能していることから明らかである．さらにこの数年ATPシグナリングが必須の生理現象が急速に明らかになりつつある．ここでは前節では触れなかった2，3の典型例をあげ，生体におけるATP放出によるメカノシグナリングの働きの巧妙さと多様さを感じていただければと思う．

7.5.1　肺（気道上皮）

肺の気道の重要な機能の一つは入ってきた異物を排出する粘膜繊毛クリアランスで，次の三つのプロセスからなる．①気道表面の溶液を生成するための上皮細胞におけるイオン輸送，②粘液の生成のための杯細胞からのムチン分泌，③繊毛運動によって粘液の流れを作り異物を口のほうに送る．これらすべてのプロセスで，メカノ刺激に伴うATPシグナリングが関与している[76]．

① 上皮細胞は常に少量のATPを粘液側に放出しており，またムチン分泌とともに分泌小胞に含まれるATPを放出する．それらATPが分解されたアデノシンは上皮細胞管腔側にあるアデノシン受容体A2Bを活性化しcAMPを上昇させCFTRを介した塩素イオンの粘液への流出量を増やす．

② ムチン分泌は$P2Y_2$受容体活性化によるCa^{2+}上昇と，生成されたDAGの両方の経路を介して調節性分泌によって分泌される．

③ 上皮細胞は粘液のシェアーストレスによってATPを放出し，異物があると部分的にそれが増加する．放出されたATPは$P2Y_2$を活性化しCa^{2+}上昇を起こし繊毛運動の頻度を上げる．このATP放出は繊毛上皮細胞のRhoA活性化とMLCリン酸化を介したPanx1の活性化によることと，さらにTRPV4が関与することがそれぞれのノックアウトマウスを用いて明らかにされた[77]．

7.5.2　小腸（絨毛）

小腸は消化器官であるとともに，メカノ，ケモセンサーを備えた運動器官であり，免疫器官でもある．そのすべての機能にATPシグナリング系が関与している[78-80]がここでは小腸内面を覆う絨毛について見てみる．絨毛は消化吸収の面積を増やすだけではなく，食べ物の検知や，ゆっくりかつスムーズな輸送のための表面の形成を行っており自律的に動いている（図7.5a，b）．この絨毛の運動や消化・吸収には，絨毛上皮下でネットワークとバリヤーを形成する一層の上皮下線維芽細胞（subepithelial fibroblast）が関与している．この細胞はメカノ刺激を感知しATPを放出するメカノセンサーとして機能するだけではなく，ATP（$P2Y_1$），substance-P（NK1）等種々の受容体をもちそれらによって自ら収縮し，絨毛の機械的な性質と運動を担っている．さらにその足（突起）を上皮，神経，血管，平滑筋，免疫細胞に広げ相互作用しており，絨毛の機能を司る要となる細胞であることがわかってきた[81]．図7.5cにその模式図を示す．絨毛にはsubstance-Pをもつ知覚神経が神経突起を伸ばしてきており，その神経がもつP2X（2または3）によって上皮下線維芽細胞からのATPシグナルを受け取る．また逆に神経が出したsubstance-Pを上皮下線維芽細胞がNK1受容体を介して受け取る．この相互作用が絨毛の微妙な動きと絨毛間の協調した動きを制御していると考えられる[82,83]．

7.5.3　その他の例

授乳期の乳腺はメカノ刺激に反応性が高く，射乳ホルモンであるオキシトシンに必ずしもよらない乳汁分泌が見られることは，経験的にもまた1950年代の実験からも示されているがその機序は不明であった．筆者らは授乳期マウスを使って，乳腺組織や腺胞上皮細胞がメカノ刺激に敏感でATPを放出すること，腺胞を取り囲む筋上皮細

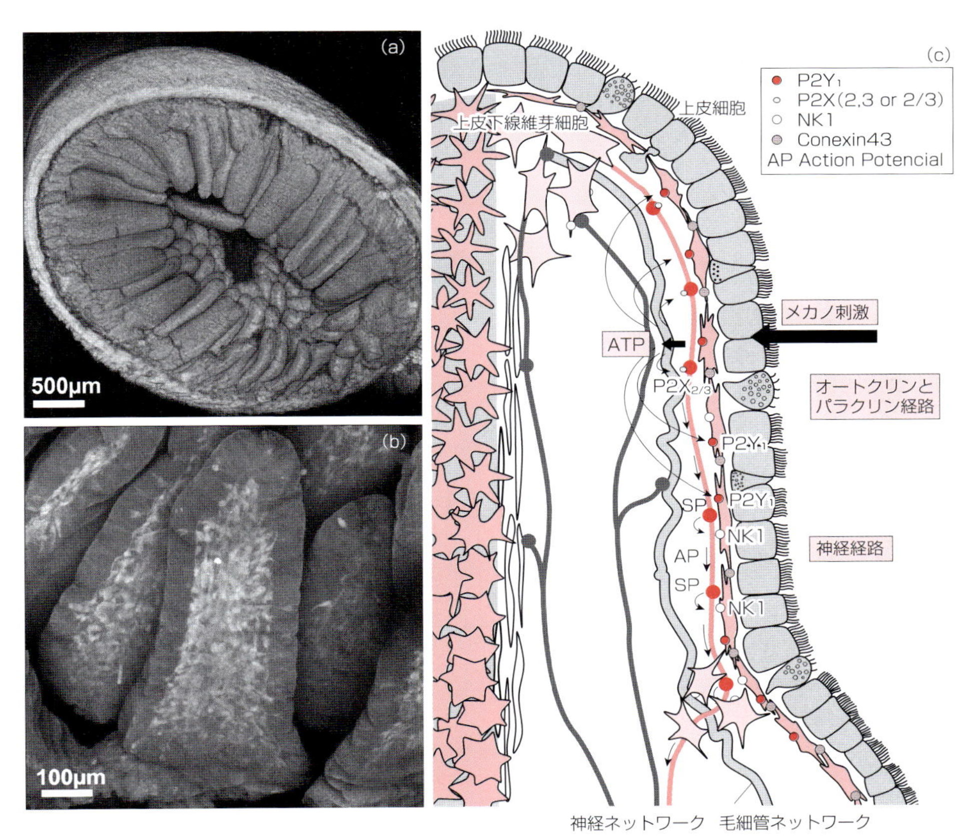

図 7.5　小腸絨毛の上皮下線維芽細胞を介したメカノセンシングと絨毛運動

（a）GFP を発現させたラットの十二指腸の断面を多光子レーザー顕微鏡で観察．腸の内面にびっちりと絨毛が見える．（b）拡大すると絨毛上皮の下で上皮下線維芽細胞（白い部分）がネットワークを形成しているのが分かる．（c）絨毛上皮下線維芽細胞の働きの模式図．①絨毛がメカノ刺激を受けると上皮下線維芽細胞が反応して ATP を放出．② ATP は周りに拡散し自身のもつ $P2Y_1$ 受容体を活性化し，Ca^{2+}波とそれと同期した細胞の収縮が伝播．③同時に，近傍に来ている神経線維（substance-P 含有）の $P2X_{2,3}$ 型イオンチャネルを活性化，神経シグナルが伝播．④そのシグナルは神経バリコシティから substance-P を放出させ，今度は上皮下線維芽細胞の substance-P 受容体 NK1 を活性化し収縮が誘起される．⑤このシグナルは神経細胞体のある粘膜下層や筋板の神経層を経由して別の絨毛にも伝播され，そこで substance-P を介した上皮下線維芽細胞の収縮が起こる．このように ATP と substance-P シグナリング系の相互作用を介して 1 カ所へのメカノ刺激が周りの絨毛に伝播することにより絨毛全体の同期した動きを制御していると考えられる[83]．

胞は $P2Y_1$ 受容体をもち ATP とオキシトシンが相乗的に作用し収縮が起こること，実際腺胞を膨張させると ATP 放出が見られることなどから，乳汁分泌に ATP シグナリング系が関与していることを示した．また同じ腺胞上皮細胞上に 3 種類以上の異なる ATP 放出経路が存在することを ATP イメージング法で示した[84, 9]．

これは ATP の働きの典型例の一つで，全身性のホルモン（いまの場合オキシトシン）や同じ濃度の伝達物質の作用が，ATP があることによってその場所でそのときにのみ感度が上がり亢進する（facilitate）という例である．ATP は 1 対 1

でシグナルを伝える伝達物質としてではなく，それが存在することによって局所的ではあるが，ある広がりをもった領域の場の雰囲気（状態）を変えることができるパラクライン物質として，生体中で存在感を示す．ATPの普遍さからしてこのような作用が生体のいたるところで機能していると想像される．

骨においては間質液の流れによるシェアーストレス，引っ張りや圧縮によるメカノ刺激を受け，骨芽，破骨，骨細胞のすべてでATP放出が見られる．骨芽細胞でのATPは $P2Y_1$ を介して全身性の副甲状腺ホルモンの作用を局所的に亢進する．また $P2X_7$ 活性化はリゾリン酸（LPA）やプロスタグランジンE2の産生を介して骨形成を促進する．破骨細胞では $P2Y_{12}$ および $P2X_7$ を介して破骨細胞の成熟や形態に影響する[85]．$P2Y_{12}$ は中枢神経系における免疫担当細胞であるミクログリアでの傷害部位への突起伸張と遊走に必須の受容体で[86,87]，破骨細胞においても同様の働きが類推される．

神経系においては，ATPの皮膚水疱への注射で痛みを起こすことなど，以前から痛み物質と考えられていた．実際，各種組織における痛みやメカノ刺激は上皮細胞などから放出されたATPを $P2X_3$ あるいは $P2X_{2/3}$ をもつ知覚神経が感じ中枢に伝達する．しかしATPの特色はその伝達だけではなく，神経損傷に伴う各種疼痛や異常知覚の発症にミクログリアの $P2X_4$，$P2Y_{12}$ 受容体の活性化を介して関与しているという点にある[88,89]．

最後にATPの分解産物でもあるアデノシンの作用について触れておこう．アデノシンは酸欠，虚血，炎症，外傷などいろいろなストレスによって組織に集積し，脳においては神経保護作用をもつように[90]，各種アデノシン受容体を介して過度の炎症や免疫作用による損傷から組織を守る働きをしている[91]．がん組織においてはその微小環境中にアデノシンが持続的に増加していることが知られているが，それはがんに対する免疫攻撃を抑制し，がんの成長，転移を助ける働きをしている[91]．これらに関与するアデノシンはほとんどすべて細胞から放出されたATPが細胞外ヌクレオチド分解酵素（CD39，CD73）によって分解し生成されたものであり，単なる漏出ではなく制御された形で放出されている．その観点からもATP放出機序の解明は重要な課題である．

7.6　おわりに

メカノセンシング機序としてのATP放出/シグナリングとして考えたときに放出機構の実体もメカノ刺激の受容機序もその全体像がまだ見えてこない．しかし一部では分子生物学的手法も使えるようになってきており，ATP放出の機構に関する研究はここ数年急速に増え，いくつもの総説も出されている．しかし同じ細胞，組織でも間違いなく複数の経路が関与しており，経路を同定しようとした論文のほとんどは最後に，その経路を特異的に抑えても測定される放出ATP量はゼロにはならないので別の経路の関与もありうると述べている．Ca^{2+} シグナリング系の Ca^{2+} チャネル（Ca^{2+} 上昇機構）がきわめて多彩であるようにATPシグナリング系の情報発信源であるATP放出機構も多彩であるはずで，センサー分子と透過経路分子の複合体やそれぞれの経路の相互作用なども考えられる．また細胞膜上ではカベオラのような足場上で反応場を形成したり，細胞骨格と相互作用して細胞全体のメカニカルな状態を反映していることも考えられる．あるいは未知の機序も存在するかもしれない．これらの解明が進んで初めて，メカノセンシング機序としてのATPシグナリング機構の全体像が見えてくる．それがそれほど遠くないことを期待している．

（古家喜四夫）

文　献

1）B. S. Khakh, G. Burnstock, *日経サイエンス* 2010 年 3 月号，74（2010）.
2）J. L. Gordon, *Biochem. J.*, **233**, 309（1986）.
3）N. Dale, *Biochem. J.*, Classic Paper, doi:10.1042/BJ20121145（2012）.
4）G. Burnstock, G. E. Knight, *Int. Rev. Cytol.*, **240**, 31（2004）.
5）G. D. Housley et al., *Trends Neurosci.*, **32**, 128（2009）.
6）K. A. Jacobson, *Tocris Bioscience Scientific Review Series*, **33**, 1（2010）.
7）G. Burnstock, *BioEssays*, **34**, 218（2012）.
8）B. S. Khakh, R. A. North, *Neuron* **76**, 51（2012）.
9）K. Furuya et al., *Purinergic Signalling*, **4**（Suppl 1), S91（2008）.
10）K. Furuya et al., *Methods*, **66**, 330（2014）.
11）R. Grygorczyk et al., *J. Physiol.*, **591.5**, 1195（2013）.
12）E. R. Lazarowski, *Purinergic signalling*, **8**, 359（2012）.
13）A. Baroja-Mazo et al., *Biochim. Biophys. Acta*, **1828**, 79（2013）.
14）G. Burnstock, *Trends Pharmacol. Sci.*, **27**, 166（2006）.
15）K. Sawada et al., *Proc. Natl. Acad. Sci. USA.*, **105**, 5683（2008）.
16）森山芳則，*日本薬理学雑誌*，**135**，14（2010）.
17）I. Novak, *Purinergic signalling*, **4**, 237（2008）.
18）K. Haanes, I. Novak, *Biochem. J.*, **429**, 303（2010）.
19）J. C. Geisler et al., *Endocrinol.*, **154**, 675（2013）.
20）M. N. Sathe et al., *J. Biol. Chem.*, **286**, 25363（2011）.
21）K. Iwatsuki et al., *Biochem. Biophy. Res. Comm.*, **388**, 1（2009）.
22）S. Sreedharan et al., *BMC Genomics*, **11**, 17（2010）.
23）R. Z. Sabirov, Y. Okada, *Purinergic Signalling*, **1**, 311（2005）.
24）R. Z. Sabirov et al., *J. Gen. Physiol.*, **118**, 251（2001）.
25）P. D. Bell et al., *Proc. Natl. Acad. Sci. USA*, **100**, 4322（2003）.
26）R. Z. Sabirov, Y. Okada, *J. Physiol. Sci.*, **59**, 3（2009）.
27）K. Hisadome et al., *J. Gen. Physiol.*, **119**, 511（2002）.
28）大池正宏他，*日本薬理学雑誌*，**123**，403（2004）.
29）M. Hirakawa et al., *J. Physiol.*, **558**, 479（2004）.
30）A. E. Blum et al., *Am. J. Physiol. Cell Physiol.*, **298**, C386（2010）.
31）H-T, Liu et al., *J. Physiol.*, **587**, 2197（2009）.
32）R. D. Fields, Y. Ni, *Sci. Signaling*, **3**, ra73（2010）.
33）R. D. Fields, *Sci. Signaling*, **4**, tr1（2011）.
34）H. Li et al., *J. Cell. Biol.*, **134**, 1019（1996）.
35）Y. Osipchuk, M. Cahalan, *Nature*, **359**, 241（1992）.
36）C. Charles et al., *J. Cell Biol.*, **118**, 195（1992）.
37）M. L. Cotrina et al., *Proc. Natl. Acad. Sci. USA.*, **95**, 15735（1998）.
38）G. Arcuino et al., *Proc. Natl. Acad. Sci. USA.*, **99**, 9840（2002）.
39）J. Kang et al., *J. Neurosci.*, **28**, 4702（2008）.
40）T. C. Clarke et al., *Eur. J. Pharmacol.*, **605**, 9（2009）.
41）A. Torres et al., *Sci. Signaling*, **5**, ra8（2012）.
42）L. Bao et al., *Am. J. Physiol.*, **287**, C1389（2004）.
43）P. Cherian et al., *Mol. Biol. Cell*, **16**, 3100（2005）.
44）R. Ponsaerts et al., *PloS one*, **7**, e42074（2012）.
45）R. T. R. Huckstepp et al., *J. Physiol.*, **588**, 3901（2010）.
46）A. Sipos et al., *J. Am. Soc. Nephrology*, **20**, 1724（2009）.
47）F. Anselmi et al., *Proc. Natl. Acad. Sci. USA.*, **105**, 18770（2008）.
48）H. K. Eltzschig et al., *Circulation Res.*, **99**, 1100（2006）.
49）S. Penula et al., *Biochim. Biophys. Acta*, **1828**, 15（2013）.
50）L. Bao et al., *FEBS let.*, **572**, 65（2004）.
51）W. Ma et al., *J. Pharmacol. Exp. Therap.*, **328**, 409（2009）.
52）I. K. H. Poon et al., *Nature* **507**, 329（2014）.
53）F. B. Chekeni et al., *Nature*, **467**, 863（2010）.
54）J. K. Sandilos et al., *J. Biol. Chem.*, **287**, 11303（2012）.
55）T. Bargiello et al., *Biochim. Biophys. Acta*, **1818**, 1807（2012）.
56）P. Pelegrin, A. Surprenant, *EMBO J.*, **25**, 5071（2006）.
57）T. Woehrle et al., *Blood*, **116**, 3475（2010）.
58）R. Thompson, M. Jackson, *Science*, **322**, 1555（2008）.
59）N. L. Weilinger et al., *J. Neurosci.*, **32**, 12579（2012）.
60）C. Virginio et al., *J. Physiol.*, **519 Pt 2**, 335（1999）.
61）P. J. Hanley et al., *J. Biol. Chem.*, **287**, 10650（2012）.
62）S. D. Skaper et al., *FASEB J.*, **24**, 337（2010）.
63）沼田朋大他，*生化学*，**81**，962（2009）.
64）G. Burnstock, *Acta Physiologica*, **207**, 40（2013）.
65）T. Mochizuki et al., *J. Biol. Chem.*, **284**, 21257（2009）.
66）M. Mamenko et al., *PloS one*, **6**, e22824（2011）.
67）H. Mihara et al., *J. Physiol.*, **589**, 3471（2011）.
68）W. Everaerts et al., *Prog. Biophys. Mol. Biol.*, **103**, 2（2010）.
69）R. Inoue et al., *Pharmacol. Therap.*, **123**, 371（2009）.
70）西田基宏他，*日本薬理学雑誌*，**130**，295（2010）.
71）K. Quick et al., *Open Biology*, **2**, 120068（2012）.
72）H. Takada et al., *J. Cell Sci.*, **127**, 4159（2014）.

73） K. Yamamoto et al., *J. Cell Sci.*, **124**, 3477（2011）.
74） U. Dreses-Werringloer et al., *Cell*, **133** 1149（2008）.
75） A. Taruno et al., *Nature*, **495**, 223（2013）.
76） E. R. Lazarowski et al., *Subcell. Biochem.*, **55**, 1（2011）.
77） L. Seminario-Vidal et al., *J. Biol. Chem.*, **286**, 26277（2011）.
78） F. L. Christofi, *Purinergic Signalling*, **4**, 213（2008）.
79） H. Cooke et al., *News Physiol. Sci.*, **18**, 43（2003）.
80） G. Burnstock, *Neurogastroenterol. Motil.*, **20** Suppl 1, 8（2008）.
81） S. Furuya, K. Furuya, *Int. Rev. Cytol.*, **264**, 165（2007）.
82） S. Furuya et al., *Cell Tissue Res.*, **342**, 243（2010）.
83） S. Furuya, K. Furuya, *Int. Rev. Cell Mol. Biol.*, **304**, 133（2013）.
84） 古家喜四夫他, *日本薬理学雑誌*, **123**, 397（2004）.
85） I. R. Orriss et al., *Cur. Opin. Pharmacol.*, **10**, 322（2010）.
86） 齋藤秀俊他, *日本薬理学雑誌*, **136**, 93（2010）.
87） S. Koizumi et al., *Glia*, **61**, 47（2013）.
88） 井上和秀, 津田誠, *Anesthesia 21 Century*, **12**, 8（2010）.
89） K. Inoue et al., *Glia*, **61**, 55（2013）.
90） C. Heurteaux et al., *Proc. Natl. Acad. Sci. USA.*, **92**, 4666（1995）.
91） L. Antonioli et al., *Nature Rev. Cancer*, **13**, 842（2013）.

重力感知のメカノバイオロジー I：単細胞生物

Summary

単細胞生物の重力感知の例として，ゾウリムシが示す負の重力走性行動におけるメカノバイオロジーについて述べる．単細胞生物での感覚受容が明らかにされる以前から，重力走性行動は，細胞体のもつ力学的性質によって引き起こされると考えられてきた．特に，密度の非対称性と形態の非対称性に基づくトルク発生が，重力場内での配向メカニズムとして想定されてきた．実際の細胞体においてはこのような非対称性は少なからず存在するが，ゾウリムシの重力走性にかかわる上向き配向トルク発生には，形態の非対称性が大きく寄与していることが示されている．また一方で，ゾウリムシなどの単細胞生物での機械刺激受容メカニズムが明らかにされてきたことを受けて，重力走性行動を機械刺激受容メカニズムから説明しようとする試みがなされてきた．ゾウリムシには重力場内の遊泳方向に依存して推進速度を調節する応答（gravikinesis）を示すことが報告されている．この応答は，細胞体に偏在する機械刺激受容チャネルの応答と細胞内電位を介した繊毛運動の調節機能によって発現すると考えられており，単細胞生物における重力受容システムの存在を示唆している．

8.1　はじめに

単細胞生物は多くの研究分野において，それぞれの特性を生かし，モデル生物としてさまざまな研究に用いられてきた．その中でもゾウリムシは，機械受容を含む細胞応答を生理学レベルで初めて明らかにすることに大きく貢献してきた．細胞内電位が存在し，それが外部に比べてマイナスの値をもつことは，東京帝国大学の鎌田武雄によって初めて示されたが，鎌田が用いた材料がゾウリムシであった[1]．

ゾウリムシが明らかな機械受容応答をすることは，100 年以上も前に示されている．Jennings は，障害物に衝突したゾウリムシが後退遊泳をして障害物から逃れる行動（逃避行動）をすることを記載している[2]．その後，R. Eckert や内藤豊による精密な研究により，ゾウリムシが細胞前端部にカルシウムイオンに透過性をもつ機械刺激受容チャネルを，細胞後端部にカリウムイオンに透過性をもつ機械刺激受容チャネルを配していることが明らかにされた[3,4]．これは，細胞におけるイオンチャネルの機能的局在化に関する研究の嚆矢となった．

ゾウリムシの前端部が機械刺激（障害物への衝突）を受けると，脱分極性の受容器電位が発生し，それが繊毛膜に局在する電位依存性のカルシウムチャネルによる活動電位を誘発する．その際に細胞内に流入するカルシウムイオンが繊毛打の逆転を引き起こし，ゾウリムシは後退遊泳を行う．流入したカルシウムイオンが排出されると，繊毛打の方向がもとに戻りゾウリムシは再び前進運動を行う．このように，Jennings が記載した逃避行動にかかわる機械受容応答の生理学的メカニズムはほぼ明らかにされている．

一方で，ゾウリムシに限らず，単細胞生物や無脊椎動物の幼生などの水棲微小生物に顕著に見られる遊泳行動に，重力走性行動（gravitaxis）がある[5,6,7]．この行動は重力が作り出す異方的な力学環境に対する応答であり，何らかのメカニズムによって等方的な遊泳が偏向する，一種の力学応答である．この特殊な遊泳行動も古くから観察されており，1世紀以上も前にVerwornによって記録されている[8]．しかしそのメカニズムの詳細は明らかにされないままにいまに至っている．

本章では，ゾウリムシを例に取り，それが示す負の重力走性行動（反重力方向への遊泳）がどのようにして発現するのか，そのメカニズムに関する現時点での知見を紹介する．

8.2　重力走性の力学モデル

周りの水よりも重いゾウリムシが負の重力走性を示すためには，ゾウリムシ自体が上に向かって遊泳する必要がある．細胞が上を向いて泳いでいるとき，遊泳速度が沈降速度を上回るならば，ゾウリムシは上に向かって移動し，水面下に集合することになる．遊泳方向を上向きにするメカニズムとして，二つのモデルが提唱されている．一つは，細胞の物理的特性に基づいた機械的配向によるモデル（力学モデル）であり，もう一つは，細胞による重力感知を想定したモデル（生理学モデル）である[5,6]．

力学モデルは，ゾウリムシ細胞が機能的な「起きあがりこぼし」となることで細胞体の前方が自然と上を向くという理論である．すなわち細胞体が，負の重力走性では上を，正の走性では下を向くための回転トルクの発生を，細胞の物理的特性から説明しようとするものである．歴史的には，主に四つのモデルが提唱されてきたが，そのうちの二つは細胞質の分布や細胞の外部形態などの細胞のスタティックな非対称性に依存して発生するトルクに注目し（スタティックモデル），残りの二つは繊毛による遊泳運動に起因するダイナミックな非対称性に依存して発生するトルクに注目している（ダイナミックモデル）[5,6]．前後が全く対称な生物を想定しない限り，スタティックモデルは必ず成立する．しかし，ダイナミックモデルに関しては，必ずしも全面的に受け入れることができないことが指摘されている[9]．

8.2.1　密度の非対称性と，形態の非対称性による回転トルク

スタティックモデルでは，重力場内での配向を引き起こすトルクの発生源によって，二つのモデルが提唱されている．一つはVerwornの指摘に基づく比重-浮力モデル（gravity-buoyancy model）であり[8]，もう一つはRobertsによる抵抗モデル（drag-gravity model）である[10]．これらのモデルをそれぞれV-モデル，R-モデルとする．

この二つを説明するために，便宜的に繊毛運動が停止しているゾウリムシを想定し[11]，ゾウリムシ細胞体を前後軸の周りでの回転体と想定する．通常，細胞の密度のほうが周囲の液体（淡水）の密度よりも高いため，繊毛を停止させたゾウリムシは沈降する．このとき，ゾウリムシに作用する力は，重力（F_G），浮力（F_B）と沈降速度に比例して発生する粘性抵抗（F_D）であり，これらの間に，次の釣り合いの関係がある．

$$F_G + F_B + F_D = 0 \tag{8.1}$$

それぞれの項は，ゾウリムシの体積を V，内部の平均密度および外液の密度をそれぞれ ρ_i，ρ_o，重力加速度を g，沈降速度を v_s，並進運動の粘性抵抗係数を κ とし，重力方向を正とするなら

$$F_G = V\rho_i g \tag{8.2}$$

$$F_B = -V\rho_o g \tag{8.3}$$

$$F_D = -\kappa v_s \tag{8.4}$$

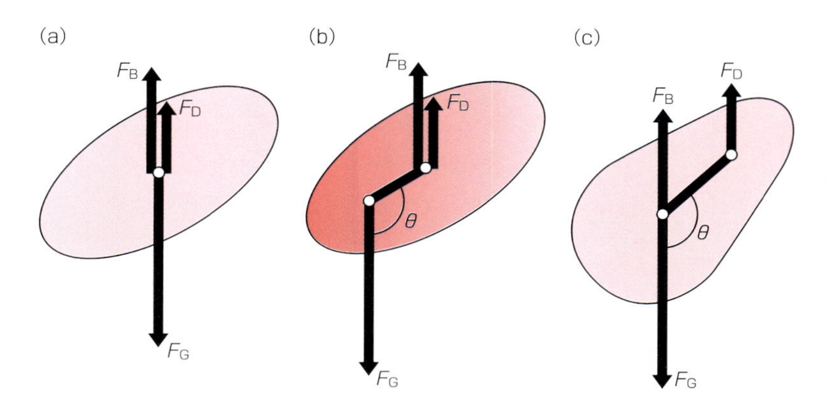

図 8.1 重力走性トルクの発生に関する二つのモデル
（a）では非対称性がなく全ての作用点が一致している．（b）は密度の非対称性による V-モデルを，（c）は形態の非対称性による R-モデルを示す．

と表せる．これらの三つの力の作用点（F_G は質量中心に，F_B は体積中心に，F_D は抵抗力中心にそれぞれ作用する）が細胞体にどのように分布するかによって回転トルクが発生する．細胞体が均一な密度をもつ回転楕円体とするなら，三つの力は同じ点に作用し，回転トルクは発生しない（図 8.1a）しかし，回転楕円体の形状をしていても，内部に密度の偏りがある場合には，質量中心は他の二つの力の作用点とは一致せず，トルク（T_V）が発生する（図 8.1b）．これが V-モデルであり，作用点間の距離を L_G として，トルク（T_V）は，以下になる．

$$T_V = F_G L_G \sin\theta = V\rho_i g L_G \sin\theta \qquad (8.5)$$

ここで θ は鉛直下方から測った配向角を示す．一方，細胞内の密度が均一であっても細胞の形態が前後軸に沿って非対称である場合には，抵抗力中心が他の作用点と一致せず，トルク（T_R）が発生する（図 8.1c）．これが R-モデルであり，後端部が太くなっているゾウリムシの形態から，抵抗力中心は距離 L_D だけ前方にずれていると考えられる[10]．その場合のトルク（T_R）は，以下になる．

$$\begin{aligned} T_R &= -F_D L_D \sin\theta \\ &= (F_G + F_B) L_D \sin\theta \\ &= V(\rho_i - \rho_o) g L_D \sin\theta \qquad (8.6) \end{aligned}$$

V-モデルと R-モデルの違いは，亜鈴モデル（ふたつの球を棒で連結したもの）を用いて説明できる（図 8.2）．V-モデルは同じ大きさだが密度の異なる球が連結されており，これが沈むときには重い球が先になる．つまり，後ろが「重い」ことによって上を向くのが V-モデルである（図 8.2a）．一方 R-モデルは，同じ密度だが大きさが異なる球を連結したものであり，細胞の前後における密度の非対称性によって上を向く（図 8.2b）．ゾウリムシの力学環境は，低レイノルズ数環境（慣性力に比べて粘性力の作用がはるかに大きい状況）であり，そこではストークスの法則に従って，同じ密度であっても，大きい球のほうが先になって沈んでゆく．すなわち，R-モデルでは細胞後端が「太い」という非対称によって上を向く．

二つのモデルでは，トルクの発生源が異なっているのであるが，その回転運動の方程式は低レイノルズ数条件を考慮に入れて，次式で表される[10, 12]．

$$\frac{d\theta}{dt} = \beta \sin\theta \qquad (8.7)$$

ここで β は，V-モデル，R-モデルについての回転運動の抵抗係数を R_V，R_D，外液の粘度を η として，V-モデルについては

$$\beta = \frac{V\rho_i g L_G}{\eta R_V} \qquad (8.8)$$

R-モデルについては

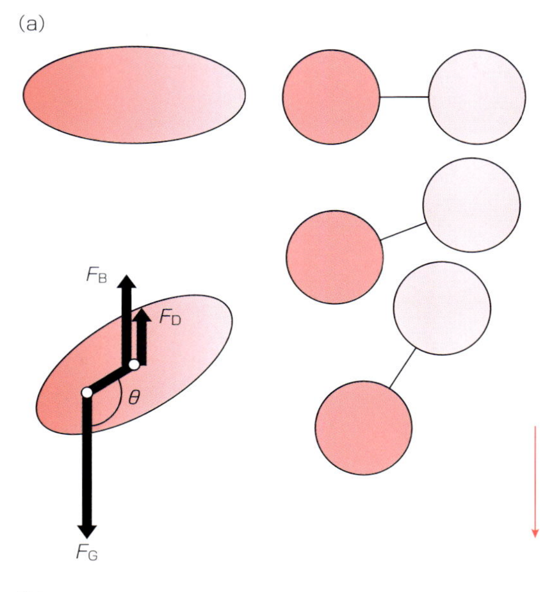

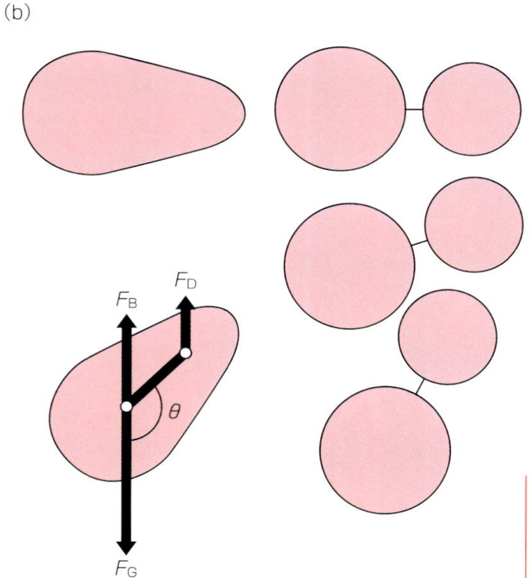

図8.2　V-モデルとR-モデルの沈降
二つのモデルにおける，通常の実験液（$\rho_i > \rho_o$）中での沈降（赤矢印）に伴う体軸回転．（a）はV-モデルを，（b）はR-モデルの場合を示す．それぞれのモデルについて対応する亜鈴モデルを併せて示す．

$$\beta = \frac{V(\rho_i - \rho_0)gL_D}{\eta R_D} \tag{8.9}$$

となる．式（8.7）からは，θ_0を初期値として，次の解が得られる．

$$\theta = 2\tan^{-1}\left\{\left(\tan\frac{\theta_0}{2}\right)\cdot\exp(\beta)\right\} \tag{8.10}$$

8.2.2　二つのモデルの弁別

ここで式（8.8）および（8.9）に示したβに注目すると，二つのモデルの違いが明らかとなる．V-モデルではβは外液の密度に無関係であるが，R-モデルでは外液の密度に依存し，外液を内部密度以上にするとマイナスの値となる．すなわち，通常の淡水環境（$\rho_i > \rho_o$）では，両モデルとも沈みながら上を向くのであるが，外液の密度を細胞の密度以上に高めて（$\rho_i < \rho_o$），浮上するようにしてやると，V-モデルでは常に重い後ろ側を下にしながら浮上してゆくが（図8.3a），R-モデルでは太い後ろ側が先に上昇していくことになる（図8.3b）．

図8.4は，ニッケルイオンで麻酔をして繊毛運動を止めたゾウリムシでの回転運動の様子を示している[11]．ゾウリムシは，通常の実験液（$\rho_i > \rho_o$）中では上を向きながら沈んでいく（図8.4a，c）．一方，パーコールを用いて密度を高めた実験液（$\rho_i < \rho_o$）中では下を向きながら浮かび上がった（図8.4b，c）．これはゾウリムシでの重力走性トルクの発生はR-モデルによって説明できることを示している．

ここまで，かなり単純化したモデルを用いて説明してきたが，実際の細胞ではV-モデルの性質とR-モデルの性質，すなわち密度分布の非対称性と形態の非対称性の両方を併せもっていると考えられる．ゾウリムシについて，図8.4に示した計測に基づく概算により，重力場内での上向き配向に対するV-モデルの性質の寄与は，R-モデルの4％程度であると推定されている[11]．

実際にゾウリムシをパーコール高密度溶液（$\rho_i < \rho_o$）に入れると，下向きの泳ぎを示し，細胞が容器の底に集まってくる[13]．これは，形態の非対称性に起因するR-モデルの性質が遊泳中にも機能し，重力走性行動の力学的基盤となっているこ

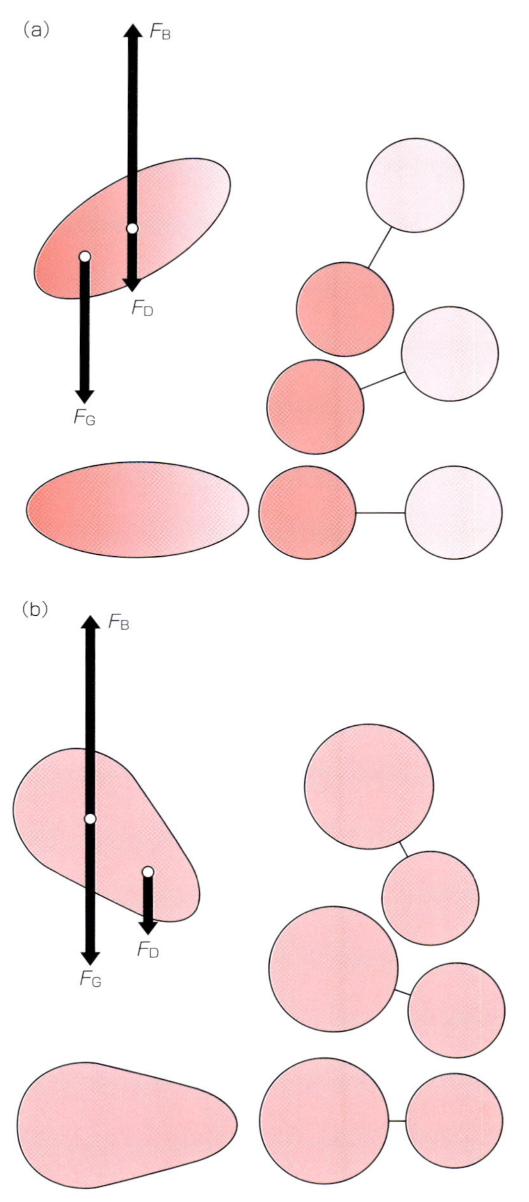

図 8.3　V-モデルと R-モデルの浮上
二つのモデルにおける，高密度実験液（$\rho_i < \rho_o$）中での浮上（赤矢印）に伴う体軸回転．（a）は V-モデルを，（b）は R-モデルの場合を示す．それぞれのモデルについて対応する亜鈴モデルを併せて示す．

とを示している．形態の非対称性を基盤とした力学的応答は，近縁の繊毛虫のテトラヒメナや[13]，単細胞緑藻のクラミドモナスでも確認されている[14]．

8.3　重力走性の生理学モデル

力学モデルは，細胞の物理的特性による受動的メカニズムを想定したモデルであるのに対し，生理学モデルは細胞による重力感知という能動的メカニズムを想定したモデルである．

従来より細胞サイズでの重力感知には，サーマルノイズとの比較から，かなり特殊化したセンサーが必要だと思われてきた．たとえば単細胞生物のロクソデスは外液の酸素分圧に応じて重力走性行動を変化させることが知られているが[15]，その際に細胞内にあるミューラー小胞が重力センサーとして機能すると思われる[16,17]．ミューラー小胞は，多細胞生物の平衡器官を小型化して細胞内に持ち込んだような構造をしており，直径約 10μm の小胞の中に，直径 3μm ほどの平衡石（硫酸バリウムを含む）が入っている．ロクソデスの重力走性にみられる行動パターンの変化が，ミューラー小胞での重力感知の時間特性と一致していることが示されている[15]．

一方，ゾウリムシなどの単細胞生物では機械刺激受容チャネルが細胞膜上に特殊な分布をしており，それによって特徴的な機械刺激応答が形成されることが明らかにされてきた[2-4]．このような経緯から，ミューラー小胞のようなオルガネラをもたないゾウリムシなどの単細胞生物の重力走性行動を，機械刺激受容メカニズムから説明しようとする試みがなされている．

8.3.1　gravikinesis の発見

単細胞生物の重力走性行動に関する一連の研究から，単細胞生物が重力場内の遊泳方向に依存して推進速度を調節する応答（gravikinesis）を示

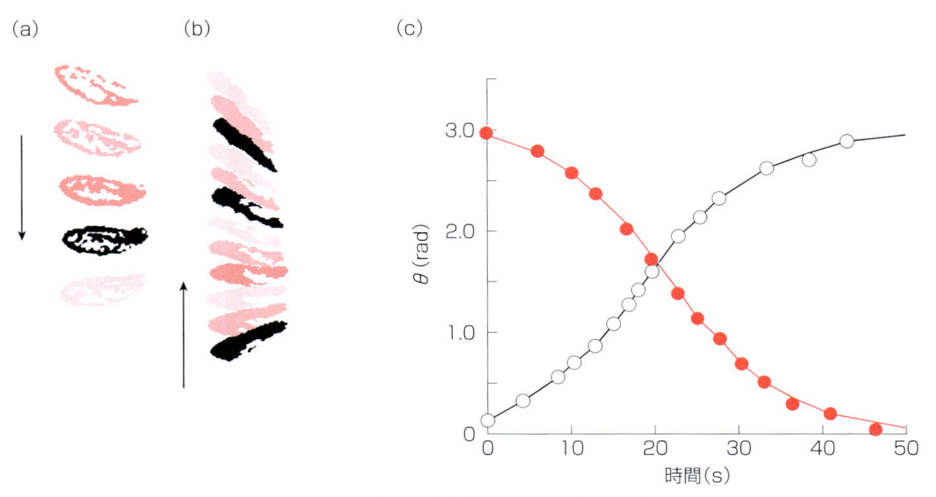

図 8.4　V- モデルと R-モデルの弁別

(a)～(c) ニッケルイオンで麻酔をして繊毛運動を止めたゾウリムシの重力場内での体軸回転．通常の実験液（$\rho_i > \rho_o$）中での沈降（a）とパーコール高密度実験液（$\rho_i < \rho_o$）中での浮上（b）．水平顕微鏡を用いて撮影したビデオ画像を一定時間（1秒間隔）ごとに重ね書きしたもの．濃淡のサイクルは時間経過（濃→中間→淡）を示す（参考文献 11 より引用）．（c）は沈降中（○）と浮上中（●）の重力方向からの配向角（θ）の時間経過を示す．実線は $\theta(t)$ の理論式（式 8.10）を実測値にあてはめた結果を示す．

すことが見出された．以下では，ゾウリムシでの研究に基づいて gravikinesis を説明する．

単細胞生物の遊泳のような低レイノルズ数環境では，力と速度が比例関係にある．単細胞生物の遊泳の推進力は，細胞表面に生えている繊毛や鞭毛の運動によって作り出されているため，繊毛や鞭毛の運動が止まると即座に泳ぎが停止することになる．このような力学環境では，遊泳の正味の速度ベクトル（$\boldsymbol{v}$）は，生物自身が作り出す推進力を反映した推進速度ベクトル（$\boldsymbol{P}$）と，重力による沈降速度ベクトル（$\boldsymbol{v}_s$）の和となる．単純化して，鉛直方向のみの運動を考えた場合，上向きの遊泳速度（$\boldsymbol{v}_{up}$）と，下向きの遊泳速度（$\boldsymbol{v}_{dn}$）は，上向きと下向きの推進速度をそれぞれ $\boldsymbol{P}_{up}$，$\boldsymbol{P}_{dn}$ として，次式になる（図 8.5）．

$$\boldsymbol{v}_{up} = \boldsymbol{P}_{up} - \boldsymbol{v}_s \qquad (8.11)$$

$$\boldsymbol{v}_{dn} = \boldsymbol{P}_{dn} + \boldsymbol{v}_s \qquad (8.12)$$

式（8.11）と式（8.12）から，細胞が上を向いたときと，下を向いたときとでの推進速度の差は

$$\boldsymbol{P}_{up} - \boldsymbol{P}_{dn} = \boldsymbol{v}_{up} - \boldsymbol{v}_{dn} + 2\boldsymbol{v}_s \qquad (8.13)$$

となる．遊泳方向による推進速度の調節が行われているなら，式（8.13）の右辺はゼロとはならない．

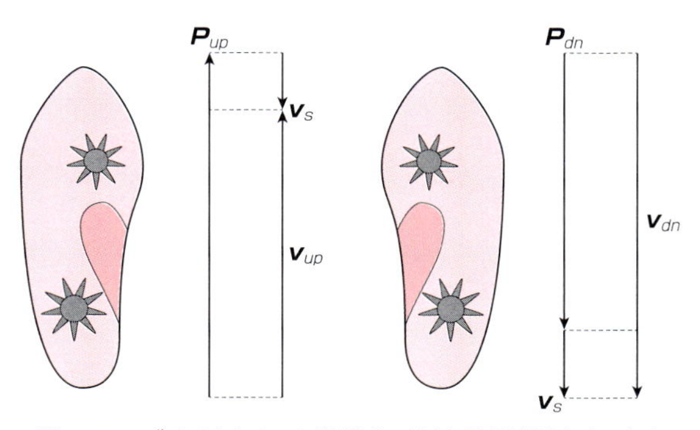

図 8.5　ゾウリムシの遊泳における推進速度（$\boldsymbol{P}$），遊泳速度（$\boldsymbol{v}$），沈降速度（$\boldsymbol{v}_s$）の関係

ゾウリムシの遊泳のような低レイノルズ数の力学環境では，遊泳の正味の速度ベクトル（$\boldsymbol{v}$）は，ゾウリムシが作り出す推進力を反映した推進速度ベクトル（$\boldsymbol{P}$）と，重力による沈降を反映した沈降速度ベクトル（$\boldsymbol{v}_s$）の和となる．左は上向きに遊泳しているゾウリムシを表し，右は下向きに遊泳しているゾウリムシを表す．up，dn の添え字はそれぞれ上向きと下向きの速度を示す．

Machemer らは，負の走電性を利用してゾウリムシを鉛直方向に泳がせる実験を行い，$\boldsymbol{v}_{\mathrm{up}}$ と $\boldsymbol{v}_{\mathrm{dn}}$ を測定した．併せて，ニッケルイオンで繊毛運動を止めたゾウリムシを用いて $\boldsymbol{v}_{\mathrm{s}}$ を測定し，明らかに $\boldsymbol{P}_{\mathrm{up}}$ が $\boldsymbol{P}_{\mathrm{dn}}$ よりも大きいことを発見し，この現象を gravikinesis と名づけた[18]．

一方 Ooya らは，遠心機を用いた過重力下で自由遊泳をしているゾウリムシについて遊泳方向と推進速度との関係を調べ，ゾウリムシが重力ベクトルに対する遊泳方向に応じて，推進速度を調節していることを発見した．これによって gravikinesis の性質を確認するとともに，ゾウリムシの集団には gravikinesis を顕著に示す個体と示さない個体がいることを発見した[19]．通常，ゾウリムシはラセンを描きながら遊泳しているが，押し縮められたラセン軌跡を示す個体（curved swimmer）は gravikinesis を顕著に示し，引き伸ばされたラセン軌跡を示す個体（straight swimmer）は gravikinesis を示さない傾向があることが報告されている．

しかし Machemer らと Ooya らの結論は，ゾウリムシの集団に対する測定に基づいたものであるため，個体としての gravikinesis を特定するには至っていない．そこで，Takeda らは，単離した 1 匹のゾウリムシの遊泳行動を解析することによって，個体レベルでの gravikinesis を確立するとともに，Ooya らが示した，ラセン軌跡に依存した gravikinesis の応答の違いも確認した[20]．

8.3.2 gravikinesis と繊毛の膜電位-運動連関

ゾウリムシの細胞膜上では，イオン透過性の異なる 2 種類の機械刺激受容チャネルが特殊な分布をしている（図 8.6）．細胞の前端部には，カルシウムイオンに透過性のある脱分極性の機械刺激受容チャネルが分布し，細胞の後端部には，カリウムイオンに透過性のある過分極性の機械刺激受容チャネルが分布している[21,22]．

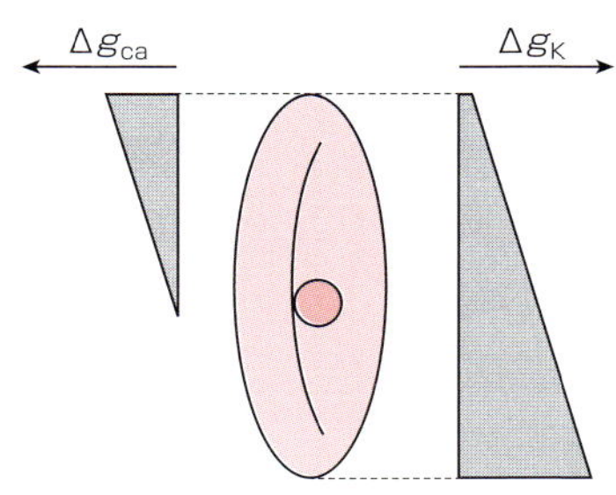

図 8.6 ゾウリムシにおける細胞膜上の機械刺激受容チャネルの分布

ゾウリムシの細胞膜上では，イオン透過性の異なる 2 種類の機械刺激受容チャネルが偏った分布をしている．細胞の前端部にはカルシウムイオンに透過性のある脱分極性の機械刺激受容チャネルが分布し，細胞の後端部にはカリウムイオンに透過性のある過分極性の機械刺激受容チャネルが分布している．図では，参考文献 22 に基づいて，二つのチャネルが機械刺激に応答した際に増加するコンダクタンスを細胞体の前後軸に沿った関数として模式的に示している．

ゾウリムシの遊泳推進力は，細胞表面に生えている繊毛運動によって作り出されるが，その運動周波数は膜電位依存的に調節されていることが知られている[23,24,25]．前進遊泳を引き起こす後ろ向きの繊毛打は，静止膜電位を境に，過分極側では周波数の増加が起こり，脱分極側では周波数の減少が起こる．ゾウリムシの遊泳推進力は大まかには繊毛打周波数に比例すると考えられるので，gravikinesis は重力場内での細胞の配向によって膜電位が変化し（上向きで過分極，下向きで脱分極し），それに伴って繊毛の運動周波数が変化する結果であると考えることができる．ただし過剰な脱分極は繊毛逆転反応を引き起こすため，gravikinesis を誘発する膜電位変化は数 mV 程度と推定される．

さらに，膜電位変化によって運動周波数とともに繊毛打方向の変化も引き起こされ，その結果ゾウリムシのラセン軌跡のピッチ角は，過分極では減少し（ラセンは引き伸ばされ），脱分極では増加する（ラセンは押し縮められる）ことが知られている[24,25]．このことから，Ooya らが見つけた

curved swimmer は膜電位が脱分極側にシフトした状態にあり，straight swimmer は膜電位が過分極側にシフトした状態にあったことが推測される．この膜電位バイアスの違いが gravikinesis に対する感受性の違いとなっている可能性がある．

8.3.3　gravikinesis のメカニズム

Ooya らは，gravikinesis が膜電位依存的に調節されていることに加え，外液の密度を増加させることでゾウリムシの gravikinesis が低減することを報告し，gravikinesis のメカニズムとして一つの仮説を提唱した．それは，細胞質を平衡石としてゾウリムシの細胞自身を平衡胞に見立てた仮説（平衡胞仮説）である[19]．ゾウリムシに限らず多くの単細胞生物は，細胞内の密度が外部の液体の密度に比べて高い．この細胞内外の密度差によって，細胞の下側では常に静水圧差が生じている（図 8.7a，b）．この圧力により，ゾウリムシが上を向いた場合には後端部の細胞膜が引き伸ばされると考えられる（図 8.7a）．その結果，後端部の細胞膜に多く分布しているカリウムイオン透過性機械刺激受容チャネルが開き，細胞は過分極へシフトし，推進速度が増加すると考えられる．一方，ゾウリムシが下を向いた場合には，細胞の前端部の細胞膜が引き伸ばされ（図 8.7b），カルシウムイオン透過性機械刺激受容チャネルが開き，細胞は脱分極側へシフトし，推進速度が減少すると考えられる．

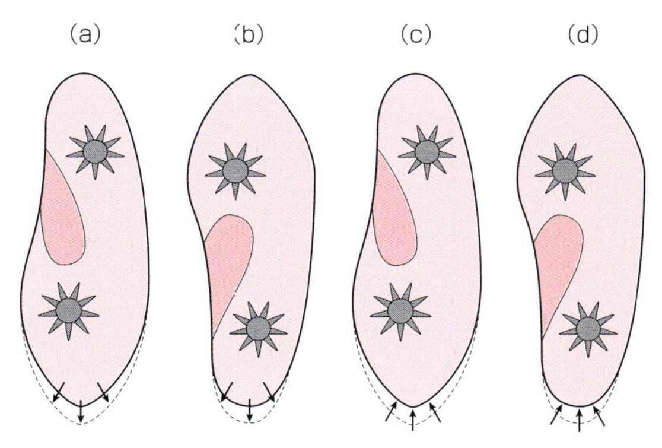

図 8.7　**細胞上下端の静水圧差を重力刺激とした平衡胞仮説**

水中を上向き（a），下向き（b）に遊泳するゾウリムシと高密度溶液中を上向き（c），および下向き（d）に遊泳するゾウリムシ．水中では，ゾウリムシの密度は周囲よりも高いため，上下端の間に生じる静水圧差によって下端の細胞膜の張力が増加する（a，b）．これにより，上を向いたゾウリムシでは，後端の細胞膜に集中するカリウムイオン透過性機械刺激受容チャネルの開確率が増加して膜が過分極する．一方，下を向いたゾウリムシでは，前端の細胞膜に集中するカルシウムイオン透過性機械刺激受容チャネルの開確率が増加して膜が脱分極する．高密度溶液中では，静水圧差の符号は反転し，下端の細胞膜の張力は減少すると考えられる（c，d）．この場合，上を向いたゾウリムシでは，後端の細胞膜に集中するカリウムイオン透過性機械刺激受容チャネルの開確率が減少し，膜電位が脱分極する．一方，下を向いたゾウリムシでは，前端の細胞膜に集中するカルシウムイオン透過性機械刺激受容チャネルの開確率が減少し，膜電位が過分極する．

このような平衡胞仮説を検証するために Takeda らは，パーコール溶液を用いて，細胞内よりも密度を高めた外液中でのゾウリムシの遊泳行動を調べた[20]．細胞内外の密度差が逆転した状況では，下端の細胞膜に作用する圧力（陰圧）が細胞膜の張力を減少させることが予想される（図 8.7c，d）．その結果，上を向いたゾウリムシは後端の膜の張力が減少することにより（図 8.7c）カリウムイオン透過性機械刺激受容チャネルの開確率が減少し，膜電位が脱分極側へシフトすることが予想される．一方，下を向いたゾウリムシは前端の膜の張力が減少することにより（図 8.7d）カルシウムイオン透過性機械刺激受容チャネルの開確率が減少し，膜電位が過分極へシフトすることが予想される．その結果，上向き推進速度よりも下向き推進速度が大きくなる，逆向きの gravikinesis が観察されると予想される．実際に高密度溶液中での推進速度を計測してみると，ゾウリムシは逆向きの gravikinesis を示すことがわかった．この結果は，平衡胞仮説を支持するものである．

8.4　kinesis から taxis へ

ゾウリムシの負の重力走性行動を端的に示すのは，細胞集団が水柱の上部に集まることである．このような垂直分布の片寄りを，gravikinesis のみで説明することは可能であろうか．

たしかに個々の粒子において，鉛直上方への移動速度が鉛直下方への移動速度よりも大きい場合，粒子集団の分布は鉛直上方に片寄ったものになる．しかし，このアイデアをゾウリムシの重力走性に応用することはできない．gravikinesis により推進力の変化が起こるのであるが，ゾウリムシにおいてこの変化は沈降速度と同程度かそれ以下であるため，上方への遊泳速度が，下方への速度を上回ることはない．したがって走性行動が発現するためには，kinesis（速度の調節）以外に，taxis（遊泳方向の調節）が起こらなければならない．

ゾウリムシは多くの水中微生物と同様に，ラセン軌跡に沿って遊泳している．したがって遊泳方向を変えることは，ラセン軌跡の軸を変化させることになる[26]．すでに指摘したように，ゾウリムシの繊毛運動は膜電位の変化と密接に連携しており，その結果，遊泳軌跡も膜電位に応じて変化する．ラセン軌跡に関しては，そのピッチ角が過分極で減少し，脱分極で増加することが知られている．

このような膜電位に依存したピッチ角の変化と，機械刺激受容チャネルを介した重力依存性の膜電位変化の二つを組み合わせることによって，重力走性行動を説明する一つの生理学モデルが提唱されている[19,27]．図 8.8 に示すように，重力感知を想定しない場合，ゾウリムシは一定のピッチ角（ラセンの正射影とラセン軸のなす角度 θ_{rest}）をもつラセン軌跡を描く．この状況で，重力感知が機能した場合を想定してみる．ゾウリムシが上を向くと膜電位は過分極となるため，ピッチ角は減少し（θ_{hyp}），その結果としてラセン軸が体軸に引き寄せられる．これによって正味の進行方向は上を向くことになる．一方，ゾウリムシが下を向くと膜電位は脱分極となるため，ピッチ角は増加する（θ_{dep}）．その結果としてラセン軸が体軸から離れて行き，この場合も正味の進行方向が上を向くことになる．すなわち，gravikinesis を引き起こすメカニズムが作用するなら，ゾウリムシの遊泳方向は次第に上向きになっていくことが推定される．

以上のようなモデルに基づく限り，重力の物理的作用（スタティックなトルクの発生）がなくても，ゾウリムシの負の重力走性行動を説明できることになる．実際，上記の生理学モデルだけに基づいた遊泳行動のコンピューター・シミュレーションにより，ゾウリムシの遊泳軌跡が次第に上に向かって変化することが確かめられている[27]．

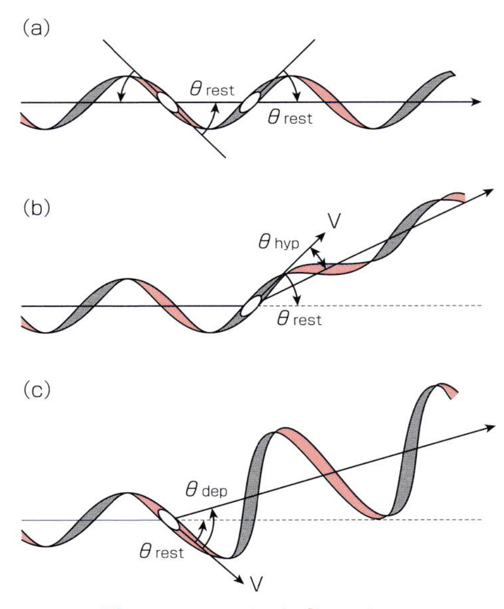

図 8.8　kinesis から taxis へ

生理学モデルによる重力感知を反映した，負の重力走性行動（遊泳方向の鉛直上方への変化）を説明した模式図．θ_{rest} は重力感知が機能しない場合を想定したとき（上段）のピッチ角，θ_{hyp} は細胞が上を向き，重力刺激により過分極する（中段）ことによって変化したピッチ角，θ_{dep} は細胞が下を向き脱分極する（下段）ことによって変化したピッチ角を示す．文献 27 より引用．

8.5 ゾウリムシ以外の単細胞生物の gravikinesis

gravikinesis は，ゾウリムシ以外に，鞭毛虫のミドリムシや繊毛虫のテトラヒメナやディディニウムでも確認されている．

ミドリムシは，現在までに gravikinesis が確認されている最小の単細胞生物である．長卵形をしており，2 本の鞭毛をもつ．2 本の鞭毛のうち 1 本のみが細胞外へ伸びており，この鞭毛を動かして水中を遊泳する．Machemer-Röhnisch らは，過重力下においてミドリムシの遊泳速度と沈降速度を測定した．その結果，推進速度は上向き遊泳時に最大となり，遊泳方向が下に変化するにつれ減少することがわかった．また重力加速度を増すにつれ，この傾向は強くなることがわかった[28)]．ミドリムシの gravikinesis は，後端にあるカリウムイオン透過性機械刺激受容チャネルに基づくことが示唆されている[28)]．上を向いたミドリムシは，後端に重力刺激を受ける．すると，カリウムチャネルが活性化されることにより膜電位が過分極側にシフトし，鞭毛打頻度が上昇する．その結果，上向き遊泳時に加速し，gravikinesis が発現すると考えられている．実際，機械刺激受容チャネルの非特異的阻害剤として知られるガドリニウムイオンを加えると，ミドリムシの負の重力走性が阻害されることから，ミドリムシの重力感知には機械刺激受容チャネルが関与していることが示唆される[29, 30)]．

テトラヒメナはゾウリムシよりも小型の繊毛虫である．Kowalewski らは，テトラヒメナの遊泳速度と沈降速度を測定し，強い gravikinesis の存在を明らかにした[31)]．ゾウリムシでは上向き推進速度と下向き推進速度の差は沈降速度と同程度かそれ以下であるが，テトラヒメナにおいては，上向き遊泳時の推進速度は，沈降を相殺するだけではなく，上方への移動を可能にするほどであることが報告されている．テトラヒメナは，ゾウリムシとよく似た機械刺激受容チャネルの分布をもつことが知られており，細胞の前端にはカルシウムイオン透過性のチャネルが分布し，後端にはカリウムイオン透過性のチャネルが分布している．テトラヒメナの gravikinesis はこの 2 種類の機械刺激受容チャネルを重力センサーとして，ゾウリムシと同様のメカニズムで起こることが示唆されている[31)]．

ディディニウムは甕のような形をした繊毛虫で，ゾウリムシの捕食者として有名である．細胞体の前端部に機械刺激受容カルシウムチャネルが多く分布しているが，ゾウリムシとは異なりカリウムチャネルの分布勾配は見られないことから，脱分極は発生するが，過分極は発生しないと考えられている[32)]．繊毛活性も，脱分極性の刺激によってのみ調節されており，過分極を誘導しても繊毛打頻度は変化しない．ディディニウムは，ゾウリムシとは逆向きの gravikinesis を示し，通常の重力場では，下向き推進速度が上向き推進速度をわずかに上回ることが知られている．重力加速度を大きくすると，この傾向が強まることが報告されている[32)]．このことは，機械刺激受容チャネルの機能と gravikinesis との間の強い関連性を示唆している．

8.6 平衡胞仮説の妥当性に関する議論

平衡胞仮説では重力刺激として細胞内外の静水圧差を想定しているが，その大きさは細胞のサイズと細胞内外の溶液の密度差に依存する．通常，機械刺激受容チャネルを想定した実験で用いられる圧力刺激は，数 cmH_2O のオーダーである．しかし，ゾウリムシのサイズで想定される圧力差は，数 μmH_2O のオーダーである．したがって，単細胞生物の機械刺激受容チャネルが静水圧差を重力刺激として感知するためには，これまでに知られている受容システムの10^3〜10^4倍の感度が必要だと考えられる[19]．

Machemer-Röhnischらは機械刺激受容チャネルの開閉に伴うエネルギー変化を見積もり，サーマルノイズとの比較を行っている[28]．その報告によれば，重力に対する感受性は，ゾウリムシではサーマルノイズよりも二桁程度大きいが，ゾウリムシより小さなテトラヒメナではその差は一桁程度であり，さらに小さなミドリムシではサーマルノイズとほぼ同じレベルであるとしている．

これらの状況を考えると，上述のメカニズムによって単細胞生物が重力を感知するためには，細胞内に何らかの増幅メカニズムを想定する必要があるだろう．Gebauerらは細胞内電極を用いた測定によって，ゾウリムシの細胞内電位が重力場内での配向に応じて変化すると報告している[33]．また，同様の結果が他の単細胞生物でも報告されている[34]．これらの事実は単細胞生物における重力感知の存在を強く支持しているが，記録された応答の時間特性や，単細胞生物では細胞内電位がドリフトしやすいことも含めて，慎重に扱われなければならないだろう．

8.7　おわりに

地球上では，重力によって空間内に上下の区別がついている．重力は物体を地上にとどめようとする束縛力として作用するため，上向きに動こうとすると，重力に打ち勝つための「工夫」や「努力」が必要となる．

ゾウリムシが地面から遠ざかるという奇妙な行動をすることが記載されてから1世紀あまりが経った．その間に，行動のメカニズムをめぐってさまざまな議論がなされてきた．単細胞生物での感覚受容が知られていなかった時代では，重力走性行動は細胞体のもつ力学的性質によって引き起こされると考えられてきた．そのため，細胞体を上向きに配向させるトルク発生のためのさまざまなメカニズムが，細胞の前後軸に沿った非対称性に基づいて提案されてきた．その中でも，密度の非対称性と形態の非対称性に基づくトルク発生が可能性の高いメカニズムとして想定されてきた．実際の細胞体においては，このような非対称性は少なからず存在するが，ゾウリムシの重力走性にかかわる上向き配向トルク発生には，形態の非対称性が大きく寄与していることが示された．

一方で，ゾウリムシなどの単細胞生物での機械刺激受容メカニズムが明らかにされてきたことを受けて，重力走性行動をこのメカニズムをもとに説明しようとする試みがなされてきた．gravikinesisの発見は，まさに単細胞生物での重力感知システムの存在を示している．

水中の小さな生き物が反重力方向に移動することの生物学的意義についてはいろいろと想定することができよう．しかし，ごく微力な推進力しかもたない微小生物が，自然の「荒波」の中でこの行動を十分に発現しうるかについても，疑問とされることが多い．この特殊な行動は試験管内でのアーティファクトなのではないか．そんな疑問も出てこよう．しかし力学的な特性に加えて，生理学的な推進力調節の機能を獲得することで，重力走性行動がより強固なものとし，重力という地球の環境因子への適応がなされてきたと考えることができるのではないだろうか．

（最上善広・坂爪明日香）

文　献

1）T. Kamada, *J. Exp. Biol.*, **11**, 94 (1933).
2）H. S. Jennings, "Behavior of the Lower Organisms," Indiana University Press (1906).
3）R. Eckert, *Science*, **176**, 473 (1972).
4）Y. Naitoh, R. Eckert, *Science*, **164**, 963 (1969).
5）B. Bean, "Membrane and Sensory Transduction," Plenum Press (1984), p. 163-198.

6）H. Machemer, J. de Peyer, *Verh. Dtsch. Zool. Ges.*, **77**, 86（1977）.
7）Y. Mogami et al., *J. Exp. Biol.*, **137**, 141（1988）.
8）M. Verworn, "Psychophysiologische Protistenstudien," Gustav Fischer, Jena（1889）.
9）最上善広他，*宇宙生物科学*，**9**，17（1995）.
10）A. M. Roberts, *J. Exp. Biol.*, **53**, 687（1970）.
11）Y. Mogami et al., *Biol. Bull.*, **201**, 26（2001）.
12）K. Fukui, H. Asai, *Biophy. J.*, **47**, 479（1985）.
13）平嶋未絵他，*宇宙利用シンポジウム*，**19**，33（2003）.
14）C. Hosoya et al., *Biol. Sci. Space*, **24**, 145（2010）.
15）T. Fenchel, B. J. Finlay, *J. Exp. Biol.*, **110**, 17（1984）.
16）T. Fenchel, B. J. Finlay, *J. Protozool.*, **33**, 69（1986）.
17）D.-C. Neugebauer, H. Machemer, *Cell Tissue Res.*, **287**, 577（1997）.
18）H. Machemer et al., *J. Comp. Physiol., A*, **168**, 1（1991）.
19）M. Ooya et al., *J. Exp. Biol.*, **163**, 153（1992）.
20）A. Takeda et al., *Biol. Sci. Space*, **20**, 44（2006）.
21）J. De Peyer, H. Machemer, *Nature*, **276**, 285（1978）.
22）A. Ogura, H. Machemer, *J. Comp. Physiol., A*, **135**, 233（1980）.
23）H. Machemer, K. Sugino, *Comp. Biochem. Physiol.*, **94A**, 365（1989）.
24）H. Machemer, *Lecture Notes Biomath.*, **89**, 169（1990）.
25）H. Machemer, *Zool. Sci.*, 7 Suppl, 23（1990）.
26）H. C. Crenshaw, *Lect. Note Biomath.*, **89**, 361（1990）.
27）Y. Mogami, S. A. Baba, *Adv. Space Res.*, **21**, 1291（1998）.
28）S. Machemer-Röhnisch et al., *J. Comp. Physiol., A*, **185**, 517（1999）.
29）M. Lebert, D.-P. Häder, *Nature*, **379**, 590（1996）.
30）D.-P. Häder et al., *Adv. Space Res.* **21**, 1277（1998）.
31）U. Kowalewski et al., *Microgravity Sci. Tech.*, **6**, 167（1998）.
32）R. Bräucker et al., *J. Exp. Biol.*, **197**, 271（1994）.
33）M. Gebauer et al., *Naturwiss.*, **86**, 352（1999）.
34）M. Krause et al., *J. Exp. Biol.*, **213**, 161（2010）.

重力感知のメカノバイオロジーII：メカノストレスと筋萎縮/筋肥大

Summary

筋肉は運動や寝たきりなど動物の活動状態，つまり機械的ストレスの影響を最も受けやすい臓器の一つである．それゆえ，メカノバイオロジーを研究するうえで最も面白いターゲット臓器である．本章では，機械的ストレスにより誘導される筋萎縮，筋肥大，脂肪変性のメカニズムについて，最新の知見を紹介する．まず，筋細胞の機械的ストレス感知機構を，骨格筋に特異的な装置を介するものとそうでないものに分類し，前者について詳細に説明する．具体的には，ジストロフィン-糖タンパク質複合体の一酸化窒素（NO）による筋萎縮と筋肥大のメカニズム，サテライト細胞の機械的ストレスに対する応答性，未分化な間葉系幹細胞であるPDGFR陽性細胞による骨格筋の脂肪変性，IGF-1シグナルと相互作用するユビキチンリガーゼなどについて述べる．

9.1　はじめに

重力は脊椎動物の発生や進化に大きな影響を与えてきた．重力存在下で生存してきた動物は，重力に抗して体躯を支えて活動するために，筋肉と骨を主とする運動器官を発達させてきた．動物はそのサイズが大きくなればなるほど，より大きな筋力を必要とする．つまり，動物は重力に抗して活動するために，それに見合う運動量（エネルギー）を産生できる運動器官を発展させてきた．それゆえ，動物による重力の一義的な感知において骨格筋は非常に重要な働きをしていると考えられる．しかし，その感知システムはほとんど明らかにされていない．古くは，筋組織あるいは筋細胞自体が重力を感知するのではなく，グルココルチコイドやアドレナリンが筋肉量を調節できることから，動物個体が中枢神経系にて重力を感知しそれが自律神経やホルモンを介して筋肉に影響を与えていると考えられていた．しかし，最近では組織や筋細胞を宇宙で培養することが可能になり，筋細胞自体が重力を感知することが明らかとなってきた．本章では，筋細胞が重力を含む機械的ストレスを感知するシステムについて述べたい．

骨格筋の機械的ストレスの感知（メカノセンシング）システムは，一つではない．機械的ストレスの種類，強度，方向といった外部要因だけでなく，感知側の細胞の種類や分化度の違いなどの内的要因でも感知システムは異なるであろう．おそらく数種類，あるいは十数種類以上存在するかもしれない．しかし，骨格筋の機械的ストレス感知の全容が依然不明な現状では，このような細かな分類は難しい．そこで今回は，筋細胞固有のシステムによるものとそうでないものとに大きく分類し，それぞれの最新の知見を加えながら，骨格筋のメカノセンシングについて説明を試みる．骨格筋はトレーニングをすれば肥大し，逆に運動不足になれば容易に萎縮するように，機械的ストレスに非常に感受性の高い臓器の一つである．さらに，植物には存在しない動物固有の臓器である．つまり，動物におけるメカノセンシング機構を研究するうえで，骨格筋は非常に有用な臓器であると思われる．

9.2　骨格筋細胞における機械的ストレスの感知システムの分類

骨格筋のメカノセンシング機構をわかりやすく述べるため，以下のように分類した．筋組織に多く存在する（筋組織で最初に発見された）細胞やタンパク質分子を介して行われる感知機構を筋固有の感知システムとし，筋組織以外の臓器や細胞にも存在する（一般的な組織，細胞でもあり得る）感知機構を普遍的な感知システムとした（表9.1）．ただしあくまで便宜上の分類であり，今後の研究の進歩次第でその分類は変わりうるということを念頭においていただきたい．

筋固有の感知システムとしては，筋組織にしか存在しないサテライト細胞（筋の細胞膜間に存在する幹細胞）や side population（SP）細胞（サテライト細胞の研究過程で同定されてきた細胞で，サテライト細胞以外の幹細胞的性質をもつ細胞）による機械的ストレスの感知である（表9.1）．これらは未分化な細胞であるが，筋に特異的に存在する細胞なのでこの範疇に加えた．筋管細胞など分化した筋細胞のみに存在するタンパク質分子群，具体的にはジストロフィン–糖タンパク質複合体（DGC）などを介した機械的ストレスの感知システムもこの範疇に含まれる．一方，普遍的な感知システムは，筋組織以外の組織・細胞にも存在するオルガネラやタンパク質分子を介して行われる感知機構である．具体的には，細胞外マトリックス–細胞膜上タンパク質の相互作用，接着分子やミトコンドリアなどの細胞内小器官（オルガネラ）を介するシステムである．

本章ではこの分類に従い，（比較的）筋固有の機械的ストレスの感知機構を説明する．普遍的な動物細胞の機械的ストレス感知機構は，スペースの関係で割愛したい．インテグリン，カドヘリン，gap-junction に関するメカノバイオロジーや，骨格筋や心筋の疾患とつながりの深いカルシウムチャネルとミトコンドリアを介した機械的ストレスの感知についても他章や他書を参考にされたい．

表9.1　筋細胞の機械的ストレス感知機構の分類

ホルモンや神経を介した機械的ストレスの感知機構は割愛した．筋肉の機械的ストレス感知システムの全貌はまだ解明されておらず，以下の分類は著者が一時的に分類したものである．

（比較的）骨格筋に特異的な機構	一般的な細胞にも存在するオルガネラなどを介した機構
成熟筋細胞 ・ジストロフィン–糖タンパク質複合体を介したシステム，nNOS を介した筋萎縮・筋肥大	細胞外マトリックス/細胞–膜タンパク質/接着分子の相互作用を介したシステム ・インテグリン ・カルシウムチャネル ・カドヘリンなど接着分子と細胞
未分化な筋細胞 ・サテライト細胞 ・サテライト細胞以外の間葉系幹細胞（SP 細胞群），PDGFR 陽性細胞	骨格タンパク質 ・Gap-junction
IGF-1 シグナルとユビキチンリガーゼ	ミトコンドリアなど細胞内小器官（オルガネラ）を介したシステム
ミオスタチン	

9.3　ジストロフィン–糖タンパク質複合体を介したシステム

9.3.1　ジストロフィン–糖タンパク質複合体

巨大な細胞膜の裏打ちタンパク質であるジストロフィンは，骨格筋と心筋においてカルボキシ末端側で複数の細胞膜糖タンパク質群と結合し，ジストロフィン–糖タンパク質複合体を形成する（図9.1）．α-ジストログリカンは DGC の中心成分で O-マンノース型糖鎖の修飾を受けており，糖鎖を介してラミニンと結合している．α-ジストログリカンは，ラミニン G 領域をもつ細胞外マト

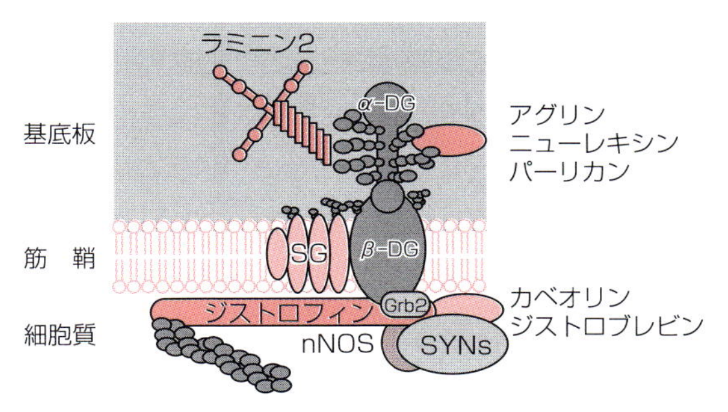

図 9.1　ジストロフィン・糖タンパク質複合体（DGC）と細胞外マトリックス成分

リックスの他の成分であるニューレキシン，アグリン，パーリカンなどとも結合する．一方，細胞内でβ-ジストログリカンは，nNOS（neuron nitric oxide syntase）などさまざまな成分と直接あるいは間接的に結合する．ジストロフィン–糖タンパク質複合体の構成成分の詳細は他書に譲るが，これらのタンパク質群の欠損と変異はさまざまな筋ジストロフィーを引き起こすことが報告されている．表 9.2 に筋ジストロフィーとその原因遺伝子を示す[1]．

9.3.2　ジストロフィン–糖タンパク質複合体とアンローディングによる筋萎縮

ジストロフィン–糖タンパク質複合体のいくつかがメカノセンサーではないかといわれている．最近，国立精神・神経センターの研究グループが nNOS を介した筋萎縮および筋肥大の新規メカニズムを解明した[2,3]．鈴木らは，ジストロフィン–糖タンパク質複合体に含まれる nNOS が，尾部懸垂による筋萎縮において重要な働きをしていることを報告した[2]．尾部懸垂に供したマウスの後肢筋では，ジストロフィン–糖タンパク質複合体から nNOS が乖離し筋細胞質内へ遊離する（図 9.2）．遊離した nNOS は一酸化窒素（NO）を放出し，FOXO（forkhead box O）転写因子を活性化

表 9.2　筋ジストロフィーの種類とその原因遺伝子

疾病・表現型	遺伝形式	遺伝子座	遺伝子産物
性染色体劣性遺伝型			
デュシェンヌ型	X 染色体・劣性	Xp21.1	ジストロフィンの欠損
ベッカー型	X 染色体・劣性	Xp21.1	ジストロフィンの減少・異常
先天性筋ジストロフィー			
福山型	常染色体・劣性	9p31–q33	フクチン（糖転移酵素？）
メロシン欠損症	常染色体・劣性	6q2	ラミニンα2 鎖
インテグリン欠損症	常染色体・劣性	12q13	インテグリンα7 鎖
ウォーカーワールブルグ症候群の一部	常染色体・劣性	9q34.1 POMT1	*O*-Man 転移酵素（推定）
筋・眼・脳	常染色体・劣性	1q33/POMGnT1	GlcNAc 転移酵素
肢帯型筋ジストロフィー			
LGMD1A	常染色体・優性	5q22–q34	myophylin
LGMD1B	常染色体・優性	1q11–21	
LGMD1C	常染色体・優性	3p25	Cavaolin-3
LGMD1D	常染色体・優性	6p21	
LGMD2A	常染色体・劣性	15q15.1–q21.1	Calpain-3
LGMD2B	常染色体・劣性	2p13	dysferin
LGMD2C	常染色体・劣性	13q12	gamma-sarcoglycan
LGMD2D	常染色体・劣性	17q12–q21.33	alpha-sarcoglycan
LGMD2E	常染色体・劣性	4q12	beta-sarcoglycan
LGMD2F	常染色体・劣性	5q33–q34	delta-sarcoglycan
三好型遠位型	常染色体・劣性	2q12–14	dysferin
顔面肩甲上腕型	常染色体・優性	4q35–qter	4q35 遺伝子上の転写異常

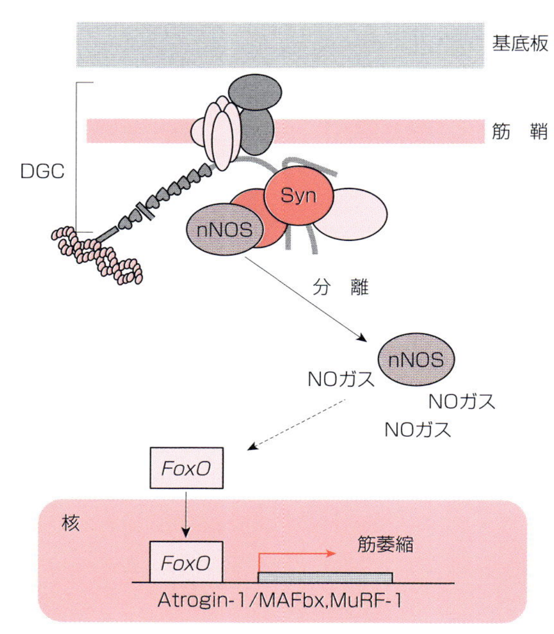

図9.2　尾部懸垂による筋萎縮と nNOS の役割[2)]

する．その結果，筋萎縮関連遺伝子である *MAFbx*（muscle atrophy F-box）/atrogin-1 と *MuRF-1*（muscle ring finger 1）の発現が上昇し，筋萎縮が起こるというメカニズムである．

鈴木らは，この nNOS の局在変化が機械的ストレスである unloading ストレスの感知に重要な働きをしていると考えた．そして，阻害剤を用いた実験で，交感神経，stretch-activated チャネル，L 型カルシウムチャネルは nNOS の局在変化には関与しないことを示した．さらに，等電点電気泳動にて α1-シントロフィンの移動度に変化が見られたことより，α1-シントロフィンの翻訳後修飾が nNOS の局在変化に重要な働きをしていることもわかった．実際に尾部懸垂がどのように nNOS の局在変化を誘導するのかは今後の研究を待たなければならない．また，鈴木らは nNOS により放出された NO が筋萎縮関連遺伝子の発現調節シグナルである NF-kB シグナルには作用せず，もう一つの発現調節シグナルである FOXO の活性化（脱リン酸化）を誘導することも明らかにした．FOXO 転写活性の活性化には，NO がキナーゼ活性を阻害するか，あるいは FOXO の核から細胞質への輸送を阻害しているのではないかと考えられている．

9.3.3　ジストロフィン-糖タンパク質複合体と運動による筋肥大

一方，伊藤らは，運動による筋肥大には nNOS から放出された NO とその代謝産物が，小胞体のカルシウムチャネル Trpv1（transient receptor potential cation channel, subfamily V, member 1）を介して作用する，カルシウムシグナルの活性化が重要な働きをしていることを明らかにした[3)]．運動負荷したマウスの後肢筋では，負荷後 3 分以内に nNOS が活性化し，NO が産生される（図 9.3）．この NO は Nox4（NADPH oxidase 4）により産生される活性酸素（O_2^-）と反応し peroxynitrite となる．NO と peroxynitrite は Trpv1 を活性化し，細胞質内カルシウムイオン濃度を上昇させる．その結果，mTOR（mammalian target of rapamycin）が活性化して筋タンパク質合成が亢進するというメカニズムである．*NOS* ノックアウトマウスでは運動後の筋肥大が見られなかった．興味深いことに，Trpv1 の活性化剤であるカプサイシンは，運動を負荷することなく筋肥大を増大するだけでなく，尾部懸垂や坐骨神経切除による

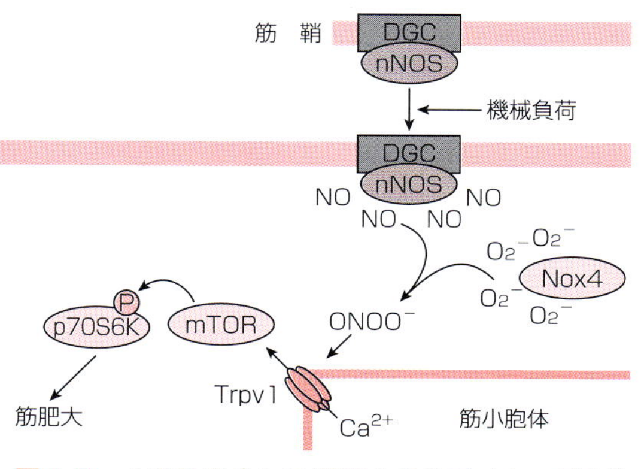

図9.3　nNOS を介した筋肥大の分子メカニズム[3)]

筋萎縮も軽減した．本研究により，運動やトレーニングがなぜ筋肥大を誘導することができるのか，つまりNOとperoxynitriteが機械的なストレスである運動と筋細胞の肥大シグナルとを仲介する重要な因子であることが明らかになった．

前項で紹介した研究と合わせると，nNOSは筋活動に対する筋肉の可塑性を制御する重要な因子であることがわかった．つまりnNOSは，筋収縮活動が活発なときにはその活動量を筋量に反映できるし，一方，筋活動が不活発なときには筋細胞膜から細胞質に局在を変え無制限に活性化し筋萎縮シグナルを刺激することになる．さらに伊藤らは，nNOSによる筋肥大シグナルに小胞体のカルシウムチャネルTrpv1が関与し，その活性化剤が筋肥大の誘導剤となりうることを初めて明らかにした．

9.4　未分化筋幹細胞を介した機械的ストレスの感知

9.3節で述べた機械的ストレスの感知が分化成熟した筋細胞で起こる事象であるのに対し，本節では未分化な筋細胞での機械的ストレス感知について述べたい．機械的ストレスは骨格筋の発生（臓器形成）や筋再生において重要な働きをすることが知られている．そのような場合の機械的ストレス感知は，筋組織を形成しうる未分化な間葉系幹細胞が担っているとされている．筋組織には，筋肉の幹細胞として最も有名なサテライト細胞（衛星細胞）とそれ以外の未分化幹細胞であるSP（side population）細胞がある．

9.4.1　（筋）サテライト細胞

サテライト細胞とは筋の細胞膜間にある未分化な幹細胞である．通常，サテライト細胞は休止状態であるが，筋肉が激しく使われ損傷したときに活性化され，細胞周期に入り，分裂，分化し，既存の筋細胞に融合して筋肉を肥大させる．あるいは，サテライト細胞自身が筋管細胞を形成し，筋損傷を修復すると考えられている．

サテライト細胞はPax7を発現マーカーとし，有糸分裂的に休止期の状態で存在する．サテライト細胞は筋損傷などによりすみやかに活性化し，筋分化制御因子の一つであるMyoDを発現して筋芽細胞となる．筋芽細胞は，修復あるいは再生に必要とされる筋核数を確保するために，まず細胞周期に入り増殖を繰り返す．その後，ほとんどの細胞は細胞周期を停止してPax7を失い，myogeninを発現することで筋分化プログラムを進行させる．筋へ分化することが決定した細胞は，互いにあるいは既存の筋線維へ融合し，最終分化を遂げていく．また一部の筋芽細胞は，サテライト細胞が組織幹細胞プールとして枯渇しないよう自己複製プログラムへ入り，Pax7を保持したまま発現MyoDを低下させ，細胞周期を停止し，再び休止期のサテライト細胞になると考えられている．この自己複製機構のおかげで，筋肉を酷使し筋損傷再生を不断に繰り返すアスリートが，サテライト細胞を枯渇させることなくトレーニング効果を享受できるものと推察される．一方，詳細は不明であるが，最近の研究で，サテライト細胞は従来考えられてきたような均一な集団ではないことも示唆されている[4]．

9.4.2　筋再生と機械的ストレス

サテライト細胞は筋再生だけでなく，筋の成長，肥大，萎縮，老化まで幅広いイベントに関与している．9.3節で成熟細胞での筋肥大，筋萎縮と機械的ストレスについて紹介したが，サテライト細胞の役割を軽んじるものではない．一例としてサテライト細胞による筋再生と機械的ストレスの関係について述べる．休止中のサテライト細胞は肝細胞増殖因子（hepatocyte growth factor, HGF）やNOの媒介によって活性化される．サテライト細胞にストレッチなどの機械的ストレスが加わると nNOS の活性化が促される．産生された NO は HGF の分泌を亢進し，HGF がサテライト細胞の活性化を促すことが知られている[5]．この一連の，サテライト細胞のストレッチ→NO→HGF→サテライト細胞の活性化反応は pH の値に依存して起きている．HGF は，パラクリン（傍分泌）増殖因子としての役割に加えて，サテライト細胞において自己分泌作用を持ち，筋肉の成長と再生過程でサテライト細胞の機械的ストレスへの応答を調節する役割を有する重要な成長因子である[6,7]．HGF は筋再生でサテライト細胞の活性を促すと同時に分化を抑制し，バランスよく筋細胞が再生されるように調整していると考えられている．このようにサテライト細胞が活性化され増殖した後に分化されなかった筋芽細胞（myoblast）は再び休止中のサテライト細胞に戻り，いわゆるサテライト細胞の更新がなされる．一方，TGF-β（transforming growth factor-β）のメンバーであるミオスタチン（GDF-8）（後述の 9.5.4 項を参照）はサテライト細胞の活性を抑制して，サテライト細胞を休止状態に保っている[8]．したがって，ミオスタチンの発現や活性化が抑制されるとサテライト細胞の活性が高まり，筋肉の肥大が促される．

損傷後の筋再生には，傷害部位に浸潤した免疫細胞によるサテライト細胞の活性化が重要であることも知られている[9]．最近，筆者らは，尾部懸垂したマウスの骨格筋に浸潤したマクロファージは炎症性サイトカインの分泌が亢進しており，その結果，筋芽細胞の筋幹細胞への分化・融合さらには筋再生が抑制されることを報告した[10]．筋肉内に浸潤したマクロファージが機械的ストレスを感知している可能性も視野に入れる必要があるかもしれない．

9.4.3 サテライト細胞以外の間葉系幹細胞：SP 細胞（群）

SP 細胞（群）は，高い幹細胞活性をもっているが，上述のサテライト細胞とは異なる細胞（群）である．筋肉の SP 細胞群にはサテライト細胞以外の間葉系幹細胞が数多く含まれている．Hoechst33342（DNA を染める蛍光色素）にて染色した細胞について，縦軸に 400〜450 nm（青）・横軸に 580〜650 nm（赤）をプロットした二次元展開を行うと，通常の cell cycle アッセイで見られる G0/G1 および S/G2M の分画の他に，G0/G1 よりもさらに暗い部分に Hoechst 陰性（Hoechst33342 色素に対して高い排斥能をもつ）の細胞集団が観察できる（図 9.4）．

骨格筋だけでなく，脳，肝，膵，腎，心臓などほとんどすべての臓器に存在するが，骨格筋で最も研究が進んでいるため，この範疇に加えた．SP 細胞群と呼ばれている通り，この細胞群も均一のものではなくヘテロな細胞群である．この群の中から，後述する脂肪細胞への分化能をもつ PDGFR 陽性細胞が同定された[11]．

9.4.4 PDGFR α 陽性細胞と骨格筋の脂肪変性

骨格筋は，筋ジストロフィーなどの筋疾患や老

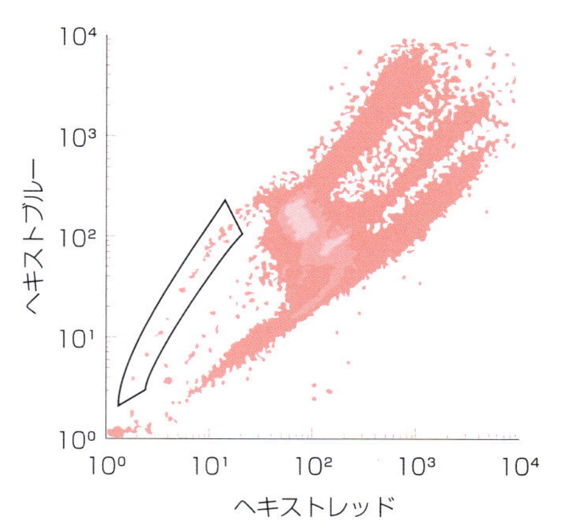

図 9.4　SP 細胞群の FACS 解析例
黒線で囲んだ部分は SP 細胞群（Hoechst 陰性）．（株）リプロセルウェブサイトより改変．

化により脂肪変性を起こしやすい[12]．以前は，このような病的な条件では，サテライト細胞が筋細胞ではなく脂肪細胞へ分化する，あるいは骨髄系細胞が筋肉に浸潤しそれが脂肪細胞へ分化すると考えられていた．ところが最近，上住らにより新規の間葉系幹細胞が発見され，それが筋肉の脂肪変性を起こす原因細胞であることが報告された[11]．

platelet-derived growth factor receptor α（PDGFRα）陽性細胞は，筋肉から単離されたすべての単核細胞から fluorescence activated cell sorting（FACS）解析により同定された（PDGFRα 陽性細胞は結果的に SP 細胞群に含まれるが，論文では SP 細胞群から単離しているわけではない）．各種細胞のマーカーを用い，骨髄系細胞，内皮細胞，サテライト細胞でない細胞群の中で，PDGFRα（PDGFRβ も）を強く発現する細胞が脂肪細胞に分化することを明らかにした．サテライト細胞は筋細胞の基底膜直下に存在するが，PDGFRα 陽性細胞は筋組織の間隙スペースに存在する．サテライト細胞は，脂肪に分化しやすい条件で培養しても筋管細胞になる．一方，PDGFRα 陽性細胞は，その条件では脂肪細胞，骨芽細胞，平滑筋細胞へ分化できる．しかし，どのような条件下でも筋細胞へは分化しない．筋肉以外のさまざまな臓器でも PDGFRα 陽性細胞が同定されており，各臓器の脂肪変性において非常に重要な働きをしていることがわかってきた[13]．

なぜ本章でこの PDGFRα 陽性細胞を取り上げたかというと，この細胞が周りの環境を感知して，消え去ったり，脂肪細胞になったりするなど自身の運命を決定するという非常に面白い特徴をもつからである[11]．PDGFRα 陽性細胞は単独で培養すると脂肪細胞に分化するが，サテライト細胞と共培養すると（脂肪細胞への分化を誘導する条件であっても）脂肪細胞にはならず増殖をストップさせる．サテライト細胞から何らかの液性因子が働いていると考え，サテライト細胞を培養した培地で PDGFRα 陽性細胞を培養したが，その脂肪細胞への分化は全く阻害されなかった．上住らは，筋線維との直接的な接触や相互作用が，PDGFRα 陽性細胞への分化を抑制していると考えている．

最近，SP 細胞群など高い幹細胞活性をもつ細胞のマーカー分子として，各種増殖因子の受容体が同定されている[14]．一方，機械的ストレスが，リガンドと結合することなく増殖因子受容体を活性化することが示唆されている[15]．以下は，筆者の勝手な想像であるが，このようなリガンド非依存性の増殖因子受容体の活性化が機械的ストレスの感知に一役かっているとすれば非常に面白い．

9.5 IGF-1 シグナルとユビキチンリガーゼ

骨格筋細胞は，脂肪細胞，骨芽細胞とならび主要な insulin -like growth factor-1（IGF-1）のターゲット細胞である．それゆえ，骨格筋は IGF-1 への感受性を変化させ，運動や寝たきりなどの機械的ストレスに応答している可能性が大きい．

9.5.1 タンパク質合成・分解と IGF-1 シグナル

IGF-1 は筋細胞の最も重要な栄養因子であり，成長ホルモンや運動刺激により肝臓，筋細胞，骨芽細胞で合成される．通常，メカニカルストレスがかかっている条件では，IGF-1/phosphatidylinositol 3-kinase/Akt 経路が活性化され，mTOR を介して筋タンパク質合成が促進される[16]．一方 IGF-1 は，筋萎縮関連遺伝子（atrogenes）の転写因子である FoxO（forkhead transcription factor）family の FoxO1 と FoxO3 のリン酸化を促進し，その核内移行を妨げ，atrogenes の発現が抑制される．しかし，寝たきりや宇宙空間などのアンローディング状態では IGF-1 シグナルが減弱し，Akt-1/PKB（protein kinase B）のリン酸化が障

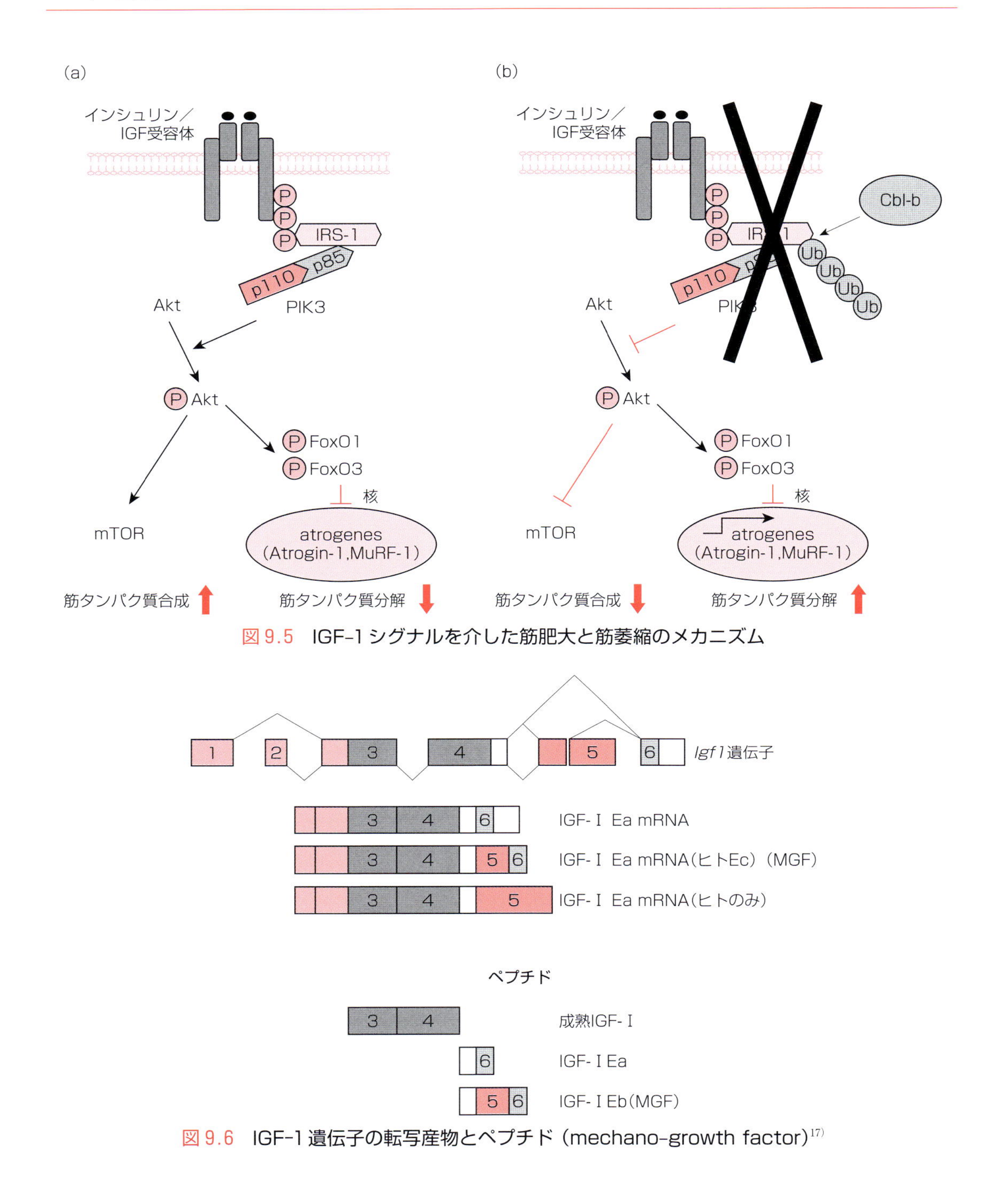

図 9.5　IGF-1 シグナルを介した筋肥大と筋萎縮のメカニズム

図 9.6　IGF-1 遺伝子の転写産物とペプチド (mechano-growth factor)[17)]

害され，筋タンパク質合成が低下し，筋タンパク質の分解が亢進する．また，この Akt-1/PKB の活性化が低下すると下流にある FoxO はリン酸化を受けず核内へ移行し，後述の atrogenes（MAFbx-1/atrogin-1 や MuRF-1）の発現を上昇させ筋タンパク質分解が亢進する（図 9.5，9.5.2 項を参照）.

IGF-1 遺伝子のスプライシングバリアント産物として mechano-growth factor（MGF）が報告

されている（図 9.6）[17]．この産物は，筋肉へのストレッチや電気刺激により筋細胞での発現が増大することより MGF と名づけられた．MGF はサテライト細胞に作用し，その増殖と分化を誘導する．その結果，筋組織の修復や再生を亢進する．MGF は IGFR とは異なる受容体に結合し ERK シグナルを活性化するが，IRS–1–Akt axis には作用しない．

9.5.2 筋萎縮関連ユビキチンリガーゼ (atrogenes)

ミオシンやアクチンなどの筋構成タンパク質は絶えず合成と分解を繰り返してその恒常性を保っているが，機械的負荷が減少すると合成の低下や分解の増加により骨格筋は萎縮する．これを廃用性筋萎縮（アンローディングによる筋萎縮）という．骨格筋における主なタンパク質分解経路にはユビキチン・プロテアソーム系，オートファジー系，カルパイン系の三つがある．ここでは，この三つの中でもアンローディングによる筋萎縮で最も重要な働きをしているユビキチン・プロテアソーム系について述べる．

ユビキチン・プロテアソーム系は，ユビキチン活性化酵素（E1），ユビキチン結合酵素（E2），ユビキチンリガーゼ（E3）から構成された酵素群により，分解すべきタンパク質をユビキチン鎖で標識（ユビキチン化）し，26S プロテアソームがこのユビキチン化された基質タンパク質を認識し分解を行う経路である．

坐骨神経切除，尾部懸垂，運動不足などの筋萎縮環境下におけるタンパク質のユビキチン化を触媒する E3 としては，前述の MAFbx–1/atrogin–1 と MuRF–1 が知られている．これらの E3 は筋組織特異的に発現し，それぞれのノックアウトマウスは坐骨神経切除による筋萎縮に抵抗性を示すことから，筋萎縮関連遺伝子（atrogenes）であると同定された[18,19]．MAFbx–1/atrogin–1 は，骨格筋

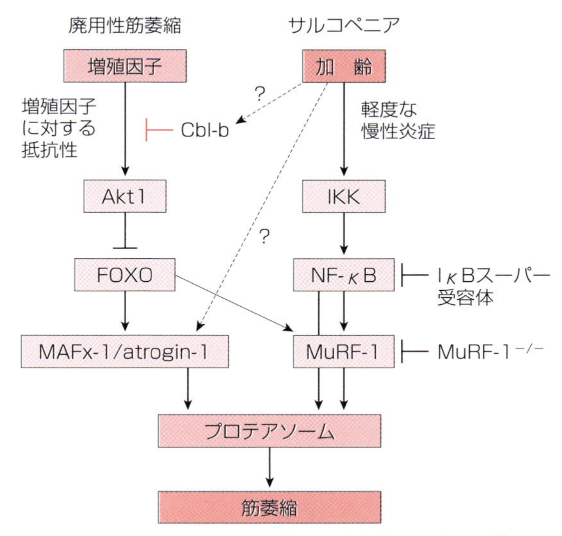

図 9.7　Atrogin と Murf1 の上流シグナル[36]

において筋細胞の分化を調節する重要な転写因子である MyoD や翻訳開始因子である eIF3（eukaryotic initiation factor 3）を標的基質とすることがわかっている．一方，MuRF–1 はミオシン重鎖やミオシン軽鎖などの筋構成タンパク質を標的にユビキチン化し分解するとされているが筋萎縮時の基質については不明な点が多い．

一方，最近注目されている筋萎縮として，加齢によるサルコペニアがある．このサルコペニアにも MAFbx–1/atrogin–1 と MuRF–1 が関与している．

これらのユビキチンリガーゼの発現調節には，IGF–1 シグナルや NF–κB シグナルが関与する（図 9.7）．つまり廃用性筋萎縮には増殖因子のシグナルの異常，サルコペニアには慢性炎症が関与するとされている．

9.5.3 Cbl–b の発現調節機序とアンローディングストレスの感知

廃用性筋萎縮に関係する他の atrogene として筆者らは Cbl–b（casitas B–lineage lymphoma–b）を提唱した[20–22]．1998 年に打ち上げられたスペー

スシャトルコロンビア号で無重力環境に曝したラットの骨格筋を材料とし，DNA マイクロアレイ法を用いて遺伝子発現の変動を網羅的に解析した結果，*Cbl-b* 遺伝子の発現量はコントロール群（地上飼育群）と比較して 8 倍以上増大した[21]．

Cbl-b は細胞分化や組織発達を制御するアダプタータンパク質 Cbl ファミリーに属する RING 型 E3 であり，チロシンリン酸型受容体や細胞内シグナル分子をユビキチン化し分解することで増殖因子の作用を負に制御している．筆者らは宇宙空間や後肢懸垂などのアンローディング環境の骨格筋では，この Cbl-b が IGF-1 シグナル伝達分子の一つである IRS-1（insulin receptor substrate-1）と特異的に結合しユビキチン化と分解を亢進させることを明らかにした[22]．IRS-1 の減少により IGF-1 シグナルは減弱し，atrogenes の発現上昇が認められた（図 9.5）．Cbl-b は普遍的に発現しているユビキチンリガーゼであるが，筋肉での発現量は他の臓器に比較して少ない．興味深いことに，無重力や寝たきりなどの筋萎縮条件に曝された骨格筋においてその発現が強まる．筆者は，この発現調節システムがアンローディングストレスの感知機構に通じるのではないかと考え，現在研究を進めている．

最近，Cbl-b 以外の IRS-1 をターゲットとする新規のユビキチンリガーゼが報告された．それは，Skp，Cullin，F-box containing complex（SCF complex）タイプのユビキチンリガーゼ SCF-Fbxo40 である[23]．筋細胞に発現しているほぼすべての F-box タンパク質を一つ一つノックダウンし，IRS-1 のユビキチン化と分解が抑制されるかどうかを解析した結果，本酵素が同定された．機械的ストレス感知と SCF-Fbxo40 の関連の詳細は不明であるが，SCF-Fbxo40 ノックアウトマウスは尾部懸垂による筋萎縮に抵抗性を示した．今後の研究の進展が待たれる．

9.5.4　myostatin のプロセッシング（活性化）と機械的ストレスの感知

筋タンパク質の合成，分解を司る分子の他に筋量の調節に重要な役割を担っている分子として，myostatin がある．myostatin は GDF-8（growth/differentiation factor-8）とも呼ばれ，TGF-β（transforming growth factor）superfamily に属する．myostatin のノックアウトマウスは野生型と比較して 2 倍の筋量を示す[24,25]．この表現型は myostatin の自然変異動物でも見られ，牛，犬，さらにはヒトにおいても同様の現象が観察されている．さらに後肢懸垂や糖質コルチコイド処理などさまざまな筋萎縮条件下で myostatin の発現が増加することが報告されている．これらのことから，myostatin は骨格筋増殖におけるネガティブレギュレーターと考えられており，廃用性筋萎縮など筋力低下した病態に対する治療標的となりうる．

myostatin は不活性型前駆体として細胞内で合成され血中に分泌される．myostatin の活性化には異なる種類のプロテアーゼによる 2 段階のプロセシングが必要である（図 9.8）．1 段階目は myostatin の切断部位のアミノ酸配列である Arg-Ser-Arg-Arg を特異的に認識するプロテアーゼによるプロセシングを受ける．この開裂を担う酵素としては PC（protein convertase）ファミリーの furin や膜結合型セリンプロテアーゼである mosaic transmembrane serine proteases large-form（MSPL）がある．この開裂の後，myostatin の活性型はそのプロドメインの中に折り畳まれる．

2 段階目ではこのプロドメインによる折り畳み構造をとくために，メタロプロテアーゼである BMP-1/TLD（bone morphogenetic protein-1/tollois）によりさらなる開裂を受け活性体となる[26,27]．活性体となった myostatin は ActR IIB（activin receptor type IIB）と結合する[28]．ミオスタチンノックアウトマウスでは尾部懸垂による筋萎縮がさらに悪化するので[29]，ミオスタチンの

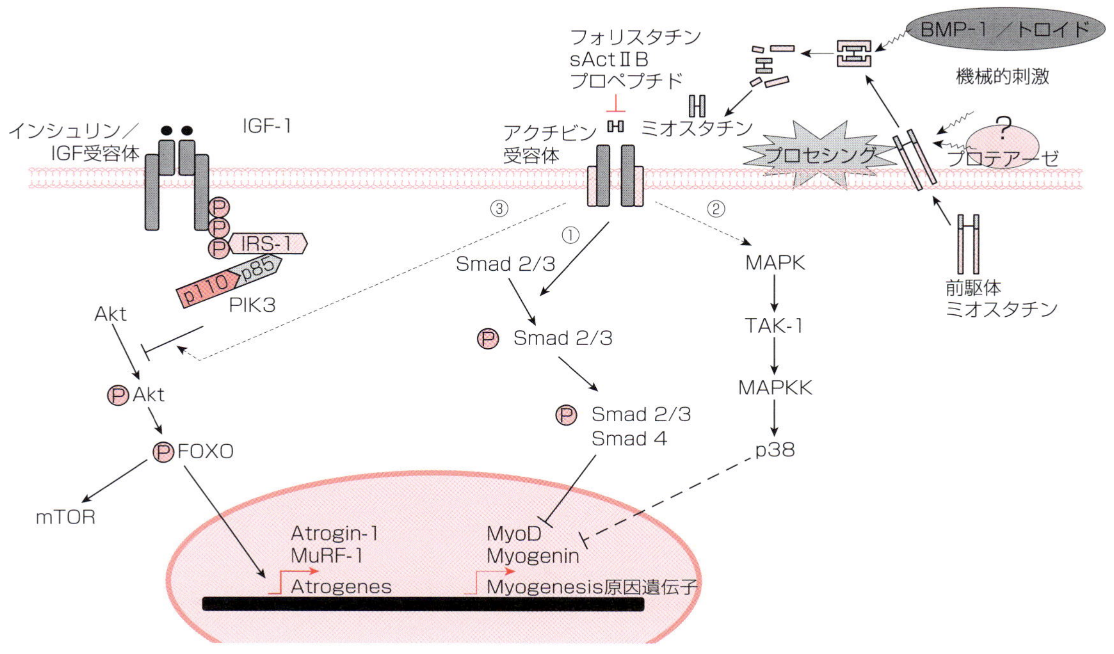

図 9.8　myostatin の活性化機序とシグナル伝達経路

活性化と機械的ストレスの関連性はまだ不明な点が多い．しかし，周期的な牽引ストレスが膜タンパク質のシェディング（注：シェディングとプロセシングの違いは，前者が細胞膜内での限定的なタンパク質分解であるのに対し，後者は分泌過程で起こる限定的なタンパク質分解である）を誘導し細胞の分化に影響することも報告されており[30]，機械的ストレスが myostatin のプロセシング酵素を活性化あるいは不活化し，myostatin の生理活性を調節する機序も十分に考えられる．

activin receptor IIB（ActR IIB）に結合後の myostatin シグナル経路としては，現在のところ以下の三つがあげられる（図 9.8）．まず一つ目に smad 経路がある．myostatin が ActR ⅡB に結合すると smad2（mothers against decapentaplegic homolog 2）または smad3 の二つのセリン残基がリン酸化され，Smad2/3 と smad4 の集合体を作って核内へ移動し MyoD や myogenin などの筋形成にかかわる遺伝子発現を抑制する[31]．二つ目に mitogen-activated protein kinases（MAPKs），特に p38 経路がある．p38 MAPK は細胞ストレスに反応し，TGF-β activated kinase 1（TAK-1）/MAPK kinase cascade を介して myostatin により活性化される．このシグナル経路も筋形成にかかわる遺伝子を負に調節する[32]．三つ目の経路は IGF-1 シグナル経路と関係する．前述したように Akt は IGF-1 経路において inslin と IGF-1 による筋肥大のシグナルを仲介する重要な役割を担う．myostatin の遺伝的欠損は *in vitro*，*in vivo* 両方において骨格筋における Akt のリン酸化レベルを上昇させることが報告されている[33, 34]．一方で，筋管細胞に myostatin を添加すると Akt のリン酸化レベルが減少するという報告がある[35]．このことから，Akt は IGF1 経路とミオスタチン経路が交差するポイントであり，myostatin は筋萎縮条件下では筋タンパク質合成を促進する Akt/mTOR 経路を，筋タンパク質分解を引き起こす FoxO などの関与する経路にスイッチするのではないかと考えている．これらはmyostatinが筋形成因子の発現を減少させ，タンパク質合成を減弱させプロテアソームユビキチンリガーゼを活性化することを示唆している．結果的に，ミオスタチン経路は筋原性因子発現の減弱，タンパク質合成の減少，ユビキチン-プロテアソーム系の活性化を惹起する．このように，myostatinのシグナル経路にはさまざまな細胞内シグナル経路の活性化や阻害が複雑に絡んでいる．

9.6 おわりに

本章からわかるだろうが，機械的ストレスに対する骨格筋の初期反応はまだほとんどわかっていない．つまり，最初に機械的ストレスを感知するもの（真のメカノセンサー）は未同定である．今回は割愛したが，細胞外マトリックス/細胞と膜タンパク質や接着分子との相互作用，カルシウムチャネルやミトコンドリアが今回紹介した事象の上流にくるのかもしれない．今後の研究の進歩を待ちたい．筆者らも，曽我部らと共同で，筋細胞培養宇宙実験を行う予定であり，近い将来，無重力ストレスの感知機構を極めたい．

筋肉は，運動や寝たきりなど動物の活動状態，つまり機械的ストレスの影響を最も受けやすい臓器の一つである．それゆえ，メカノバイオロジーを研究するうえで最も面白いターゲット臓器であるので，是非とも若い研究者に本分野に参入していただきたい．本章がそのきっかけになれば幸いである．

（二川　健）

文　献

1）反町洋之，小野弥子「肢帯型筋ジストロフィーの発症機構」東京都医学総合研究所ホームページ（http://www.igakuken.or.jp/calpain/Papers/Ono_SeitaiNoKagaku_2011.pdf）
2）N. Suzuki et al., *J. Clin. Invest.*, **117**, 2468（2007）.
3）N. Ito et al., *Nat. Med.*, [Epub ahead of print]（2012）.
4）Y. Ono et al., *Dev. Biol.*, **337**, 29（2010）.
5）R. Tatsumi et al., *Mol. Biol. Cell*, **13**, 2909（2002）.
6）S. M. Sheehan et al., *Muscle Nerve*, **23**, 239（2000）.
7）K. J. Miller et al., *Am. J. Physiol. Cell Physiol.*, **278**, C174（2000）.
8）S. McCroskery et al., *J. Cell Biol.*, **162**, 1135（2003）.
9）T. A. Robertson et al., *Exp. Cell Res.*, **207**, 321（1993）.
10）S. Kohno et al., *J. Appl. Physiol.*, **112**, 1773（2012）.
11）A. Uezumi et al., *Nat. Cell Biol.*, **12**, 143,（2010）.
12）B. Q. Banker, A. G. Engel, "*Myology*," Vol. 1. Edn. 3, A. G. Engel, Franzini-Armstrong eds., 691, McGraw-Hill（2004）.
13）J. Andrae et al., *Genes Dev.*, **22**, 1276（2008）.
14）A. Usas et al., *Medicina*（*Kaunas*）, **47**, 469（2011）.
15）F. H. Silver, L. M. Siperko, *Crit. Rev. Biomed. Eng.*, **31**, 255（2003）.
16）F. W. Booth, D. S. Criswell, *Int. J. Sports Med.*, **Suppl 4**, S265（1997）.
17）R. W. Matheny Jr. et al., *Endocrinology*, **151**, 865（2010）.
18）S. C. Bodine et al., *Science*, **294**, 1704（2001）.
19）M. Sandri et al., *Cell*, **117**, 399（2004）.
20）M. Ikemoto et al., *FASEB J.*, **15**, 1279（2001）.
21）T. Nikawa et al., *FASEB J.*, **18**, 522（2004）.
22）R. Nakao et al., *Mol. Cell Biol.*, **29**, 4798（2009）.
23）J. Shi et al., *Dev. Cell*, **21**, 835（2011）.
24）A. C. McPherron, S. J. Lee, *J. Clin. Invest.*, **109**, 595（2002）.
25）M. W. Hamrick et al., *Int. J. Obes.*（*Lond.*）, **30**, 868（2006）.
26）R. S. Thies et al., *Growth Factors*, **18**, 251（2001）.
27）N. M. Wolfman et al., *Proc. Natl. Acad. Sci. USA.*, **100**, 15842（2003）.
28）S. J. Lee, A. C. McPherron, *Proc. Natl. Acad. Sci. USA.*, **98**, 9306（2001）.
29）C. D. McMahon et al., *Am. J. Physiol. Endocrinol. Metab.*, **285**, E82（2003）.
30）Y. Wang et al., *J. Physiol.*, **587**, 1739（2009）.
31）H. D. Kollias, J. C. McDermott, *J. Appl. Physiol.*, **104**, 579（2008）.
32）L. Yu et al., *EMBO J.*, **21**, 3749（2002）.
33）M. R. Morissette et al., *Am. J. Physiol. Cell Physiol.*, **297**, C1124（2009）.
34）C. Lipina et al., *FEBS Lett.*, **584**, 2403（2010）.
35）C. McFarlane et al., *J. Cell Physiol.*, **209**, 501（2006）.
36）D. Cai et al., *Cell*, **119**, 285（2004）.

重力感知のメカノバイオロジーIII：植物細胞

Summary

食虫植物であるハエトリソウ（Venus Flytrap）は，感覚毛と呼ばれる機械刺激受容器をもち，昆虫がその感覚毛に触れると一瞬で捕虫葉を閉じる．C. Darwin はこの摩訶不思議な植物を "*one of the most wonderful plants in the world*" と記述した．ハエトリソウのように接触に反応して瞬時に形態を変化させる植物は，植物界において特殊かもしれない．しかし，植物も動物と同じように機械刺激を感知し，細胞から個体レベルで応答する仕組みをもっている．

接触とは大きく性質が異なるが，重力もまた植物にとって重要な機械刺激である．重力はベクトルであり，方向と力という機械刺激情報を植物に与える．夜に風で倒された植物が次の日の朝には立ち上がれるのも，根が土の中をより深く潜っていけるのも，植物が重力という機械刺激を感知し，それを基準に成長方向を変化させるからである．

では，植物はどのようにして重力を感知するのだろうか．この植物学における 200 年来の謎を解くべく，シロイヌナズナ（*Arabidopsis thaliana*）という小さな雑草を主な材料に，さまざまな角度から研究がなされている．本章では，植物の重力感知モデルとして二つの仮説を取り上げ，最近明らかになってきた植物の伸展活性化（Stretch Activated，SA）チャネルや重力応答性のシグナリングを紹介する．そして，いまだに発見されていない植物の重力センサーとはどのようなものかを考察する．

10.1　はじめに

重力は地球上に普遍的に存在する力であり，生命はその重力場の中で適応し，進化してきた．多くの動物と同様，植物は重力を感知し，成長方向や形態を変化させる[1]．たとえば，暗所で栽培されるもやしが太陽光がなくても胚軸（茎的器官）を空へ向かって徒長させるのは，植物が重力方向を感知し，その方向に沿って器官を成長させるからである．このように重力方向を基準に器官の成長方向を制御する反応を重力屈性（gravitropism）反応と呼び，200 年以上も前から研究されてきた．

重力屈性反応は，① 重力方向の感知，② 重力感知細胞内のシグナル変換，③ 重力感知細胞から屈曲組織までの細胞間シグナル伝達，④ 細胞伸長による器官の屈曲，という一連のステップからなる．ここ数年，ゲノム科学や分子細胞生物学の目覚ましい発展を背景に，③，④のステップにかかわる重要な因子が明らかになってきた．しかし，重力屈性反応の最も初期の過程である重力感知の分子機構に関しては，いまだにほとんど明らかになっていない．その最大の理由は，植物の重力を感知する分子実体，すなわち重力センサーが発見されていないからである．重力は質量に比例して作用する力であり，重力感知も機械刺激感知の一つと考えられる．つまり植物の重力センサーも，動物で明らかになりつつある機械刺激センサーとして働く SA チャネルや細胞骨格のようなものが担っているかもしれない．

本章では，200年にも及ぶ重力屈性の研究を総括しながら，重力屈性反応の初期過程である①，②のステップに焦点を当て，植物がどのように重力を感知するのか，そして想定される植物の重力センサーとはどのようなものかを紹介する．

10.2 重力屈性の科学的研究の幕開け

10.2.1 才知あふれる200年前の重力屈性研究

概して，植物の根は地球の中心へと向かう重力に沿って（地中深くに潜るように）成長し，茎や胚軸などの地上部は重力と反対の方向に（空に向かって）成長する．つまり，光などの環境因子がない状態では，植物は重力方向を感知して器官の傾き（重力方向からのずれ）を屈曲によって補正し，成長方向を制御している．たとえば，モデル生物としてよく研究されている双子葉植物であるシロイヌナズナの茎は，暗所で水平に倒しても90分後には90°屈曲して，本来の成長方向へと器官の角度を補正する（図10.1a）．胚軸や根も（図10.1b），単子葉植物であるイネやトウモロコシの地上部幼葉鞘や根も（図10.1c，d），同様に重力方向を指標に屈性反応（重力屈性反応）を示す．

今日では「植物が重力を感知して屈曲する」ということは自明のようであるが，そもそも「植物が重力を感知する」ということをどのように実験的に証明すればよいのであろうか．この単純だがきわめて重要な疑問に対して，初めて実験的に取り組んだのはT. Knightである[2]．筆者が知る限り，この論文は重力屈性に関する科学論文の中で最も古いものであり，1806年に発表された．200年以上前に行われた実験の様子を再現し，Knightがどのように「植物が重力を感知する」ことを証明したかを検証してみる．

ニュートンの運動方程式に基づくと，力（F）は質量（m）と加速度（a）の積に等しく（$F = ma$），重力加速度をgとすると重力の大きさ（F_g）は$F_g = mg$と表される．Knightは「植物が重力加速度に応答するなら，他の加速度，たとえば遠心加速度にも応答するはずだ」という仮説を立て，植物への重力と遠心力の影響を調べた．遠

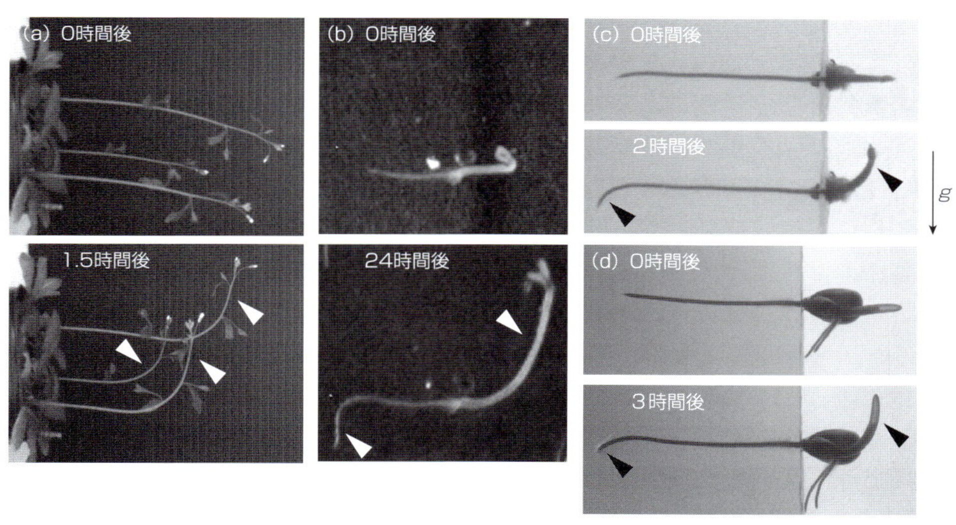

図10.1 高等植物の重力屈性

暗所で水平に横たえられた植物は，重力方向（g）を感知し器官を屈曲させる（重力屈性反応，矢じり）．双子葉植物シロイヌナズナの茎（a），胚軸および根（b）の重力屈性．単子葉植物イネ（c）およびトウモロコシ（d）の幼葉鞘および根の重力屈性．（c），（d）吉原毅博士提供．

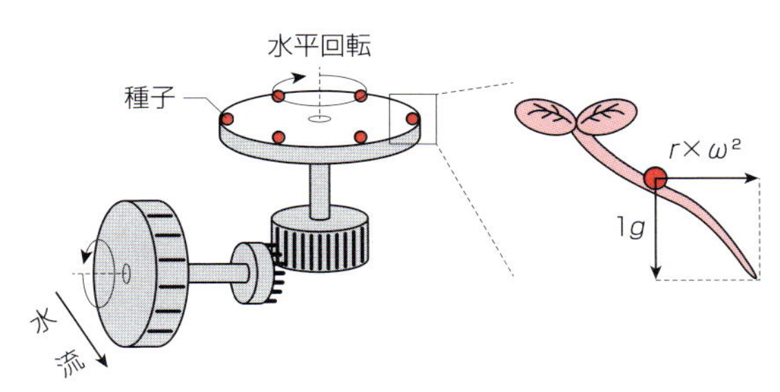

図 10.2　T. Knight が行った実験の模式図
Knight は川の水流を利用して植物の種子（赤色）に遠心力を与えた．種子から発芽した根は，地球の重力加速度（1g）と遠心力加速度（$r \times \omega^2$）の合成ベクトルに沿って屈曲する．装置は，論文の記述に基づいて描いた．豊田（澤井）里枝博士作図．

心分離機のようなものがない時代に，彼は庭を流れる小川の水車の駆動力を利用して，マメ科植物に遠心力を与えた（図 10.2 左）．記述によれば，水平回転する円盤（半径 $r = 0.14$ m）の円周に種子を固定し，80 rpm および 250 rpm で回転させた．遠心力がない状態では，発芽した根は重力方向に向かっておよそ 90° 屈曲するのに対して，80 rpm の回転では水平方向から重力方向へおよそ 45° 屈曲し，回転速度を上げ 250 rpm になると 10° 程度しか屈曲しなかった．この結果は，遠心力が重力によって引き起こされる屈性反応を干渉する，すなわち植物が（重力/遠心）加速度によって引き起こされる外力に応答して屈曲することを示している．

この論文では実験条件と結果が記述されているだけだが，簡単な物理学と三角関数を用いれば，この結果の正しさが理解できる．水平回転によって作られる遠心加速度（a'）は $a' = r \times \omega^2$（ω：角速度）で導き出すことができ，80 rpm で 1.0g（1g = 9.8 m/s^2），250 rpm で 9.8g となる．回転している植物体にはこれらの遠心加速度および地球の重力加速度（1g）が作用しており，その方向は二つの加速度を合成したものとなる（図 10.2 右）．植物に作用している合成ベクトルは，三角関数を用いると 80 rpm では水平方向から 45° 重力方向へ，250 rpm では水平方向から 5.8° 重力方向へ傾くことになる．この計算結果は，Knight が測定した 45° および 10° の根の屈曲角度におおむね一致する．つまり，植物は重力と遠心力の合成ベクトルに沿って屈曲したのである．Knight はこれらの結果に基づいて以下のように結論付けた．

— *I conceive myself to have fully proved that the radicles of germinating seeds are made to descend, and their germens to ascend, by some external cause, and not by any power inherent in vegetable life: and I see little reason to doubt that gravitation is the principal, if not the only agent employed, in this case, by nature.* —

—発芽した根が下を向き芽が上を向くのは，植物に内在する力によって起こるのではなく，外界の要因によって引き起こされる．この場合，作用する唯一の要因が重力であることは疑いようがない．—

10.2.2　19 世紀後半から 20 世紀前半の重力屈性の研究

Knight の論文以後，重力屈性は世界中で研究されてきた．C. Darwin もさまざまな植物種の重力屈性を研究し，1880 年にその結果をまとめた[3]．彼はソラマメの根の先端（根冠）に腐食剤を塗布し，重力屈性における根冠の役割を調べた．腐食剤を塗布していないソラマメの根は正常に重力屈性を示したが，腐食した根冠をもつ根は，重力屈性を示さないことがわかった．Darwin はこの結果を「根の重力屈性に必要な要素（influence）は根冠から屈曲組織に伝達される．腐食した根冠は屈性を引き起こすシグナル（stimulus）を生じることができないため，重力屈性が起こらない」と結論づけた．いまでは influence が植物ホルモン（オーキシン）であることや，根の重力感知細胞が根冠にあることが示されているが，Darwin は 100 年以上も前に，このことを予言していたのである．

歴史的に，植物の重力感知に関する次の重要な発見は，1900年にNemecとHaberlandtの二人のドイツ人によってなされたものであろう[4,5]．当時，動物の耳石に似た重力方向に沈降する比重の高い平衡石が，植物にも存在するのではないかと考えられていた．彼らは，重力屈性を示す器官において，重力方向に沈降するデンプンを蓄積した細胞小器官（オルガネラ）であるアミロプラストを発見し，植物はアミロプラストの沈降を利用して重力を感知するのではないかと考えた．これが，今日最も有力とされる植物の重力感知モデルである「デンプン平衡石仮説（starch-statolith hypothesis）」の始まりである．

本章では詳しくは触れないが，重力屈性反応の最終ステップ④に関する重要な仮説も，この時代に提唱された．動物のような関節のない植物は，細胞伸長の速度差によって起こる偏差成長を利用して器官を屈曲させる．たとえば，茎が水平方向から90°屈曲するのは，屈曲部位の凸面側（茎の下側）の細胞の伸長速度が凹面側（茎の上側）の伸長速度を上回ることで起こる．この屈曲反応は不可逆的な成長反応であり，多細胞からなる植物は個々の細胞の伸長速度を正確に制御し，器官レベルで同調させなくてはならない．このような細胞から器官レベルで起こる偏差成長に関与する分子として，植物ホルモンであるオーキシン（インドール酢酸）が単離され，「オーキシンの器官レベルでの非対称分布（濃度差）が屈曲に重要である」という仮説（Cholodny-Went theory）が提唱された[6]．この仮説に基づくと，茎の下側のオーキシン濃度が上側より高くなることで下側の細胞伸長速度が上側よりも上回り，その結果，器官が屈曲すると考えられる．シロイヌナズナを用いたオーキシンに関する研究は2000年以降，飛躍的な発展を見せ，細胞・器官レベルでの輸送機構などの多くの重要な発見がなされた．これらについては非常に優れた総説があるので，そちらを参照されたい[7]．

10.3　二つの重力感知モデル

重力は質量に作用する力であることから，生物が重力を感知するためには，細胞やオルガネラのような物体に作用する力を感知する必要がある．われわれヒトの内耳には耳石器と呼ばれる重力感知器官があり，炭酸カルシウムの結晶である耳石（平衡石）の重力方向への動き（沈降）を，有毛細胞が感知することで重力の変化を感じることができる．無脊椎動物も，平衡胞と呼ばれる重力感知器官をもち，胞内の平衡石の動きを感覚毛で捉えることで重力を感知する．いずれの場合も，比重の大きい物体が重力方向に沈むことを利用して重力を感知している．

植物にはこのような重力方向に向かって沈む物体は存在するのであろうか．アミロプラストは色素体（プラスチド）と総称される植物固有のオルガネラの一分化形態であり，植物細胞内ではデンプン貯蔵器官として働く．前述の通りNemecとHaberlandtは，アミロプラストが根冠のコルメラ細胞および地上部内皮細胞で重力方向に沈降することを発見し，それぞれの器官の平衡石として働くのではないかと考えた．これを「デンプン平衡石仮説」という．この仮説は，重力感知細胞内に平衡石が存在し，その沈降が何らかのシグナルに変換されることで重力を感知するというものである（図10.3a）．

一方，アミロプラストのような沈降性のオルガネラをもたない植物が重力屈性を示すことも知られており[8]，植物にはオルガネラの沈降によらない重力感知機構も存在すると考えられている．植物細胞は動物細胞と異なり，個々の細胞が細胞壁に囲まれている．Stavesは，植物細胞そのものが細胞壁に囲まれた空間を沈むことで重力を感知す

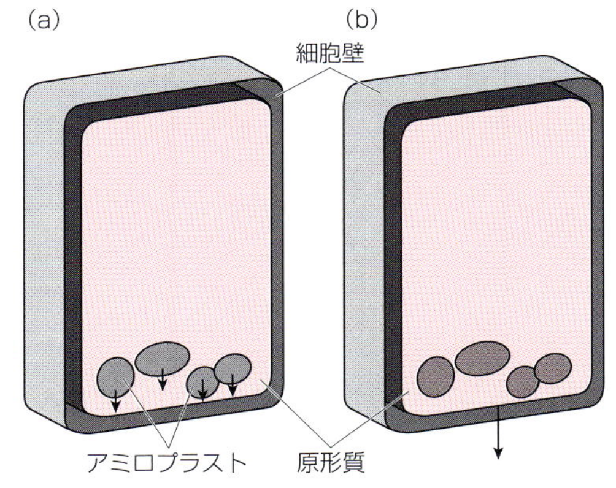

図 10.3　植物の重力感知モデル

（a）デンプン平衡石仮説．細胞小器官であるアミロプラスト（濃灰色）の沈降を利用して重力を感知するというモデル．（b）原形質圧仮説．細胞壁（灰色）に囲まれた空間を，植物細胞（赤色）そのものが沈降することで重力を感知するというモデル．

るのではないかと考えた（図 10.3b）[9]．これを「原形質圧仮説（protoplast pressure hypothesis）」といい，もともとのアイデアは沈降性のアミロプラストが発見される前の 1867 年まで遡る．

10.4　デンプン平衡石仮説

10.4.1　植物の重力感知細胞

20 世紀前半までの研究によって，根冠コルメラ細胞および地上部内皮細胞が植物の重力感知細胞であることが想定されてきた．しかし，この説を支持する直接的証拠が得られたのは，シロイヌナズナのゲノムが解読され，本格的な細胞生物学的/分子遺伝学的な研究が始まってからである．

シロイヌナズナの根冠には 4 層のコルメラ細胞があり，それらの細胞内には沈降性のアミロプラストが存在する（図 10.4 下）．根冠特異的発現プロモーターを用いて根冠に毒素遺伝子を発現させ，コルメラ細胞を分子遺伝学的に死滅させると，根の重力屈性が喪失した[10]．また，レーザー照射を用いて特定のコルメラ細胞層（上から 2 層目）を

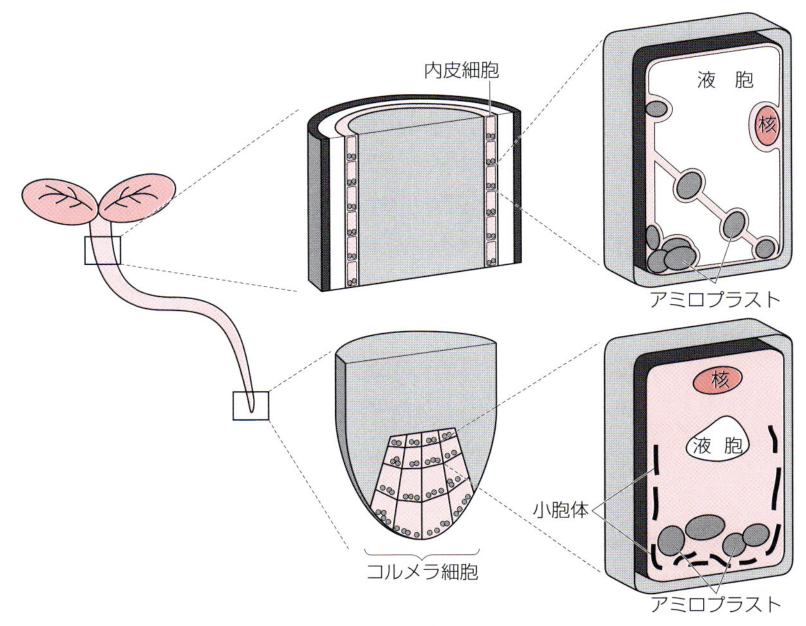

図 10.4　シロイヌナズナの重力感知細胞

地上部（胚軸および茎）の重力感知細胞である内皮細胞は，1 層の同心円状の細胞層を形成している（上段，赤色）．根の重力感知細胞であるコルメラ細胞は，根の先端（根冠）に位置する（下段，赤色）．内皮細胞およびコルメラ細胞には，共通して沈降性のアミロプラストが存在する（濃灰色）．

外科的に除去すると，著しく重力屈性能が低下することがわかった[11]．これらの結果は，コルメラ細胞の中でも特に第2層目が根の重力感知に重要であることを示唆している．

シロイヌナズナの地上部内皮細胞は，1層の同心円状の細胞層を形成しており，その中に沈降性のアミロプラストが存在する（図10.4上）．胚軸および茎の重力屈性が完全に欠損した *shoot gravitropism*(*sgr*)*1*/*scarecrow*(*scr*)および *sgr7*/*short-root*（*shr*）変異体が単離され，形態学的解析が行われた結果，これらの変異体では内皮細胞層が欠失していることが明らかになった[12]．原因遺伝子である *SGR1*/*SCR* および *SGR7*/*SHR* はともに，GRASファミリーに属する転写因子をコードしており，内皮細胞層の形成に関与する．したがって，これらの変異体では正常な内皮細胞層が形成されず，重力を感知できないと考えられる．

以上の結果から，シロイヌナズナの根ではコルメラ細胞が，地上部では内皮細胞が重力感知細胞として機能することが示唆された．

10.4.2　植物の平衡石

PHOSPHOGLUCOMUTASE(PGM)はデンプン合成に重要な酵素であり，その機能を欠損した *pgm* 変異体はデンプン合成能が著しく低下しており，アミロプラスト内にデンプンがほとんど蓄積していない[13]．そのためコルメラ細胞および内皮細胞のアミロプラストが正常に沈降せず，野生型に比べて根および地上部の重力屈性能が低下している[13,14]．同じく，デンプン合成に重要な酵素であるADP GLUCOSE PYROPHOSPHORYLASE 1（ADG1）の機能を欠損した *adg1* 変異体も，デンプンが欠失した沈降しないアミロプラストをもち，重力屈性能が低下している[15]．シロイヌナズナの異なる系統からもアミロプラスト内のデンプン量が野生型と比べて50～60%に低下している変異体（*acg20* および *acg27*）が単離され，デンプン含有率が低下するにつれて重力屈性能が減少することが示された．最近，遠心顕微鏡と呼ばれる遠心過重力下の試料（細胞）をリアルタイム観察できる装置が開発され，さまざまな重力屈性変異体のアミロプラストが解析された[16]．pgm変異体に過重力を負荷したとき，1*g* では正常に沈降していないアミロプラストが過重力方向に沈降するとともに，重力屈性能が野生型と同程度まで回復することがわかった．これらの結果は，デンプンの蓄積がアミロプラストの密度を増加させ，重力感知につながる細胞内沈降を引き起こすことを示唆している．

10.4.3　重力感知にかかわる細胞内環境

デンプン合成とは異なる原因で重力屈性に異常を示す変異体も多数単離されている．これらの解析から，重力感知におけるアミロプラストの沈降およびその他のオルガネラの重要性が明らかになってきた．

シロイヌナズナの地上部内皮細胞には，その細胞容積のほとんどを占めるような液胞があり，アミロプラストは液胞膜と細胞膜に囲まれた狭い細胞質空間に存在する（図10.4上）．地上部重力屈性変異体として単離された *sgr2*，*sgr3*，*zigzag*（*zig*）/*sgr4* 変異体の内皮細胞のアミロプラストは，デンプンが蓄積しているにもかかわらず，重力方向に沈降していない[18-20]．*SGR2* は液胞膜や未知の内膜系コンパートメントに局在するホスホリパーゼA1様タンパク質を，*SGR3* は液胞や前液胞区画（prevacuolar compartment，PVC）に局在するQa-SNARE SYP22/VAM3を，*ZIG*/*SGR4* は液胞やトランスゴルジネットワーク（trans-Golgi network，TGN）やPVCに局在するQb-SNARE VTI11をコードしており，いずれもTGN-PVC-液胞間の膜/小胞輸送を介した液胞の機能維持に重要なタンパク質と考えられている[1,18-20]．野生型の液胞は，原形質糸（trans-vacuolar strand）と呼ばれる液胞膜が深く陥入したトンネル構造が頻繁に観察されるなど，動的かつ恒常的に形態を変化させる[21,22]．しかし，これらの変異体の液胞では共通して異常な液胞膜構造が観察され，野生型に見られる動的性質が著しく失われていた．さらにアミロプラストは，流動性を失った液胞によって細胞の端に押しつけられるように拡散しており，重力方向への沈降は観察されなかった[16,19-21]．これらの結果は，内皮細胞におけるアミロプラストの沈降は，デンプンの蓄積以外に，細胞内環境要因の一つである液胞動態に強く依存することを示している．また，*sgr2*, *sgr3*, *zig/sgr4* 変異体の内皮細胞に，内皮細胞特異的発現プロモーターを用いて野生型の各遺伝子を発現させると，アミロプラストの沈降が観察されるとともに重力屈性が回復した[19,20]．つまり，内皮細胞におけるこれらの遺伝子の機能がアミロプラストの沈降を可能にする液胞動態に重要であり，この沈降によって重力を感知できると考えられる．

最近単離された *sgr9* 変異体の研究によって，細胞骨格の一つであるアクチンもアミロプラスト動態に関与することが明らかになってきた[22]．*SGR9* は内皮細胞のアミロプラストに局在する RING 型 E3 ユビキチンリガーゼをコードしており，標的タンパク質をユビキチン化するというタンパク質分解系の重要なステップを担っている．*sgr9* 変異体のアミロプラストはアクチン繊維に絡まるように互いに密集し，重力方向とは無関係に細胞内を拡散していた．*sgr9* 変異体にアクチン重合を正常に行えない *frizzy shoot1*（*fiz1*）優性変異を導入し，分子遺伝学的にアクチン重合を阻害したところ，アミロプラストが正常に重力方向に沈降した．そして，この *fiz1* 変異導入およびアクチン脱重合剤（Latrunculin B）を用いた薬理学的処理により，*sgr9* 変異体の重力屈性能は回復した．これらの結果は，アミロプラストには少なくとも重力依存的な沈降とアクチン依存的な拡散の二つのモードがあり，*sgr9* 変異体のアミロプラストは，アクチンとの異常な相互作用のため重力依存的に沈降しづらいことを示唆している．アミロプラストに局在する SGR9 は，タンパク質分解系を介してアミロプラストとアクチンの相互作用を調節する因子を制御/分解し，二つのモードをスイッチさせているのかもしれない．

このように内皮細胞のアミロプラストが平衡石として働くためには，デンプンの蓄積だけではなく，液胞やアクチンの動態も欠かすことのできない要因となる．では，コルメラ細胞の場合はどうであろうか．シロイヌナズナのコルメラ細胞は，重力方向に沿って極性をもった構造をしている（図 10.4 下）．細胞底面には小胞体があり，アミロプラストはその小胞体の上に乗り掛かるように存在する．核は重力と反対側に位置し，液胞は発達していない．そのため，アミロプラストは比較的広い細胞質空間を重力依存的に沈降する[23]．この沈降過程が単純な粘性流体中の粒子の沈降に近いということは，ストークスの法則を用いれば簡単に導き出せる．アミロプラストを半径（r）が 1.0×10^{-6} m，密度（ρ_{Am}）が 1.5×10^3 kg/m^3 の球体とみなし，密度（ρ_c）が 1.1×10^3 kg/m^3，粘性率（η）が 20 cP の細胞質を一定の速度（v_g）で沈降したとする[24]．ストークスの法則により沈降速度は，$v_g = 2(\rho_{Am} - \rho_c) r^2 g / 9\eta \approx 0.04$ µm/s と計算できる．この沈降速度は，コルメラ細胞のアミロプラストの平均沈降速度の実測値（0.03 µm/s）とおおむね一致する[23]．つまり，コルメラ細胞のアミロプラストの挙動は粘性流体中の粒子の沈降に近いといえ，内皮細胞とは異なり比較的単純な物理現象と考えられる．これまでデンプン合成変異体以外に，コルメラ細胞のアミロプラストの沈降異常変異体が単離されていないのはこのためかもしれない．

10.5　原形質圧仮説

10.5.1　平衡石非依存的な重力屈性反応

デンプン平衡石仮説は植物の重力感知機構の最も有力なモデルとして広く受け入れられているが，この仮説では説明できない現象もいくつか報告されている．たとえば，デンプンが欠失した *pgm* 変異体のアミロプラストは正常に沈降していないにもかかわらず，重力屈性能は完全には失われていない[13]．しかも，茎では野生型に比べてやや低下する程度である[14]．この結果から以下の二つの解釈が考えられる．

一つは，*pgm* 変異体のアミロプラストは，デンプンが蓄積していなくても分化前の前駆体であるプロプラスチド程度の密度（$\rho_{\mathrm{p}} \approx 1.2 \times 10^3\,\mathrm{kg/m^3}$）があり[13]，そのわずかな密度差によって発生する力や沈降で重力感知できる，というものである．この場合，デンプンの蓄積は必ずしも重力感知に必須ではなく，アミロプラストの密度を上昇させることで，重力に対する感度を上げる役割を果たしているのかもしれない．

もう一つの解釈は，植物にはデンプン平衡石仮説とは異なる重力感知機構が存在する，というものである．最近この解釈を支持する結果が，トウモロコシやイネの根を用いた実験から得られた[25,26]．水平に横たえられた根は，根冠コルメラ細胞で重力を感知し，根冠から少し離れた伸長領域と呼ばれる細胞組織を屈曲させる．通常重力屈性は，コルメラ細胞が本来の成長方向である重力に平行な向きに到達すれば停止する．Wolvertonらは，特殊なイメージング装置と回転ステージを用いて，伸長領域が常に60°傾くように根を保持して重力屈性を観察した．その結果，コルメラ細胞が重力に平行な向きに到達しても，伸長領域が傾いている限り根は緩やかに屈曲し続けることがわかった[25]．もし根の重力感知細胞がコルメラ細胞だけであるなら，このような重力屈性が起こるはずはなく，伸長領域にはコルメラ細胞やアミロプラストに依存しない重力感知機構が存在するのかもしれない．また，イネの根の重力屈性は，根を満たしている水耕栽培用の溶液密度を上昇させるにつれて抑制される[26]．高密度の溶液環境でも，コルメラ細胞内のアミロプラストの沈降速度は変化しなかった（0.04～0.05 μm/s）ことから，アミロプラスト非依存的な重力感知機構の存在が示唆されている．そもそも沈降性のオルガネラをもたないヒメツリガネゴケが重力屈性を示すことも古くから知られており[8]，植物には複数の重力感知機構が存在するのかもしれない．

10.5.2　原形質圧仮説の提唱

水棲植物であるオウシャジクモ（*Chara corallina*）の節間細胞は長さが数cmに達する巨大な細胞で，古くから原形質流動の研究に利用されてきた．Stavesらは，平衡石をもたない節間細胞の原形質流動の速度が重力方向に依存して変化することに注目して，デンプン平衡石仮説とは異なる重力感知機構の研究を行った．

節間細胞を垂直に立てたとき，重力と同じ方向（下向き）に進む原形質流動の速度が反対方向（上向き）に進む速度よりも約10%速く，節間細胞を水平に置いたときにはこの差がなくなった[27]．この重力依存的な極性は，シャジクモを培養している溶液の密度（ρ_{medium}）を節間細胞の密度（ρ_{chara}）とほぼ同じ（$\rho_{chara} = \rho_{\mathrm{medium}} = 1.015 \times 10^3\,\mathrm{kg/m^3}$）にしたときになくなり，それ以上に上げる（$\rho_{chara} < \rho_{\mathrm{medium}}$）と逆転することがわかった[27]．この溶液密度依存的な極性変化は，節間細胞に作用する力（F_{chara}）の向きと関係している．アルキメデスの原理から，水中に存在する体積（V）の節間細胞には，重力と浮力の合力 $F_{\mathrm{chara}} = V(\rho_{chara} - \rho_{\mathrm{medium}})g$ が作用しており，その向きは密度差（$\rho_{chara} - \rho_{\mathrm{medium}}$）によって決まる．すなわち，通常の淡水の状態（$\rho_{chara} > \rho_{\mathrm{medium}}$）で

は F は重力と同じ方向を向き，$\rho_{chara} < \rho_{\mathrm{medium}}$ では重力と反対に向く．そして $\rho_{chara} = \rho_{\mathrm{medium}}$ のときは浮力と重力が釣り合う．つまり，節間細胞は原形質に作用する力の方向（通常の生育環境では重力方向と一致）を感知し，原形質流動の速度を変化させているのではないかと考えられた．

節間細胞はどのように力（重力）の方向を感知するのだろうか．薬理学的に調べられた結果，この重力依存的な極性は細胞外から投与したセルラーゼ，ペプチダーゼ，Arg-Gly-Asp-Ser（RGDS）ペプチド，Ca^{2+} チャネルのブロッカーによって阻害されることがわかった[9,28]．セルラーゼは細胞壁の成分であるセルロースを，ペプチダーゼはタンパク質を分解する酵素である．RGDS ペプチドの RGD 配列は細胞接着分子であるインテグリンの認識配列であり，動物細胞がフィブロネクチンなどの細胞外マトリクスと結合するために必要である．つまり，RGDS ペプチドの投与によって本来の細胞接着を競合的に阻害すると考えられる．よってこれらの結果から，節間細胞に作用する力が，インテグリンのような細胞接着タンパク質と細胞外マトリクス（細胞壁）の結合を介して細胞膜に応力（張力）を発生させ，それによって Ca^{2+} 透過性 SA チャネルが活性化するのではないかと考えられた[9]．さらに詳しく薬理学的効果を調べたところ，これらの阻害剤を細胞の上側および下側に投与すると極性が阻害されるが，細胞の側面に投与しても効果はなかった[28]．つまり，細胞の上下の膜に発生する張力が Ca^{2+} シグナリングを介した節間細胞の重力感知に重要であることが示唆された（図 10.5 右）．Staves は，細胞の上下に作用する力にも差があることを指摘している[9]．RGDS ペプチドは節間細胞の上側に投与すると極性が阻害されるが，下側に投与しても効果はなかった．しかし，培養溶液の密度を上げて（$\rho_{chara} < \rho_{\mathrm{medium}}$）力と極性が反転した状態では，逆に細胞の下側への投与で抑制効果が観察された．

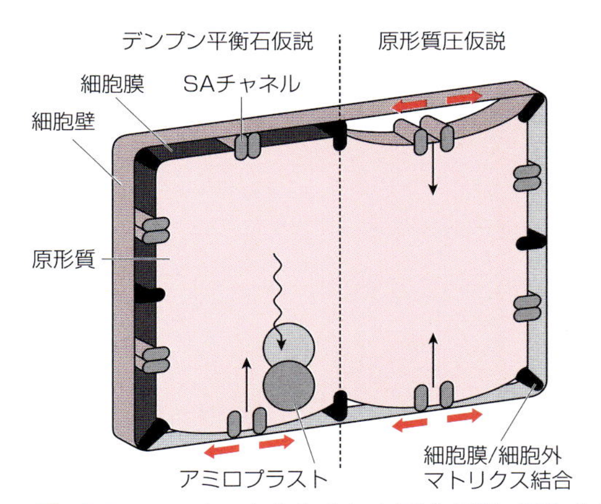

図 10.5　SA チャネルを介した重力刺激-細胞内シグナル変換モデル

（a）デンプン平衡石仮説．アミロプラストの沈降が細胞膜の伸展（赤矢印）を引き起こし，SA チャネルを活性化させ，Ca^{2+} などのイオン性シグナルが起こる（黒矢印）．（b）原形質圧仮説．原形質の沈降が，細胞外マトリックスとの相互作用を介して細胞膜を伸展させる（赤矢印）．その膜の伸展に応答して SA チャネルが活性化し，Ca^{2+} などのイオン性シグナルが起こる（黒矢印）．

この結果は，細胞膜が細胞壁から引き離されるような力が作用している面では，RGD 依存性接着タンパク質を介したシグナルが発生するが，細胞膜が細胞壁に押し付けられるような面ではこのタイプのシグナルが発生しないことを意味する．この細胞上下に作用する異なる力が，細胞レベルでの重力方向を規定しているのかもしれない．

これらの実験事実に基づいて，原形質圧仮説が提唱された[9]．細胞壁に取り囲まれている植物細胞は，インテグリンのような接着分子を介して細胞外マトリクスに結合している．重力によって原形質が沈むときに，この結合を介して細胞膜に張力が発生する．この張力に応答して SA チャネルが活性化することで，重力刺激がイオン性シグナルに変換される（図 10.5 右）．

残念ながらシロイヌナズナのゲノム上には，動物細胞のインテグリン様タンパク質はコードされていない．しかし，植物細胞が細胞壁に接着していることは高張液を用いた原形質分離実験からも明らかであり，細胞膜/細胞外マトリクス結合を介したシグナリングは十分想定される．この仮説は，溶液密度依存的に抑制されるイネの重力屈性や，沈降性のオルガネラをもたない植物の重力屈性を説明できるかもしれない．

10.6　重力刺激–細胞内シグナル変換

10.6.1　重力感知にかかわるシグナリング

重力による機械刺激は，細胞内シグナルに変換されると考えられる．これまで多くの研究者が重力刺激–細胞内シグナル変換過程，すなわち重力感知にかかわるシグナリングを研究してきた．

植物にとってプロトン（H^+）は，細胞伸長などを制御する重要なシグナル分子である．Scott と Allen は pH 感受性蛍光色素を用いて，シロイヌナズナのコルメラ細胞内の重力方向の変化（重力刺激）に伴う pH 変化を測定した[29]．重力刺激後55秒以内に，重力感知に最も重要とされる第2層（S2）コルメラ細胞の pH が 7.2 から 7.8 に上昇した．コルメラ細胞内の pH を H^+-ATPase 阻害剤（bafilomycin A1）を用いて人工的に変化させたところ，根の重力屈性が異常になった．Fasano らも pH 感受性蛍光色素および蛍光タンパク質を用いてコルメラ細胞の細胞質および細胞外の pH 変化を詳細に調べた[30]．重力刺激後1分以内に，S2 および S3 の細胞質の pH が 7.2 から 7.8 に上昇し，10分程度で刺激前の pH に戻った．一方，細胞外の pH は 5.5 から 4.5 に下降し，4時間程度かけて刺激前の pH に戻った．この重力応答性 pH 上昇をケージド H^+ を用いて阻害したとき，根の重力屈性が部分的に抑制された．逆に，Latrunculin B を用いてこの pH 上昇を 30 分程度持続させると根の重力屈性が増強された[31]．これらの結果は，コルメラ細胞の pH 上昇が重力屈性において重要な役割を果たしていることを示唆している．興味深いことに，*pgm* 変異体ではこの pH 上昇が観察されなかったことから，デンプンが蓄積したアミロプラストの沈降が直接的または間接的に重力屈性にかかわる pH 上昇を引き起こすと考えられる[30]．

地上部においても，トウモロコシの子葉鞘や葉枕細胞で重力変化に伴う pH 変化が報告されており[32,33]，H^+ が根および地上部における重力感知過程のシグナル分子である可能性が高い．しかし，pH 変化を引き起こす分子機構は明らかになっておらず，アミロプラスト/重力感知の文脈の中での H^+ のシグナル分子としての位置づけは定まっていない．

動物のみならず植物にとっても細胞内 Ca^{2+} は重要なシグナル分子であり，重力刺激に伴う細胞内 Ca^{2+} 濃度（$[Ca^{2+}]_c$）変化が研究されてきた[34]．Ca^{2+} 感受性蛍光色素を用いて子葉鞘の $[Ca^{2+}]_c$ イメージングを行ったところ，水平に倒して数分後に器官の下側で $[Ca^{2+}]_c$ 上昇が観察された[35]．エクオリンという Ca^{2+} 感受性発光タンパク質を発現させたシロイヌナズナを用いた研究でも重力応答性 $[Ca^{2+}]_c$ 上昇が観察され，その生理学的性質が詳細に調べられた[36,37]．シロイヌナズナをさまざまな角度に回転させたところ，40秒程度で地上部重力屈性器官である胚軸および葉柄に一過性の $[Ca^{2+}]_c$ 上昇が起こった[37]．最近まで，この Ca^{2+} シグナルが重力刺激によって引き起こされるのか，回転などの他の機械刺激によって引き起こされるのか議論されてきた．しかし，航空機を用いた微小重力実験の結果，この $[Ca^{2+}]_c$ 上昇が重力方向の変化に対する植物の初期応答であることが明らかになった[38]．さらに薬理学的解析によって，$[Ca^{2+}]_c$ 上昇が細胞膜上の Ca^{2+} 透過性 SA チャネルを介して引き起こされることが示唆された．古くから，重力屈性に Ca^{2+} が必須であることや，植物の重力屈性が SA チャネルのブロッカーであるガドリニウム（Gd^{3+}）で抑制されることが知られており[34]，これらの $[Ca^{2+}]_c$ 反応は地上部の重力刺激-シグナル変換過程を観察している可能性が高い．

一方で，最近までシロイヌナズナの根で重力応答性 $[Ca^{2+}]_c$ 上昇が起こるのか否かが明らかになっていなかった[34]．カメレオンという Ca^{2+} 感受性蛍光タンパク質を発現させたシロイヌナズナを用いて高分解能イメージングを行った結果，重力刺激後，根の下側で $[Ca^{2+}]_c$ 上昇が起こることがわかった[38]．興味深いことに，この $[Ca^{2+}]_c$ 上昇は根の先端から伸長領域へと伝搬し，そのときの空間パターンはオーキシンの細胞間輸送パターンに酷似していた．つまり，この $[Ca^{2+}]_c$ 上昇は重力感知過程の反応というよりも，オーキシンの極性輸送を反映した反応である可能性が高い．今後，重力応答性 $[Ca^{2+}]_c$ 上昇をアミロプラスト/重力感知の文脈の中で関連づけて議論するためには，根および地上部ともに重力感知細胞内での $[Ca^{2+}]_c$ 上昇を捉える必要がある．

10.6.2　植物の SA チャネル

ここまで紹介してきた重力感知モデルと重力応答性シグナルを総合すると，どのような重力センサーが想定されるのであろうか．動物の重力感知機構との類似点から推し量ると，われわれが手にしている情報の中で唯一想定可能な分子実体は SA チャネルだけかもしれない．つまり，アミロプラストや植物細胞の沈降が SA チャネルを活性化し，イオン性シグナルに変換されることで，重力刺激-シグナル変換を実現しているのかもしれない（図 10.5）．

SA チャネルとは膜伸展に高速かつ高感度に応答して活性化するイオンチャネルであり，パッチ

表 10.1　植物の SA チャネル活性

植物種	イオン透過性	電気生理学的性質
タマネギ（*Allium cepa*）		
葉鞘/鱗片葉表皮細胞	Ca^{2+}，K^+	活性が細胞骨格によって調節され，Gd^{3+}，La^{3+}で阻害される．電位/温度依存性．
シロイヌナズナ（*Arabidopsis thaliana*）		
胚軸	陽イオン	活性が La^{3+}によって阻害される
葉肉細胞	陰イオン	両親媒性 trinitrophenol（TNP）によって活性化する．
	K^+，Cl^-	電位依存性
テンサイ（*Beta vulgaris*）		
根（液胞膜）	K^+，Cl^-	活性が Gd^{3+}で阻害される．電位/浸透圧依存性．
ヒバマタ（*Fucus spiralis/serratus*）		
仮根	Ca^{2+}，K^+	活性が Gd^{3+}で阻害される．電位依存性．
テッポウユリ（*Lilium longiflorum*）		
花粉粒/花粉管	Ca^{2+}，K^+	活性が Gd^{3+}，クモ毒で阻害される．
タバコ（*Nicotiana tabaccum*）		
培養細胞	陰イオン	
バロニア（*Valonia utricularis*）		
母細胞	Cl^-	
ソラマメ（*Vicia faba*）		
孔辺細胞	$Ca2^{2+}$，K^+，Cl^-	
	Ca^{2+}	活性がアクチンによって調節され，Gd^{3+}で阻害される．電位および浸透圧依存性．
	Ca^{2+}	両親媒性 trinitrophenol（TNP）によって活性化する．
	K^+	浸透圧非依存性．
アマモ（*Zostera muelleri*）		
表皮細胞	K^+	

クランプ法が確立した後，さまざまな植物からSAチャネル活性が測定された（表10.1）．テッポウユリの花粉にはCa^{2+}透過性SAチャネルとK^+透過性SAチャネルが異なる細胞膜領域に発現している[39]．花粉は吸水し発芽した後，雌しべの卵細胞と受精するために花粉管と呼ばれる管を伸ばす．この花粉管の伸長に先端領域のCa^{2+}流入および$[Ca^{2+}]_c$勾配が重要であると考えられている[39]．Ca^{2+}透過性SAチャネルは花粉管の先端の細胞膜に発現しており，そのSAチャネル活性は新規SAチャネルブロッカーとして注目されているGsMTx-4[40]を含むクモ毒（*Grammostola spatulata*）によって阻害された．さらにこのクモ毒は，花粉管の伸長および先端からのCa^{2+}流入を抑制した．これらの結果は，細胞伸長という膜の状態が大きく変化する領域におけるSAチャネルの活性が，花粉管伸長に必要なCa^{2+}流入を引き起こしていることを示唆している．

花粉以外にも，急激な膨圧の変化で気孔を開閉させる孔辺細胞にも数種類のSAチャネルが存在したり，脱分化した植物培養細胞にもSAチャネルが存在したりする．また，細胞膜のみならず液胞膜のような内膜系にもSAチャネルが発現している．このように植物にはさまざまなSAチャネルが，多様な器官，組織，細胞，オルガネラに発現していることがわかる．そしてこれらのSAチャネルのイオン透過性や薬理学/生理学的性質が，バクテリアや動物で研究が進んでいるSAチャネルと大きく変わらないことも大切な特徴である．事実，植物にはバクテリアや酵母のSAチャネルに相同な遺伝子が存在し，多くの研究者が植物細胞における機能や役割に注目している（表10.2）．

Mechanosensitive channel of Large/Small conductance（MscL/S）は，バクテリアの浸透圧調節を担うSAチャネルであり，シロイヌナズナにはMscSの相同遺伝子（*MscS-like*，*MSL*）が10個あることが知られている[41]．SAチャネルを欠失した大腸菌は低浸透圧刺激で溶解してしまうが，*MSL3*を発現させることで，この大腸菌は溶解せずに生育した．この結果は，MSL3が大腸菌でMscSと同じ働き，すなわちSAチャネルとして浸透圧調節をしている可能性を示唆している．*MSL2*および*MSL3*は，根，葉，花などさまざまな器官の色素体（葉緑体）膜上に発現しており，内膜系での機械刺激応答に関与していると考えられた．*msl2msl3*二重変異体を解析したところ，この変異体は野生型と比べて球状の巨大な葉緑体をもつことがわかった．さらに，この肥大化した*msl2msl3*変異体の葉緑体は，細胞質の浸透圧を上昇させることで野生型のサイズと形に回復することから，通常の生育環境下では，この変異体は

表10.2　植物のSAチャネル（候補）遺伝子

植物種	イオン透過性*	生理学的性質
シロイヌナズナ（*Arabidopsis thaliana*）		
細胞膜（*MCA1*，*MCA2*）	Ca^{2+}	根の接触応答（MCA1），浸透圧応答（MCA1，2），34 pS（MCA1）
葉緑体（*MSL2*，*MSL3*）	ND**	葉緑体の形態および浸透圧調節
細胞膜（*MSL9*，*MSL10*）	陰イオン	45 pS（MSL9），103–137 pS（MSL10）
クラミドモナス（*Chlamydomonas reinhardtii*）		
葉緑体（*MSC1*）	陰イオン	葉緑体の形態，400 pS
タバコ（*Nicotiana tabaccum*）		
細胞膜（*NtMCA1*，*NtMCA2*）	Ca^{2+}	浸透圧応答
イネ（*Oryza Sativa*）		
細胞膜（*OsMCA1*）	Ca^{2+}	浸透圧応答

＊生理学的性質から推測されたものも含む，＊＊not determined（未決定）．

葉緑体の浸透圧を調整できず，葉緑体の形態異常が起こっていると考えられる[42]．つまり，シロイヌナズナはさまざまな環境変化によって細胞質の浸透圧が変化しても，葉緑体の構造および機能を守るためにMSL2およびMSL3を介して葉緑体内の浸透圧を調節しているといえる．

MSL9とMSL10はシロイヌナズナの根の細胞膜に発現している[43]．パッチクランプ法を用いて野生型の根のプロトプラストからSAチャネル活性を測定したところ，膜伸展によって10 pAのSAチャネル活性が観察された．一方，*msl9msl10*二重変異体ではこの活性がほとんど観察されず，*msl9*および*msl10*単独変異体ではそれぞれ20 pAと8 pAのSAチャネル活性が観察された．また，*MSL10*を*msl10*単独変異体に発現させたところ，20 pAのSAチャネル活性を回復させるとともに野生型で見られる10 pAのSAチャネル活性も観察された．これらの結果は，MSL9とMSL10は単独ではそれぞれ8 pAと20 pAのSAチャネル活性をもち，野生型ではヘテロ複合体を作り10 pAのSAチャネル活性を生み出していることを示唆している．さらに*MSL10*をアフリカツメガエル卵母細胞に発現させて，シングルチャネルレコーディングを行ったところ，MSL10は陰イオン透過性SAチャネルであることが明らかになった[44]．これらのSAチャネルの生理学的役割を調べるために，根に発現している*MSL*遺伝子の五重変異体（*msl4msl5msl6msl9msl10*）が解析されたが，重力屈性を含めてはっきりとした表現型は特定できなかった[43]．これまで報告されている機械刺激によって引き起こされるイオン性シグナルのほとんどは$[Ca^{2+}]_c$変化であり[34]，MSL9およびMSL10のイオン透過性がCl^-であることから，MSL9とMSL10は機械刺激感知の主要なパスウェイに含まれないのかもしれない．

クラミドモナス（*Chlamydomonas reinhardtii*）にもMscSの相同遺伝子（*MSC1*）がある[45]．MSC1は完全長では大腸菌でSAチャネル活性を示さないが，N末端にあるシグナル配列を削ったMSC1は400 pSのSAチャネル活性を示した．このコンダクタンスは，先ほどのシロイヌナズナのMSL9（45 pS）とMSL10（137 pS）に比べると大きいが[43]，大腸菌に発現しているMscS（～1 nS）と比べると小さい．またMSC1はK^+やCa^{2+}よりBr^-やI^-，Cl^-に高い透過性をもつので，陰イオン透過性SAチャネルと考えられる．クラミドモナスにおけるMSC1の主な細胞内局在は葉緑体であり，MSL2とMSL3とよく似ている[41]．さらにRNAiを用いて*MSC1*をノックダウンさせるとクロロフィルの局在が異常になった．これらの結果は，MSC1が内膜系に局在する新規のSAチャネルとしてクラミドモナスの葉緑体の組織化に関与することを示唆している．

酵母のSAチャネルコンポーネントを欠損した*mid1*変異体の致死性を相補する遺伝子として，シロイヌナズナから*MID1-COMPLEMENTING ACTIVITY*（*MCA*）*1*が単離された[46]．*MCA1*を*mid1*変異体に発現させたところCa^{2+}取り込み能が増加したことから，MCA1はMID1と同様にCa^{2+}流入に関与していることが示唆された．*MCA1*には*MCA2*というパラログ遺伝子があり，*MCA2*が*mid1*変異体の致死性およびCa^{2+}取り込み能を相補したことから，両者の生理学的機能は近いと考えられる[47]．MCA1およびMCA2はともに細胞膜に局在し，器官レベルでは根，葉，茎，花などに発現している．そして両者とも内皮細胞には発現しているが，コルメラ細胞には発現していなかった．*MCA1*を過剰に発現させた植物体では，低浸透圧刺激に対する$[Ca^{2+}]_c$上昇が野生型および*mca1*変異体よりも増強されることがわかった．この$[Ca^{2+}]_c$上昇は細胞外から投与されたGd^{3+}やLa^{3+}で抑制されるが，電位依存性チャネルのブロッカーであるverapamilでは抑制されなかった．これらの結果は，MCA1が低浸透圧刺激よって起こる細胞膜を介したCa^{2+}流入に関与していることを示している．動物細胞を用いた実験からMCA1の機能が明らかになってきた．*MCA1*を発現させた動物培養細胞に膜伸展刺激を与えたところ，$[Ca^{2+}]_c$上昇が引き起こされた[46]．また，*MCA1*をアフリカツメガエル卵母細胞に発現させて電気生理学的に解析したところ，MCA1は低浸透圧刺激および膜伸展によって活性化する陽イオン透過性SAチャネルであることが示唆された[48]．これらの結果から，MCA1は低浸透圧刺激によって起こる膜伸展に応答してCa^{2+}流入を引き起こすSAチャネルではないかと考えられた．さらに興味深いことに，*mca1*変異体の根は柔らかい寒天から硬い寒天へ貫通できないことがわかった[46]．MCA1はSAチャネルとして，シロイヌナズナの根の接触や浸透圧変化といった機械刺激を感知しているのかもしれない．一方で，*mca2*変異体の根は正常に寒天を貫通できることから，MCA2はMCA1とは異なる役割を担っていると考えられる．

最近の研究で，*MCA*のオーソログ遺伝子がさまざまな植物種に保存されていることがわかった[49]．タバコの*NtMCA1*，*NtMCA2*[49]およびイネの*OsMCA1*[50]が調べられた結果，これらの遺伝子は共通して細胞膜上に発現し，低浸透圧応答性の$[Ca^{2+}]_c$変化に関与していることが明らかになった．*MCA*は浸透圧調節因子としてさまざまな植物で働いているのかもしれない．

10.6.3　植物の重力センサー

最も単純なモデルとしてSAチャネルを重力センサーと仮定し，アミロプラストや植物細胞の沈降がSAチャネルを活性化できるか検証してみる．10.4.3項で用いたパラメータを使うと，1個のアミロプラストに作用する力は$F_{\mathrm{Am}} = 4/3\pi r^3 (\rho_{\mathrm{Am}} - \rho_{\mathrm{c}})\, g \approx 0.02\,\mathrm{pN}$と計算できる．ヒト血管内皮細胞の$Ca^{2+}$透過性SAチャネルはサブpNの力で開くことが示唆されており[51]，F_{Am}よりも1桁大きい．これは，1個のアミロプラストに作用する力ではこのタイプのSAチャネルは開かないことを意味する．しかし，一つの重力感知細胞には多くのアミロプラストが存在するので[22, 23]，これらが同時に作用すればSAチャネルを活性化できるオーダーの力が発生する．すなわち理論上は，アミロプラスト-SAチャネルシグナル変換機構は不可能ではない．ただしこの計算では，一つの細胞あたり数個のSAチャネルしか活性化しないことになり，この微弱なイオン濃度変化をシグナルとして捉えるのは難しいかもしれない．

一方で，密度（ρ_{medium}）$1.000 \times 10^3\,\mathrm{kg/m^3}$の淡水に生息する，長さ3cm，体積（$V$）$2.4 \times 10^{-8}\,\mathrm{m^3}$，密度（$\rho_{\mathrm{chara}}$）$1.015 \times 10^3\,\mathrm{kg/m^3}$のシャジクモ節間細胞に作用する力は，$F_{\mathrm{chara}} = V\,(\rho_{chara} - \rho_{\mathrm{medium}})\, g \approx 3.5 \times 10^6\,\mathrm{pN}$と計算できる[9]．この力は$F_{\mathrm{Am}}$の$1.75 \times 10^6$倍に匹敵し，ヒト血管内皮細胞のSAチャネルを理論上は10^6個活性化できることになる．また，大腸菌のSAチャネルであるMscLは約40pNの力で開くことが分子動力学シミューレションで示されており，アミロプラストではこのタイプのSAチャネルは開かないが，節間細胞では開くと考えられる．既知のSAチャネルを重力センサーとして考えた場合，原形質圧-SAチャネルシグナル変換機構の方が現実的であろう．アミロプラスト-SAチャネルシグナル変換機構を想定する場合，既知のSAチャネルよりも高感度な（開きやすい）SAチャネルか，微弱なイオン性シグナルを増幅するシステムを考える必要があるだろう．

10.7　おわりに

これまでの重力屈性の研究は，変異体を単離し，その原因遺伝子の解析からメカニズムを類推するという順遺伝学を中心とするものが主であった．

しかし多くの努力にもかかわらず，いまだに植物の重力センサーは発見されていない．仮に植物の重力センサーが接触や膨圧などのさまざまな機械刺激のセンサーとしても働いているなら，植物にとって生命維持に必須なセンサーであり，この種のセンサーを欠損した変異体は致死となり単離できないだろう．最近では，細胞骨格が力に応答して構造やパターンを変化させることが知られており，植物においても新たな機械刺激センサーとして注目されている[52,53]．今後はさまざまな重力センサーを視野に入れながら，遺伝子から表現型を探索するという逆遺伝学的研究も有効かもしれない．

（豊田正嗣）

文　献

1）M. T. Morita, *Annu. Rev. Plant Biol.*, **61**, 705 (2010).
2）T. A. Knight, *Phil. Trans. R. Soc. London*, **96**, 99 (1806).
3）C. Darwin, "*The power of movement in plants*," John Murray (1880).
4）B. Nemec, *Ber. Deutsch Bot. Ges.*, **18**, 241 (1900).
5）G. Haberlandt, *Ber. Deutsch Bot. Ges.*, **18**, 261 (1900).
6）F. W. Went, K. V. Thimann, "*Phytohormones*," Macmillan (1937).
7）E. P. Spalding, *Am. J. Bot.*, **100**, 203 (2013).
8）G. I. Jenkins et al., *Plant Cell Environ.*, **9**, 637 (1986).
9）M. P. Staves, *Planta*, **203**, S79 (1997).
10）R. Tsugeki, N. V. Fedoroff, *Proc. Natl. Acad. Sci. USA.*, **96**, 12941 (1999).
11）E. B. Blancaflor et al., *Plant Physiol.*, **116**, 213 (1998).
12）H. Fukaki et al., *Plant J.*, **14**, 425 (1998).
13）T. Caspar, B. G. Pickard, *Planta*, **177**, 185 (1989).
14）S. E. Weise, J. Z. Kiss, *Int. J. Plant Sci.*, **160**, 521 (1999).
15）S. Vitha et al., *Plant Physiol.*, **122**, 453 (2000).
16）M. Toyota et al., *Plant J.*, **76**, 648 (2013).
17）J. Z. Kiss, *CRC Crit. Rev. Plant Sci.*, **19**, 551 (2000).
18）T. Kato et al., *Plant Cell*, **14**, 33 (2002).
19）M. T. Morita et al., *Plant Cell*, **14**, 47 (2002).
20）D. Yano et al., *Proc. Natl. Acad. Sci. USA.*, **100**, 8589 (2003).
21）C. Saito et al., *Plant Cell*, **17**, 548 (2005).
22）M. Nakamura et al., *Plant Cell*, **23**, 1830 (2011).
23）G. Leitz et al., *Plant Cell*, **21**, 843 (2009).
24）L. J. Audus, *Symp. Soc. Exp. Biol*, **16**, 197 (1962).
25）C. Wolverton et al., *Planta*, **215**, 153 (2002).
26）M. P. Staves et al., *Am. J. Bot.*, **84**, 1522 (1997).
27）M. P. Staves et al., *Am. J. Bot.*, **84**, 1516 (1997).
28）R. Wayne et al., *J. Cell Sci.*, **101**, 611 (1992).
29）A. C. Scott, N. S. Allen, *Plant Physiol.*, **121**, 1291 (1999).
30）J. M. Fasano et al., *Plant Cell*, **13**, 907 (2001).
31）G. Hou et al., *Plant J.*, **39**, 113 (2004).
32）C. A. Gehring et al., *Proc. Natl. Acad. Sci. USA.*, **87**, 9645 (1990).
33）E. Johannes et al., *Plant Physiol.*, **127**, 119 (2001).
34）M. Toyota, S. Gilroy, *Am. J. Bot.*, **100**, 111 (2013).
35）C. A. Gehring et al., *Nature*, **345**, 528 (1990).
36）C. Plieth, A. J. Trewavas, *Plant Physiol.*, **129**, 786 (2002).
37）M. Toyota et al., *Plant Physiol.*, **146**, 505 (2008).
38）M. Toyota et al., *Plant Physiol.*, **163**, 543 (2013).
39）R. Dutta, K. R. Robinson, *Plant Physiol.*, **135**, 1398 (2004).
40）F. Bode et al., *Nature*, **409**, 35 (2001).
41）E. S. Haswell, E. M. Meyerowitz, *Curr. Biol.*, **16**, 1 (2006).
42）K. M. Veley et al., *Curr. Biol.*, **22**, 408 (2012).
43）E. S. Haswell et al., *Curr. Biol.*, **18**, 730 (2008).
44）G. Maksaev, E. S. Haswell, *Proc. Natl. Acad. Sci. USA.*, **109**, 19015 (2012).
45）Y. Nakayama et al., *Proc. Natl. Acad. Sci. USA.*, **104**, 5883 (2007).
46）Y. Nakagawa et al., *Proc. Natl. Acad. Sci. USA.*, **104**, 3639 (2007).
47）T. Yamanaka et al., *Plant Physiol.*, **152**, 1284 (2010).
48）T. Furuichi et al., *Plant Signal Behav.*, **7**, 1022 (2012).
49）T. Kurusu et al., *J. Plant Res.*, **125**, 555 (2012).
50）T. Kurusu et al., *BMC Plant Biol.*, **12**, 11 (2012).
51）K. Hayakawa et al., *J. Cell Sci.*, **121**, 496 (2008).
52）O. Hamant et al., *Science*, **322**, 1650 (2008).
53）K. Hayakawa et al., *J. Cell Biol.*, **195**, 721 (2011).

III

医学における
メカノバイオロジー

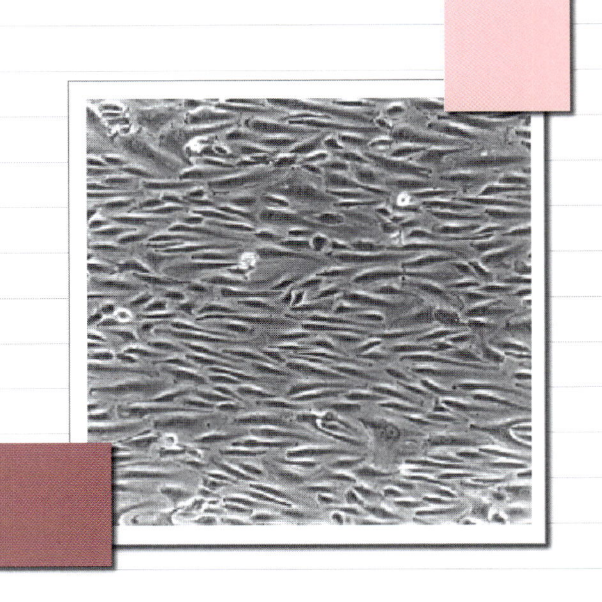

血管のメカノバイオロジー

Summary

血管は単に血液が流れる導管ではない．血管を構成する細胞が活発な代謝活動を行うことで，組織，器官，ひいては全身の生理機能の調節に積極的な役割を果たしている．その中心となるのが血管内面を一層に覆う内皮細胞である．内皮細胞は血液の流れ（血流）に接しているため血流に起因する摩擦力（shear stress，せん断応力）と血管内圧に基づく伸展張力を受けている．近年，こうしたメカニカルストレスが内皮細胞の働きを修飾することがわかってきた．すなわち内皮細胞がせん断応力や伸展張力を刺激として認識（センシング）し，その情報を細胞内部に伝達することで細胞の形態や機能の変化を伴う細胞応答を起こすのである．メカニカルストレスの影響は遺伝子レベルに及び，転写因子の活性化や mRNA の安定化を介して数百もの遺伝子の発現を修飾する．内皮細胞がどのようにメカニカルストレスをセンシングするかはまだ十分に解明がすすんでいない．とはいえ，たとえばせん断応力のシグナリングにはイオンチャネル，増殖因子受容体，接着分子，カベオラ，グリコカリックス，繊毛などさまざまな膜に結合した分子やミクロドメインが関与し，それにより多岐に渡る細胞内情報伝達経路が活性化することがわかってきた．この中に，せん断応力が内皮細胞から ATP を放出させ，それが細胞膜に発現する ATP 作動性カチオンチャネル P2X4 を活性化して細胞外 Ca^{2+} の流入反応を起こす Ca^{2+} シグナリングがある．この Ca^{2+} シグナリングが起こらなくなると，個体レベルでの血圧の調節や血流変化に伴う血管拡張反応や血管リモデリングといった重要な循環系の働きに障害が生じることも判明した．最近，メカニカルストレスは成熟した血管細胞に留まらず，ヒトの末梢血中を流れる血管内皮前駆細胞や胚の未分化な細胞にも作用して，それらの細胞の増殖，分化，ひいては器官形成に影響を及ぼすこともわかってきており，血管に関連したメカノバイオロジー研究は広がりながら進展を続けている．

11.1　はじめに

心臓から拍出された血液は動脈を通り組織に達し，毛細血管を介して酸素や栄養素を届けた後，組織の老廃物を運び，静脈やリンパ管を経由して心臓に戻ってくる．血管系はこうした物質の輸送だけでなく，体温や電解質バランスの調整，体の成長や炎症・免疫反応などにもかかわり，生体の恒常性や生命維持に重要な役割を果たしている．

血管を構成する主要な細胞には血管内面を覆う内皮細胞と血管壁を構成する平滑筋細胞があるが，血管機能の調節には内皮細胞が中心的な役割を果たしている．内皮細胞は血管の内張りとして血液中の物質がむやみに血管外に漏れないよう障壁（バリアー）となる一方，組織の微小循環レベルでは特定の物質を選択的に透過させる働きも担っている．内皮細胞はさまざまな生理活性物質を産生することで平滑筋の緊張度（トーヌス）を変化（平滑筋を収縮あるいは弛緩）させて血圧や臓器の血液循環を調節する．また，内皮細胞は血液の凝固・線溶にかかわる多くの因子を産生し，血管内で血液が固まらないよう高い抗血栓活性を発揮している．さらに細胞増殖因子の産生を介して血管新生や血管のリモデリングや，白血球との相互作用を介して組織の炎症・免疫反応にも深くかかわっている．

従来，こうした血管の働きは，血液中を運ばれてくるホルモン，細胞から放出されるオータコイドやサイトカイン，血管に分布する末梢神経から分泌されるニューロトランスミッターなどで調節されると考えられてきたが，近年，そうした“化学的刺激”だけでなく，血管内に発生する“力学的刺激（メカニカルストレス）”によっても制御を受けることがわかってきた．血流と直接，接触する内皮細胞には血流に起因する摩擦力であるせん断応力（shear stress）が，また内皮細胞と平滑筋細胞には心臓の拍動に伴う血管内圧変化に基づく伸展張力と貫壁性圧力が作用する．内皮細胞や平滑筋細胞には，これらのメカニカルストレスを刺激として認識してその情報を細胞内へ伝達し，細胞の形態や機能の変化を伴う細胞応答を起こす機能が備わっている[1]．こうした事実は *in vivo* や *ex vivo* の検討に加えて，培養した血管細胞に流体力学的に設計した流れ負荷装置や細胞伸展装置を使って定量的なせん断応力や伸展張力を作用させ細胞の応答を解析する *in vitro* 実験の発達によって明らかにされた．

これまで，メカニカルストレスの生体作用に関する研究は生体医工学のバイオメカニクスの分野で行われ発展してきたが，メカニカルストレスが生体を構成するさまざまな細胞に影響を与えることがわかり，そのメカニズムの研究が分子細胞レベルで行われるようになったことから，メカノバイオロジーと呼ばれるようになってきた．ここでは血管のメカノバイオロジーについて，とくにせん断応力と内皮細胞の関係に焦点を当てて概説する．

11.2　血管内に発生するメカニカルストレス

血管内に発生するメカニカルストレスには血流に起因する shear stress（流れずり応力，せん断応力）と血圧に基づく伸展張力および貫壁性圧力がある（図 11.1）．内皮細胞にかかるせん断応力（τ）の大きさは血液の粘性（μ）と血流の速度勾配（ずり速度；du/dr）の積，$\tau = \mu \cdot du/dr = 4\mu Q/\pi r^3$（$u$ は血流速度，r は血管の半径，Q は血流量，π は円周率）として計算できる．ヒトの生理的条件下の大動脈では 10～20 dyne/cm^2，一方，静脈では 1～6 dyne/cm^2 のせん断応力が血管壁に作用する[2]．走行が直線的な血管の血流は層流であるが，血管の湾曲部や分岐部では血流の剥離，停滞，渦が生じ乱流となる．乱流が作用する部位にヒトの粥状動脈硬化病変（プラーク）が好発することからプラーク形成に果たす乱流性のせん断

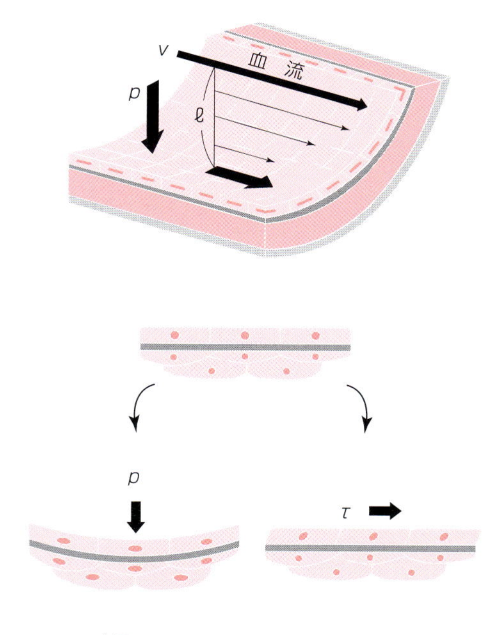

図 11.1　血管細胞に作用するメカニカルストレス

応力の役割が臨床的に注目されてきた．

また血流は心臓の収縮・拡張に伴って拍動性に変化しているのでせん断応力も一心拍内で増減する．心拍動に伴う血圧の変化は血管を円周方向に伸展し，内皮細胞と平滑筋細胞に伸展張力を与えるとともに，細胞を押しつぶす貫壁性圧力として作用する．生理的条件で血管が伸展する度合いはヒトの大動脈で 9〜12%，頸動脈で 1〜2%，大腿動脈で 2〜15%，肺動脈で 6〜10% である[3]．

11.3　せん断応力研究の医学的背景

せん断応力が医学的に注目されたのは，生体で起こる血流依存性の現象がきっかけであった．19 世紀末に Thoma がニワトリ胚の観察で血流の速い血管ではよく分岐が起こるが，血流の遅い血管では分岐が起こらず，血流が停滞している血管では消滅していくことを指摘した[4]．その後，多くの研究により血流が血管新生を調節する因子として働いていることが確かめられた．

20 世紀末には血流が血管のサイズ（径）の調節にもかかわっていることが明らかにされた．血流が増加すると血管径が大きくなり，逆に血流が減少すると径が小さくなる反応が起こる．これが血管壁にかかるせん断応力を一定に保とうとする適応反応であることが証明された[5]．この反応はあらかじめ内皮を剝離した血管では起こらないことからせん断応力に対する内皮細胞の反応が重要な役割を果たしていると想定された．他方，層流性のせん断応力には粥状動脈硬化病変の発生を防ぐ効果が，逆に乱流性のせん断応力には動脈硬化病変を進展させる効果のあることが明らかになってきた[6]．こうした背景から，せん断応力に対する内皮細胞応答の研究が世界的に盛んに行われるようになった．

11.4　せん断応力に対する内皮細胞応答

11.4.1　形態・配列の変化

生体の血管で血流の速いところの内皮細胞は紡錘形で，その長軸を血流方向に向けて配列している．一方，血管分岐部の血流が遅く，あるいは停滞する場所では内皮細胞は類円形で，一定の配列方向を示さない．せん断応力がこうした内皮細胞の形態・配列を決定していると考えられている．

図 11.2 (a) はヒト臍帯静脈内皮細胞（HUVEC）に 15 dynes/cm^2 のせん断応力を 24 時間負荷した前後の位相差顕微鏡写真である．コントロールでは類円形で一定の配列を示さない細胞が，負荷後は形が細長くなり，その長軸を流れの方向と平行（写真上，流れは左から右へ水平方向）に向けて配列するようになる．こうした形態・配列の反応は細胞骨格の変化を伴っており，せん断応力によりアクチンフィラメントの束であるストレスファイバーが増加し，それが流れの方向に配列することが観察されている．この反応はせん断応力の増加で内皮細胞が剝離するのを防ぐ役割があると考えられている．

11.4.2　増殖とアポトーシス

内皮細胞の増殖能がせん断応力の修飾を受ける．実験動物の動静脈シャント手術で血流が約 4 倍に増加すると，血管径の増大がまだ起こらない時点で内皮細胞の密度が約 2 倍に増加することが観察されている[7]．培養細胞では実験条件によって層流性のせん断応力が増殖を刺激する場合と，逆に抑制する場合が報告されている．一方，乱流性のせん断応力は内皮細胞の増殖を刺激する[8]．血管内皮はその一部が剝離しても，すみやかに剝離部周辺の内皮細胞が遊走・増殖して剝離部を修復する再生能をもっている．培養内皮層の一部を人工的に剝離し，その後の内皮層再生に及ぼすせん断

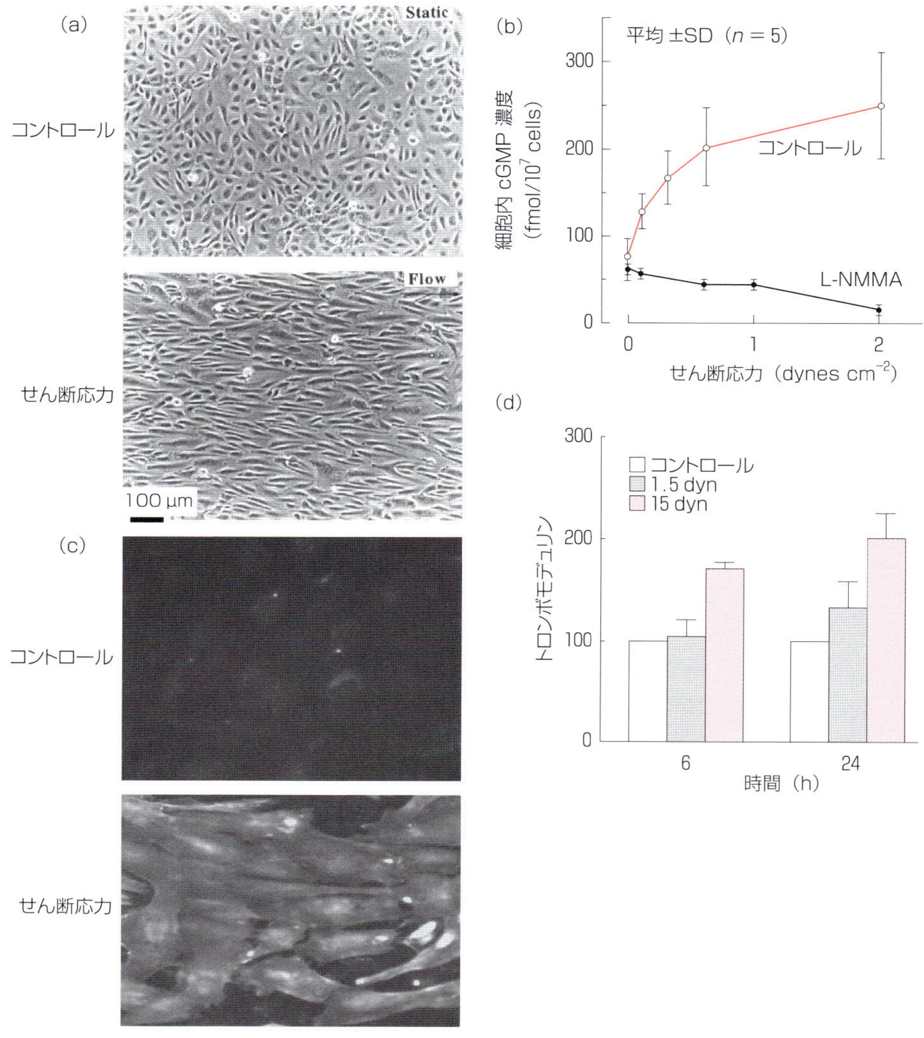

図 11.2　せん断応力に対する内皮細胞応答

（a）形態・配列の変化．せん断応力を受けると内皮細胞の形が類円形から紡錘形になり，その長軸を流れの方向に向けて配列するようになる．この反応は可逆的で静的条件にすると元に戻る．（b）血管拡張物質 NO の産生反応．NO が産生されると細胞内 cGMP 濃度が上昇する．せん断応力により cGMP 濃度が上昇するが，この反応は NO 合成の特異的阻害薬である L-NMMA により消失する．（c）抗血栓性タンパクトロンボモデュリンの発現変化（免疫蛍光染色）．shear stress（15 dynes/cm^2, 24 時間）により培養ヒト臍帯静脈内皮細胞膜のトロンボモデュリンタンパク質が著明な増加を示した．（d）トロンボモデュリンの発現変化（ELISA による定量解析）．トロンボモデュリンの増加はせん断応力の強さと負荷時間に依存した．

応力の効果を見る実験で，層流性のせん断応力が内皮細胞の遊走と細胞分裂を刺激することで内皮剥離部の再生を促進することが報告されている[9]．一方，confluent な培養内皮細胞に層流性のせん断応力が作用すると，細胞増殖能が有意な抑制を受けることも観察されている[10]．

血管細胞のアポトーシスにもせん断応力は影響を及ぼす．たとえば出生時に胎盤が失われると，多くの血管で血流が著明に減少するため血管のリモデリングが起こるが，この過程で内皮細胞と平滑筋細胞のアポトーシスが出現する．出生直後にヒトの臍帯静脈を静的条件で器官培養するとアポトーシスを起こす内皮細胞が増加するが，流れの存在下で培養するとアポトーシスが起こらなくなる[11]．培養細胞を用いた *in vitro* の検討でも層流性のせん断応力がヒト臍帯静脈内皮細胞の増殖因子の除去で誘導されるアポトーシスを防ぐ効果のあることが示されている[12]．一方，乱流性のせん断応力はヒト臍帯静脈内皮細胞のアポトーシスを惹起する効果がある．

11.4.3 血管のトーヌス

せん断応力は血管のトーヌス（緊張度）や血圧の調節に深くかかわっている．せん断応力は内皮細胞の平滑筋弛緩物質産生を促し，逆に平滑筋収縮物質産生を抑制する．血流が増加すると血管が急性的に拡張するが，これは主に内皮からの一酸化窒素（nitric oxide，NO）の放出による．

せん断応力が内皮のNO産生を刺激することは培養内皮細胞を用いた実験でも示されている．ウシ胎児大動脈内皮細胞に流れ負荷装置でせん断応力を細胞に作用させると，NO産生が増加して細胞内cGMP濃度が上昇する（図11.2b）[13]．この反応はせん断応力の強さに依存し，NO合成の特異的阻害薬であるL-NMMAの存在下で消失する．せん断応力によるNO産生はNO合成酵素の活性化と遺伝子発現の増加に基づいている．せん断応力で惹起される細胞内 Ca^{2+} 濃度の上昇やタンパク質キナーゼの活性化や補因子tetrahydro-biopterin（BH4）の増加がNO合成酵素を活性化させる[14-15]．他方せん断応力は，転写因子 $NF_{\kappa}B$ を活性化してそれがNO合成酵素遺伝子のプロモータにあるGAGACC（せん断応力応答配列）に結合することで，またNO合成酵素mRNAの3'polyadenylationを介して安定化することで，NO合成酵素の遺伝子発現を増加させることが知られている[16-17]．この他，平滑筋弛緩作用のあるプロスタサイクリン，C型ナトリウム利尿ペプチド，アドレノメデュリンの産生もせん断応力により亢進する．平滑筋収縮物質であるエンドセリンはせん断応力が作用した初期には一過性に産生が増加するが，時間の経過とともに減少していく[18]．内皮細胞はアンジオテンシンⅠを強力な平滑筋収縮作用を持つアンジオテンシンⅡに変換する酵素（ACE，angiotensin I converting enzyme）を細胞膜に発現しているが，このACEの細胞膜発現量がせん断応力により減少する[19]．

11.4.4 抗血栓活性

せん断応力には内皮細胞の抗血栓活性を高める効果がある．せん断応力で増加するNOやプロスタサイクリンはともに強力な抗血小板凝集作用をもつ．内皮細胞表面に発現する糖タンパク質トロンボモジュリン（thrombomodulin，TM）はトロンビンのフィブリノーゲン凝固活性や血小板凝集活性を失わせ，同時に凝固因子を不活化するプロテインCを活性化する．このTMの発現がせん断応力で増加する（図11.2c，d）[20]．

また，抗血液凝固作用のあるヘパラン硫酸の産生もせん断応力で増加するとの報告がある[21]．内皮細胞はフィブリンを溶解するプラスミンの産生にかかわるプラスミノーゲン・アクチベータを分泌するが，この機能もせん断応力で亢進する[22]．

11.4.5 細胞増殖因子・サイトカイン産生

内皮細胞はさまざまな増殖因子やサイトカインを産生するが，せん断応力でPDGF（platelet-derived growth factor），HB-EGF（heparin binding-epidermal growth factor-like growth factor），bFGF（basic fibroblast growth factor），TGF-β（transforming growth factor-β），IL-1，IL-6（interleukin-1，-6），顆粒球マクロファージ・コロニー刺激因子（granulocyte/macrophage colony stimulating factor，GM-CSF）の産生が増

加する[23]．

11.4.6　白血球との接着

血流が白血球と内皮細胞の接着現象を修飾するが，その機構にせん断応力による内皮細胞の接着分子の発現調節がかかわっている．ラットのリンパ節の細静脈から培養した内皮細胞にせん断応力を作用させると接着分子 VCAM-1（vascular cell adhesion molecule-1）の発現が減少し（図 11.3a），

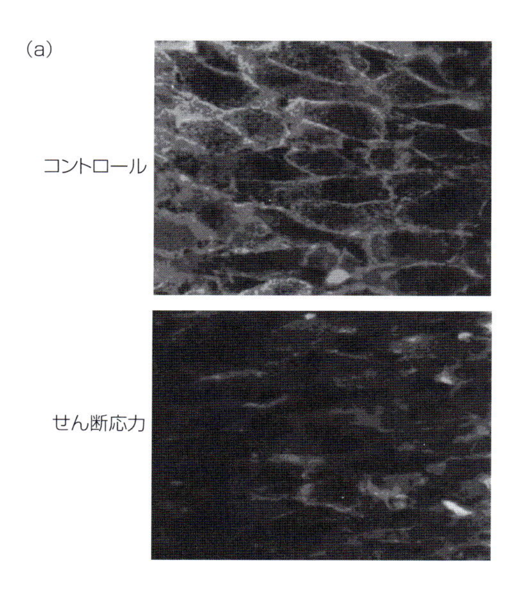

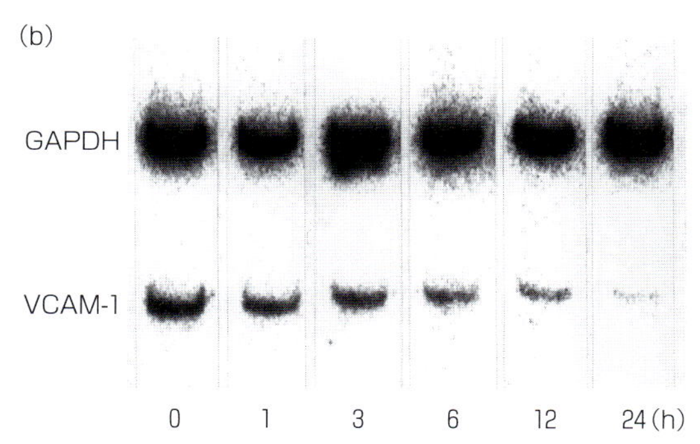

図 11.3　せん断応力による接着分子の発現変化
（a）内皮細胞膜 VCAM-1 の発現変化（免疫蛍光染色）．せん断応力（1.5 dynes/cm^2, 24 時間）により培養ラットリンパ節細静脈内皮細胞の VCAM-1 発現量が著明に低下した．（b）*VCAM-1* 遺伝子発現変化．せん断応力の負荷時間に依存した VCAM-1mRNA レベルの低下が起こる．

接着するリンパ球の数が減少する[24]．せん断応力の影響は内皮細胞の種類により異なり，ヒト臍帯静脈内皮細胞にせん断応力を加えると VCAM-1 の発現は変化せず，ICAM-1（intercellular adhesion molecule-1）や E-selectin の発現が増加する．

11.4.7　酸化ストレス

せん断応力は血管における酸化ストレスの生成と消去に影響を及ぼす[25]．内皮細胞にせん断応力が作用すると NADPH oxidase が活性化し，O_2^-，H_2O_2 などの ROS（reactive oxygen species）が産生される．この反応はせん断応力負荷後 30 分をピークとした一過性のものであり，24 時間以上は持続しない．せん断応力は ROS を産生させる反面，それを不活化する SOD（superoxide dismutase）や NO を増加させる．ヒトの培養大動脈内皮細胞にせん断応力を作用させると Cu/Zn SOD の mRNA レベルが上昇し，そのタンパク質量と活性も増加する[26]．

11.5　伸展張力に対する内皮細胞応答

伸展張力により内皮細胞の形態・配列が変化する．内皮細胞をシリコン膜上に培養し毎分 60 回，15％の伸展負荷を 3 日間行うと細胞は細長くなり，その長軸を伸展張力の方向に直角に向けて配列し，ストレスファイバーが形成されるのが観察されている[27]．伸展張力はさまざまな内皮機能を修飾する．たとえば，伸展張力刺激はプロスタサイクリン，エンドセリン，プラスミノーゲン・アクチベータの産生を増加させる[28]．また，伸展張力は H_2O_2 などの ROS や単球走化性タンパク（monocyte chemotacting protein-1，MCP-1）の産生を増加させることが報告されている[29]．伸展張力は内皮遺伝子の発現に影響を及ぼすが，伸展張力で活性化する転写因子としては AP-1，cAMP response element binding protein

(CREB) や NF$_\kappa$B が知られている.

in vivo の血管ではせん断応力と伸展張力が同時に作用する. 近年, 内皮細胞にせん断応力と伸展張力を同時に負荷する方法が開発され, その効果が検討されるようになった[30]. シリコンチューブ内面に培養したヒト臍帯静脈内皮細胞にせん断応力 (7 dynes/cm^2) と伸展張力 (10%, 0.5 Hz) を 24 時間単独, あるいは同時負荷すると, エンドセリンの遺伝子発現は伸展張力単独で増加し, せん断応力単独で減少した. 同時負荷では, 両メカニカルストレスの効果が相殺され, 遺伝子発現は変化しない (図 11.4). 他方, NO 合成酵素の遺伝子発現は伸展張力単独では変化しないが, せん断応力単独で増加した. 同時負荷ではせん断応力単独負荷と同程度に増加した. したがって, 生体の血管細胞に及ぼす血行力学因子の影響について考える場合, せん断応力と伸展張力の相乗効果や相殺効果を考慮する必要がある.

11.6　せん断応力による遺伝子発現調節

せん断応力で内皮細胞機能が変化する際, その機能に関連した遺伝子の発現も変化することが多い. たとえば, せん断応力で接着分子 VCAM-1 の細胞膜発現量が減少するが, このとき VCAM-1 の mRNA レベルも継時的に低下している (図 11.3b). DNA マイクロアレイで内皮が発現する全遺伝子の約 3% が 15 dynes/cm^2 の層流性のせん断応力の 24 時間負荷に反応して発現が変化することが示された[31]. 内皮細胞が約 2 万の遺伝子を発現すると仮定すると, 約 600 の遺伝子がせん断応力に応答することになる. 継時的応答プロファイルはせん断応力負荷後すぐに反応するものから, かなり時間が経過して反応するものまで多様であり, せん断応力に対する内皮細胞応答は異なる時間的プロファイルをもつ多数の遺伝子の反応のカスケードで成立していると考えられる.

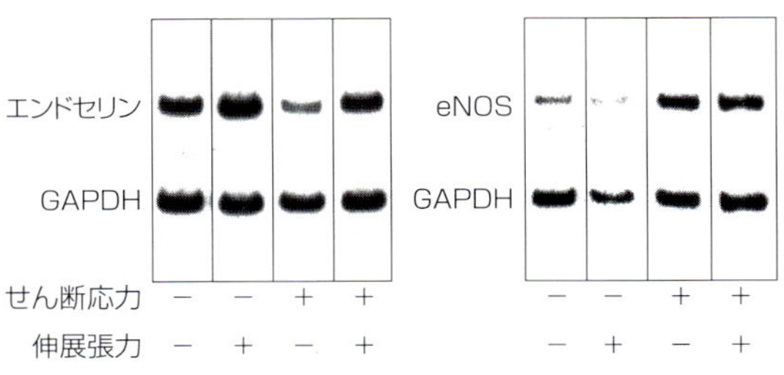

図 11.4　せん断応力と伸展張力の単独および同時負荷に対する遺伝子応答

ヒト臍帯静脈内皮細胞にせん断応力 (7 dynes/cm^2) と伸展張力 (10%, 0.5 Hz) を 24 時間単独, あるいは同時負荷した. エンドセリンの遺伝子発現は伸展張力単独で増加, せん断応力単独で減少, そして同時負荷では変化が起こらなかった. NO 合成酵素 (eNOS) の遺伝子発現は伸展張力単独では変化しないが, せん断応力単独で増加し, 同時負荷ではせん断応力単独負荷と同程度に増加した.

せん断応力による内皮遺伝子の発現調節には転写と mRNA の安定化を介する二つの径路がある. せん断応力が発現を上昇させる PDGF 受容体遺伝子では転写因子 NF$_\kappa$B, 動脈内皮マーカーの *ephrinB2* 遺伝子では Sp1 が働く[32]. 一方, せん断応力が発現を抑制する *VCAM-1* 遺伝子では AP-1 が, プラスミノーゲン・アクチベータ遺伝子 (*uPA*) では GATA 6 が関与する[33-34]. 血管の分化や発達にかかわる転写因子 KLF2 (Kruppel-like factor2) もせん断応力で活性化する. 他方, せん断応力が mRNA の安定化を介して遺伝子発現を調節する例は *GM-CSF* 遺伝子や *uPA* 遺伝子に見られる[23, 34].

11.7　内皮細胞のメカノセンシング

内皮細胞がせん断応力に反応する事実は, せん断応力を刺激としてセンシングして, その情報を細胞内部に伝達する機構が存在することを示唆している. これまでの検討でせん断応力のセンシングには, 膜と結合しているさまざまな分子やミクロドメインが関与し, その下流で多岐に渡る情報伝達径路が活性化することが明らかになってきた

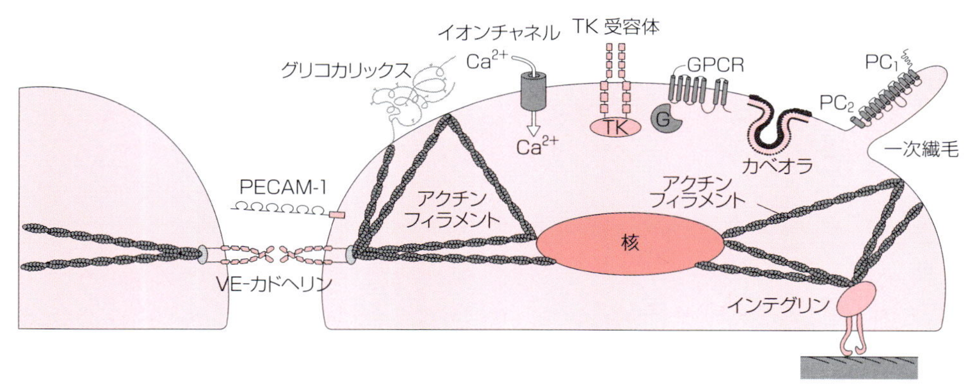

図 11.5　せん断応力のセンシングに関わる分子
ここに示す多彩な膜分子・ミクロドメインがせん断応力のシグナリングにかかわる.

(図 11.5)[1,35]. しかし, せん断応力のセンシングの詳しい仕組みはまだよくわかっていない.

せん断応力により膜に結合する多くの異なった分子がほぼ同時に活性化する現象に細胞膜自体の関与が注目されている. 脂質二重膜の流動性といった物理的性質の変化は膜に結合するタンパク質の活性に影響を及ぼすので, せん断応力により細胞膜の物理的特性が変化し, それが膜に結合しているさまざまな分子を一挙に活性化することにつながるという仮説が提唱されている. 実際, せん断応力が内皮細胞の細胞膜の流動性を高めることが示された[36]. この変化は 10 秒以内に起こる速い反応で, 膜に結合している G タンパク質共役型受容体を活性化すると考えられている. また, コレステロールを除く処理で細胞膜の物理的特性を変化させると, 情報伝達因子 MAP キナーゼや NO 合成酵素のせん断応力による活性化が起こらなくなる[37].

他方, 伸展張力のセンシングは SA チャネル (stretch-activated cation channel) を介すると考えられている[38]. 細胞膜が伸展されるとこのチャネルが開き Ca^{2+} が細胞内へ流入し情報伝達される. この他, せん断応力と同様にインテグリン, PDGF 受容体, G タンパク質共役型受容体, 細胞骨格タンパクなども伸展張力のセンシングにかかわることが示されている.

11.8　せん断応力のセンシングにかかわる分子

11.8.1　イオンチャネル

せん断応力により細胞膜に分布する K^+ チャネルが一過性に開くことで膜の過分極が, ついで Cl^- チャネルが開いて膜の脱分極が起こる. また, せん断応力は Na^+ チャネルや Ca^{2+} を通す transient receptor potential (TRP) チャネルを活性化したり, 内因性 ATP の放出を介して ATP 作動性カチオンチャネルの P2X purinoceptor を開いて細胞外 Ca^{2+} の細胞内への流入反応を起こす[39-40].

11.8.2　チロシンキナーゼ型受容体

せん断応力が作用すると VEGF (vascular endothelial growth factor) 受容体や angiopoietin 受容体である Tie-2 などのチロシンキナーゼ型受容体 (RTKs) が活性化される. この活性化はリガンド非依存性で VEGF や angiopoietin の存在を必要としない. これらの受容体がリン酸化されると低分子量 G タンパク質の Ras を介して ERK (extracellular signal-regulated kinase),

JNK（c-Jun NH2-terminal kinase），PI3-kinase，Akt（protein kinase B）などのタンパク質キナーゼが活性化されNO合成酵素の活性化やアポトーシスの抑制が起こる[41]．

11.8.3　Gタンパク質共役型受容体

細胞膜に発現するGタンパク質共役型受容体（GTP binding protein coupled receptor，GPCR）がせん断応力のセンシングにかかわることが報告されている．せん断応力や低浸透圧刺激による膜張力の変化や試薬による膜流動性の変化によりGPCRの構造が変化することが，FRET（fluorescence resonance energy transfer）による分子イメージングで確認された[42]．また，人工脂質二重膜（リポソーム）に組み込んだGタンパク質自体がせん断応力に反応して活性化することが示された[43]．

11.8.4　カベオラ

カベオラ（caveolae）はコレステロールやスフィンゴリン脂質が豊富な細胞膜のフラスコ状陥凹構造物で，さまざまな受容体やイオンチャネルや情報伝達因子が集積している．このカベオラがせん断応力のシグナリングに重要な役割を果たすことが指摘されている[44]．せん断応力が誘発する細胞内Ca^{2+}濃度の上昇反応がカベオラから開始され，それがCa^{2+}波として細胞全体に伝搬することが観察された[45]．

このカベオラ近傍で起こるCa^{2+}上昇は，カベオラに結合している不活性なNO合成酵素をカベオラから遊離させることで活性型に変え，NO産生を促進させる効果がある．カベオラの構成タンパク質であるカベオリン-1の抗体で内皮細胞を処理するとせん断応力で起こるERKの活性化が抑制される．カベオリン-1のKOマウスでは血流減少による血管径の縮小反応や血流増加による血管拡張反応が障害され，一方，そのマウスの血管内皮にカベオリン-1を発現させるとそれらの障害が回復することから，カベオラが血流のセンシング/シグナリングに深くかかわることが示された[46]．

11.8.5　接着分子

せん断応力が作用すると膜貫通型のタンパク質であるインテグリンに張力が働く．この情報がインテグリンから細胞内の接着斑を通って細胞骨格に伝達される．せん断応力で接着斑にあるFAK（focal adhesion kinase）がチロシンリン酸化し，それがGrb2，SOSを介してERKやJNKの活性化につながることが示されている[47]．細胞表面のインテグリンに磁性体ビーズを結合させ，それを磁場で捻転することでインテグリンに直接メカニカルストレスを加えると細胞が固くなる反応が起こるが，これがアクチンフィラメント，微小管，中間径フィラメントなどの細胞骨格を酵素で分解すると著明に抑制される[48]．また，せん断応力がインテグリンを介して低分子量Gタンパク質であるRhoAを活性化し，アクチン脱重合作用のあるcofilinを活性化することでアクチンの再構築を起こすことや，せん断応力でインテグリン$\beta 1$がカベオラに移行し，それがカベオリン-1のチロシンリン酸化やsrcの活性化，ひいてはMLCK（myosin light chain kinase）を介したストレスファイバーの形成につながることが報告されている．

せん断応力が細胞間接着部位に存在するPECAM-1（platelet endothelial cell adhesion molecule-1）をリン酸化し，それが低分子量Gタンパク質Rasを通してERKの活性化を起こすことが報告されている[49]．PECAM-1分子に磁性体ビーズをつけてメカニカルストレスを与えるとリン酸化しERKの活性化が起こることから，PECAM-1がメカノセンサーとして働くことが示された．

内皮細胞に特異的に発現するVE-cadherinはadherence junctionの主要タンパク質で，β-cateninなどの分子を介して細胞骨格と繋がっている．このVE-cadherinとPECAM-1がVEGF受容体と複合体を形成してせん断応力のセンシングにかかわることが示された[50]．VE-cadherinの欠損した内皮細胞ではせん断応力によるAktやp38のリン酸化，遺伝子プロモータにあるSSRE（shear stress response element）を介した遺伝子発現の誘導が起こらない．

11.8.6　細 胞 骨 格

細胞の形態を保持しているのはアクチンフィラメントや微小管や中間径フィラメントなどの細胞骨格である．細胞がある形態をとるということは細胞骨格間に力学的な均衡がとれていることを意味している．これを細胞のテンセグリティ（tensegrity，tension integrity）モデルと呼んでいる．せん断応力がテンセグリティを介して直接，細胞に認識される機構の存在が考えられている[51]．

11.8.7　グリコカリックス

血管内皮表面には糖タンパク質（proteoglycan）の層が存在し，その厚さは太い血管では数十nm，微小血管では0.5〜1 μmと考えられている．せん断応力が作用すると糖タンパクの構造が変化してイオンの流れが生じたり，糖タンパクと連結している細胞骨格に張力が働いてせん断応力のセンシングが行われると考えられている[52]．犬から摘出した大腿動脈を灌流する実験で，血管内皮のヒアルロン酸糖タンパク質を分解するとせん断応力によるNO産生が約20%低下したとの報告がある．また，培養内皮細胞の表面に存在するヘパラン硫酸糖タンパクを分解するとせん断応力によるNO産生が著明に減少することが報告されている．

11.8.8　primary cilia

細胞膜から突き出るprimary ciliaがヒトの大動脈や臍帯静脈や胚から得られた内皮細胞に存在することが確認されており，これがせん断応力のセンシングにかかわることが指摘されている[53]．せん断応力によりciliaが下流側に曲げられることでciliaに存在するイオンチャネルが開いてCa^{2+}が流入する．この反応にTRPチャネルファミリーに属するカチオンチャネルのpolycystin-2と膜貫通タンパク質であるpolycystin-1が働いていることが示された[54]．これらの分子を欠損する内皮細胞ではせん断応力に対するCa^{2+}反応やNO産生反応が消失する．

11.9　せん断応力のCa^{2+}シグナリング

11.9.1　P2X4チャネルを介したCa^{2+}流入反応

流れ負荷装置内で培養ヒト肺動脈内皮細胞にせん断応力を作用させると強さ依存性に細胞内Ca^{2+}濃度の上昇反応が起こる（図11.6a）[55]．この反応に動員されるCa^{2+}は細胞外からの流入で，ATP作動性カチオンチャネルのP2X4を介している．P2X4の発現をアンチセンスオリゴで抑制するとせん断応力によるCa^{2+}流入反応が著明に抑制された（図11.6b）．また，本来，せん断応力に対してCa^{2+}反応を示さないヒト胎児腎細胞（HEK）にP2X4の遺伝子を導入して発現させると内皮細胞と同様なCa^{2+}反応を起こすようになる．せん断応力によりP2X4を介したCa^{2+}流入が起こる機構はせん断応力が直接P2X4を活性化しているのではなく，せん断応力により細胞からATPが放出され，それがP2X4を活性化するのである[56]．

11.9.2　せん断応力によるATP放出反応

血管内皮細胞に限らず生体の多くの細胞がメカ

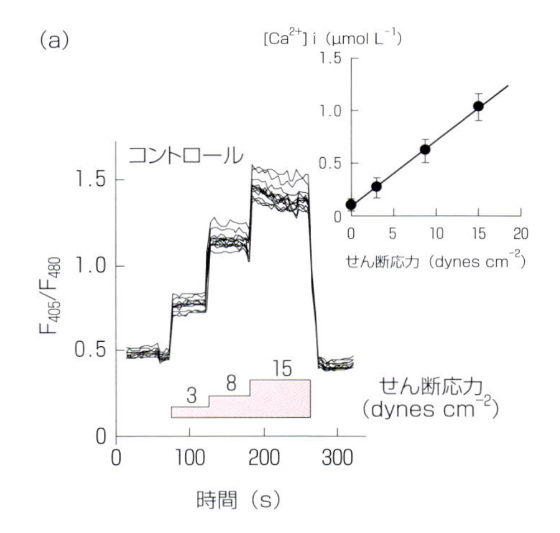

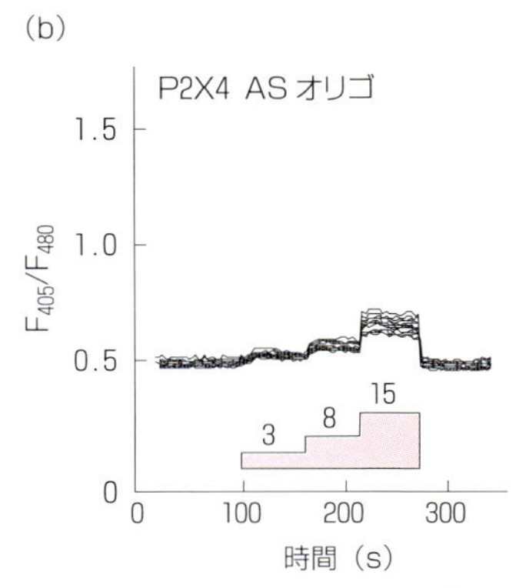

図 11.6 せん断応力の Ca^{2+} シグナリング

(a) ヒト肺動脈培養内皮細胞に流れ負荷装置でせん断応力を作用させると，即座に細胞内 Ca^{2+} 濃度（Ca^{2+} 感受性色素 Indo-1 を用いた蛍光測光で測定）の上昇反応が起こる．Ca^{2+} 濃度の上昇の程度はせん断応力の強さに依存している．(b) アンチセンスオリゴで ATP 作動性カチオンチャネル P2X4 の発現を減少させると Ca^{2+} 反応も抑制される．これらの所見からせん断応力による Ca^{2+} シグナリングに P2X4 チャネルが関与することがわかる．

ニカルストレスに反応して ATP を放出することが知られている．放出された ATP は細胞膜に存在する ATP 受容体（G タンパク質共役型受容体の P2Y やカチオンチャネルの P2X）を活性化し情報伝達が行われる結果，細胞応答が起こる．このことが組織や器官の生理機能の調節に深くかかわっている．

最近，ATP 放出反応を高い空間分可能でリアルタイム・イメージングすることが可能となった．遺伝子工学的に作製したビオチン・ルシフェラーゼタンパクをビオチン化した細胞にアビジンを介して高密度に結合させ，ATP が惹起するルシフェリン・ルシフェラーゼ反応で発生する化学発光を高感度 CCD カメラで測定することで ATP 放出の瞬間を捉えることができる（図 11.7a）[57]．その結果，せん断応力が作用すると即座にヒト肺動脈内皮細胞全体から瀰漫性に ATP が放出されるとともに，局所的に高濃度（数十から数百 μM で ATP 受容体の活性化に十分な濃度）の放出が起こることが判明した（図 11.7b）．局所的に高濃度の ATP が放出される場所はカベオラのマーカータンパクであるカベオリン－1 が密に分布する部位と一致していた（図 11.7c）．同一細胞で行った ATP 放出のイメージングと細胞内カルシウム濃度変化のイメージングで，せん断応力によりまずカベオラ付近から局所的な ATP 放出が起こり，そこからカルシウム波が始まり細胞全体に伝搬するのが観察された（図 11.8）．

現時点でせん断応力により ATP が放出される仕組みはまだよくわかっていないが，ATP を含む vesicle からの分泌の促進やカベオラに分布する ATP 合成酵素による ATP 産生などが考えられている[58]．

11.9.3 血流センシングと循環調節

せん断応力の Ca^{2+} シグナリングが個体レベルの循環系の働きの調節にどのような役割を果たすかについて P2X4 の遺伝子欠損マウス（KO マウス）による検討が行われた[59]．遺伝子欠損マウスは外見上は正常なマウスと変わらないが，培養した血管内皮細胞にせん断応力を作用させたところ，遺伝子欠損マウスでは正常マウスで見られる Ca^{2+} 反応が起こらなかった．また，正常マウスではせん断応力の強さに依存した NO 産生反応が起こるが，遺伝子欠損マウスでは NO 産生反応が起こらなかった（図 11.9a）．生体顕微鏡下でマウス

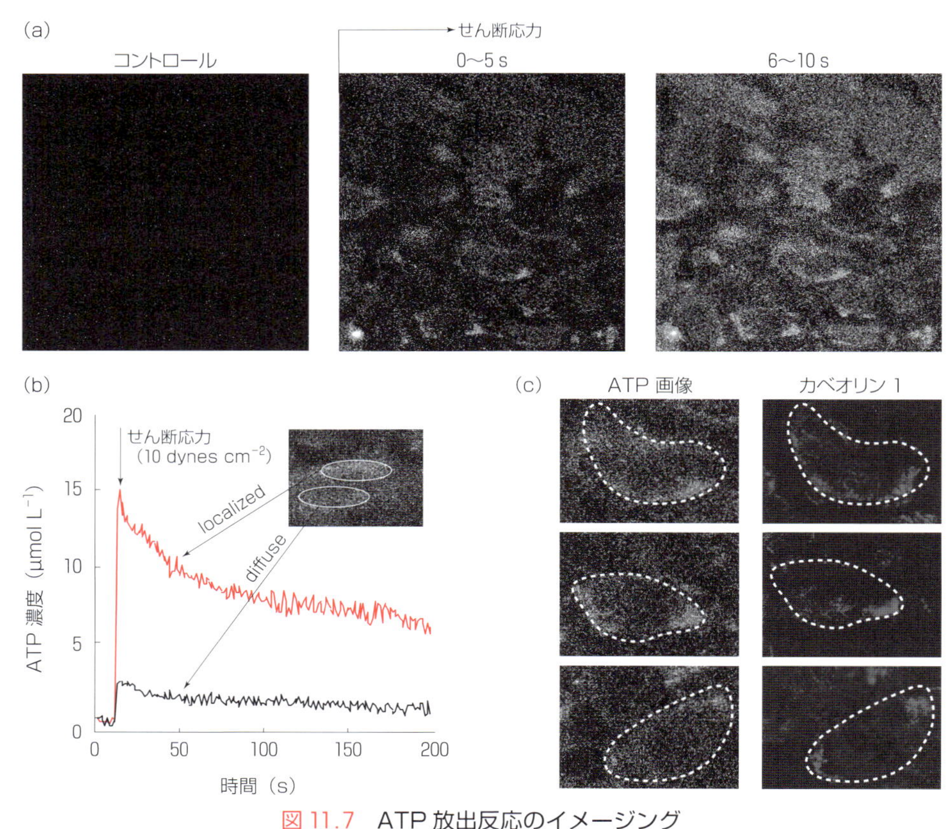

図 11.7　ATP 放出反応のイメージング

(a) ヒト肺動脈培養内皮細胞に流れ負荷装置でせん断応力を作用させると，細胞全体から瀰漫性に ATP が放出されるとともに，局所的に高濃度の ATP が放出されてくる．(b) 局所的 (localized) ATP 放出と瀰漫性 (diffuse) ATP 放出の経時変化．局所的な ATP 放出の濃度は ATP 受容体を活性化できるレベルに達している．(c) 局所的な ATP 放出部位はカベオリン-1 が集積する部位と一致している．

の挙睾筋の細動脈を観察しながら，その分岐の一方をガラス棒で圧迫して血流を止め，もう片方の血流を増加させると正常マウスでは血管拡張反応が生じたが，遺伝子欠損マウスではその反応が著明に抑制された．この反応は NO 合成阻害薬である L-NAME により消失するので血流増加による内皮からの NO 産生に基づいていると考えられる．マウスの胸部大動脈に圧力トランスデューサーを埋め込んでテレメトリーで意識下の血圧をモニターすると明らかに遺伝子欠損マウスが正常マウスよりも血圧が高いことが判明した．また，マウスの外頸動脈を結紮すると総頸動脈の血流が低下する．正常マウスでは結紮して 2 週間後の総頸動脈の径は明らかに減少するが，遺伝子欠損マウスでは径の減少は起こらない (図 11.9b)．

こうした血流依存性の血管リモデリングの障害は NO 合成酵素の遺伝子欠損マウスでも観察されている．したがってせん断応力の Ca^{2+} シグナリングは血管内皮の NO 産生を介して血管のトーヌスの調節や血流依存性の血管拡張反応や血管リモデリングといった循環系の働きに重要な役割を果たしていると思われる．

11.10　おわりに

近年，発展目覚ましいメカノバイオロジー研究

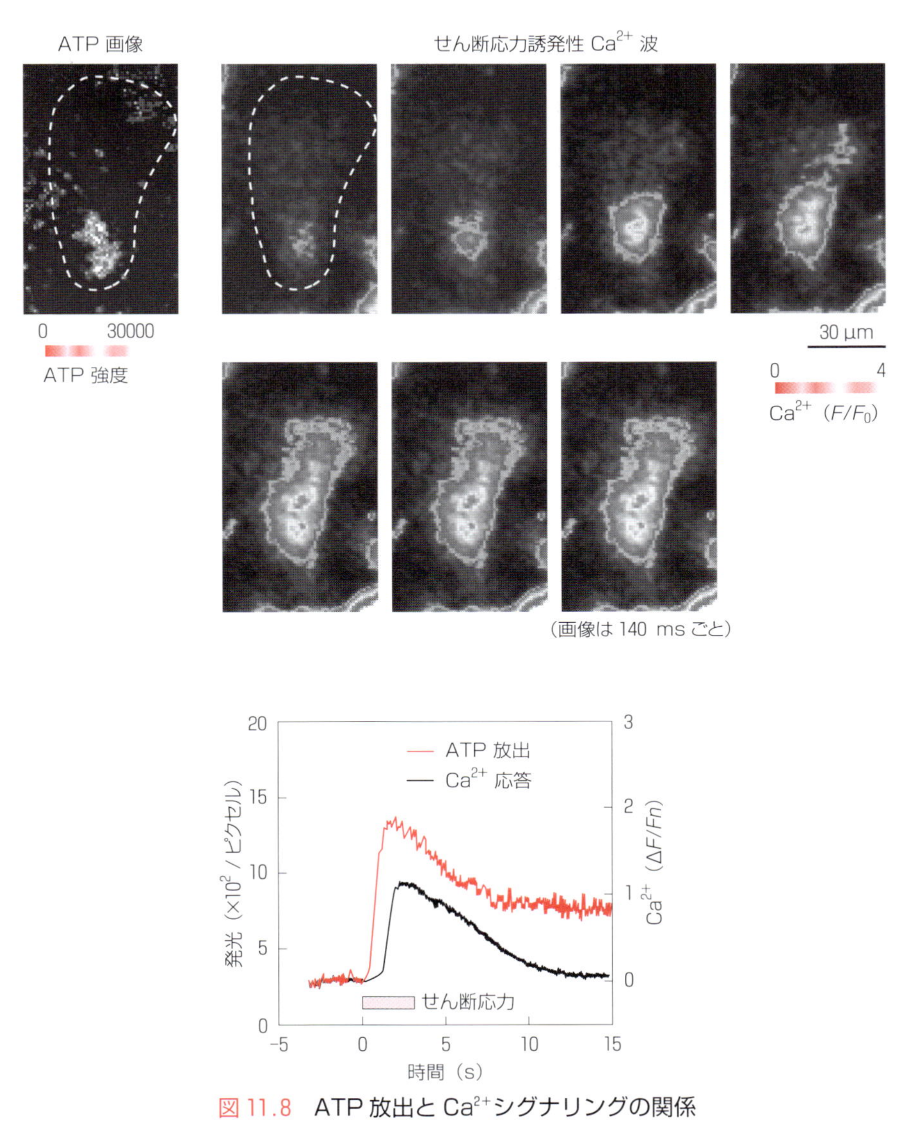

図 11.8　ATP 放出と Ca^{2+} シグナリングの関係

局所的 ATP 放出部位から Ca^{2+} 波（Ca^{2+} 感受性色素 Fluo4 を用いた蛍光測光）が始まり，細胞全体に伝搬する．ATP 放出は Ca^{2+} 反応に先行する．

によりメカニカルストレスに対する血管細胞応答の分子機構，とくに遺伝子の応答機構や情報伝達経路の解明が急速に進んだ．さらに，メカニカルストレスが個体レベルで循環系の恒常性の維持や血管病発生に重要な役割を果たしていることもわかってきた．

しかし，内皮細胞のせん断応力センシングについてはまだ，解明が十分進んでいない．今後，せん断応力のセンシングの仕組みが解明されると血流を介した循環系の恒常性の維持機構の理解がより深まるだけでなく，血流の増加を伴う身体運動が生体に及ぼす有益な効果の発現メカニズムや血流依存性に発生する粥状動脈硬化，高血圧，血栓症といった血管病の病態の解明にも貢献すると思われる．また，内皮細胞のせん断応力のセンシングを人工的に修飾できる手段が見つかると，新し

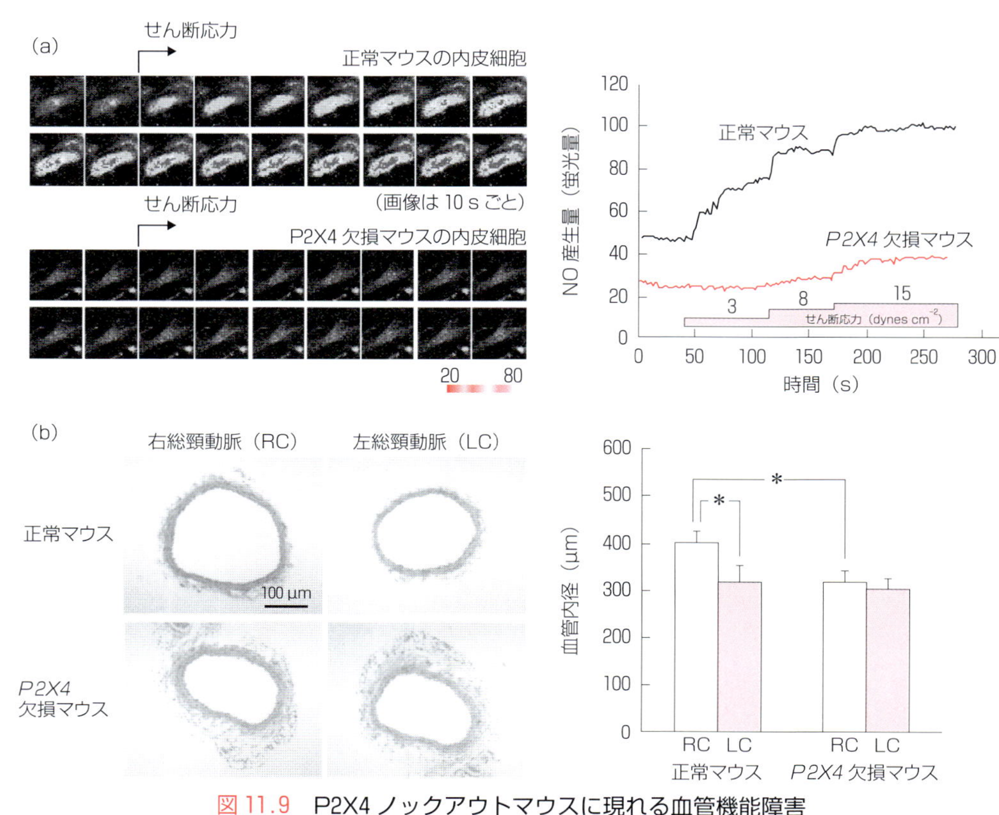

図 11.9　P2X4 ノックアウトマウスに現れる血管機能障害

(a) P2X4 ノックアウトマウスから培養した肺動脈内皮細胞にせん断応力を作用させると正常マウスで見られる NO 産生が起こらない.(b) 外頸動脈を結紮して総頸動脈の血流を減少させると 2 週間で正常マウスでは総頸動脈の内径が減少するリモデリングが起こるが,P2X4 ノックアウトマウスでは,そうしたリモデリングが生じない.

い血管病の予防・治療法の開発につながるかもしれない.さらに,血管に留まらずメカニカルストレスに絶えず曝される多くの細胞・組織の形態や機能の制御機構の解明にもつながり,遺伝情報と力学場を含む環境要因との相互作用から成り立つ生命現象の包括的理解にも役立つと思われる.

(山本希美子・安藤譲二)

文　献

1) J. Ando, K. Yamamoto, *Circ. J.*, **73**, 1983 (2009).
2) A. Kamiya et al., *Bull. Math. Biol.*, **46**, 127 (1984).
3) P. B. Dobrin, "*The Mechanics of the Circulation*," C. G. Caro et al. eds., Oxford University Press, p.397 (1978).
4) R. Thoma, *Virchows Arch. Path. Anat. Physiol.*, **204**, 1 (1911).
5) A. Kamiya, T. Togawa, *Am. J. Physiol.* **239**, H14 (1980).
6) A. M. Malek et al., *JAMA*, **282**, 2035 (1999).
7) H. Masuda et al., *Arteriosclerosis*, **9**, 812 (1989).
8) P. F. Davies et al., *Proc. Natl. Acad. Sci. USA.*, **83**, 2114 (1986).
9) J. Ando et al., *Microvasc. Res.*, **33**,62 (1987).
10) S. Akimoto et al., *Circ. Res.*, **86**, 185 (2000).
11) D. Kaiser et al., *Biochem. Biophys. Res. Commun.*, **231**, 586 (1997).
12) S. Dimmeler et al., *FEBS Lett.*, **399**, 71 (1996).
13) R. Korenaga et al., *Biochem. Biophys. Res. Commun.*, **198**, 213 (1994).
14) S. Dimmeler et al., *Nature*, **399**, 601 (1999).
15) J. D. Widder et al., *Circ. Res.*, **101**, 830 (2007).
16) M. E. Davis et al., *Circ Res.*, **89**, 1073 (2001).
17) M. Weber et al., *Circ. Res.*, **96**, 1161 (2005).

18) J. B. Sharefkin et al., *J. Vasc. Surg.*, **14**, 1 (1991).
19) M. J. Rieder et al., *Circ. Res.*, **80**, 312 (1997).
20) Y. Takada et al., *Biochem. Biophys. Res. Commun.*, **205**, 1345 (1994).
21) T. Arisaka et al., *Ann. N. Y. Acad. Sci.*, **748**, 543 (1995).
22) S. L. Diamond et al., *Science*, **243**, 1483 (1989).
23) K. Kosaki et al., *Circ. Res.*, **81**, 794 (1998).
24) J. Ando et al., *Am. J. Physiol.*, **267**, C679 (1994).
25) F. R. Laurindo et al., *Circ. Res.*, **74**, 700 (1994).
26) N. Inoue et al., *Circ. Res.*, **79**, 32 (1996).
27) P. C, Dartsch, E. Betz, *Basic Res. Cardiol.*, **84**, 268 (1989).
28) B. E. Sumpio, A. J. Banes, *Surgery*, **104**, 383 (1988).
29) A. B. Howard et al., *Am. J. Physiol.*, **272**, C421 (1997).
30) M. Toda et al., *J. Biothechnol.*, **133**, 239 (2008).
31) N. Ohura et al., *J. Atheroscler. Thromb.*, **10**, 304 (2003).
32) S. Obi et al., *J. Appl. Physiol.*, **106**, 203 (2009).
33) R. Korenaga et al., *Am. J. Physiol.*, **273**, C1506 (1997).
34) T. Sokabe et al., *Am. J. Physiol.*, **287**, H2027 (2004).
35) P. F. Davies, *Physiol. Rev.*, **75**, 519 (1995).
36) P. J. Butler et al., *Am. J. Physiol. Cell Physiol.*, **280**, C962 (2001).
37) H. Park et al., *J. Biol. Chem.*, **273**, 32304 (1998).
38) K. Naruse, M. Sokabe, *Am. J. Physiol.*, **264**, C1037 (1993).
39) R. G. O'Neil, S. Heller, *Pflugers Arch.*, **451**, 193 (2005).
40) K. Yamamoto et al., *Am. J. Physiol. Heart Circ. Physiol.*, **279**, H285 (2000).
41) Z. G. Jin et al., *Circ. Res.*, **93**, 354 (2003).
42) M. Chachisvilis et al., *Proc. Natl. Acad. Sci. USA.*, **103**,15463 (2006).
43) S. Gudi et al., *Proc. Natl. Acad. Sci. USA.*, **95**, 2515 (1998).
44) V. Rizzo et al., *Am. J. Physiol. Heart Circ. Physiol.*, **285**, H1720 (2003).
45) M. Isshiki et al., *Proc. Natl. Acad. Sci. USA.*, **95**, 5009 (1998).
46) J. Yu et al., *J. Clin. Invest.*, **116**, 1284 (2006).
47) S. Li et al., *J. Biol. Chem.*, **272**, 30455 (1997).
48) N. Wang et al., *Science*, **260**, 1124 (1993).
49) M. Osawa et al., *J. Cell Biol.*, **158**, 773 (2002).
50) E. Tzima et al., *Nature*, **437**, 426 (2005).
51) D. E. Ingber, *Annu. Rev. Physiol.*, **59**, 75 (1997).
52) J. A. Florian et al., *Circ. Res.*, **93**, 136 (2003).
53) S. M. Nauli et al., *Circulation*, **117**, 1161 (2008).
54) W. A. Aboualaiwi et al., *Circ. Res.*, **104**, 860 (2009).
55) K. Yamamoto et al., *Circ. Res.*, **87**, 385 (2000).
56) K. Yamamoto et al., *Am. J. Physiol. Heart Circ. Physiol.*, **285**, H793 (2003).
57) K. Yamamoto et al., *Am. J. Physiol. Heart Circ. Physiol.*, **293**, H1646 (2007).
58) K. Yamamoto et al., *J. Cell Sci.*, **124**, 3477 (2011).
59) K. Yamamoto et al., *Nat. Med.*, **12**, 133 (2006).

横紋筋のメカノバイオフィジックス：マクロからミクロへ

Summary

横紋筋（骨格筋，心筋）収縮運動の研究に残されているメカノバイオロジー的課題を，“現代メカノバイオロジー”の中心課題を意識しつつ紹介する．とくに心筋収縮系を取り上げ，マクロからミクロ，そしてナノへの階層性を辿る．筋収縮分子機構は，太い（ミオシン）フィラメントと細い（アクチン）フィラメントという２種類の筋フィラメント間の滑り運動に帰着され，力発生はミオシン分子頭部が細いフィラメントと結合するクロスブリッジの力学酵素活性によることが確立している．そして収縮・弛緩の制御機構は，Ca^{2+}結合タンパク質トロポニンへのCa^{2+}結合・解離に伴う細いフィラメントのOn–Off状態によって決まる．現在，筋収縮・制御の分子機構は“現代メカノバイオロジー”の中心的課題ではなくなった感がある．しかし，横紋筋収縮系におけるメカノバイオフィジックスは，分子集合体システムが作る規則構造ゆえに，その微妙な構造変化を機能制御に活用している例として，十分に“現代メカノバイオロジー”の中心課題となりうるのではないか．そのことを，心筋収縮系の筋長効果（スターリングの心臓法則）と自発的振動収縮（SPontaneous Oscillatory Contraction，SPOC）特性に焦点を合わせて概説する．

12.1　はじめに

“現代メカノバイオロジー”の中心課題は「細胞がどのようにして力を生み，感じ，そして応答するのかを解明すること」であるという．その意味で，筋収縮系（contractile system of muscle）は半世紀以上にわたって“メカノバイオロジー”の中心的課題，とくに力発生メカニズム研究の中心に位置してきた．その結果，筋収縮（muscle contraction）が２種類の筋フィラメント〔太い（ミオシン，myosin）フィラメントと細い（アクチン，actin）フィラメント〕の間の“滑り運動”の結果であることが1950年代に提唱され[1,2]，1980年代には滑り運動機構（sliding mechanism）として確立した[3]．そして滑り運動は，ミオシン分子モーターの首振り運動の結果であることが，この20年ほどの１分子ナノ計測実験や構造解析の結果からほぼ確立されたといえる[4]．

そのため近年では，筋収縮系は“現代メカノバイオロジー”研究の主役の座を降りた感がある．とくに細胞内の物質輸送を担う，１分子で機能する“歩く”分子モーター（molecular motor）群が発見され，その力発生メカニズムに研究の中心が移ったことから，なおさら筋収縮系への関心が薄れてきたように見える．ただ１分子では機能せず，多分子（分子集合体）として初めて機能する筋収縮分子モーター（myosin II）の研究は，非筋細胞運動を担う多分子機能モーターの働きを解明するうえでも，重要な示唆を与える可能性がある[4]．

筋肉は，１分子ナノレベルでの酵素機能特性とその分子集合体がもつミクロの運動特性がマクロな力発生運動に直結しているという点で，生体機

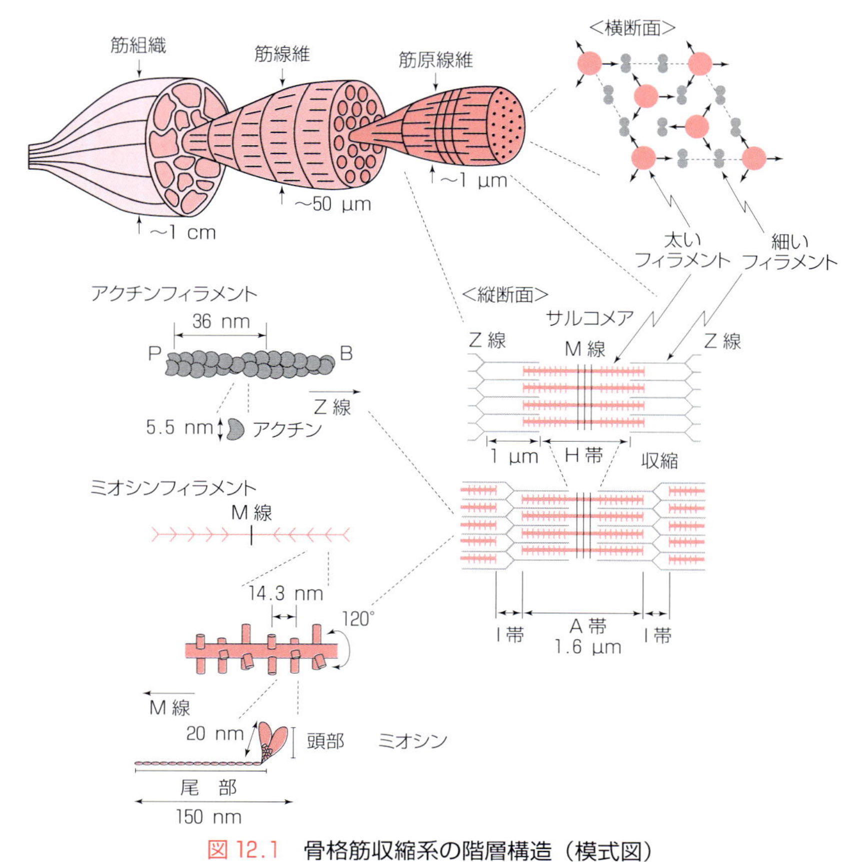

図 12.1　骨格筋収縮系の階層構造（模式図）

太いフィラメントの長さ（A 帯の長さに一致）は約 1.6 µm，細いフィラメントの長さは約 1.0 µm．横断面における太いフィラメントの中心間の間隔（格子間隔）は，哺乳動物の骨格筋では約 40 nm．心筋も横紋筋なので，筋線維以下の階層構造は，基本的に骨格筋と同じ．構造上最大の違いは，Z 線が太いこと，細いフィラメントの長さが骨格筋のように厳密には揃っていないことなどである．収縮状態になってサルコメアが短縮すると，筋フィラメントの長さはあくまでも一定なので，I 帯とH帯の幅が狭まる．フィラメント格子の体積は，弛緩状態ではほぼ一定に保たれるので，短縮するにつれて，格子間隔は広くなる．

能システムの中でも際立った特徴をもつ．筋肉は，長さのスケールで 10 の 6 乗にもわたる階層構造を形成している．すなわち，10 nm（ナノメートル）オーダーのタンパク質分子モーターのレベルから，それらが規則的に配列して周期構造をとる約 1 µm（ミクロン）の太さの筋原線維（myofibril），そして筋原線維が束となり細胞膜に包まれた数 10 µm の太さの筋線維（muscle fiber．筋細胞（muscle cell）ともいう），さらに筋線維が束となった数 cm の大きさの筋組織という階層構造をなしている（図 12.1）．

主として筋線維や筋原線維を用いて 1 世紀にもわたって研究されてきた筋収縮・制御の分子機構は，近年，1 分子（ナノ）レベルでの研究（1 分子生理学）が可能になり一気に進んだ感がある[5,6]．しかし実は，1 分子で機能する“歩く”分子モーターの研究は劇的に進歩したが，筋収縮・制御の分子機構については必ずしも劇的な進歩が見られたわけではない．筋収縮ミオシン分子モーターはアクチンから容易に解離するために，皮肉なことに，１分子レベルでの研究が最も困難な分子モーターであった．筋分子モーターは多分子モーターであり，集団になって初めて十分な生理機能を発揮する．したがって，筋収縮系の力発生・運動機構を解明するためには，システムとしての分子集団の振る舞いを各階層レベルで明らかにすることが必要不可欠なのである．

12.2 心拍を支える心筋細胞

12.2.1 血液循環ポンプとしての心臓の働き

心臓は，身体の隅々に血液を送り出す循環ポンプの役目をしている．身体の中を循環した血液は心臓に戻り，肺で新鮮な酸素を取り入れた後に再び身体に送り出される．常に働き続ける心臓は，主に心筋（cardiac muscle）と呼ばれる筋肉で構築されている．心筋は横紋構造をもち，平滑筋（smooth muscle）と同様に不随意筋（involuntary muscle）に分類される．一方，骨格筋（skeletal muscle）は横紋筋（striated muscle）だが随意筋（voluntary muscle）に分類される．すなわち心筋は，横紋筋である点は骨格筋に類似し，不随意筋である点は平滑筋に類似していることから，骨格筋と平滑筋の中間に位置する．

心筋細胞は，長軸方向に～100 μm，短軸方向に～20 μm の角柱型をしており，各細胞が網目状に複雑につながっている．長軸方向の細胞間の接合部分を介在板（intercalated disk）と呼ぶ．介在板の電気的抵抗性は著しく低く，心筋細胞の電気的興奮は隣接する細胞へと容易に伝達される．この電気的興奮を生み出しているのは，心臓上部の洞房結節（sinoatrial node）に存在するペースメーカー細胞（pacemaker cell）である．ここで生み出された電気的興奮（活動電位，action potential）が心臓の刺激伝導系に沿って伝達され，心臓の各部位における心筋細胞に秩序正しく伝達される．心筋細胞は収縮を繰り返す必要があるため，細胞内部に多数のミトコンドリアを含む．ミトコンドリアは心筋細胞の拍動に必要なエネルギー源（アデノシン３リン酸，ATP）を作り出している．ミトコンドリアが正常に機能するためには十分な酸素が必要である．そのため，虚血時などの低酸素状態では ATP の供給が十分に行われなくなる．ATP は心筋細胞の収縮時にアクトミオシンによって消費されるが，それだけではなく，Ca^{2+} を取り込む筋小胞体（sarcoplasmic reticulum）の Ca^{2+} ポンプや細胞外へ Ca^{2+} を排出する細胞膜表面の Ca^{2+} ポンプのエネルギー源ともなっている．

12.2.2 スターリングの心臓法則と筋長効果

心臓の拍出量は，拡張終期の心室容積とともに増大する．この性質はスターリングの心臓法則（Frank-Starling law）と呼ばれ，循環器の生理学における最も重要な法則の一つである[7,8]．

スターリングの心臓法則は，摘出した心筋においては，活性張力が筋長とともに増大するという「筋長効果」に置き換えることができる[8]．Allen と栗原はエクオリン（aequorin；Ca^{2+} 感受性タンパク質）を使って世界で初めて細胞内 Ca^{2+} 濃度と発生張力を同時計測した[9]．彼らは「筋長効果」が見られる際には，細胞質中の遊離 Ca^{2+} 濃度の増加が見られないことから，筋長効果はサルコメア（筋節，sarcomere）構造に由来するものであることを示唆した．筋長効果は，心筋のサルコメアにおいて見られる代表的な非線形現象である．なぜなら，骨格筋の発生張力は２種類の筋フィラメントの重なり部分の大きさに比例することが A. F. Huxley らによって明らかにされたが[10]，心筋においては，生理的とされるサルコメア長 1.9～2.4 μm の範囲でフィラメントの重なりはあまり変化しないにもかかわらず，発生張力はきわめて大きく変動するからである（図 12.2，筋長約 85～100％）．

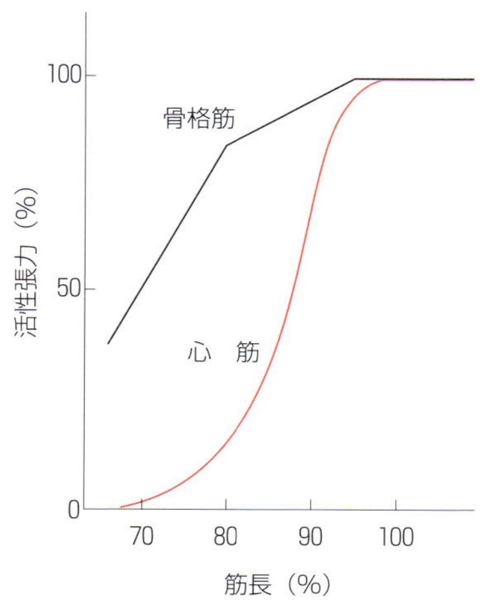

図 12.2　心筋と骨格筋の筋長（サルコメア長）依存性

心筋は骨格筋に比べて，Ca^{2+}依存性活性張力が筋長（すなわちサルコメア長）に大きく依存する．筋長 100%において活性張力の最大値が得られる（サルコメア長にして約 2.2 μm）．

図 12.1 に示すように，筋原線維は，長さ約 2 μm のサルコメアが直列につながってできている．太いフィラメントを構成するミオシンは，アクチン分子と相互作用してクロスブリッジ（cross-bridge；細いフィラメントに結合しているミオシン分子の頭部）を形成し，ATP を加水分解することによって力学的な力を発生する．サルコメアには筋フィラメントに加え，タイチン（titin；コネクチン connectin とも呼ばれる）という巨大弾性タンパク質（分子量 3～4 MDa）が存在する[11,12]．タイチンはサルコメア形成や静止張力の発生にのみ寄与すると考えられてきたが，筆者らは高エネルギーの時間分割 X 線を使ってこの常識を覆し，タイチンが積極的に活性張力を調節している仕組みを明らかにした．すなわち，サルコメアの伸展によってタイチン由来の静止張力が上昇するが，この静止張力が太いフィラメントと細いフィラメントの間隔（格子間隔）を縮小することでアクチンとミオシンの結合が促され，その結果，筋長効果が誘起される仕組みを明らかにした[13,14]．筋長効果が駆使されるためには，まず筋長に依存してサルコメア内部に構造変化（格子間隔の縮小）が惹起される必要がある．

12.2.3　トロポニンと制御機構

ところで，細いフィラメントには Ca^{2+} 受容タンパク質トロポニン（troponin，Tn）があり，Ca^{2+} がこれに結合することで，ミオシンとアクチンの相互作用が誘起される．すなわち Tn は，筋収縮においてスイッチの役割を果たしている．細いフィラメントには off と on の二つの状態があるが，この 2 状態間の平衡は Ca^{2+} 濃度によって調節されている（厳密には，クロスブリッジの数にも依存する）．すなわち，細胞質中の遊離 Ca^{2+} 濃度が μM を超えると，Tn に Ca^{2+} が結合して細いフィラメントは on 状態になり，クロスブリッジが形成されて張力が発生する．一方，Ca^{2+} 濃度が低下して Ca^{2+} が解離すると off 状態になり，クロスブリッジが解離して筋は弛緩する．またこの平衡は，Tn のアイソフォームに依存する[15,16]．

心筋の Ca^{2+} 感受性は，骨格筋に比べると低い．これは，Tn が異なるために on-off 平衡が相対的に off 側に傾いていることを意味し，そのため心筋のサルコメアでは，潜在的に力を発生することのできるクロスブリッジ前駆体（*recruitable* cross-bridge）が多く存在することになる[16]．したがって，伸展に伴って *recruitable* cross-bridge が細いフィラメントに recruit されて（結合して）力を発生し，筋長効果がもたらされると理解できる．筆者らは Tn 置換法に改良を加え，心筋の内因性 Tn を骨格筋由来の外因性 Tn にほぼ完全に入れ替える手法を開発した[17-19]．その結果，on-off 平衡が on 側にシフトし（*recruitable* cross-bridge の数が減少し），筋長効果が減弱することを確認した[17,19]．

すなわち筋長効果は，タイチン依存性の静止張力とそれに続くサルコメア格子間隔の縮小によって惹起されるが，力発生に寄与するクロスブリッジの数は細いフィラメントの on-off 平衡によって決定されている，と総括できる．筆者らは筋長効果を数理的に表すモデルを報告しているが[19,20]，このモデルは，筋フィラメントの各タンパク質に変異が生じた場合に，筋長効果がどのように変化するかを予測する一つの手段になると期待される．

12.3　心筋収縮系の動特性：自発的振動収縮（SPOC）に着目して

12.3.1　SPOC とは何か

これまで，サルコメアは Ca^{2+} 濃度の変動に応答するだけの受動的収縮マシンであり，心臓のリズム調節には関与していないと考えられてきた．しかし心筋サルコメアは，生理的活性化条件において自発的に振動するという，きわめて重要な特徴をもつ．この現象を系統的に初めて報告したのは Fabiato[21]である．Fabiato はいくつかの動物の心臓から（Ca^{2+} ポンプなどの細胞内膜系を含まない）筋原線維を抽出し，一定の Ca^{2+} 濃度（pCa ～6.0）領域において自励振動が高い頻度で生じることを見出した．この現象は，後に Moss らのグループ[22]や Linke らのグループ[23]，さらに筆者ら[24]によっても確認された．

一方，筆者らはそれとは独立に，弛緩条件（＋ATP 存在，$-Ca^{2+}$）下で，ATP の分解産物である ADP（アデノシン 2 リン酸）と無機リン酸（Pi）が高濃度に共存するという非生理的条件下で，骨格筋原線維のサルコメア長が自発的に鋸波状に振動することを発見した[25]．筆者らは，この自発的振動現象を SPOC と名づけ，サルコメア振動パターンが共通することから，前者を Ca-SPOC，後者を ADP-SPOC と命名した[26,27]．筆者らは，Ca-SPOC と ADP-SPOC との関係を探るため，ADP，Pi，Ca^{2+} の各イオン濃度と心筋サルコメアの状態を表す相図を三次元的にまとめた（図 12.3）．すると，ADP と Ca^{2+} は収縮因子として，Pi は弛緩因子として働き，SPOC は相図の中で収縮領域と弛緩領域に挟まれた一つの連続した中間領域を形成し[26,27]，Ca-SPOC と ADP-SPOC は SPOC 領域の両端に位置していた．さらに興味深いことに，この三次元相図は骨格筋でも同じだが，心筋の SPOC 領域のほうが非常に広いことがわかった[24,25]．

つまり心筋では，① Ca^{2+} のみで振動が生じる領域（図 12.3a の x 軸上での Ca-SPOC 領域）が広く，② 収縮を誘起する ADP 感受性が高い（図 12.3a の z 軸上，および図 12.3b の縦軸上の臨界 MgADP 濃度が低い）ために，ADP-SPOC 領域が広かった．この結果から，イオン環境は異なっ

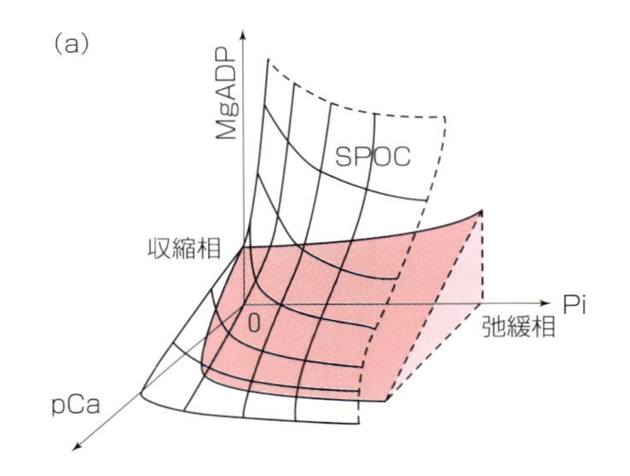

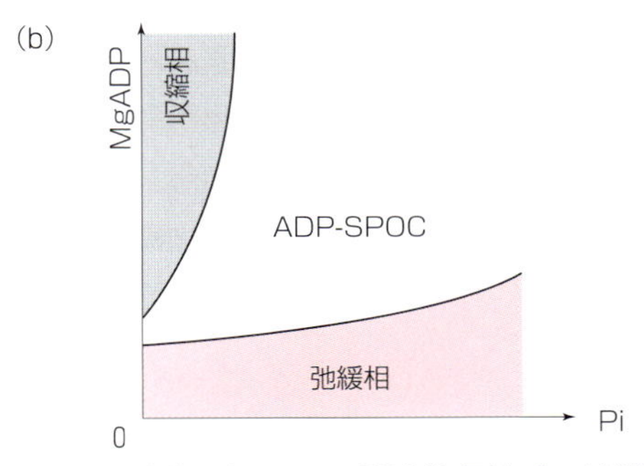

図 12.3　実験的に得られた横紋筋収縮系の状態図
（a）三次元状態図．x 軸：遊離の Ca^{2+}濃度．y 軸：無機リン酸（Pi）濃度．z 軸：MgADP 濃度．x 軸上の弛緩相と収縮相の間に Ca-SPOC 領域が挟まれている．この領域は骨格筋ではとても狭く，心筋では広い．（b）二次元状態図（図 a の yz 平面に対応）．横軸：無機リン酸（Pi）濃度．縦軸：MgADP 濃度．ADP-SPOC 領域は収縮相と弛緩相の間に挟まれている．y 軸上の弛緩相から収縮相に転じる臨界 MgADP 濃度は，骨格筋に比べて心筋のほうが低い．

ても SPOC 状態をもたらすサルコメアは同じ中間活性化状態にあること，つまり力発生状態にあるクロスブリッジと，非発生状態にあるクロスブリッジ前駆体（recruitable cross-bridge）が，それぞれある割合以上に共存するという条件が満たされているときに SPOC が発生すると推論することができた[26]．

12.3.2　SPOC に生理的意味はあるか

筆者らは，ラット，ウサギ，イヌ，ブタ，ウシといった各動物種の心室筋から調製した心筋線維の SPOC（Ca-SPOC，ADP-SPOC）の周期が，それらの動物の静止時心拍数と強い相関がある（ほぼ比例関係にある）ことを見出した[28, 29]．さらに，隣接するサルコメアにサルコメア振動の伸長相が伝播することで発生する“SPOC 波”の伝播速度も各動物種間で異なっており，静止時の心拍数と比例関係にあった[28, 29]．これらの実験事実は，サルコメアは単なる受動的 on-off マシンではなく，能動的なリズム発生素子であることを示している．

心筋細胞は骨格筋細胞と異なり，収縮のピーク時においても，細胞質中の遊離 Ca^{2+} 濃度は 10^{-6} M 程度にしか増加しないことが知られている．この点が骨格筋（特に速筋）とは大きく異なる．哺乳動物成体の心筋では，筋小胞体や横行小管系（T 管）がよく発達しており，Ca^{2+} は T 管周辺で一過的に放出される．T 管は Z 線と並走しているため Ca^{2+} 濃度は Z 線周辺で増加するが，距離に応じてイオン拡散が生じるためにクロスブリッジ形成領域では比較的低濃度の Ca^{2+} しか存在しないことになる．10^{-6} M 程度の一定 Ca^{2+} 濃度下で Ca-SPOC が生じることを上で述べた．筆者らの実験結果からいえることは，分子，分子集合体（サルコメア），筋原線維，心筋細胞，そして心臓からなる一連の階層構造には，① SPOC，② Ca^{2+} 振動，③ 膜電位振動という三つのタイプの振動特性があるということである．実際の生体内では，これら三つのタイプの振動現象が同調し，それによって最終的に心拍という一つの安定したマクロな生体リズムが生み出されている可能性がある．

一つの大胆な仮説だが，Ca^{2+} 振動の役割は，筋収縮系の on-off 状態を制御するものというよりは，筋収縮系に本来備わった各動物の心拍周期と類似の振動周期をもつサルコメア SPOC を同期させるトリガーなのではないか[30]．今後，心臓各部分での細胞質内 Ca^{2+} 濃度の変動やサルコメアの動きを高精度でイメージングすることにより，心臓のリズム調節機構の仕組みと，SPOC の生理的意義が明らかになるものと期待している．

以上，心筋に見られる代表的な非線形現象である筋長効果と SPOC についてまとめた．心疾患病態を正しく解明し，的確な診断，治療につなげるためにも，今後，心筋生理学の研究領域において，これらの非線形現象を支配している根本原理を解明する必要がある．

12.4　横紋筋の構造と機能を支える筋原線維

12.4.1　単一サルコメアの力学反応ダイナミクス

心筋サルコメアの非線形な力発生特性は，骨格筋においても広く保存される性質である．骨格筋は，心筋同様 μm サイズのサルコメア構造を基本単位とし，各サルコメアが発生する力は，Ca^{2+} 濃度と 2 種類の筋フィラメント間の重なり量に応じて調節される．これは，クロスブリッジの形成確率がトロポニンを介して制御され，さらに筋フィラメントが相対的に滑りあうことによって，結合可能な分子数が増減するためである．

興味深いことに，骨格筋を最大に活性化すると（たとえば，$[Ca^{2+}]$ ～数 10 μM），それぞれのミオシン分子はアクチンフィラメント上で独立に動作し，その結果，発生力の大きさはサルコメア長，すなわちフィラメントの重なり量に対して線形的に変化する．一方，同じ筋を中間活性化条件におくと，フィラメント間の重なり量の減少に反して発生力が増大するという，心筋に似た「非線型効果（筋長効果）」が生まれる（図 12.4[32]）[19, 20, 31, 32]．この特性は Huxley が提案したフィラメント間の一次元的な滑り運動機構だけでは説明できない．収縮系がその規則構造変化を何らかの形で自ら“検知”し，最終的な力のアウトプットを決定するための高次の制御機構を備えていることを示している．しかし，その動作原理については十分に理解されてこなかった．

最近筆者らは，溶媒条件を一定に保ったまま筋原線維をその太さ方向に浸透圧的に数％圧縮するだけで，この非線形効果が有意に減弱することを発見した[30]．これはフィラメント間の格子間隔に換算しておよそ 1 nm の変化に相当する．つまり，サルコメアの発生力は，筋フィラメントの長さに

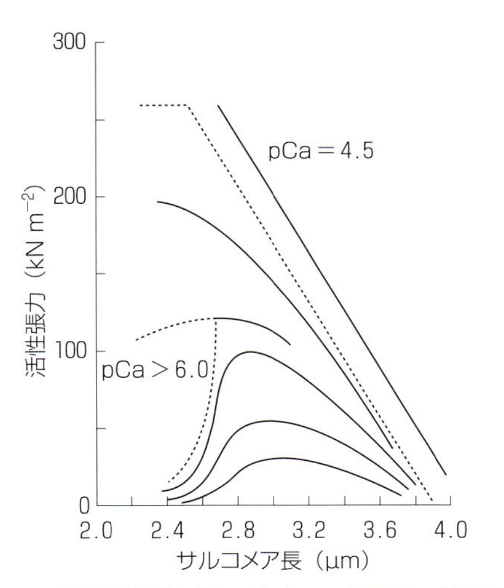

図 12.4　**骨格筋原線維のサルコメア長－等尺性張力関係（Ca^{2+}濃度依存性）**

上から下にかけて Ca 濃度が減少する．pCa 6.0 付近で破線が 2 本に分かれているのは，同じ Ca 濃度に固定しても，格子間隔の違いによって高い張力レベルを示す場合と，SPOC を起こすことで比較的小さな張力を発生する場合とがあることを示している．Ca 濃度が高い場合（pCa 4.5 付近）の点線は，滑り運動機構から推測される理想的な張力－サルコメア長関係を示す（文献 32 の Fig. 3 を改変）．

沿った方向に加えて，太さ方向についても非常に高い感受性をもって制御されている．サルコメアは模式的に描くと一見非常に硬いシリンダーのように見えるが，実際は太さ方向にも非常に柔軟で変形しやすく，浸透圧による外的摂動だけでなく内部で生まれる力変動に対してもダイナミックに応答する．たとえば，サルコメアはその構造的特徴から，特に弛緩状態では体積を一定に保つように変形し，筋を伸長するほどフィラメント格子間隔は狭まっていくことが知られている．さらに，ミオシン頭部がアクチンフィラメントと結合してクロスブリッジを形成すると，フィラメント間に太さ方向の引力が生じ，弛緩時に比べてその格子間隔は狭くなる．筋が最大限に活性化されている際には，クロスブリッジが出す内力によって格子間隔が十分に圧縮され，その平均間隔はほぼクロスブリッジ自体の長さに保たれる．中間活性化条件で見られる非線形効果は，クロスブリッジ数が少ないために格子の圧縮効果が十分働かず，サルコメアの短縮とともにクロスブリッジの形成確率が低下することで起こると説明することができる．すなわちサルコメアは，クロスブリッジが発生する縦方向，横方向の力によって，自らが働くナノスケールの反応空間をダイナミックに変化させて最終的な出力を決定する，自律的な力学素子だといえよう．

12.4.2　サルコメア集団の力学反応ダイナミクス

数千個のサルコメアが直列に結合して筋原線維を形成すると（図 12.1），サブ μm スケールで起こる各サルコメアの長さ変化は数千倍に増幅され，mm サイズの収縮運動へと変換される．このとき，隣りあうサルコメアどうしは Z 線（Z-line．Z 板（Z-disk）ともいう）と呼ばれる格子状のタンパク集合体によって機械的に連結しているため，局所的なカップリング（local coupling）が起きるこ

とが期待される．さらにサルコメアどうしの結合は直列結合であり，かつ運動の慣性（質量）は無視できる程度であるため，あるサルコメアが発生した力は他のすべてのサルコメアに瞬時に伝播する（おそらく，1 mm の筋原線維あたり μs のオーダーで）．すなわち，張力を通じたサルコメア間の大局的なカップリング（global coupling）も存在する可能性がある．しかし通常の筋生理実験では，レーザー光を当てて得られる回折パターンから数千のサルコメア集団が示す平均挙動を解析するため，筋の力発生特性を単一サルコメアレベルの運動特性とリンクすることは困難であった．

筆者らは，個々のサルコメアの動態を捉えることができる光学顕微鏡システムを開発し，筋原線維の力発生や外力に対する応答特性を単一サルコメアレベルで解析することに成功している（図 12.5）[33, 34]．この計測システムを用いて一定の収縮溶液に浸した骨格筋筋原線維に急激な荷重を加えたところ，一過的に弛緩状態が誘起されることがわかった．これを単一サルコメアレベルで観察すると，この一過的弛緩はすべてのサルコメアで一様に起きるのではなく，いくつかのサルコメアだけで起きることが明らかとなった．

驚くべきことに，この弛緩するサルコメアは筋原線維内にランダムに現れるのではなく，隣接する数個のサルコメアでクラスター化していた（図 12.5）[33]．このクラスター化は，サルコメアどうしを結合している Z 線を特異的抗体で物理的に架橋すると抑制されることから，Z 線の構造変化に依存した力学情報の伝達機構が存在することが推測される．前節で述べたクロスブリッジの結合・解離に伴うサルコメア格子構造の変化と併せて考えると，あるサルコメア内でのクロスブリッジ解離に伴う弛緩が格子間隔を拡張し，それが Z 線を介して隣接サルコメアに瞬時に伝播することで，そこでのクロスブリッジの解離を誘発する，というシナリオが得られる．この“力学シグナル”を利用したサルコメア間での自律的な活性調節機構は，Ca^{2+} などの化学物質の拡散よりも短い時間スケールで，サルコメア集団の力発生状態の瞬時のスイッチングを可能にする．これこそ，筋原線維の空間構造を利用して実現された，高次の制御機構であるといえる．

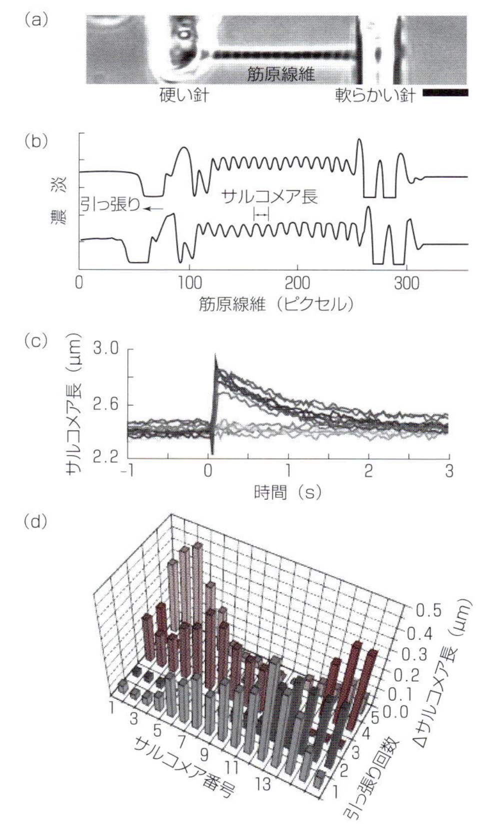

図 12.5　急速伸長によるサルコメアの集団（クラスター）的強制伸長
ウサギ骨格筋筋原線維を 2 本のガラス微小針に固定し，一方の針を急速伸長する際の各サルコメアの応答性．（a）位相差顕微鏡像．（b）筋原線維に沿った濃淡プロファイル．引っ張りに対して，各サルコメアがどのように伸長したかを定量できる．（c）伸長に伴う各サルコメア長の時間変化．（d）各サルコメア長の時空間的変化．筋原線維に沿って番号づけられたサルコメアが引っ張りに対してどの程度長さを変化したかを示している．引っ張りの仕儀ごとに，異なるサルコメア集団が伸長する様子がわかる（文献 32 の Fig. 1，2，4 から）．

12.4.3　SPOC におけるサルコメア内，サルコメア間ダイナミクス

実は，ここまで述べてきたサルコメア内，サルコメア間の構造変化を中心とした力発生の調節機構によって，SPOC の振動メカニズムを非常によく説明できる．中間活性化条件においては，サルコメア長が短くなるほど格子の拡張効果のためにクロスブリッジは解離しやすくなると考えられる．ひとたびクロスブリッジが解離し始めると，クロスブリッジは雪崩的に解離し，サルコメアは弛緩して伸長に転じる．伸長すると今度は格子間隔が圧縮されていき，クロスブリッジの結合が急激に促進され，伸長が止まり，サルコメアは短縮に転じる（図 12.6）．このサルコメアの短縮と伸長に伴う格子の拡張と圧縮が，SPOC の動的かつ安定な振動を支える基礎となっていると考えられる．また SPOC 波の伝播は，クロスブリッジの解離に伴うサルコメア格子構造の変化が，Z 線構造を介して隣接するサルコメアへと次々に伝播していくものと説明される．すなわち SPOC は，サルコメアと筋原線維がもつ高次の構造力学特性を顕著に現す現象であるといえよう．これまで筋の特性評価はもっぱら収縮・弛緩のキネティクス解析に基づいて行われてきたが，SPOC 条件におけるサルコメア動態を詳細に解析することによって，サルコメアがもつ高次の制御ダイナミクスまで抽出，評価できる可能性が出てきた．

上記の考察に基づき，筆者らは SPOC（Ca-SPOC，ADP-SPOC）の振動パターンを *in silico* で再現可能な数理モデルを開発している[35,36]．このモデルは，格子間隔に依存したミオシンの相互作用確率の変化を考慮することによって，これまでサルコメアの長さ方向に限られていた力発生の制御特性を太さ方向に拡張したものである．このシンプルな拡張によって，いままで説明されてこなかった，弛緩から SPOC を通って収縮へ至る筋収縮システムの状態変化が，一つのモデルコンテキストを基礎として包括的に記述できるようになった[33]．さらにこの単一サルコメアモデルを直列に結合することで，筋原線維（連結）モデルへと拡張することもできた[34]．その結果，筋原線維に見られるさまざまな SPOC パターン，すなわ

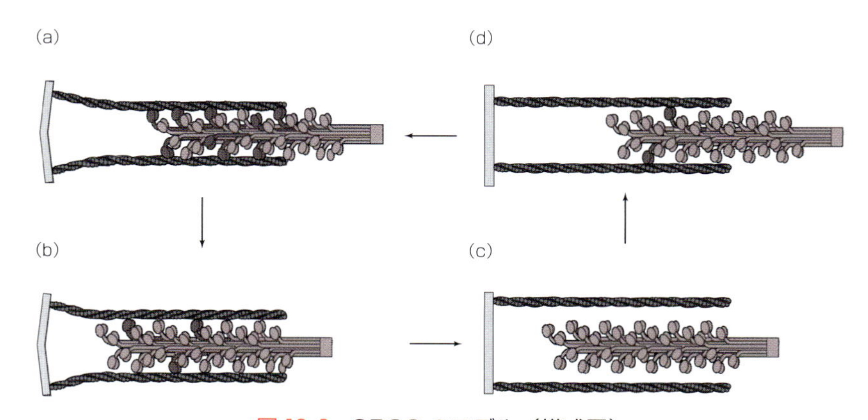

図 12.6　SPOC のモデル（模式図）

SPOC の 1 サイクルの間に，1 本の太い（ミオシン）フィラメントと，それと両側から相互作用する 2 本の細い（アクチン）フィラメントの間に形成されるクロスブリッジ（ピンク）の様子が示されている．サルコメア（ここでは半サルコメアに相当）が短縮する（a→b）につれてクロスブリッジ形成が不安定化し，フィラメント格子の間隔が突然広がる（c），その結果クロスブリッジが解離し，サルコメアは伸長相に転じる（c→d）．ところが，サルコメアが伸長すると格子間隔は狭まるので，クロスブリッジ形成能が劇的に上昇する．その結果，再びクロスブリッジが形成されてサルコメアは短縮相に転じる．

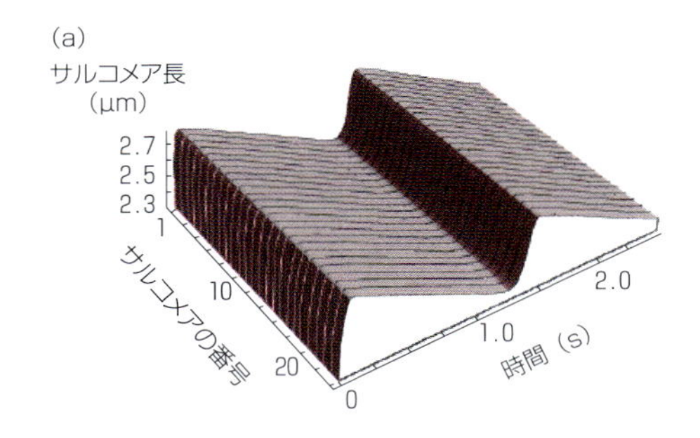

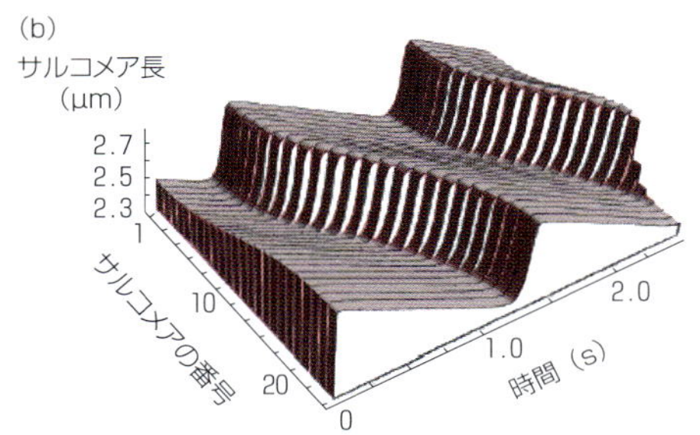

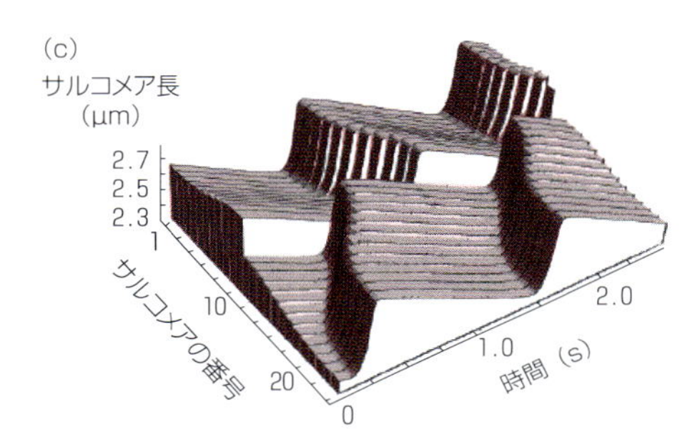

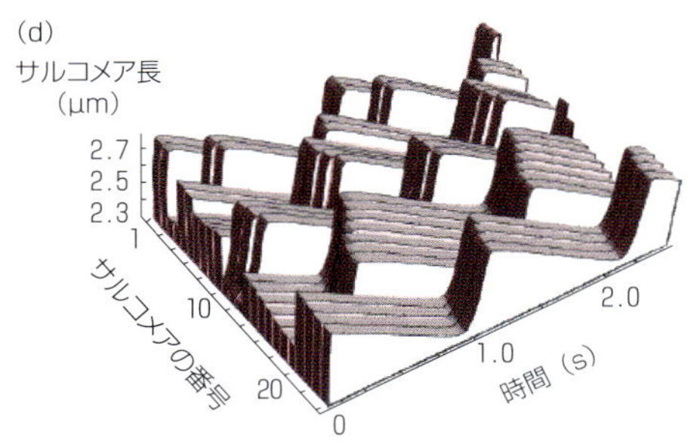

図 12.7　SPOC 連結モデルが示す，筋原線維に見られるいくつかの SPOC パターン

（a）サルコメア長振動が一斉に生じる SPOC 同期モード．（b）サルコメアの伸長相が隣りあうサルコメアに次々と伝わる SPOC 波伝播モード．（c）複数の SPOC 波がぶつかりあって消滅する SPOC 波分断モード．（d）サルコメア振動が不規則に発生するランダムモードを再現できた（文献 34 の Fig. 2 を改変）．

ちサルコメアの伸長相が隣りあうサルコメアに次々と伝わる SPOC 波伝播モード，複数の SPOC 波がぶつかりあって消滅する SPOC 波分断モード，サルコメア振動が一斉に生じる SPOC 同期モード[37]，サルコメア振動が不規則に発生するランダムモードを再現できた（図 12.7）[36]．活性化レベルを上げると筋原線維は振動せず，スムーズに収縮・短縮する．それらの発生条件も，実験結果とよく一致していた．この数理モデルは，筋収縮システムの動態予測に貢献する重要な基礎となることが期待される．

12.5　アクチンフィラメントは運動する

12.5.1　アクチンフィラメントの顕微可視化

1980 年代になって，1 本のアクチンフィラメントが蛍光顕微鏡下で可視化された[38]．続いて，ガラス基板表面上に吸着したミオシン分子の上を，ATP を消費しつつアクチンフィラメントが滑り運動する人工的な *in vitro* 滑り運動系（*in vitro* motility assay）が開発された[39]．この実験系を用いて，一時に多数のミオシン分子が相互作用していればアクチンフィラメントの滑り運動が可能であることがわかった．1 本のアクチンフィラメントに発生する力も計測され，ミオシン 1 分子が発生する平均力が約 1 pN であることもわかった[40]．

これらの結果は，筋原線維[32, 34]や筋線維を用いて計測されてきた筋生理学的結果と大きな矛盾はなかった．*in vitro* 滑り運動系では各ミオシン分子モーターは協調せず，確率的に働くナノマシンであること，その集合体としての筋収縮系はあくまでも分子モーターが発する力の平均値を活用しているという，従来の滑り運動機構が与える描像を 1 分子レベルの積み重ねとして確定するものであった．

12.5.2　滑り力のトルク成分

筆者らはこの実験系を活用して，ミオシン分子モーターの滑り運動力成分の中に，右巻きトルク成分が存在することを実証した（図 12.8）[41]．ミオシン分子モーターはアクチンフィラメントの滑り運動を引き起こす滑り力（フィラメントに沿った力）に加えて，フィラメントを回転させるトルク成分をもつ．滑り運動するアクチンフィラメントの後端が Z 線に固定されている筋線維中では，このトルクによって，アクチンフィラメントに捻りが生じている可能性がある．ただし，各クロスブリッジの結合寿命は非常に短いので，筋線維中で 1 本の細いフィラメントに同時に結合しているクロスブリッジの数は多くなく，フィラメントの捻りはそれほど大きくならないと推測される．

12.5.3　ナノ・ピコ顕微力学計測

さらに *in vitro* 滑り運動系において，アクチンフィラメントの後端にミクロンサイズのプラスチックビーズを結合し，そのビーズを光ピンセット（optical tweezers）で捕捉して力計測することで，ATP 存在下でのミオシン分子モーターの pN オーダーの発生力を計測したり[42, 43]，ATP 非存在下での 1 分子硬直（rigor）結合の破断に要する力を計測したりすることができた[44, 45]．双頭結合の破断力が 10 数 pN であるのに対し，単頭結合ではその半分程度であった．また，結合寿命の負荷依存性を単頭結合と双頭結合について見積も

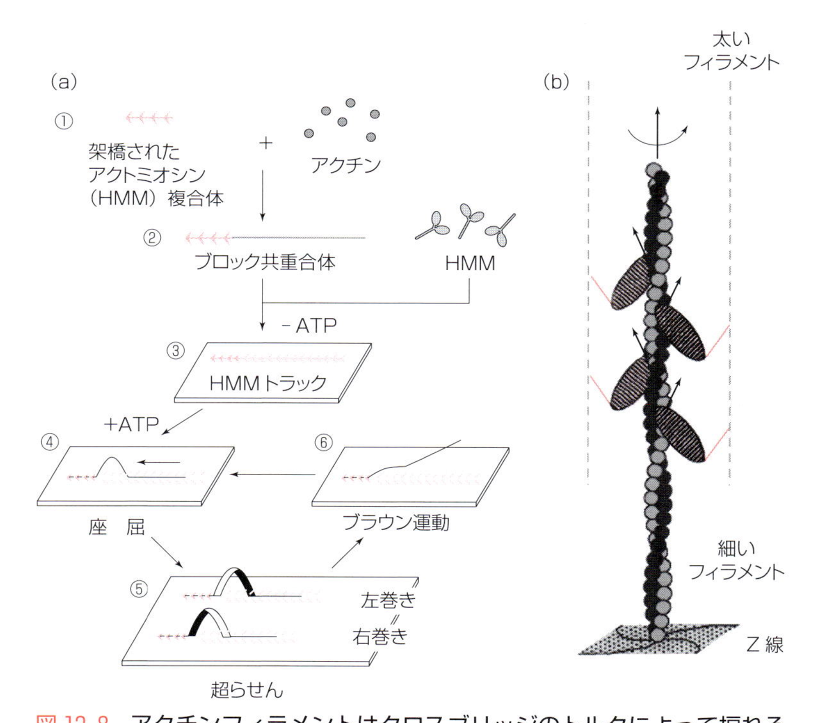

図 12.8　アクチンフィラメントはクロスブリッジのトルクによって捩れる
（a）アクチンフィラメントの前側をガラス基板上に固定し，後側でミオシン（HMM）分子モーターを働かせる．分子モーターがフィラメントを押すので，フィラメントは中ほどで座屈し，さらに超らせんを形成した．超らせんが左巻きであったことから，分子モーターはフィラメントに沿った滑り力の他に，右巻きトルク成分をもつことが示唆された．（b）サルコメア内では，細い（アクチン）フィラメントの後端は Z 線に固定されているので，クロスブリッジ（楕円形）によるトルクによって，捩れが溜まる可能性がある．（文献 42 の Fig. 1，3 を改変）．

ることもできた[45]．さらに，1 本のアクチンフィラメントの両端に結合したプラスチックビーズを光ピンセットで捕捉し，フィラメントに 10 pN 程度の引っ張り力を加えたところ，特定のアミノ酸にラベルした蛍光分子の蛍光強度変化によってアクチン分子の歪みを検出できた[45]．

このような 1 分子ナノ・ピコ計測の結果，筋収縮系の運動機構に関して，マクロとミクロ，さらにはナノが地続きとなった．マクロの動作特性が，ミクロのみならずナノレベルの分子間相互作用をもとに理解されようとしている（図 12.9）．“現代メカノバイオロジー”がどのようなものであれ，ナノレベルでの分子力学特性を積み上げていかない限り，真の意味でそれを理解できたとはいえないだろう．

12.6　まとめと将来展望

筋収縮系が“現代メカノバイオロジー”の中心課題の一翼を担い続けられるか否かは，このシステムの運動特性が普遍的な意味をもつかどうかにかかっているだろう．収縮と弛緩の中間状態としての自発的振動収縮（SPOC）状態は，力学酵素が自らの反応場である高次構造自体を変化させ，それが自らの働きにフィードバックされるという，システムとしてのダイナミクスの重要性を浮き彫りにしている（図 12.9）[27]．高次構造を反応場とする細胞機能システムにおいても，横紋筋と同様のケモメカニカルフィードバックループの存在が予測される．“現代メカノバイオロジー”の課題として無視できない視点を，横紋筋収縮系の研究が与え続けることを期待している．

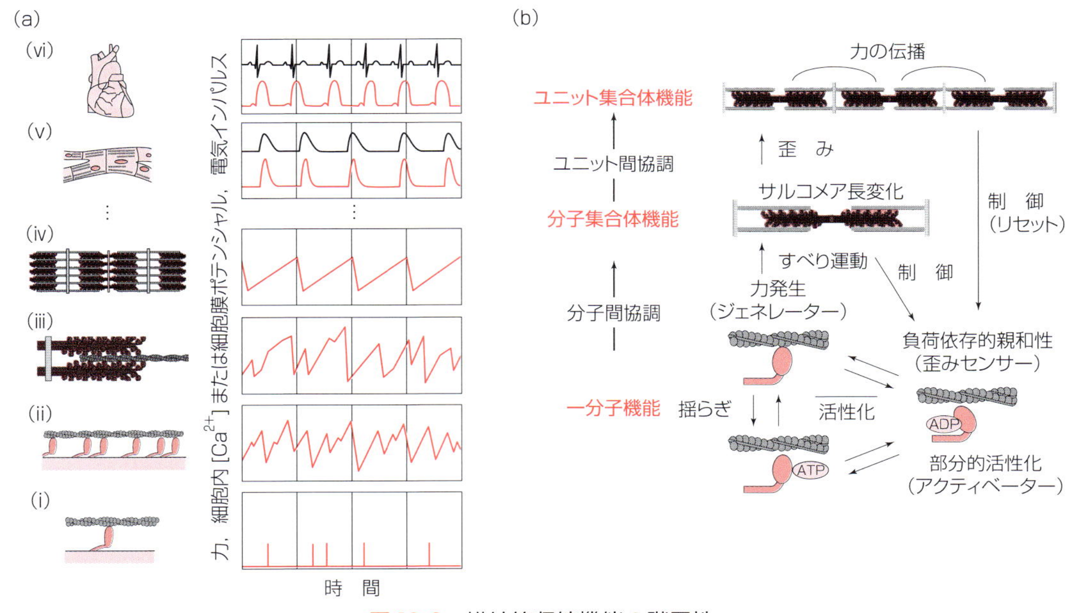

図 12.9　横紋筋収縮機能の階層性

（a）ミオシン分子モーターは確率的ナノマシンとして働くが，分子集合体としてのサルコメアは振動運動を行い，階層構造が上がるにつれて秩序運動を行う．（b）分子間協調，ユニット構造間協調など，各階層特有の協調性（分子・分子集合体の構造歪みを通じての）があり，運動の秩序度が向上する．分子モーターの反応場であるフィラメント格子空間の変化（歪み）を通じての“ケモメカニカルフィードバックループ”が存在する．

本章の主題から外れるがひと言付け加える．近年，横紋筋のZ線が，構造タンパク質だけでなくキナーゼ活性をもつ多種類のタンパク質の複合体であり，タイチン/コネクチンもキナーゼ活性をもつことがわかってきた．しかもそれらの酵素活性が，力に依存する可能性が示唆されている[47]．横紋筋は発熱装置でもあり，力に依存する代謝装置と捉えることができる．これはまさしく現代メカノバイオロジーの中心課題といえるのではなかろうか．

（石渡信一・島本勇太・福田紀男）

文　献

1）A. F. Huxley, *Prog. Biophys.*, **7**, 255 (1957).
2）H. E. Huxley, *Science*, **164**, 1356 (1969).
3）A. F. Huxley, R. M. Simmons, *Nature*, **233**, 533 (1971).
4）石渡信一編,『生体分子モーターの仕組み』, シリーズ・ニューバイオフィジックス第4巻, 共立出版 (1997).
5）原田慶恵, 石渡信一編,『1分子生物学』, 化学同人 (2014).
6）野地博行編,『1分子ナノバイオ計測』, 化学同人 (2014).
7）R. M. Berne et al., "Physiology 4th ed.," Mosby Inc. (1998).
8）A. M. Katz, *Circulation*, **106**, 2986 (2002).
9）D. G. Allen, S. Kurihara, *J. Physiol.*, **327**, 79 (1982).
10）A. M. Gordon et al., *J. Physiol.*, **184**, 170 (1966).
11）T. Funatsu et al., *J. Cell Biol.*, **110**, 53 (1990).
12）T. Funatsu et al., *J. Cell Biol.*, **120**, 711 (1993).
13）N. Fukuda et al., *J. Physiol.*, **553**, 147 (2003).
14）N. Fukuda et al., *Pflügers Arch.*, **449**, 449 (2005).
15）R. J. Solaro, H. M. Rarick, *Circ. Res.*, **83**, 471 (1998).
16）N. Fukuda et al., *Curr. Cardiol. Rev.*, **5**, 119 (2009).
17）T. Terui et al., *J. Gen. Physiol.*, **131**, 275 (2008).
18）D. Matsuba et al., *J. Gen. Physiol.*, **133**, 571 (2009).
19）T. Terui et al., *J. Gen. Physiol.*, **136**, 469 (2010).
20）S. Ishiwata, F. Oosawa, *J. Mechanochem. Cell Motil.*, **3**, 9 (1974).
21）A. Fabiato, F. Fabiato, *J. Gen. Physiol.*, **72**, 667 (1978).
22）N. K. Sweitzer, R. L. Moss, *J. Gen. Physiol.*, **96**, 1221 (1990).
23）W. A. Linke et al., *Circ. Res.*, **73**, 724 (1993).
24）N. Fukuda et al., *Pflügers Arch.*, **433**, 1 (1996).
25）N. Okamura, S. Ishiwata, *J. Muscle Res. Cell Motil. i*, **9**, 111 (1988).
26）S. Ishiwata, K. Yasuda, *Phase Transitions*, **45**, 105 (1993).
27）S. Ishiwata et al., *Prog. Biophys. Mol. Biol.*, **105**, 187 (2011).
28）D. Sasaki et al., *J. Muscle Res. Cell Motil.*, **26**, 93 (2005).
29）D. Sasaki et al., *Biochem. Biophys. Res. Commun.*, **343**, 1146 (2006).
30）S. Ishiwata et al., *Adv. Exp. Med. Biol.*, **592**, 341 (2007).
31）M. Endo, *Nat. New Biol.*, **237**, 211 (1972).
32）Y. Shimamoto et al., *Biochem. Biophys. Res. Commun.*, **366**, 233 (2008).
33）Y. Shimamoto et al., *Proc. Natl. Acad. Sci. USA.*, **106**, 11954 (2009).
34）T. Anazawa et al., *Biophys. J.*, **61**, 1099 (1992).
35）K. Sato et al., *Prog. Biophys. Mol. Biol.*, **105**, 199 (2011).
36）K. Sato et al., *Phys. Rev. Lett.*, **111**, 108104 (2013).
37）K. Yasuda et al., *Biophys. J.*, **68**, 598 (1995).
38）T. Yanagida et al., *Nature*, **307**, 58 (1984).
39）S. J. Kron, J. A. Spudich, *Proc. Natl. Acad. Sci. USA.*, **83**, 6272 (1986).
40）A. Kishino, T. Yanagida, *Nature*, **334**, 74 (1988).
41）T. Nishizaka et al., *Nature*, **361**, 269 (1993).
42）J. T. Finer et al., *Nature*, **368**, 113 (1994).
43）H. Miyata et al., *J. Biochem.*, **115**, 644 (1994).
44）T. Nishizaka et al., *Nature*, **377**, 251 (1995).
45）T. Nishizaka et al., *Biophys. J.*, **79**, 962 (2000).
46）T. Shimozawa, S. Ishiwata, *Biophys. J.*, **96**, 1036 (2009).
47）M. Gautel, *Curr. Opin. Cell Biol.*, **23**, 39 (2011).

呼吸器とがんのメカノバイオロジー：気道，肺，肺胞

Summary

呼吸器の重要な役割は呼吸運動，すなわち気道を通じて肺へ吸い込んだ空気を呼気として吐き出すことによって，恒常的に酸素と二酸化炭素のガス交換を行うことである．呼吸器は呼吸運動や肺循環によって絶え間なく肺の伸展（ストレッチ）や気流・血流によるずり応力などの機械的刺激（メカニカルストレス）を受け続けている．メカニカルストレスは，肺，気道，血管に分布する細胞に感知され，呼吸器の分化・発達・成長に加え，構造と機能の恒常性を保つために必須なものである．呼吸器系細胞はメカニカルストレスを感知（メカノセンシング）し，細胞内シグナル伝達機構（メカノトランスダクション）の活性化を介して細胞応答を行っている．細胞自身が収縮張力を発生してメカニカルストレス発生源になることもある．気管支喘息発作時の気道平滑筋収縮はその代表例である．肺や気道組織を構成する細胞外基質にもメカニカルストレスが働くため，基質の組成と硬さなどの機械特性は，呼吸器の構造および機能を厳密に制御している．一方で，細胞外基質に組成変化，損傷，機械特性の変化などが生じると，肺はメカニカルストレスに対して正常な対応ができなくなり，さまざまな呼吸器疾患の発症につながる．その例が肺気腫，肺線維症，人工呼吸器関連肺損傷である．さらに，細胞外基質の機械特性変化は細胞機能や分化に影響を及ぼすことから，肺線維化やがんの進行との関連が推定されている．本章では，メカニカルストレスにより制御される呼吸器の機能，分化・発達，およびメカニカルストレスに関連する呼吸器疾患の病態生理について述べる．

13.1　はじめに

ヒトを含め哺乳類の呼吸器は肺と気道，胸郭によって形成されている．呼吸器の最も重要な役割は，換気により酸素と二酸化炭素を交換すること（ガス交換）である．肺胞へ空気を吸い込み，呼気として吐き出す呼吸運動は，横隔膜を中心とする呼吸筋（骨格筋）の収縮と弛緩により営まれ，出生から死に至るまで絶え間なく繰り返される．呼吸運動は，肺胞や気道に対して伸展（ストレッチ）刺激と気流によるずり応力を与えている．右心室から肺動脈，肺毛細血管，肺静脈を経て左心房に至る肺循環系は，血流によるずり応力と血圧による圧ストレスを受け続けている．また，換気と肺血流の分布バランスには重力が大きな影響を及ぼしている．このように，呼吸器はさまざまな機械的刺激（メカニカルストレス）を受けている．これらメカニカルストレスはガス交換を行うために必要不可欠であるとともに，正常呼吸器機能の恒常性（ホメオスタシス）を保つうえで必須である（図 13.1）[1]．さらには胎生期，新生児期から成長期に至る間の呼吸器系の形成・発達・分化の過程においても重要な役割を果たしている[2]．

気道は口と鼻腔を介して外界に開放されている．このため病原微生物の侵入，化学物質刺激，酸化ストレスに加え，温度変化や粉塵などの物理的刺激に暴露されている．呼吸器は微粒子や有毒ガスが気道，肺胞を通じて体内に侵入することを阻止する，もしくは侵入した場合にそれらを排除するための生体防御反応をもっている．この生体防御反応の一つに咳嗽反射がある．気管支上皮間や上皮下などの気道壁表層に分布する知覚神経終末である咳受容体に対するメカニカルストレスは咳嗽反射を引き起こす．

一方，過剰もしくは局所的なメカニカルストレスによって肺組織や細胞が損傷を受けたり正常に対応できなくなったりすると，呼吸器機能に不具合が生じ，呼吸器疾患につながる（図 13.1）．気胸，慢性閉塞性肺疾患（chronic obstructive pulmonary disease，COPD），急性呼吸促迫症候群（acute respiratory distress syndrome，ARDS），人工呼吸器関連肺損傷（ventilator-induced lung injury，VILI），気管支喘息，肺血管性肺高血圧症などはいずれもメカニカルストレスと深く関連する疾患である[3]．さらに，肺線維化，肺がんの

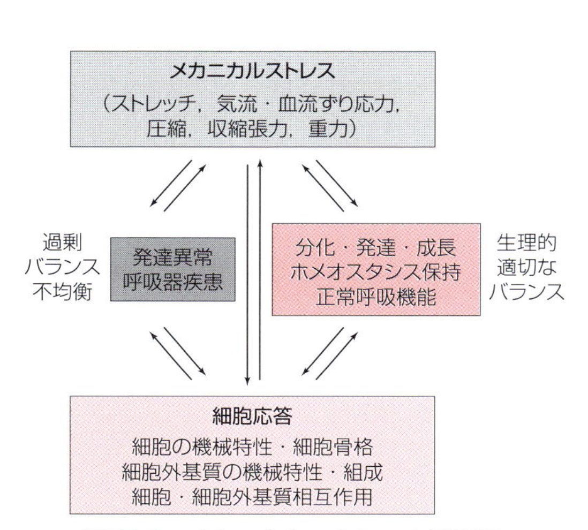

図 13.1　メカニカルストレスと呼吸器
呼吸器はストレッチ，気流や血流ずり応力，圧縮，収縮張力，重力などのメカニカルストレスを受けている．メカニカルストレスは呼吸器を形成する細胞や細胞外基質に影響を与え，また細胞や細胞外基質はメカニカルストレスの発生源である．生理的なメカニカルストレスは呼吸器の分化・発達・成長，ホメオスタシス，正常呼吸機能の保持に必須である．一方，過剰なメカニカルストレスや力学的なバランスの異常は，さまざまな呼吸器疾患の病態や発達異常に関与する．

病態とメカニカルストレスとの関連も明らかになってきている．本章では，呼吸機能，呼吸器の発達，成長，および疾患におけるメカニカルストレスの役割について概説する．

13.2　メカニカルストレスにより惹起される細胞応答の制御機構

13.2.1　メカノトランスダクションとメカノセンシング

細胞の機能や分化，細胞間相互作用はメカニカルストレスによって影響を受けている．細胞がメカニカルストレスを感知する機構（メカノセンサー）や感知したシグナルを細胞内に伝達する機構（メカノトランスダクション）は必ずしも呼吸器系細胞に特異的なものではなく，他の細胞と同様の経路を介している場合が多い[4-6]．

メカノセンサーとしてはイオンチャネル，細胞接着に関与するインテグリンなど接着分子および接着斑，細胞骨格が重要である．これらに加えて，細胞膜にあるカベオラ，G タンパク質結合型受容体，増殖因子受容体などもメカノセンサーにあげられる[4,5]．メカノトランスダクションとして働く細胞内シグナル伝達経路には，MAP-キナーゼ系，RhoA/Rho-キナーゼ，PI3-キナーゼ，cyclooxygenase-2，チロシンキナーゼなどがある．最近，転写因子 yes-associated protein（YAP）/transcriptional coactivator with PDZ-binding motif（TAZ）がメカノトランスダクションに関与することが報告され，ヒト肺毛細血管内皮細胞においても確認されている[7]．

13.2.2　機械感受性イオンチャネル

イオンチャネル開口によるイオン流入・流出は非常に速く鋭敏な反応である．このため，ストレッチや流れずり応力などによって活性化する機械感受性イオンチャネルは，細胞がメカニカルス

トレスを受けて迅速に対応するために有用なシステムといえる．細胞内遊離 Ca^{2+} は普遍的なセカンドメッセンジャーであり，気道平滑筋細胞の収縮，増殖，遊走，肺血管内皮細胞の透過性や一酸化窒素（NO）産生，II 型肺胞上皮細胞からのサーファクタント分泌など，呼吸器系において重要な細胞機能を制御している[4,8,9]．ストレッチ活性型チャネルなどの機械感受性チャネルを介した Ca^{2+} 流入は，気道平滑筋細胞[10]，肺毛細血管内皮細胞[11]，気道上皮細胞[12]などにおいても報告されている．細胞外基質に接着した細胞がストレッチ刺激を感知し，情報をチャネルに伝達する機構としてインテグリン分子を介した接着斑とアクチン細胞骨格により形成されるメカノセンサー複合体が重要である[11,13]．呼吸器系細胞を含め，機械感受性チャネルの候補としては TRPV ファミリーをはじめとした TRP チャネルが考えられている[10,11,14]．TRPV4 は肺毛細血管内皮細胞における機械感受性チャネルとして血管透過性を制御している[14]．複雑な呼吸器機能を制御するためには，TRPV4 だけではなく複数の機械感受性をもつイオンチャネルが存在し，ストレッチ，ずり応力，浸透圧など異なる種類のメカニカルストレスに対応しているだろうと推測される．

13.3　呼吸器機能におけるメカニカルストレスの重要性

13.3.1　肺構造と機能の制御

メカニカルストレスは呼吸機能のホメオスタシスを保つうえで重要である（図 13.1）．呼吸器の構造と生理機能の関係は構造–機能連関と呼ばれ，互いに密接に結びついている．肺組織は I 型および II 型肺胞上皮細胞，線維芽細胞，血管内皮細胞，気道および血管平滑筋細胞，肺胞マクロファージなどの細胞成分と，細胞外基質を主とする非細胞成分によって成り立っている．肺組織にはぶどうの房のような構造をもつ多数の肺胞が含まれている．肺胞は気道を通じて取り込まれた空気の最終到着地点であり，毛細血管との間でガス交換を行っている．成長，発達，加齢や呼吸器疾患の発症に伴って引き起こされる肺組織の変性や組成の変化は，肺の三次元構造および生理機能に大きく影響する[1,15]．さらに，肺の換気力学は肺組織の弾性や硬さ（stiffness）などの機械特性や保水性により決定される[1,15]．

肺胞壁を構成する細胞外基質の主成分は弾性線維（エラスチンとマイクロフィブリル），コラーゲン，プロテオグリカンである．肺が伸縮する際の弾力性を保つためには，弾性線維，特にエラスチンが重要である．エラスチンのもつ弾性により，呼吸運動に迅速かつ柔軟に対応して肺の容量を変化させることが可能となる．一方，肺内エラスターゼ活性上昇などによるエラスチンの損傷や減少，エラスチン量のコラーゲンに対する比率低下は呼吸機能の障害につながり，肺気腫，肺線維症，ARDS などの疾患の病態に結びつく．

マイクロフィブリルは弾性線維の構造と機能制御に寄与している．マイクロフィブリルの一種 *fibrillin-1* 遺伝子の先天的異常により，fibrillin-1 タンパク質組成に異常をきたす tight-skin マウスがある．このマウスは発達に伴い肺胞腔が増大し，肺気腫を自然発症する．Tight-skin マウス肺の圧力–容量曲線を測定すると，正常マウスと比べ肺弾性抵抗が著明に低下している[16]．このことから，fibrillin-1 は呼吸に伴うメカニカルストレスに対して肺保護的に働いて肺が過膨張することを防いでいると推測される．対照的にこのマウスの皮膚組織の張力（stress）–伸展度（strain）関係を測定すると，正常マウスより硬い．このマウスにおける肺と皮膚との生体力学的な違いは非常に興味深い．呼吸運動によって生じるメカニカルストレスが肺の分化・発達に影響し，細胞外基質の機械特性が変化するのであろうと推測される[16]．

肺組織を形成するコラーゲンの主成分はⅠ型，Ⅲ型，Ⅳ型コラーゲンなどである．コラーゲン線維はエラスチンと比べて強固であり，肺容量が増大した際など大きな物理的力に対抗して，肺胞壁の破綻を防いでいる[15]．一方，肺線維化に伴ってコラーゲン量が過剰に増えすぎると，肺の硬さは増強する．さらに，相対的にエラスチンの比率が低下するため伸展性が阻害される[17]．

プロテオグリカンはコアタンパク質にグリコサミノグリカン鎖が結合した構造を特徴とし，軟骨組織に多く含まれている．肺組織においては，グリコサミノグリカン鎖は肺胞壁における水分バランスを制御することで，肺組織の機械特性を制御している[18]．

13.3.2　メカニカルストレスによるサーファクタントの制御

サーファクタントはⅡ型肺胞上皮細胞で産生される脂質タンパク質複合体で，肺胞表面をくまなく覆う液性成分である．サーファクタントは肺胞の表面張力を低下させ，肺胞の虚脱を防ぐ重要な働きをしている．このため，肺のサーファクタント産生が必要量に満たない状態で出生した未熟児には，人工的サーファクタントの補充が必要となる．サーファクタントはフォスファチジルコリンやフォスファチジルグリセロールなどのリン脂質と，中性脂肪，サーファクタントタンパク（surfactant protein，SP）から構成される．

メカニカルストレスはⅡ型肺胞上皮細胞からのサーファクタントの産生ならびに分泌を制御している[19,20]．Wirtz と Dobbs は，ラットの培養Ⅱ型肺胞上皮細胞を用いた実験を行い，この細胞に対する単回ストレッチ刺激が細胞内 Ca^{2+} 濃度上昇を伴いながらサーファクタント分泌を引き起こすことを報告した[19]．モルモットを用いた *in vivo* 実験によると，人工呼吸器での1回換気量を毎回変動させることにより，換気量を固定した条件と比べて肺胞腔内へのサーファクタント分泌は増強した[21]．通常の呼吸運動には一定のリズムがあるものの，深呼吸を伴うなど吸気量や呼吸速度，頻度にはばらつき，いわゆる生体揺らぎが存在する．このことから，呼吸運動の生体揺らぎによってストレッチや気流などのメカニカルストレスの強度とパターンが変動し，その結果Ⅱ型肺胞上皮細胞からのサーファクタント産生・分泌のバランスが影響されると考えられる．

13.3.3　呼吸器系の発達・成長とメカニカルストレス

胎生期，新生児期から成長期に至るまで，さまざまなメカニカルストレスが呼吸器系の形成・発達・分化の過程において重要な役割を果たしている[2]．胎児期の肺胞腔は羊水によって満たされており，ガス交換は臍帯を通じて母体に依存している．しかし，出生と同時に呼吸によるガス交換を行うための準備を行っており，出生に備えて肺は機能的残気量レベルに膨張している．胎児肺では，すでに間欠的な呼吸運動が始まっている．この胎児呼吸運動は胎児肺の発育に必須であり，横隔膜ヘルニアや横隔膜形成不全などにより呼吸運動が欠落すると肺形成が阻害される[22]．ラット胎児肺のⅡ型肺胞上皮細胞を用いた *in vitro* 実験によると，細胞の繰り返しストレッチ刺激がサーファクタントタンパク（SP-B，SP-C）発現を増強した[20]．このことは，胎児呼吸運動に伴う肺ストレッチが，サーファクタント産生が可能となるように肺を分化誘導させることを示している．さらにマウス肺未分化間葉系細胞の実験では，呼吸運動を模した繰り返しのストレッチ刺激が未分化細胞の気道平滑筋への分化，ならびに気道形成に寄与することも示されている[23]．

未分化細胞の分化に基質の機械特性が影響することを実験的に証明した Engler らの研究[24]が有名である．未分化間葉系幹細胞は，骨組織に似た

1000 kPa の硬い基質で培養することにより骨細胞へ，神経組織と同様の 1 kPa の柔らかい基質で培養することで神経細胞へ，10 kPa の基質では筋細胞へと分化した[24]．すなわち，未分化間葉系幹細胞は臓器の硬さに対応しながら分化が進むと考えられる．これらの知見から，ストレッチ，表面張力，血流や気流のずり応力などに加え，細胞外基質の組成とその硬さといった複雑なメカニカル環境に対応しながら肺や気道が分化・発達するのであろうと推測される．

13.3.4　メカニカルストレスと気道：気道上皮および気道平滑筋

気道は鼻腔や口腔から肺へ至る空気の通り道である．気道を形成する気管や気管支の表面は気道上皮細胞で覆われており，その下に気道平滑筋層がある．メカニカルストレスを含め多くのストレスに直接さらされる気道上皮は，呼吸器のバリアとして働いている．

気道上皮が受けるメカニカルストレスには，気流によるずり応力，呼吸運動によるストレッチ，浸透圧変化，咳嗽反射や気道収縮に伴う圧縮があり，細胞応答に寄与している（図 13.2）．気道上皮細胞がストレッチや低浸透圧刺激などのメカニカルストレスに反応して放出する代表的なメディエーターに ATP があげられる[25,26]．放出された細胞外 ATP は，気道上皮線毛運動の促進など，正常呼吸機能のホメオスタシスを保つために重要なシグナル伝達物質である一方で，COPD における気道炎症，肺線維化，気道平滑筋収縮，肺がんなどの呼吸器疾患病態にも関与している[25]．

気道平滑筋も肺胞や気道上皮同様に呼吸に伴うストレッチなどのメカニカルストレスを受けており，形態と分化に関して影響を受けている[3,23,27]．*in vitro* の実験では，気道平滑筋細胞に対する繰り返しストレッチにより，スレッチの垂直方向への細胞整列と紡錘状の細胞伸長が誘導される[27]．この細胞整列には細胞骨格，特にアクチンと微小管の相互作用が関与している[27,28]．重要なことに，気管支喘息発作などで起こる気道平滑筋収縮は，気道における強力なメカニカルストレス源となる．このため気道平滑筋収縮は，平滑筋自身も含め気道を構成する細胞と細胞外基質の機能に大きく影響している（図 13.2）[5,29]．

13.3.5　メカニカルストレスと肺血管

体循環を経由して右心房に戻った血液（混合静脈血）は，右心室から肺循環系を介して肺へ送られる．肺動脈の安静時収縮期圧は 20〜30 mmHg，拡張期圧は 5 〜12 mmHg と体血管系に比べて低圧である．このため正常の肺血管壁は薄く，血液量に伴う静水圧や肺胞腔のストレッチ，重力などのメカニカル環境が変化することにより肺血流は影響される．

血管内皮細胞は部位によって受けるメカニカルストレスや生理機能が異なっている．肺毛細血管内皮細胞は肺胞と接しており，ガス交換に直接関与している．加えて，肺胞壁，肺胞上皮細胞とともに肺胞におけるバリアとしての役割を果たしている．肺毛細血管内皮細胞は血流によるずり応力に加え，呼吸に伴う繰り返しのストレッチも受けており，NO をはじめとしたメディエーターやサイトカイン産生を制御している（図 13.3）[30-32]．

炎症や微小血栓は肺毛細血管内皮細胞の損傷を引き起こす．心不全時の肺うっ血に伴う静水圧上昇は肺毛細血管内皮細胞への直接的な圧ストレスとなる．これらの細胞損傷やメカニカルストレスは，バリア機能を障害して肺胞腔内への血管透過性を亢進させる．肺毛細血管内皮細胞にはストレッチ活性型イオンチャネルを介した Ca^{2+} 流入経路があり[10]，P-selectin 発現や血管透過性亢進に関与している．このため，肺毛細血管内皮細胞への過剰なメカニカルストレスは，好中球活性化や血管透過性亢進に関与していると考えられる[32]

（図 13.3）．

肺動脈内皮細胞機能が正常に働くことによって，肺動脈圧は厳密に制御されている．肺動脈血管内皮細胞では，血流ずり応力が細胞外への ATP 放出を促進する．細胞外 ATP は autocrine/paracrine 作用として内皮細胞の P2X4 受容体に結合し細胞内 Ca^{2+} 流入を引き起こし，NO 産生などを誘導することで血管拡張性に働いている[33]．一方，血管内皮傷害とそれに引き続いて生じる血栓形成や肺動脈平滑筋収縮によって肺高血圧症が引き起こされる．肺高血圧による圧ストレスの上昇と血流ずり応力の変化は平滑筋増生と遊走を促進し，さらなる内皮傷害と血管線維化も伴って病態をさらに進行させると考えられる[34]．

13.4　メカニカルストレスと呼吸器疾患

13.4.1　肺胞ストレッチによる肺気腫の進行

COPD は長期間のタバコ喫煙によって生じる進行性の慢性呼吸器疾患である．世界中で有病率が増加し死因の上位となっており，日本でも疾患の認識を広げるための啓蒙活動が行われている．気道病変として気道分泌物の増加と気管支内腔の狭窄，肺病変として肺胞構造の破壊によって生じる肺気腫が特徴である．呼吸時の気流制限により労作時の息切れなどの自覚症状をきたすようになり，肺胞の破壊と肺血管床の減少によりガス交換能が低下すると低酸素血症から呼吸不全に至る．

肺組織の弾性抵抗低下と脆弱化が肺気腫の特徴である[1]．重症患者では，ストレッチなどのメカニカルストレスに耐えられない脆弱な肺胞壁は容易に破壊され，肺気腫が進行する[15]．肺気腫構造の分布は不均一であるため，脆弱な部分にはより強い物理的力が加わり，負の連鎖となってさらに破壊が進む[1,15,16,35]．肺胞壁が破壊され肺気腫が形成される過程においてプロテアーゼ，特にエラスターゼによるエラスチンの損傷が重要である．マウスの摘出肺組織に対し，蛍光標識したブタ膵エラスターゼを添加し酵素活性を測定した研究がある．肺組織をストレッチすると，エラスターゼ活性と肺エラスチンへのエラスターゼ結合能が静的条件と比べ上昇する[36]．実際の肺気腫症例において，メカニカルストレスが直接エラスターゼ活性上昇を介して病気の進行につながっているのか，今後の研究が期待される．

13.4.2　気管支喘息

気道平滑筋の持続性収縮は喘息発作における気道狭窄の主因であり[3]，その易収縮性は気道過敏性亢進と呼ばれ，喘息の特徴的所見である．さらに，気道平滑筋細胞の増殖，肥厚，遊走能亢進は気道壁の肥厚につながり，その結果，気道狭窄は固定化してしまう（図 13.2）．

気道平滑筋収縮は，気道上皮細胞に対して圧縮，気道内圧，気流ずり応力の亢進を引き起こす．圧

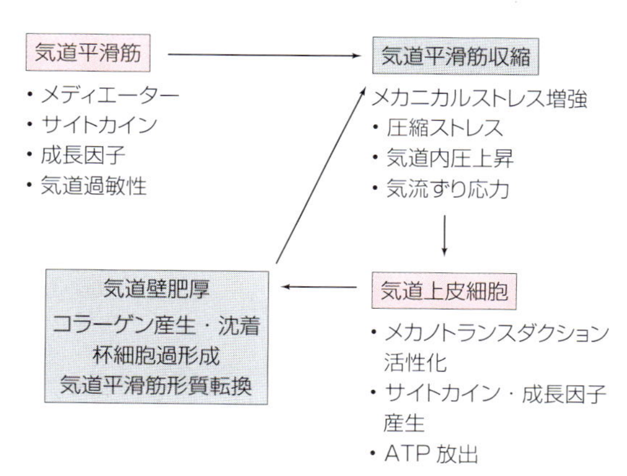

図 13.2　気道および気管支喘息におけるメカニカルストレス
喘息の気道において，気道平滑筋収縮は強力なメカニカルストレスであり，気道上皮細胞に圧縮，圧ストレス，気流ずり応力を与える．これに応答して気道上皮細胞はメカノトランスダクション活性化を介してサイトカインや成長因子などを産生する．これらによって，気道壁肥厚，杯細胞過形成，コラーゲンの沈着，気道平滑筋形質転換が起こる．これが気道平滑筋のさらなる易収縮性につながり，喘息の病態を悪化させる．

負荷や圧縮は気道上皮細胞からのサイトカイン産生や脂質メディエーター産生を増強させる（図13.2）[3,5,37]．喘息患者に対してメサコリン吸入による気道平滑筋収縮刺激を繰り返し行った後，気道粘膜生検を行い病理組織検討したところ，気道上皮下層へのⅢ型コラーゲン沈着の増加，杯細胞の過形成，気道上皮細胞の TGF-β 発現増強が生じていたことが報告されている[38]．このように，気道平滑筋収縮により生じるメカニカルストレスは気道上皮細胞に働き，喘息の病態をさらに悪化させると考えられる（図 13.2）．

気道平滑筋の収縮張力と弾性抵抗とは密な正の相関がある．このため，喘息発作時は気道収縮に伴い気道は硬くなり気道拡張性が失われている[39,40]．さらに，培養気道平滑筋細胞や摘出気道平滑筋組織を用いた研究では，ストレッチ刺激が収縮能を増強させることが報告されている[41,42]．その機序としては RhoA/Rho-キナーゼおよび myosin light-chain キナーゼの活性化によるミオシンリン酸化に加え，収縮タンパク発現増強，アクチン細胞骨格の再構成があげられる[41,42,43]．さらに，ストレッチ刺激により気道平滑筋細胞増殖，遊走能，サイトカイン産生が増強する[44,45]．喘息の気道では，気道平滑筋細胞の収縮，肥厚によりメカニカルストレスが増大し，これがさらに平滑筋細胞に作用して病態悪化に寄与することが示唆される（図 13.2）．

13.4.3　急性呼吸促迫症候群，人工呼吸器関連肺損傷

急性肺損傷（acute lung injury，ALI）および ARDS は，ともに重症肺炎や敗血症などをきっかけとして呼吸不全を生じる症候群である．肺毛細血管透過性亢進による肺水腫と好中球を主体とした強い炎症反応により，低酸素血症に陥る．ALI/ARDS 患者に対しては，しばしば呼吸補助のための人工呼吸器が必要となる．人工呼吸器装着時には，陽圧換気に伴う肺胞ストレッチや気道内圧上昇，気流によるずり応力など気道と肺に過剰なメカニカルストレスが加わる．これがさらなる肺傷害，すなわち人工呼吸器関連肺損傷（VILI）を引き起こす危険性がある（図 13.3）[46,47]．ALI/ARDS 患者では肺内水分量が増加し，重力の関係も伴って広範囲に肺胞虚脱が生じる．このため，病変や含気の分布が肺内で不均一となり，肺胞壁にかかる伸展ストレスが局所的に過剰となる[1]．

VILI の発症機序としては，肺胞が物理的に直接傷害を受ける機序に加え，メカニカルストレスによって惹起される細胞応答を介した生物学的機序がある[46]．*In vitro* 実験において，肺毛細血管内皮細胞は繰り返しのストレッチ刺激に応答してストレッチ強度依存的に IL-8 を産生した[30]．Ⅰ型およびⅡ型肺胞上皮細胞と，肺毛細血管内皮細胞は人工呼吸器により繰り返しストレッチされ，細胞傷害を受けるのみならず，サイトカインやケモカイン産生などさまざまな細胞応答を介して

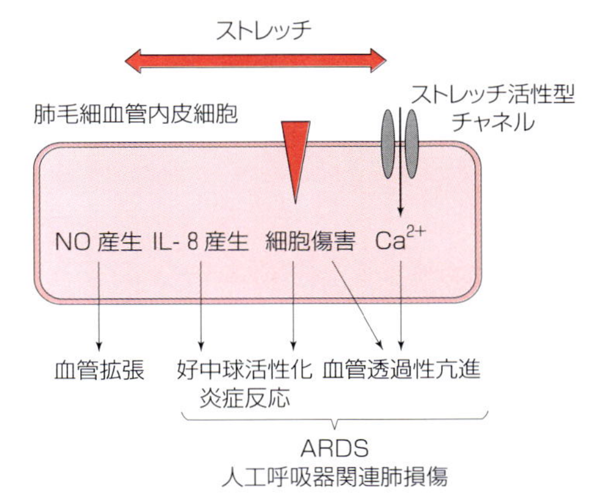

図 13.3　メカニカルストレスによる肺毛細血管内皮細胞機能への影響

肺毛細血管内皮細胞はストレッチ刺激に応答して，NO や IL-8 の産生やストレッチ活性型チャネルを介した Ca^{2+} 流入を引き起こす．NO は血管拡張を介した生理機能の保持に重要であり，IL-8 産生による好中球活性は細菌感染防御のために必要である．一方で，ストレッチによる肺の炎症反応増強や血管透過性亢進による肺水腫などは，ARDS や人工呼吸器関連肺損傷などの病態につながる．過剰なストレッチは直接の細胞傷害を生じる．

VILIの病態形成に寄与している（図13.3）[32,47]．

13.4.4　メカニカルストレスと肺線維化

特発性肺線維症は慢性かつ進行性の経過をたどり，肺の線維化が進むことで不可逆性の呼吸不全に陥る原因不明で予後不良の呼吸器疾患である．高度な肺線維化は特発性肺線維症以外にも，膠原病，ALI / ARDSやVILI，胸部放射線治療に伴う放射線肺臓炎などにおいて重篤な後遺症として生じることがある．他の組織における創傷治癒と同様に，肺線維化は元来肺に対する損傷に引き続いておこる修復反応の一部である．この損傷-修復反応の過程に異常があると病的な肺線維化が生じる[48]．コラーゲン沈着によって高度に線維化した肺では，肺組織の張力（stress）-伸展率（strain）関係で測定される硬さ（stiffness）は増強し，その結果，肺の圧力-容量曲線で得られる膨らみやすさ（コンプライアンス）が失われる．線維化した肺では同じ肺容量における肺胞壁にかかる張力は正常肺と比べて増強している[17]．これは肺組織が脆弱化して硬さが低下する肺気腫とは対照的である．

肺の線維化において，細胞外基質，特にコラーゲンの主たる産生源となるのが線維芽細胞である．その中でも活性化した筋線維芽細胞が中心となる．最近の研究で，線維芽細胞ならびに筋線維芽細胞の機能は，肺にかかるメカニカルストレスにより大きな影響を受けることがわかってきた[48]．筋線維芽細胞の分化およびコラーゲン産生に主要な役割を果たすTGF-βの活性は，メカニカルストレスにより増強する（図13.4）[48]．肺線維芽細胞由来細胞株において，繰り返しストレッチがストレッチ活性型チャネルからのCa^{2+}流入を介して転写因子NF-κBを活性化する[49]．さらに，ストレッチがⅡ型肺胞上皮細胞から筋線維芽細胞への上皮間葉転換を引き起こすことも報告されている[50]．また，細胞外基質が硬くなると肺線維芽細胞から筋線維芽細胞への分化が誘導される[51]．以上のことから，従来いわれてきた線維化促進因子である肺損傷や炎症に，繰り返しの肺胞ストレッチなどのメカニカルストレスが加わることが，肺線維化のさらなる促進につながると示唆される（図13.4）．

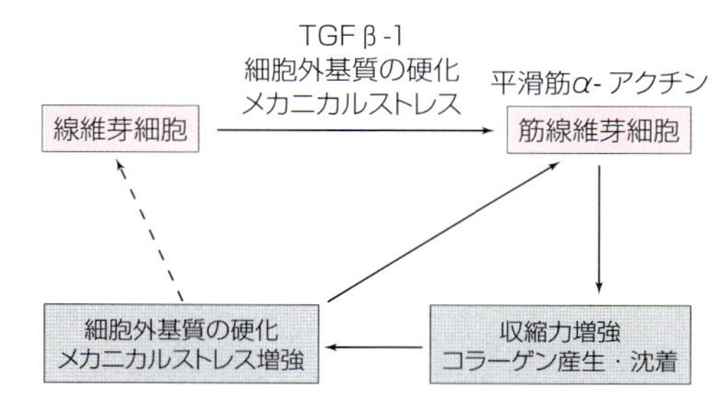

図13.4　肺線維化における筋線維芽細胞の活性化機構

線維芽細胞がTGF-β，細胞外基質の硬化，メカニカルストレスなどの刺激を受けると筋線維芽細胞に分化する．活性化した筋線維芽細胞は収縮張力の増強，コラーゲン産生亢進を介してさらに細胞外基質を硬化させメカニカルストレスを増強させる．このことが筋線維芽細胞にフィードバックされ，病的な肺線維化を引き起こす一端となる．

線維芽細胞から分化した筋線維芽細胞は，α-smooth muscle actinを発現しており，平滑筋細胞同様に強い収縮能をもつ[48]．筋線維芽細胞の収縮機序も，平滑筋と同様細胞内Ca^{2+}濃度やRhoA/Rho-キナーゼ活性によって制御されている[8,52]．筋線維芽細胞が収縮することにより，受けた傷が閉じる方向に向かうとともに，細胞外基質を含めた線維化組織の硬さを増強させる（図13.4）．Hinzらは，三次元環境におかれた心臓筋線維芽細胞が接着斑を介して細胞外基質と結合し，周期的な細胞収縮を繰り返すことで，線維を紡ぐようにして細胞外基質を強固なものに作り上げていくことを発見し，この機序をLock-stepモデルとして提唱した[48,52]．肺線維化にも同様の機序があてはまると推測される．

13.4.5　がんのメカノバイオロジー

悪性腫瘍とメカニカルストレス，メカニカル環境も関連が深い[53]．肺がんを含め，乳がん，胃がん，大腸がんなどの固形がんを触ってみると，周辺の正常組織と比べてきわめて硬い．このことは臨床医だけでなく一般にも広く知られており，がんの存在を自覚，発見，診断するきっかけになっている．がんの硬さを応用した超音波エラストグラフィーという画像診断法も開発されている．しかし，がん細胞そのものは骨細胞や細胞骨格の発達した筋細胞などと比べて必ずしも硬いわけではない．がんの硬さは，がん細胞とそれを取り巻く細胞外基質により形成されるがん組織が硬いことに起因している（図 13.5）．線維化に基づくがん組織の細胞外基質は，元来はがんの浸潤に対抗する防御能であろうと捉えられてきた．しかし研究の蓄積によって，この細胞外基質の構造や硬さの変化は，がんの進行に対して促進的にも働いていることがわかってきた[54]．細胞外基質の硬さ自体ががん細胞の増殖能を増強させる効果がある（図 13.5）[54]．がん細胞は表面に発現するインテグリン分子により細胞外基質に接着しているが，この接着が RhoA 活性化などを介して細胞収縮を引き起こし，基質をさらに強固にする作用もある[54]．がんの増殖，細胞外基質の硬化，血管からのタンパク漏出，リンパ流のうっ滞などに伴って，がん組織内部のメカニカルストレスは高度に増強している．がん組織間質における圧縮ストレスは正常組織の 10 倍にまで上昇しているといわれる[55]．これらメカニカルストレスの増強は，血管内皮成長因子産生を介して血管新生を誘導することにより，がんの進行をさらに促進しうる[55]．加えて，圧縮によってがん組織局所における成長因子やサイトカイン濃度が上昇するため，これががんの増殖，進行につながることも推測される（図 13.5）[55]．

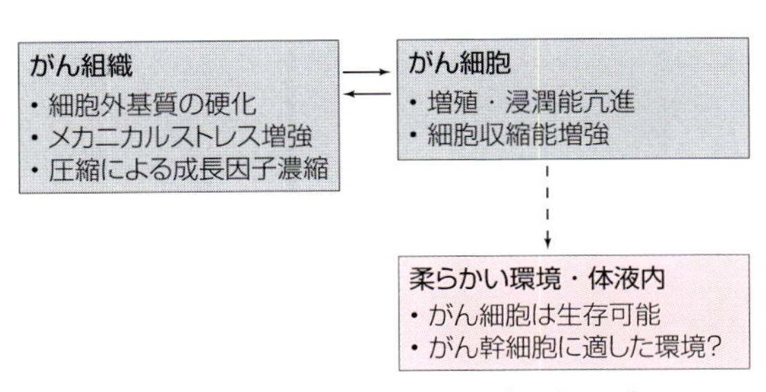

図 13.5　がん組織のメカノバイオロジー

がん組織は細胞外基質の機械特性により硬くなっており，メカニカルストレスも増強する．また，圧縮のため成長因子の局所濃度が上昇している．これらががん細胞の増殖・浸潤能の増強につながる．また，がん細胞の増殖に加え，細胞収縮によって更なるがん組織の硬化，メカニカルストレス増強につながる．一方，柔らかい環境でも形質転換によりがんは生存可能である．柔らかなメカニカル環境がある種のがん幹細胞に適した環境である可能性もある．

それでは柔らかな条件においてがん細胞はどう振る舞うのであろうか．実は，がん細胞の多くは，血液細胞と同様，細胞接着を伴わない条件でも生存・増殖できる．この特徴は足場非依存性の生存能（anchorage-independent survival）として知られ，soft agar という柔らかなゲル内でがん細胞を培養した際でも細胞の生着を確認することができる．これは上皮細胞，内皮細胞，筋細胞など，分化した接着系の正常細胞では通常は認められない現象である．非接着条件下でも増殖能をもつことは，肺がん細胞が胸水中や血流，リンパ流，髄液中で生存・増殖が可能であることにつながり，がんの転移や播種に深くかかわっている．以上のことを踏まえると，がん細胞は，基質の硬さなどメカニカル環境に順応して形質を変化させることで生存しているといえる（図 13.5）．

近年，白血病細胞だけでなく，乳がんや大腸がんなどの固形がんにおいても，がん幹細胞（cancer stem cell）の存在が証明されている[56]．がん幹細胞は tumor-initiating cell とも呼ばれ，組織幹細胞の能力を保ったままがんへと形質転換した細胞で，強い自己複製能とがん形成能をもつ[56]．がん幹細胞はごく少数でありながら微小環境内において休眠状態で存在するため，増殖する細胞を標的とする従来の抗がん治療に抵抗を示し，再発の原因細胞であろうと考えられている．Liu らは，100 Pa 以下の柔らかいフィブリンゲル内でがん細胞株を培養すると，CD133 などの幹細胞分子マーカー発現が認められるようになり，これら幹細胞様がん細胞は，通常の条件で培養したがん細胞株と比較して強い肺転移能を示すことを報告した[57]．このことから，多くのがん組織は硬いにもかかわらず，がん幹細胞の自己再生能には柔らかな環境が必要である可能性が示唆される（図13.5）．

13.4.6　肺がん，悪性胸膜中皮腫とメカニカルストレス

肺がんは日本における悪性腫瘍死亡原因の第1位を占める．肺がんの増殖や進行とメカニカルストレス，メカニカル環境との関連も示唆されている．肺がん細胞株の検討で，A549細胞，H1650細胞，H1975細胞において，150 Paの柔らかい基質で培養したときと9600 Paのより硬い基質で培養したときを比べると，硬い条件においてがん細胞はより強い増殖能，遊走能を示した[58]．このように肺がん細胞もまた基質の硬さにあわせて細胞応答を行っている．

近年，悪性胸膜中皮腫を発症する患者数が増加している．この疾患は胸膜に存在する胸膜中皮細胞より発生し，慢性のアスベスト吸入暴露などを原因とする．胸膜には肺を覆う臓側胸膜と胸壁にある壁側胸膜があり，両者の間には生理的な胸水が存在し，潤滑油の役割を果たしている．胸膜は呼吸に伴ってメカニカルストレス，特に繰り返しストレッチ刺激とずり応力を受け続けている[9]．胸膜中皮細胞はメカニカルストレスに反応して成長因子を産生する能力をもつ[59]．アスベスト線維によって惹起される慢性的な炎症反応に物理的刺激が加わることが，悪性胸膜中皮腫の発生ならびに進行に関与している可能性も考えられる．

13.5　おわりに

肺は呼吸運動によって常に受動的に伸び縮みしている，ダイナミックな臓器である．肺は自己再生が難しいため，胚性幹細胞（embryonic stem cell）やiPS細胞を用いた肺再生医学の発展が期待されている．生理的なメカニカルストレスが正常な肺の分化・発達に必須であることから推測すると，呼吸を模した繰り返しストレッチおよび気流を人工的に与えることが肺分化を誘導し，実験的肺再生に導く鍵となるかもしれない．

肺組織の組成や機械特性に異常を生じる肺気腫と肺線維症では，肺がんが高率に合併することが知られている．細胞外基質の異常や硬さの変化ががん細胞の機能，細胞応答に影響を与えることが広く知られるようになった．しかし，メカニカルストレスやメカニカル環境が発がんにどのように関与するのかその機序については解明されていない．メカニカルストレスにより影響を受ける呼吸器疾患の病態機序の解明が今後の重要な研究課題である．

（伊藤　理）

文　献

1）伊藤理，長谷川好規，*細胞工学*，**31**，1024（2012）．
2）M. Liu, M. Post, *J. Appl. Physiol.*, **89**, 2078（2000）．
3）伊藤理，*呼吸*，**31**，997（2013）．
4）M. Liu et al., *Am. J. Physiol. Lung Cell Mol. Physiol.*, **277**, L667（1999）．
5）D. J. Tschumperlin, J. M. Drazen, *Annu. Rev. Physiol.*, **68**, 563（2006）．
6）D. J. Tschumperlin et al., *J. Biomech.*, **43**, 99（2010）．
7）S. Dupont et al., *Nature*, **474**, 179（2011）．
8）J. F. Perez-Zoghbi et al., *Pul. Pharmacol. Ther.*, **22**, 388（2009）．
9）H. R. Wirtz, L. G. Dobbs, *Respir. Physiol.*, **119**, 1（2000）．
10）S. Ito et al., *Am. J. Respir. Cell Mol. Biol.*, **38**, 407（2008）．
11）S. Ito et al., *Am. J. Respir. Cell Mol. Biol.*, **43**, 26（2010）．
12）M. J. Sanderson, E. R. Dirksen, *Proc. Natl. Acad. Sci. USA.*, **83**, 7302（1986）．
13）K. Hayakawa et al., *J. Cell Sci.*, **121**, 496（2008）．
14）D. F. Alvarez et al., *Circ. Res.*, **99**, 988（2006）．
15）B. Suki et al., *J. Appl. Physiol.*, **98**, 1892（2005）．

16) S. Ito et al., *Am. J. Respir. Cell Mol. Biol.*, **34**, 688 (2006).
17) B. Suki, J. H. Bates, *Respir. Physiol. Neurobiol.*, **163**, 33 (2008).
18) F. S. Cavalcante et al., *J. Appl. Physiol.*, **98**, 672 (2005).
19) H. R. Wirtz, L. G. Dobbs, *Science*, **250**, 1266 (1990).
20) J. Sanchez-Esteban et al., *J. Appl. Physiol.*, **91**, 589 (2001).
21) S. P. Arold et al., *Am. J. Physiol. Lung Cell Mol. Physiol.*, **285**, L370 (2003).
22) R. Harding, S. B. Hooper, *J. Appl. Physiol.*, **81**, 209 (1996).
23) Y. Yang et al., *J. Clin. Invest.*, **106**, 1321 (2000).
24) A. J. Engler et al., *Cell*, **126**, 677 (2006).
25) G. Burnstock et al., *Pharmacol. Rev.*, **64**, 834 (2012).
26) R. Grygorczyk, J. W. Hanrahan, *Am. J. Physiol.*, **272**, C1058 (1997).
27) M. Morioka et al., *PLoS One*, **6**, e26384 (2011).
28) P. G. Smith et al., *Am. J. Physiol. Lung Cell Mol. Physiol.*, **285**, L456 (2003).
29) J. J. Fredberg, R. D. Kamm, *Annu. Rev. Physiol.*, **68**, 507 (2006).
30) M. Iwaki et al., *Biochem. Biophys. Res. Commun.*, **389**, 531 (2009).
31) W. M. Kuebler et al., *Am. J. Respir. Crit. Care Med.*, **168**, 1391 (2003).
32) S. Ito, Y. Hasegawa, "*Mechanosensitivity in cells and tissues* No 5. Mechanical stretch and cytokines," A. Kamkin, I. Kiseleva eds., Springer, p.165 (2012).
33) K. Yamamoto et al., *J. Cell Sci.*, **124**, 3477 (2011).
34) N. F. Voelkel et al., *Eur. Respir. J.*, **40**, 1555 (2012).
35) S. Ito et al., *J. Appl. Physiol.*, **98**, 503 (2005).
36) R. Jesudason et al., *Biophys. J.*, **99**, 3076 (2010).
37) D. J. Tschumperlin et al., *Nature*, **429**, 83 (2004).
38) C. L. Grainge et al., *N. Engl. J. Med.*, **364**, 2006 (2011).
39) T. L. Lavoie et al., *Am. J. Respir. Crit. Care Med.*, **186**, 225 (2012).
40) S. Ito et al., *Am. J. Physiol. Lung Cell Mol. Physiol.*, **290**, L1227 (2006).
41) S. Ito et al., *Eur. J. Pharmacol.*, **552**, 135 (2006).
42) P. G. Smith et al., *Am. J. Physiol. Lung Cell Mol. Physiol.*, **272**, L20 (1997).
43) P. G. Smith et al., *Am. J. Respir. Cell Mol. Biol.*, **28**, 436 (2003).
44) N. A. Hasaneen et al., *FASEB J.*, **19**, 1507 (2005).
45) A. Kumar et al., *J. Biol. Chem.*, **278**, 18868 (2003).
46) C. C. Dos Santos, A. S. Slutsky, *Annu, Rev, Physiol,*, **68**, 585 (2006).
47) N. E. Vlahakis, R. D. Hubmayr, *Am. J. Respir. Crit. Care Med.*, **171**, 1328 (2005).
48) B. Hinz, *Proc. Am. Thorac. Soc.*, **9**, 137 (2012).
49) H. Inoh et al., *FASEB J.*, **16**, 405 (2002).
50) R. L. Heise et al., *J. Biol. Chem.*, **286**, 17435 (2011).
51) X. Huang et al., *Am. J. Respir. Cell Mol. Biol.*, **47**, 340 (2012).
52) L. F. Castella et al., *J. Cell Sci.*, **123**, 1751 (2010).
53) A. W. Orr et al., *Dev. Cell*, **10**, 11 (2006).
54) M. J. Paszek et al., *Cancer Cell*, **8**, 241 (2005).
55) D. T. Butcher et al., *Nat. Rev. Cancer*, **9**, 108 (2009).
56) 近藤亨，*実験医学*，**26**, 1194 (2008).
57) J. Liu et al., *Nat. Mater.*, **11**, 734 (2012).
58) R. W. Tilghman et al., *PLoS One*, **5**, e12905 (2010).
59) C. M. Waters et al., *Am. J. Physiol.*, **272**, L552 (1997).

骨のメカノバイオロジー：骨の疾患とメカニカルストレス

Summary

骨の量はメカニカルストレスが加わると増加し，逆にメカニカルストレスのない状態では急激に減少する．わが国の三大死因である循環器疾患，神経疾患，悪性腫瘍のいずれの疾患も寝たきりの要因となるが，寝たきりの状態はすみやかに骨量の低下，すなわち骨粗鬆症の状態を引き起こす．骨粗鬆症は骨量が低下することによって骨折しやすくなった状態であり，大腿骨頸部などの荷重関節周辺が骨折すると運動機能はさらに低下し，寝たきりの状態からの悪循環に至ることが少なくない．このように，メカニカルストレスの低下とそれによる骨量の減少は高齢化が急激に進行するわが国においてはきわめて重要な問題である．特に大腿骨頸部骨折のように歩行が不可能になるような骨折の場合には，生命予後が不良となる．メカニカルストレスのないことによる骨量の減少は宇宙飛行士においても顕著に起こる．健康な宇宙飛行士であっても地上に帰還後の骨量の回復には年単位の長い時間を必要とするなど，メカニカルストレスの減少による骨量低下は，回復過程が長期に渡るという問題ももつ．このようにメカニカルストレスの低下による骨量低下と骨粗鬆症は重要な問題であるにもかかわらず，そのメカニズムについてはまだ不明な点が多い．本章では，メカニカルストレスと骨量の制御について概観する．

14.1　メカニカルストレスと骨量制御における細胞外基質タンパク質の役割

Wolff の法則として知られるように，骨に力が加わるとその圧迫側では骨量が増加し，牽引側では骨量の低下が起こる．最終的に屈曲変形が治癒時に残存する場合でも，特に小児では屈曲の矯正が起こることが知られている．すなわち，骨におけるメカニカルストレスの感知機構の一つは，石灰化した細胞外基質である骨の基質のタンパク質の関与であることが推察される．骨基質はその60%がタンパク質であり，残りの 40%がカルシウムやリンなどの無機質である．このタンパク質のうち 90%はⅠ型コラーゲンであるが，残りの10%は非コラーゲン性タンパク質であり，さらにその 1 割はオステオポンチンやオステオカルシンなどの細胞外基質におけるタンパク質である．

骨の細胞がメカニカルストレスを与えられた骨組織からそのシグナルを感知する際には，このような細胞外基質タンパク質が関与すると考えられており，特に細胞のインテグリンと結合する RGD 配列をもつ分子群は，細胞と骨とのインターフェイスとなりうる．オステオポンチンはこの RGD 配列をもち細胞のインテグリンと結合するとともに，10 個以上のアスパラギン酸配列をもつことによりカルシウムとの親和性が高い．そのため，骨基質と細胞との橋渡しの役割が推察されたタンパク質である．骨にメカニカルストレスが加わると，骨基質にオステオポンチンが存在するだけではなく，力学的な刺激を受けた骨の細胞もオステオポンチンの産生を行うことが見出されている．

以上のことから，オステオポンチンが骨のメカニカルストレスの感知において何らかの役割をもつことが推察された．このことを検討するために，オステオポンチンをもつ野生型の動物とオステオポンチンを欠失した動物において，物理的な刺激の除去に伴う骨量低下の作用が検討された[1,2]．尾部懸垂を用いた非荷重のモデルは，アメリカ航空宇宙局（NASA）により認められている地上における非荷重モデルである．これを用いて検討した結果，野生型では骨量が低下するのに対し，オステオポンチン（OPN）欠失マウスではその骨量低下が見られないこと，また骨量低下に伴う尿中のデオキシピリジノリンの増加も野生型には見られるが，OPN 欠失動物ではこの増加が阻害される．破骨細胞数や破骨細胞表面などの骨吸収を評価する骨形態計測上のパラメーターも，非荷重では野生型で上昇するが OPN 欠失動物では上昇しない．

非荷重による骨量低下の特徴は骨吸収の亢進とともに骨形成が低下することである．同じ結果（骨量低下）に至る閉経後骨粗鬆症の場合や卵巣摘除動物におけるエストロゲン低下状態の場合，骨吸収の亢進とこれに伴う骨形成の亢進を同時に伴う．これに比べ非荷重モデルでは，二重の骨量減少の要因が働くアンカップリングの状態に基づく急激な骨量減少を示すという特徴がある．非荷重により，骨形成は野生型で低下するが OPN 欠失動物ではその低下が起こらない．以上のことから，非荷重による骨量低下においては，その骨吸収の亢進と骨形成の低下の両面においてオステオポンチンが関与していることが明らかとなった．

14.2　廃用性萎縮，廃用性の骨量減少への神経系の関与

メカニカルストレスによる骨量の制御に，中枢神経が関与することが検討されている．交感神経系の活性化は，骨吸収の亢進と骨形成の低下の両者による骨量の低下をもたらす．交感神経系の活性化の場合と，非荷重すなわちメカニカルストレスがない状態による廃用性の骨量減少の場合とで，骨量を低下させる二つの要因である骨吸収と骨形成に対する影響が同様であることから，非荷重における神経系の関与が推察された[3]．

尾部懸垂のシステムを用いた非荷重によって起こる後肢の骨量減少に対し，交感神経系のβブロッカーであるプロプラノロールは骨量減少を抑制する．さらに，プロプラノロールの上位で交感神経系のブロックをする薬剤であるグアネチジンの投与も，同様に非荷重による骨量減少を抑制する．一方，非荷重とイソプロテレノールの両方の存在下で交感神経系のアゴニストであるイソプロテレノールを用いると，どちらか一方の影響以上に骨量が減少することはない．プラノロールおよびイソプロテレノール，βブロッカーおよびアゴニストの両者の実験ともに，非荷重による骨量減少における交感神経系の関与が示唆される．

骨吸収と骨形成のそれぞれの面で検討が行われた．非荷重による骨吸収亢進は，破骨細胞数や破骨細胞表面のパラメーターに伴って増大し，プロプラノロールおよびグアネチジンのいずれのβブロッカーによっても抑制された．さらにアゴニストと非荷重の同時存在下でも，どちらか一方の存在とほぼ同じ程度の破骨細胞のパラメーターの亢進しか示さなかった．また，尿中のデオキシピリジノリンで評価した全身性の骨吸収においても同様の結果が示された．以上のことから，非荷重すなわちメカニカルストレスの存在しない状態による骨量の減少の少なくとも一部は骨吸収の亢進によるものであることが示唆された．また交感神経の遮断によって骨量減少が停止するのは，交感神経系の遮断によって骨吸収の亢進が抑制されたことによると考えられた．

一方，骨形成の低下についても研究が行われている．非荷重による骨形成の低下を，カルセイン

のラベリングによる骨形態計測学的なパラメーターである骨形成速度および石灰化速度などにより評価した結果，非荷重によって起こる骨形成の低下はプロプラノロールおよびグアネチジンの β ブロッカーによって遮断された．また，イソプロテレノールによるアゴニスト作用と非荷重の同時存在下による骨形成の低下は，両者の同時存在下でも単独存在下でもほぼ同じであることが明らかになった．これらの結果から交感神経系は，骨吸収の亢進とともに骨形成の低下にもかかわっていることが示唆される．

交感神経系のブロッカーを用いた研究では全身にブロッカーが作用することから，この薬理学的な作用とは別に遺伝学的な検討として DBH（ドーパミン β ハイドロキシラーゼ）の欠失動物を用いた研究が行われた．その結果，DBH をヘテロで欠失した動物においては非荷重による骨量の減少が緩和し，また非荷重の環境におかれた動物から得られた骨髄細胞において，培養系による骨形成指標である石灰化結節の形成の低下も緩和されたことから，遺伝学的にも交感神経系の非荷重による骨量減少への関与が示されている．

14.3 中枢神経系における骨量減少作用の回路

メカニカルストレスと骨量減少の関係において，β ブロッカーやアゴニストによる薬理学的な研究，ならびに DBH 欠失動物における遺伝学的な検討から，交感神経系の上位中枢である視床下部の VMH（腹内側核）が骨量にかかわることが推察された．そこで，VMH の破壊が，メカニカルストレスの骨への作用に影響があるか否かについて検討された．ゴールド・チオクルコースを投与することにより視床下部の VMH の破壊処置をされた（以下 GTG 処理）マウスでは，非荷重による骨量減少が阻害された．

GTG 処理マウスでは，骨形成の低下だけでなく骨吸収の亢進も阻害されることが明らかになった．GTG 処理をした動物の骨髄から得られた細胞の分化条件を検討した結果，非荷重の条件において，野生型では培養中の石灰化結節の減少が見られるのに対し，GTG 処置群では減少が抑制された．このことから，骨芽細胞に対する直接的な作用が推察された．遺伝子発現レベルにおいても，オステオカルシン，I 型コラーゲン，Runx2 の発現は非荷重によって抑制されるが，視床下部中枢の GTG の破壊によっていずれの抑制も阻害された．さらに興味深いことに，脂肪細胞分化にかかわる PPARγ，CEBPα は非荷重によって骨における発現が上昇するが，このベースラインは GTG 処置マウスでは高く，非荷重による変化も阻害された．

以上の結果から，非荷重による骨への作用において，中枢神経の視床下部の VMH が関与することが明らかとなっている[4]．

14.4 カルシウムチャネル TRPV4 の関与

陽イオンチャネルである TRPV4 は物理的な刺激の感受に必要な分子として報告されている．そこで，メカニカルストレスの骨への作用の少なくとも一部がこの TRPV4 を介するか否かが検討された[5]．非荷重状態では，野生型は骨量が減少するのに対し，TRPV4 欠失マウスではこの骨量の低下が緩和され，骨の構造のエレメントである骨梁の減少も緩和された．さらに，非荷重による一次海綿骨の抑制が TRPV4 欠失マウスでは観察されなかった．

すなわち，野生型では海綿骨の骨形成速度や石灰化速度が尾部懸垂で低下するのに対し，TRPV4 欠失動物ではこれらの低下が緩和され，また破骨細胞の数や破骨細胞表面の促進減少も抑制された．

TRPV4が関与する細胞として，骨芽細胞ならびに破骨細胞が検討された．いずれの細胞においてもこのチャネルが発現していることから，メカニカルストレスによる骨量の維持またその非荷重による減少には，このTRPV4チャネルが関与することが明らかとなった．

14.5　骨と筋肉のメカニカルストレスにかかわるMURF1の機能

骨と隣接する筋肉においても，非荷重条件が同様に作用することが考えられる．非荷重による筋肉の萎縮の際に，MURF1の発現が制御されることが知られている．このことから，MURF1の欠失が非荷重によって起こる骨量の減少にかかわるかのが検討された[6]．

その結果，MURF1欠失動物においては，野生型で見られる骨量低下が緩和されることが明らかとなった．またMURF1による骨量の減少は，海綿骨のみならず皮質骨においても見られた．さらに非荷重による骨芽細胞表面の骨形成速度低下や石灰化面の減少も，MURF1の欠失によって緩和されるだけでなく，破骨細胞数の増加および破骨細胞表面の増加のいずれもMURF1の欠失によって抑制された．以上から，MURF1は非荷重によるメカニカルストレスのない状態での骨量低下にかかわることが明らかだとされている．

14.6　骨芽細胞の分化にかかわる転写因子に対するメカニカルストレスの影響

メカニカルストレスによる骨形成の促進や，メカニカルストレスのないことによる骨形成の低下は，最終的には遺伝子発現の制御によると考えられる．*Runx2*は欠失すると骨が全く形成されないことから，骨芽細胞の分化の必須の遺伝子である．Runx2は核マトリックスのタンパク質の一つであるため，細胞の転写性の分化の制御とともにマトリックスを介するテンセグリティーなどのメカニカルな刺激のターゲットとなりうることが推察された[7]．

そこで，*Runx2*のヘテロの欠失マウスと野生型マウスを比較検討した結果，*Runx2*のヘテロの欠失マウスでは骨量がより減少し，骨密度もより低下した．皮質骨の検討でも，*Runx2*のヘテロの欠失マウスはメカニカルストレスのない非荷重状態で，野生型より骨量が減少した．特に骨形成の検討においては，*Runx2*のヘテロの欠失マウスでは骨形成速度および石灰化速度が著しく低下し，骨形成指標の低下がより激しかった．また遺伝子発現を検討した結果，非荷重によって野生型では*Runx2*の発現レベルがきわめて低下するのに対し，ヘテロで欠失したマウスでは*Runx2*のレベルの変化は全く見られなくなった．さらにこの下流にあるオステリクス遺伝子については*Runx2*をヘテロで欠失したマウスでは，荷重時にはほぼ半分までは発現するにもかかわらず，非荷重による抑制が全く観察されなくなった．これらのことは*Runx2*の二つのアリルがメカニカルストレスに基づく骨量減少，特に骨形成の抑制のうえで必須であることを示したものである．

14.7　骨量制御におけるPTHのシグナルのかかわり

現在，骨粗鬆症における唯一の骨形成促進薬であるテリパラチド（PTH1-34）は骨形成を促進するとともに，（骨形成より弱いが）骨吸収も促進して，代謝回転を循環させる中で骨形成が促進されることが特徴である．非荷重によるメカニカルストレス除去が，このPTHによる骨形成および骨吸収にどのように影響するかが検討された．

この実験では，PTHのシグナルを受ける受容体の Jensen 型の変異体，すなわち H223R の変異をもつ副甲状腺ホルモンおよび副甲状腺ホルモン様ペプチドの受容体を 2.3kb のベースの骨芽細胞特異的なⅠ型コラーゲンのプロモータで発現させた動物が用いられた[8]．この結果，野生型では非荷重による骨量低下が減少するのに対し，PTH の構成的活性化型受容体のトランスジェニックマウス（以下 caPPR マウス）においては，骨量減少が全く観察されなかった．これは，長管骨でも脊椎でも同様であった．PTH が骨形成を促進する強い作用をもつことから，この作用は骨形成にかかわるかどうかが検討された．その結果，野生型では低下する石灰化速度や石灰化表面や骨形成速度のいずれもが，驚いたことに，caPPR マウスにおいても全く同様に低下していることが観察された．このことは，caPPR のトランスジェニックマウスにおいては，メカニカルストレスのないことによる骨量減少は骨形成を全く介さないことを示している．遺伝子発現レベルにおいても，骨におけるⅠ型コラーゲン，Runx2，オステリスク，血中のオステオカルシン，さらには非荷重の動物から得られた骨髄細胞の細胞培養における石灰化結節形成のいずれもが，野生型と全く同様に，caPPR のトランスジェニックマウスでも低下した．これにより caPPR トランスジェニックマウスにおいては，骨形態計測指標のみならず細胞の遺伝子発現のレベルにおいても，非荷重による骨形成減少が全く影響を受けないことが明らかとなった．

そこで，次に骨吸収に関する検討が行われ，野生型では骨吸収が亢進するのに対し，caPPR のトランスジェニックマウスでは亢進が抑制されるばかりか逆転して低下しており，非荷重の条件下では荷重時のレベルよりも骨吸収が低下する事実が判明した．このことは，破骨細胞の数や破骨細胞表面のいずれにおいても観察され，caPPR が破骨細胞側へ影響していることが細胞レベルで明らかになった．

そのメカニズムが検討され，caPPR トランスジェニックマウスでは特に，*RANK* や *c-fms* の発現が非荷重によって抑制されることが明らかとなった．これらの遺伝子発現に加え，破骨細胞の分化を促進するサイトカインである M-CSF や MCP1 のレベルが非荷重により著明に減少することが判明した．すなわち PTH のシグナリングの存在下では，破骨の活性が非荷重によって強力に抑制されるという結果が得られた．これまでの，非荷重によって破骨が活性化するという常識が覆された．以上のように，PTH のシグナルの存在下では，非荷重による骨量減少が新しいメカニズムで抑制されることが明らかになった．

14.8 神経系とマトリックス分子の相互作用

骨におけるメカニカルストレスでは，骨基質タンパク質をインテグリンなどによって両方向性（inside out，outside in）に制御する細胞との相互作用に加え，上位の神経系のシグナルの関与が推察された．特にマトリックスタンパク質でサイトカインでもあるオステオポンチン（OPN）は，非荷重による骨量減少のメカニズムの中で，骨吸収の促進にも骨形成の低下にも必須であることが示された．この吸収促進と形成低下の方向性は，カップリングの破綻の観点からは交感神経系の作用およびβブロッカーの遮断の検討から得られた結果と同様であることが判明し，このことから交感神経系と骨量との間には OPN が関与することが推察された．そこで OPN の存在下および非存在下で，交感神経系のアゴニストであるイソプロテレノールを用いて検討した．その結果，イソプロテレノールの投与により動物の血中の OPN が上昇することが観察された[9]．この上昇は動物の種類によらず，129，C57 でも観察された．この

OPNの上昇がどの組織によるかを検討するため，骨におけるOPNの発現を調査したところ，イソプロテレノールの投与によって発現が上昇することがわかった．

次に，イソプロテレノールによる骨密度の減少や骨量のBV/TVの減少は，OPNの非存在下では抑制された．この際，骨梁の数のイソプロテレノールによる減少もOPNノックアウトで抑えられた．骨に対する作用についても，イソプロテレノールによる骨量減少は，長管骨および脊椎のいずれにおいてもOPN欠失によって抑制された．さらに破骨細胞の研究から，イソプロテレノールによる破骨細胞数と破骨細胞表面の増加はOPN欠失により阻害され，骨形成のイソプロテレノールによる骨形成速度，石灰化速度の抑制もOPN欠失で阻害されることが明らかになった．

イソプロテレノールによる骨量の減少は骨形成の低下と骨吸収の亢進の両方によるものであるが，オステオポンチンの欠失はその両者を阻害することが明らかとなった．さらに，非荷重におかれた動物の骨髄細胞を培養し破骨細胞を形成させることにより，細胞自身に対する交感神経系，すなわちイソプロテレノールの作用を検討した．イソプロテレノールを投与した動物の骨髄細胞を取り出し，培養条件下で破骨細胞への分化を行うと，イソプロテレノール投与細胞では破骨細胞への分化がより増加するが，OPNの欠失条件下ではこの増加は阻害された．

また破骨細胞関連遺伝子の*TRAP*や，骨芽細胞の関連遺伝子である*Runx2*やアルカリフォスファターゼについて検討すると，イソプロテレノールにより上昇した*TRAP*や低下した*Runx2*の*ALP*の遺伝子発現は，いずれもOPN欠失動物では阻害された．次に，このようなOPNの作用が血中のOPNによるか否かを調べるため，OPNの中和抗体の投与がイソプロテレノールへどのように影響するが検討された．その結果，イソプロテレノールによる骨量減少は，血中へのOPNの中和抗体の投与により抑制されることが明らかになった．すなわち，OPNの作用の少なくとも一部は，細胞外からの作用であることがわかった．

一方，イソプロテレノールによる細胞のcAMPの上昇に関して検討すると，OPNの存在下では，その立ち上がりから減少に至るまでのピークが先鋭化した．これに対してsiOPNで細胞の内因性のOPNを減少させると，cAMPのピークはなだらかに変化した．このようなこの細胞内でのcAMPを指標としたシグナルのターゲットとしてCREBのリン酸化が考えられた．OPNの非存在下ではCREBのリン酸化と転写作用は増加することから，細胞内におけるOPNとイソプロテレノールの受容体である$\beta 2$アドレナリン受容体の下流が検討された．この結果，OPNがGsαタンパク質と会合することが見出された．

以上の観察は，交感神経系の作用がOPNによって修飾されること，またそのOPNの存在が交感神経系の骨量減少作用に必要であることを示しており（図14.1），骨のメカニカルストレスへの応答性における神経系と細胞外基質タンパク質の相互作用が明らかとなった[9]．

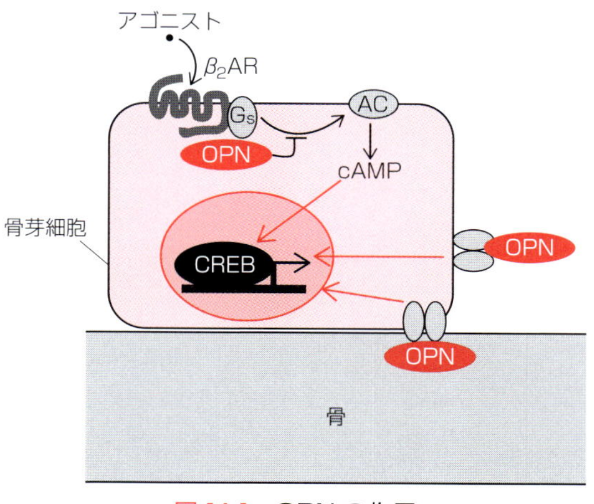

図14.1　OPNの作用

さらに，メカニカルストレスが細胞骨格分子を介して骨量の制御にかかわるか否かが検討された．この結果，細胞骨格および細胞遊走の制御因子であるNckの関与が見出された[10]．この細胞の遊走において，PTHとメカニカルストレスは相互作用する[11]．加えてPTHはβ_2アドレナリン受容体の骨芽細胞における発現を制御する[12]とともに，このβ_2アドレナリン受容体はBMPシグナルを抑制することが見出されている[13]．このような骨のメカニカルストレスは老化による骨量の低下により[14]，強度を保てなくなった骨においてもその維持に必要なシグナルとなっていると推察され，骨芽細胞におけるTRPV4によるカルシウムオシレーションを含めたシグナル受容体が存在することが示唆されている[15]．

14.9 おわりに

メカニカルストレスは骨の代謝の重要な要因であり，その作用は骨のみならず全身の組織や器官との協調関係にもかかわる．本章で扱った分子群の他にも骨細胞の機能にかかわる分子が発見され，さらに全体のネットワークが明らかにされ，廃用性骨委縮とこれにかかわる全身疾患の制御に向けた基盤が得られることが期待される．

(野田政樹・江面陽一・伊豆弥生・スムリティ アライヤル・川崎真希理・林婉婷・勝村早惠・チャンチダ パワプタノン ナ マハサラカーム)

文　献

1) M. Ishijima et al., *Exp. Cell Res.*, **312**, 3075 (2006).
2) M. Ishijima et al., *J. Exp. Med.*, **5**, 399 (2001).
3) H. Kondo et al., *J. Biol. Chem.*, **280**, 30192 (2005).
4) K. Hino et al., *J. Cell Biochem.*, **5**, 845 (2006).
5) F. Mizoguchi et al., *J. Cell. Physiol.*, **216**, 47 (2008).
6) H. Kondo et al., *J. Cell. Biochem.*, **112**, 3525 (2011).
7) R. Salingcarnboriboon et al., *Endocrinology*, **147**, 2296 (2006).
8) N. Ono et al., *J. Biol. Chem.*, **282**, 25509 (2007).
9) M. Nagao et al., *Proc. Natl. Acad. Sci. USA.*, **25**, 17767 (2011).
10) A. C. Aryal et al., *J. Cell. Physiol.*, **228**, 1397 (2013).
11) J. Shirakawa et al., *J. Cell. Physiol.*, **229**, 1353 (2014).
12) S. Moriya et al., *J. Cell. Biochem.*, **116**, 142 (2015).
13) T. Yamada et al., *J. Cell. Biochem.*, **116**, 1144 (2015).
14) C. Watanabe et al., *Proc. Natl. Acad. Sci. USA.*, **111**, 2692 (2014).
15) T. Suzuki et al., *Bone*, **54**, 172 (2013).

口腔におけるメカノバイオロジー

Summary

哺乳類の進化の過程で，歯は顎骨との直接的な骨性結合を脱して歯根膜を介して間接的に顎骨内に釘植されるようになった．その支持様式の変化は，上腕・膝関節の10倍以上もある大きな咬合力を分散して受け止め，矯正力により歯を移動させることも可能にした．また咬合に中心的な役割を果たす顎骨は，一部分を除き，中胚葉からなる四肢体幹の骨とは発生学的に由来を異にし，外胚葉を起源とするneural crest（神経堤）の細胞が間葉化して形成されたものである．さらに重要な点は，歯の埋覆部分の歯根にいたる歯面の周囲はいわば口腔内と連続していて，口腔内細菌による感染と炎症（すなわち歯周病）が避けられない問題であり，最近特に歯周病と全身疾患・生活習慣病の関連が注目されている．このように，口腔組織に特有な環境下で起こる力学的刺激応答を明らかにすることは，メカノバイオロジーの及ぼす広範な影響についてさらなる理解へわれわれを導くであろう．

15.1　はじめに

口腔内における力の重要性といえば，多くの人が咬合や歯科矯正治療による歯の移動（歯列矯正）を連想されるのではなかろうか．哺乳類は進化の過程で恒温動物となり，胎盤を獲得し，同時に歯の支持様式を大きく変化させた．すなわちそれまでは顎骨と直接に骨性結合していた歯が，軟組織でクッションの役割をもつ歯根膜を介して間接的に顎骨（歯槽骨）内に釘植されるようになった．恒温性により気温の変化によらず活動できるようになった哺乳類は，一方で余分な基礎代謝エネルギーを必要とし，それと相俟って食餌内容の多様化といわゆる咀嚼（食物をすり潰して消化を助ける歯の役割）を獲得したと考えられている．矯正力による歯の移動も，この支持様式とともに可能になったといえる．

思いのほか身近な口腔機能と力の関係ではあるが，現状ではその全容を理解するには至っていない．たとえば上腕屈筋，膝関節伸展筋，咬筋をそれぞれ単独で筋単位横断面積あたりの筋力を比較してみると，58，63，145 N/cm^2 と大きく異なる．さらに周囲の組織も加味して計算すると，咬合の筋力全体としては 220 N/cm^2 にも上昇し，それぞれ約 12，8 N/cm^2 の上腕・膝関節とは好対照をなす[1]．そのような大きな咬合力を，下顎骨や歯根膜などが分担して受け止めている．

またその下顎骨は，一部分を除き，発生学的には中胚葉からなる四肢体幹の骨とは由来を異にする．頭蓋骨の大部分や他のいわゆる頭蓋顔面（craniofacial）の骨の多くは，外胚葉を起源とする神経堤（neural crest）の細胞が間葉化して形成したものである[2]．神経堤由来の細胞は，頭頸部を中心に成体でもあちらこちらの組織に潜在していて，幹細胞としての重要な働きが注目されている[3,4]．さらに重要な点は，歯肉・歯槽骨内に植立された歯の組織像を見ると明らかなように，歯冠の露出部分だけでなく，連続して歯根にいたる歯面の周囲は，歯肉溝を通じていわば口腔内と連続している．そのため口腔内細菌による感染と炎症，すなわち歯周病は歯周組織にとって避けられない問題であり，齲蝕のコントロールが進んだ現代では，むしろ関節リウマチなどの全身疾患との関連で取りあげられることが増えている[5]．細菌感染や炎症を起こしてすでに炎症性サイトカインに曝された組織に大きな力学刺激がかかった場合，どうなるであろうか．本章では，メカノバイオロジー，すなわち力学的な環境・刺激に対する細胞応答が生体反応を惹起し，機能をコントロールするメカニズムについて，このような口腔に特有な組織と環境下に起こる力学的刺激応答の側面から，これまでの知見をもとに展望してみたい．

15.2　歯周組織とセメント質・歯根膜

歯を取り巻く歯周組織には，図 15.1 に示すように歯肉（歯茎．上皮と結合組織からなる）・歯根膜の軟組織と，硬組織であるセメント質・歯槽骨とがある．これら咀嚼機能を司る歯周組織の発達は咬合と密接に関連しており，外的要因により咬合圧が失われると，歯根膜の退縮とともに歯周組織の機能的構造が失われる[6,7]．それ以外に，歯冠の削合や歯の抜去など実験的に咬合圧を除去した場合にも，機能を喪失した対合歯の歯周組織において，歯槽骨の新生や歯根膜腔の狭窄などのすみやかな構造変化が報告されている[8]．逆に，ラットにおいてこれらの構造変化に対する加齢の影響を見た実験では，80 週に至るまで，変化の程度は低下するものの基本的に同様の応答が得られており，咬合圧が保たれれば歯周組織の機能は維持されるといえる[9]．

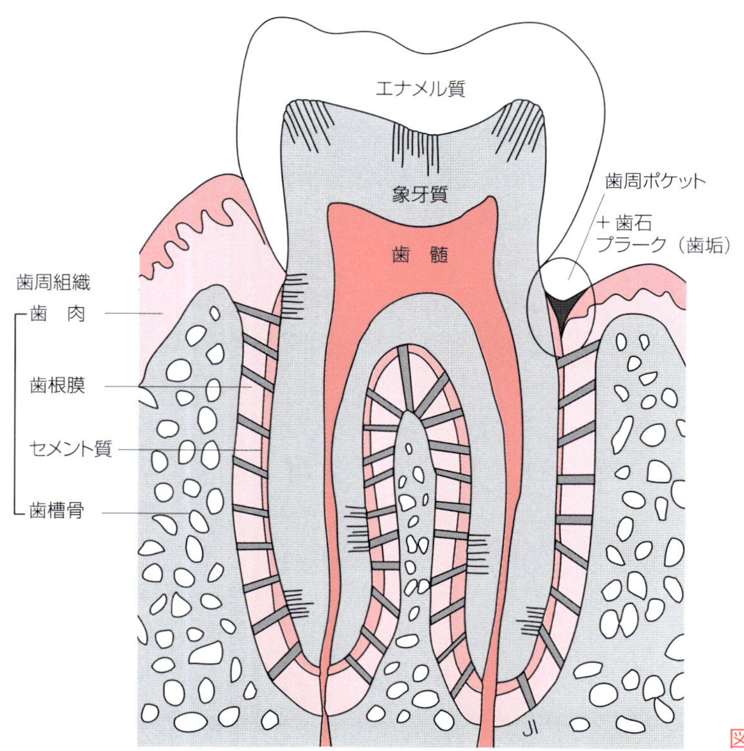

図 15.1　歯の構造

15.2.1 セメント質

力学的刺激の観点から特に興味がもたれる固有の組織はセメント質と歯根膜であり，ここで説明を加えておきたい．セメント質は歯根の象牙質周囲に一層をなしており，ヒトの場合は歯頸部での厚みは数十 μm である．根尖部にいくほど厚くなり，150〜200 μm となるが，セメント質には脈管がなく代謝回転が低いため歯槽骨に比べて吸収されることが少なく，加齢とともに肥厚し続ける．

ちなみに，口腔関連の動物実験に用いられることの多いラットの場合は，加齢による肥厚が甚だしく，3カ月以降は実験的に臼歯を抜くことは経験上できない．似た形態変化を示す病的なセメント質肥大がヒトでも知られており，脳下垂体前葉の成長ホルモン（GH）分泌腺細胞が腫瘍化して成長ホルモンの過剰産生をもたらす先端巨大症（アクロメガリー）では，歯根のセメント質肥大のため顎も肥大化し，歯と歯の間に間隙が生じる[10,11]．病態が一定でないことから咬合刺激などとの関連が想像されるが，詳細な研究は見られない．

なお，セメント質の成分組成は骨に類似しており，産生するセメント芽細胞も骨細胞によく似た突起を発達させている．セメント芽細胞を採取・培養あるいは株化して，力学的刺激に対する応答を報告した論文によると，骨芽細胞の応答と類似といってよいと思われる[12,13]．歯根膜由来の細胞をセメント芽細胞（固有のセメントタンパク質[1]，CEMP1 を発現する細胞）に分化させた報告も多いが[14,15]，CEMP1 はそもそもセメント芽腫から採取した良性腫瘍の細胞に由来し，口腔内ではセメント芽細胞と一部の歯根膜の細胞に発現し[16]，歯肉の線維芽細胞にこの遺伝子を導入しても，セメント芽細胞へと誘導できる[17]．

15.2.2 歯根膜

一方，歯根膜は，豊富に存在する血管（歯根膜容積の1割近く）が特徴的な線維性結合組織で，他の結合組織に比べて血管の密度，細胞の密度ともに非常に高い．線維や間質を産生する歯根膜線維芽細胞（periodontal ligament cell，PDL cell）が主な細胞成分であるが，骨芽細胞やセメント芽細胞，脂肪・軟骨・神経細胞にも分化誘導されうる間葉系幹細胞を含む[18]．

生化学的には歯根膜の主成分はコラーゲン（2割ほどのⅢ型と8割のⅠ型，他に微量のⅤ・Ⅵ型など）や糖タンパク質を含み，Ⅰ型コラーゲンからなる主線維と，その周辺や血管周囲に分布するⅢ型コラーゲン，フィブリリン1を主成分とするミクロフィブリルのオキシタラン線維をあわせると歯根膜容積の半分近くを占める．オキシタラン線維は主に歯根のセメント質表面から歯軸上方に向かい，セメント質全体から歯槽骨へ向かって走行するコラーゲン線維とは分布が異なる．歯を支持して咬合圧によるダメージを受けるためコラーゲンの代謝回転の速いことが報告されており，皮膚のコラーゲンの分泌後の半減期（2週間）と比較して，約1日と圧倒的に短い．やはり代謝回転の速い創傷治癒途上の結合組織などの場合も一過性にⅢ型コラーゲンが多く発現され，これにはⅢ型コラーゲンがジスルフィド結合をもたず，動物性コラゲナーゼによる分解を受けやすい[19]こととも関係すると考えられている．代謝回転の速いことは，歯根膜のコラーゲンにおいて成熟型の非還元性架橋があまり含まれない特徴も説明できる．

さらに歯根膜には，正常な結合組織でありながら，コラーゲン線維を合成しかつ貪食する細胞が観察されており[20]，実際にヒトの歯肉溝滲出液と単離した歯根膜の細胞で，力学刺激に応じたカテプシンBとLの活性上昇が報告されている[21,22]．力学的刺激を与えた歯根膜由来細胞の応答に関する論文はざっと検索しても数百は見られ，さまざまな影響が報告されている．たとえば歯根膜の COX-2 は圧迫刺激でも伸展刺激でも亢進する[23,24]，

RANKL の発現による破骨細胞の誘導と OPG の発現による阻害がそれぞれ圧迫刺激と伸展刺激で亢進される[25, 26]，あるいは 3 % の弱い伸展刺激と 10% の強い刺激を比較すると，前者ではゼラチナーゼ MMP2 やインヒビターである TIMP2 のメッセージレベルが上昇するがコラーゲン産生やリシルオキシダーゼ（LOX）活性は不変な一方，後者ではコラーゲン産生やリシルオキシダーゼ活性が上昇する（*COL1A1*，*COL3A1* や *LOX* 遺伝子レベルも上昇）[27]などで，他にも組織における応答に即した結果が続々と報告されている[27-29]．

15.3 歯の移動と細胞分化・アポトーシス

15.3.1 歯の移動

前述したように歯根膜には未分化間葉系幹細胞があり，骨芽細胞やセメント芽細胞に分化できる．したがって歯の移動に際しては，それらも供給源となって，歯根膜ばかりでなく歯槽骨の改造をも可能にしていると考えられている[18, 30-32]．

適度な矯正力による歯の移動時には，まず力学的負荷により移動前方の歯根膜が圧迫され，線維性組織の粘弾性変化が起こり，血流の低下から代謝が変化し，歯根膜が圧縮した形で可動域の範囲内で歯が移動する．細胞分化は数時間後に始まり，数日のうちに破骨細胞・骨芽細胞により歯槽窩のリモデリング・歯の移動が起こる．一方，より強い力では，被圧縮領域の歯根膜内で血管は閉塞し数時間後には細胞死が起こる．炎症性のサイトカインの出現を発端にして数日後に隣接域から細胞分化が始まり，1，2 週間後から骨吸収が亢進し実際の移動の相が開始され，歯が移動する．後方では，伸展刺激を受けた歯根膜細胞が伸長・増殖し，拡大した空間には末梢血管が新生して骨芽細胞による骨形成やセメント芽細胞によるセメント質の形成が誘導される．歯槽骨が吸収された後には大きな移動が可能となる[33]．ヒトの場合，1 本の歯に約 2N（ニュートン）の力までの範囲では，歯を移動させるのに要する時間は力が強いほど短縮され，1 週間に約 0.3 mm 移動する．さらに早い場合はその 3 倍程度の移動も可能である[34]．

15.3.2 歯の移動におけるオステオポンチンの役割

さて，骨基質の RGD 配列含有マトリックスタンパク質の一つとして見出されたオステオポンチン[35]が，その後，力学的刺激応答の重要な因子であることが明らかになった経緯は第 14 章に詳しい[36-40]．矯正力による歯の移動の場合も同様に，特に歯根膜細胞に強く発現するオステオポンチン[41]が歯周組織の修復（再生）に重要であると報告した論文が数多く見られる[41-44]．

生理的な歯の移動においても，前方部歯槽骨の骨吸収（リモデリング）と後方部の骨の付加的形成（モデリング）により，基本的には同様の骨改造現象が想定される[45]．生理的な歯の移動の実験系として，たとえばマウス上顎臼歯を抜去して下顎対合歯の咬合機能を低下させたモデルを作るが，この場合，水平方向（drift）の移動だけでなく上方（super-eruption）への対合歯の生理的な移動が起こる．オステオポンチン遺伝子（*OPN* 遺伝子）のノックアウトマウス（Rittling と Denhardt の総説を参照[46]）を用いた実験から，この上方への移動は野生型マウスと同等で，水平方向への drift のみが OPN を必要とするという，興味ある結果が得られている[47]．

また Terai らによれば，移動に際しては，まず歯根間中隔の圧迫側の骨細胞から順に，2 日後には牽引側の骨細胞や中隔全域にオステオポンチンの発現シグナルが見られ，その後に破骨細胞数の増加と骨吸収の亢進が起きる[48]という．ノックアウトマウスの場合は矯正力に対する応答が大きく減弱していた[48-50]．Higashibata らは，オステオポンチンの5.5-kbプロモーター領域にポジティブ/ネガティブなどさまざまな調節要素を同定し，組織・細胞特異的なオステオポンチン発現のメカニズムとして報告した[51]．オステオポンチンは腎臓にも高発現していて異所性の石灰化を抑制する役割の例としてよく引用されるが[52]，アテローム性動脈硬化における血管平滑筋細胞による異所性石灰化の抑制でもオステオポンチンは重要で，しかもリン酸化が必須であると報告されている[53]．歯根膜細胞にも骨芽細胞・骨細胞にも，循環器系の細胞にも，がん細胞にもオステオポンチンは広範に発現していて，もはや単なる骨基質タンパク質ではなく，破骨細胞の前駆細胞（単球由来の単核細胞）を骨面に遊走させて破骨細胞形成を促進する走化性因子，広義には炎症細胞の遊走や機能の制御を行う炎症性サイトカインといえる[54]．

15.3.3　歯の移動にかかわる炎症性サイトカイン

代表的な炎症性サイトカインTNF-αとIL-1β（の前駆体proIL-1β）は実験的に矯正力をかけたラットの臼歯の圧迫側歯根膜でも発現されて[55]，proIL-1βはIL-1変換酵素であるcaspase-1により活性化される[56]．その結果，これら炎症性サイトカインにより血管新生を誘導するVEGFが発現され[57,58]，破骨細胞も形成される．一方，牽引側の歯根膜では骨や筋細胞において，力学刺激により誘導され，アポトーシスを抑制するIGF-Iや，その受容体IGF-IRや直下流のIRS-1に陽性の細胞が増加する．しかし圧迫側では，それらが減少していた[59]．

一方，力学的負荷ではなく除負荷，つまりプレートを挿入して咬合機能を低下させたモデルラットの臼歯において矯正力をかけると，圧迫側歯根膜におけるVEGF-Aとその受容体VGFR-2の発現が減少し，血管が狭窄するために歯根膜細胞や血管内皮細胞はただちにアポトーシスを起こす[60]．IGF-Iに関しては，心筋の場合であるが，心筋内の線維芽細胞が心筋肥大や伸展刺激によりIL-1βを発現し，それがJAK/STATを活性化してIGF-1遺伝子の転写を起こすことが知られている．IL-1βが欠損すると，JNKキナーゼとcaspase-3の活性が上昇して心筋細胞のアポトーシスやフィブローシスに至る[61]．炎症性サイトカインが鍵になっているこのようなカスケードは，恒常的に大きな力学的負荷のかかる組織に特有の防御作用なのであろう．なお，IGF-IにはスプライスバリアントIGF-I Ec（別名mechano growth factor，MGF）が存在し[62]，骨芽細胞や骨細胞ではほとんど発現していないと報告されている一方で[63]，顎前突症や顎後退症に矯正術を施した後の咬筋では明らかに上昇している[64]．歯根膜における報告は見られない．

15.3.4　歯の移動におけるアポトーシス

実験的な歯の移動では，以下のように骨細胞もアポトーシスを起こすことが報告されている．Sakaiらは，実験的な歯の移動に際して骨細胞死が起こり，結合組織成長因子Connective Tissue Growth Factor（CTGF）がそれに関与することを示した．マウス上顎第一臼歯に10 gの力をかけて移動開始して2時間後に，CTGFメッセージは圧迫側骨細胞に発現しはじめ，それらの骨細胞にアポトーシスが誘導され，1日後には骨小腔から消失し，その後，破骨細胞が出現して骨吸収が亢進する[65]という．

ゴムを挟むことによる歯の移動の実験では，4日目には広範な細胞にRANKLの免疫組織化学反応が認められることが報告されている[66]．より最近の詳細な報告では，10 gの力をかけた上顎第一臼歯圧迫側の歯根膜には開始3時間後からRANKL陽性細胞が見られている[67]．骨細胞に発現されるRANKLは骨芽細胞より多いことが最近報告されており[68]，破骨細胞形成に関して，骨細胞も大きな役割を担うことが注目されている．この点KamiokaやTakano-Yamamotoらの研究してきた歯の移動を含む力学刺激応答における骨細胞の挙動，役割の重要性を改めて認識させられる[69]．

15.4　歯根膜組織の構造と力学的特徴

歯根膜の役割を理解するうえでなされてきたモデル化の試みの歴史と変遷については，最近のFillらの総説に詳しいので参照していただきたい[70]．専門外であり評価はできないが，1980年代以降多用されてきた三次元の有限要素法を活用して，歯根膜がもつとされる異方性（多相性）や非線形性・粘弾性といった物性の特徴やその組織構造が解析されてきた．この総説には触れられていないが，根尖部に降りるにつれ高密度に存在する血管網などの要素も加味して，総合的に解析されてきたと思われる．

歯根膜線維の物性を，歯根膜に可動性を与えることにより得られる変位（圧縮性）としてモデルを通して解析し，荷重-変位曲線を求めた結果，荷重時の応力分布が根尖部に集中するのを防いでいることが理解されたのではなかろうか．Fillらはしかし，現行のモデルはいかにも不十分で，生理的咬合力にせよ，矯正力にせよ，歯根膜の力に対する応答を十分加味してもっと正確に反映できるモデルを作成する必要があると唱えている．

15.5　胚葉性と力学環境に依存する？骨のサイトスペシフィックな力学的応答

15.5.1　異なる部位に見られる細胞の違い

骨のサイトにより細胞が異なるという報告は，骨細胞に関しては，四肢長管骨と頭蓋骨内の細胞形態の比較がある．負荷のかかる前者では規則的に配列した細長い骨細胞が高密度に存在し，突起は長くて分岐が多いが細いと報告されている[71-73]．頭蓋骨は不動による骨粗鬆症を示さない[74]ばかりでなく，マトリックスの組成も四肢体幹の骨とは異なり[75]，遺伝病における異常もサイトスペシフィックに見られる[76-78]．

Rawlinsonらは，ゲノムワイドのmRNA発現とクラスター解析を行い，頭蓋骨と下肢骨では，発生に関連したホメオボックス遺伝子群や，塩基性ヘリックス-ループ-ヘリックス型転写因子などが，成熟したマウスの骨においても，骨から単離した細胞においても，明らかな差次的発現を示すことを見出した．これらの細胞では，発生関連ばかりでなく，マトリックス合成に関連する*Cart-1*などの遺伝子の特異的な発現においても差が保持されていた[72]．ちなみに，一般的な中胚葉性間葉ではなく，神経堤からできる外胚葉性間葉に由来する細胞のマーカーとしてよく用いられる*nestin*遺伝子は，歯の発生の過程で見られる構造である歯嚢・歯乳頭ばかりでなく，歯根膜の細胞にも検出される[79]．成熟後も胚葉性間葉の由来が重要であることは，骨欠損の修復の際に中胚葉性の細胞を用いると，脛骨では骨芽細胞に分化するが下顎骨では軟骨になってしまうという，興味ある結果からも示されている[80]．

15.5.2　骨形成を促進するLIPUS

筆者らは，同一マウスから頭蓋骨と下顎骨（主な部分が外胚葉性間葉由来），および下肢骨（中胚葉性間葉由来）を分離し，それぞれを段階的なコラゲナーゼ処理により調整した細胞を1週間培養して骨芽細胞とした．それら3種類の骨芽細胞に対して力学刺激としてアナボリックな低出力超音波パルス（LIPUS）照射を行い，臨床と同じ30 mW/cm^{2}の強度，周波数1.5 MHzの超音波を200 µs-800 µs休止のパルス（1 kHzの繰り返し周波数）の効果を比較する実験を行った．LIPUSは，わが国においても1998年にまず四肢の難治性骨折超音波治療法（骨癒合までの期間を約40%短縮）として保険適用され，以来，観血的手術が行われた場合の四肢の新鮮骨折治癒の促進も含めて高度先進医療として整形外科で頻用されている物理療法である．

これまでに筆者らは，骨形成の促進作用をもたらすLIPUSの標的細胞は骨細胞ではなく骨芽細胞であること，作用は主にCOX-2を介したPI3K/Aktの経路で起こることなどを報告してきた[81-83]．*COX-2*のノックアウトマウスを用いた*in vivo*の実験においても，VEGFやRANKLの発現が，野生型においてのみ観察された[84]．タンパク質とメッセージ両方の発現レベルの変化を同時に効率よく観察できるように治療時と全く同様の条件下（24時間間隔で20分間）で2回照射を行い，2回目終了の20分後に細胞ないし骨組織を回収している．その結果，RANKLの発現レベルの変動は細胞の由来により異なっていて，下肢骨ではRANKLとOPGの両者が上昇（比は不変），下顎骨ではRANKLのみが上昇，頭蓋骨では変化が有意でなかった．それらの発現に至る経路は，下顎骨では$\alpha_5\beta_1$インテグリンを必要としていた[85]．骨肉腫由来SaOS2細胞では，電磁場のパルスには応答するもののLIPUSではOPGもRANKLもmRNAレベルは変動しないとの報告[86]や，毎日10分間の連続超音波の照射（比較的高出力の62.5あるいは125 mW/cm^2）11日後のマウス骨髄細胞BMSCではRANKL発現・MCSF依存性の破骨細胞分化ともに阻害されたという報告もある[87]．細胞の分化段階（LIPUS照射した場合，骨芽細胞は増殖は変化させずに骨細胞の方向へ分化し，FGF-23，DMP-1，SOST，RANKLなどの発現レベルが上昇する[85]）や株化細胞の場合は，確立の過程で生じた細胞特性などの要素も総合的に考慮しなければならないと思われるが，由来す

表15.1　骨芽細胞により異なるLIPUS照射に対する応答

LIPUS照射により細胞が分化するが増殖は促進されない，あるいは増殖が促進されると報告した論文をそれぞれ数例ずつ示す．

LIPUS照射により分化する細胞			
細胞	タイミング	効果	増殖
LM18/SaOS2/MC3T3-E1[98]	30分〜3時間	(P-ERK1/2, P-Akt)	→
Human hematoma cell[99]	2〜4日	ALP/osteocalcin ↑	→
ROS17/2.8[100]	14日	ALP ↑	→
Rat long bone OB[83]	10日	osteocalcin ↑	→
ST2[83]	10日	osteocalcin ↑	→
MG63[101]	5日	FN ↑	→

LIPUS照射により増殖する細胞			
細胞	タイミング	効果	増殖
Rat calvarial OB[102]	5日	P2Y ↑	↑
MC3T3-E1[103]	2日	migration ↑	↑
MC3T3-E1[104]	confluent	migration ↑	↑
Mouse calvarial OB[105]	subconfluent	VEGF/BMP/ALP/OP ↑	↑
Human periosteal OB[106]	2日	VEGF/osteocalcin ↑	↑
Rat calvarial OB[107]	7日	TNFa ↑	↑
Human mandibular OB[108]	5日	VEGF/IL8/FGF2 ↑	↑

る胚葉は細胞の力学刺激応答の重要な要素であると筆者らは考える．表 15.1 にいくつかの骨芽細胞（と株化骨芽細胞様細胞）に LIPUS が及ぼす影響を比較したが，増殖・分化に関する応答には由来胚葉依存性があると考えてよいだろう．

15.6　口腔内細菌と力

図 15.1 から明らかなように，歯は歯槽骨内に歯根膜を介して釘植されている．したがって，特に歯周病に罹患して慢性的に感染を抱える口腔内では，歯肉溝が細菌感染を起こして深くまで（2mm 以上）開口し（歯周ポケット），セメント質が露出し，歯根膜細胞を含めた口腔内の細胞が日常的に炎症性のサイトカインに曝されている．

古くは 1900 年に Hunter により，口腔敗血症として口腔内細菌が全身疾患の原因となりうることが報告されている[88]．その後，数種類の歯周病細菌が特定されるのに伴って，それらが各種の全身疾患リウマチ，さらには生活習慣病のリスクファクターであることが数々の疫学的研究により示されてきた．虚血性の心疾患，呼吸器疾患，糖尿病などとの関連が調べられており，強い因果関係が認められるとする報告まで出されて議論が続いている．

一方，歯周病の罹患率は非常に高く，2009，2010 年に調べられたアメリカの National Health and Nutrition Examination Survey（NHANES）によれば，30 歳以上の人口の 47％以上が，程度の差こそあれ歯周病に罹患している[89]．わが国ではさらに高く，2011 年度の厚生労働省歯科疾患実態調査（http://www.mhlw.go.jp/toukei/list/62-23.html）によると，成人の 8 割近くが罹患しているという．歯周病の判定基準により罹患率が上下する点を考慮しても，口腔内に感染を抱えるのが平均的な状態であるのは事実である．

そこに強い力学的な負荷や除負荷が起こった場合どうなるであろうか．前者についてラットを用いた実験で，Yoshinaga らは興味ある結果を報告している．強い力（歯冠に挿入物を被せる）と LPS（大腸菌細胞壁糖脂質を毎日歯肉に注入）を単独ないし複合で刺激し，5 日後の RANKL や TRAP など破骨細胞マーカー陽性の細胞数を調べた．すると，LPS で大きく増加するものの，実験的過負荷による付加的な増加は全く見られなかった．10 日まで延長すると，LPS 単独の効果は完全に消失するものの，併用条件では増加が引き続いて見られた[90]．感染の影響が優位であることを示す報告は，ヒト歯周病原菌として最も確立された *Porphyromonas gingivalis*（*P. gingivalis*）と静水圧負荷の複合刺激を検討した *in vitro* の実験で，Yamamoto らがやはり同様の結果を得ている[91]．咬合性外傷（occlusal trauma，進行性の歯の動揺がある）のみでは，可逆的な骨吸収は見られても歯周病を発症させることはないので[92-94]，「咬合性外傷が歯周病を増悪させる」というのが，起こりうる状況であろう．歯ぎしりなどの習癖があると，平時の数倍以上の咬合力がかかるため，一般的な歯周治療を行っていても歯周病が悪化することが経験的にいわれており，それら咬合性外傷は歯周病による歯槽骨吸収のリスクファクターであるとの考え方もなされたが[95]，現在はどちらかというと否定的である[96]．以前は若年者に対して行われていた歯列と歯槽骨に対し持続的な顎整形力を付加する長期的な矯正治療の場合も，4 年間の縦断的調査の結果，プラークコントロール（歯周治療）を同時に行っていれば，矯正治療自体が歯周支持組織に及ぼす影響は，臨床的には問題ないレベルに留まっていた[97]．

また McDevitt らは，就寝時に歯科用のスプリント（ナイトガード）を装着している患者に 3 日間外してもらい，歯肉溝滲出液中の IL-1β と IL-1 受容体を免疫学的に検出した．その結果，歯周病のひどい患者は軽度の患者の約 2 倍レベルの濃度のIL-1βを分泌していることが判明したものの，スプリントを外すこと自体がIL-1βレベルを上昇させることはなかった[98]．

15.7 おわりに

口腔内のメカノバイオロジーの特徴は強い咬合力（occlusal trauma）と口腔内細菌の存在である．いくつかの研究が，歯根膜細胞による炎症性サイトカイン産生においては力学的刺激よりも歯周病原菌，特に *P. gingivalis* の影響が有意であることを示しており，感染性の炎症は確かに歯槽骨の吸収の中心的課題である．しかし，最近のNLRP3インフラマソーム活性化メカニズムの研究[99]が示すように，IL-1βの活性化やアポトーシスなど，非感染性の炎症と共有される情報伝達経路は多岐に亘る．今後は，複合的な作用の研究がメカノバイオロジーのさらなる理解へと導いてくれるのではなかろうか．

（高垣裕子）

文　献

1）眞竹昭宏他，*人間工学*，**39**, 16（2003）．
2）T. Matsuoka et al., *Nature*, **436**, 347（2005）．
3）J. M. Slack, *Science*, **322**, 1498（2008）．
4）O. Clewes et al., *Stem Cell Rev.*, **7**, 799（2011）．
5）P. de, Pablo et al., *Nat. Rev. Rheumatol.*, **5**, 218（2009）．
6）R. Kronfbld, *J. Am. Dent. Assoc.*, **25**, 1242（1931）．
7）B. Gottlieb, *J. Am. Dent. Assoc.*, **30**, 1872（1943）．
8）井上昌幸，*日補歯誌*，**5**, 29（1961）．
9）S. A. Cohn, *Arch. Oral Biol.*, **10**, 909（1965）．
10）T. Ishigami et al., *J. Jpn. Stomatol. Soc.*, **41**, 366（1992）．
11）R. R. Kashyap et al., *J. Oral Sci.*, **53**, 133（2011）．
12）H. Yu et al., *Angle Orthod.*, **79**, 346（2009）．
13）E. B. Rego, *Arch. Oral Biol.*, **56**, 1238（2011）．
14）M. Komaki et al., *J. Cell Physiol.*, **227**, 649（2012）．
15）L. Hoz et al., *Cell Biol. Int.*, **36**, 129（2012）．
16）M. A. Alvarez-Perez et al., *Bone*, **38**, 409（2006）．
17）B. Carmona-Rodriguez et al., *Biochem. Biophys. Res. Commun.*, **358**, 763（2007）．
18）B. Seo et al., *Lancet*, **364**, 149（2004）．
19）H. G. Welgus et al., *J. Biol. Chem.*, **256**, 9511（1981）．
20）A. R. Ten Cate et al., *Am. J. Orthod.*, **69**, 155（1976）．
21）M. Yamaguchi et al., *Connect. Tissue Res*, **45**, 181（2004）．
22）Y. Sugiyama et al., *Eur. J. Orthod.*, **25**, 71（2003）．
23）N. Shimizu et al., *J. Periodontol.*, **69**, 670（1998）．
24）H. Kanzaki et al., *J. Bone Miner. Res.*, **17**, 210（2002）．
25）H. Kanzaki et al., *J. Dent. Res.*, **80**, 887（2001）．
26）H. Kanzaki et al., *J. Dent. Res.*, **85**, 457（2006）．
27）Y. J. Chen et al., *J. Periodontal Res.*,（2012）．
28）K. Iwasaki et al., *J. Periodontol.*,（2012）．
29）H. Tanabe et al., *PLoS One*, **5**, e12234（2010）．
30）M. J. Somerman et al., *J. Dent. Res.*, **67**, 66（1988）．
31）A. Dogan et al., *Tissue Eng.*, **8**, 273（2002）．
32）N. Kawanabe et al., *Differentiation*, **79**, 74（2010）．
33）W. Proffit, H. Fields, "*Orthodontic Treatment Plannning, in Contemporary Orthodontics*," W. Proffit, H. Fields eds., p. 201, Mosby Year Book（1993）．
34）Y. Ren et al., *Am. J. Orthod. Dentofacial Orthop.*, **125**, 71（2004）．
35）A. Oldberg et al., *Proc. Natl. Acad. Sci. USA.*, **83**, 8819（1986）．
36）M. Noda, D. T. Denhardt, *Ann. N. Y. Acad. Sci.*, **760**, 242（1995）．
37）M. Ishijima et al., *J. Exp. Med.*, **193**, 399（2001）．
38）M. Ishijima et al., *J. Bone Miner. Res.*, **17**, 661（2002）．
39）M. Morinobu et al., *J. Bone Miner. Res.*, **18**, 1706（2003）．
40）M. Noda et al., *Nihon Rinsho*, 63 Suppl **10**, 605（2005）．
41）A. Jager et al., *Eur. J. Orthod.*, **30**, 336（2008）．
42）A. Lee et al., *Am. J. Orthod. Dentofacial Orthop.*, **126**, 173（2004）．
43）C. Jimenez-Pellegrin, V. E. Arana-Chavez, *Am. J. Orthod. Dentofacial Orthop.*, **132**, 230（2007）．
44）T. Kubota et al., *Archs. Oral Biol.*, **38**, 23（1993）．
45）T. Takano-Yamamoto et al., *J. Histochem. Cytochem.*, **42**, 885（1994）．
46）S. R. Rittling, D. T. Denhardt, *Exp. Nephrol.*, **7**, 103（1999）．
47）C. G. Walker et al., *Bone*, **47**, 1020（2010）．
48）K. Terai et al., *J. Bone Miner. Res.*, **14**, 839（1999）．
49）S. Kuroda et al., *J. Bone Miner. Metab*, **23**, 110（2005）．
50）S. Fujihara et al., *J. Bone Miner. Res.*, **21**, 956（2006）．
51）Y. Higashibata et al., *J. Bone Miner. Res.*, **19**, 78（2004）．

52) L. Mo et al., *Am. J. Physiol Renal Physiol*, **293**, F1935 (2007).
53) S. Jono et al., *J. Biol. Chem.*, **275**, 20197 (2000).
54) K. Yumoto et al., *Proc. Natl. Acad. Sci. USA.*, **99**, 4556 (2002).
55) A. Bletsa et al., *Eur. J. Oral Sci.*, **114**, 423 (2006).
56) X. Yan et al., *Angle Orthod.*, **79**, 1126 (2009).
57) D. Di et al., *J. Biomed. Biotechnol.*, **2012**, 201689 (2012).
58) A. Miyagawa et al., *J. Dent. Res.*, **88**, 752 (2009).
59) Y. Kheralla et al., *Arch. Oral Biol.*, **55**, 215 (2010).
60) R. Usumi-Fujita et al., *Angle Orthod.*, **83**, 48 (2013).
61) S. Honsho et al., *Circ. Res.*, **105**, 1149 (2009).
62) G. Goldspink, *J. Anat.*, **194** (Pt 3), 323 (1999).
63) P. Juffer et al., *Am. J. Physiol. Endocrinol. Metab.*, **302**, E389 (2012).
64) N. Maricic et al., *Oral Radiol. Endod.*, **106**, 487 (2008).
65) Y. Sakai et al., *J. Dent. Res.*, **88**, 345 (2009).
66) A. Shiotani et al., *J. Electron Microsc.*, **50**, 365 (2001).
67) P. J. Brooks et al., *Angle Orthod.*, **79**, 1108 (2009).
68) T. Nakashima et al., *Nat. Med.*, **17**, 1231 (2011).
69) T. Yamashiro et al., *J. Dent. Res.*, **80**, 461 (2001).
70) T. S. Fill et al., *J. Biomech.*, **45**, 9 (2012).
71) A. Vatsa et al., *Bone*, **43**, 452 (2008).
72) S. C. Rawlinson et al., *PLoS One*, **4**, e8358 (2009).
73) A. Himeno-Ando et al., *Biochem. Biophys. Res. Commun.*, **417**, 765 (2012).
74) D. E. Garland et al., *J. Orthop. Res.*, **10**, 371 (1992).
75) T. van den Bos et al., *Bone*, **43**, 459 (2008).
76) M. Bruska, *Folia Morphol.*, **50**, 49 (1991).
77) H. M. Abdolmaleky et al., *Am. J. Med. Genet. B Neuropsychiatr. Genet.*, **127B**, 51 (2004).
78) S. H. Ralston et al., *Genes Dev.*, **20**, 2492 (2006).
79) X. Luan et al., *J. Histochem. Cytochem.*, **55**, 127 (2007).
80) P. Leucht et al., *Development*, **135**, 2845 (2008).
81) K. Naruse et al., *Biochem. Biophys. Res. Commun.*, **268**, 216 (2000).
82) Y. Mikuni-Takagaki et al., *Neuronal. Interact.*, **2**, 252 (2002).
83) K. Naruse et al., *J. Bone Miner. Res.*, **18**, 360 (2003).
84) K. Naruse et al., *Ultrasound Med. Biol.*, **36**, 1098 (2010).
85) H. Watabe et al., *Exp. Cell Res.*, **317**, 2642 (2011).
86) M. A. Borsje et al., *Angle Orthod.*, **80**, 498 (2010).
87) R. S. Yang et al., *Bone*, **36**, 276 (2005).
88) W. Hunter, *Br. Med. J.*, **2**, 215 (1900).
89) P. I. Eke et al., *J. Dent. Res.*, **91**, 914 (2012).
90) Y. Yoshinaga et al., *J. Periodontal Res.*, **42**, 402 (2007).
91) T. Yamamoto et al., *Jpn. J. Conserv. Dent.*, **52**, 176 (2009).
92) J. Lindhe et al., *Clin. Periodontol.*, **3**, 110 (1976).
93) J. Lindhe et al., *Clin. Periodontol.*, **1**, 3 (1974).
94) I. Ericsson, B. Thilander, *Am. J. Orthod.*, **74**, 41 (1978).
95) M. K. McGuire, M. E. Nunn, *J. Periodontol.*, **67**, 658 (1996).
96) D. E. Deas et al., *Periodontol. 2000*, **32**, 82 (2003).
97) Diamanti-Kipioti et al., *J. Clin. Periodontol.*, **14**, 326 (1987).
98) M. J. McDevitt et al., *J. Periodontol.*, **74**, 1302 (2003).
99) H. K. Jun et al., *Immunity*, **36**, 755 (2012).
100) Y. Sawai et al., *Oncol. Rep.*, **28**, 481 (2012).
101) T. Hasegawa et al., *J. Bone Joint Surg. Br.*, **91**, 264 (2009).
102) T. Takayama et al., *Life Sci.*, **80**, 965 (2007).
103) J. Harle et al., *Ultrasound Med. Biol.*, **27**, 579 (2001).
104) J. Man et al., *J. Bone Miner. Metab.*, **30**, 602 (2012).
105) T. Iwai et al., *J. Bone Miner. Metab*, **25**, 392 (2007).
106) A. Gleizal et al., *Ultrasound Med. Biol.*, **32**, 1569 (2006).
107) K. S. Leung, *Clin. Orthop. Relat. Res.*, **418**, 253 (2004).
108) N. Doan et al., *J. Oral Maxillofac. Surg.*, **57**, 409 (1999).
109) E. C. Alvarenga et al., *Bone*, **46**, 355 (2010).
110) J. S. Sun et al., *J. Biomed. Mater. Res*, **57**, 449 (2001).

痛みのメカノバイオロジー：機械刺激と痛み

Summary

痛みは体の内外の異常や危険を知らせ，われわれの身体を守るために欠かすことのできない重要な感覚である．痛覚の末梢受容器は侵害受容器と呼ばれ，その実体は皮膚や内臓に分布する細径一次知覚神経の自由終末である．侵害受容器は，機械刺激の他に温度や化学刺激によっても受容器電位を発生し，活動電位を生じて中枢へと情報を伝える．近年，さまざまな感覚刺激の受容体分子が同定され，機械感受性をもつ受容体（メカノトランスデューサー）としても，TRP や ENaC/DEG などのイオンチャネルが報告されている．しかし，少なくとも脊椎動物の侵害受容器では，これらの分子が機械的な痛み刺激の受容と情報変換に関与するかどうかはまだ確定していない．とはいえ最近の分子・細胞レベルでの研究の発展により，機械的な痛みのメカニズムも少しずつ明らかになっている．痛みの特徴として，他の感覚とは異なり感覚の順応が起こりにくく，むしろ痛みが長引くことによりかえって痛覚過敏が生じることがある．これには侵害受容器の興奮性の亢進（末梢性感作）や，中枢神経系の機能亢進（中枢性感作）が関与している．末梢性感作では，炎症性物質などの作用による神経活動の亢進が見られる．一方，中枢性感作では，末梢からのシナプス入力の増強や，触覚受容器から痛覚中枢経路への入力の混線や強化が生じている．こうした神経活動の異常が長く続くと，痛覚の神経経路に可塑的な変化が生じ，慢性的な痛みへとつながる．機械刺激に対する痛覚過敏が顕著な例として筋肉痛がある．運動後に遅れて生じる遅発性筋痛の際の機械痛覚過敏では，運動時に産生されるブラジキニン様物質やシクロオキシゲナーゼによって筋での神経栄養因子の発現が増加し，これが侵害受容器を感作するというメカニズムが明らかになりつつある．

16.1　はじめに

われわれは，ものに触れた指先に鋭い痛みを感じれば，反射的に手を引いて危険から即座に逃れることができる．また，不快で鈍い痛みが長く続けば，体を休めてこれを癒そうとする．先天的に痛みを感じない無痛無汗症の患者は，意図せず自らの体を傷つけ，身体の異常にも無自覚で症状が悪化するため，生活に多大な困難を伴う．痛みがあるからこそ，われわれは危険を回避し，体の異変に対処できる．痛みの中でも日常的に最も多く経験され，臨床的にも問題となるものは，運動や圧迫に伴う機械的な痛みである．

痛みは刺激（熱・圧迫など）を強くすると生じるため，触圧覚の受容器の活動が高まると痛みになると長く信じられていた（痛みの強度説）．痛みの受容システムが触圧覚とは別であるとする考えは，von Frey（1852～1932）による痛点の発見に始まる．彼は，ウマの尾の毛を用いて皮膚の感覚点を詳細に調べ，触圧点とは異なる位置に痛覚を生じる痛点が存在することを発見した．また，痛点の密度が非常に高いことから，体表に多く分布する自由神経終末が痛覚の受容器であるという説を提唱した（痛みの特殊説）．その後の神経生理学と解剖学の発展により，自由神経終末が痛み刺激の特異的な受容器であることがわかり，また中枢においても痛覚特異的な経路が見出され，痛みは独立の感覚として受け入れられるようになった．さらに，痛みは他の感覚と異なりさまざまなエネルギー（熱・機械・化学エネルギー）で生じるため，Sherrington（1857〜1952）は痛み受容器の適刺激を「組織を損傷する，または損傷しかねない刺激」として，一括して“侵害刺激”とした．したがって，痛み受容器は侵害受容器（nociceptor）と呼ばれる．

痛点の発見から約100年を経た今日では，侵害刺激による受容器興奮の分子的な仕組みも明らかになってきた．たとえば熱による痛みは，侵害受容器に発現するTRPV1というイオンチャネル（後述）が高温で活性化することにより生じる．TRPV1は酸や唐辛子の辛み成分であるカプサイシンでも活性化され，化学刺激による痛みにもかかわっている．類縁タンパク質のTRPA1も活性酸素をはじめとする多様な痛み物質で活性化され痛みを生じる[1]．ATPは内在性痛み物質としても知られ，P2受容体（プリン受容体）を介して痛みや痛覚過敏を起こす[2]．このように侵害受容器における温度や化学刺激の受容メカニズムの理解は非常に進んでいる．一方，機械刺激の受容体（メカノトランスデューサー）については，ショウジョウバエや線虫の機械感覚異常の変異体スクリーニングやゲノム解析により，多数の候補分子が報告されている[3]．その多くは哺乳類の侵害受容器にも発現し，機械性疼痛とのかかわりが精力的に調べられているが，いまだに痛みのメカノトランスデューサーとしての機能の証明には至っていない．

本章では，機械的な痛みと機械痛覚過敏の神経生理学的なメカニズム，および機械性疼痛の研究手法について概説する．さらに，痛みのメカノトランスデューサーの同定に向けた研究の現状について，その研究手法や重要分子を紹介する．最後に，機械痛覚過敏発症の分子機構について，身近な筋肉痛を例とした最近の筆者らの研究を紹介する．

16.2 機械性疼痛の末梢機構

16.2.1 痛みの刺激受容と情報変換

痛みは，強い機械刺激，熱，あるいは危険な化学物質などの侵害刺激で生じる．その受容器は侵害受容器であり，一次求心性線維（Aδ およびC線維）の末梢終末がその実体である．

生体外からの刺激自体が受容器を興奮させる他，損傷の結果細胞から放出された水素イオンやATPなども侵害刺激となる．これらの痛み刺激は，各刺激に特異的な受容体に作用して，直接あるいは間接的に，刺激の強度に応じた受容器電位（脱分極）を発生させる．この電位が電位依存性ナトリウムチャネルの閾値を超えると活動電位が発生し，刺激の強度の情報が活動電位の頻度の情報へと変換される．このように，感覚刺激の受容体タンパク質は，物理刺激や化学刺激を電気的な信号に変換することから，“エネルギー受容変換分子（トランスデューサー）”とも呼ばれる．こうして発生した活動電位の情報は，一次求心性線維を介して脊髄に伝わり，さらに神経を乗り換えながら，視床そして大脳皮質へと伝達されて痛みが知覚される．

16.2.2 機械刺激の受容器

機械刺激に応答する末梢の受容器には，軽い接触や伸展・振動などの弱い機械刺激に応答する触覚受容器や固有受容器と，針で刺す・ピンセットでつまむなどの，非常に強い機械刺激に応じる侵害受容器がある．この受容器の興奮を脊髄に伝え

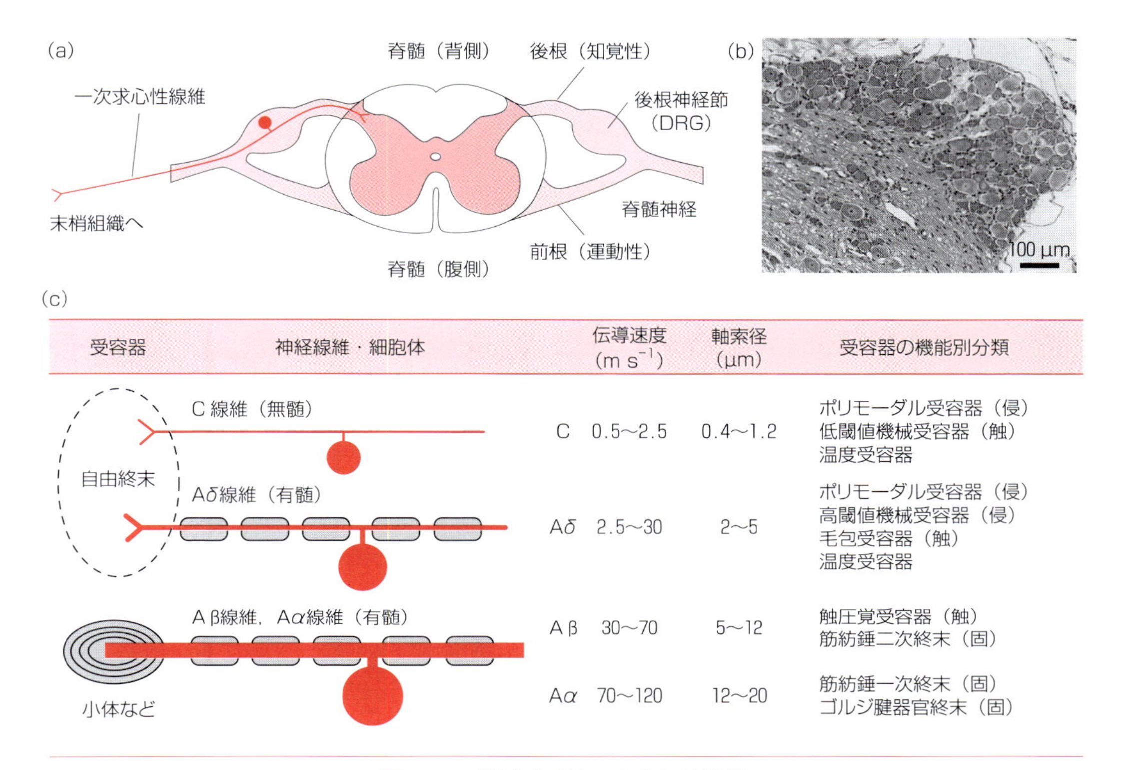

図 16.1　機械感受性一次求心性線維

（a）一次求心性線維の神経走行.（b）脊髄後根神経節（DRG）. さまざまなサイズの細胞体（右上）と神経線維（左下）.（c）機械感受性一次求心性線維の種類と特徴.（侵）：侵害受容器,（触）触覚受容器,（固）固有受容器.

る一次求心性線維の細胞体は脊髄後根神経節（dorsal root ganglion, DRG）にあり，そこから軸索を末梢と脊髄の双方に伸ばしている（図 16.1a, b）. 一次求心性線維は，伝導速度に基づいて Aα（太い有髄線維，70～120 m/s，イヌ，ネコ以上の大型の哺乳類における伝導速度. 以下同様），Aβ（太い有髄線維，30～70 m/s），Aδ（細い有髄線維，2.5～30 m/s），C（無髄線維，< 2.5 m/s,）に分類される.

触覚受容器の多くは，別の細胞や細胞外基質からなるカプセル状の特殊な構造（マイスナー小体やパチニー小体など）に神経の終末が包まれているが，そのような特殊な構造をもたない自由終末（毛包受容器，低閾値機械受容器）もある. カプセル状の触覚受容器には Aβ 線維が接続する（図 16.1c）. それぞれの触覚受容器は，分布，適刺激，順応様式に違いがあり，生理的な役割も異なっている. 一方，侵害受容器は，無髄の C 線維と有髄の Aδ 線維の自由終末であり，触覚受容器のような特殊な終末構造はもたない. この受容器は皮膚，粘膜，角膜，骨膜，血管，および内臓や深部組織（筋・関節）など，全身に広く分布している. 侵害受容器を生理学的に分類して主なものをあげると，強い機械刺激にのみ応答する機械侵害受容器と強い熱刺激にのみ応じる熱侵害受容器，さらに機械刺激の他に熱や化学刺激などの多様な侵害刺激に応答するポリモーダル受容器（polymodal receptor）がある. 主に前者は Aδ 線維の，後者は C 線維の終末である. また，Aδ・C 線維には冷覚や温覚にかかわるものもあり，すべてが侵害受容器というわけではない．以上のように，機械受容器には，形態や閾値の異なるものが多くあり，機械受容変換の仕組みも各受容器で異なると考えられている．

16.3　機械的な痛みの研究手法

16.3.1　動物行動試験による痛みの計測

痛覚は不快感などの情動的要素をも含めたきわめて主観的な感覚であり，その強度を定量化することは容易ではない．さらに生体内の受容器に対して，実験的な機械刺激を定量的に与えること自体が非常に難しい．ヒトの場合，visual analog scale（VAS）と呼ばれるスケール上で被験者自身が感じている痛みのレベルを指し示してもらう方法や，痛みの状態を反映する多項目の質問への回答を数値化することにより，主観的な痛みの強度の定量化が行われる．また，痛みを感じる最小の刺激強度（痛覚閾値）を測定することにより，痛みの感受性を知ることができる．

一方，動物実験の場合，動物が真に痛みを感じているかどうかを把握することは難しい．そこで，ヒトでも痛みを生じるような刺激を動物に与え，その際に動物が示す逃避行動を痛みの指標とする．実際には，以下に示す手法がよく用いられている．いずれのテストも，動物の苦痛を最小限にするよう配慮したうえで実施する必要がある．

（1）フォンフライテスト（von Frey hair test）

von Frey が痛点発見の際に，用いた馬の毛でできた刺激子はフォンフライ・ヘアと呼ばれ，現在では，径や長さの異なるナイロン製フィラメント（図 16.2a）が用いられている．金網の上においたラットやマウスの足底の皮膚をフィラメントで刺激し（図 16.2b），動物が後肢を引き上げる行動を観察する．フィラメントが屈曲するところまで垂直に押し当てると，一定強度の刺激が与えられる．異なる強度のフィラメントを用いて逃避閾値を調べたり，同じフィラメントで複数回刺激したときの逃避行動の頻度を調べたりすることで痛みを評価する．逃避行動の激しさ（足を上げる・舐める・鳴き声を発するなど）に応じてスコアリングし，痛みを数値化することも行われる．

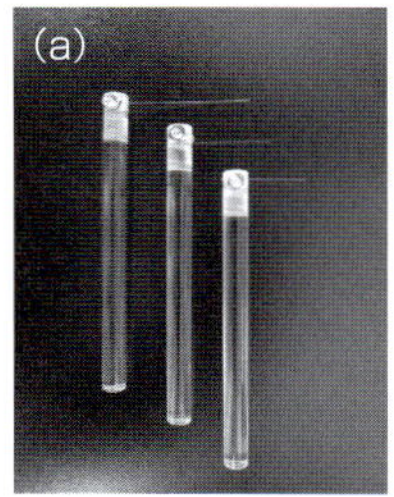

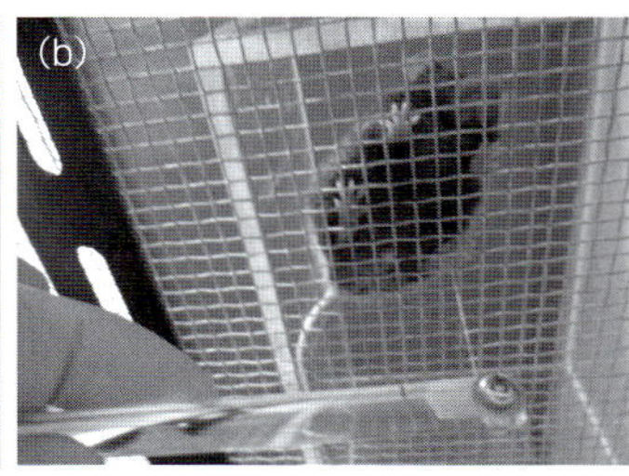

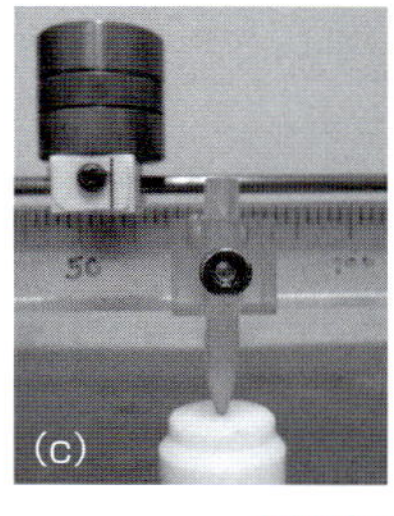

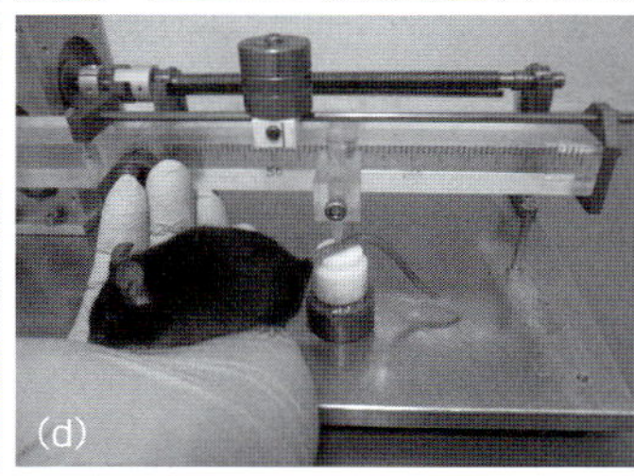

図 16.2　機械痛覚行動試験
（a）フォンフライ・ヘア．強度の異なる 3 種類のフィラメント．（b）フォンフライテストによる足底皮膚の痛覚測定の様子．（c）ランダル–セリット法に用いる円錐状のプローブ（中央）と可動式のおもり（左上）．（d）ランダル–セリット法による尾の機械痛覚閾値測定の様子．おもりが左から右へと移動することにより加重する．

このテストは，動物に気づかれないように配慮したうえで，顔面など足底以外の部位にも適用できる．また，簡便に一定の刺激を与えられることから，神経活動記録の際の機械刺激としても用いられる（後述）．

（2）ランダル–セリット法（Randall-Selitto test）

動物の後肢や尾に先端を丸めた円錐状の刺激子を当て，専用の加重装置を用いて徐々に荷重を増加させ，逃避反射が生じる閾値を測定する（図 16.2c，d）．フォンフライ・ヘア テストと比べて接触面積の大きな刺激子を用いるため，皮膚よりも深部組織の機械痛覚を反映しやすい．実際に直径

2.6mm 程度の刺激子を用いると，皮膚痛覚を生じずに筋を刺激することができる[4,5]．

(3) ピンプリックテスト，テイルピンチテスト

逃避行動を確実に生じさせるレベルの，強い侵害刺激を用いて逃避行動を観察するテスト．針で足底を軽く刺激するピンプリックテストや，鉗子で尾部を挟むテイルピンチテストがある．痛覚鈍麻の評価に使われ，痛覚過敏の評価には適さない．

(4) アロディニアテスト

病的な状態でみられる弱い触刺激で生じる痛み（アロディニア，後述）の程度を評価するテスト．刷毛などで動物の皮膚を撫でた際の逃避行動を数値化する．

16.3.2　一次知覚神経の機械応答の記録方法

(1) 単一神経活動記録による機械応答記録

麻酔下の動物（*in vivo*），あるいは単離した神経-組織標本（*in vitro*）での細胞外記録および細胞内記録により，単一の神経細胞（神経線維）の活動を記録できる（図 16.3a）．細胞外記録の場合には，神経幹を細かく割いて電極に乗せることにより，1 本の神経線維に由来する応答を記録できる．機械刺激は，記録している線維の受容野をフォンフライ・ヘアやガラス棒で押すか，ピンセットでつまむことによって与える．これらの刺激は，サーボモーターを用いて定量的に与えることもできる．

この記録法では，受容野が保たれた生体に近い状態での神経活動が観察できる．個々の線維の刺激応答特性や伝導速度などから受容器のタイプが調べられる他，放電頻度の変化を指標として感作などの現象について調べることも可能である．しかし本法で観察されるのは，受容器近傍で発生し軸索や細胞体まで伝搬してきた活動電位であり，受容器電位を発生させているメカノトランスダクションの情報は得られない．

(2) 細胞レベルでの機械刺激法と機械応答の記録

侵害受容器は神経の自由終末であり，非常に細くかつ組織に埋もれた状態にあるため，そこで生じる細胞の反応を観察することは困難である．組織の表面から神経終末近傍に直接アクセスしやすい角膜や脳硬膜でのみ，吸引電極による細胞外記録が行われているものの，細胞内記録やパッチクランプ法による機械感受性電流や受容器電位の測定は難しい．そこで，脊髄後根神経節（DRG）や三叉神経節から単離した培養感覚ニューロンを用いた実験が広く行われている．この細胞は神経の軸索や受容器終末を失っているが，終末に発現する多くの分子を保有しており，受容器のモデルになりうると考えられている．培養感覚ニューロンへの機械刺激には，以下に示すような方法が用いられている（図 16.3b 〜 e）．

まず，記録用のパッチ電極を介して，電極内の細胞膜（パッチ膜）を吸引する方法がある（図 16.3b）．この方法により，これまでに閾値やイオン透過性の異なる 3 種類の機械感受性単一チャネル電流が観察されている[6]．この実験によると，単一のニューロンには複数の機械感受性チャネルが共存するようである．また簡便でよく用いられる方法として，細胞内外の浸透圧差により細胞膜を伸縮させる方法がある（図 16.3c）．細胞外液を低浸透圧の溶液に置換すると，小径の三叉神経節ニューロンの 80%で内向き電流が生じ，また 2 種類の異なるカルシウム応答が観察される[7]．ラミニンなどの細胞外マトリクス分子を塗布したシリコンのシート上で細胞を培養し，シートを伸展させる方法も用いられている（図 16.3d）．この方法では，弱い伸展刺激に応答する低閾値の細胞と，強い刺激でようやく応答する高閾値の細胞が観察されている[8,9]．高閾値細胞は小型でカプサイシンに対する感受性をもつものも多く，無髄の C 線維侵害受容器の細胞体に対応しているようであ

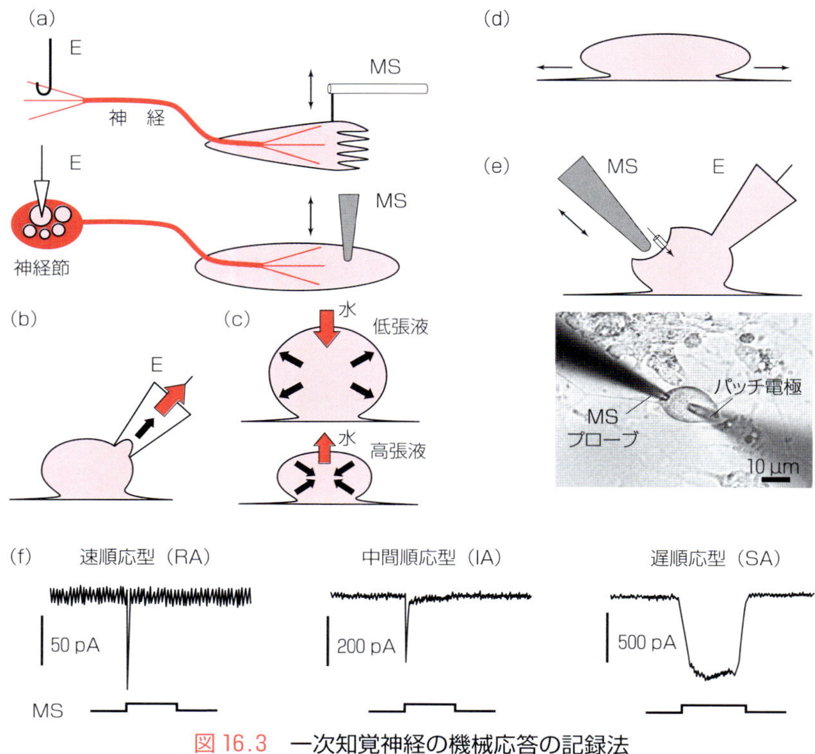

図 16.3　一次知覚神経の機械応答の記録法

（a）単一神経活動記録．上：足底皮膚を支配する神経線維からの細胞外記録，下：内臓等の支配神経の細胞体（脊髄後根神経節）からの細胞内記録．（b）-（f）単離感覚ニューロンの細胞体への機械刺激法：（b）陰圧法，（c）浸透圧法，（d）伸展法，（e）圧迫法（写真は実際の記録の様子），（f）圧迫法で記録された全細胞電流の例．E：記録電極，MS：機械刺激．

る．一方，低閾値細胞は比較的大型で，$A\beta$ や $A\delta$ タイプの有髄神経線維の細胞体にあたると考えられ，生体の機械受容器の応答とよい対応を示している．

さらに最近では，微小な刺激子（ガラス棒）で細胞や神経の突起を直接押す方法も用いられる（図 16.3e）．刺激子で細胞を押した際の電流応答をパッチクランプ法で記録すると，刺激子の進度（移動距離）に応じた電流が観察できる[10-12]．順応速度の異なる複数のタイプの機械感受性電流が観察されており（図 16.3f），各電流応答を示す細胞群間で薬剤感受性も異なっている．筆者らはこの刺激法を用いて，すべての機械感受性電流が酸によって感作されること，この感作は植物レクチンの Isolectin B4 で認識される versican というプロテオグリカンの発現細胞に高頻度で観察されること，またこの感作が細胞外マトリクスを介して生じることを明らかにしており，酸による侵害受容器の機械感作を説明するものかもしれない[13]．

このように，単離ニューロンの実験は受容器細胞の機械応答に関する情報を与える一方で，欠点もある．第一に，単離操作や培養により，細胞の本来の性質が変化している可能性がある．また細胞への直接的な機械刺激は，生理的な刺激とは明らかに異なるという問題もある．単離細胞では，受容器を取り囲む組織や細胞あるいは細胞外基質との接触が断たれており，組織に加わった力を受容器に伝えるための構造も失われている．しかし，メカノトランスデューサーは細胞膜の歪みや圧変化を感知し，最終的には神経の電気的な活動へと変換するシステムを内在しているはずであり，単離ニューロンで観察される機械応答は，少なくともその一面を捉えたものと推測される．単離ニューロンから複数の異なる機械応答が観察されていることも，生体の多様な受容器の性質を反映しているように思われる．また単離細胞では，受容器細胞の直接の機械応答が観察できる反面，別の機械感受性細胞を介した間接的な受容器興奮の可能性が調べられない．皮膚での温度受容や膀胱での圧受容では，刺激を受けた非神経細胞から分泌されたATPによって一次知覚ニューロンが活性化されることが示されている．侵害的機械受容において，受容器以外の細胞が間接的に関与するという報告はないが，機械刺激はさまざまな細胞からATPを放出させることが知られており，分泌されたATPが何らかの形で生理的な機械情報変換に関与している可能性はある．上記のような問題点を考慮したうえで，単離細胞の有用性を生かした研究が必要であろう．

16.4　侵害受容器の機械情報変換の分子メカニズム

侵害受容器で機能するメカノトランスデューサーとして多くの候補タンパク質が報告されているが，いずれも真の侵害的機械受容分子としての機能の証明には至っていない．ここでは，その中でも重要ないくつかの分子に関する研究の現状を紹介する．

16.4.1　TRPチャネル

TRP（transient receptor potential）は，走光性と複眼の光応答に異常を示すショウジョウバエ変異体の責任分子として同定された，視細胞の光情報変換に関与する6回膜貫通型の非特異的陽イオンチャネルである．現在，さまざまな動物や組織で，多様な機能をもつTRPファミリータンパク質が同定されており，感覚受容器に発現するものも多い．1997年に，哺乳類の侵害受容器を興奮させる作用が知られていたカプサイシン（唐辛子の辛み成分）の受容体としてTRPV1（図16.4a）がクローニングされた[14]．TRPV1は熱や酸などの痛み刺激でも活性化し，ポリモーダル受容器の複数の刺激に対する感受性を説明する分子として脚光をあびた．TRPV1が機械刺激で活性化することを示した研究はほとんどないが，最近になって体温レベルの温度では高浸透圧刺激に感受性を示すことが報告されている[15]．*TRPV1*欠損マウスの侵害的機械刺激に対する疼痛行動は正常であるが，炎症やある種の病態ではTRPV1の機械痛覚への関与を示唆する報告は多く，生理的な状況よりも病的な状態での機械痛覚にTRPV1の機械感受性がかかわっている可能性がある．

機械応答との関連が知られているTRPチャネルで，一次知覚ニューロンに発現するものにTRPA1，V4，V2がある．TRPA1はハエの剛毛の機械応答に関与するTRPN（NompC）に似ており，長い細胞内N末端領域をもつ（図16.4b）．DRGでは一部の小径ニューロンに発現する．また，内耳の機械受容器である有毛細胞において，機械感受性チャネルの局在部位と考えられている不動毛先端に局在することから，聴覚にかかわるメカノトランスデューサーではないかと予想された．しかし，*TRPA1*の欠損マウスの聴覚に明らかな異常は観察されず，機械的痛覚への関与についても議論が分かれている[16,17]．*TRPA1*欠損マウスの侵害受容器やDRGニューロンの機械応答は，低下するものの完全には消失せず[18]，またTRPA1を培養細胞で異所的に発現させても機械感受性電流は観察されない[19]．おそらくTRPA1は単独でトランスデューサーとして働くのではなく，メカノトランスダクションにかかわる分子装置の一部分か，その修飾的な役割を担うのではないかと思われる．また*TRPA1*欠損マウスでは内臓の機械

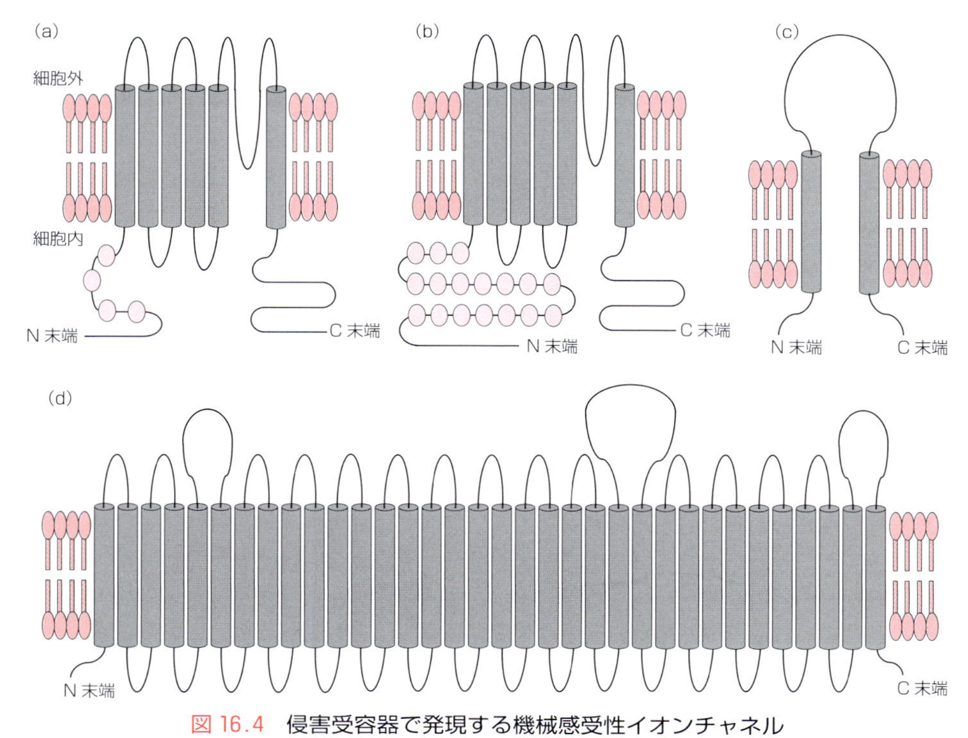

図 16.4　侵害受容器で発現する機械感受性イオンチャネル

6 回膜貫通型の TRPV（a）と TRPA1（b）．N 末端付近にはアンキリンドメイン◯のリピート（TRPV4 は 3 ～ 6 回，TRPA1 は 14～17 回）がある．2 回膜貫通型の ASICs（c）と多膜貫通型（推定 24～39 回）の Piezo（d）．図はマウス Piezo2（34 回膜貫通）の推定構造[35]．

受容器の活動が大きく低下しており[20]，皮膚と内臓とで機械的痛覚への関与の程度が異なるようである．

TRPV2 は，50 ℃以上の熱に応答する TRPV1 の類縁体として同定されたが，その後，低浸透圧[21]やストレッチ[22]によっても活性化することが明らかとなった．発生過程ではすべての DRG ニューロンに発現して神経軸索の成長に寄与するが，成体では中型から大型の DRG ニューロンの一部に限局して発現するようになる[22]．全身性の *TRPV2* 欠損マウスでは機械痛覚も熱痛覚も正常であるとの報告があるが[23]，最近筆者らが作成した DRG ニューロン特異的な *TRPV2* 欠損マウスにおいて，機械痛覚の低下が観察されており，機械痛覚にも関与しているようである[24]．

TRPV4 は腎臓，膀胱，皮膚，血管，神経などに広く発現する浸透圧感受性のイオンチャネルである．低浸透圧依存的な phospholipase A2 の活性化により，細胞膜から遊離したアラキドン酸の下流で生じる脂質メディエーターによって間接的に開口する[25]．しかし，この酵素系がなくとも機械刺激により直接活性化されるという報告もあり[26]，細胞環境の違いにより機械応答へのかかわり方が異なる可能性がある．DRG での発現レベルは高くなく，発現細胞の種類も明確ではない．*TRPV4* 欠損マウスのフォンフライテストでの逃避閾値変化は小さく，健常時の皮膚機械痛覚への寄与は少ない．一方，ランダル-セリット法での逃避閾値には明らかな上昇が見られるため[27]，より深部の機械痛覚に関与する可能性がある．また炎症時には，細胞外マトリクスとの接着分子であるインテグリンとの相互作用を介して，機械痛覚過敏に関与するという報告がある[28].

16.4.2 ASICs(acid-sensing ion channels)

ASICsは腎上皮組織等のアミロライド感受性ナトリウムチャネルに代表されるENaC/DEG (epithelial amiloride-sensitive sodium channel/degenerin) ファミリーに属する2回膜貫通型タンパク質である (図16.4c). ホモまたはヘテロの四量体で機能すると考えられている. 哺乳類神経系の酸感受性イオンチャネルとして発見され, 現在ASIC1-4のアイソフォームといくつかのスプライスバリアントが知られており, いずれもDRGニューロンで発現している.

線虫 (*C. elegans*) の機械感覚異常を示す変異体の原因遺伝子である*MEC4*と*MEC10*がENaC/DEGをコードしていたことから, 感覚神経に発現するASICsについても機械応答への関与が調べられてきた. 実際にMEC4は線虫の感覚神経において, 機械刺激による受容器電位発生の必須分子であり, イオンチャネルのポア (孔) の構成要素と考えられている[29]. また線虫のENaC/DEGであるMEC10, DEGT-1, DEG1やハエのppk (pickpocket) は侵害的機械受容に関与している[30-32]. しかし, これまで異所発現系や脂質二重膜再構成系でのENaC/DEGチャネルの機械感受性は確認されていない. 哺乳類でも*ASIC1-3*の各遺伝子の欠損マウスが作られたが, いずれにおいてもマウスの触覚や機械痛覚, および一次知覚神経の機械応答が消失することはなく, 受容器や神経線維のタイプによって機械応答が減弱したり亢進したりとさまざまであった[33]. 一つの神経細胞に複数のASICアイソフォームが発現するため, 二重・三重の遺伝子欠損マウスを使って調べられたが, 結果は同様であった. このように, 少なくとも哺乳類の侵害受容器においては, ASICsやENaCは機械痛覚における単一のメカノトランスデューサーではなさそうである. しかし, 複数の疼痛病態のモデル動物でASICsの発現量の変動が報告されており, また*ASICs*の遺伝子欠損や薬理的阻害により病態での機械痛覚が減弱することから, 機械痛覚の修飾的な役割を担っている可能性が高い.

16.4.3 Piezo

Piezoは, 神経芽細胞腫由来の細胞株を前述の圧迫法で刺激した際に観察される, 速順応型の機械感受性電流 (図16.3f) を担う分子として報告された[34,35]. 約30個の推定膜貫通領域をもつ非常に大きな膜タンパク質である (図16.4d).

機械感受性のない細胞で異所的に発現させると, 速順応型の機械感受性電流が観察されるようになる. 実際にイオン透過性をもつ四量体のチャネルを形成することが, 人工脂質二重膜での再構成実験等により示されている[35]. ただしこの実験では機械刺激によるチャネルの開口には成功していない.

哺乳類ではPiezo1とPiezo2の2種類があり, 膀胱・腸・肺など機械感受性を有する組織で発現している. DRGにも両者ともに発現しているが, Piezo2のほうが多く, 約20%の細胞で見られる. 小型のDRGニューロンに多く, 侵害受容器の分子マーカーとの共発現も観察されている. さらに, 速順応型電流は一部の培養DRGニューロンでも観察され, *Piezo2*遺伝子のノックダウンにより減弱することから, Piezo2は侵害的機械刺激のメカノトランスデューサーの候補として注目されている. 最近Piezo2が触覚刺激の受容にかかわるメルケル細胞のメカノトランスデューサーとして働くことが報告された[36,37]. 侵害受容器においてもPiezoが同様の機能を担っているのか, 非常に興味がもたれるところである.

16.5　機械痛覚過敏とそのメカニズム

怪我や病気をすると，普段よりも痛みを強く感じる．広い意味で痛覚過敏と呼ばれる状態であるが，厳密には二つに分類される．まず，通常でも痛みを感じる強さの刺激により，さらに強い痛みが生じる状態を狭義の痛覚過敏（hyperalgesia）と呼ぶ．一方，たとえば皮膚を綿で撫でるような，通常は痛みを生じない弱い触刺激（非侵害的刺激）によって，本来は触覚を伝える受容器が興奮し，それが痛みを生じる状態をアロディニア（allodynia，異痛症）あるいは触誘発性疼痛と呼ぶ．これらの機械痛覚過敏はどのようにして生じるのであろうか．

16.5.1　一次痛覚過敏と二次痛覚過敏

皮膚に傷害を受けると，傷害部の発赤とそのすぐ周囲の腫脹が生じ，さらに外側に薄い紅潮部（フレア）が現れる（Lewisの三重反応）．前の二つの反応は，傷害部局所の炎症による血管拡張と浮腫によるものである．一方，後者のフレアは，損傷部の侵害受容器の興奮が受容器の他の軸索分枝に逆行性に伝わり，神経を介して炎症が広がることで生じる．これらの三つの部位には痛覚過敏が現れ，これを一次痛覚過敏という．加えて，その周辺の一見正常な部位にも痛覚過敏が生じ，これを二次痛覚過敏という．

興味深いことに，一次痛覚過敏では熱と機械刺激の両方に対して過敏が現れるのに対して，二次痛覚過敏は機械刺激に対してのみ生じ，しばしば上に述べたアロディニアを伴う．このことはつまり，機械痛覚過敏は熱痛覚過敏とは異なる機序で，より広範囲に生じることを示している．

16.5.2　末梢性感作による痛覚過敏のメカニズム

一次痛覚過敏は主として末梢性感作，すなわち侵害受容器の感作によることがさまざまな実験から明らかにされている．損傷組織には，炎症メディエーターと呼ばれる多様な生理活性物質が生じて炎症応答を誘導し，また侵害受容器に作用してこれを感作する（末梢性感作）．神経成長因子（NGF，nerve growth factor），プロスタグランジン，ヌクレオチド，酸，ブラジキニン，セロトニン，インターロイキンなどのメディーエーターを単独で処置した場合にも，痛覚過敏が生じる．

熱痛覚過敏では，これらのメディエーターは侵害受容器に存在するそれぞれの受容体に作用し，protein kinase C（PKC），phosphatidylinositol 3-kinase（PI3K）などの細胞内情報伝達系分子を介して熱感受性イオンチャネルTRPV1のリン酸化をひき起こし，閾値温度の低下[38]や，細胞膜のチャネル密度の増加[39]を生じて，熱に対する侵害受容器の興奮性を増大させる．

機械応答に関しても，いくつかのメディエーターにより一部の単離感覚ニューロンで機械感受性電流の増大が観察されている[40]．しかし*in vivo*や単離組織標本を用いた実験では，組織によって炎症メディエーターの影響が異なることが知られている．皮膚の侵害受容器では，炎症メディエーターによる機械応答の感作の程度は弱く，酸による感作が報告されているのみである．一方，内臓や筋・関節などの深部組織の侵害受容器では，さまざまなメディエーターによる機械応答の感作が顕著である．さらに，侵害受容器の中には，非活動性侵害受容器（silent nociceptor，sleeping nociceptor）と呼ばれる受容器があり，痛覚過敏にかかわっている．この受容器は，普段は機械刺激に感受性をもたないが，炎症時に数分から数時間という短い時間で感作されて侵害的機械刺激に応答するようになり[41]，脊髄への痛みの入力を増大させる．最近，皮膚での機械痛覚過敏にも，この非活動性侵害受容器の感作の寄与を示唆する報告がなされている[42]．先に述べた皮膚と内臓での機械刺激に対する末梢性感作の違いは，非活動性侵害受容器を含む受容器の構成が皮膚と内臓で異なることによるのかもしれない．

侵害受容器の機械感作については，いくつかの研究と熱への感作機序からの類推により，以下のようなメカニズムが提案されている．

① メカノトランスデューサーの活性の亢進[43]
② 細胞内に貯留されていたチャネル分子の細胞膜移行によるチャネル密度の増加[44]
③ 電位依存性ナトリウムチャネルの機能亢進[45]
④ 細胞外マトリクス・細胞接着分子・細胞骨格などの力の伝搬にかかわる因子の関与[13,28]
⑤ 機械応答の順応にかかわるカリウムチャネルの不活性化[46]

今後メカノトランスデューサーが特定されれば，さらに詳細な仕組みが明らかとなっていくであろう．

16.5.3　中枢性感作による機械痛覚過敏のメカニズム

二次痛覚過敏やアロディニアは，脊髄二次ニューロンの感作（中枢性感作）によって生じる．本書の主題からはずれるため詳細は述べないが，損傷部位の侵害受容器からの強い持続性興奮が脊髄の二次ニューロンを感作し，触覚受容器からの入力によって興奮を起こすようになる．この感作には，二次ニューロンに元からあるシナプスの伝達効率の増大や，痛覚系の脊髄ニューロンと触覚系のニューロン間の新規のシナプス形成などの可塑的な変化がかかわると考えられている．

16.5.4　機械痛覚過敏発症の末梢メカニズム：遅発性筋痛を例として

われわれが日常よく経験する機械痛覚過敏として，運動後の筋肉痛や肩こり・腰痛などの筋の痛みがある．運動後の筋肉痛は回復が早く，病的な痛みではないものの，治療の対象となるような筋性疼痛（筋・筋膜性疼痛症候群）の特徴を備えており，また実験的に作成しやすいこともあって，筋機械痛覚過敏の成因を解明するためのモデル系として有用である．ここでは，機械痛覚過敏の一例として，筆者らが行った筋肉痛の末梢メカニズムに関する研究を紹介する．

(1) 運動後の筋肉痛：遅発性筋痛

不慣れな激しい運動の後に，1～2日遅れて生じる筋肉痛を遅発性筋痛と呼ぶ．日常動作や穏やかな圧迫など，通常では痛みを伴わない程度の機械刺激により痛みを生じるが，安静時の自発痛はなく，通常4～5日で治まる．

遅発性筋痛は筋が引き伸ばされつつある状態で収縮して力を発揮する“伸張性収縮”で最も生じやすい．たとえば下り坂での着地の際に，膝の屈曲に抗して大腿四頭筋が収縮する場合などがこれにあたる．この痛みの原因は運動で生じた乳酸にあるという説があるが，実は筋の乳酸レベルは運動後すみやかに減少し，乳酸濃度のピークと痛みの時期が一致しないことなどから否定されている．局所的な筋の異常収縮（筋スパズム），筋線維の微細損傷やそれに伴う炎症によると説明されることも多いが，顕微鏡レベルの組織損傷の程度と痛みの強さは必ずしも対応せず[47]，また炎症性細胞の顕著な浸潤がなくても筋肉痛は生じる．さらにシクロオキシゲナーゼ阻害剤を主剤とする消炎鎮痛薬は，運動後よりも運動前に用いた場合により効果が高いことから，少なくとも炎症や損傷は痛みの必須要因ではなさそうである．ではこの筋の痛みは，果たして何によるものであろうか．ここでは，遅発性筋痛の発症機構に関して，筆者らの研究から得られた知見を紹介する．

(2) 遅発性筋痛モデルにおける末梢侵害受容器の感作の仕組み

動物の筋でも，実験的に伸張性収縮を与えるこ

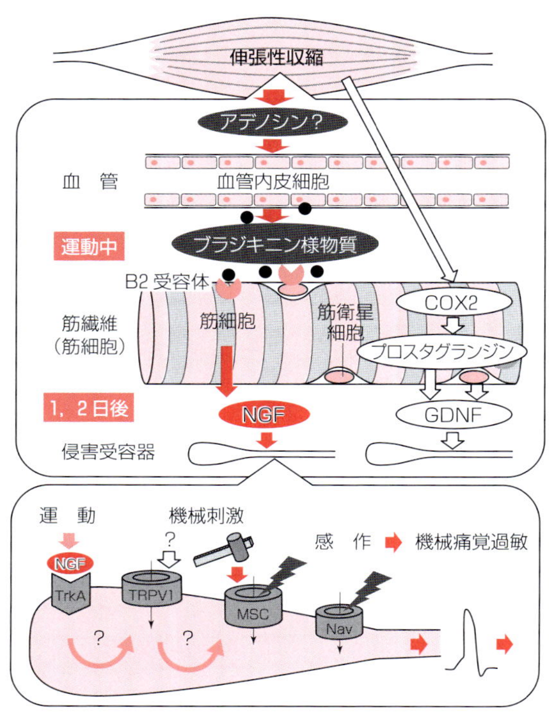

図 16.5　遅発性筋痛での一次機械痛覚過敏発症のメカニズム（仮説）

詳細は本文を参照．NGF：神経成長因子，GDNF：グリア細胞由来神経栄養因子，COX2：シクロオキシゲナーゼ2，TrkA：高親和性 NGF 受容体，MSC：機械感受性チャネル，Nav：電位依存性ナトリウムチャネル．

とにより，遅発性筋痛を発症させることができる[48]．ラットの後肢下腿の筋を，電気刺激により収縮させながら他動的に引き伸ばす運動を繰り返すと，翌日から筋の圧痛閾値が低下し，数日間持続する．マウスでも同様であるが，全体的に時間経過が早い[49]．最も痛覚過敏の強い運動2日後に筋の支配神経の活動を調べると，C線維侵害受容器の機械閾値の低下と応答の増大が観察された[50]．また神経活動のマーカーであるc-Fosの脊髄後角での発現が増加し，これが鎮痛剤のモルヒネで抑制されたことから，末梢から脊髄への痛みの入力が増加していることがわかった[48]．この結果から，末梢の侵害受容器の感作が遅発性筋痛の要因であると考えられた．

では，何が筋侵害受容器の感作を生じさせているのであろうか．筆者らは，運動時の筋で増加する物質の一つであるブラジキニン（運動中にはブラジキニンB2受容体に作用するブラジキニン様物質（ラットではArgブラジキニン）が産生される）の関与を調べた．ブラジキニンは組織の損傷により産生されるペプチド性の炎症メディエーターであり，侵害受容器の感作を起こすことも知られている．しかし，B2受容体阻害剤を運動終了直後や運動2日後の筋痛覚過敏のピーク時に投与しても痛覚過敏は抑制されず，むしろ運動前の投与によって完全に抑制された．つまり，ブラジキニン様物質は筋侵害受容器を直接感作するのではなく，運動中に始まる痛覚過敏発症過程のごく初期の段階に働いていることになる．筆者らは他の物質についても痛覚過敏発症過程での発現経過を調べ，神経成長因子NGFの発現が筋痛覚過敏の現れる時期と一致して上昇することを見つけた．運動前にブラジキニンB2受容体の阻害剤を投与するとNGFの発現上昇は見られないことから，NGFはブラジキニンB2受容体の下流で産生される．NGFは一次知覚神経や交感神経の成長と維持に必要なことでよく知られているが，成体では炎症組織の線維芽細胞・肥満細胞・マクロファージなどで産生され，痛覚過敏を引き起こすことが知られている．実際に筋へNGFを注入すると，20分以内にC侵害受容器の感作を引き起こした．また，運動2日後の筋に抗NGF抗体を注入すると痛覚過敏が抑制された．このような実験から，運動時の筋に生じたブラジキニン様物質が，筋細胞または筋衛星細胞でのNGF産生を誘導し，そのNGFがC線維侵害受容器の機械応答を感作することで遅発性筋痛が生じることが明らかとなった（図16.5）[51]．

最近，筆者らはこのブラジキニン-NGF依存的な筋痛覚過敏の発症経路とは別に，シクロオキシゲナーゼ2（COX2）とグリア由来神経栄養因子

(GDNF) に依存する経路も見出している (図 16.5)[52]. GDNF も筋細胞または筋衛星細胞で合成され, Aδ 線維の機械応答を感作する[53]. しかし, いずれか一方の経路を抑制するだけで遅発性筋痛が生じなくなるため, 両経路は完全にパラレルではなく相互作用があると思われる.

NGF や GDNF はどのようにして, 侵害受容器を感作させるのだろうか. これらは末梢への投与により短時間で感作を生じることから, 遺伝子発現やタンパク質合成を介しているとは考えにくい (伸張性収縮負荷数日後の痛覚過敏には, 遺伝子発現やタンパク質合成も関与し, 中枢性感作も関係しているが, 本章では省略した). これまでに, 各種イオンチャネルの阻害剤や遺伝子欠損マウスを用いた実験により, 遅発性筋痛の発症には, 先に紹介した TRPV1, V4, ASICs が関与することがわかっている. たとえば, *TRPV1* 欠損マウスでは, 運動後に NGF は産生されるが筋痛は生じず, また NGF の筋注でも痛覚過敏が生じないことから, TRPV1 が NGF の下流で侵害受容器の感作に働いているようである (図 16.5)[49]. NGF はその受容体である TrkA を介して, TRPV1 の活性化閾値の低下や細胞膜への移行を促進することが知られている. NGF の作用の結果, TRPV1 が機械刺激により直接開くのか, それとも別のメカノトランスデューサーを介して間接的にかかわるのかは, 今後の研究に待つところである.

16.6 おわりに

機械性疼痛を主症状とする筋骨格系の痛みは, われわれにとって非常に身近であり, またそれだけに日々の活動の妨げとなる悩ましいものである. 本章では痛みの末梢機構に限って紹介したが, 臨床的には中枢の痛覚経路, 自律神経機能, 情動にかかわる神経系, さらには免疫・内分泌系等に生じた病的な変化が複雑に絡みあって形成される慢性痛が大きな問題となる. このような慢性痛は, 末梢の侵害受容器の活動亢進に始まる初期の痛みを放置することがきっかけであることも多い. 痛みの末梢機構の理解は, そうした痛みの悪化に対する予防と治療のためにも重要である.

ここで紹介したように, 侵害受容器のメカノトランスダクションと感作のメカニズムの研究は, ようやくこれにかかわる分子の役者が揃いつつあるところであり, 今後急速に解明されていくであろう. また, 最近発見された新しいタイプの機械感受性チャネルが, 侵害受容や痛覚過敏にどのようにかかわっているのか, 今後の展開が楽しみである.

(片野坂公明・水村和枝)

文　献

1) 沼田朋大他, *生化学*, **81**, 962 (2009).
2) 津田誠他, *生体の科学*, **52**, 131 (2001).
3) G. G. Ernstrom, M. Chalfie, *Annu. Rev. Genet.*, **36**, 411 (2002).
4) K. Takahashi et al., *Somatosens. Mot. Res.*, **22**, 299 (2005).
5) T. Nasu et al., *Eur. J. Pain*, **14**, 236 (2010).
6) H. Cho et al., *Eur. J. Neurosci.*, **23**, 2543 (2006).
7) F. Viana et al., *Eur. J. Neurosci.*, **13**, 722 (2001).
8) M. R. Bhattacharya et al., *Proc. Natl. Acad. Sci. USA.*, **105**, 20015 (2008).
9) K. Katanosaka et al., 第 36 回日本神経科学会大会 (Neuro2013) 抄録, P3-1-147 (2013).
10) K. Imai et al., *Neurosci.*, **97**, 347 (2000).
11) L. J. Drew et al., *J. Neurosci.*, **22**, RC228(1-5) (2002).
12) J. Hu, G. R. Lewin, *J. Physiol.*, **577**, 815 (2006).
13) A. Kubo et al., *J. Physiol.*, **590**, 2995 (2012).
14) M. J. Caterina et al., *Nature*, **389**, 816 (1997).
15) E. Nishihara et al., *PLoS One*, 6, e22246 (2011).
16) K. Y. Kwan et al., *Neuron*, **50**, 277 (2006).
17) D. M. Bautista et al., *Cell*, **124**, 1269 (2006).
18) K. Y. Kwan et al., *J. Neurosci.*, **29**, 4808 (2009).
19) D. Vilceanu, C. L. Stucky, *PLoS One*, 5, e12177 (2010).
20) S. M. Brierley et al., *Gastroenterology*, **137**, 2084 (2009).
21) K. Muraki et al., *Circ. Res.*, **93**, 829 (2003).

22）K. Shibasaki et al., *J. Neurosci.*, **30**, 4601（2010）.
23）U. Park et al., *J. Neurosci.*, **31**, 11425（2011）.
24）K. Katanosaka et al., *J. Physiol. Sci.*, **64**(Suppl1), S230（2014）.
25）J. Vriens et al., *Proc. Natl. Acad. Sci. USA.*, **101**, 396（2004）.
26）S. Loukin et al., *J. Biol. Chem.*, **285**, 27176（2010）.
27）M. Suzuki et al., *J. Biol. Chem.*, **278**, 22664（2003）.
28）A. Dina et al., *Pain*, **115**, 191（2005）.
29）R. O'Hagan et al., *Nat. Neurosci.*, **8**, 43（2005）.
30）M. Chatzigeorgiou et al., *Nat. Neurosci.*, **13**, 861（2010）.
31）S. L. Geffeney et al., *Neuron*, **71**, 845（2011）.
32）L. Zhong et al., *Curr. Biol.*, **20**, 429（2010）.
33）C. C. Chen, C. W. Wong, *J. Cell Mol. Med.*, **17**, 337（2013）.
34）B. Coste et al., *Science*, **330**, 55（2010）.
35）B. Nilius, E. Honoré, *Trends Neurosci.*, **35**, 477（2012）.
36）R. Ikeda et al., *Cell*, **157**, 664（2014）.
37）M. Nakatani et al., *Pflügers Arch*, **467**, 101（2015）.
38）T. Sugiura et al., *J. Neurophysiol.*, **88**, 544（2002）.
39）X. Zhang et al., *EMBO J.*, **24**, 4211（2005）.
40）S. G. Lechner, G. R. Lewin, *J. Physiol.*, **587**, 3493（2009）.
41）H. G. Schaible, R. F. Schmidt, *J. Neurophysiol.*, **60**, 2180（1988）.
42）M. Hirth et al., *Pain*, **154**, 2500（2013）.
43）A. E. Dubin et al., *Cell Rep.*, **2**, 511（2012）.
44）A. Di Castro et al., *Proc. Natl. Acad. Sci. USA.*, **103**, 4699（2006）.
45）J. Lai et al., *Annu. Rev. Pharmacol. Toxicol.*, **44**, 371（2004）.
46）J. Hendrich et al., *Neurosci.*, **219**, 204（2012）.
47）R. M. Crameri et al., *J. Physiol.*, **583**, 365（2007）.
48）T. Taguchi et al., *J. Physiol.*, **564**, 259（2005）.
49）H. Ota et al., *PLoS One*, **8**, e65751（2013）.
50）T. Taguchi et al., *J. Neurophysiol.*, **94**, 2822（2005）.
51）S. Murase et al., *J. Neurosci.*, **30**, 3752-61（2010）.
52）S. Murase et al., *J. Physiol.*, **591**, 3035（2013）.
53）S. Murase et al., *Eur. J. Pain*, in press（2013）.

さらに学びたい人のために

大山正他編,『新編　感覚・知覚心理学ハンドブック』, 誠信書房（1994）, p. 1169-1278.
S. B. McMahon, M. Koltzenburg eds., "Wall and Melzack's Textbook of Pain, 5th edition," Churchill Livingstone（2005）.
熊澤孝朗,『岩波講座　現代医学の基礎 6　脳・神経の科学 I』, 久野宗, 三品昌美編, 岩波書店（1998）, p. 139-161.
河谷正仁編,『痛み研究のアプローチ』, 真興交易（株）医書出版部（2006）.
R. G. Lewin, R. Moshourab, *J. Neurobiol.*, **61**, 30（2004）.
P. Delmas et al., *Nat. Rev. Neurosci.*, **12**, 139-53（2011）.
水村和枝,『理学療法 MOOK3 疼痛の理学療法―慢性痛の理解とエビデンス　第 2 版』, 鈴木重之編, 三輪書店（2008）, p. 252-258.

理学療法のメカノバイオロジー：機械刺激と筋治療

Summary

運動，ストレッチングやマッサージ，超音波治療など，理学療法は機械刺激を多用する治療技術である．また，その治療刺激の直接の対象となる器官は，筋系が多い．しかし残念なことに多くの治療技術は，経験からの技術が受け継がれ体系化されたものであり，サイエンスのフィルターを通っているものは少ない．近年，筋の肥大や萎縮のメカニズムの一部が明らかになり，理学療法で与える機械刺激の役割とそのメカニズム解明の糸口がつかめる状況になってきた．その糸口の中心は，Akt，mTOR，Ca^{2+}を中心とした筋構成タンパク質合成のシグナル伝達である．ユビキチン-プロテアソーム系やオートファジー系によるタンパク質の分解や，筋損傷後の再生の主役を担うサテライト細胞も，機械刺激とのかかわりが見えてきた．さらに，これらの筋構成タンパク質の合成と分解シグナルは互いに影響を及ぼしあっているようである．一方，機械刺激による応答の入り口となる分子はまだ不明であるが，ECMと筋線維を結ぶコスタメアや，筋原線維の中に存在するタイチンなどがその候補にあげられる．機械刺激による筋応答メカニズムが明らかになってきたのは，この約10年間のことである．断片的ではあるが，現在明らかになってきている知見を解説する．

17.1　はじめに：理学療法領域におけるメカノバイオロジー

理学療法とは，「身体に障害のある者に対し，主としてその基本的動作能力の回復を図るため，治療体操その他の運動（運動療法）を行わせること，および電気刺激，マッサージ，温熱その他の物理的手段を加えること」と法に定められている．すなわち理学療法の主な治療刺激は物理的刺激である．たとえば，骨折手術後の関節固定や心筋梗塞による安静・寝たきりなどで起こる筋力低下に対して，運動療法の範疇にある筋力トレーニングを施行する．また，関節可動域制限や痛みに対してストレッチング，モビライゼーション，マッサージなどの関節可動域改善治療を行う．その他，超音波治療，さまざまな機器を用いた電気療法，水治療法，温・冷刺激療法などを施行する．これらの理学療法で用いられる物理的刺激を整理すると，機械刺激が最も多い治療手段であることがわかる．

また，治療刺激の対象となる器官は，筋・関節包・靱帯といった運動器の場合が多い．脳卒中などの中枢神経疾患，慢性呼吸器疾患や胸部外科手術後の機能回復ケアなどにおける運動療法も，刺激を与える直接の対象は運動器の場合が多く，その中心となる器官が筋系である．

以上のように理学療法は，筋に対して機械刺激を施行する治療法であるといっても過言ではない．

17.2　筋に対する機械刺激とその形態応答

17.2.1　機械刺激が引き起こす筋の肥大や萎縮抑制

筋力トレーニングなどにより筋に機械刺激が与えられると筋が肥大することは，周知の事実である．筋の萎縮抑制と機械刺激との関係を調べた研究は 20 年以上前からある．Williams は 1990 年に，ギプス固定によって短縮位に固定されたヒラメ筋に対して，1 日 30 分間の持続的伸張刺激を加えると，筋萎縮が抑制できることを報告している[1]．このような持続的伸張位固定による萎縮抑制の効果は，除神経[2]や尾部懸垂[3]のモデルラットにおいても同様であることが報告されている．

筋の肥大は一般に，筋線維の肥大，筋線維の増殖，結合組織の増加，間質液の増加などによって起こるが，運動による筋肥大の場合は，筋線維の肥大と増殖が起こるといわれている（図 17.1）．

17.2.2　筋線維の肥大による筋の肥大

トレーニングなどにより筋が肥大する場合，通常，筋線維が太くなることが知られている．また，細胞周辺の栄養やホルモン濃度などを制御しやすい培養骨格筋細胞においても，周期的な伸張刺激

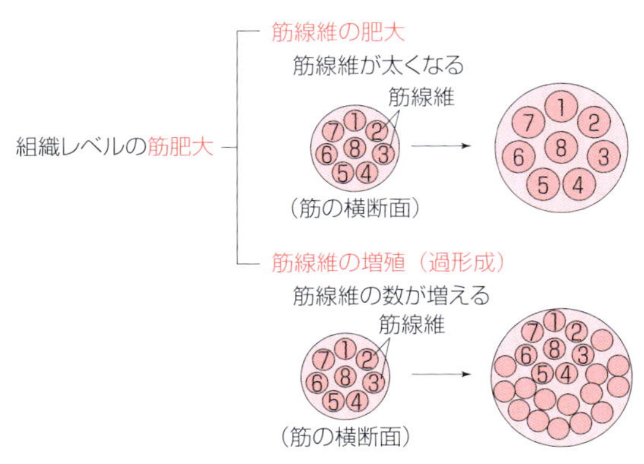

図 17.1　組織レベルの筋肥大で起こる筋線維の変化
筋肥大は，筋線維の肥大と，筋線維の増殖により生じる．

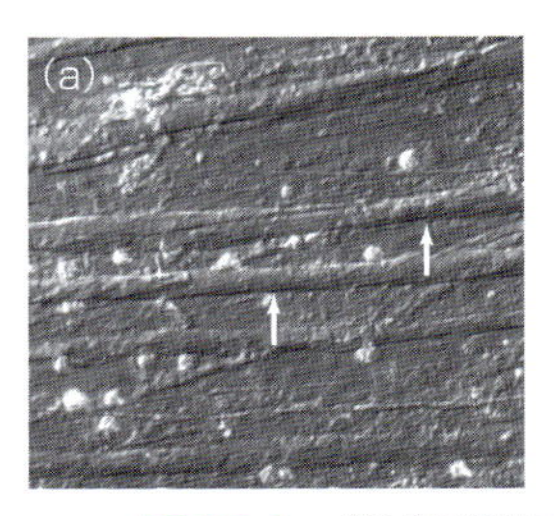

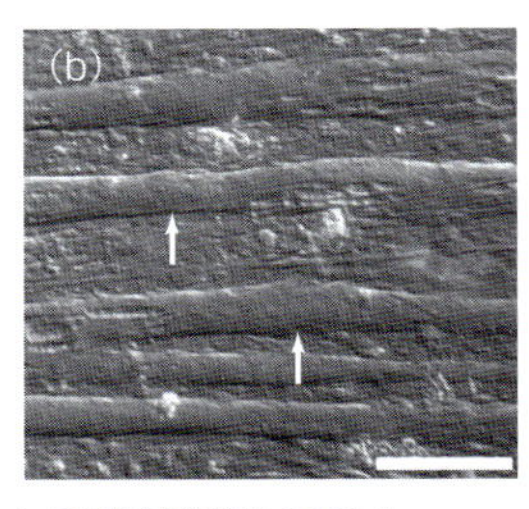

図 17.2　機械刺激による筋管細胞の肥大
（a）シリコン膜上に培養し 8 日目のトリ初代筋管細胞の位相差顕微鏡像．（b）培養開始 5 日目から 3 日間，シリコン膜を 1/6 Hz，伸張率 110％で 3 日間伸張することにより，周期的伸張刺激を加えた筋管細胞像．伸張刺激を加えると筋管細胞の横径が増加する．↑は筋管細胞．バーは 100 μm．文献 5）を改変．

を加えることで，筋管細胞の肥大が生じることがわかっている（図 17.2）[4,5]．筋線維が太くなる現象は，収縮タンパク質であるアクチンフィラメントやミオシンフィラメントをはじめとする，筋線維を構成する多種のタンパク質（以下，筋構成タンパク質）が増えることによる．

また，筋サテライト細胞が筋線維の肥大に関与していると考えられている[6]．筋サテライト細胞は，筋細胞になることを運命づけられた幹細胞で，普段は，基底膜と筋細胞の間に静止期の状態で存在する．筋が損傷を受けると活性化して損傷場所に移動し，そこで分裂・分化し，近隣の細胞に融合するか，あるいは筋管を形成し，新しい成熟した線維を形作る．この筋サテライト細胞が，損傷のない環境下でも機械刺激により活性化することがわかっており[7]，トレーニングなどの運動によってすでに存在する筋線維に融合することで，筋肥大に関与していると考えられている．

17.2.3　筋線維の増殖による筋の肥大

筋肥大の際に起こる筋線維の増殖には，二つの現象が考えられる．一つは，筋線維の枝分かれ説である．ラットに対して高強度筋力トレーニングを行うと，枝分かれした筋線維の出現が固定標本の顕微鏡下で観察されたことが根拠になってい

る[8]．しかし，その枝分かれが筋線維の増殖途中の状態を示しているのか，または結果として増殖をもたらすのかは明らかにされていない．

もう一つは，機械刺激による筋線維の肥大に関係すると述べた筋サテライト細胞である．サテライト細胞は，損傷のない環境下でも新しい筋管を形成して筋線維に成熟し，筋線維の数を増やすことに関与すると考えられている．ただ，筋線維数の増減はその評価方法が難しく，確たる証拠がないのが現状である．

17.3 機械刺激と筋線維の肥大のメカニズム

前述したように，機械刺激によって生じる筋の肥大は，筋線維の肥大と増殖が原因で起こると考えられる．ただ，そのメカニズムについては，筋線維の肥大にかかわる証拠が断然多い．ここでは，筋線維の肥大や萎縮にかかわるメカニズムと機械刺激の関係について解説する．

17.3.1 筋構成タンパク質の合成と分解のバランスにより制御される筋線維の太さ

筋構成タンパク質は絶えず合成され，かつ分解されている．よって筋肥大は，筋構成タンパク質の合成量の増加または分解量の減少の結果，トータルの筋構成タンパク質量が増加している状態である．逆に筋萎縮は，筋構成タンパク質の分解量の増加または合成量の減少が起こっている状態である（図 17.3）．

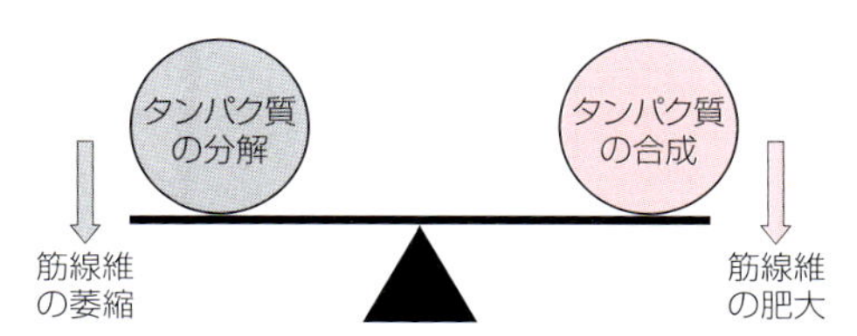

図 17.3 筋線維の太さと筋構成タンパク質の合成・分解の関係
筋線維が肥大するか萎縮するかは，筋を構成するタンパク質の合成と分解のバランスによって決まる．

17.3.2 タンパク質合成に関する情報伝達経路と機械刺激

タンパク質の合成に関する情報伝達経路と機械刺激について注目されているのは，Akt（別名 protein kinase B）/mammalian target of rapamycin（mTOR）経路を軸とする情報伝達経路と，細胞内 Ca^{2+} 濃度の上昇により引き起こされる情報伝達経路である（図 17.4）．

（1）Akt/mTOR 経路を軸とする筋肥大の情報伝達経路

2001 年，筋肥大における，筋構成タンパク質の合成に直接関与する細胞内情報伝達分子が世界ではじめて示された[9]．これによると，筋細胞外に添加した insulin-like growth factor-I（IGF-I）は筋細胞膜の IGF-I 受容体に結合し，phosphatidylinositol 3-kinase（PI3K）を介してタン

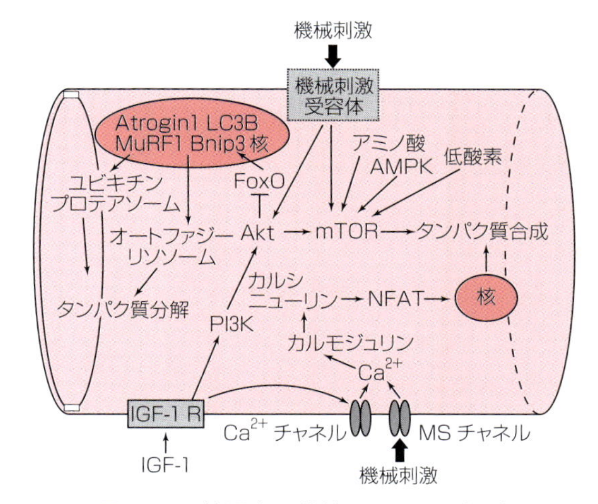

図 17.4 筋肥大や萎縮にかかわる経路
タンパク質合成にかかわる経路は，Akt/mTOR 系と Ca^{2+} 系がある．mTOR は Akt 以外に，アミノ酸，AMPK，低酸素，機械刺激によって，タンパク質合成を促進する．Ca^{2+} チャネルや MS チャネルを介した細胞内 Ca^{2+} の上昇は，カルシニューリン/NFAT 経路によりタンパク質合成を促進する．タンパク質分解は，ユビキチン-プロテアソーム系とオートファジー-リソソーム系によって行われる．近年，機械刺激の減少で起こる Akt の不活性化により活性化する FoxO とタンパク質分解系とのかかわりが示されている．

パク質キナーゼであるAktをリン酸化させる．リン酸化されたAktはその下流でmTORやglycogen synthase kinase-3（GSK3）に影響を及ぼし，リボソームにおけるタンパク質の翻訳を活性化する．IGF-Iは筋細胞自身から（自己分泌），あるいはその周辺の細胞から（傍分泌）分泌されることが知られている．その分泌量は，機械刺激が加わると1時間以内に増加するという報告もある[10]．また，*in vivo*でも筋に機械刺激を加えると2～4日以内にIGF-Iの発現が上昇するとの報告もある[11,12]．よって機械刺激によりIGF-Iが分泌され，IGF-I受容体を介して，前述したAkt/mTOR経路が活性化し，その下流が働くことにより筋肥大が起こると考えている研究者が多かった．

しかし最近の研究では，この仮説が覆えされている．IGF-1は機械刺激による筋肥大に必須ではないことが明らかにされ[13]，PI3K/Aktに非依存的な機序で，運動によりmTORが活性化することがわかっている[14-16]．いまはmTORを中心に，上流と下流が徐々に明らかにされつつある．上流はIGF-1のような成長因子の他に，栄養（アミノ酸），エネルギー代謝（AMPK），ストレス（低酸素），などの関与がわかってきている[17,18]．また，機械刺激がmTORに直接関与していることもわかってきた[19]．

機械刺激による筋肥大のメカニズムには，AktやmTORが軸となることは間違いないようであるが，いまだ整理されていない状況が続いている．

（2）細胞内 Ca^{2+} 濃度の上昇により引き起こされる筋肥大の情報伝達経路

細胞内 Ca^{2+} 濃度の上昇により引き起こされる筋肥大には，MSチャネル（mechanosensitive channel）が関与していると考えられている．MSチャネルは無選択性の陽イオン透過型チャネルであり，筋に機械刺激が加わると開口し，細胞外から細胞内への Ca^{2+} の流入が起こる[20,21]．また，機械刺激により自己分泌または傍分泌されたIGF-Iは，IGF-Iレセプターを介して細胞外から細胞内への Ca^{2+} の流入を刺激することがわかっている[22]．

このような経路によって機械刺激により細胞内に流入した Ca^{2+} はカルモジュリン（calmodulin）と結合し，カルシニューリンを活性化する．活性化されたカルシニューリンは，細胞質に存在する転写因子であるNFAT（nuclear factor of activated T cell）を脱リン酸化する．脱リン酸化されたNFATは核内へ移動し，DNA上の転写因子結合部位に結合し，特定の遺伝子の転写を促進する．

近年，カルシニューリン/NFAT経路は，肥大よりも，分化や筋線維タイプ変換にかかわっているという議論があり[23,24]，現在のところまだ決着がついてはいない．しかし，筋の成長や代謝にカルシニューリンが重要な役割を果たしている可能性は大きい．

なお，（1）で述べたIGF-Iによる筋細胞肥大が，カルシニューリンを抑制すると起こらないという報告[25,26]もあり，これらの情報伝達経路は，クロストークしている可能性がある．

17.3.3　タンパク質分解に関する情報伝達経路

タンパク質の分解に関する情報伝達経路に関して注目されているのは，ユビチキン-プロテアソーム系（ubiquitin-proteasome system）とリソソーム系（lysosome/vacuole system）である（図17.4）．

（1）ユビキチン-プロテアソーム系と筋構成タンパク質分解

ユビキチン-プロテアソーム系は厳密な選択性をもつ分解システムである．この，分解するタンパク質を選択するのに重要な役割を担うのが，ユビキチンリガーゼ（E3）酵素群である．ユビキチンリガーゼ（E3）酵素群は1000種類を超えるといわれる．

その中で，筋萎縮にかかわるユビキチンリガーゼがMuRF-1（Muscle RING Finger-1），atrogin-1 (muscle atrophy F-box, MAFbx）であるということが明らかになった[27]．その後，Akt を不活性化すると FOXO（Forkhead box O）が脱リン酸化され，核内に流れ込んで atrogin-1 を発現し，筋萎縮を引き起こすことが判明した（図 17.4）[28]．機械刺激の減少は，Akt や FOXO3a の脱リン酸化を生じさせるという報告もある[29]．前述したように，筋肥大の研究でも Akt が関与することがわかっており，Akt は筋の肥大と萎縮の両方を規定する筋サイズ因子として，注目されている[30]．

（2）オートファジー系と筋構成タンパク質分解

これまで，オートファジー系のタンパク質分解機構は飢餓状態で活性化することが知られてきた[31-33]．一方，除神経術を施行したラットやマウスの筋では，オートファジー関連遺伝子である *LC3b*，*Bnip3*，*GABARAP1*，*Atg12*，*Atg4B*，*Beclin-1* の転写が促進すること[34,35]，オートファジー誘導に重要な Beclin-1 のタンパク質発現量が上昇すること[36]，オートファゴソームやオートリソソームが増加することなどがわかっている[37]．また近年，ラットの後肢懸垂による廃用性筋萎縮モデルにおいても，オートファゴソームの数の指標となる *LC3-II* の発現量が増加したという報告がある[38]．骨格筋に対する機械刺激量が減少すると，オートファジー系が活性化することは事実であるが，詳細は不明である．

17.3.4　筋構成タンパク質の合成と分解との協調

筋に対する機械刺激の減少で起こるユビキチン-プロテアソーム系やオートファジーリボソーム系によるタンパク質の分解は，筋線維内のアミノ酸プールの増加につながる．17.3.2 項の（1）で述べたように，筋線維内のアミノ酸が増加すると，筋肥大に重要な細胞内情報伝達分子である mTOR が活性化されることがわかっている[17,18]．機械刺激の減少がタンパク質の合成の促進にも影響を及ぼすことになり，さまざまな仕組みが複雑に入り組んでいると考えられる．

17.4　機械刺激の細胞内への入り口となる分子は？

これまで，機械刺激と筋肥大や萎縮との間をつなぐ候補となる細胞内情報伝達経路について述べてきたが，肝心な機械刺激の“入り口”はいまだによくわかっていない．ただ，いくつかの候補がある．その候補の一つが，17.3.2 項の（2）で述べた MS チャネルであるが，それ以外にも，コスタメア（costamere），筋腱接合部（myotendinous junction, MTJ），タイチン（titin）があげられる．ここでは，MS チャネル以外の三つの候補について，その構造と役割の可能性について概説する．

17.4.1　コスタメア

コスタメアは，筋細胞膜を貫通するジストロフィン（dystrophin）やインテグリン（integrin）を中心とするタンパク質複合体の総称である（図 17.5a，b）[39-41]．ジストロフィンとインテグリンは，筋細胞外では細胞外マトリックスと結合し，筋細胞内では細胞内骨格を介して Z 盤と結合している．よってコスタメアは，筋原線維の収縮による張力の筋外への伝達に重要な役割を果たしている[42]．単一筋線維で生じる張力の 80％が，長軸方向よりむしろ外側に伝達する[43]といわれており，後で述べる筋腱接合部よりも張力伝達の役割を担っていると考えられている．

コスタメアには筋収縮による張力を筋外へ伝達する役割の他に，細胞外から細胞内への情報伝達の窓口としての役割があると考えられている．その役割の中心となるのが，インテグリンである．インテグリンは接着斑（adhesion plaque）の中に存在し，機械刺激に関する情報伝達の受容体として，筋以外の多くの細胞で働くことが知られてい

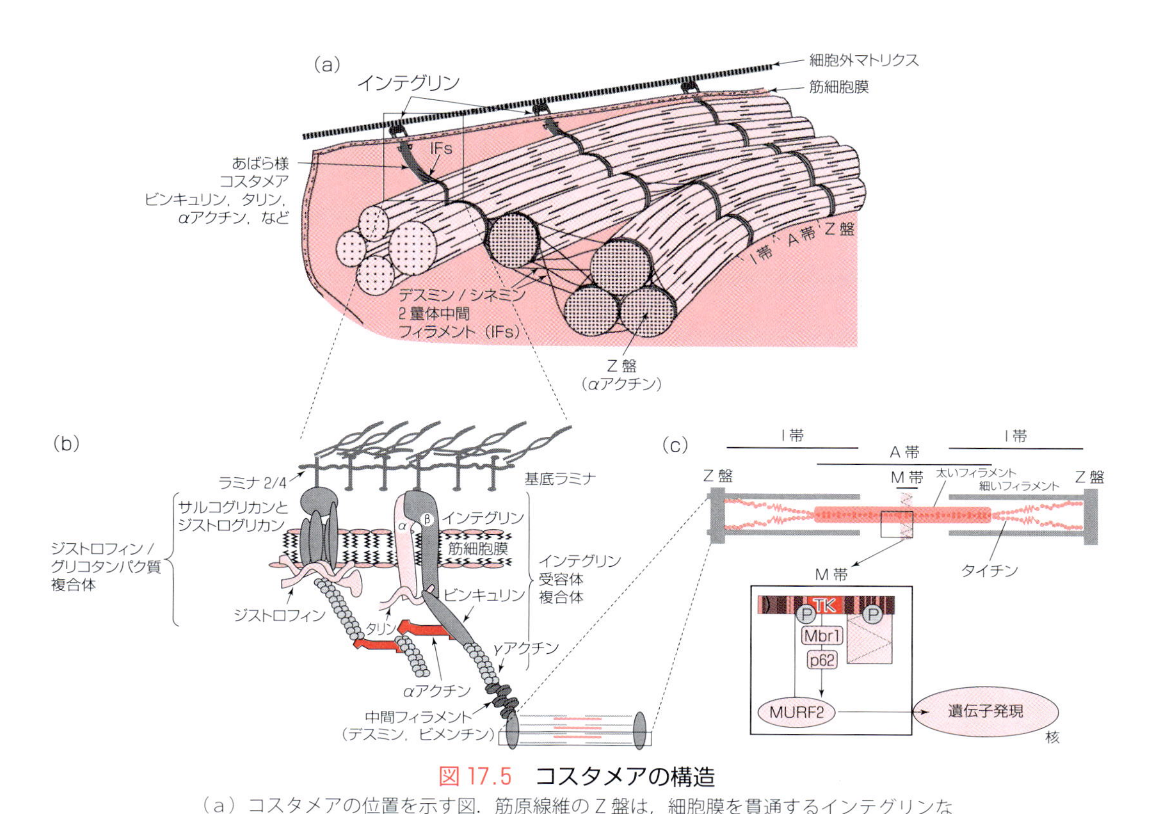

図 17.5　コスタメアの構造

（a）コスタメアの位置を示す図．筋原線維の Z 盤は，細胞膜を貫通するインテグリンなどのタンパク質を介して，細胞外マトリックスと接続している．この領域をコスタメアと呼ぶ．（b）コスタメアの構造の拡大図．二つのタンパク質複合体が知られている．一つ目はジストロフィン／糖タンパク質複合体で，細胞外マトリックスであるラミニンと結合するジストログリカンやこの複合体を安定化する役割をもつサルコグリカン，細胞内骨格のアクチンと結合するジストロフィンなどからなる．二つ目はインテグリン複合体である．接着タンパク質であるインテグリンは，コラーゲン，ラミニン，フィブロネクチンなどの細胞外マトリクスと結合するとともに，細胞内ではタリン，ビンキュリンなどのタンパク質を介して Z 盤と結合している．文献 54，56 より改変．（c）タイチンは M 帯と Z 盤とを接続するロープ状のタンパク質である．□で囲んだ部分は，タイチンの M 帯付近の拡大図である．タイチンの M 帯のすぐ近くの領域にはタイチンキナーゼ（TK）領域があり，Nbr1，p62，MURF1/2 などの筋萎縮にかかわる分子が存在する．

る[44-47]．接着斑の細胞内側に存在するビンキュリン（vinculin），FAK（focal adhesion kinase），パキシリン（paxillin）などを介して細胞内へ情報を伝達する．筋のコスタメアに存在するインテグリンも，筋以外の細胞に見られるものと同様の役割をもつと考えられている．過負荷などにより肥大したラット骨格筋では，FAK やパキシリンの活性化が亢進しているという報告がある[48,49]．よって，機械刺激の量が変化するときに起こる骨格筋の適応において，インテグリンにより受容された機械刺激が，ビンキュリン，FAK，パキシリンを介して細胞内情報伝達分子に伝達されていく可能性がある．ただ，FAK やパキシリンの活性化が筋肥大と関与しているかどうかを明らかにした報告はまだない．

また，接着斑の役割の一つとして，細胞の生死のコントロールがある[50,51]．筋萎縮のときに，筋線維の核のアポトーシスが起こるという報告があり[52,53]，機械刺激の減少がコスタメアを介した情報伝達でアポトーシスを生じ，筋が萎縮する可能性も捨てられない．

17.4.2 筋腱接合部

筋腱接合部は，筋膜のフォールディングを繰り返す手指状の構造を形成している．この筋腱接合部にも，コスタメアと同様に，ジストロフィンやインテグリンなどのタンパク質複合体が存在している．筋腱接合部付近の筋細胞内はタンパク質の代謝が盛んで，筋節のターンオーバーが活発に行われている場所であることがわかっており[54]，機械刺激による筋長の変化に関与しているかもしれない．

17.4.3 タイチン

タイチン titin（図 17.5c）[55-57]はコネクチン（connectin）とも呼ばれ，筋原線維のM帯とZ盤とを接続する約 1 μm の長いロープ状のタンパク質である．分子量は 3.7 MDa で一般的なタンパク質の約 100 倍と非常に大きい．

タイチンのうちI帯領域に位置する部分は，サルコメアがストレッチされるときに伸張され，スプリングの機能があると考えられている．一方，タイチンのA帯領域に位置する部分はサルコメアがストレッチされても伸張されない．しかし，M帯のすぐ近くに位置するタイチンのセリン/トレオニンキナーゼ領域は遺伝子発現を制御しているという報告があり，タイチンキナーゼ（TK）と呼ばれる[58]．また，このタイチンキナーゼには，MuRF，Nbr1，p62 が存在する．MuRF は筋萎縮と関連するユビキチンリガーゼの一つである．Nbr1，p62 はユビキチン化されたタンパク質を標識し，凝集させオートファジー系の分解の標識となることがわかっている．よって，タイチンが筋の収縮や弛緩時の張力の変化による機械刺激の増加や減少を感知し，MuRF，Nbr1，p62 の結合や遊離が筋構成タンパク質の分解に影響を与えている可能性がある[59]．

17.5 おわりに

理学療法で用いられる機械刺激によって，筋の形態や機能は大きく変化する．本章では理学療法における機械刺激に関連した，主に筋線維の肥大や萎縮に関わる現象と，現在考えられているメカニズムについて概説した．ここ 10 年くらいの間で糸口が見つかりつながりの一部が明らかになってきたのが現状で，大部分はまだ不明である．

しかし，2014 年 Pubmed でキーワード検索をしてみると，骨格筋が 11,009 篇で，平滑筋 5012 篇，心筋 6694 篇に比べて突出して多い．つまり骨格筋の知見は，日々塗り替えられている．たとえば，本章では述べることができなかったが，最近，筋肥大と筋萎縮に関与する分子にミオスタチン[60]や NOS[61]などが加わっている．いずれ整理され，理学療法の科学的根拠が確立される日がくると考える．

（河上敬介・宮津真寿美）

文 献

1）P. E. Williams, *Ann. Rheum. Dise.*, **49**, 316 (1990).
2）D. F. Goldspink, *Comp. Biochem. Physiol. B*, **61**, 37 (1978).
3）D. V. Baewer et al., *J. Appl. Physiol.*, **97**, 930 (2004).
4）R. Adachi et al., *Zoolog. Sci.*, **20**, 557 (2003).
5）N. Sasai et al., *Muscle Nerve*, **41**(**1**), 100 (2010).
6）橋本有弘，*生体の科学*，**64**(**2**)，98 (2003).
7）R. Tatsumi, *Anim. Sci. J.*, **81**(**1**), 11 (2010).
8）T. Tamaki et al., *Tokai J. Exp. Clin. Med.*, **14**(**3**), 211 (1989).
9）C. Rommel et al., *Nat. Cell Biol.*, **3**, 1009 (2001).
10）C. E. Perrone et al., *J. Biol. Chem.*, **270**, 2099 (1995).
11）G. McKoy et al., *J. Physiol.*, **516**(**2**), 583 (1999).
12）S. Yang et al., *J. Muscle Res. Cell Motil.*, **17**, 487 (1996).
13）E. E. Spangenburg et al., *J. Physiol.*, **586**(**1**), 283 (2008).

14) T. A. Hornberger et al., *FEBS Lett.*, **581**(**24**), 4562 (2007).
15) T. K. O'Neil et al., *J. Physiol.*, **587**(**Pt 14**), 3691 (2009).
16) T. A. Hornberger et al., *Biochem. J.*, **380**(**Pt 3**), 795 (2004).
17) L. G. Weigl, *Curr. Opin. Pharmacol.*, **12**(**3**), 377 (2012).
18) M. Miyazaki, K. A. Esser, *J. Appl. Physiol.*, **106**(**4**), 1367 (2009).
19) T. A. Hornberger, *Int. J. Biochem. Cell Biol.*, **43**(**9**), 1267 (2011).
20) 曽我部正博他, *タンパク質核酸酵素*, **41**(**1**), 2 (1996).
21) F. B. Kalapesi et al., *Clin. Exp. Ophthal.*, **33**(**2**), 210 (2005).
22) O. Delbono et al., *J. Neurosci.*, **17**(**18**), 6918 (1997).
23) R. N. Michel et al., *Proc. Nutr. Soc.*, **63**(**2**), 341 (2004).
24) S. E. Dunn et al., *J. Biol. Chem.*, **274**(**31**), 21908 (1999).
25) C. Semsarian et al., *Nature*, **400**(**6744**), 576 (1999).
26) A. Musarò et al., *Nature*, **400**(**6744**), 581 (1999).
27) S. C. Bodine et al., *Science*, **294**(**5547**), 1704 (2001).
28) M. Sandri et al., *Cell*, **117**(**3**), 399 (2004).
29) Q. A. Soltow et al., *Biochem. Biophys. Res. Commun.*, **434**(**2**), 316 (2013).
30) E. P. Hoffman, G. A. Nader, *Nat. Med.*, **10**(**6**), 584 (2004).
31) U. Pfeifer, *Cell Pathol.*, **12**(**3**), 195 (1973).
32) J. S. Mitchener et al., *Am. J. Pathol.*, **83**(**3**), 485 (1976).
33) N. Mizushima et al., *Mol. Biol. Cell*, **15**(**3**), 1101 (2004).
34) C. Mammucari et al., *Cell Metabol.*, **6**(**6**), 458 (2007).
35) J. Zhao et al., *Cell Metabol.*, **6**(**6**), 472 (2007).
36) M. F. O'Leary, D. A. Hood, *J. Appl. Physiol.*, (Bethesda, Md.: 1985), **105**(**1**), 114 (2008).
37) S. Schiaffino, V. Hanzlíková, *J. Ultrastruct. Res.*, **39**(**1**), 1 (1972).
38) T. Maki et al., *Nutr. Res.*, **32**(**9**), 676 (2012).
39) I. N. Rybakova et al., *J. Cell Biol.*, **150**(**5**), 1209 (2000).
40) R. D. Cohn, K. P. Campbell, *Musc. Nerve*, **23**(**10**), 1456 (2000).
41) M. D. Henry, K. P. Campbell, *Curr. Opin. Cell Biol.*, **11**(**5**), 602 (1999).
42) 河上敬介, 宮津真寿美, *理学療法*, **20**(**7**), 726 (2003).
43) S. F. Street, *J. Cell Physiol.*, **114**(**3**), 346 (1983).
44) A. D. Bershadsky et al., *Annu. Rev. Cell Dev. Biol.*, **19**, 677 (2003).
45) N. J. Boudreau, P. L. Jones, *Biochem. J.*, **339**(**Pt 3**), 481 (1999).
46) B. Geiger, A. Bershadsky, *Cell*, **110**(**2**), 139 (2002).
47) F. H. Silver et al., *J. Appl. Physiol.*, (Bethesda, Md.: 1985), **95**(**5**), 2134 (2003).
48) M. Flück et al., *Am. J. Physiol.*, **277**(**1 Pt 1**), C152 (1999).
49) S. E. Gordon et al., *J. Appl. Physiol.*, (Bethesda, Md.: 1985), **90**(**3**), 1174 (2001).
50) S. M. Frisch, E. Ruoslahti, *Curr. Opin. Cell Biol.*, **9**(**5**), 701 (1997).
51) C. S. Chen et al., *Science*, **276**(**5317**), 1425 (1997).
52) V. Adams et al., *Frontiers Biosci.*, **6**, D1 (2001).
53) A. J. Primeau et al., *Can. J. Appl. Physiol.*, **27**(**4**), 349 (2002).
54) D. J. Dix, B. R. Eisenberg, *J. Cell Biol.*, **111**(**5 Pt 1**), 1885 (1990).
55) C. A. Ottenheijm et al., *Am. J. Physiol.*, **300**(**2**), L161 (2011).
56) E. M. Puchner et al., *Proc. Natl. Acad. Sci. USA.*, **105**(**36**), 13385 (2008).
57) T. Voelkel, W. A. Linke, *Eur. J. Physiol.*, **462**(**1**), 143 (2011).
58) S. Lange et al., *Science*, **308**, 1599 (2005).
59) H. L. Granzier, *S. Labeit*, *Circ. Res.*, **94**(**3**), 284 (2004).
60) J. M. Argilés, *Drug Discov. Today*, **17**(**13–14**), 702 (2012).
61) Q. A. Soltow et al., *Biochem. Biophys. Res. Commun.*, **434**(**2**), 316 (2013).

Ⅳ

医工学における
メカノバイオロジー

細胞・細胞器官・生体高分子への機械刺激法と機能推定

Summary

最近，細胞・細胞器官・生体高分子への機械刺激法が発展し，その反応を分析し機能を推測することが活発に行われるようになってきた．ここでは，細胞や分子などのミクロな対象に対して機械刺激を行う方法と，その反応の分析から推定される機能について紹介する．シリコン膜上に細胞を培養し，シリコン膜を伸展して細胞に機械刺激をする方法などの従来からよく用いられてきた機械刺激法に加えて，比較的最近に登場し報告が増えている原子間力顕微鏡の探査針，光ピンセット，磁気ビーズなどを用いた刺激法を紹介する．また，機械刺激が引き起こす細胞や分子の応答をモニターする方法も紹介し，そこから垣間見える機能について述べる．

18.1　はじめに

細胞・細胞器官・分子への機械刺激と機能測定は新しい研究領域である．本章では比較的容易な細胞全体に対する機械刺激の方法を紹介し，その後に生体高分子など，よりミクロな対象への刺激の方法やそれにかかわる最新の実験方法とその原理，そこから推定される機能について紹介する．

機械刺激として一般に知られているものは，細胞や分子に対して物理的に直接力を加える力学刺激（本章で詳しく述べる），細胞溶液の圧力を変化させて行う圧力刺激[1,2]，細胞を流れの中においたときに流れによる生じるずり応力刺激[3-6]，溶液の浸透圧を変化させて行う浸透圧刺激[7]などである．ここでは，力を細胞や分子といった比較的ミクロな対象に物理的に直接負荷する方法と，その応答について主に述べる．

上で述べたように細胞への機械刺激は多岐にわたり細胞反応も幅広いので，そのすべてをここで網羅することはできない．たとえば細胞膜への機械刺激は膜の張力変化を起こし，細胞膜の機械受容チャネル（mechanosensitive channel, MS channel）を活性化する．本節では詳しく触れないが，MSチャネルの活性化[8]，細胞と分子のレオロジー[9]，細胞および細胞の部分構造（たとえば核[10,11]）への機械刺激と応答については総説をあげておくので参照されたい[12-16]．

18.2　簡単にできる細胞への機械刺激の方法

細胞の刺激応答を調べる場合，まずやるべきことは細胞の集団に機械刺激を与えて応答を調べることである．多数の細胞の形態変化を調べることで機械刺激に対する応答の概要をつかむことができる．また多数の細胞を採取して生化学的な指標（遺伝子発現，タンパク質の量やリン酸化）について検討することもできる[17]．本章では力の作用対象が明瞭な場合には“力学刺激”を使う．

18.2.1　培養基質を伸ばし刺激する方法

変形できる基質（シリコンゴムやポリアクリルアミドゲルで作られた膜）の上で細胞を培養する．シリコンは膜状に薄くすること（100 μm から 1 mm 厚）ができ，これを伸ばすことで細胞に機械刺激を与えることができる（図 18.1）．このとき細胞の基質への接着点の位置は変わらないので，接着点と接着点を結ぶ細胞構造（たとえば細胞骨格）に張力が発生すると考えられる．シリコン膜の伸展方法には大別して，膜全体を全方向に伸展する方法（均一伸展刺激法）と一軸方向に伸展する方法がある（一軸伸展刺激法）．

均一伸展刺激法では，円筒状のプラスチックチャンバーの内側に伸展可能なシリコン膜を張り，その上に細胞を培養する（図 18.1a）．シリコン膜の下の空間に空気を送って内圧を高めてシリコン

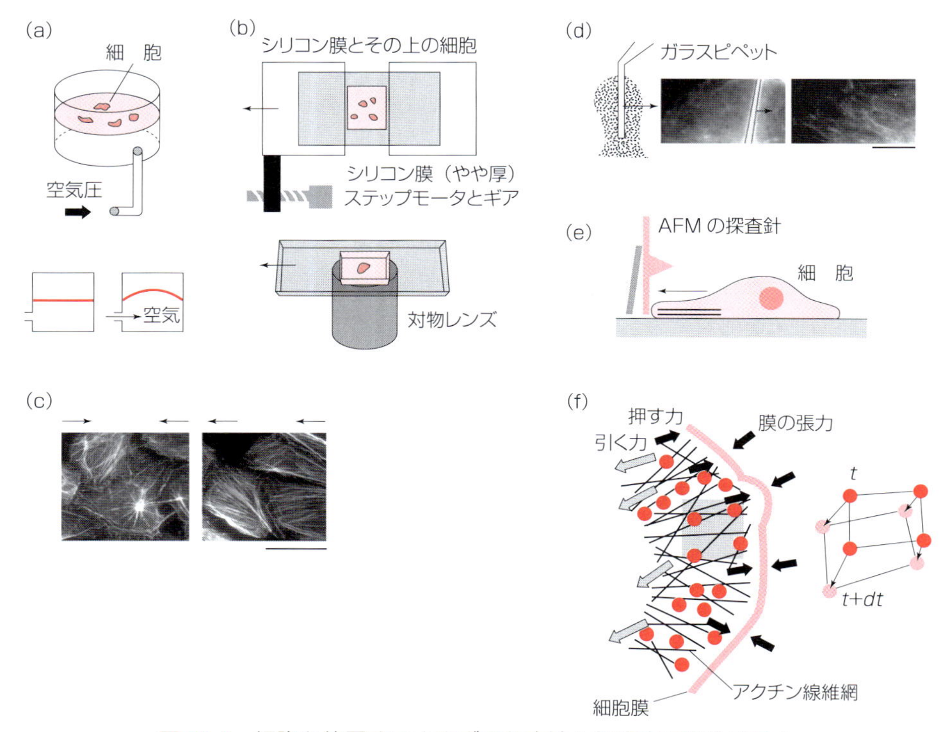

図 18.1　細胞を伸展するさまざまな方法と細胞内に発生する力

（a）均一伸展刺激装置．上図にシリコン膜上に細胞を培養する様子を示す．下図にはシリコン膜の下の空間に空気を送って内圧を高めるとシリコン膜が伸展し，細胞を伸展できることを示す．（b）一軸伸展刺激装置．上から見たところ．中央部のシリコン膜上に細胞を培養する．このシリコン膜はシートを引っ張る装置に取りつけられる．シリコン膜は矢印の方向に伸展される．シリコン膜の上に培養された細胞は倒立顕微鏡の対物レンズを介して観察できる（下図）．（c）一軸伸展刺激装置を蛍光顕微鏡の上にセットして得られた血管内皮細胞の蛍光画像．写真左は細胞基質をあらかじめ引っ張っておいて細胞培養し，弛緩させた後，化学固定し染色し撮影したアクチンストレス線維の蛍光画像（特徴的なアクチンストレス線維が減少している）．写真右は細胞を伸張し固定染色した後のアクチンストレス線維の蛍光画像（早川他，未発表データ）．バーは 50 μm．（d）細胞の一部に伸展刺激を与える装置の概念図（左，ガラスピペット，アクチン線維の編目，変位を与える方向を矢印で示す）．線維芽細胞の蛍光染色されたアクチン線維の像（左，刺激前，右，引っ張り刺激後）．バーは 50 μm．（e）原子間力顕微鏡の探査針で細胞のラメリポディアの伸展の力を測定する概念図．細胞基質と細胞を示す．矢印は細胞の伸展方向，細胞内の線はアクチン線維を示す．（f）スペック顕微鏡による観察の概念図．黒い線はラメリポディアの中のアクチン線維である．赤丸はローダミンアクチンの蛍光を示す．矢印は力の方向である．灰色で示す部分を右図に拡大する．右図の濃い赤色の 4 点はローダミンアクチンの時刻 t における位置．薄い赤色の 4 点は次の時刻（$t + dt$）に薄い赤色で示す 4 点へ移動する．図（d）の蛍光画像は文献 23）による．

膜を伸展する．コンピューターで内圧を調節することで，膜の伸展の程度や周期を変化させることができる．このような装置は培養細胞伸縮装置FlexCellという商品名で販売されている．実績もありポピュラーな装置であり，複数のチャンバーに対して同時に伸展刺激を行うことができるなどメリットがある．しかし細胞に対して与える刺激を詳細に検討すると，シリコン膜の周辺部では伸展刺激が大きい一方で，シリコン膜の中心部では伸展刺激は比較的小さい．培養細胞に対して機械刺激が完全に均質ではないので，実験を行う場合には考慮する必要がある．シリコン膜を薄くすることで刺激の均一性が改善することが知られている．このタイプの刺激装置を使って伸展刺激時に血管内皮細胞の細胞内カルシウムイオン濃度が上昇することが報告されている[18]．

血管や筋組織は一方向に力刺激が加わることが多い．血管内皮細胞や筋細胞の機械刺激を模擬するには一軸伸展刺激法が用いられる（図18.1b）．伸展を行うシリコン膜の厚みは実験の目的に合わせて変える．比較的厚めのシリコン膜は製作しやすく丈夫なので細胞を伸展したときの遺伝子発現やタンパク質分子のリン酸化などを調べる生化学的実験に用いられる．薄いシリコン膜を使うと光学顕微鏡により細胞の形態を調べたり，蛍光顕微鏡で細胞内カルシウムイオン濃度の変化やGPFタンパク質分子の分布を観察しつつ伸展刺激を行うことができる[18]．マイクロコンピューターで伸展の度合いや時間を制御する装置の販売も行われている（ストレックス社）．培養装置の中に伸展装置を入れて機械刺激を行いつつ数日の培養を行うことも可能である．また，シリコン膜の厚みを100 μm程度にすると，対物レンズで個々の細胞の形態を観察しつつ機械刺激を行うことができる．このような装置で単一細胞レベルでの観察を行うと，伸展中に観察中の細胞が視野から外れてしまうことがあるが，伸展刺激を終了すると細胞は視野に戻ってくるので再び観察を続けることができる．

18.2.2 伸張と弛緩を組み合わせた刺激と応答

シリコン膜を使うと，細胞がしっかり接着していることを顕微鏡で確認でき，シリコン膜を伸長して細胞を引っ張る刺激を行うことができる．一方でアクチンストレス線維にはミオシンⅡが含まれていて，アクチンとミオシンのすべり運動の結果，アクチンストレス線維が収縮し張力を発生している．このためあらかじめ伸ばしておいた基質の上で培養し基質を緩めることで，細胞骨格に内在する張力を減少させることができる．さらにマイクロコンピューターに手順をプログラミングすることで伸ばし縮みを周期的に繰り返して，細胞の応答を調べることもできる．

このような装置を使った研究から，伸長刺激のみを持続して行う場合の細胞の応答と，伸長と収縮を繰り返した場合の細胞の応答は異なっていることが知られている[19,20]．細胞の伸展刺激装置には紹介したもの以外にも各種あり，その利点と欠点については総説を参照されたい[12,14]．

細胞を引っ張った場合と縮めた場合のアクチン細胞骨格を観察した例を図18.1（c）に示す．まず，血管内皮細胞をシリコン膜（100 μm厚）の上に培養し，ジギトニンで細胞膜に穴を開けて蛍光染色用の分子やアクチン線維の切断因子コフィリンが透過できるようにする．このようにコフィリンを細胞に導入した状態でシリコンシートを10%ほど伸展しアクチン線維を蛍光染色したところ，アクチン線維は明確に観察された．ここから細胞骨格を伸展しておけば，たとえコフィリンが存在してもおおむねアクチン線維は切断されないことが示された（図18.1c右）．ところが同じ条件で，細胞基質を縮めて細胞内骨格の張力を減少させると，大半のアクチンストレス線維は観察されなくなり，アクチンストレス線維の張力減少に伴って，コフィリンによる切断と脱重合が進行した（図18.1c左）[21]．ここから，細胞にはアクチン線維の張力の減少を受容して切断を指令する仕組みがあることが想像される．このアクチン線維の張力とコフィリンによる切断については本章の後半部（分子への力学刺激方法）で再び触れる．

18.3 細胞の一部に力学刺激を与える方法と細胞に発生する力を測定する方法

細胞の一部に力学刺激を与えることはたいへん有効な研究手法である．その理由は，一つの細胞の中で，力学刺激を受けた部分と刺激を受けない部分を比較できること，また特定の細胞の構造を選択的に力学刺激できることである．細胞の一部に力学刺激を与える方法にはガラスピペットの先端を使って細胞のラメリポディア（葉状仮足とも呼ぶ）に力学刺激を与える方法，原子間力顕微鏡の探査針を使って細胞の一部に力を負荷する方法[22]がある．力学刺激に対して細胞は力を発生する場合や力を減少させる場合がある．それゆえに，細胞の発生する力を測定（あるいは推定）する技術も力刺激に対する細胞応答を調べるには不可欠である．

18.3.1 ガラスピペットを用いる方法

ガラスピペットを使う実験では，ガラスピペットはパッチクランプ電極を作成するのと同様の方法でガラス管から作成する．さらに顕微鏡に微小ヒータを取り付けて，ガラスピペットの先端を温めて部分的に溶かしてピペットの先端部に角度をつける．これによってピペットの先端がラメリポディアに並行にセットできるようにする（図18.1d）．このピペットの先端をさらにグルタルアルデヒド処理して細胞膜にしっかりピペットが結合して，より効率的に細胞に力学刺激が行えるように工夫することもある．

実際の使用例では，線維芽細胞をジギトニン処理して細胞膜を蛍光色素が透過できるようにし，アクチン線維を蛍光染色する．細胞をミオシンⅡの阻害剤（ブレビスタチン）で処理するとアクチンストレス線維が消える（ただしアクチン線維は残っている）．この細胞のラメリポディアに細いガラスピペットを用いて力学刺激をあたえると，面白いことにアクチンストレス線維が再び形成される（図18.1d）．この結果は，細胞内アクチンストレス線維の形成と維持には力学的な刺激で働く機構が重要な役割をもっていることを示している[23]．

18.3.2 AFMの探査針を用いる方法

原子間力顕微鏡（AFM）の探査針を使うと，細胞の特定の部分が発生する力を測定することができる．原子間力顕微鏡の探査針のたわみの弾性係数は知られているのでその値を使って探査針にかかる力を推定できる．この方法をガラスピペットに応用すると，ピペットのたわみの大きさと発生する力の大きさの関係を知ることができる（図18.2（a）のガラスピペットはこの方法で校正されている）．一方で図18.1（e）は探査針の先端を直接細胞のラメリポディア（葉状仮足）の伸長端に当ててそこに発生する力と速度を推定する方法を示す[24]．

細胞のラメリポディアの先端部ではアクチン線維の重合が活発におきていて，この重合がラメリポディアを前に押し出す伸展の原動力になっている．ここで考えられる仮説は細胞膜は揺らいでいるのでアクチン線維の重合端と細胞膜の間の隙間の大きさも揺らいでいる．隙間が大きくなったときに重合が進み隙間が埋められ，細胞は徐々にラメリポディアの先端を伸ばしていく．この仮説はブラウニアンラチェットモデル（elastic Brownian ratchet mode，BRモデル）として知られており，

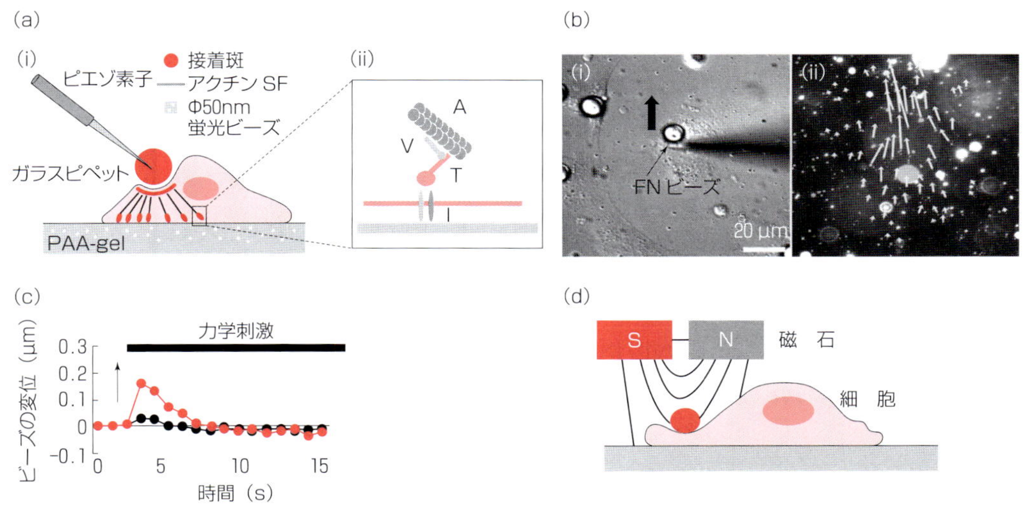

図 18.2　ビーズを使って細胞の限局された細胞部位に力学刺激を与える方法
（a）（ｉ）フィブロネクチンを結合したガラスビーズを細胞に乗せるとインテグリンが集積して接着構造（赤色）がビーズの下に形成される．それはアクチンストレス線維（黒）を介して細胞基質の側の接着斑につながっている．ポリアクリルアミドゲル（PAA-gel）には蛍光ビーズ（白色）が入っていて細胞基質の歪みによって位置を変化させる．ガラスピペットはピエゾ素子で駆動する．（ii）アクチン線維（A），vinculin（V），talin（T），integrin（I）を模式的に示す（図ｉの四角形でハイライトした部分の拡大になっている）．実際の接着斑にははるかに多種類のタンパク質分子が集積していることに注意．（b）（ｉ）ビーズを置いた細胞を倒立顕微鏡で観察した図．ガラスピペットが黒い影として写っている．矢印はビーズの移動の方向．（ii）フィブロネクチンビーズを移動することで生み出される細胞基質の歪みの大きさを白色の矢印で示す（実際の歪みを 100 倍で表示）．（ｃ）細胞基質の歪みの大きさの時間変化．赤はビーズ直下の歪，黒は細胞の左下の端の位置での基質の歪みの大きさの時間経過を示す．（d）フィブロネクチンを結合した磁気ビーズを磁場によって移動し力学刺激を細胞に与える模式図．図（b），（ｃ）は文献 29）による．

1 本のアクチン線維の重合により 2〜7 pN の力が発生すると推定されている．都合のいいことに図 18.1（ｅ）の実験デザインでは，原子間力顕微鏡の探査針のたわみの大きさは細胞を観察するのと同じ光学顕微鏡で観察できる．たわみの大きさの実測から，1 nN 程度の力が細胞の伸展に伴って生じることがわかっている．ここから数百本のアクチン線維の重合がラメリポディアの先端の探査針の近傍で起きていると推定されている．この測定法の面白いところは力の大きさと同時に探査針の移動速度が測定されることで，探査針に掛かる力とその移動速度の関係を実測できる．BR モデルから理論的に推定される力と速度の関係と実測データとの比較が行われ，BR モデルの妥当性が検討されている[24]．

18.3.3　スペックルビデオ顕微鏡を用いる方法

細胞内のアクチン線維の網目に生じる歪の大きさの測定からアクチン線維に負荷されている力の大きさを見積もる方法が提案されている[25]．細胞骨格アクチン線維を通常の蛍光染色すると，線維は連続した線として観察される（たとえば図 18.1c）．ここで染色の密度をどんどん下げていくとアクチン線維に沿って点状に蛍光が分布するようになる．

紹介する実験では蛍光分子ローダミンでラベルしたアクチン単分子（G-actin）を細胞に微量注入する．アクチン単分子はアクチン線維に重合されてアクチン線維にそって点状に蛍光の輝点が並んでいる様子が観察される（スペックル画像と呼ばれる．概念図は図 18.1f 左）．輝点の一つ一つはアクチン単分子であり，細胞中ではアクチン線維は細胞の先導端で重合され図 18.1（f）左の灰色矢印（引く力）のほうに常に緩やかに移動する．

スペックルビデオ顕微鏡はこの蛍光画像をコマ撮り（タイムラプス）撮影し，輝点の運動を分析することでアクチン線維の重合や脱重合，その移動の分析に使われる．最近，スペックル画像からアクチン線維にかかっている力の大きさを推定する方法が編み出された．その方法は，輝点のうち近くに分布する四つを選び（図 18.1f 左の灰色の四角で示す 4 点），その 4 点（図 18.1f 右）が次の撮影（1 s から 10 s）でどのように位置を変化させるか（図 18.1f 右，輝光を表わす玉の位置変化）を分析する．

数秒程度の時間スケールではアクチン線維の網目構造の歪みと力発生はフックの法則に従うことが知られている．図の場合は主に左下の方向へアクチンの網目は引っ張られている（図 18.1f 左の灰色の矢印）と考えると，この歪みの概要を説明できる．さらによくデータ説明しようとすると，それ以外にも細胞膜を内から外に押す力や（黒），膜の張力によって押し戻す力（膜の外側に記す矢印），細胞の接着構造に摩擦を介して伝わっていく力の成分（図には示さない）も考える必要がある．そして，力の分布と接着位置から精密にアクチンの輝点の動きを再現できることがわかっている[25]．

この方法のよい点は，非常にたくさんの輝点を使って力の場の測定が行われるので大きな情報が得られることである．紹介した研究ではアクチンとビンキュリンのスペックル顕微鏡の画像の分析からビンキュリンとインテグリンの間の結合には細胞の力伝達にとって大切な働きがあること，その時間的特性などが明らかになっている[25]．一方でこの方法の問題点は，テンソル解析を行う必要があり理論が込み入っていること，相対的な力の大きさを矢印で示すことはできるが，力の大きさの絶対値を見積もるのが難しいことなどである．

18.4　ビーズを使うと細胞のより限局した部分への力学刺激と応答の測定が可能になる

18.4.1　ガラスピペットと光ピンセットを用いる刺激法

数 10 nm から数 μm の大きさのビーズを使って，細胞のより限局した部位を力学刺激することができる．そのためにガラスピペットあるいは光ピンセットを用いて，透明ビーズ（ガラスビーズあるいはラテックスビーズ）に力を負荷する（図 18.2a）．

ガラスピペットは大きな力（nN ～ μN），光ピンセットでは比較的小さい力（1～100 pN）を対象に与えることができる．磁気ビーズを使うときは図 18.2（d）に示すように磁場をかけてビーズの向きを変えることで力刺激をしたり，磁場の勾配によってビーズを引き寄せることで，ビーズに結合した対象に力学刺激を与える．ガラスピペットや光ピンセットでは一度に一つのビーズを操作するのが一般的であるが，磁気ビーズは多数のビーズに同時に力を作用させることができる．また磁気ビーズでは幅広い力（0.1 pN から 1 nN）を与えられる点ですぐれている[26,27]．

18.4.2　特定の分子を力学的に刺激する方法

特定の分子に結合する分子をビーズの表面につけておくと，ビーズを特定の分子に結合させることができる．そして，ビーズを操作することで特定の分子を力学的に刺激することができる．

たとえばガラスビーズにフィブロネクチン（インテグリンに結合する分子）を結合し，ガラスビーズを細胞の表面に接触させておくと，数分の後にガラスビーズはインテグリンに結合する．ビーズを血管内皮細胞にのせて 10 分後に細胞を共焦点顕微鏡で観察してみると，ビーズの下にインテグリンが集合し，そこからアクチンストレス線維が伸び，さらにアクチンストレス線維の走行を追いかけると細胞が基質に結合している接着斑にまで達している（図 18.2a）．ガラスピペットを用いてこのようなガラスビーズを数 μm 移動させることで細胞に力を加えることができる．

この刺激法のよい点は細胞の限局した部位に力学刺激を与えることに加え，力学刺激の前，刺激中，刺激後の細胞や接着点の様子を顕微鏡で継続して詳しく調べられることである（上述の細胞全体を伸展する場合には細胞は顕微鏡の視野から離れてしまい，連続して細胞の部分構造を調べることは困難である）．また 5 μm から 10 μm の直径のビーズを三次元マニピュレータで操作することは習熟すればそれほど難しくない．

18.4.3 ビーズの位置の変化と細胞応答

ガラスピペットを移動させてガラスビーズの位置を変化させて力学刺激を与えると，力はフィブロネクチンに結合しているインテグリンの集合に伝わり，そこからさらにアクチンストレス線維を伝わって細胞の底面の接着斑極近傍の MS チャネルを活性化することがわかっている．ビーズの移動から MS チャネルの活性化までの時間はわずかに 2 ms であり[28]，力学刺激がアクチンストレス線維を介して MS チャネルを活性する時間はたいへん短い．

ビーズによる力学刺激と弾性細胞基質を組み合わせて用いると，細胞に与えた力学刺激の及ぶ範囲を推定できる[29]．ポリアクリルアミドゲルは弾性をもつ細胞培養基質である．ポリアクリルアミドを固める前に蛍光ビーズ（20〜40 nm 直径）を混ぜておくと，細胞に力を与えたことによる蛍光ビーズの位置の変化を計測し，そこからポリアクリルアミドゲルに生じた歪みの大きさを知ることができる（図 18.2a）．細胞の柔らかさは細胞種によって変化するので，このような実験では，ポリアクリルアミドの重合条件を変えてその硬さを実験の目的に合わせることがコツである．

18.4.4 蛍光ビーズの移動量の計測

細胞に接着したビーズに力を負荷するとその力は細胞底面に伝わる．力学刺激前と後の画像を分析することでポリアクリルアミド内の蛍光ビーズの移動量を計測できる．図 18.2（b）に個々の蛍光ビーズの移動量を矢印で示す．フィブロネクチン（FN）ビーズの直下の蛍光ビーズが最も大きく移動し，FN ビーズの位置から遠ざかると蛍光ビーズの移動量は減少しており，FN ビーズにかけた力は細胞の中を伝って 20 μm 程度の範囲に及んでいることがわかる．このような分析をコンピュータープログラムにより精密に行うと，細胞から基質へ作用する力の分布を推定できる（これはトラクションフォース顕微鏡という名前で知られている[30]）．

この方法を用いると経時的な分析が可能なため，ビーズを介して作用する力の大きさの時間変化を調べることもできる．ビーズの移動量を時間に沿って観察してみると力の掛かった瞬間に最大値をとり，数秒でほぼ元の位置に戻っていることがわかった．ここから，細胞底面への力の負荷は数秒で終了することが推定された（一方で FN ビーズはガラスピペットでその位置を変えたままになっているので細胞は変形したままである．図 18.2c）．筆者らは当初，力学刺激は持続すると予想していたので，実測してみてはじめて力学刺激が一時的であることがわかった．このように力学刺激の実測は重要である．力学刺激の大きさが時間とともに減少していく分子レベルのメカニズムの詳細はいまのところ不明であるが，これまでの観察から FN ビーズと細胞の間の接着構造，細胞底面と基質をつなぐ接着斑はこの数秒の時間ではほとんど変化せず，アクチンストレス線維が切断している様子も観察されないことから，おそらくアクチンストレス線維の弾性係数が変化して，その結果底面に伝わる力が減少したのだろうと思われる．

18.4.5　実験例：血管内皮細胞への力学刺激

力学刺激は時間とともに細胞反応を次々と引き起こしていく．このことを想定して実験を組み立てることが大切である．細胞の表面に接着したビーズを用いて血管内皮細胞に力学刺激を行ったときに見られる細胞の反応を時間に沿ってまとめると以下のようになる．

力学刺激によりカルシウムイオン透過性 MS チャネルの活性化（ms ～ s で起きる）とそれに伴ってカルシウムイオンが細胞内に流入して細胞内カルシウムイオン濃度が上昇する（2 ms で上昇は観察される）．カルシウムイオン濃度が上昇した状態は数十秒続き，次第に刺激前のレベルに戻る．アクチンストレス線維の張力の減少とカルシウムイオン濃度上昇が同時に起きると接着斑タンパク質のカルシウムイオン依存性のチロシン脱リン酸化が起きて（1 分程度の時間の間に起こる），インテグリンをはじめとした接着斑関連タンパク質は数分で接着斑から離れていき，10 分程度の時間で力学刺激を受けた（実際にはアクチン線維を介した力の負荷が減った）接着斑およびそこに接続していたアクチンストレス線維が解体され消えていく．これら一連の反応の詳細は細胞に力学刺激を与えつつ近接場光型蛍光顕微鏡で接着斑関連タンパク質の分布，リン酸化の度合いを継続的に観察することではじめて明らかになった[29]．細胞から基質に伝わる力の評価方法にはマイクロポスト（あるいは剣山形のマイクロニードル）を使う場合もあり，より定量的な測定ができる[22]．

ガラスピペットの代わりに光ピンセットでビーズを操作すると小さい力で力学刺激を与えることができる．光ピンセットで細胞表面に結合した FN ビーズを移動すると細胞の微小領域に力学刺激（1～20 pN）を与えることができ，細胞接着斑関連タンパク質分子タリンは FN ビーズ周辺へ集積する[31]．

18.5　分子，分子集合や細胞の部分構造に力を負荷して応答を調べる

18.5.1　光ピンセットで細胞の内部に力を負荷し反応を調べる

光ピンセットは対物レンズで焦点を結んだ位置に屈折率の高い物体（たとえば数 μm のビーズなどの球体）があれば，それを三次元的に捉えることができる．光ピンセットの捕捉点を移動すると，捕捉した球体を移動することもできる（図 18.3a）．もしビーズが特定の対象に結合しているなら，特定の対象に対して力（1 pN から 100 pN）を負荷することができる．これまで光ピンセットにより細胞の内部にある葉緑体，核の操作が報告されている[32]．また藻の細胞内のアミロプラストの操作を行って藻の生長方向を操作できることも示されている[33,34]．

先に述べたのと同様に，ビーズを特定の分子に結合するように工夫することで特定の分子に光ピンセットによる力学刺激を負荷できる．ビーズの表面にアクチン線維に結合するフォロイジンをつけてアクチン線維にビーズを結合し力学刺激を与え，細胞から反応を電気生理学的に記録した例を紹介する．従来の方法で弾性シートに培養した細胞全体を伸展した場合には，細胞内の複雑に絡み合う骨格系，骨格に結びついた細胞内小器官が影響を受ける．そのため，細胞内のアクチンストレス線維を選択的に力学刺激することは困難であった．フォロイジンを結合したビーズと光ピンセットをうまく応用することで細胞内アクチンストレス線維に力を掛けることができ，アクチンストレス線維に発生した張力が MS チャネルを活性化することを実験的に検証することが可能となった．

実験の手順は，まず血管内皮細胞にフォロイジンを結合したビーズ（直径 40 nm）を微小ピペットから導入しておく．蛍光顕微鏡でビーズがアクチンストレス線維に結合するのを確認し（30 分

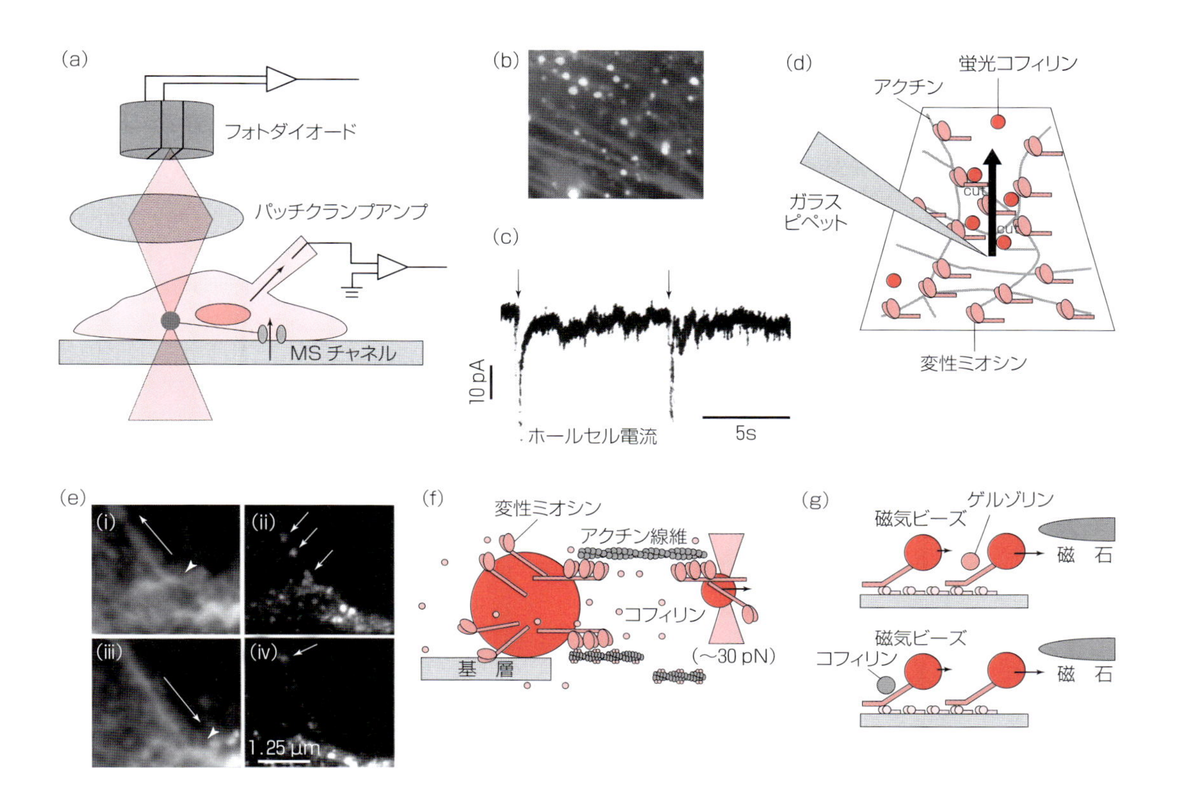

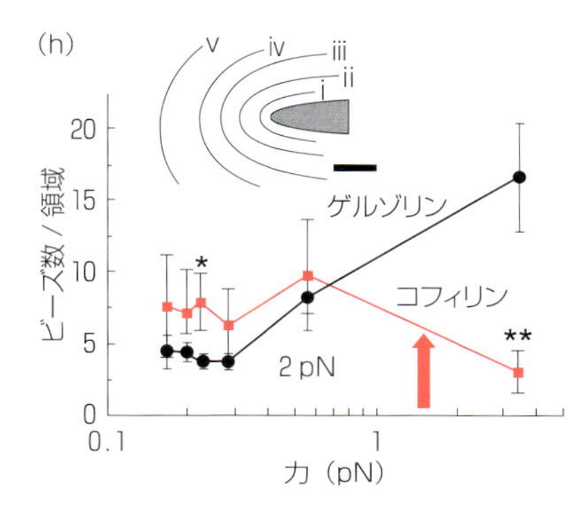

図 18.3　アクチン線維は張力センサーとして働くことを示す実験

（a）光ピンセットで細胞内のアクチン線維（黒線）に結合したビーズ（灰色）に光ピンセットで力学刺激を与える概念図．細胞膜の MS チャネルの活性化はホールセルパッチクランプ法で測定する．光ピンセットのためのレーザーの光を赤色で示す．矢印は MS チャネルから流入したイオン電流の流れを示す．（b）アクチンストレス線維に結合しているビーズの集合を示す．（c）光ピンセットの捕捉点がアクチン線維に結合したビーズの上を通過するたびに（下向き矢印）内向きのイオン電流が計測される．（d）ガラスについたアクチン線維をガラスピペットで掻き寄せる．灰色はアクチン線維，赤色はコフィリン，薄い赤色は変性ミオシンを示す．（e）（i）矢頭の場所にあるガラスピペットでアクチン線維の束を矢印の方向に移動することでアクチン線維の束の長さを短くする（張力を緩める）．（ii）コフィリンのアクチン線維束への結合を矢印で示す．（iii）アクチン線維の束の長さを伸ばす方向にピペットを移動する（張力を高める）．（iv）コフィリンのアクチン線維束への結合数は減る．矢頭はガラスピペットの先端の位置を示す．（f）アクチン線維を光ピンセットで引っ張る実験系の概念図．（g）磁気ビーズに電磁石で力を負荷する．磁気ビーズはアクチン線維に結合している．磁石の先端に近いビーズは大きな力を受ける．上図はゲルゾリンによるアクチン線維の切断，下図はコフィリンによるアクチン線維の切断を模式的に示す．（h）磁気ビーズに掛かる力の大きさとコフィリン，ゲルゾリンによる切断の割合の関係を示す．挿図は磁石の先端の形状とその近傍の磁気ビーズに負荷させる力の大きさを示す（i：3.7 pN，ii：0.6 pN，iii：0.2 pN，iv：0.15 pN，v：0.1 pN）．バーは 100 μm．図（a），（b）は文献 28 による．図（d），（e），（f），（g）は文献 21 による．

程度で結合する，図 18.3b），蛍光ビーズの固まり（400 nm 程度）に向かって光ピンセットの集光点を移動することで蛍光ビーズが結合しているアクチンストレス線維に力を掛ける．実験中に蛍光ビーズは光トラップによりその位置をほぼ変えないので，力がビーズに掛かるのは光ピンセットが蛍光ビーズの近傍（1〜2 μm）を通過した短い時間のみである．光ピンセットの集光点を左右に移動させると光ピンセットの集光点が蛍光ビーズの上を通過するたびにアクチンストレス線維に張力が発生しそれが MS チャネル（約 10 個弱と推定される）を活性化し，MS チャネルを通過するイオンの動きが内向きの電流（数 10 pA）としてホールセルパッチクランプ法で記録された（図 18.3c）．このように実験条件を工夫するとホールセルパッチクランプ法は非常に高感度で，イオンチャネル 1 分子の開閉を記録することもできる．後根神経細胞の成長円錐の機械受容チャネルの研究にも使われた[35]．

18.5.2　分子に力をかけて反応を調べる方法と応用

光ピンセットが生み出す力は小さいので，1 分子の操作に使われる．特にモータータンパク質の研究で使われ多くの成果を生んでいる[36]．ここではよく用いられる 1 分子の力学刺激の手順を述べる．

ひも状の長い生体高分子を光ピンセットにより捕捉されたビーズ（図 18.4b）やガラスの針（図 18.3d）あるいは AFM の探査針の先端（図 18.4a）につけ，その分子の他端をカバーガラスの表面に固定する．そこで光ピンセットの焦点やガラスピットや AFM の探査針を移動させて，ひも状の分子に力学刺激を与える（図 18.3f や図 18.4a，b）．

ここでははじめに 1 本のアクチン線維へ力負荷を行うことで，アクチン線維が力学刺激受容装置として働きうることを示した研究と，そこで使われた手法を紹介する[21]．この研究ではアクチン線維とアクチン線維の切断因子（脱重合因子でもある）コフィリンを用いて実験が行われた．

アクチン線維とコフィリンが共存するとアクチン線維はすぐに（10 数秒で）切断される（図 18.3f の下のアクチン線維）．しかし図 18.3（f）のビーズの上部についているアクチン線維のように，光ピンセットを用いてアクチン線維に力を負荷するとコフィリンによる切断を抑制することができる．この結果はアクチン線維が力学刺激センサーとして働き，コフィリンによる切断を抑制していることを示している．

アクチン線維はどれくらいの大きさの力を受容してコフィリンの働きを抑制しているのだろうか．磁気ビーズをアクチン線維に結合して磁気ビーズに磁力を掛けてアクチン線維を牽引すると，磁石に近いビーズは大きな力で牽引され，一方，遠いビーズは弱い力で牽引される（図 18.3g，h，磁石の製作についは文献[37]に詳しい）．このような磁気ビーズの特性を利用して，コフィリンによるアクチン線維の切断抑制を引き起こすのに必要な力の大きさが見積もられた．コフィリン存在下でアクチン線維が切断され，ビーズが磁石に引きつけられていく数を牽引力を変えて調べてみると，2 pN 程度の力が負荷されればコフィリンによるアクチン線維の切断が抑制されることがわかった．一方，アクチン線維の切断要素として知られているゲルゾリンはコフィリンで見られるような力による切断の抑制は観察されず，むしろ大きな力で牽引されているアクチン線維のほうが切断される割合が高くなった（図 18.3h）．

この 2 pN という力の大きさは，一つのミオシンヘッドがアクチン線維の上を滑るときに発生する力の大きさと同程度である（表 18.1）．アクチンストレス線維にはミオシンが含まれていてアクチンとミオシン相互作用が発生する力によって細胞の中でも収縮方向に力を出している．以上の結

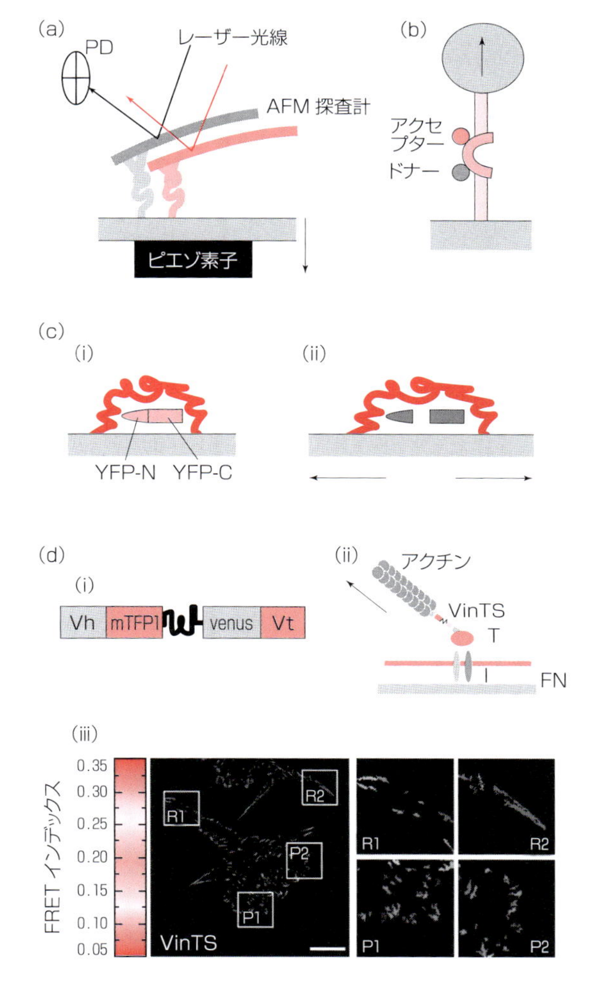

図 18.4　1 分子蛍光エネルギー共鳴移動法による分子に働く力の推定

（a）原子間力顕微鏡により力を負荷して分子の変形を調べる方法．プローブのたわみはプローブで反射したレーザー光線を複数個の光受容素子（PD）で受光することでモニターする．ピエゾ素子で支えられている支持台を上下に移動させて分子に力を負荷する．分子が変形（たとえば，ほどけるあるいは切断されるなど）するとプローブのたわみが変化してレーザー光線の反射の向きが変わって光受容素子で測定される．（b）磁気ビーズに測定対象の分子をつなぐ．分子の両端にはドナーとアクセプターがついている．磁気ビーズを介して力が負荷されると分子は変形し FRET 効率が変化する．（c）シリコン膜に YFP-N（1–154）と YFP-C（155–238）がついている測定対象の分子を結合する．YFP-N（1–154）と YFP-C（155–238）は近くにあると蛍光タンパク質 YFP を構成して蛍光を発する（i）．シリコン膜を伸長することで分子に変形を与えて YFP-N（1–154）と YFP-C（155–238）の距離を伸ばして蛍光タンパク質分子 YFP を引き裂く．それに伴って YFP の蛍光は消える（ii）．（d）（i）VinTS の構成図．（ii）細胞に発現した VinTS はアクチン線維およびインテグリン（I）にタリン（T）を介して結合する．アクチン線維に発生した張力は VinTS に作用する．（iii）VinTS の FRET 効率の分布（口絵では疑似カラーで表示）．P1 と P2 は細胞が進む方向のラメリポディアの FRET 効率の分布画像．R1 と R2 は細胞の後端の FRET 効率の分布画像．図（d）は文献 40）による．（カラー口絵参照）

表 18.1　これまでに分子や細胞を使って計測された力とその測定法

測定対象となった分子と測定事象	力の大きさ	測定方法	文献
多糖鎖の共有結合の切断	2 nN	AFM，計算機実験	46
アビジン-ビオチン結合	160 pN	AFM	50，51
細胞基質と細胞表面受容体（インテグリン，セレクチン）	5–300 pN	AFM，光ピンセット	52–54
アクチン線維の切断に必要な力	320–600 pN	ガラスピペット	55
タリンとアクチン線維	2 pN	光ピンセット	56
ミオシン，キネシン，ダイニンの発生する力	3–7 pN	光ピンセット，ガラスの針	57–60
vinculin-tension-sensor	0–6 pN	磁気ビーズ	40
アクチン線維の力受容	2.5 pN	磁気ビーズ	21
内皮細胞の MS チャネルの活性化	1 pN	光ピンセット	28
バクテリアの MS チャネル	35 pN	計算機実験	61
細胞のラメリポディアの伸展	100 pN	AFM 探査針	24
カドヘリンを介した細胞間接着	120 nN	剣山形マイクロニードル	62
10 μm の FN ビーズを移動して細胞に働く力	35 nN	ガラスピペット	29

果を細胞の機能の面から解釈するなら，ミオシンが働いて張力を発生しているアクチン線維は，細胞にとっては力学的な要素として仕事をしている大切な線維なので，コフィリンによる切断を受けにくいと考えられる．

アクチン線維に力が負荷されるとアクチンとコフィリンの間に何が起きているのだろうか．第一の可能性は力が負荷されるとアクチン線維へのコフィリンの結合の頻度が下がって切断が起きにくくなるというものである．第二の可能性はコフィリンの切断活性がアクチン線維の張力により抑制されるものである．これまでに第一の可能性については実験的な検討がなされた．

力学刺激を行いながら分子間の相互作用を計測するのは容易ではない．全反射型の近接場蛍光顕微鏡による観察[38]と分子の伸張刺激を同時に組み合わせて実験が行われた．

まず，蛍光分子ローダミンで単量体アクチンを標識し，非標識アクチンを10の割合，標識アクチンを1の割合で混ぜて重合させることで蛍光を出すアクチン線維を作ることができる．このアクチン線維を変性ミオシンを介してガラス板に結合させる．実際にやってみると，ガラスピペットでこのアクチン線維の網をガラス面に沿って引っかくと蜘蛛の巣を引っかいたようにアクチン線維の束が形成される（図18.3d，e）．この束の一端はガラスピペットに，別の端はガラス面に結合している．通常アクチン線維は1％も伸ばすことができないが，このミオシンを介して束になったアクチン線維束はガラスピペットを移動することで数10％伸ばすことができる（アクチン線維が直接伸ばされているのではなく変性ミオシンを介してずれを起こしていると考えられる）．コフィリンのほうは緑の蛍光分子（5-iodoacetoamide fluorescein，IAF）によりラベルしておき，アクチン線維の束を緩めたり（図18.3e，ⅰ，ⅱ）伸ばしたり（図18.3e，ⅲ，ⅳ）しつつコフィリン分子がアクチン線維束に結合する様子を全反射型の近接場蛍光顕微鏡で観察することができた．このような1分子観察では全反射型の近接場光を蛍光励起に使う[38]．その理由は励起される蛍光分子がガラス表面の僅かな層（100 nm程度）に限られるので，観察対象の分子（ガラス面のアクチン線維に結合したIAFコフィリン）を励起しそれ以外の液中にある蛍光分子の励起を避けられるためである．観察結果は，アクチン線維の束を緩めるとコフィリン分子の“結合頻度”（ビデオレートで観察される比較的ゆっくりした結合の頻度）は上昇し，一方でアクチン線維の束を伸ばすとコフィリン分子の“結合頻度”は低下した．これは上記の仮説“力が負荷されるとアクチン線維へのコフィリンの結合頻度が下がる”を支持するものであった．

これらの結果は，アクチン線維が力学刺激受容の分子的実体として働いていることを強く示している．これまでに知られている唯一の明瞭な力学刺激受容機構は細胞表面の膜にあるMSチャネルであった．しかし，上記の報告を加味して考えると細胞内で力学受容を行いうる分子はこれまで考えられていたよりも多様（細胞骨格分子，接着斑関連分子，細胞内小器官など）かもしれない．実際，接着斑関連分子のタリン[31]やP130Cas[39]はおそらく力学刺激受容機構として働いている．

18.6　smFRETを用いた分子変形の推定と細胞ライブイメージングへの応用

細胞に力学刺激を与えて反応を調べる場合，反応にかかわる特定の分子にかかっている力の大きさがわかれば細胞内情報伝達の経路を調べるのに役立つだろう．1分子蛍光エネルギー共鳴移動法（single molecule fluorescence resonance energy transfer，smFRET）は，それを実現する方法である[40]．

smFRET では，対象とする分子の端と端に蛍光エネルギー共鳴移動する 2 種類の蛍光分子（短波長の光を受けて励起状態となるドナーとドナーの励起エネルギーを受けて蛍光を発するアクセプター）をつける．二つの蛍光分子が近い距離にあるとドナーからアクセプターに励起エネルギーが伝わってアクセプターが光る（この頻度が距離依存的である）．もし蛍光分子間の距離が遠いとドナーからアクセプターへの励起エネルギーの移動は起きずドナーが光る．ドナーとアクセプターの蛍光の強さを比較するとドナーアクセプター間の距離が推定できる．この性質を使って二つの蛍光分子間の距離が外部から与えた力に依存して変化することを調べられるだろう．さらに smFRET 効率（ドナー励起数あたりのエネルギー移動数の割合）の大きさから細胞内でその分子にかかっている力を推定できるだろう．

以下の項では，試験管内の系（人工的に構成された条件下で各種の実験条件が人為的にコントロールされた環境）で外部から与えた力に依存して二つの蛍光分子間の距離が変化する例を紹介する．その後，細胞の力発生の研究に smFRET を応用した例を紹介する．

18.6.1　力の大きさに依存して分子は形を変える

分子に力を掛ける代表的な方法を図 18.4 に示す．分子の一方の端をカバーガラスに結合し，残りの端を AFM の探査針に結合する方法や（図 18.4a），AFM の探査針に代わってビーズ（磁気ビーズや透明ビーズ）につける方法（図 18.4b），柔らかいシリコンの膜に分子をつけてシリコン膜を伸張することで分子に力を掛け，分子の変形を調べる方法が提案されている（図 18.4c）[39]．

これらの方法を応用して，分子にかかる力の大きさを変化させつつ，smFRET によるドナーとアクセプターの距離の変化を同時測定した例がある[41]．1 本鎖 DNA の両端に蛍光分子 cy3（ドナー）と cy5（アクセプター）をつけ，さらにアクセプター側に磁気ビーズをつけ，磁場により力を負荷し FRET 効率を測定した．センサーである分子に掛かる力は数 pN 程度であるので（表 18.1），それに見合った柔らかい分子を用意して力を負荷する必要がある．また FRET 効率により検知されるドナーとアクセプターの距離の変化は 4～7 nm であるので，それらを満たす条件が検討された．その結果，2 本鎖 DNA は曲がりにくく（曲がりにくさの指標であるパーシスタンスレングスは 50 nm である．いい換えると，この長さのほぼ直線の形状の DNA が液中に存在するのでドナーとアクセプターの距離はほぼ変化しない），一方で，1 本鎖 DNA は曲がりやすい（パーシスタンスレングスは 1～4 nm であり分子の両端の距離は大きく変化する）．また，分子は長すぎても短すぎても FRET の検出しやすい距離から外れてしまうので，15 bp の DNA が好ましいとされた．いい換えるとこの条件の下では分子がグニャグニャしていて分子の両端の距離は FRET 距離の範囲の中で変化できる．

力による変形のしやすさからも 1 本鎖 DNA は適している．仮に蛍光色素自身に力を掛けて力センサーを作ろうとすると，蛍光色素を形作っている共有結合が変形（あるいは切断）する必要があるが，切断に必要な力は 2nN で大きすぎる（表 18.1）．一方で，1 本鎖 DNA はエントロピック弾性体として振る舞うことが予想され[42,43]，それを引き伸ばすには数 pN 程度の小さい力で可能であろうと考えられる[44,45]．

実際に測定された結果は 0～6 pN の力の上昇に伴い smFRET の効率は 0.5 から 0.2 に減少した．すなわち，ドナーとアクセプターの間の距離が大きくなり，両者の間でエネルギー共鳴移動が起こりにくくなった．そしてそれよりも大きな力では smFRET の効率はわずかしか減少しない．このように試験管内の実験結果から，1本鎖 DNA は力のセンサーとしてうまく働くことがわかった．しかし，実際の細胞にこのセンサーを導入するにはこの分子を細胞内へマイクロインジェクションする必要があり，そのための技術の習得が求められる．

18.6.2　mpFRET による細胞内での力のセンシング法

導入が容易で細胞の中でも働く分子力学センサーの開発も進んでいる[40]．ビンキュリン (vinculin) は細胞の接着斑にあるタンパク質で，接着斑にあるさまざまなタンパク質の間をつなぐ働きをしている．細胞に力を負荷してその力が細胞骨格に伝わっていく力の伝達経路にビンキュリンが介在している可能性は高い．

ビンキュリンのヘッドドメインにドナー蛍光タンパク質 (mTFP1)，それに続いて柔らかい結合部分（リンカー $(GPGGA)_8$）を介してアクセプターの蛍光タンパク質 (vinus)，その先にビンキュリンのテールドメインをつないだタンパク質 (VinTS, vinculin-tension-sensor, 図 18.4d) を培養細胞に発現させると，ビンキュリンと同じように VinTS は接着斑に局在する（図 18.4d）．細胞の部位ごとに VinTS の FRET 効率を計算すると，移動する細胞の後端のラメリポディアにある接着斑では FRET 効率は高く（図 18.4d の R1, R2），一方で細胞の進行方向のラメリポディアにある接着斑では FRET 効率は低い（図 18.4d の P1, P2. カラー口絵参照）．1分子 FRET 解析を用いたリンカー部分の硬さの評価から，安定した接着斑に含まれる VinTS には 2.5 pN の力が掛かっていると推定された．細胞が進むときには前方部でしっかり地面をつかんで引っ張っており，後方では地面を手放そうとしているようだ．

細胞の内部では多くの未知の相互作用がある．そのため同じ原理を用いて力の推定をする場合には，FRET 効率はドナーアクセプターの向きや発光団の周りの環境によっても影響をうけることも考慮する必要がある．

18.7　細胞や分子に力を掛ける方法と測定値のまとめ

細胞は分子で構成されていて，分子はいろいろな様式で結合している．その中でも共有結合は，原子間で電子を共有する結合で最も強い結合である（たとえばペプチド結合など）．その他にもクーロン力による結合，水素と酸素，窒素，炭素の間で形成される水素結合，疎水結合，ファンデルワールス力など（まとめて非共有結合と呼ぶ）が知られており，これらの結合を切断するのに必要な力は共有結合よりも小さいと考えられている[45]．しかし，重合した生体高分子における結合にどのような割合でこれら非共有結合が関与しているかは不明な部分が多く，結合力が推定された例はそれほど多くない（表 18.1）．

細胞に外力が作用しているときには，先に述べたように細胞外基質のフィブロネクチン→インテグリン→タリン→ビンキュリンなどを含めた複数の分子（あるいは複数の力の経路）→アクチン線維というように力が伝導すると考えられている．この力の伝導には分子と分子の間の結合力，および分子内での原子間の結合力がかかわっている．これらの結合力が十分でないと力は伝わらない．結合力の値は伝えうる最大の力を決める．一方で，力の測定を行う場合でも，測定装置に測定対象を結合する力（結合力）が十分大きくないと測定そのものが成り立たなくなる（測定対象の結合力を測定しているのか，測定対象の装置への結合力を測定しているのかが不明となってしまうため）．

表 18.1 にこれまで測定された結合力の中の代表的なものを示す．結合力の中でも共有結合の力の推定は基本となるものであり，測定と理論の両面から十分検討された[46]．まず，結合力の測定は

そこにかかる力の増加速度に依存することを理解する必要がある．例としてティッシュペーパーで作った“こより”を引きちぎることを考えてみよう．ゆっくり引きちぎれば比較的小さい力で引きちぎれるが（弱い結合が順々に切断されるため），一方，素早く引きちぎるには大きな力が必要だろう（たくさんの弱い結合を同時に切断するため）．これと同じで，理論計算の結果からも，時間あたりの力の増加の割り合いが大きいほど大きな力になったところで共有結合は切断される確率が高まると予想されている[47]．

共有結合の大きさを実際に見積もった研究では，多糖でできた鎖をガラス表面とAFMの探査針にそれぞれ共有結合で結合させて，10 nN/s の割合で力を強めていって切断が起きる力の大きさを見積もり，そこから共有結合の強さが 2 nN と推定されている（装置の概念図は図 18.4a）[46]．この多糖鎖には数種類の共有結合が含まれるので，結合力が最も小さく最初に切断される結合力を実測したことになる．ではどの共有結合が切断されたのだろうか．単純な分子の場合にはいくつかの共有結合（Si–C，Si–O，O–C，C–C，N–C など）について数値が計算されており，Si–C の間の結合が最も切れやすいことが理論的に推定されている．上記実験と同様の条件 10 nN/s で引っ張った場合の切断力を理論計算により見積もると，2.8 nN であり実験結果とよい一致をみた．

実験と理論の両面から，上記の条件では，糖鎖をガラスにつなぎとめている炭素とガラスのシリコンの間（Si–C）の共有結合の切断に約 2 nN の力が必要であることが推定された．複雑な生体高分子の系（インテグリンやセクレチンと細胞基質との結合力）でも時間あたりの力の増加の割合（1 pN/s ～10,000 pN/s）に依存して分子間結合が切断する力の強さが大きく変わることが知られているので[48]，おそらく同じような原理が背後に働いていると考えられる．表 18.1 に高い親和性を示すアビチン–ビオチン分子間結合やアクチン線維の切断などに必要な力の推定例を示す．

本章に関連する分子間の相互作用により発生する力の測定の例も表 18.1 に示す．1 分子のミオシン，キネシン，ダイニンの発生する力は数 pN のレベルである．これまで述べたように，この力は細胞骨格アクチン線維や MS チャネルによって受容（センシング）される．また，この力は接着斑関連タンパク質に作用し，接着斑のダイナミクスを制御している．このように細胞内でアクティブに発生する力あるいは外力により与えられた力を細胞は常に受容している．細胞が自分の外部環境の硬さを感受するときに，細胞は接着構造を作ってそこに能動的に力を作用させて，その硬さを調べていると考えられている[49]．これをアクティブタッチと呼び，これらの分子センサーを使っているだろう．

もう一つ重要なことは，分子レベルの力学刺激のセンサーが非常に高感度であることである．熱によって生じる分子の揺らぎのエネルギーが kT（1 pN の力を 4 nm 働かせる仕事量）のレベルであることからも分かるように，細胞内の分子は常に熱雑音にさらされており，高感度の力学刺激受容センサー分子（チャネルや細胞骨格）にとって熱的揺らぎは十分に大きい刺激となり得る．センサーが熱雑音を感じて反応していては肝心の力学刺激を適確に受容することはできない．力学センサーには熱雑音と力学刺激を区別できるうまい仕組みが備わっているはずである．細胞にとって力学刺激はたいていその方向が一定で，また持続時間も長いだろうから，これらの特性を巧みに使って熱雑音（無方向的で短時間的）から力学刺激を区別しているのかもしれないが，現状ではその仕組みは不明である．今後の研究方法の進歩により力学刺激受容機構の巧みさの秘密が解明されていくだろう．

（辰巳仁史・早川公英）

文　献

1）A. G. Vouyouka et al., *J. Mol. Cell Cardiol.*, **30**, 609 (1998).
2）H. Y. Shin et al., *Ann. Biomed. Eng.*, **30**, 297 (2002).
3）Z. M. Chen, E. Tzima, *Arterioscler. Thromb. Vasc. Biol.*, **29**, 1067 (2009).
4）E. Tzima et al., *Nature*, **437**, 426 (2005).
5）J. Ando, K. Yamamoto, *Circ. J.*, **73**, 1983 (2009).
6）Y. Li et al., *J. Biomech.*, **38**, 1949 (2005).
7）W. G. Yu, M. Sokabe, *Jpn. J. Physiol.*, **47**, 553 (1997).
8）M. Sokabe, F. Sachs, "Advances in comparative and environmental physiology," Springer-Verlag (1992), p. 55-77.
9）B. D. Hoffman, J. C. Crocker, *Annu. Rev. Biomed. Eng.*, **11**, 259 (2009).
10）M. Zwerger et al., *Annu. Rev. Biomed. Eng.*, **13**, 397 (2011).
11）R. P. Martins et al., *Annu. Rev. Biomed. Eng.*, **14**, 431 (2012).
12）H. K. Tatsumi et al., "Nanotechnology in mechanobiology: mechanical manipulation of cells and organelle while monitoring intracellular signaling," M. Noda eds., Springer (2010), p. 3-19.
13）M. D. Brenner et al., *Biopolymers*, **95**, 332 (2011).
14）曽我部正博，成瀬恵治，*組織培養*，**22**，413 (1996).
15）曽我部正博，*生体の科学*，**51**，522 (2000).
16）C. M. Nelson, J. P. Gleghorn, *Annu. Rev. Biomed. Eng.*, **14**, 129 (2012).
17）曽我部正博他，*生体の科学*，**51**，549 (2000).
18）K. Naruse, M. Sokabe, *Am. J. Physiol.*, **264**, C1037 (1993).
19）C. K. Thodeti et al., *Circ. Res.*, **104**, 1123 (2009).
20）K. Naruse et al., *Am. J. Physiol.*, **274**, H1532 (1998).
21）K. Hayakawa et al., *J. Cell Biol.*, **195**, 721 (2011).
22）A. Okada et al., *Appl. Phys. Letters*, **99** (2011).
23）H. Hirata et al., *Biochim. Biophys. Acta.*, **1770**, 1115 (2007).
24）M. Prass et al., *J. Cell Biol.*, **174**, 767 (2006).
25）L. Ji et al. *Nat. Cell Biol.*, **10**, 1393 (2008).
26）M. Tanase et al., *Cell Mech.*, **83** , 473 (2007).
27）F. J. Alenghat et al., *Biochem. Biophysi. Res. Commun.*, **277**, 93 (2000).
28）K. Hayakawa et al., *J. Cell Sci.*, **121**, 496 (2008).
29）D. Kiyoshima et al., *J. Cell Sci.*, **124**, 3859 (2011).
30）S. Munevar et al., *Biophys. J.*, **80**, 1744 (2001).
31）G. Giannone et al., *J. Cell Biol.*, **163**, 409 (2003).
32）A. Ashkin, J. M. Dziedzic, *Proc. Natl. Acad. Sci. USA.*, **86**, 7914 (1989).
33）M. Braun, *Protoplasma*, **219**, 150 (2002).
34）G. Leitz et al., *Plant Cell*, **21**, 843 (2009).
35）K. Imai et al., *Neurosci.*, **97**, 347 (2000).
36）石渡信一，『生体分子モータの仕組み』，共立出版 (1997).
37）B. D. Matthews et al., *Biochem. Biophys. Res. Commun.*, **313**, 758 (2004).
38）辰巳仁史，『近接場顕微鏡』，共立出版 (2002)，第2章.
39）Y. Sawada et al., *Cell*, **127**, 1015 (2006).
40）C. Grashoff et al., *Nature*, **466**, 263 (2010).
41）H. Shroff et al., *Nano Lett.*, **5**, 1509 (2005).
42）M. C. Murphy et al., *Biophys. J.*, **86**, 2530 (2004).
43）S. B. Smith et al., *Science*, **271**, 795 (1996).
44）N. Becker et al., *Nat. Mater.*, **2**, 278 (2003).
45）C. Zhu et al., *Annu. Rev. Biomed. Eng.*, **2**, 189 (2000).
46）M. Grandbois et al., *Science*, **283**, 1727 (1999).
47）E. Evans, K. Ritchie, *Biophys. J.*, **72**, 1541 (1997).
48）E. A. Evans, D. A. Calderwood, *Science*, **316**, 1148 (2007).
49）T. Kobayashi, M. Sokabe, *Curr. Opin. Cell Biol.*, **22**, 669 (2010).
50）V. T. Moy et al., *Science*, **266**, 257 (1994).
51）E. L. Florin et al., *Science*, **264**, 415 (1994).
52）C. K. Lee et al., *Micron*, **38**, 446 (2007).
53）J. W. Weisel et al., *Curr. Opin. Struct. Biol. i*, **13**, 227 (2003).
54）J. Zlatanova et al., *Prog. Biophys. Mol. Biol.*, **74**, 37 (2000).
55）Y. Tsuda et al., *Proc. Natl. Acad. Sci. USA.*, **93**, 12937 (1996).
56）G. Jiang et al., *Nature*, **424**, 334 (2003).
57）J. T. Finer et al., *Nature*, **368**, 113 (1994).
58）K. Svoboda et al., *Nature*, **365**, 721 (1993).
59）K. Visscher et al., *Nature*, **400**, 184 (1999).
60）H. Kojima et al., *Proc. Natl. Acad. Sci. USA.*, **91**, 12962 (1994).
61）J. Gullingsrud, K. Schulten, *Biophys. J.*, **85**, 2087 (2003).
62）Z. J. Liu et al., *Proc. Natl. Acad. Sci. USA.*, **107**, 9944 (2010).

動脈硬化のバイオメカニクス：生理学/メカニクス/診断

Summary

動脈硬化が誘因となる心筋梗塞や脳梗塞は日本人の死因の４分の１，寝たきりの原因の３割を占める．わが国が健全な高齢化社会を迎えるには，動脈硬化の発生・進展のメカニズムを解明し，その予防法や回復法を見出すことが重要である．動脈硬化の発生・進展には力学的因子が深く関与している．動脈硬化病変は流れの剥離した領域に好発するが，剥離領域では血管内腔を一層に覆う血管内皮細胞に血液の粘性で加えられる流体せん断力が正常より低く，このことが内皮細胞の機能を低下させ動脈硬化を起こしやすくしていることが指摘されている．また，流れの剥離領域に流れ込んだ物質はそこに長時間滞留することから，剥離領域の酸素不足や不要物質のウォッシュアウト不足が動脈硬化を促進する可能性もある．また，病変内部は複雑な応力分布を示し，ここに存在する細胞は力学刺激に応答することから，プラークの脆弱化や破裂に至る過程にも力学的刺激が影響を及ぼしている可能性が高い．ところで，動脈硬化は生活習慣の改善により進行の阻止や回復を図ることができるが，自覚症状がないため，動脈硬化度を簡単に計測できる客観的な指標が必要である．そこで内皮細胞が血流増加時に血管拡張物質を分泌して動脈径を拡大させる応答を利用して内皮細胞の機能検査が行われている．また最近，平滑筋機能検査法として，血圧の階段状上昇時の筋原性収縮反応を利用した方法も検討されている．

19.1　はじめに

血管は単なる「くだ」ではない．次節で述べるように内部の血流や血圧に応じて自らを適応的に作り変えるインテリジェントなパイプである．このような適応機構のお陰で，血管は80年の長きにわたり，われわれの体の隅々に血液を供給し続けられるのである．

動脈硬化はある意味，この適応機構が破綻した結果生じると捉えられる．動脈硬化（正確には粥状硬化）は動脈の内腔面に脂質が沈着し，狭窄が生じるとともに，血管が硬化する疾患である．狭窄はやがて血流の途絶を招き，酸素供給不足による末梢組織の壊死（梗塞）を生じ，硬化は心臓の負担の増大や高血圧を生じさせる．2011年度の厚生労働省人口動態統計によれば，日本人の死因の上位は悪性新生物（全死亡数の28.5%），心疾患（同15.6%），肺炎（同10.0%），脳血管疾患（同9.9%）であり，動脈硬化が主因である心疾患と脳血管疾患を併せると全死亡数の4分の1以上になる．また，2010年度の国民生活基礎調査によれば，寝たきり（要介護度５）の原因の33.8%が脳血管疾患である．このように，動脈硬化は多くの疾患を惹き起こしてわれわれの生活に多大な影響を及ぼすため，動脈硬化の発生・進展のメカニズムを解明してその予防法や回復法を見出すことは，わが国が健全な高齢化社会を迎えるためにきわめて重要である．

ところで，動脈硬化は血圧や血流といった力学的な因子と深い関係があることが明らかになってきている．たとえば高血圧は動脈硬化の促進因子であるが，これは血中の物質を血管壁に押し込む駆動力である血管内圧の上昇と，血圧上昇が血管拡張を引き起こす結果生じる内皮細胞の間隙の拡大による内腔面のバリア機能の低下により，脂質が血管壁に染み込みやすくなるためだといわれている．また，動脈硬化病変は血管分岐部や曲がり部など血流に乱れの生じやすい部位に生じることが多いが，これは血流が内皮細胞に適切な刺激を加えない結果であることが明らかとなってきており，第 11 章で詳述されているように，血管内皮細胞と血流の関係が精力的に研究されている．このように動脈硬化はバイオメカニクス・メカノバイオロジーの観点からも興味深い対象である．

一方，動脈硬化は生活習慣病であり，生活習慣の改善により進行を食い止めることができ，軽度のうちは回復も可能である．しかし，生活習慣改善のインセンティブを得るには，動脈硬化の進行度を簡単な検査で客観的に精度よく知る必要がある．このような検査法として血管の力学応答を利用した方法が検討されている．

そこで本章ではまず，血管の構造と力学応答について述べた後，動脈硬化の発生と進展について説明し，動脈硬化に関連する種々の力学現象を紹介する．そして最後に動脈の力学応答を利用した動脈硬化の早期診断法について述べる．

19.2　血管の構造

血管壁は内腔側から内膜（intima），中膜（media），外膜（adventitia）に分けられる．内膜は内皮細胞（第 11 章参照）が血管内腔を隙間なく覆った層が主体であり，細胞は主に血管長軸方向に配向している．中膜は弾性線維，膠原線維，平滑筋が混在する層で，平滑筋は主に血管の円周方向に配向している．大きな動脈の場合，中膜が壁厚の大半を占め，この部分が力学的に主要な役割を果たしている．外膜の主体は血管長軸方向に配向した膠原線維である．

弾性線維はエラスチンが主成分の伸展性に富む引張強度の比較的低い材料であり，膠原線維はコラーゲンを主成分とする硬くて強い材料である．筋肉の一種である平滑筋は収縮時と弛緩時でその硬さが大きく異なるが，いずれにせよ膠原線維と比べると軟らかく，血管の受動的性質にはあまり関与しないと考えられている．しかしその収縮特性から血管壁の粘弾性や血管径の調節においては重要な役割を果たしている[1,2]．

19.3　血管の力学応答

血管は血圧や血流量の変化に対してさまざまな応答を示す．ここではその応答について，長期的応答と短期的応答に分けて解説する．

19.3.1　血流の慢性的変化に対する応答：径の拡大

手術で動物の頸動脈と頸静脈を吻合すると血流量が数倍に増加する．この状態で数カ月間飼育すると，頸動脈が顕著に拡大する[3,4]．この現象は，血流により血管壁内面に加わる壁面せん断応力 τ（11.2 節参照）を一定の範囲に保つように生じていることが知られている．また，内皮細胞を剥離すると血管拡張が生じないことも知られており[5]，内皮細胞が自らに加わるせん断応力を一定に保つよう種々の血管拡張・収縮物質を放出して，血管径を制御していることが明らかとなっている[6]．一方，次項で述べる円周方向応力に関しても同様に一定値に保たれることが報告されている[7]．

19.3.2　血圧の慢性的変化に対する応答：壁の肥厚

高血圧に曝されると動脈は肥厚する．これは生理状態の円周方向応力 σ_θ（血圧により血管壁に加わる円周方向張力を血管壁の断面積で除したもの．

血圧を P，血管内半径を R，壁厚を H とすると $\sigma_\theta = PR/H$ と表される）を一定範囲に保とうとする血管の応答であることが明らかとなっている[8-11]．肥厚は個々の平滑筋の肥大により生じており，圧力上昇による張力上昇の影響を受けやすい内壁側[2]ほど肥大している[11]ことから，個々の平滑筋が張力の増加に応じて肥厚していると考えられている．また，同様の応答は左心室壁でも知られている[12]．

一方，血圧上昇にもかかわらず血管内径は変化しないが，これは前項で述べた血管内皮細胞の壁面せん断応力を一定範囲に保つ反応の結果と考えられる．また，軸方向の応力に関してはこのような応答が見られない[7,11]が，これは平滑筋細胞の配向が円周方向であり，それと直交する方向の力学刺激に応答し難いためではないかと考えられている．

19.3.3　血流の短期的変動に対する応答：血流依存性血管拡張反応（FMD）

19.3.1 節で述べたように血管内皮細胞は血流に応じてさまざまな血管拡張・弛緩物質を放出し，血管径を制御している．これは短期的にもダイナミックに生じており，たとえばヒト前腕に巻いたカフを加圧して前腕動脈の血流を遮断し 5 分置いた後に開放すると，上腕動脈の血流が倍増する．この際に上腕動脈の血管径が一過性に 10% 程度増加することが知られている（図 19.1a）．この現象は血流の増加により主に内皮細胞から放出される平滑筋弛緩物質である NO（一酸化窒素）が増加することで生じ，血流依存性血管拡張反応（flow-mediated dilation，FMD）と呼ばれている[13-15]．

19.3.4　血圧の短期的変動に対する応答：ベイリス効果

血圧を一過性に上昇させると血管径はいったん増加するが，その後，徐々に減少する（図 19.1b）．また，血圧が元に戻ると当初より血管径が縮んだ後，徐々に拡張する．これはこの現象を 1902 年に報告した Bayliss[16]の名前を取りベイリス効果と呼ばれる．

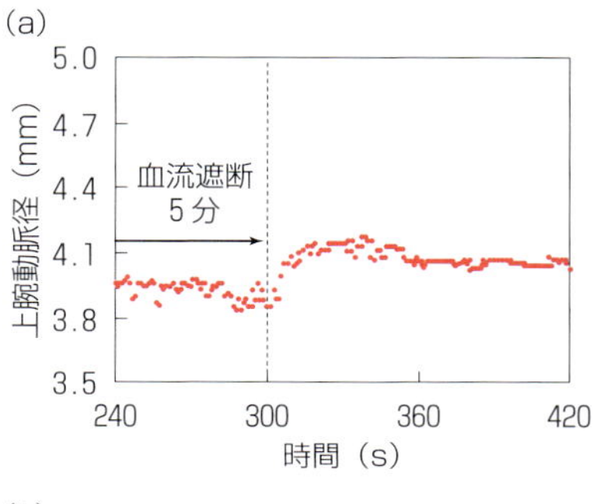

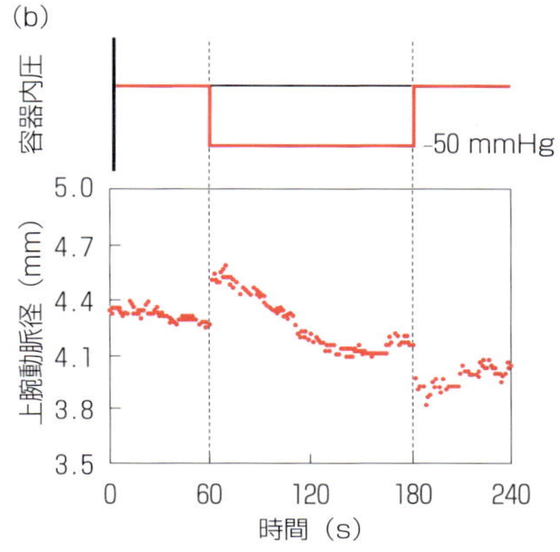

図 19.1　血流と血圧の短期的変化による血管径の変化
（a）前腕動脈を 5 分間駆血した後，血流を再開し，その後の上腕動脈の直径を超音波プローブで計測した．（b）上腕に図 19.6 に示したような圧力容器を装着し，容器内に 50 mmHg の陰圧を負荷した際の上腕動脈径を超音波プローブで計測した．いずれも 22 歳，男性のデータ．

平滑筋には伸長されると逆に収縮し（筋原性収縮），緩められるとさらに弛緩する性質があり，血管では血流の自動調節，腸管では過進展防止などに役立っている．ベイリス効果はこの性質の結果，平滑筋独自の作用で生じると考えられている[17-19]が，内皮細胞を剥離したネコ脳動脈では能動収縮が見られないという報告[20,21]もあり，血管壁の伸展により内皮細胞からエンドセリンなどの収縮因子が放出されることによる可能性も指摘されている[21,22]．

19.4　動脈硬化の病像

動脈硬化には細動脈硬化，中膜硬化，粥状

（じゅくじょう）硬化の3種類がある．細動脈硬化は脳や腎臓の直径100～200 μmの細動脈が硬化，中膜硬化は四肢や頸部の動脈の中膜にカルシウムが沈着して硬化する病変である．粥状硬化（アテローム性動脈硬化，atherosclerosis）がいわゆる動脈硬化であり，大動脈，頸動脈，心臓，脳，四肢などの比較的太い血管に生じる．

動脈硬化の進展を図19.2[23]にまとめる．まず，内膜（内皮細胞下）にコレステロールや中性脂肪などの脂質が沈着してプラークが形成される．その後，白血球の一種の単球が病変部に侵入し，マクロファージとなって脂質を貪食し，内部に大量の脂質を含んだ泡沫細胞となる．泡沫細胞が大量に集積するとやがて泡沫細胞が壊死し，ペースト状の物質（アテローム）となる．こうして血管内面に瘤状の組織（アテローム性プラーク）が形成されることで内腔が狭くなる．また，プラークと中膜の境界部などにカルシウムが沈着して石灰化するとともに，プラーク表面には硬いコラーゲン線維の蓄積が見られるようになり，血管が硬化しはじめる．やがてアテロームを覆うプラークキャップが菲薄化し，何らかの原因でこれが破れると内容物のアテロームが血中に暴露される．アテロームは血液にとっては異物であるので即座に血栓が形成され，この結果，血流が途絶して下流の組織に酸素が供給されなくなり組織が壊死する．これが梗塞であり，脳血管で生じると脳梗塞，心臓を栄養する冠動脈で生じると心筋梗塞となる．この他，動脈硬化の進展に伴う血管壁の変成が動脈瘤の誘因となることも指摘されている．

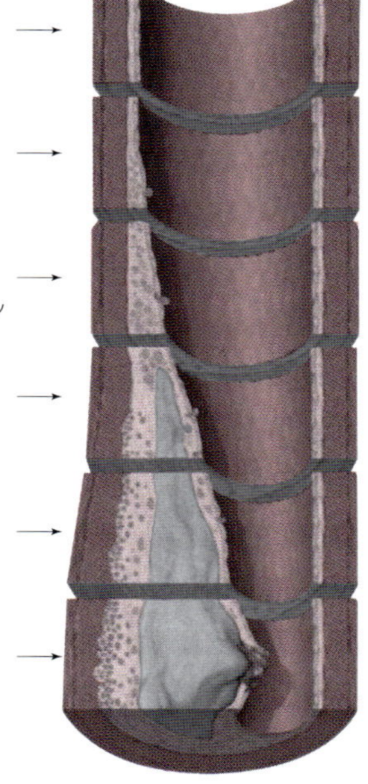

図19.2　動脈硬化の進展
http://upload.wikimedia.org/wikipedia/commons/9/9a/Endo_dysfunction_Athero.PNG

19.5　動脈硬化の発生・進展と力学

19.5.1　成因に関する検討

粥状硬化病変は血管の分岐部や曲がり部など，流れに乱れが生じると予想される箇所に好発することから，1960年代から流れとの関係が指摘されていた[24]．有力な説として，せん断応力の高いことが内皮細胞を傷害するとするFryらの高せん断応力説[25]と，せん断応力の低いことが問題であるとするCaroらの低せん断応力説[26]があり，両者が激しく対立していた．その後，血管内の血流の実測やシミュレーション技術の発達により，病変がせん断応力の低い位置に発生することが確かめられたこと，また血管内皮細胞を培養し，これにせん断応力負荷を加えることで内皮細胞の応答を調べる実験系が確立され，せん断応力を加えつつ培養することで物質透過性が低減するなど内皮細胞の機能が改善されることが確認され，低せん断応力説が正しいことが明らかとなってきた[27]．また，低せん断応力だけでなく，逆流を含む波形や乱流のようにせん断応力が不規則に振動するような乱れた波形が動脈硬化を導くことなどが明らかとなっている[28]．

動脈硬化の発生に対する流体力学的因子の影響

については，内皮細胞に対する影響以外の側面も研究されている．血管内でせん断応力が低い部位は，管内で流れが剥離して逆流が生じている場所であることが多い．逆流領域は主流から取り残されて渦を巻いている箇所であるから，極端な場合，この部分の血液は外部から隔離され，いつまでもそこで旋回していることになる．このような領域では物質輸送が低下するために，壁面の酸素濃度の低下[29]，壁面からの物質除去能の低下による壁面近傍でのコレステロールの濃縮現象[30,31]などの可能性が考えられ，これが動脈硬化の誘因となると指摘されている．

動脈硬化病変は血管分岐部に好発する．このような部位は材料力学的には壁面に応力集中を発生しやすい場所である．応力集中により平滑筋細胞が大きな力を負担することになるので酸素消費が盛んになる．しかし供給量には限りがあることから，分岐部の平滑筋細胞が酸素不足に陥り，このことが動脈硬化の誘因となるという仮説[32]も提案されている．

19.5.2 プラーク破綻のバイオメカニクス

一般に血管径は余裕をもって設定されている．このため，プラークが拡大して断面積が正常値の半分以下になっても特に血流量低下による症状は現れないことが多い．しかし，プラークキャップが裂けて内容物が血中に露出すると，その部位での血管閉塞や，流出した内容物が下流で詰まることによる血管閉塞などが生じ，深刻な事態に陥る．

このため，プラークがなぜ弱体化するのか，なぜ破裂するのかについてもバイオメカニクス的検討が行われている．たとえばプラークキャップの力学特性と組織像の関係を探る研究[33,34]や，プラーク周辺の応力分布を有限要素法で解析する研究[35,36]などがある．しかし，通常は十分な強度をもつように作られて維持されている生体組織が，なぜ生理的範囲の荷重によって破断するようになるのか全くわかっていない．19.3.2 項で見たように，血管組織には応力を一定に保つよう自らの形態を変化させる能力があるのに，同じ血管から派生した組織でありながらプラークの組織からはその能力が失われているようである．このような転換がどのような分子メカニズムにより生じているのかを明らかにすることが必要である．

19.6 動脈硬化血管の力学特性

動脈硬化と呼ばれながら，実験的に作成した動脈硬化血管が必ずしも正常血管より硬化していないことが多く報告されている．血管の力学特性は血管丸ごとのかたさ（スティフネス）と血管の材料としてのかたさ（弾性係数）で表される[2]．スティフネスや壁厚に関しては多くの研究で増加が報告されているのに対し，弾性係数に関しては増加，不変，減少が同じように報告されており[37]，結果は混沌としている．

この理由の一つは動脈硬化病変が図 19.3 に示すように局所的に発生し，複雑な経過を辿りつつ形成されるのに対し，血管の丸ごとの力学特性のみで評価していることにあると思われる．すなわち，動脈硬化病変そのものの力学特性がどのようになっているのか，調べる必要がある．このような組織局所の力学特性を計測するために考案されたピペット吸引法（図 19.4）[38]で，高コレステロール食負荷家兎胸大動脈の病変部の力学特性の

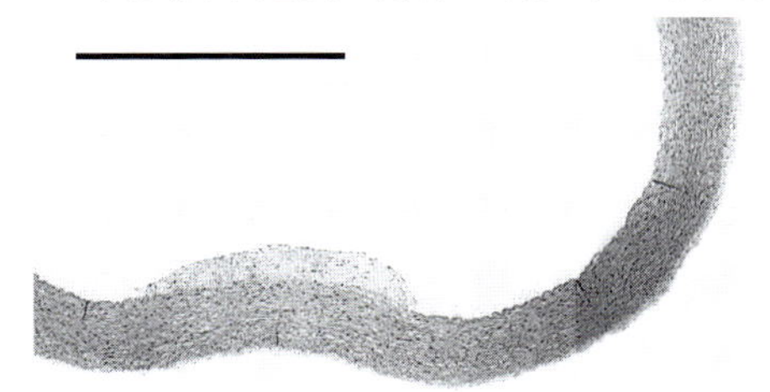

図 19.3 動脈硬化組織写真
高コレステロール食を投与して動脈硬化病変を発症させた家兎胸大動脈．中央左側の壁面から上方（内腔側）に盛り上がっている部分がプラーク．HE 染色．バーは 1 mm.

推移を計測した．結果を血管丸ごとの力学特性の推移とともに図 19.5 に示す[39]．これより，動脈硬化病変はその初期では正常血管組織より軟らかく，病変の進行とともに硬くなっていくことがわかる．この変化を力学特性を計測したまさにその場所の組織像と比較したところ，初期の軟化病変は内部に大量の脂質を含んだ泡沫細胞で満たされているのに対し，組織が硬化に転じると表面に平滑筋細胞が出現しはじめ，やがて中膜との境界に石灰化が生じることで硬化が顕著になることがわかった[39]．一方，血管丸ごとの力学特性に関してはこのような変化は見られず，高コレステロール食投与期間が 24 週を超え，石灰化が始まって初めて硬化が見られた．このように動脈硬化病変は組織像の変化とともにその力学特性が刻々と変化し，このような変化は血管丸ごとの力学特性を調べているだけではわからないことが示された．

ところで，動脈硬化血管の初期病変の組織像をよく見ると動脈硬化病変部位が反り返っていることに気づく（図 19.3）．この反り返りは病変部が厚いほど顕著であり，また組織像を詳細に観察すると，中膜が生理状態のように引き延ばされたままであり，動脈硬化病変は圧縮されたように見える．このことと初期の動脈硬化病変が血管組織より軟らかいことを考え合わせると，初期の動脈硬化組織が生理状態で張力をほとんど負担していないことが示唆される[40]．すなわち，19.5.2 項で述べたように，動脈硬化組織は通常の血管組織とは異なり力学応答能力の失われた組織であり，力学応答能力の欠如が血管の破綻をもたらすと考えることができるかもしれない．今後，動脈硬化病変内のより詳細な応力分布やそれが血管壁内の平滑筋細胞やマクロファージに与える影響についての解明が待たれる．

19.7　動脈硬化の早期診断法

動脈硬化は生活習慣の改善により改善されることが明らかとなってきた．しかし自覚症状が伴わないので，動脈硬化の進行度を客観的に示すこと

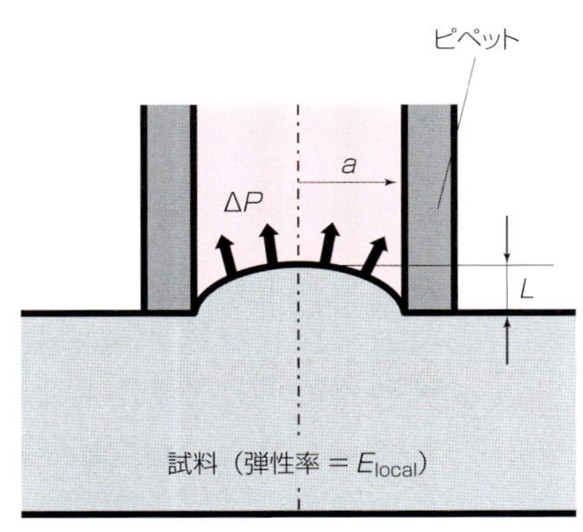

図 19.4　ピペット吸引法
内半径 a のガラスピペットを試料に軽く押しつけ，吸引圧 ΔP を加える．この際の試料の吸引変形量 L を計測し，L/a–ΔP 曲線の傾きを求める．別途，有限要素法解析により求めておいた弾性率と L/a–ΔP 曲線の傾きの関係を参照して，試料の弾性率を求める方法である．弾性率が計測される範囲は，ピペットの直径分の深さまでであることが有限要素解析から確かめられている．

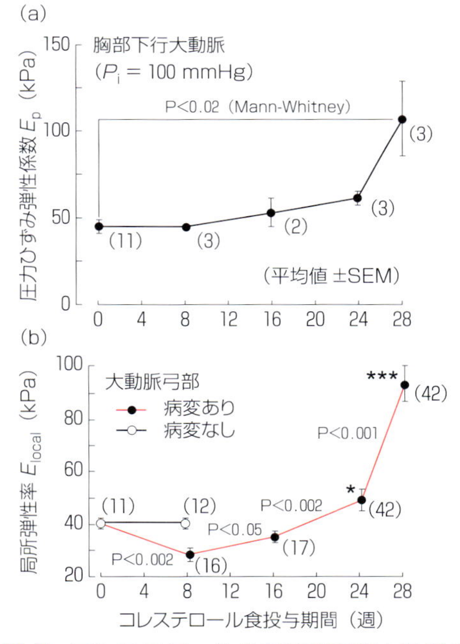

図 19.5　コレステロール食負荷家兎胸大動脈の丸ごとの弾性特性（a）と局所弾性特性（b）の推移
T. Matsumoto et al., *Physiol. Meas.*, **23**, 635 (2002).

のできる指標が必要である．動脈硬化は内膜肥厚に始まり，その後，血管自体が硬化し，狭窄が強度に進行して最後には閉塞に伴う梗塞などの臓器障害が出現する．動脈硬化の診断法にはこれらの段階に応じてさまざまな方法がある[41]．血管の狭窄度あるいは壁厚は超音波やX線CT，MRIなどの医用画像から計測される．血管の硬さは，血管径を超音波で計測し，1心拍中の血管径変化量から求める方法や，血管の2点間の脈波伝搬速度（pulse wave velocity，PWV）から求める方法などで計測されてきた．しかし血管壁に高度な形態変化が現れたり，血管が高度に硬化してからでは生活習慣改善の効果も薄く，動脈硬化の最初期の状態を評価する方法が求められていた．

このような中，血管の器質的（形態的）変化が見られる前から血管内皮細胞の機能が低下していることが明らかとなってきた．この内皮細胞の機能を計測する方法として考えられたのが，19.3.3項で紹介した血流依存性血管拡張反応を用いたFMD検査である．FMD検査では血圧測定と同様に前腕にカフを巻き，加圧して前腕部の血流を止めて5分間ほど放置する．そして血流再開後の上腕動脈の血管径の拡張量を超音波で測定する．この血管拡張量が内皮細胞のNO分泌能を表し，NO分泌能が高いほど内皮細胞が健全であるとされている．

ところが血管拡張には内皮と平滑筋の両方が関与しており，たとえば拡張量の低下が内皮NO分泌能低下によるのか平滑筋弛緩能低下によるのかそのままではわからない．そこで通常は血管拡張薬であるニトロ製剤を少量投与した際の血管拡張量が平滑筋弛緩能の指標として用いられており，平滑筋の弛緩能は動脈硬化の初期状態では低下しないとされている．しかし，内皮細胞の機能は力学的刺激に対する応答で評価するのに対し，平滑筋細胞は薬物による強力な弛緩で評価しており，必ずしも同じレベルで評価しているとはいい難い．また，血管の硬さは生理的血圧範囲では動脈硬化が進行するまで変化が現れないが，血圧の高い領域では早期から変化が生じることを示唆する結果があり[42]，幅広い血圧範囲の力学特性を知ることが必要である．

このような点から，血管外圧を変化させることで等価的に血圧を変え，これを用いて動脈機能を多角的に検査する方法が考えられている（図19.6）[43]．たとえば上腕に超音波プローブつき気密性容器を装着し，容器内を加減圧することで経壁圧を増減させると幅広い圧力範囲で内圧-径関係を求めることができる（図19.7）．また，19.3.4項で示したように，容器内にステップ状に陰圧を負荷すると血管は拡張するが，その後，平滑筋の筋原性収縮により血管は徐々に収縮する．この収縮量から平滑筋の運動能を評価できる．今後，このような方法で，動脈硬化の初期段階に於ける血管内皮細胞・平滑筋細胞の機能や血管の力学特性の変化が明らかになり，動脈硬化の早期診断が可能になることが期待される．

19.8 おわりに

動脈硬化の発生・進展には力学的因子が深く関

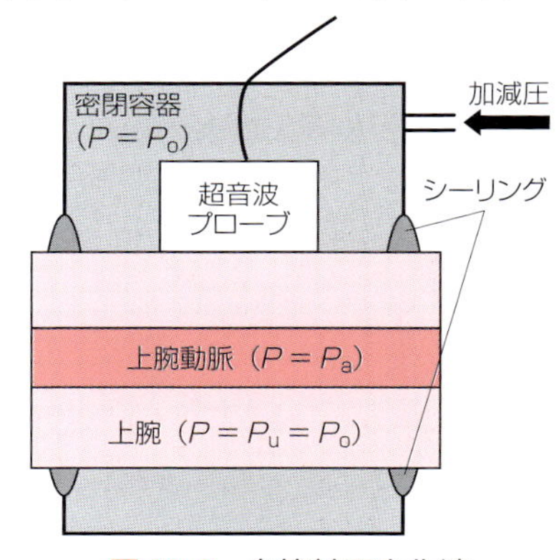

図19.6 血管外圧変化法

腕に密閉容器を装着し，内部を加減圧する．上腕組織内圧 P_u は容器内圧 P_o に等しくなる．血管の直径は血圧 P_a だけで決まるのではなく，血圧と血管外圧 P_u との差で決まる．そこで，容器内を P_o だけ減圧すると血圧が等価的に P_o だけ上がったのと同じように血管が拡張する．同様に容器内を P_o だけ加圧すると血圧が P_o だけ下がったように血管が収縮する．

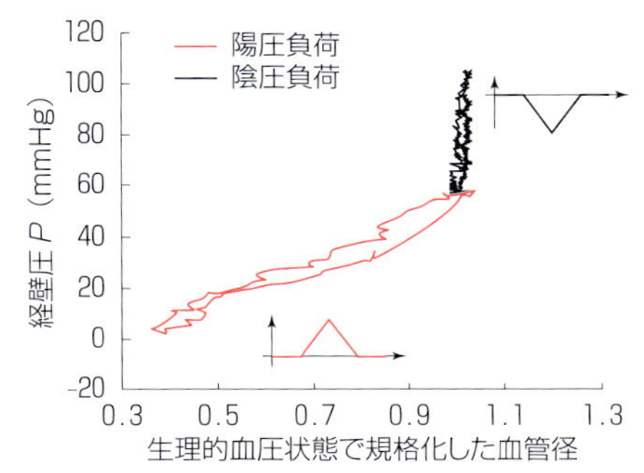

図 19.7　血管外圧変化法により計測したヒト上腕動脈の圧力–径関係

血管の特徴である低圧領域ではよく変形し，高圧領域では変形しづらくなる様子がよく捉えられている（22 歳，男性）．

与している．血管内皮細胞に適切な流体せん断力が作用していなくてはならないのはもちろんのこと，プラークの拡大や，プラークキャップが線維化してその後に菲薄化し破裂に至る過程にも力学的刺激が影響を及ぼしている可能性が高い．たとえば，プラーク内に存在するマクロファージは繰返引張刺激により泡沫様細胞への分化が抑えられる[44]とともに貪食能も抑制される[45]ことが報告されている．また，プラークに遊走する中膜の平滑筋細胞も繰返引張刺激により増殖能やコラーゲンなどの細胞外基質の合成能などが影響を受ける[46]．

今後，動脈硬化の発生・進展のメカニズムをより深く解明していくため，動脈硬化組織内の細胞の遊走や貪食，サイトカインの分泌や線維性タンパク質の合成などに力学環境がどのようにかかわっているのか明らかにしていく必要がある．このためには，動脈硬化の進行しつつある動脈組織をさまざまな力学環境で培養し，組織内の細胞動態を詳細に観察する系の確立が課題となるだろう．

（松本健郎）

文　献

1）J. D. Humphrey, *Crit. Rev. Biomed. Engng.*, **23**, 20（1995）.
2）松本健郎,『生体機械工学』, 日本機械学会編, 丸善（1997）, p. 83.
3）A. Kamiya, T. Togawa, *Am. J. Physiol.*, **239**, H14（1980）.
4）H. Masuda et al., *Arterioscler. Thromb. Vasc. Biol.*, **19**, 2298（1999）.
5）T. Sugiyama et al., *Arterioscler. Thromb. Vasc. Biol.*, **17**, 3083（1997）.
6）S. Rossitti et al., *Can. J. Physiol. Pharmacol.*, **73**, 544（1995）.
7）T. Matsumoto et al., *JSME Int. J., Ser. C*, **48**, 477（2005）.
8）H. Wolinsky, *Circ. Res.*, **28**, 622（1971）.
9）H. Wolinsky, *Circ. Res.*, **30**, 301（1972）.
10）T. Matsumoto, K. Hayashi, *J. Biomech. Engng.*, **116**, 278（1994）.
11）T. Matsumoto, K. Hayashi, *J. Biomech. Engng.*, **118**, 62（1996）.
12）W. Grossman et al., *J. Clin. Invest.*, **56**, 56（1975）.
13）M. A. Creager et al., *J. Clin. Invest.*, **86**, 228（1990）.
14）S. Laurent et al., *Am. J. Physiol.*, **258**, H1004（1990）.
15）D. S. Celermajer et al., *Lancet*, **340**, 1111（1992）.
16）W. M. Bayliss, *J. Physiol.*, **28**, 220（1902）.
17）J. J. Hwa, J. A. Bevan, *Am. J. Physiol.*, **250**, H87（1986）.
18）T. J. Kulik et al., *Am. J. Physiol.*, **255**, H1391（1988）.
19）L. Kuo et al., *Circ. Res.*, **66**, 860（1990）.
20）D. R. Harder, *Circ. Res.*, **60**, 102（1987）.
21）D. R. Harder et al., *Circ. Res.*, **65**, 193（1989）.
22）K. Kauser et al., *J. Pharmacol. Exp. Ther.*, **252**, 93（1990）.
23）http://upload.wikimedia.org/wikipedia/commons/9/9a/Endo_dysfunction_Athero.PNG
24）新美英幸, 神谷暸,『心臓血管系の力学と基礎計測』, 沖野遙他編, 講談社サイエンティフィク（1980）, p. 316.
25）D. L. Fry, *Circ. Res.*, **22**, 165（1968）.
26）C. G. Caro et al., *Proc. R. Soc. Lond. B Biol. Sci.*, **177**, 109（1971）.
27）R. M. Nerem, *J. Biomech. Eng.*, **114**, 274（1992）.
28）S. Chien, *Ann. Biomed. Eng.*, **36**, 554（2008）.
29）P. Ma et al., *J. Biomech.*, **30**, 565（1997）.
30）T. Naiki, T. Karino, *Biorheology*, **37**, 371（2000）.
31）S. Wada, T. Karino, *Biorheology*, **39**, 331（2002）.
32）M. J. Thubrikar, F. Robicsek, *Ann. Thorac. Surg.*, **59**, 1594（1995）.
33）C. L. Lendon et al., *Atherosclerosis*, **87**, 87（1991）.
34）R. T. Lee et al., *Circulation*, **83**, 1764（1991）.
35）H. M. Loree et al., *Circ. Res.*, **71**, 850（1992）.
36）H. Huang et al., *Circulation*, **103**, 1051（2001）.
37）K. Hayashi, *J. Biomech. Eng.*, **115**, 481（1993）.
38）T. Aoki et al., *Ann. Biomed. Engng.*, **25**, 581（1997）.
39）T. Matsumoto et al., *Physiol. Meas.*, **23**, 635（2002）.
40）T. Matsumoto et al., *J. Biomech.*, **28**, 1207（1995）.
41）松尾汎, *Medical Technology*, **34**, 14（2006）.
42）H. A. Richter, C. Mittermayer, *Biorheology*, **21**, 723（1984）.
43）松本健郎他, 第 50 回日本生体医工学会大会プログラム・抄録集（CD-ROM）, 10059.pdf（2011）.
44）T. Matsumoto et al., *J. Biomech. Engng.*, **118**, 420（1996）.
45）H. Miyazaki, K. Hayashi, *Bio-Med. Mat. Engng.*, **11**, 301（2001）.
46）J. Haga et al., *J. Biomech.*, **40**, 947（2007）.

生殖工学のバイオメカニクス：生理学/メカニクス/治療

Summary

高度生殖補助医療においては，受精に適した精子が選別された後，受精卵を体外で約５日間培養して胚盤胞まで発育させ，単一胚移植する．治療成績を上昇させるためには，精子選別と受精卵培養の双方の手技改善が必要である．筆者らは卵管構造（内径 0.1〜0.5 mm）と卵管内のメカニカルストレス（MS）に着目し，運動良好精子分離システムおよび MS を負荷可能な dynamic culture system（DCS）の開発を進めている．運動良好精子分離システム（microfluidic sperm sorter，MFSS）はマイクロピペット操作のみで運動精子の選別が完了するチップデバイスである．MFSS を用いた精子の選別によって受精率が上昇した．DCS に関しては，従来用いられているシャーレなどを適用可能な傾斜受精卵培養システム（tilting embryo culture system，TECS）を開発した．受精卵に負荷される生理的 MS の一部を模倣した培養系によって，受精卵の発育の促進が可能となった．筆者らはブタ，マウス受精卵を用いた実験，および治療が終了したヒト受精卵を融解して試験を行った．これらの試験で確認した後，このシステムを用いた治療も進められ，その結果挙児している．TECS に関する論文発表と同時期に，他グループからも DCS を用いた受精卵培養成績の上昇が複数報告されており，この分野は近年注目を集めている．さらに筆者らは，受精卵の MS 感知機構について知見を得るために，顕微観察および数日間の培養が可能な DCS である空圧アクチュエータ駆動型人工卵管システムを作製した．このシステムを用いると，蛍光顕微鏡を用いた MS 負荷時の細胞内カルシウム濃度変化が解析できる．生殖細胞のメカノセンシング機構について知見を得ることによって，その機構を反映させたより適切なシステムを構成・作製できる．最終的には，精子選別と受精卵培養の両方を改善することにより，難治患者の治療成功率の上昇を目指している．

20.1　はじめに

射精された全長 50 μm の精子は子宮頸部から体部へと遡上し，卵管内へ進む（図 20.1a）．この段階で，最初は３億個あった精子は数百個に減少する．１個の精子が卵管膨大部で，卵巣から排卵された卵子と受精する（図 20.1b）．直径 100 μm の受精卵は約５日間かけて卵管内を移動する．受精卵は約１日後に細胞分裂を起こして２細胞期になり，５日目には胚盤胞（blastocyst）と呼ばれる状態になる．胚盤胞では将来体になる内細胞塊（inner cell mass，ICM）と栄養となる栄養外胚葉（trophectdum，TE）が形態的に識別可能となる[1]．この頃には受精卵は子宮に到達し，胚盤胞は透明帯を脱出して着床する（図 20.1c）．

卵管は大きく狭部と膨大部に分かれる．卵管狭部は受精卵１個が通れる程度の広さである．卵管内には卵巣から子宮方向に卵管液が流れている．また，平滑筋層が内縦外輪構造である小腸とよく似ており，蠕動運動が起こることが知られている．

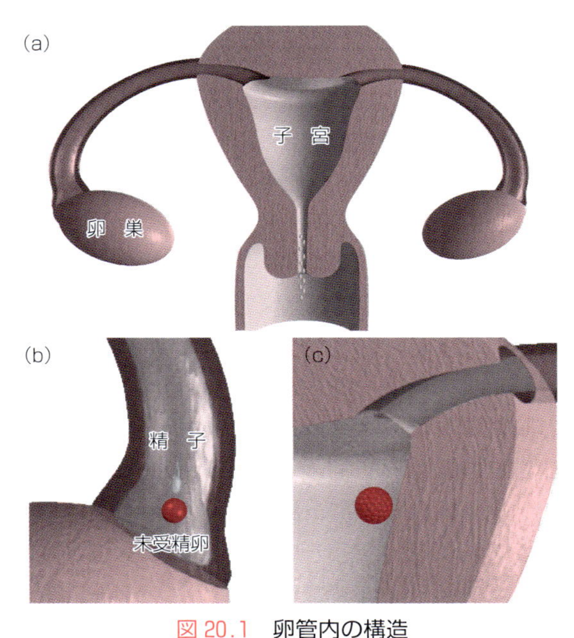

図 20.1　卵管内の構造
（a）全体図，（b）卵管膨大部における受精イメージ，（c）子宮における着床イメージ．

そのために，シェアストレス（せん断応力，shear stress，SS）や圧縮などのメカニカルストレス（mechanical stimuli，MS）が常時負荷されている．卵管内では精子選別と受精卵培養が行われている．現在の生殖補助医療（assisted reproductive technology，ART）での胚培養ではこれらの生理的環境が十分反映されていない．そのため筆者らは，受精卵の培養を卵管内の MS を勘案したシステムに変更することによって，より受精率・着床率が上昇する可能性があると想定し，研究を開始した．本章では，現状の ART 手技と非生理的な手技による問題点について解説し，精子選別用マイクロチャネル，メカニカル環境を反映させた受精卵培養システム，生殖細胞の MS 応答について，成果および現時点の知見について紹介する．

20.2　現在の生殖補助医療手技

ヒトの生殖補助医療においては，体外に取り出した卵子に精子を人為的に受精させ，体外で数日間培養する．約 5 日後に胚盤胞まで発育した受精卵のうち最良好のものが選ばれ，1 個のみ子宮内に移植される．よく成熟した受精卵は着床し，妊娠が成立する可能性，および挙児する可能性が上昇する．

以下に，現在の生殖補助医療の一般的なプロセスを説明する（図 20.2）．母体から卵子を採取する際は，超音波ガイド下で卵子を卵胞液ごと経膣的に吸引・採取する．通常は 1 回の採卵で約 10 数個の未受精卵が得られる．男性から採取した精液を洗浄し，濃度調整後に人工授精あるいは体外受精に用いる．人工授精は洗浄精子を子宮内に注入し，受精能をもつ精子を卵管膨大部へ十分到達させるために行う手技である[2]．精子運動性の評価は顕微鏡による目視，あるいは動画による運動解析システムを用いて行われる．World Health Organization（WHO）の基準では運動精子割合

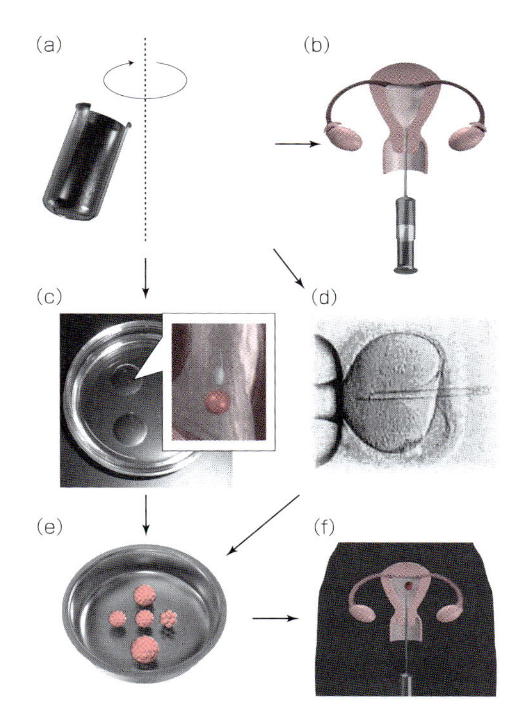

図 20.2　現在の生殖補助医療の一般的なプロセス

が20%，数は1万個/mL以下の場合は不妊治療が必要（subfertility）と判断される．通常，体外受精（*in vitro* fertilization，IVF）では洗浄精子と採卵した卵子がシャーレの中で混合され，シャーレ内で自然に受精する．顕微授精（intracytoplasmic spermiinjection，ICSI）はガラスキャピラリーで精子を吸引し，そのキャピラリーを卵細胞に穿刺して精子を挿入させ授精させる方法である．

精液の洗浄は異物を除去するために必要な操作であるが，現状では非生理的環境で行われる．一般的な方法として，精子濃度が容易に調整できる遠心分離法があげられる．400gの遠心処理によってペレットを作製する際に，精子に過度のストレスが負荷される．ペレット作製後，培養液上方まで泳ぐ運動良好精子を回収するスイムアップ法（swim-up）と呼ばれる手技などが行われている．しかし，ペレットを作製した場合には圧力を受けた精子自身が産出する活性酸素にさらされ，頭部DNAが断片化し受精卵の発育が悪くなるリスクが上昇するという報告がある[3-5]．そのため，遠心フリー精子分離法が望まれている．精子数の少ない乏精子症の患者にとっても，貴重な精子へのダメージが大きいために，遠心処理はデメリットである．

受精卵は微小量（10～500μL）の培養液内に入れられて，CO_2インキュベータ内で5日間培養される．マイクロドロップ法と呼ばれる方法が主に用いられる．その方法では，シャーレの上に数十μLの培養液液滴が作製され，この液滴は液滴の乾燥防止のためにミネラルオイルで覆われる．施設によっては500μL程度の培養液に受精卵を1個あるいは複数個培養するケースもある．体外培養されている受精卵は発育を促進する成長因子を分泌するために，単独培養よりも複数卵培養時によりよく成長する[37]．受精卵は胚盤胞まで体外培養される．サイズが大きく，中に隙間のない胚盤胞が一つだけ選択されて母体に移植される．この手技は単一胚移植（single embryo transfer）と呼ばれている．現在は多胎防止のために，日本産婦人科学会からの指針で，移植する胚盤胞は一つだけに限られている[2]．そのために，体外培養での受精卵の発育向上が求められる．これらの手技を図20.2に要約する．

20.3　現状の問題点およびその解決方法

精子洗浄およびその選別は，体外受精と顕微授精の受精率改善において重要なプロセスである．体外胚培養で発育する受精卵の品質が受精率に影響する．現在は，生体内のメカニカル環境がまったく反映されていない系で精子選別および受精卵培養が行われているが，生殖補助医療の成功率を上げるには改善が必要である．

従来の精子選別では，非生理的な400gの遠心力が負荷されている．この問題点を解決できればよりよい運動精子を選別でき，受精率の上昇につながる．一方，受精卵培養は静置培養で行われており，前節で記載した卵管内の生理的なメカニカル環境が反映されていない．このメカニカル環境を考慮すれば，より成熟した受精卵が得られ，着床率上昇につながると想定される．筆者らはその解決法として，遠心分離不要な精子選別用マイクロ流体システム，および生理的なメカニカル環境を反映させた培養システムを開発し，すでに上市している．

生殖補助医療に適用可能な，メカニカル環境を反映させたシステムを開発するにあたっては，微小流体力学（microfluidics）原理，卵管サイズの流路を反映させた流路，培地や受精卵を移動させる駆動系の開発が必要となる[6-10]．実際のシステムについて説明する前に，microfluidicsにかかわる流体力学の基礎およびマイクロ流体デバイス作製方法について触れる．精子分離においては，その流体力学原理を用いた運動良好精子分離システム（microfluidic sperm sorter，MFSS）とその性質について記載する[11-15]．受精卵培養については，傾斜体外培養システム（tilting embryo culture system，TECS）の特長，およびこのシステムを使用した際の培養成績について解説する[16-18]．その後に，TECSの発表と同時期に他グループから発表された培地や受精卵を移動させながら培養する複数のdynamic culture system（DCS）も紹介し，TECSとの比較についても述べる[19-26]．さらに，受精卵のMS感知機構について知見を得るために，筆者らは新たに空気圧アクチュエータおよびマイクロ流路を用いたDCSを作製し，蛍光顕微鏡を用いたMS負荷時の細胞内分子メカニズム解析にこのシステムを活用している．最後に，これらの研究が実際の臨床にどのように役立つか説明する．

20.4 微小流体力学の基礎

ヒト精子の全長は50µm程度，頭部の長さ，幅，厚みはそれぞれ5，2，1µmである．一方，受精卵は直径0.1～0.2mmで，卵管の幅は0.1～0.3mmである．直径が1mm以下の流路において，最大流速が1mm/secの場合のレイノルズ数は1以下となり，層流が支配的である．複数の層流が平行して存在している場合，ある程度の拡散は起こるが基本的には層流が互いに混合されることはない．円管内の層流における流れの分布については，その円管内の流速は半径方向に沿って二次関数分布を示す[27]．これはハーゲン・ポアズイユ流れと呼ばれる．矩形管流れにおいても厳密解を得ることができるので，マイクロ流路内の位置がわかれば，速度分布は容易に推測される．

生殖補助医療で使用される培養液の粘度は水に近く，ほとんどがニュートン流体である．ニュートン流体とはせん断応力値が粘度とせん断速度に比例する流体であり[27]，せん断応力の向きはせん断速度の向きと反対である．精子や受精卵（生殖細胞）が移動する際には流体からのせん断応力が負荷されている．質点系の粒子に負荷されるせん断応力は速度差で近似できる．移動する受精卵が受けるせん断応力は下記の式（20.1）および（20.2）で概算した[15,28]．V_E，V_Mはそれぞれ受精卵，培養液の移動速度である．その相対速度（V_{SS}）はV_EとV_Mの差で表される．受精卵に負荷される最大せん断応力は式（20.2）で計算した．μ，rはそれぞれ培養液の粘度，受精卵の半径である（SSはシェアストレス）．

$$V_{SS} = |V_E - V_M| \qquad (20.1)$$

$$SS = \frac{6\pi\mu r V_{SS}}{4\pi\mu r^2} (\mathrm{dynes/cm^2}) \qquad (20.2)$$

マイクロ流体の性質を要約すると，以下のようになる．

① 層流が支配的である．
② 複数の層流どうしの混合は起こりにくい．
③ 断面積の小さい流路ではせん断応力が増大する．

本章で紹介するMFSSでは②の性質を利用している．

一方，蠕動運動時の流体移動はナビエ・ストークス方程式で唯一解が得られないため，簡単ではない．トレーサー粒子を用いることによって実験的に流れを確認して，流速およびせん断応力を評価しなければならない．最近は高速スキャナを備えた共焦点蛍光顕微鏡によって蛍光マイクロビーズなどの動きを観察・解析することによってマイクロ流体内の流速分布を評価できるようになっている[29,30]．

20.5 チップデバイスの作製方法，生殖補助医療で用いられる材料，駆動系

生殖細胞を操作・培養するためにはマイクロ流体デバイス（microfluidic device）の開発が欠かせない．プロトタイプの作製にあたっては，大量生産可能な加工・成型方法が好ましい．2000年以前には生殖細胞の操作用のマイクロデバイスは手作りであり，デバイス構造の再現性が低かった．たとえば，微小ウェル中で受精卵を体外培養するために，熱した鋼棒をポリスチレン皿に押し当てて微小ウェルを作る方法が採用されていた[31]．今世紀に入り，シリコーン樹脂の一種であるポリジメチルシロキサン（poly（dimethylsiloxiane），PDMS）を用いたソフトリソグラフィーが，細胞培養や細胞内情報伝達評価研究のためのマイクロ～ナノメートルオーダー構造構築技術として大きく普及した[32-34]．生物学的には非常に不活性であり，ヤング率は100 kPa程度で柔らかく，透明で，かつガス透過性もある．さらに，単純な成形手順によって複数のマイクロ流体デバイスを多数作製できる．このエラストマー加工・成型技術は，実際に生殖補助医療用デバイスの発展に役立っている[11]．

最近は研究用でPDMSベースのマイクロ構造体・流路が使われはじめているが，受精卵が触れる部分には安全性が保障された材料を使用するのが好ましい．そのため，医療用グレードのポリスチレンなどに微小な液滴（10～100 μL）を滴下し，ミネラルオイルやシリコンオイルで覆う手技が採用されている[2]．この方法をマイクロドロップ法と呼ぶ．培地の蒸発による急激なpH変化や，または汚染を防ぐことができる．さらに，受精卵のガラスキャピラリー操作が容易になる利点がある．

卵管内のメカニカル環境を模倣するために使用

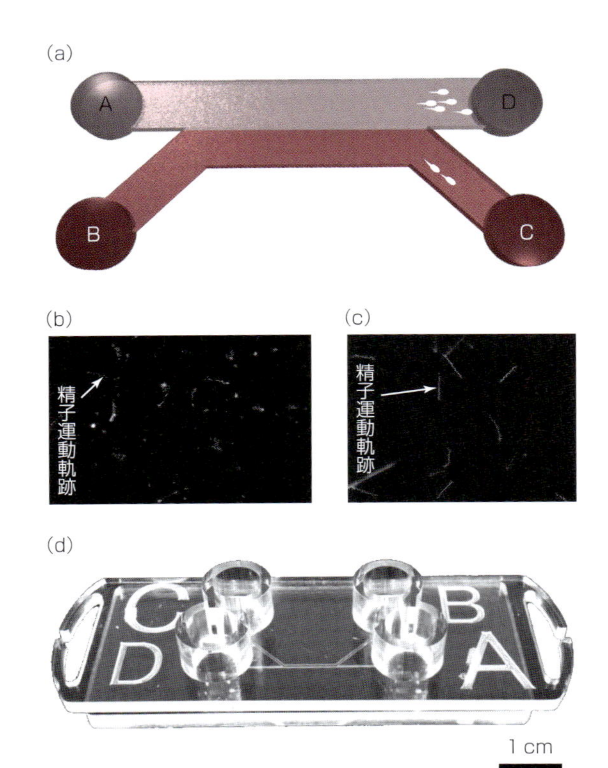

図 20.3 MFSSとその精子分離原理
（a）分離原理，（b）チャンバーAにおける精子の運動軌跡，（c）チャンバーCにおける精子の運動軌跡．Cでは直進速度の大きい精子が選択的に選別された．（d）メニコン（株）が販売しているMFSSの写真（CとDの位置については図aと反対になっている）．

される駆動デバイスには，電磁サーボモータ，ピエゾアクチュエータ，空気圧アクチュエータが用いられる．ほとんどのシステムは従来のモータで対応できるが，CO_2 インキュベータ内外で使用するにあたっては駆動デバイスの小型化が必要である．将来的には培養システム全体の小型化が必須であり，今後はそのシステム開発が進められる．

20.6　運動良好精子分離システム

MFSS による運動精子分離方法を説明する．図 20.3（a）の A のチャンバーに希釈精液を，B，C，D のチャンバーに適切な量の緩衝液を入れると，重力差によりマイクロ流路内に A → D と B → C の二つの層流が発生する．運動精子のみが二層流の界面間を移動し，チャンバー C で回収される．ピペット操作のみで運動精子のみを分離でき，30 分程度で操作が完了する[11)]．

従来の方法では，遠心分離操作を含む精液処理のために 2 時間近く時間がかかる．それに対し MFSS を用いれば，1 ステップ，30 分以内で完了できる[15)]．処理時間が縮小して遠心分離ステップもなくなるため，遠心処理で破壊された精子からの濃縮活性酸素種（reactive oxygen species, ROS）への接触が減り，DNA 断片化を防ぐことができる（DNA にダメージがある精子の場合，受精卵の発育に問題が起こりやすい[3-5)]）．ミシガン大学産婦人科の精子頭部 DNA 断片化割合評価に関する報告によれば，MFSS を用いて分離された精子で，DNA 断片化割合が最も低下した[13)]．名古屋大学産婦人科の顕微授精における受精率のデータでは，MFSS を使用すれば受精率が上昇する傾向が見られた[14)]．MFSS によって，よりよい精子が分離されているといえる．分離前後のチャンバー A と C で観察された精子の運動軌跡を図 20.3（b），（c）に示す．分離後の C では直進速度の大きい運動精子を選択的に分離でき[14)]，顕微授精されるべき精子を回収できると考えられる．しかし現時点では，MFSS によって分離された運動精子数が，体外受精に必要な数に達しないことが多い．そのため筆者らはデバイスの仕様を工夫し，運動精子の回収数を増やすことを目指している．

当初は PDMS によるプロトタイピング，人工石英製チップデバイスが用いられていたが，現在は，層流を安定させ胚培養士にとって使いやすいように，メニコン（株）が臨床現場仕様の図 20.3（d）に示すシクロオレフィンポリマー製の MFSS を 2012 年に上市し複数の医療機関で使用されている．

20.7　メカニカル受精卵培養システム

初期胚はストレスに弱く，光の影響を受けやすいことが知られている[35)]．また，過度な MS によっても受精卵はダメージを受ける[28)]．さらに，微小重力下でマウス受精卵を培養すると，発育が芳しくない[39)]．このように体外培養においては，さまざまなストレスが胚発育を阻害する．

筆者らは，卵管内では受精卵が移動しながら成長することを考慮し，生理的環境に近い適度な MS を負荷しながら受精卵を培養するシステムの構築を目指した．その結果，TECS の開発に至った（図 20.4a）．このシステムを用いる際には，マイクロドロップを含むシャーレ（20.4b）を駆動皿の上におく．駆動皿は移動と傾斜保持を繰り返す（20.4c）．これらの動作によって，培地移動と受精卵移動が起こり，受精卵に適度なシェアストレスを負荷できる．すなわち，受精卵を移動させながら培養することによって，生理的なメカニカル培養環境の一部を再現できる．マイクロドロップなどの臨床現場で用いられている体外培養系が適用可能なため，現場でも障壁なく受け入れられる利点がある[16-18)]．

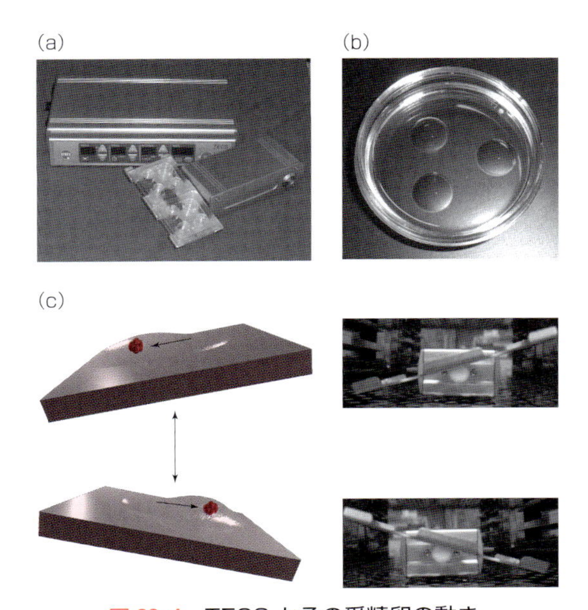

図 20.4　TECS とその受精卵の動き
（a）TECS 外観，（b）TECS の駆動皿の上におくマイクロドロップの写真，（c）TECS の駆動皿運動に伴う，マイクロドロップ内の培養液および受精卵移動イメージ．

図 20.4（c）に示される傾斜ステージ上には，卵子または受精卵を含むマイクロドロップなどのシャーレや 4 well chamber を載せられるため，従来の培養系をそのまま適用できる長所がある．シャーレをそのままインキュベータ内におくコントロール（CTRL）群と TECS を使用する群に分けてブタおよびマウス胚の培養試験を行った．ブタ未受精卵成熟については，TECS で培養した際には卵丘細胞のより大きな膨化が見られ，またブタ胚単為発生における胚盤胞到達率が静置培養（static culture）時よりも上昇した[17]．両生物種においては，胚盤胞内細胞数が TECS 培養区で有意に上昇した．マイクロドロップを含むシャーレを TECS のプレートに載せた際，TECS におけるマイクロドロップ内の物質拡散速度は静置培養の約 10 倍であった．TECS 駆動皿の傾斜角度が変化した際にマイクロドロップ内の液体が移動し，その結果，受精卵近傍の老廃物拡散速度が上昇する．これまでの研究結果から，機械的刺激を受精卵に負荷できる点においても TECS は従来の静置培養システムよりも優位性があると考えられるが，現在そのメカニズムの詳細を検討している段階である．

動物胚での培養成績上昇が認められた後，治療が完了した患者の 3 ～ 8 細胞期で凍結されたヒト受精卵を融解して試験を進めた．この試験は岡山大学医学部倫理委員会の承認を得ている．TECS 区では静置培養区と比較して到達率は増加する傾向にあったが，標本数に限りがあるため有意差は得られなかった．胚盤胞内細胞数では TECS 区で有意に上昇した．受精卵を用いた試験が安全に進めらたため，臨床研究に移行できることが確認できた．

TECS の長所は臨床試験を迅速に行える点である．その理由はマイクロドロップ法などの従来の培養系や，各クリニック独自のフォーマットを適用できるためである．実際，臨床データが得られている．筆者らは体外受精（IVF）および顕微授精（ICSI）胚を TECS 区と対照区の 2 群に分けて 5 日間培養する臨床試験を行ったところ，TECS 区で形態良好胚盤胞数の有意な増加が見られた[18]．形態良好胚盤胞は TECS 区で 43/148 個（29.1%），対照区では 28/159 個（17.6%）（$P = 0.018$）であった．形態的指標で判断された細胞数が最も多いと思われる最高品質胚盤胞の割合も，TECS 培養区で有意に上昇した．また単一胚移植した 28 例のうち，TECS 培養区の 23 例で着床し，18 人の子（11 人の男の子と 7 人の女の子）が生まれた．難治患者においては従来の培養方法では胚盤胞まで発育せず，その結果，受精卵が着床しないケースがある．TECS 使用によって受精卵発育の成績が向上し胚移植の機会が増え，着床する可能性も上昇する．症例は選ぶことにはなるが，難治患者の治療成功率を上昇できるかもしれない．

20.8　DCS どうしの比較

従来から，卵管の動的環境を模倣すれば体外培養成績が上昇すると考えられてきた[40]．加工・制御技術の進歩により，この数年間で DCS が進歩し，DCS による受精卵培養成績の上昇が複数のグループ・システムで観察された．

初めに TECS と同時期に発表された類似・関連研究について説明する．PDMS 製の流路を用いて，流路近傍の膜を電気信号によって点字デバイスのピンで上下駆動させることにより培地を継続的に供給し，漏斗型チャンバー内の培地を撹拌させながら受精卵を培養できる（図 20.5a）[19]．受精卵は供給される培地の流れによって，回転しながら移動する．この培養系を使用した際には，静置培養系と比較してマウス胚盤胞の細胞数が有意に増加した．また，ヒト胚についてもフラグメンテーションを起こした低品質の受精卵が少なくなる傾向がある[41]．microfunnel では老廃物などの物質拡散と物理的刺激の双方の効果が大事であると結論づけている．しかし前述の PDMS 製の装置は医療用途では用いることが難しいので，治療用途に用いるのは困難であると考えている．

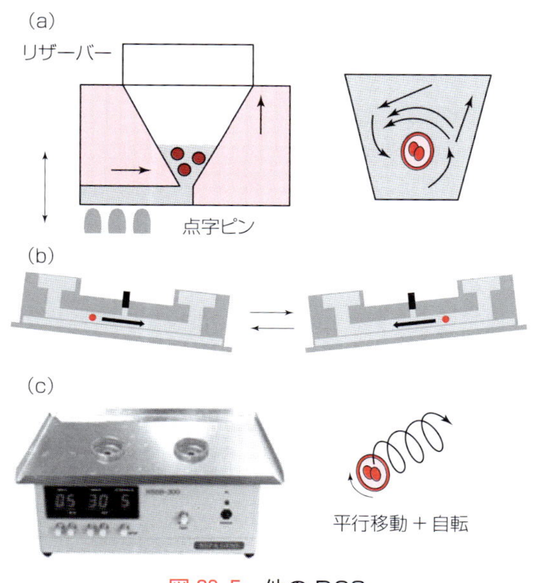

図 20.5　他の DCS
（a）microfunnel[19, 41]，（b）PDMS マイクロ流路と傾斜システム[20]，（c）周期的超音波照射システム（ネッパジーン社製）[21-23]．

Kim らは受精卵 1 個が通る程度の断面積となる狭窄部をもった PDMS マイクロ流路内でウシ受精卵培養を行った（図 20.5b）[20]．このマイクロ流路を培養皿の上に載せて，培養皿を周期的に傾斜させてウシ受精卵を動かしながら培養した．狭窄部をもたないチャネルを用いた培養時と比較して，狭窄部のサイズが 0.16 mm のように少し隙間があるときに，最も 8 細胞期への到達率が高かった．

microfunnel ではマウス，ヒト受精卵に関する研究成果がある．傾斜・PDMS 流路培養系を用いてウシ受精卵が体外培養された．microfunnel または傾斜・PDMS 流路培養系における SS は TECS に近く，培地移動も起こるため物質拡散が促進される．したがって，これらのシステムを用いた効果は TECS による効果に近いと想定される．

超音波を受精卵に周期的照射した培養結果についても報告されている（図 20.5c）．超音波照射培養系においてはブタ，ヒト，マウス受精卵を用いた試験が行われた．ブタ受精卵の体外成熟および体外培養において，静置培養区に超音波を照射（5 ～30 秒間照射-休止 60 分）することによって胚盤胞到達率の上昇が観察された[21]．ブタと同様に，ヒト受精卵においても同様の効果が得られている[22]．当グループでもマウス受精卵（2 細胞期から胚盤胞まで）を用いて TECS と同様の培養条件で当システムを用いた受精卵培養を行ったが，超音波照射による胚盤胞到達率の上昇に有為差は認められなかった[42]．したがって，生物種・受精卵のステージによって受精卵に適切な MS の違いがあることと，拡散効率を上昇させることが，培養成績上昇のために効率的であることが示された．

20.9 受精卵の MS 応答機構解明を目指したシステム開発と評価

前述のように最近の数年間で DCS に関する報告が増加したが，マイクロ流路を用いて蛍光顕微観察しながら MS を制御できるシステムの開発が必要であると筆者らは感じていた．この目的を果たし，かつ卵管蠕動運動を体外培養で再現することを目指して，空圧アクチュエータ駆動型人工卵管システムを作製した．PDMS は柔らかく，空気圧によってその変形を制御できることから，この素材を用いたデバイスによって卵管の運動を模倣することができる．空気圧を制御するアクチュエータをインキュベータの外側に設置し，こちらのマイクロチャンバーをインキュベータ内に設置する（20.6a）．厚さ 0.1 mm の PDMS 薄膜が空気圧によって上下する．その際，培地用流路内の流体が移動し，受精卵を流体移動によって並行移動，圧縮できる（図 20.6b）．2 細胞期からのマウス受精卵培養において，アクチュエータを駆動させた dynamic culture 培養区で胚盤胞到達率および胚盤胞内細胞数が有意に上昇した．したがって，このシステムを用いても dynamic culture が有効であり，メカニカルストレス応答について調べることのできるツールである[24]．

このシステムではアクチュエータの移動速度によって，種類の異なるメカニカルストレスが受精卵に負荷される．シリンジ移動速度が小さい場合は，受精卵回転のための駆動力として底面からの摩擦力が受精卵に負荷可能である．一方，シリンジ移動速度が大きい場合，受精卵は底面と接触することなく，培地移動に伴って回転することなく平行移動する．中央部では薄膜を押しつけることによって，受精卵を圧縮できる．共焦点顕微鏡のステージ上に図 20.6（a）に示される PDMS マイクロ流路を設置することによって，受精卵圧縮による形状変化と負荷された力，および細胞内のセカンドメッセンジャーである細胞内カルシウムイオン濃度を同時に定量化した．

マウス胚盤胞圧縮前後の画像を図 20.7（a）に

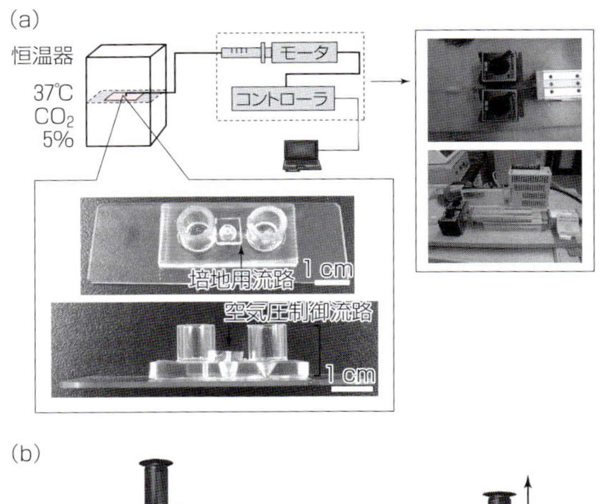

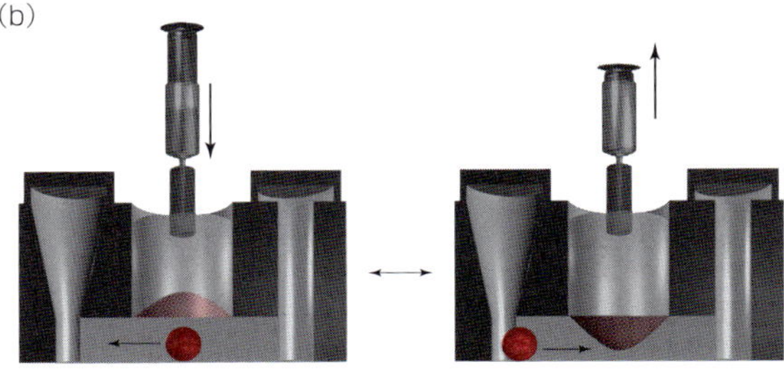

図 20.6　運動応答解析のためのシステム
（a）システムイメージと駆動部位の写真，（b）受精卵を空気圧制御流路内の圧力変化によって移動させる機構．

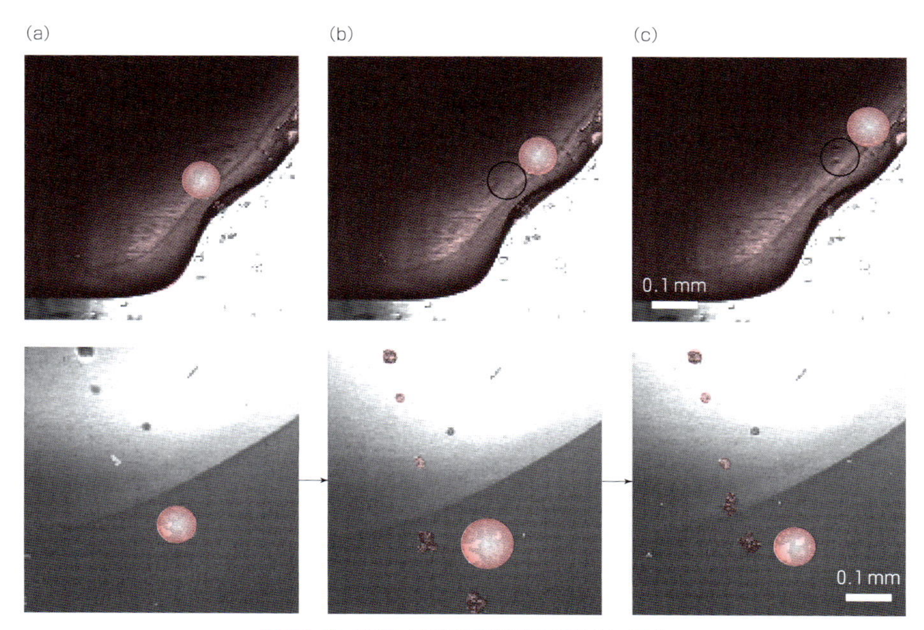

図 20.7　共焦点蛍光顕微鏡を用いた場合
共焦点蛍光顕微鏡を用いた図 20.6 の流路内 PDMS 薄膜を駆動させた際におけるマウス胚盤胞の蛍光・明視野合成画像．（a）マウス胚盤胞圧縮時，（b）マウス胚盤胞平行移動時．

示す．中央の画像は圧縮時に胚盤胞の断面が大きくなることを示している．その際には胚盤胞の高さが減少した．圧縮時に平均蛍光強度の上昇が観察され，圧縮後における蛍光強度が圧縮前より約10%上昇した．したがって，圧縮刺激により胚盤胞内の細胞内カルシウムイオン濃度の上昇が観察された．平行移動時の受精卵イメージを図 20.7（b）に示す．現在筆者らは，胚盤胞内の各細胞の変化の観察を試みている．

想定される分子メカニズムについて説明する．カルシウムイオンは遺伝子発現を制御する因子として知られている．その細胞内カルシウムイオン濃度を調整するイオンチャネルとして，機械受容チャネルがその一つとして考えられる．受精卵内の細胞膜にもこれらのチャネルが発現している可能性がある．圧縮刺激または受精卵平行移動に伴う MS によって細胞内カルシウム濃度が上昇し，シグナルカスケードを経て遺伝子発現パターンが変化すると想定している[43]．このシステムを用いて3日間インキュベータ内でマウス受精卵を培養できる．そのため，このシステムを用いれば数日間の MS に伴う受精卵内の変化も観察でき，MS 応答，シグナルカスケード評価，遺伝発現解析などの研究を進めることができる．これらの研究成果から，効果的な体外受精卵培養システムの構築を目指している．

20.10　おわりに

筆者らは生殖補助医療の手技改善による治療効率の上昇を目指して，卵管構造および卵管内メカニカル環境を反映させたデバイス・システム設計を進めてきた．MFSS を用いて顕微授精で選別されるべき運動精子によって受精率が上昇した．臨床現場適用可能な TECS を利用して，受精卵に負荷される生理的環境を模倣した培養系を構築し，受精卵の発育を促進させることが可能となった．また，生殖細胞のメカノセンシング機構について知見を得ることによって，これらの機構をよりよく反映させたより適切なシステムを構成・作製できる．今後も臨床データを継続的に取得し続けることによって，このコンセプトに基づいたシステムが好ましいことが示される可能性がある．精子選別と受精卵培養手技の改善により，難治患者の治療成功率の上昇が期待される．

（松浦宏治・原鐵晃・成瀬恵治）

文　献

1）D. K. Gardner, "*In vitro* fertilization–A practical approach," Informa health care (2006).
2）日本臨床エンブリオロジスト研究会編，『エンブリオロジストのための ART 必須ラボマニュアル』，医歯薬出版 (2005).
3）J. G. Alvarezl et al., *Hum. Reprod.*, **8**, 1087 (1993).
4）L. Hoover et al., *Fertil. Steril.*, **67**, 621 (1997).
5）P. Devroey, A. V. Steirteghem, *Hum. Reprod. Update*, **10**, 19 (2004).
6）S. Raty et al., *Theriogenology*, **55**, 241 (2001).
7）D. Beebe et al., *Theriogenology*, **57**, 125 (2002).
8）R. L. Krisher, M. B. Wheeler, *Reprod. Fertil. Dev.*, **22**, 32 (2010).
9）J. E. Swain, G. D. Smith, *Hum. Reprod. Update*, **17**, 541 (2011).
10）G. D. Smith et al., *Biol. Reprod.*, **86**, 62 (2012).
11）B. S. Cho et al., *Anal. Chem.*, **75**, 1671 (2003).
12）T. G. Schuster et al., *Reprod. Biomed. Online*, **7**, 75 (2003).
13）R. T. Schulte et al., *Fertil. Steril.*, **88**, S76 (2007).
14）D. Shibata et al., *Fertil. Steril.*, **88**, S110 (2007).
15）K. Matsuura et al., *Reprod. Biomed. Online*, **24**, 109 (2012).
16）K. Matsuura et al., *RBM Online*, **20**, 358 (2010).
17）T. Koike et al., *J. Reprod. Dev.*, **56**, 552 (2010).
18）T. Hara et al., *RBM Online, in press.*
19）Y. S. Heo et al., *Hum. Reprod.*, **25**, 613 (2010).
20）M. S. Kim et al., *Electrophoresis*, **30**, 3276 (2009).
21）Y. Mizobe et al., *J. Reprod. Dev.*, **56**, 285 (2010).
22）E. Isachenko et al., *Clin. Lab.*, **56**, 569 (2010).
23）V. Isachenko et al., *Reprod. BioMed. Online*, **22**, 536 (2011).
24）J. C. Li et al., MHS 2010 abstract, 29 (2010).
25）K. Matsuura et al., MHS 2011 abstract, 99 (2011).
26）G. Allahbadia et al., Taylor & Francis, 213 (2003).
27）R. B. Bird et al. eds., "Transport Phenomena, 2nd ed.," John Wiley and Sons, Inc., p. 40–74 (2002).
28）Y. Xie et al., *Biol. Reprod.*, **75**, 45 (2006).
29）G. Degre et al., *Appl. Phys. Lett.*, **89**, 024104 (2006).
30）K. Mizutani et al., *Exp. Biol. Med.*, submitted.
31）G. Vajta et al., *Mol. Reprod. Dev.*, **55**, 256 (2000).
32）B. W. Douglas, G. M. Whitesides, *Cur. Opin. Chem. Biol.*, **10**, 584 (2006).
33）成瀬恵治，蛋白質核酸酵素，**51**, 705 (2006).
34）G. Velve-Casquillas et al., *Nano Today*, **5**, 28 (2010).
35）山内一也他，『マウス胚の操作マニュアル　第三版』，近代出版 (2005).
36）M. Takenaka et al., *Proc. Natl. Acad. Sci.*, **104**, 14289 (2007).
37）Y. Xie et al., *Mol. Reprod. Dev.*, **74**, 1287 (2007).
38）Y. Wang et al., *Reprod. Sci.*, **16**, 947 (2009).
39）S. Wakayama et al., *PLoS One*, **4**, e6753 (2009).
40）C. A. Eddy, C. J. Pauerstein, *Clin. Obs. Gyn.*, **23**, 1177 (1980).
41）J. R. Alegretti et al., *Fertil. Steril.*, **96**, S58 (2011).
42）Y. Asano, K. Matsuura, *J. Mamm. Ova. Res.*, **29**, S19 (2012).
43）C. O'Neill, *Reproduction*, **136**, 147 (2008).
44）C. O'Neill, *Hum. Reprod. Update*, **14**, 275 (2008).

再生医工学におけるメカノバイオロジー I：総論

Summary

再生医療を実現させるために重要な三つの要素として，細胞，scaffold（三次元培養担体），生化学因子がある．適切な細胞ソースと三次元培養担体を用いて適切な生化学因子を添加することにより，望みの細胞に分化させて組織を再生するストラテジーが一般的に採られる．一方で，材料工学的な視点から細胞の分化コントロールを実現する研究が行われている．たとえば基質の morphology，topography や力学的特性により，特に幹細胞を分化させる技術が開発されてきている．また，生理的に負荷されている物理刺激を細胞に負荷することにより細胞の分化コントロールを実現させようとする技術も開発されてきている．たとえば増殖させることにより脱分化した軟骨細胞を，関節軟骨組織に生理的に負荷されている物理刺激である静水圧を負荷することにより再分化させる技術の開発が行われている．これらの物理的視点からの細胞の分化コントロール技術は，分化させる細胞の細胞数と分化にかかるコストとが必ずしも比例しないという大きなメリットをもっており，再生医療における第四の要素として，再生医療の実現化のためには必須の基盤技術になることが期待されている．

21.1　はじめに

再生医工学は，工学サイドから再生医療の実現に貢献しようとするものである．再生医療を実現させるためには，基礎医学，臨床医学，発生生物学など医学サイドからの研究と，機械工学，材料工学，化学工学など工学サイドからの研究とを融合させることが必須である．再生医療の大きな課題の一つは，細胞をいかに分化させるかである．その課題は基本的には，細胞増殖因子やサイトカインなどの生化学因子を用いて実現可能であることは多くの基礎研究から実証されつつある．しかし生化学因子を用いた手法には，コストがかかるという大きな欠点がある．基礎研究では，培養する細胞数は 10^6 オーダーであるが，再生医療においては，そのおおよそ 10^3 倍である 10^9～10^{10} オーダーの細胞を分化させる必要があり，生化学因子を用いれば，コストはそのまま 10^3 倍になると想定される．これは，再生医療の実現に立ちはだかる一つの障壁である．

一方，基質の morphology，topography や力学的特性により細胞の分化をコントロールするための技術が開発されてきている．また，生理的に負荷されている物理刺激を細胞に負荷することにより細胞の分化をコントロールしようとする技術も開発されてきている．これらはともに細胞に物理的な刺激を負荷することにより，細胞が何らかの受容機構を用いてそれらの刺激を受容し，細胞内シグナルとして細胞内に情報伝達し，遺伝子発現をコントロールしていると考えられている．これらの知見は，総合して再生医工学におけるメカノバイオロジーとして位置づけられている．これらの技術を用いた細胞の分化コントロールにおいては，必ずしも細胞数とコストとがリニアな関係にはならないため，これらの技術と生化学的因子による分化技術と複合させることにより，再生医療の実現化がより近づくと期待される．

21.2　再生医工学における 4 要素

組織工学，いわゆるティッシュエンジニアリングの研究は，1990 年代にハーバード大と MIT の Langer や Vacanti らによる研究で広く認知されるようになった[1,2]．マウスの背部に移植したヒト外耳の外観がニュースで大々的に取りあげられたことも，再生医療が広く認知されるきっかけになった．このころから，大学・企業・投資家による多角的な取り組みが始まり，再生医療研究が強力に推進されるようになった．

組織工学研究には，細胞，担体（スキャフォールド），増殖因子という組織工学の 3 要素がある[2]．典型的な組織工学のアプローチは，目標とする臓器の構造（足場）を生体内分解性の材料で作り，そこに任意の細胞を播種し，さらに発生の過程または組織治癒の過程で組織・生体内部に存在する因子（成長因子など）を添加して組織形成を促すものである．一方，これら 3 要素に物理刺激を加えて 4 要素とする考え方もある．すなわち，生体組織および細胞が生理的に負荷されている物理刺激に，スキャフォールドや生化学刺激と同等またはそれらを補完する働きを期待するものである（図 21.1）．まずは従来の 3 要素が，再生医療においてどのような位置づけにあり，どのような役割を担っているかを概説する．

21.2.1　再生医療における細胞ソース

最も重要な要素は細胞であり，細胞を用いないアプローチは組織工学・再生医療の定義からは外れる．再生医療においては，細胞による再生能を引き出し，移植した細胞そのものから臓器構築を促すアプローチと，細胞から分泌される各種ファクターをドラッグデリバリーシステムの供給源として，細胞を組織構築に間接的に関与させるアプローチがある．前者のアプローチが大半であり，対象臓器を構成する実質細胞を少量採取して，生体外で培養する研究がこれまでは多く行われてきた．生体外で，対象とする臓器の細胞を少量採取して培養することによって十分な細胞数を確保し，その結果として脱分化型のフェノタイプを呈してしまった細胞をもとの分化状態にコントロールすることによって，正常な機能をもつ臓器を構築しようとするものである．さらに近年，幹細胞の基礎生物学に関する研究が進み，その結果として骨髄性幹細胞[3]，末梢血由来幹細胞[4]，臍帯血由来幹細胞，胎盤由来幹細胞，そして人工多能性幹細胞（iPS 細胞）[5]を含む幹細胞による臓器構築技術に期待が寄せられている．

幹細胞は，脂肪細胞，骨芽細胞，骨格筋細胞，軟骨細胞，血管内皮細胞，幹細胞など多くの臓器を構成する細胞に分化可能な性質，多分化能をもつことが報告されてから，幹細胞を用いた組織工学・再生医療研究の今後の展開が期待されている．

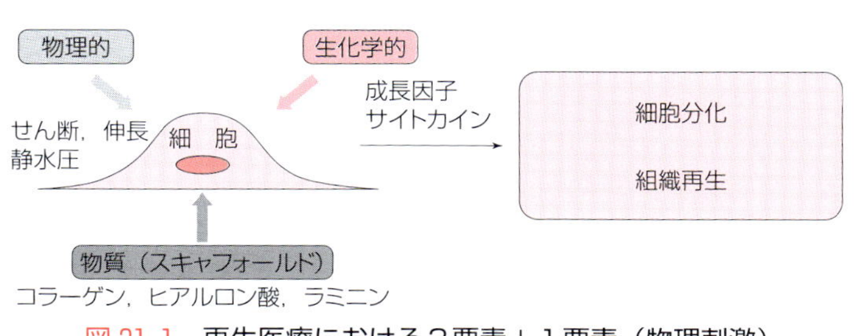

図 21.1　再生医療における３要素＋１要素（物理刺激）

しかしこれらの幹細胞の多分化能に関する証明の多くは二次元培養による成果であり，幹細胞から移植可能な三次元的な構造をもつ再生臓器の構築を現段階では意味していない．細胞生物学者による最新の幹細胞における知見を利用して，いかに三次元的な構造をもつ臓器が構築できるかが今後の課題となっている．

21.2.2 再生医療における三次元培養担体

組織工学・再生医療用の担体の開発技術はここ数年めざましい進歩を遂げた．担体を用いた組織工学の従来のアプローチでは，生体内分解性のプラスチックまたはセラミックスをスポンジ状の構造体に成形した後に細胞を播種することによって，材料上で細胞が分裂・増殖し，細胞外マトリクスが分泌される．同時に，足場材料がゆっくり分解することによって，担体形状が維持されながら組織構造体が構築されるアプローチである．

しかし，実際に生体内で機能する臓器を構築するためには，臓器の外部形状を任意の形に制御する必要があり，ここ数年，担体の外部・内部形状の制御技術に関する工学技術が報告されるようになっている．たとえば，生体内分解性のプラスチックを融点以上の温度で液状化してノズルの先端から射出することによって，三次元構造体を設計できる装置が開発された．さらに，三次元構造体の造形精度を上げるために，層構造ごとに担体を機械加工した構造体を積層させることによって，最終的な目標とする臓器構造をデザインする工学的な手法[6]も報告された．緻密な構造設計を具現化するために，粉末化した生体内分解性材料をバインダーなどで積層造形する技術[7]，光反応性のポリマーで光造形する技術[8-10]を用いて構造体をデザインするという報告もある．これらの手法は担体をベースにした臓器の構造体の設計手法であり，多くの臓器で着実に構造体を構築する手法として，日々，材料の設計，構造体の造形の制御精度が進歩している．

さらに，担体に播種した細胞の分化制御効率を上げるために，近年は，材料を構造構築の誘導材として捉えたアプローチも多数報告されている．生体適合性に優れた材料は数多く報告されており，その臨床応用が進められているものも多くあることも事実ではあるが，臓器の適用部位や状況によっては必ずしもうまく生体組織に適合しない場合もある．すなわち，材料は生体内で免疫反応，分解速度の制御，分解産物による毒性（pH変化などによる化学的な効果，分解産物の粒子径，物質形状による物理的な効果も含まれる），移植による炎症反応，瘢痕形成を惹起することもある．発生や組織治癒の過程では，細胞間相互作用が十分に存在することが重要であることが多く，たとえば心筋組織の場合には，細胞間相互作用が存在することによってはじめて，心筋細胞間のギャップジャンクションが形成され，その結果として，組織全体としての拍動がスタートすることが報告されている[11,12]．

温度感受性のポリマーでmonolayer状の細胞シートを作製して移植するアプローチでは，細胞の分化制御に優れたシート構造体の形成が可能であると報告されている[11]．すでに心筋組織などで臨床応用が始まっており，さらに細胞シートを積層させるマシーンの開発も報告されていることから，本モデルの今後の発展が大きく期待されている．また軟骨組織は無血管の組織であり，酸素や栄養の要求性が低い組織であるため，厚い組織の多層構造を生体外でダイレクトに三次元構築するための形状コントロール材を用いた研究も報告されている[13-16]．厚みをもつ組織の外部形状を制御するために適切な材料の使用は必要不可欠であり，本モデルの有用性は動物実験モデルを用いて検証されつつある．細胞の種類によって，その細胞が求める酸素・栄養要求性が異なることから，これらの要求性の違いが組織厚の限界を左右する決定的な因子となっていると考えられている．

2 種類以上の細胞から構成される複雑な三次元構造をもつ組織を構築するための新たな研究手法も検討されている．single cell[17, 18]や細胞凝集塊（スフェロイド）をゲル化材料に包埋して積層造形するアプローチが報告[19-21]されており，複雑な内部・外部形状をもつ組織の構築のために有用な工学手段になりうると期待されている．single cell を用いたアプローチでは，精度の高い複雑構造体の造形が原理上は実現可能であると考えられる．細胞凝集塊を用いたアプローチでは，細胞間相互作用の効果によって組織分化能に優れた構造体の複雑形状設計が可能であると考えられ，現時点では血管内径が 0.9〜2.5 mm の再生血管様構造体の形成の成功例が報告されている[19]．物質要求性の高い幹細胞の凝集塊を用いた造形では，周囲の物質供給環境を整えることによって，肝臓様の三次元組織構築が導かれることが報告された[22]．今後，さらなる具体的な組織構造体の成功例の報告が注目されている興味深いアプローチである．

21.3　材料工学的な視点による幹細胞分化コントロール

組織工学の技術によって構築した臓器の最大の問題点は，細胞の分化制御が不十分であることである．従来の研究手法では，再生医療の 3 要素の一つである化学因子の添加によって，組織の分化制御の可能性が追及されてきた．しかしここ数年，細胞の分化制御において，物理の視点でのユニークな研究が行われている．幹細胞の分化が担体の材料力学的な性質や細胞内の張力バランスなどの力学環境の相違によってダイナミックに制御されることが報告された[23, 24]．アメリカの Discher らは，0.1〜40 kPa の範囲に材料のヤング率を制御したアクリルアミドゲルの表面に幹細胞などを播

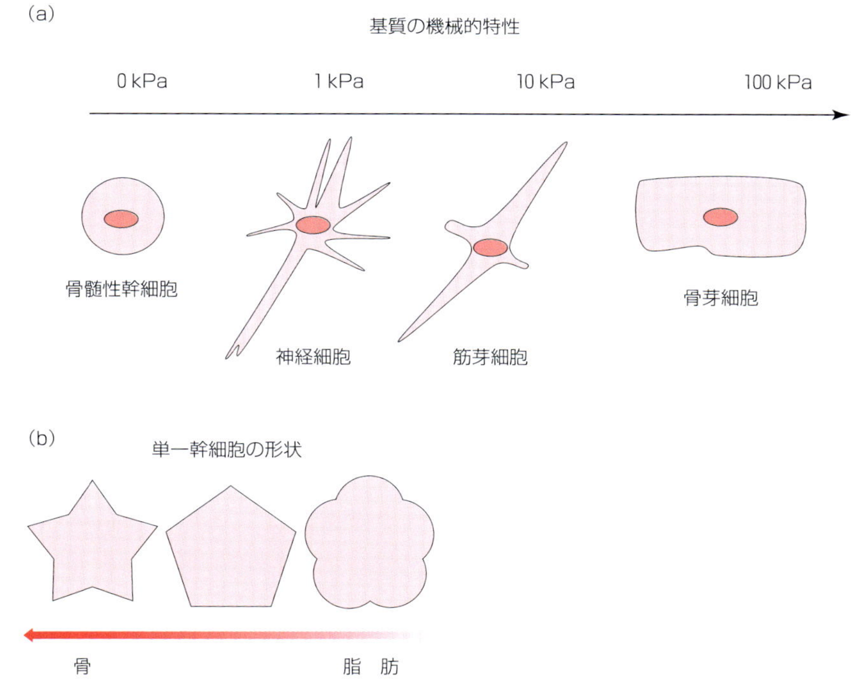

図 21.2　材料工学的アプローチによる細胞分化コントロール
（a）材料の力学的強度による細胞分化コントロール，（b）細胞の接着形態による細胞の分化コントロール．

種して培養したところ，0.1～1 kPa の表面では神経細胞に，8～17 kPa では筋肉に，25～40 kPa では骨系の細胞に幹細胞が分化する興味深い知見を発見した（図 21.2a）[23]．これらの現象が非筋肉ミオシンⅡ，アクチン，Paxillin などを介した反応であることも報告された．

Discher らの発見を機に，細胞内の力学環境と細胞の分化制御に関する個性的な研究結果が報告されるようになった．酸化チタンのナノチューブの直径を 30～100 nm の範囲に制御して材料表面に垂直に配向させた材料を準備して間葉系幹細胞を播種して培養したところ，径の増大に伴い材料表面に細胞が長細く配向し，径の減少に伴い細胞は材料表面に丸く接着・進展する傾向があることがわかった[25]．この伸長した細胞内には発達したアクチンフィラメントの形成が認められ，同時に幹細胞が骨芽細胞様の遺伝子を発現する細胞に分化することがわかり，細胞の形態・張力と細胞分化との間に密接な関係があると報告された．さらに，polymethylmethacrylate 膜に電子線照射リソグラフィーの技術を用いて 120 nm のナノピットを秩序・無秩序に形成し，間葉系幹細胞をその材料表面で培養したところ，秩序だってナノピットを形成した材料上で培養した幹細胞は骨芽細胞様のフェノタイプを呈することがわかった[26]．さらに，ポリカーボネート膜に秩序・無秩序の 120nm のナノピットを形成して幹細胞をその材料上で培養したところ，幹細胞の骨芽細胞・脂肪細胞への分化制御が可能であることがわかった[27-29]．これらの分化は RhoA やミオシンⅡを経由した細胞内の張力の発生に連動して制御されていることがわかった．さらに，細胞接着面が限定されている材料表面で幹細胞を single cell の状態で培養したところ，骨・脂肪の分化培地中では，正方形から長方形にそのアスペクト比を変化させることによって，幹細胞を脂肪細胞から骨芽細胞に分化制御できることが報告された（図 21.2b）[30]．また花形，正五角形，星形の 3 種類の五角形の細胞接着面をもつ材料表面で幹細胞を培養したところ，花形は脂肪細胞，正五角形は脂肪細胞と骨芽細胞，星形は骨芽細胞に幹細胞が分化コントロールされることがわかった．これらの骨芽細胞・脂肪細胞への幹細胞からの分化は，微小管重合，アクチン重合，ミオシンⅡ，ROCK，インテグリンシグナル，MAPK（p38，ERK，JNK），DKK1，sFRP3，Wnt などによって複雑に制御されており，力の分布との相関[30,31]が報告された．

monolayer 様の細胞集団においても形態と力の分化に及ぼす効果が検証された．幹細胞を二次元状の monolayer として細胞集団で培養した場合，円，四角，楕円，偏心した同心円，S 字状のひも様組織では張力の加わらない内部の細胞が脂肪に，張力の加わる外周部の細胞は骨芽細胞様の細胞に分化することが報告された[32]．さらに，任意の幅や高さをもつ格子状の細胞接着表面をもつパターン化基盤を作製して幹細胞を培養したところ，特定の幅をもつパターン上で幹細胞が骨芽細胞に再現性よく分化し[33]，これらの現象が細胞接着斑，アクチンフィラメントの重合などの細胞のテンション・張力を制御する因子を介して起こる現象であることが示された（図 22.3）[34]．材料表面の topological な構造設計は細胞の分化制御シグナルとして重要であり，長期間にわたる培養においても，二次元的な組織の分化の方向性を大きく左右する重要な因子であると考えられている[35]．monolayer 様の細胞集団では，円柱形状をしたロッドに播種した細胞の牽引力などの物理量の計測が可能である．これら物理量と細胞の分化との関係を直接的に計測することが可能であり，細胞内の力の分布と細胞の多分化能との間にはなんらかの相関があることが報告された．

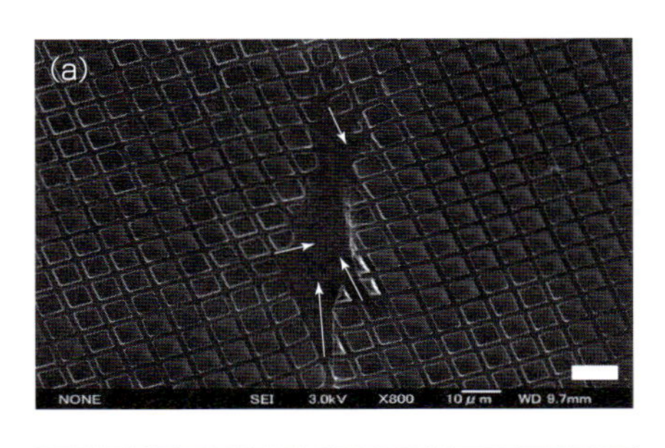

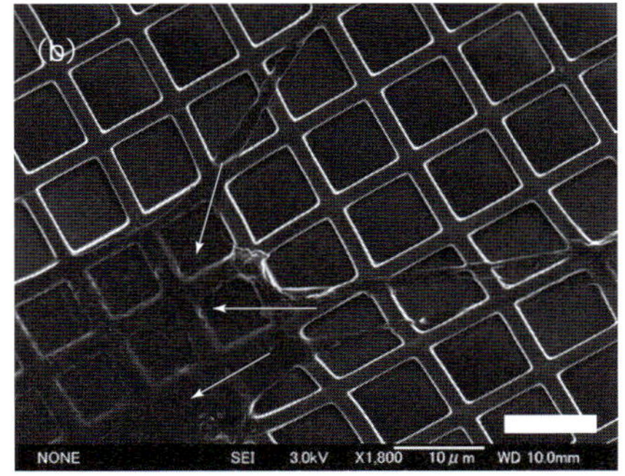

図 21.3　基質の topography による細胞分化コントロール

マイクロパターン上に接着，伸展した細胞による収縮力を示す SEM 画像．（a）広域イメージ，（b）拡大イメージ（バーは 20 μm）．

21.4　軟骨細胞の静水圧による分化コントロール

21.4.1　軟骨組織

関節軟骨は骨端にあって骨の表面を覆っている厚さ 2〜7 mm 程度の層状の組織である．関節軟骨は関節の摺動を担い，かつ荷重負荷に対するショックアブソーバーとして機能し，身体のスムーズな動きを実現するために不可欠である．関節軟骨は無血管，無神経であるため，再生能に乏しい代表的な組織である．軟骨関連疾患としては，スポーツ外傷による軟骨欠損の他，変形性関節症（OA），慢性関節リウマチ（RA）などが知られており，これらの軟骨疾患，特に変形性関節症の治療として，現在は特に高齢者を対象に人工関節置換術が行われている．

最近，関節軟骨疾患治療の新しい方向として，再生医療技術を用いた方法が試されはじめており，その代表例に関節軟骨欠損を対象とした自家軟骨細胞移植がある[36, 37]．また，細胞培養技術と工学的技術を融合させた再生医療工学技術によって生体組織を構築しようとする試みも盛んに行われている．たとえば，軟骨細胞と工学的に作製したスキャフォールド（担体）とを組み合わせて軟骨様組織を構築し，それを同じく関節軟骨欠損に移植するという方法も臨床に応用されつつある[38, 39]．これら軟骨組織の再生医療における細胞ソースとしては，未分化な間葉系細胞，ES 細胞，あるいは iPS 細胞なども検討されているが，現時点での有力な候補は，成熟細胞である軟骨細胞である．

軟骨細胞は，一般に関節軟骨組織の非荷重部からバイオプシーにより採取されるが，当然ながら採取された組織よりもより体積の大きい組織を再構築することが求められるため，採取された軟骨細胞を *in vitro* で増殖させる必要がある．しかし，関節軟骨細胞はこの増殖ステップにおいて関節軟骨特異的なマトリクスであるⅡ型コラーゲンや Aggrecan の産生能を失い，一方で線維性軟骨特

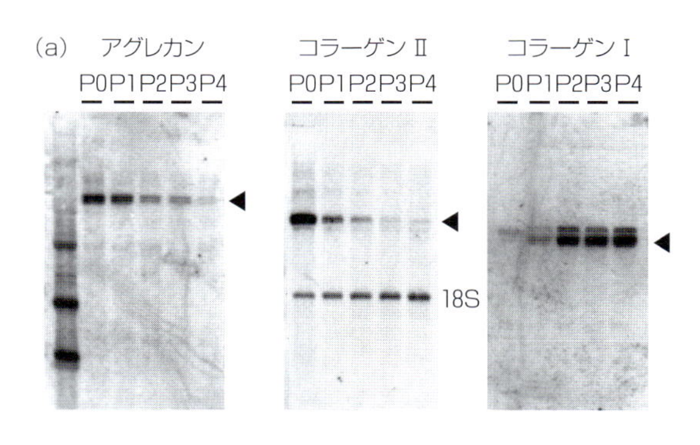

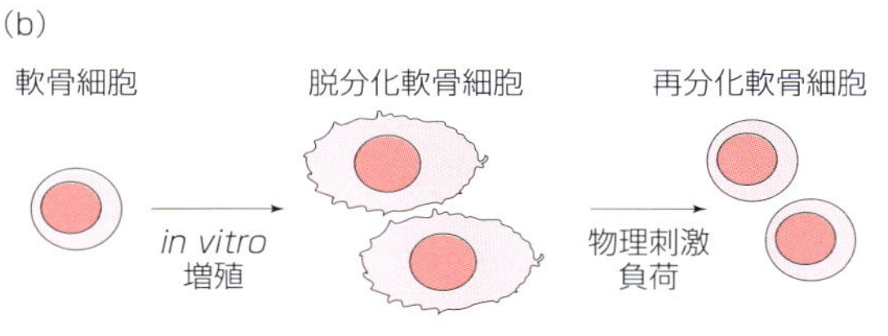

図 21.4　軟骨細胞の脱分化と再分化

（a）培養軟骨細胞の継代による脱分化（P は継代数），（b）脱分化軟骨細胞の物理刺激負荷による再分化．

異的なマトリクスであるI型コラーゲンを産生しはじめることが知られている（図21.4 a）[40,41]．再生医療においては増殖ステップを必要とする以上，このように *in vitro* での増殖に伴う関節軟骨細胞の脱分化が現時点では不可避であると考えられる．したがって，線維性軟骨組織ではなく関節軟骨組織を再構築させるためには，この脱分化した軟骨細胞をいかに再分化させ，組織を構築するかが重要な基礎技術となる（図22.1b）．脱分化した軟骨細胞を再分化させる方法として，細胞増殖因子の添加，物理刺激の負荷，ペレット培養，アルギン酸ビーズや高分子ゲルのような球状の形態保持による方法などが検討されてきた[43-47]．

21.4.2　軟骨組織と静水圧

関節軟骨組織は，ケラタン硫酸，コンドロイチン硫酸，ヒアルロン酸など含水性の高いマトリクスで構築され，そのマトリクスに埋め込まれている軟骨細胞には，物理刺激の一つとして静水圧が負荷されていることが知られており，それゆえ，軟骨細胞への物理刺激負荷としては，静水圧刺激が最も頻繁に用いられてきている．プロテオグリカンの高密度の負電荷により，軟骨組織は高い含水率をもつ．したがって歩行などの加重は，軟骨組織に埋め込まれた形で存在する軟骨細胞に対しては，主に静水圧として作用すると考えられる．たとえば日常的な動作が関節軟骨組織に与えている静水圧は，大腿骨頭においての実測値によると，歩行時で0～4 MPa，座った状態から立ち上がるときで最大18 MPaと報告されている[48]．

これまでの研究報告では，静水圧が軟骨組織・軟骨細胞に及ぼす効果についてそのシグナル伝達経路の最終産物であるタンパク質の合成やmRNAの発現などを検証しているものが主である．軟骨細胞が静水圧に応答するかどうかも含めて，そのメカニズムは不明である．しかし，細胞外マトリクスの産生に変動があるということは，遺伝子発現に何らかの影響が与えられていることを意味している．したがって，シグナル伝達経路の上流にある，タンパク質のリン酸化や，cAMPやカルシウムイオンなどのセカンドメッセンジャーにも影響を及ぼしていると考えられる．

軟骨細胞が静水圧を感知するメカニズムとしては，イオンチャネルが静水圧のセンサーとして働いているという可能性がある．また静水圧は形質膜（plasma membrane）の活動電位に影響を与える可能性や，タンパク質の高次構造に影響を与えるという可能性もある．軟骨細胞に周期的な圧縮力を加えるとcAMPのレベルが上昇したという実験結果も含めると，これら細胞膜上の変化が何らかのメカニズムでcAMPや他のセカンドメッセンジャーの変化へ変換された可能性が考えられる．

21.4.3　静水圧による軟骨細胞の分化コントロール

(1) 静水圧負荷システム

静水圧負荷システムは，加圧方式により次の三つに分けることができる．まず，第一に気相を介しての加圧方式である．気相を介しての方法では，圧力が高くなった場合，溶存ガス濃度の変化が問題になると考えられる．第二の方式は液相を介しての加圧方式である．これまでの研究では閉鎖系の実験系が主に使われ，短期培養によって評価されていた．軟骨組織は軟骨細胞自身から産生され，蓄積される細胞外マトリクスに関して，他の組織に比べて著しい特徴がある．生体を模倣した条件下で静水圧の影響を見るためには細胞外マトリクスの蓄積は無視できず，その蓄積を考慮した培養システムを開発することが必要であると考えられる．そこで第三の方式として，静水圧の長期的な効果を検証するという目的で液相を介して加圧ができ，生理的な圧力条件をカバーでき，さらに細胞間物質の蓄積が行われる期間，培養を可能とするために培養液を灌流させることができる機能を兼ね備えたシステムの開発が必要となる．

軟骨細胞へ静水圧を負荷する研究は次の観点から大きく分類することができる．一つは負荷する静水圧が① 一定静水圧であるか，② 変動静水圧であるかである．一定静水圧は比較的シンプルな負荷システムで実現可能であり，また高静水圧の負荷が可能であるという利点がある．一方，変動静水圧は関節軟骨が歩行などで負荷されている静水圧であることから，より生理的な条件であるという利点がある．次に，静水圧が負荷される軟骨細胞に着目すると，① 二次元培養された軟骨細胞，② 三次元培養担体中で培養された軟骨細胞，③ 軟骨組織中のインタクトな軟骨細胞，を用いてそれぞれ研究が行われている．静水圧は等方的に負荷される物理量であるため，いずれの状態の軟骨細胞においても静水圧は負荷されている．さらに負荷される静水圧の強度という観点からは，① kPa 程度の血圧に相当する微小静水圧，② 20 MPa までの関節軟骨における生理的な静水圧，③ 20 MPa を超える過大静水圧，に分けることができる．軟骨細胞を用いた多くの研究は②の条件を採用している．また過大静水圧は，変形性関節症の発症メカニズムとの関連で採用されている．最後に，軟骨細胞への静水圧の効果をどのような視点で検証するかについては，① 軟骨細胞の分化，② 軟骨組織形成の二つが挙げられる．静水圧の細胞分化に及ぼす効果に関する研究については，骨髄細胞（bone marrow stromal cell）を用いたもの[49-53]，脱分化軟骨細胞を用いたものが報告されている[54]．

しかしこれらの静水圧負荷システムにおいては，二酸化炭素や酸素などの溶存ガス濃度のコントロールが困難であることや，コンタミネーションのリスクが高いことが指摘されてきた．そこでこの二つの問題を解決するために，ガス透過性のポリオレフィンバッグに培養液と軟骨細胞を無菌的に封入した後，バッグそのものに静水圧負荷を行うシステムが適用されている[55]．このシステムを用いることにより，脱分化した軟骨細胞を長期かつ無菌的に静水圧負荷下で培養することが可能となり，脱分化した軟骨細胞が再分化するかどうかの検証が可能となった．この静水圧負荷システムは，HPLC 用シリンダーポンプ，ガス交換トレイ，圧力センサー，PC 制御空気バルブ，圧力チャンバーにより構成される（図 21.5）．シリンダーポンプにより静水圧を加え，PC 制御空気バルブを開閉することにより動的な静水圧負荷を実現した．回路内の静水圧は圧力センサーにより常時モニターされる．静水圧を加える媒質は純水で，インキュベータ内に静置されたガス交換トレイにおいて，インキュベータ内と同等の酸素分圧，二酸化炭素分圧に平衡化される．圧力チャンバー内には，細胞と培養液を封入したガス透過性バッグが静置される．この状態で，0.5 Hz，3.5 MPa の動的静水圧負荷が実現される．

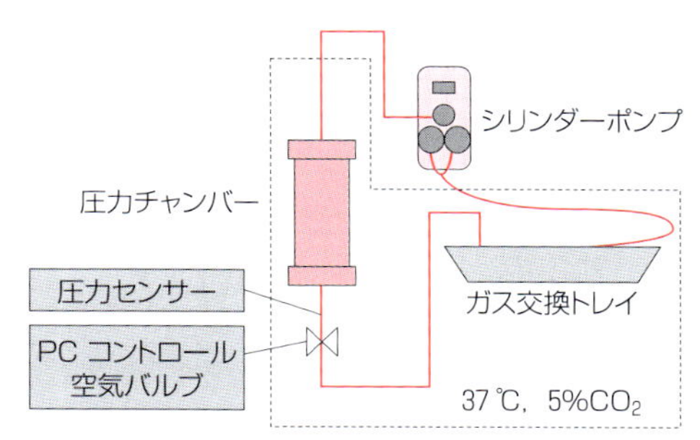

図 21.5　長期培養可能な静水圧負荷システム

（2）静水圧負荷下における脱分化軟骨細胞の再分化

脱分化したウシ関節軟骨細胞（P3，通常培養）をペレット培養した後，静水圧無負荷 4 日間（コントロール），0.5 Hz，5 MPa 動的静水圧を 1 日あたり 4 時間，4 日間負荷した二つの群において，Aggrecan，Ⅱ型コラーゲン，Ⅰ型コラーゲン遺伝子の発現の変化を半定量的 RT-PCR で解析した．Aggrecan の発現については，静水圧負荷の群では，無負荷の群に比べ約 5 倍ほど増加してい

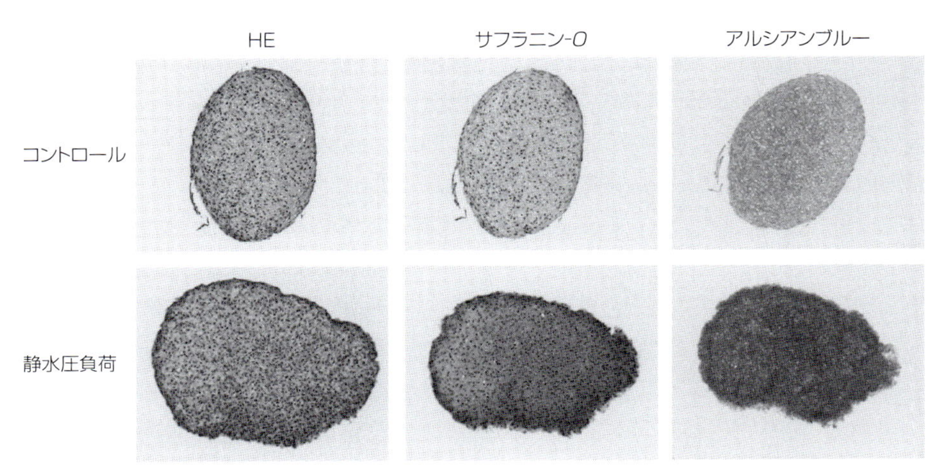

図 21.6　動的静水圧負荷による軟骨組織エレメントのマトリクス産生促進

ることが示された．Ⅱ型コラーゲンについては，静水圧負荷の群では無負荷に比べて約 4 倍に増加していた．一方，Ⅰ型コラーゲンの発現については，二つの群間で統計学的に有意な差は認められなかった[55]．

また，軟骨細胞により構成される細胞凝集塊である軟骨組織エレメントを用いて，0.5 Hz，5 MPa 動的静水圧を 1 日あたり 4 時間，4 日間負荷した時の組織染色像を図 21.6 に示す．軟骨に多く含まれる細胞外マトリクスであるプロテオグリカンを赤く染色するサフラニン-*O*，軟骨や線維性結合組織に含まれるコンドロイチン硫酸，ヘパラン硫酸，デルマタン硫酸，ヒアルロン酸などの酸性ムコ多糖類を特異的に染色するアルシアンブルー染色のいずれにおいても，静水圧を負荷することによりマトリクスの産生が促進されており，軟骨組織形成がより良好に実現されていることが示された．

21.5　おわりに

物理刺激は，再生医療における 3 要素に加えるべき第四の要素と考えられるが，その受容メカニズムも含め不明の点も多く，今後の基礎研究の発展が期待される．一方，物理刺激は細胞分化および組織形成にとって有効であることを示す応用研究が多く実施されてきた．

本章では，幹細胞の分化コントロールにおいて基質の力学的な特性および基質表面性状のパターン化が有効であること，そして軟骨細胞の分化コントロールおよび組織形成に静水圧刺激が有効であることを概説したが，今後，物理刺激負荷は細胞の分化コントロールの手段として，成長因子などの生化学的刺激および培養担体などの材料からの刺激に並んでティッシュエンジニアリングに適用されていくことが期待される．

（牛田多加志・古川克子）

文　献

1） R. Langer, J. P. Vacanti, *Science*, **260**, 920 (1993).
2） R. Lenza et al., “Principles of tissue engineering 3rd. ed.,” R. Lenza et al. eds., Academic press (2007).
3） M. F. Pittenger et al., *Science*, **284**, 143 (1999).
4） T. Asahara et al., *Science*, **275**, 964 (1997).
5） K. Takahashi et al., *Cell*, **131**(**5**), 861 (2007).
6） Y. Sakai et al., *Mat. Sci. Eng.*, C **37**(**3**), 379 (2004).
7） H. Huang et al., *Biomaterials*, **28**, 3815 (2007).
8） E. Leclerc et al., *Biomaterials*, **25**(**19**), 4683 (2004).
9） R. Schade et al., *Int. J. Artif. Organs*, **33**(**4**), 219 (2010).

10) A. Ovsianikov et al., *Biomacromolecules*, **12**, 851 (2011).
11) T. Shimizu et al., *Biomaterials*, **24**, 2309 (2003).
12) W. H. Zimmermann et al., *Cardiovasc. Res.*, **71**, 419 (2006).
13) K. S. Furukawa et al., *J. Biotech.*, **133**(**1**), 134 (2008).
14) T. Nagai et al., *Tissue Eng. Part A*, **14**(**7**), 1183 (2008).
15) K. S. Furukawa et al., *Tissue Eng.* (IN-TECH), in press.
16) T. Kutsuna et al., *Tissue Eng. Part C*, **16**(**3**), 365 (2010).
17) Y. Nishiyama et al., *J. Biomech. Eng.*, **131**, 035001 (2009).
18) S. Moon et al., *Tissue Eng. Part C*, **16**(**1**), 157 (2010).
19) C. Norotte et al., *Biomaterials*, **30**, 5910 (2009).
20) V. Mironov et al., *Biomaterials*, **30**, 2164 (2009).
21) V. Mironov et al., *Curr. Opin. Biotech.*, **22**, 1 (2011).
22) M. Hamon et al., *Biofabrication*, **3**(**3**); 034111 (2011).
23) A. J. Engler et al., *Cell*, **126**, 677 (2006).
24) A. Zajac, D. E. Discher, *Curr. Opin. Cell Biol.*, **20**, 609 (2008).
25) S. Oh et al., *Proc. Natl. Acad. Sci. USA.*, **17**, 2130 (2009).
26) M. Dalby et al., *Nat. Mater.*, **23**, 997 (2007).
27) M. Mrksich, *Nat. Mater.*, **10**, 559 (2011).
28) R. J. McMurray et al., *Nat. Mater.*, **10**, 637 (2011).
29) G. C. Reilly, A. J. Engler, *J. Biomech.*, **43**, 55 (2010).
30) K. A. Kilian et al., *Proc. Natl. Acad. Sci. USA.*, **11**, 4872 (2010).
31) C. M. Nelson et al., *Proc. Natl. Acad. Sci. USA.*, **102**(**33**), 11594 (2005).
32) S. A. Ruiz, C. S. Chen, *Stem Cells*, **26**, 2921 (2008).
33) C. H. Seo et al., *Macromol. Biosci.*, **11**(**7**), 938 (2011).
34) C. H. Seo et al., *Biomaterials*, **32**(**36**), 9568 (2011).
35) C. H. Seo et al., *Biomaterials*, **34**, 1764 (2013).
36) M. T. Brittberg, *N. Engl. J. Med.*, **331**, 889 (1994).
37) K. Gelse, *Arthritis Rheum.*, **58**, 475 (2008).
38) 林紘三郎他,『生体細胞・組織のリモデリングのバイオメカニクス』, 本ME学会編, コロナ社 (2003).
39) F. Guilak et al., "Functional Tissue Engineering," Springer (2003).
40) K. von der Mark, *Nature*, **267**, 531 (1977).
41) P. D. Benya, J. D. Shaffer, *Cell*, **30**, 215 (1982).
42) T. Akimoto et al., *Clin. Calcium*, **18**(**9**), 1313 (2008).
43) H. J. Hauselmann, *J. Cell Sci.*, **107**, 17 (1994).
44) P. C. Yaeger, *Exp. Cell Res.*, **237**, 318 (1997).
45) M. Jakob, *J. Cell Biochem.*, **81**, 368 (2001).
46) B. Grigolo, *Biomaterials*, **23**, 1187 (2002).
47) G. Chen, *FEBS Lett.*, **542**, 95 (2003).
48) W. A. Hodge, *Proc. Natl. Acad. Sci. USA.*, **83**, 2879 (1986).
49) P. Angele et al., *J. Orthop. Res.*, **21**, 451 (2003).
50) Z. J. Luo, B. B. Seedhom, *Proc. Inst. Mech. Eng.*, [H] **221**, 499 (2007).
51) D. R. Wagner et al., *Ann. Biomed. Eng.*, **36**, 813 (2008).
52) K. Miyanishi et al., *Tissue Eng.*, **12**, 1419 (2006).
53) K. Miyanishi et al., *Tissue Eng.*, **12**, 2253 (2006).
54) J. Heyland et al., *Biotechnol. Lett.*, **28**, 1641 (2006).
55) M. Kawanishi et al., *Tissue Eng.*, **13**, 957 (2007).

再生医工学におけるメカノバイオロジーⅡ：創傷治癒/基質硬度検知/基質工学

Summary

再生医工学においては，組織構築細胞と人工材料の間の相互作用を生体適合的に設計し制御することが根本的課題である．その際，制御の必要な相互作用は，生物学的・生化学的要因から，材料表面の物理化学や，基質・材料の機械力学的バルク特性など多岐にわたる．特に，細胞・組織のメカノバイオロジーは基質の微視的力学的条件に依存して重要な調節を受けるため，細胞-材料相互作用の力覚メカニズムの理解と系統的な制御は再生医工学の重要な基盤の一つといえる．細胞は分子レベルでの力覚機能として機械刺激受容イオンチャネルや，接着斑・細胞骨格などのタンパク質集積構造の機械力学的挙動を巧みに活用している．本章では主に軟組織を想定した弾性基質と細胞との相互作用に焦点を当て，まずそのようなタンパク質分子レベル，分子集積体レベルでの力覚メカニズムを解説する．さらに細胞は，それらのナノ・マイクロスケールでの個別の力覚機能体の活動を，単一の細胞内から細胞集団内でのシグナル処理へと並列・統合処理することにより，細胞運動や増殖・分化能の変調といったマクロスケールでの力覚応答を創発する．その具体例は，弾性基質上での細胞運動の方向制御や，分化系統決定に見られる．これらの現象は実際の生体内での創傷治癒過程や幹細胞の機能調節などにも深くかかわっており，再生医工学のための細胞操作材料の機能的設計の重要なヒントを与えるものである．細胞外の微視的力学場による細胞操作の基礎と応用について，再生医工学とのかかわりとともに紹介する．

22.1　はじめに

再生医工学とは，自己治癒不能な傷害を受けた組織や臓器を再生させうる生体工学の新手法として Langer と Vacanti らによって提唱された医療技術である[1]．その骨子は，細胞，担体（スキャフォールド），増殖因子の 3 要素の最適な組合せであることは現在ではよく知られている．生体組織における個々の細胞の機能が，さまざまなサイトカインと細胞外基質の微視的環境条件の両者の協奏的作用により制御されていることを踏まえれば，再生医工学とは上記 3 要素系において再生組織のダイナミクスを工学的に模倣し誘導しようとする取り組みであり，原理的にはバイオミメティック工学の一角でもあるといえる．近年では，組織再生の鍵を握る細胞として iPS 細胞や ES 細胞などの多能性幹細胞の応用に大きな期待が寄せられているが，幹細胞の未分化維持・増幅・分化誘導などを適切に操作する培養技術および基材の開発もまた，再生医工学の大きな課題の一つである．このような工学的アプローチにおいて，細胞機能を自在に操作する足場材料や培養基材の設計が強く望まれている．

細胞機能を操作する人工材料を設計するためには，細胞と細胞外基質の相互作用の詳細な理解と制御が重要である．その相互作用の様態は一般に，ほぼ経時的な変化に従って整理すると，まずは基質への接着に始まり，その後の伸展，移動，増殖調節または分化誘導として現れる．これらの各挙動は，基質に結合した生理活性分子の寄与，基質表面の物理化学，そして基質のバルク特性によって決定される．このうち基質の機械力学バルク特性は，細胞のメカノバイオロジー応答に特に顕著な影響を与えうる．では，細胞周囲の微視的力学的環境はどのように細胞によって検知され，細胞の機能応答を制御するのであろうか．また，そのような力学的環境の設計を通じてどのような細胞操作が可能となるのだろうか．本章ではこれらの課題に関して，まず細胞が周囲力学場を検知する分子メカニズムを述べる（分子レベルでの力覚機能）．さらに，その分子メカニズムにより創発される細胞・組織レベルでの力覚挙動の例として，創傷治癒や遊走現象における細胞運動の制御，幹細胞分化の制御，組織発生メカニクスの問題を取り上げる．細胞外の微視的力学場による細胞操作の基礎と応用について，再生医工学とのかかわりとともに紹介する．

22.2　基質力学検知メカニズム

22.2.1　アクティブタッチ・センシング

外部から血流のずり応力や伸展などの力を負荷されると，細胞はそれらを機械刺激として感知し応答反応を示す．最近，これに加えて，細胞は周囲（基質）の力学的な性質（硬さ）をも感知していることがわかってきた．Englerらは，間葉系幹細胞を骨・筋肉・脳組織と同じ硬さの基質上で培養すると，それぞれの組織の特徴をもつ細胞へと分化するという驚くべき結果を報告した[2]．また，細胞が軟らかい基質から硬い基質に向かって遊走すること（触走性，メカノタクシスまたはデュロタクシス）はよく知られている[3,4]．これらは，細胞が静的な基質の硬さを能動的に検知できることを示している．この機能は細胞分化や組織形成にきわめて重要であり，そのメカニズムを理解することは細胞操作材料の設計に不可欠である．しかし，外部からは力が負荷されない状況で，細胞はどのように基質の硬さを検知しているのであろうか．

通常，われわれが物の硬さを調べるときは，その物を押したり引っ張ったりする．そのとき，小さな力を負荷しても変形が大きければその物は軟らかく，逆に大きな力でもあまり変形しなければその物は硬いと認識する（変形だけではなく，押したときに際に押し戻される力，引っ張った際には引き戻される力の程度によっても硬さを推し量っている）．どうやら細胞も，われわれと同様に，接着している基質に力を加えながら硬さを調べているようである（図22.1a）．

細胞は接着斑のインテグリン分子を介して基質上のECM（細胞外基質）と特異的に結合する．インテグリンは細胞内側で接着斑構成分子であるビンキュリンやタリンと結合し，さらに，それらを介して細胞骨格であるストレス線維に連結する（図22.1b）．ストレス線維は数十本以上のアクチン線維が束になり，そこに周期的にミオシン，トロポニン，アクチニンが入り込んだ太い線維で，筋肉のサルコメア構造のようにATPを消費して収縮して力を発生することができる．ストレス線維は，細胞内では，細胞周縁部に加えて接着斑や細胞間接着部位にその両端を接続して細胞の細胞骨格を構成しており，屋台骨様に骨組みを張って細胞の形態を形成し維持する．さらにそれは単なる骨組みではなく，収縮することにより接着斑を介して連結した足場を牽引することができる．

注意すべき点は，非筋細胞でもストレス線維を収縮できることである．実際に，細胞を軟らかいシリコンのシート上に培養すると，細胞がシートを引っ張るのでその牽引力をシートの「しわ」として目にすることができる（図22.1c）．細胞が基質を引っ張る力をより正確に測定するには，力場顕微鏡（traction force microscopy）を用いる．

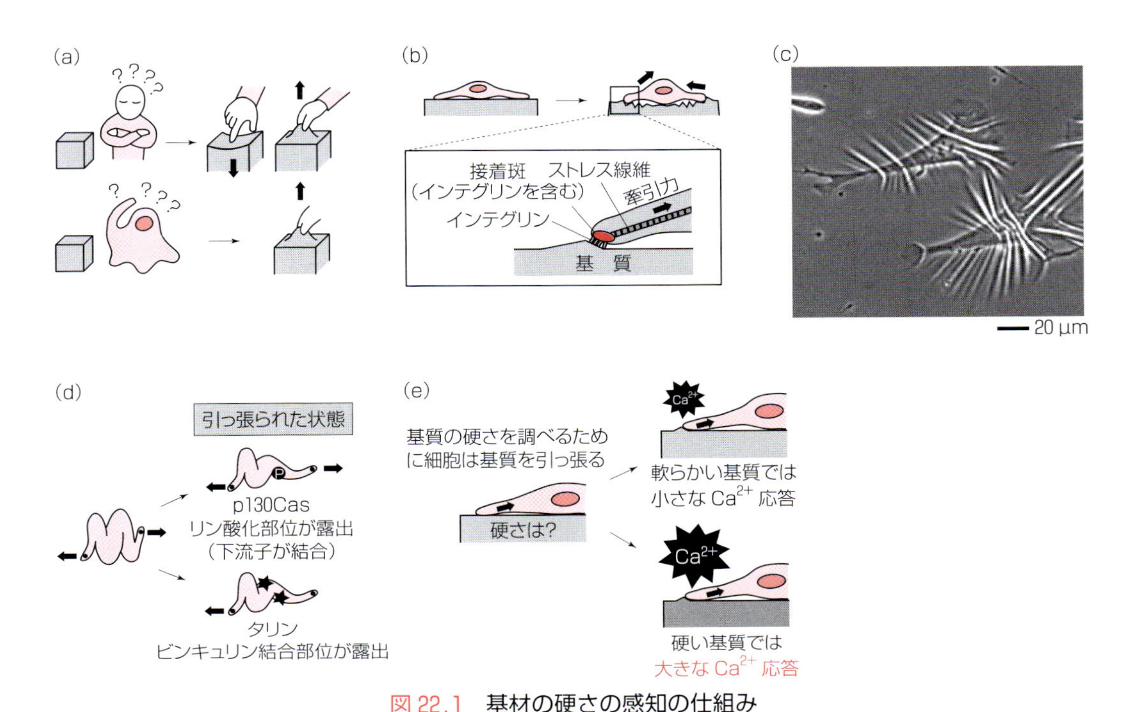

図 22.1　基材の硬さの感知の仕組み

（a）われわれは「物」の硬さを押したり引っ張ったりして調べる．細胞も「基質」の硬さを引っ張って調べている．（b）基質は接着斑を介して細胞に結合し，さらにストレス線維に連結している．ストレス線維は収縮して基質を牽引する力を発生する．（c）軟らかいシリコンシート上で間葉系幹細胞を培養するとしわを作るので，細胞が基質を引っ張っている様子を目にすることができる．（d）メカノセンサー分子の概念図．p130Cas やタリンに力が負荷され分子構造が変化して，リン酸化部位や他の分子との結合部位が露出する．（e）接着斑/ストレス線維/機械刺激受容チャネルの複合体により基質の硬さに応じた力が細胞内 Ca^{2+} 濃度に変換される．

ビーズを埋め込んだ軟らかいゲル上や，たわむことが可能な細い柱を剣山のように配置した上で細胞を培養し，そのビーズや柱の変位・曲がりを測定することにより細胞の牽引力を測定する．最新の研究では，細胞が基質の硬さを調べるために接着斑を 1 分間に 4 回ほどの頻度でぐいぐい引っ張っていることが明らかになった[5]．ストレス線維の収縮力は非筋型のミオシンに依存するが，細胞の硬さ感知には収縮力が必須である．実際，薬理学的に収縮力を阻害すると，細胞の基質硬度依存的な応答反応は抑えられる．細胞は，基質の外部から受けた力を受動的に感知するのみならず，あちこちを引っ張り，周りの力学的性質（基質硬度）を能動的に調べている．これは「アクティブタッチ・センシング（active touch sensing）」あるいは「能動力覚」と呼ばれている[6]．

22.2.2　基質力学的情報の細胞内シグナルへの変換

細胞の硬さ感知では，前項で述べた接着分子による対象への特異的接着と，接着分子・接着斑に連結した細胞骨格収縮装置（ストレス線維）による対象の牽引に加え，接着斑/細胞骨格において基質の硬さを反映する応力を細胞内シグナルに変換する 3 番目の過程が必要である．この過程を担うのが，いわゆる「メカノセンサー」と呼ばれるものである．ここでいう「メカノセンサー」とは，受けた力に応じて構造，分子間相互作用や活性化状態を変え，細胞の応答反応につながる細胞内シグナルを生み出す分子や構造体である．以下，最近の知見によって「メカノセンサー」の候補として明らかになってきた接着斑分子，ストレス線維，機械刺激受容チャネルについて述べる．

(1) p130Cas

細胞が能動的にストレス線維を収縮して基質を引っ張り，その結果として応力が生じるが，それは細胞と基質の境界に存在する接着斑に集中する（応力集中点）．そのため，接着斑やその近傍にメカノセンサーがあると目され，その探索が精力的に行われてきた．まず，接着斑構成分子であるp130Cas分子が，伸展刺激依存的にリン酸化されることが明らかにされた[7]．Srcファミリー・キナーゼの基質であるp130Cas分子を人為的に伸ばすと，分子構造が変化してキナーゼ基質となる分子内部位を露出し，リン酸化量が増加したのである．この結果から，p130Cas分子は力依存的にリン酸化シグナルを増加するメカノセンサーとして機能していると考えられた（図22.1d）．しかしその機能は生細胞中で検証されておらず，今後の研究の進展が待たれている．

(2) タリン

また，同じく接着斑の構成分子であるタリンも力の負荷に応じて分子構造を変えることが示された[8]．タリンの場合は，折り畳み構造の中に隠されていたビンキュリン結合部位が，伸ばされたときに露出してビンキュリン結合が増加する（図22.1d）．その結果，ビンキュリンに結合するアクチン線維やα-アクチニン分子の結合も増加して，ストレス線維が太くなると考えられる．タリンの場合は，*in vitro*のみならず生細胞中においてもメカノセンサーとしての機能が確認されている[8,9]．すなわち，生きている細胞の接着斑においてタリン分子が引っ張られて伸ばされているらしく，ビンキュリン結合部位が増加しているのである．

(3) インテグリン

加えて，ECM（細胞外基質）との接着を担うインテグリンも，負荷される力により活性化状態を変化させることが知られている．インテグリンがストレス線維の牽引力や基質の硬さに応じた応力によりタリンを介して引っ張られると，インテグリンとECMの結合安定性が増すのである．結果，接着斑内のインテグリンとECMの結合数が増加する．したがって，メカノセンサーとしてのタリンやインテグリンの機能を考えると，応力依存的な正のフィードバック制御機構によりストレス線維の太さや接着斑の大きさが増すことが予想される．実際，応力が高まる硬い基質上では，接着斑が大きくなるとともにストレス線維の太さ・数が増えることが観察されており，上記予想と合致する．この場合，硬い基質上では細胞の牽引力に対し大きな応力が発生し，細胞が大きな応力に耐えられる構造を作り，より強く基質を引っ張ることも可能にしているのだろう．

(4) ストレス線維

これまでは，硬い基質上の細胞においてストレス線維の牽引に対し強い応力が存在する場合について紹介したが，逆に応力が弱まったときに働くようなメカノセンサーはあるのだろうか．最近，ストレス線維自身が負の張力センサーであることが明らかにされた[10]．ストレス線維は牽引力の発生装置であり，かつ応力の伝達も担うが，ストレス線維中のアクチン線維自身が弛緩した際には切断されることがわかったのである．これにはコフィリンというアクチン線維の分解促進因子がかかわっており，弛緩状態のアクチン線維はコフィリン分子との親和性が増して切断されるのである．このストレス線維の切断メカニズムは，細胞が基質を引っ張る応力が弱いときに，アクチン線維が切れてストレス線維が細くなっていく現象に関与している可能性がある．

(5) 機械刺激受容チャネル

他に，機械刺激受容チャネルもメカノセンサーとして基質硬度の感知に働くと予想されている．機械刺激受容チャネルは細胞膜の伸展などの機械刺激により活性化する．たとえば，血管内皮細胞を伸展すると機械刺激受容チャネルを介してCa^{2+}イオンが細胞内に流入する．TRPV4チャネルなどがそのチャネル分子の実体と考えられているが確定されていない．

細菌の機械刺激受容チャネルは単独で細胞膜の張力を感知し開閉するが，真核生物の場合はチャネルの機械刺激依存的な活性化には細胞内骨格や他の分子との相互作用が必要で，負荷された力が細胞内骨格系を介してチャネルに伝わりチャネルが開くと考えられている．最近，細胞内のストレス線維1本を数pNのごく弱い力で人為的に引っ張っても，連結した接着斑とみられる近傍で機械刺激受容チャネルを介して局所的なCa^{2+}流入が誘導されることが明らかにされた[11]．このチャネルの実体も不明であるが，接着斑/ストレス線維/機械刺激受容チャネルの複合体が接着斑近傍に生じた力を細胞内Ca^{2+}濃度に変換するメカノセンサーとして機能していることが示唆される．ストレス線維が能動的に基質の硬さに応じた収縮力を発揮して接着斑下の基質を引っ張り，そのとき線維に生じる張力が機械刺激受容チャネルを活性化すれば，細胞はCa^{2+}濃度変化の大きさから基質硬度の検知が可能と考えられる（図22.1e）．実際，硬い基質上では，軟らかい基質と比べて細胞内Ca^{2+}の振動がより大きいことが観察されている[6]

ここまで基質硬度の感知に関与すると考えられるメカノセンサーとして，接着斑分子，ストレス線維，機械刺激受容チャネルを取り上げたが，他の分子・複合体がその働きを担っている可能性もある．また基質の硬さを感知する際には，一つのメカノセンサーのみでなく，多くのセンサーが同時に働き細胞応答につながる複雑なシグナル伝達を導いていると考えられる．

22.2.3 基質硬度感知・応答にかかわる細胞内分子シグナル系

「メカノセンサー」のように力学情報を化学シグナルに変換する役割は果たさないが，細胞が基質の硬さを感知・応答する際に不可欠な，あるいは特有に働くシグナル分子が知られている．実際の細胞の硬さ感知過程では，前述したように一度に複数のメカノセンサーやシグナル経路を利用している可能性が高い．よって，細胞機能制御を目的に弾性基材を設計する際には，個々のセンサーのON/OFF状態だけでなく，本項で取り上げる特徴的な分子を解析することによって細胞の感知・応答の統合的な理解が進むと考えられる．

細胞の硬さ感知は応力集中点である接着斑とその近傍で行われている可能性が高く，その感知過程では接着斑構成分子やその制御にかかわる分子が必要とされている．具体的には，前述したタリンやp130Cas以外に，パキシリンやFAK（focal adhesion kinase）分子が硬さ感知・応答に関与し，それら分子のリン酸化/脱リン酸化，分子間相互作用が基質の硬さ依存的に変化する．接着斑分子のリン酸化/脱リン酸化を制御し分子間相互作用をコントロールするSrcファミリー・キナーゼやホスファターゼRPTPαも硬さ感知・応答に不可欠である．その他に，低分子量Gタンパク質であるRhoやミオシンに関係するシグナル分子も，細胞の中のストレス線維の牽引力発生を制御する役割上，密接に硬さ感知にかかわっている．

YAP/TAZは核内に移動して細胞分化・増殖に関与する転写因子をコントロールする転写因子制御分子である．YAP/TAZ自体は，発生・がん化の過程においてショウジョウバエで見つかったHippoシグナル経路やさまざまな増殖因子・サイトカインにより上流から制御されている．たとえば，細胞がコンフルエントになった状態では，YAP/TAZの核内局在は失われ細胞増殖の接触阻害が起きる．これらに加えて，最近，このYAP/

TAZ分子が基質硬度などの機械刺激にかかわるシグナル伝達に重要な役割を果たしていることが明らかになった[12]．硬い基質上で培養した細胞ではYAP/TAZ分子は核内に局在し，骨分化や筋分化を進行させる．一方，軟らかい基質上では核内の局在を失うのである．このYAP/TAZ分子が硬さ感知の過程にどのようにかかわっているか．その上流シグナルに関しては不明である．しかし，ストレス線維とその収縮力がYAP/TAZ分子の核内局在に関与することはわかっている．YAP/TAZ分子が基質の硬さ依存的な応答反応における細胞分化や増殖へ誘導する主要なシグナル経路の役割を担っている可能性は高く，現在，硬さ感知・応答にかかわる研究の中で注目されている．

22.3　基質硬度依存的な細胞応答が混在する創傷治癒

創傷治癒では，創傷部での炎症反応，滲出破壊，肉芽の形成と線維化，上皮化，創の収縮が起きる．その過程にはさまざまな細胞の増殖，遊走，分化，生存などの営みが含まれるが，いずれも基質の硬さに影響を受ける．ここでは，創傷治癒過程での線維芽細胞と表皮細胞の基質の硬さに対する応答を取り上げる．

線維芽細胞は，創傷治癒において受傷数日後から創傷部位に遊走するとともに増殖し，筋線維芽細胞に分化する．この筋線維芽細胞は，コラーゲンなどのECMを産生する他に，α-アクチニンを発現して大きな張力を生み出し肉芽組織を収縮して傷口を小さくする働きがある．基質の硬さは線維芽細胞の遊走や増殖にも影響を与えるが，筋線維芽細胞への分化やその活性にも作用する[13,14]．硬い基質上では筋線維芽細胞への分化は促進される．生体においても添木で傷口組織に張力を負荷した状態におくと，対照と比べて多数の筋線維芽細胞が出現する．逆に，軟らかい基質上では線維芽細胞の分化も抑えられ，筋線維芽細胞は張力を失いアポトーシスを起こすことが知られている．

創傷治癒の表層では，表皮細胞の増殖と遊走により傷が塞がれる．その表皮細胞の傷に面した先端では，上皮系から間葉系への形質転換（上皮間葉転換，epidermal-mesenchymaltransition）が起きる．表皮細胞の増殖・遊走が基質硬度に応じて変化することは知られていたが，最近，この上皮間葉転換も基質の硬さの影響を受けることが明らかになってきた[15]．すなわち，TGFβ処理により誘導される上皮系細胞の上皮間葉転換は硬い基質上では促進されるのである．

創傷治癒ではさまざまな基質硬度に対する感知・応答反応が混在しており，そこでの細胞と基質の相互作用にかかわる情報は再生医工学における人工材料の設計にきわめて有用だと考えられる．

22.4　弾性基材設計と組織・細胞操作

22.4.1　弾性基材設計による細胞局在操作

細胞は基質の硬さを検知し，そのシグナルを細胞内で処理して運動方向を調節する．この現象は，組織形成の原理的基礎ともなる細胞群の動的局在制御にもかかわっている．たとえば，接着系細胞は培養基材の表面弾性勾配に対して特徴的な硬領域指向性運動を示す．Loらは，架橋剤濃度を調節して弾性率を変えたPAAmゲルを隣接させ，30 kPaと14 kPaの硬軟隣接境界を作製して線維芽細胞の運動を観察したところ，30 kPaの硬領域へと細胞が侵入し，14 kPaの軟領域には再び戻らないことを見出し，これをDurotaxisと名づけた[3]．

線維芽細胞のメカノタクシスの誘起には，細胞一体の接着界面内で一定度以上の勾配強度が必要であり，ゼラチンゲルの場合，10 kPaの軟領域からは300～400 kPa/50 μm程度の急峻な弾性率勾配が必要である（図22.2）[16]．一方，血管平滑筋細胞は1～4 kPa/100 μmの勾配強度でメカノタ

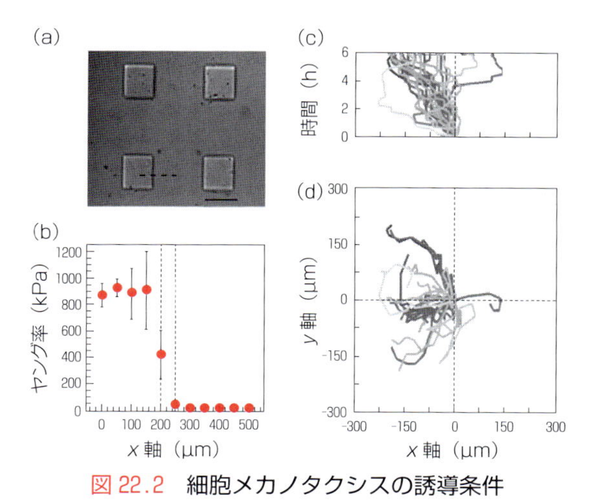

図 22.2 細胞メカノタクシスの誘導条件
(a) 約 100 kPa の弾性率をもつ硬領域ドメインと，数 kPa の弾性率をもつ軟らかい周辺部からなるパターン化ゼラチンゲル．(b)(a) における点線部に沿った表面弾性率の分布．(c)，(d) 硬領域を −x 方向とし，細胞運動の測定開始座標を原点に集めたときの運動軌跡．メカノタクシスは急峻な弾性勾配において誘導されることがわかる (文献 16 より改変のうえ，引用)．

クシスを起こすとの報告もあり[17]，弾性勾配強度条件には細胞種依存性がある．

このことは，細胞の形の顕著な違いによるものと考えられる．弾性基材上での細胞接着界面には，弾性特性依存的な接着斑の成長と牽引力分布が誘導され，その分布は細胞の形の決定とともに，細胞運動の方向性に影響を及ぼす．線維芽細胞は大きな葉状仮足をもつ非対称性の高い不定形であるのに対し，血管平滑筋細胞は紡錘形状で仮足は貧弱であり，もともと動きの活発な細胞ではない．メカノタクシスは弾性勾配場において，細胞一体の接着界面内に非対称な接着斑分布と接着牽引力分布が強制的に生成されることがトリガーとなって起こる極性運動であり[16]，その接着斑分布の差異が細胞種依存的な弾性勾配感受性の差異を導くものと考えられる．そして，このような細胞種依存性は組織構築の際の異種細胞の局在にも影響を与えうるため，材料の微視的力学場設計は細胞局在制御の基礎としても重要である．

弾性勾配をもつゲルの作製についてはこれまでに，マイクロ流路加工により作製したグラジエントメーカーを用いて架橋剤の濃度勾配を与えて形成させる技術[18,19]や，連続光リソグラフィーによる手法[20]が報告されており，近年では三次元の力学場設計への取り組みも進展しつつある[21]．力学場設計による細胞運動制御が重要となる材料構築への応用例としては，神経再生足場などがあげられる．神経組織の発生は周囲力学場条件に強く依存した調節を受け，たとえば中枢神経系ではグリア細胞の形成する軟らかい組織特性に依存した軸索成長が，末梢神経系では顕著に硬い組織も含む周辺環境に依存した樹状突起の成長が，それぞれ異なる特徴を示す[22,23]．再生足場の力場設計は効果的な神経組織再生のための重要な設計要因の一つとしても注目されている．

22.4.2 弾性基材設計による幹細胞メカノバイオロジー操作

培養力学場条件は細胞運動方向の制御ばかりでなく，幹細胞の分化系統決定にも重要な影響を与える[2,24,25]．上述のように Engler と Discher らは，架橋度を変えて異なる弾性率を調整し，最表面にコラーゲンをコーティングして細胞接着性を持たせたポリアクリルアミドゲルの上で間葉系幹細胞 (MSC) を培養したところ，分化誘導因子非存在下においてマトリックスの硬さのみに依存して神経 (～1 kPa)，筋 (8～17 kPa)，骨 (25～40 kPa) のそれぞれの原細胞へ系統決定されることを報告している (図 22.3)[2]．このような現象は同一培養液条件下，異なる硬さの基材上での一週間ほどの培養で起こった．分化誘導因子のみを用いた場合にかかる数週間程度の培養に比べ，顕著に短期間で系統決定がなされることからも，幹細胞の機能操作に対するメカノシグナルの寄与の重要性が強く示唆される．

Blebbistatin により非筋ミオシン II を阻害するとこのような系統決定は見られなくなることから，

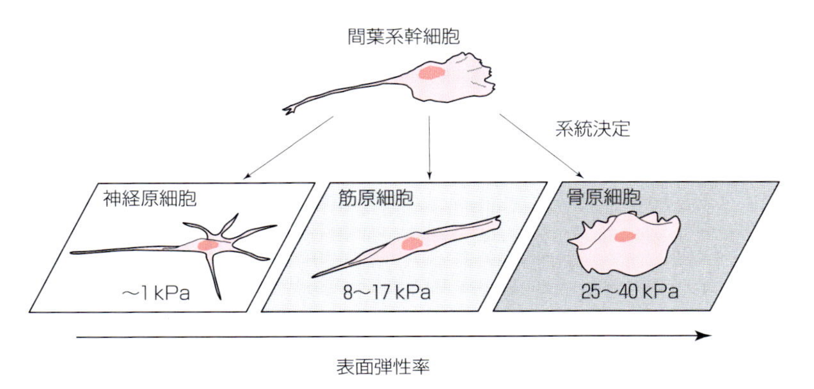

図 22.3　間葉系幹細胞の培養基材弾性率依存的な分化系統決定

細胞-基材間の接着装置により細胞骨格系全体に負荷される細胞内部応力と，分化系統決定にかかわる細胞内シグナル伝達経路のクロストークが示唆されている．一方，Winner らは 0.25 kPa 程度の軟らかいゲル上で MSC を培養すると，その細胞周期が静止期に止まり，休眠状態に保持されることを報告している[26]．0.25 kPa の他，7.5 kPa およびガラス基板（～GPa）で培養の後，脂肪細胞への分化誘導を行うと，0.25 kPa ゲル上での休眠培養後の MSC が顕著に高い分化誘導効率を呈し，ごく軟らかい周囲環境が幹細胞の分化能の保持に関与する可能性が示唆された．通常，MSC は生体内ではほとんど分裂増殖せず，幹細胞ニッシェと呼ばれる周囲環境に包まれてその性質を温存していると考えられているが，Winner らの知見は MSC の幹細胞性の保持に最適な培養力学場条件が存在する可能性を示しており，幹細胞ニッシェのバイオミメティックスにおけるメカノバイオロジーの重要性を暗示している．

以上のような幹細胞のメカノバイオロジー応答は，接着斑および細胞骨格系によって細胞内に負荷されるメカニカルなシグナルであると考えられているが，その詳細は未開拓の課題である．接着斑レベルでのシグナル入力に関連して，ナノピットを施した弾性基材上での MSC 培養の Dalby らによる報告は示唆に富む．彼らはサイズスケール的に接着斑分布と相互作用の起こりやすい直径 120 nm，深さ 100 nm のナノピットを平均 300 nm 間隔で配置したパターン化シリコン基板上で MSC を培養すると，その間隔が規則正しいときには幹細胞性保持[27]，平均間隔 300 nm から ±50 nm で乱雑に配置の摂動を与えた不規則パターンになると骨分化促進[28]という制御が起こることを見出した．ピットサイズは同一でも，その配置の乱雑さのみが異なるだけで未分化保持と分化が切り替り，細胞の運命が大きく変動する．培養力学場設計による幹細胞のメカノバイオロジーの制御は幹細胞操作材料の設計にも深くかかわっている．

22.5　おわりに

本章では，再生医工学材料の設計における本質的な基礎の一つである細胞のメカノバイオロジーの理解と応用について，先端研究の知見を述べた．細胞と材料の相互作用における接着・伸展・運動・増殖・分化の挙動に，材料の機械力学的特性の設計が重要な影響を及ぼすことを確認し，またその際の細胞側の力覚メカニズムの最新知見とともに，細胞機能応答の系統的制御のための材料設計の可能性についてまとめた．

細胞のメカノバイオロジーの制御・操作には，上述のように幹細胞の分化制御をはじめ，大きな可能性が期待されるが，その系統的な応用には課題も大きい．しかし，生体は組織や器官という三次元秩序構造の中で，三次元構造体に必然的に付随する構造力学的挙動を細胞の力覚応答性と見事に連動させており，生体模倣・生体適合性材料の究極的設計とはそのような細胞のメカノバイオロジーの操作を可能とするものとなるであろう．次世代のバイオマテリアル研究の一翼として，細胞のメカノバイオロジー操作材料の研究が大きく発展することを期待したい．

（木戸秋悟・小林剛）

文　献

1）R. Langer, J. P. Vacanti, *Science*, **260**, 920（1993）.
2）A. J. Engler et al., *Cell*, **126**, 677（2006）.
3）C-M. Lo et al., *Biophys. J.*, **79**, 141（2000）.
4）S. Kidoaki, T. Matsuda, *J. Biotechnol.*, **133**, 225（2008）.
5）S. V. Plotnikov et al., *Cell*, **151**, 1513（2012）.
6）T. Kobayashi, M. Sokabe, *Curr. Opin. Cell Biol.*, **22**, 669（2010）.
7）Y. Sawada et al., *Cell*, **127**, 1015（2006）.
8）A. del Rio et al., *Science*, **323**, 638（2009）.
9）P. Kanchanawong et al., *Nature*, **468**, 580（2010）.
10）K. Hayakawa et al., *J. Cell Biol.*, **195**, 721（2011）.
11）K. Hayakawa et al., *J. Cell Sci.*, **121**, 496（2008）.
12）S. Dupont et al., *Nature*, **474**, 179（2011）.
13）J. J. Tomasek et al., *Nat. Rev. Mol. Cell Biol.*, **3**, 349（2002）.
14）J. M. Goffin et al., *J. Cell Biol.*, **172**, 259（2006）.
15）J. L. Leight et al., *Mol. Biol. Cell*, **23**, 781（2012）.
16）T. Kawano, S. Kidoaki, *Biomaterials*, **32**, 2725（2011）/**34**, 7563（2013）.
17）B. C. Isenberg et al., *Biophys. J.*, **97**, 1313（2009）.
18）J. A. Burdick et al., *Langmuir*, **20**, 5153（2004）.
19）N. Zaari et al., *Adv. Mater.*, **16**, 2133（2004）.
20）J. Y. Wong et al., *Langmuir*, **19**, 1908（2003）.
21）H. F. Lu et al., *Biomaterials*, **33**, 2419（2012）.
22）L. A. Flanagan et al., *Neuroreport*, **13**, 2411（2002）.
23）P. C. Georges et al., *Biophys. J.*, **90**, 3012（2006）.
24）R. MacBeth et al., *Dev. Cell*, **6**, 483（2004）.
25）E. K. Yim et al., *Exp. Cell Res.*, **313**, 1820（2007）.
26）J. P. Winer et al., *Tissue engineering*, **15**, 147（2009）.
27）R. J. McMurray et al., *Nat. Mater.*, **10**, 637（2011）.
28）M. J. Dalby et al., *Nat. Mater.*, **6**, 997（2007）.

再生医工学におけるメカノバイオロジーIII：血管

Summary

血管は組織に酸素や栄養を供給する重要な役割を果たしており，その形成過程を理解して制御することは再生医療，創傷治癒，がん治療など，さまざまな分野において重要な課題である．血管を形成する血管内皮細胞は，生体内において多様な生化学的および力学的環境に曝されている．血管の内腔を覆う血管内皮細胞には常に血流に起因する力学的因子が作用しており，この流れ刺激が血管ネットワーク形成において重要な役割を果たすことが知られている．流れ刺激と血管ネットワーク形成は生体外三次元血管新生モデルを用いて研究されてきた．特に，血管内壁に平行な流れに起因するせん断応力（shear stress）や血管壁を透過する間質流（interstitial flow）が血管形成を促進させる．また，血管内皮細胞は細胞外マトリクスで足場を固めており，その力学的性質が血管ネットワーク形成に影響を及ぼす．最近の研究では微細加工技術を応用した新しい細胞培養デバイス（マイクロ流体システム）が開発され，血管形成過程における微小環境因子をより精密に制御することが可能になってきた．

23.1 はじめに

現在わが国では，1万3千人以上の人々が移植希望登録を行っている．しかし，慢性的なドナー不足により，1年間の全臓器に関する移植件数は希望者数の2.5％程度である．臓器移植の代替として人工心臓や人工透析などがあるが，継続的な受診が必要であり患者の負担がたいへん大きい．また臓器移植を行ったとしても，免疫拒絶反応の恐れがある．さらに，先進国では65歳以上の高齢者の5分の1が，一生のうちに何らかのかたちで臓器機能を代替する技術の恩恵を受ける可能性がある[1]．近年，臓器の機能不全に苦しむ人々のための革新的治療法として，「再生医療」が注目されている．自分自身の細胞から作製する再生組織なら拒絶反応に苦しむことがないためである．特に再生医療の中でも，失われた組織を生体外で再生させることを目的とした組織工学（tissue engineering）の研究が盛んに行われ，皮膚や角膜などの二次元組織や軟骨のような血管ネットワークを含まない三次元組織の再生については成功例が報告されている[1,2]．しかし一方で，肝臓，心臓，膵臓などの血管ネットワークを含む複雑な三次元臓器の再生にはいまだ成功しておらず，血の通った臓器を再生させること（vascularization）が，組織工学における大きな課題となっている[1]．なぜなら，細胞の積層組織の厚みが200 μm以上になると，酸素や栄養分の供給が拡散のみでは困難になるためである[3]．

われわれの体を構成する細胞は血流から酸素と栄養分を受け取ることで生命活動を行い，恒常性を維持している．したがって，血管ネットワークは生体組織にとって必要不可欠であり，生体外における組織・臓器の再構築においては，単に実質細胞による組織構造の再構築だけでなく，血管ネットワークの再構築も考慮に入れなければ機能的な組織を再生することはできない．このように，三次元臓器の再生には血管ネットワークの再生が必要不可欠であることから，生体外で血管形成を促進・制御するためのメカニズムの解明，および血管形成の方法論に注目が集まっている．さらに，再構築した組織をより生理的な状態で培養するために血管を含むかたちで組織を培養する必要性が高まってきており，生体外において血管形成を自在に制御することは組織工学においてたいへん重要な課題である[4]．血管形成の制御因子には生化学的因子と力学的因子があるが，ここでは工学的観点から力学的因子に着目し，生体外において血管ネットワークを再構築していく手法について概説する．

23.2　血管形成の生体内モデル

血管新生は血管を構成している血管内皮細胞が増殖，遊走を繰り返しながら新しい血管を形成する現象である．血管内腔を一層に覆う血管内皮細胞は常に力学的刺激である血流に曝されているため，流れ刺激（せん断応力や間質流）と血管新生の関係が1世紀近くも議論されてきた．

たとえばClarkは，オタマジャクシの尾における血管の成長を観察した[5]．血流の速い部位では血管成長が増加し，一方，血流が停止した場合は毛細血管が退行することを報告した．Ichiokaらは，ウサギの耳の一部を穿孔して微小循環を観察するための透明窓を装着後，血管拡張薬を経口投与し，血流（せん断応力の大きさ）を増加させた[6]．血管拡張薬を投与したものは，投与していないものに比べて，創部治癒過程における血管新生が明らかに促進されることを示した．Nasuらは血流と血管拡張の関係を解明するために，生体内における腫瘍血管の成長を観察した[7]．その結果，腫瘍の血管新生が，血管新生増殖因子より局所の力学的因子に依存することを示した．また間質流に関しては，Boardmanらがマウス尾にコラーゲンを移植し，肌再生モデルを構築した[8]．このモデルから，間質流とリンパ管内皮細胞遊走の相関関係が見られ，間質流が方向性のあるリンパ管形成を引き起こすことがわかった．

しかし，生体内の環境は多数の細胞や生理活性物質が存在するため非常に複雑であり，力学的因子が血管形成に及ぼす影響を詳細に検証することは難しいという問題点がある．

23.3　血管形成の三次元培養モデル

生体内観察の問題点を解決するため，生体外で血管新生を再現する実験モデルが用いられてきた．生体外培養モデルを大別すると，血管内皮細胞がマトリゲル上に二次元的ネットワークを形成する二次元培養モデル[9]と，I型コラーゲンゲル（フィブリンゲルが用いられることもある）上もしくはI型コラーゲンゲル中に三次元的ネットワークを形成する三次元培養モデル[10-12]がある．これらの生体外培養モデルは生体内における血管新生の段階を踏まえていることに加え，迅速さ，再現性の高さ，定量化の容易さなどから多くの研究に用いられてきた．特に，三次元培養モデルは二次元培養モデルと比較して生体内の生理機能が維持されており[13]，血管新生の過程やネットワーク形態形成をより忠実に再現しているため，生体内の環境に近いといわれている．本節では，この生体外三次元培養モデルを紹介する．

培養皿に用意したコラーゲンゲルの上で血管内皮細胞を培養すると，細胞は増殖しコラーゲンゲルの表面を一面に覆いコンフルエントの状態となる（図23.1a）．このとき，培養液に血管新生因子（vascular endothelial growth factor，VEGFやbasic fibroblast growth factor，bFGFなど）を添加すると血管新生が誘導される．すなわち，コンフルエント層を形成する一部の血管内皮細胞が，

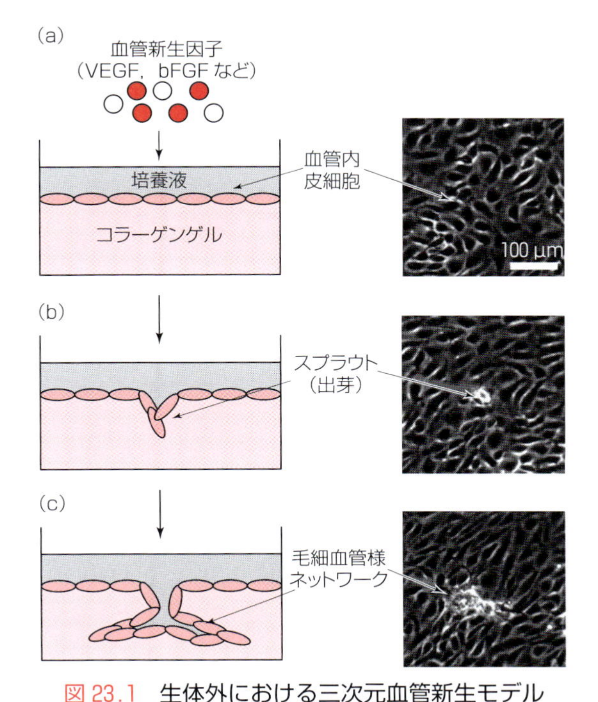

図 23.1　生体外における三次元血管新生モデル
(a) 培養皿に用意したコラーゲンゲル上で血管内皮細胞を培養すると，細胞は遊走・増殖しコラーゲンゲルの表面を一面に覆う（コンフルエント）．その後，血管新生を誘導するために，培養液に血管新生因子（VEGF や bFGF）を添加する．(b) コンフルエントになった血管内皮細胞は培養液に添加された血管新生因子の刺激に応じてコラーゲンゲルに侵入しはじめる（スプラウト）．(c) コラーゲンゲル内部に侵入した血管内皮細胞は部分的に内腔をもつ三次元的な毛細血管様構造（血管ネットワーク）を形成する．

血管新生因子による生化学的刺激に応じてコラーゲンゲル内部に侵入し始める（スプラウト，図 23.1b）．コラーゲンゲル内部に侵入した血管内皮細胞はさらに伸長し，部分的に内腔を有する毛細血管様の三次元ネットワークを形成する（図 23.1c）．この三次元培養モデルを用いることで，血管形成過程の詳細や血管形成における細胞内シグナル伝達など多くのことが明らかにされてきた[10]．

23.4　力学的刺激による血管形成の制御

血管形成過程は，増殖因子や局所酸素濃度などの生化学的因子によって制御されるだけなく，細胞外マトリクスの弾性率や血流に起因する圧力，せん断応力，間質流など，細胞周囲の微小環境における力学的因子による影響も受けていることがわかってきた[14]．本節では血管形成を制御する力学的因子として，① せん断応力，② 間質流，③ 細胞外マトリクスの弾性率，の三つに着目して（図 23.2），これらの制御因子が血管形成に及ぼす影響について考える．

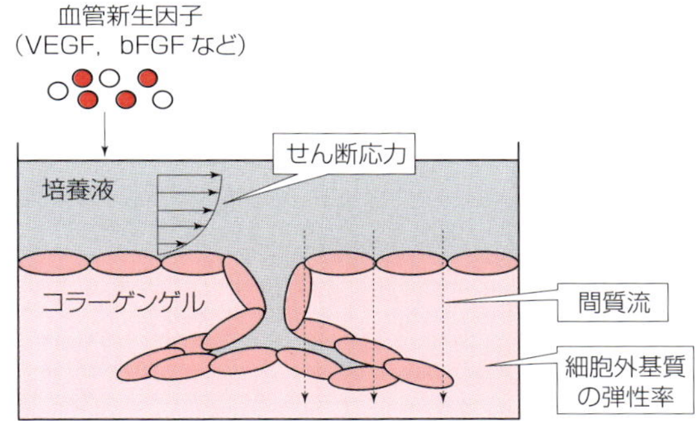

図 23.2　血管形成にかかわる力学的因子
血管形成の制御因子である力学的因子として，①せん断応力，②間質流，③細胞外マトリクスの弾性率，などがあげられる．

23.4.1　せん断応力による血管形成の制御

血管内皮細胞には血流に起因するせん断応力（血管内皮細胞を血流の方向に歪ませる力）が負荷されており，生理的条件下におけるせん断応力の値は，大動脈や毛細血管では 1.0〜2.0 Pa，静脈では 0.1〜0.6 Pa である[15]．血管内皮細胞は力学的因子に応じたさまざまな情報を細胞内に伝達する[14,16,17]．たとえば，細胞内カルシウム濃度の上昇やカリウムチャネルの活性化などせん断応力負荷後 1 分以内に起こる速い反応や，一酸化窒素の産生増加や接着斑の再配列といった数分以内のやや速い反応から，細胞骨格の再配列や増殖因子の産生増加など数時間以内に起こるやや遅い反応，さらには細胞増殖の変化や細胞形態・配列の変化など数時間以上かかる遅い反応などがある[18]．

三次元血管新生モデルを用いた研究においても，

コラーゲンゲル上の血管内皮細胞層にせん断応力を負荷することで力学的因子が血管新生に与える影響が調べられてきた．Ueda らは，平行平板型の流路に三次元血管新生モデルを組み合わせることで（図 23.3），コラーゲンゲル上にある血管内皮細胞のコンフルエント層に 0.3 Pa のせん断応力を 48 時間負荷した[19]．その結果，せん断応力によって血管形成が促進され，血管ネットワークの長さ，分岐したネットワークの端点などが静置培養の場合と比べて有意に増加することが明らかになった．このとき，せん断応力が負荷されたコンフルエント層の血管内皮細胞は，静置培養の場合に比べて遊走速度が有意に上昇していた．新しく形成した血管ネットワークが成長するためには血管内皮細胞の増殖あるいは遊走が必要となるが，せん断応力が少なくとも血管内皮細胞の遊走を促進することで，結果として三次元ネットワークの形成を促進している可能性が考えられている．

また最近の研究で，血管内皮細胞に負荷するせん断応力の大きさが重要であることもわかってきた．Kang らは，0.012〜1.2 Pa のせん断応力を 24 時間負荷する実験を行い，血管内皮細胞がゲルの内部へ侵入した距離は負荷されたせん断応力の大きさに依存しており，1.2 Pa において侵入距離が最大になることを明らかにした[20]．さらに，彼らは同様の実験装置を用いて，細胞内のカルシウムイオンによって活性化されるシステインプロテアーゼ（cysteine protease）であるカルパイン（calpain）の役割についても調べた[21]．その結果，せん断応力は MT1-MMP（membrane type 1-matrix metalloproteinase）膜輸送やコラーゲンゲルへの血管内皮細胞侵入を促進させるためにカルパインを活性化させることがわかった．

筆者らのグループも，せん断応力に依存して血管内皮細胞の三次元ネットワーク形成が促進されることを確認している[22]．コラーゲンゲル上にあ

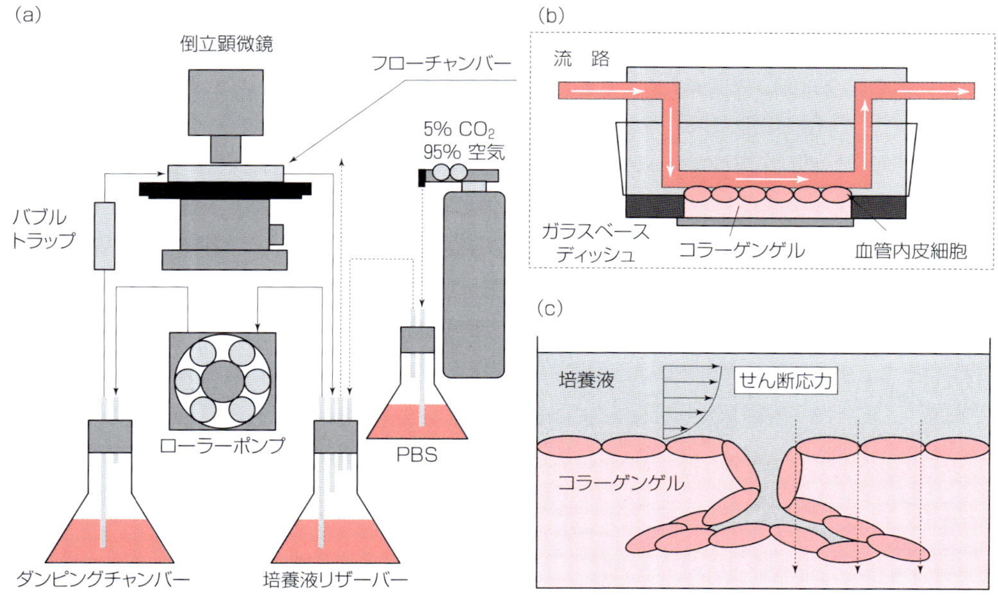

図 23.3　せん断応力刺激による血管形成の制御

（a）ローラーポンプによって培養液を還流させ，血管内皮細胞にせん断応力刺激を負荷するための流路システム．（b）平行平板型流路チャンバーに三次元血管新生モデルを装着し，コラーゲンゲル上の血管内皮細胞単層にせん断応力が負荷される．（c）せん断応力刺激により，三次元的な血管ネットワークの形成を誘導する．

る血管内皮細胞のコンフルエント層に 0.09～1.38 Pa のせん断応力を負荷したところ，コラーゲンゲル内部に形成された三次元ネットワークはせん断応力の大きさに依存して深くなる傾向が見られた．このとき，負荷したせん断応力が大きくなるにつれて，三次元ネットワークのより深い部分において葉状仮足の形成が認められた．葉状仮足は遊走細胞の先端で形成される幅 1～5 μm の細胞質突起であり，血管内皮細胞がコラーゲンゲルの内部に遊走し，三次元ネットワークを形成するために重要な役割を果たしていると考えられている．したがって，せん断応力が三次元ネットワークを形成する血管内皮細胞における葉状仮足の形成を促進させることを通して深さ方向への三次元ネットワークの伸長に寄与している可能性が考えられている．さらに，筆者らは血管形成に及ぼすせん断応力の周波数の影響について調べた[23]．拍動流は血管新生に関連する遺伝子発現，細胞の遊走・増殖などを活性化させることが知られているため[24-27]，ネットワーク形成のさらなる促進が期待できる．そこで，せん断応力の大きさ（0.28，1.0 Pa）に加え，せん断応力の周波数（0，1，2 Hz）が毛細血管内皮細胞の三次元ネットワーク形成に及ぼす影響を検討した．その結果，1.0 Pa のせん断応力下では周波数に依存し，2 種類の三次元ネットワーク成長過程が確認された．たとえば，毛細血管内皮細胞の生理的環境を模擬した 1.0 Pa の定常せん断応力は，安定したネットワーク形成を引き起こした．その結果，多数の突起形成維持により，ネットワーク伸長が継続的に引き起こされた．最終的に定常せん断応力は，多数の細胞によって構成された安定的なネットワークの伸長を引き起こした．一方，毛細血管内皮細胞にとって非生理的環境である 1.0 Pa の拍動せん断応力は，血管内皮細胞遊走の過剰な活性化を引き起こした．その結果，ネットワーク先端の血管内皮細胞は分離し，連続したネットワークの形成に失敗した．つまり，生体外三次元ネットワーク形成を制御するうえで，動脈・毛細血管内皮細胞などの細胞種と大きさ・周波数などのせん断応力との組合せの重要性が示唆された．このようにせん断応力は血管形成を制御している重要な力学的因子である．

23.4.2　間質流による血管形成の制御

血管内皮細胞には血流に起因するせん断応力が負荷されているが，この場合の血流は血管内壁に平行な流れである．一方，間質流は細胞間隙を通り抜けて血管外の間質へ浸み出していく，血流よりもきわめて遅い流れであり，あらゆる組織に存在している．間質流は，間質における高分子タンパク質やその他の溶質の対流による物質移動に役立っている．しかし間質流の役割はそれだけでなく，細胞に四つの重要な作用をもたらすと考えられている[28]．

① 細胞表面へのせん断応力刺激
② 細胞表面への伸展（圧力）刺激
③ 細胞骨格–細胞外マトリクス結合部位への刺激などの力学的刺激
④ 細胞周囲のタンパク質の再分布を引き起こす非力学的刺激

このように，間質流も血管形成を制御する力学的因子の一つとして注目されている．生体内の肉芽組織や腫瘍組織内で測定された間質流の流速は，それぞれ 0.59±0.16 μm/s，0.55±0.16 μm/s である[29]．

従来，間質流は血管よりも細胞間接着の弱いリンパ管において重要な役割を果たしていると考えられてきたが，2004 年に Swartz らのグループによって間質流が血管形成にも重要な役割を果たすことが報告された[30]．すなわち，コラーゲンゲルに包埋された血管内皮細胞に 10 μm/s 程度の遅い流速の間質流を 6 日間負荷することによって，内腔をもつ分岐したネットワークの形成が促進されることがわかった．また，間質流に対する血管内皮細胞の応答は，リンパ管や血管などに由来する細胞種ごとに異なることも示した．その後 Helm らは，フィブリンゲルのような細胞外マトリクスと結合している VEGF が間質流によりバイアスがかけられることによって細胞周囲に濃度勾配が形成され，結果として血管形成の相乗効果が生じるメカニズムを提唱した[31]．さらに，コラーゲンゲルとフィブリンゲルの混合比を調節することで，間質流を負荷したときの血管形成を制御できることが報告されている[32]．

一方，Semino らのグループは，コラーゲンゲル上に播種した血管内皮細胞にさらに遅い 10 μm/min 程度の間質流を負荷すると，VEGF によって誘発される血管形成が顕著に増加することを報告した[33]．すなわち，血管内皮細胞による血管形成には VEGF による生化学的因子による刺激と間質流による力学的因子による刺激の両方が組み合わさることによって相乗効果が生まれることを見出した．また，この血管形成の促進には，EGF オートクリン作用が関与していることがわかり，VEGF は血管内皮細胞の増殖に必要であるが，コンフルエント層を形成する血管内皮細胞が新しい血管を形成する過程には VEGF のシグナルに加えて EGF によるシグナルが必要であると報告している．さらに最近の研究では，間質流による血管形成の促進は間質流の速度に依存することがわかってきた[34]．特に 10〜20 μm/min の間質流を負荷した場合において，三次元ネットワークの長さや分岐数が最大となった．その一方で，ネットワーク自体の数については間質流に依存しなかった．つまり，間質流は血管形成の初期であるスプラウトの形成に作用するというよりも，むしろ形成されたネットワークの成長に関与していると考えられる．

以上のように，血管形成に対する間質流の影響は比較的最近になって研究が進み，少しずつそのメカニズムが明らかにされており，間質流も血管形成を制御する重要な因子の一つとして認識されている．

23.4.3　細胞外マトリクスの弾性率による血管形成の制御

血管形成の三次元モデルでは，血管ネットワークが成長する足場としてコラーゲンゲルが用いられている．血管内皮細胞はコラーゲンゲルで足場を固めており，その力学的性質が血管内皮細胞に影響を与える．また，血管形成の過程では血管内皮細胞がコラーゲンゲルを分解し，コラーゲンゲル内部に遊走することで血管ネットワークが成長するため，血管内皮細胞とコラーゲンゲルとの相互作用を理解することは血管形成を制御するうえで非常に重要である．コラーゲンゲルの性質を特徴づける因子としては濃度と弾性率がある．コラーゲンゲルの濃度を変えた場合でも弾性率を調節することはできるが，弾性率と同時にコラーゲンゲルに含まれるコラーゲンの濃度も変化してしまうため，弾性率とコラーゲン濃度が同時に変化してしまう．一方，コラーゲン溶液をゲル化する際の pH を調節することによっても弾性率を調節することができ，この場合にはコラーゲン濃度を一定に保ったままコラーゲンゲルの弾性率のみを変化させることができる．

筆者らのグループでは，pH 5 でゲル化した柔らかいゲル（弾性係数は 4.5 kPa）と pH 9 でゲル化した固いゲル（弾性係数は 20.8 kPa）を用意し，それぞれのコラーゲンゲルにおける血管形成の違いを比較した[35]．その結果，コラーゲンゲルの弾性率の違いにより，形成された血管ネットワークの構造に大きな違いが見られた．柔らかいゲルで形成された毛細血管様構造は比較的細く，固いゲルの 2.6 倍の密度を占めた（図 23.4a）．一

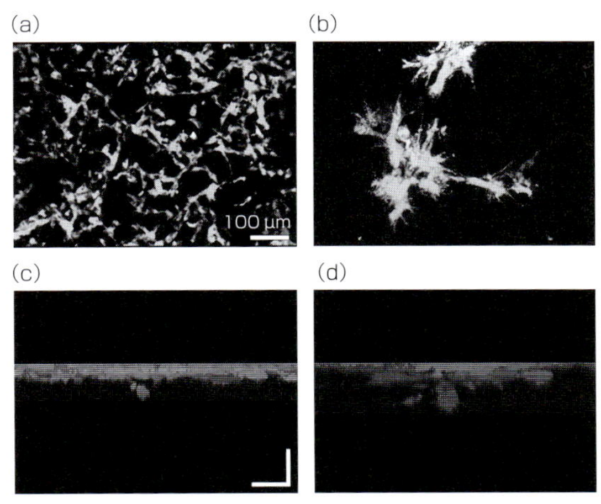

図 23.4　コラーゲンゲルの弾性率による血管形成の制御

異なる弾性率のコラーゲンゲルを用いた血管新生モデルにおいて形成された三次元血管ネットワークを示す．（a）柔らかいコラーゲンゲルを用いると，比較的細く高密度の血管ネットワークを形成した．（b）固いコラーゲンゲルを用いると，ネットワーク密度は低いが太い血管ネットワークを形成した．（c），（d）形成されたネットワークの深さ方向の断面図．柔らかいコラーゲンゲルと比較し，固いコラーゲンゲルでは形成されたネットワークが深部に分布していた．N. Yamamura et al., *Tissue Eng*, **13**, 1443（2007）から転載．

方，固いゲルの場合には，まず複数の血管内皮細胞が細胞塊を形成し，そこから比較的太い毛細血管様構造が形成された（図 23.4b）．また，固いゲルにおいて形成される毛細血管様構造の深さは，柔らかいゲルよりも有意に深い部位に分布していた（図 23.4c，d）．

さらに，細胞外マトリクスの弾性率の違いによって血管形成が変化した理由として，血管内皮細胞表面に局在するビンキュリン（vinculin）の発現に着目した．ビンキュリンは，細胞が細胞外マトリクスに接着する装置（接着斑）に局在しているタンパク質であり，細胞外マトリクスに接着している細胞表面のタンパク質であるインテグリンと細胞内の細胞骨格（アクチンフィラメント）を物理的に結合させるために役立っている．固いコラーゲンゲルにおいて形成された三次元ネットワークでは，ネットワーク先端部の血管内皮細胞が周囲のコラーゲンゲル内部に細胞突起を伸ばしており，その表面には特徴的な突起状のビンキュリンの発現が確認された．一方，柔らかいコラーゲンゲルにおいては，三次元ネットワークを形成している血管内皮細胞表面におけるビンキュリンの発現が弱く，特徴的な突起状の発現は見られなかった．細胞外マトリクスの弾性率が高い場合には，接着斑を通してバランスする細胞牽引力が大きくなると考えられ，固いゲルにおいて接着斑を形成するビンキュリンに特徴的な発現が見られたことに関係していると考えられる．このような細胞牽引力は，細胞の分化や形態形成に影響を与えていることが知られており[36, 37]，血管形成においてもコラーゲンゲルの弾性率の違いに起因する細胞牽引力の違いが細胞内のシグナル伝達を通して最終的に異なる血管形成を引き起こしたと考えられる．以上のように，細胞外マトリクスの弾性率などの力学的因子も血管形成に大きな影響を与えている．

23.5　マイクロ流体システムを用いた新しいアプローチ

従来から用いられてきた三次元培養モデルは，通常の培養ディッシュを基本としているため培養システムのサイズが比較的大きい（図 23.2）．一方，最近は MEMS（micro electro mechanical systems）に代表される半導体技術の発達に伴い，半導体の微細加工技術（ソフトリソグラフィー法）を細胞培養デバイスの開発に応用することでさまざまなタイプのマイクロ培養デバイスが報告されている．

たとえば，ソフトリソグラフィー法によってマイクロ流路パターンの微細加工を施したシリコンゴムとカバーガラスを貼り合わせることでマイクロ流体システムを作製し，コラーゲンゲルを注入することで三次元血管新生モデルをマイクロ流体システムの中に再現することができる（マイクロ

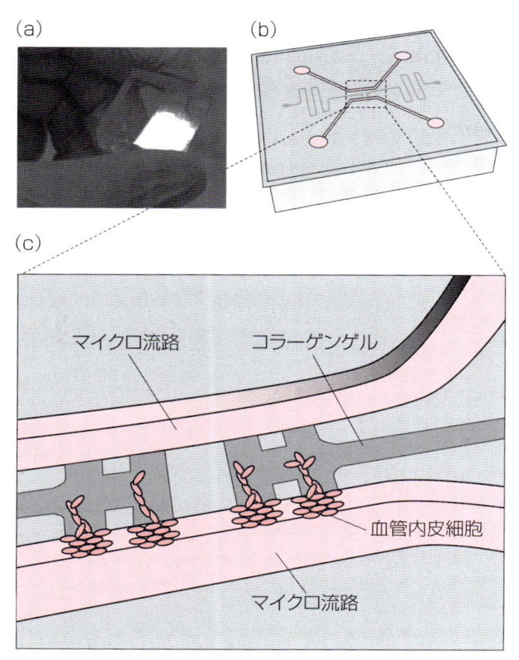

図 23.5　マイクロ流体システムの概略

マイクロ流体デバイスの実物（a）と模式図（b）．ソフトリソグラフィー法によってシリコンゴムに微細加工を施した後，カバーガラスと貼り合わせてコラーゲンゲルを注入すると，コラーゲンゲルを挟んで平行に走るマイクロ流路が形成される．（c）一方のマイクロ流路に細胞懸濁液を流し込むことで血管内皮細胞を播種する．血管内皮細胞がコンフルエント状態に達した後，培養液に増殖因子を加えると血管内皮細胞がコラーゲンゲルに侵入し，血管ネットワークを形成する．

流体システム，図 23.5a，b）．マイクロ流路に播種された血管内皮細胞は流路壁面となるコラーゲンゲル表面に接着し，図 23.1 に示した過程と同様に，培養経過に従ってコラーゲンゲル内部に侵入する血管ネットワークを形成する（図 23.5c）．このデバイスはイメージングが容易であり，血管形成の過程を顕微鏡下で詳細に解析することができる．また，同様のシステムを用いて VEGF などの血管新生因子の濃度勾配の下で血管内皮細胞を培養すると，VEGF の濃度が高いほうに向かって血管形成が促進されることや，肝細胞と共培養することで血管形成が促進されることなどが報告されている[38, 39]．

さらに，最近このようなマイクロ流体システムを用いて流れ刺激が血管形成に与える影響を研究する重要性が指摘されはじめている．Young らは従来型の培養システムについて，たとえば次のような欠点を指摘している[16]．

① フローチャンバーは研究者が独自に作製した特殊なものであり，一度設計，製作し実験に使い始めると，デザインを修正することが容易ではない．
② フローチャンバーとそれに付随する装置が大きいためにスペースを要する．
③ 流路システムには培養液リザーバーなどが必要であり，多くの培養液，試薬を消費する．

一方，マイクロ流体システムはこれらの従来型の培養システムがもつ欠点を解消することができる．マイクロ流体システムはソフトリソグラフィー法によって作製されているため，大量生産に適しているとともにデバイスを修正して新たなデザインのフローチャンバーを作製することが容易である．また，フローチャンバーが小型化されることによってスペースや培養試薬などの消費量を低減させることができる．しかし，小型化したことによってデバイス一つあたりの細胞数が減少し，その結果，タンパク質や mRNA の発現量を解析する際に必要なサンプル量が足りなくなるという問題点もある．

23.6　マイクロ流体システムを用いた血管形成の制御

2010 年以降は，マイクロ流体デバイス下において力学的因子が血管ネットワーク形成に及ぼす影響が報告されはじめている．たとえば Song らは，せん断応力によるネットワーク形成には VEGF 刺激と一酸化窒素の抑制が要求されることを報告した[40]．また間質流を負荷した場合，血管内皮細胞のネットワーク形成がVEGF添加量（0～50 ng/mL）に比例することを示した．Vickermanらは，血管内皮細胞が細胞外マトリクス内へ侵入する方向とは逆側から間質流を負荷することで細胞に圧力がかかり，静止期から出芽状態へ血管内皮細胞の遷移を引き起こすことを報告した[41]．間質流が細胞-細胞間または細胞-細胞外マトリクス間のシグナル伝達を引き起こすトリガーとなることを示した．

安定した血管ネットワークを形成するためには，ネットワーク先端に存在するtip cellの遊走能とその後方に続くstalk cellの増殖能の最適なバランスが必要である．Shamlooらは，コラーゲンゲル密度により細胞遊走の活性を制御することで，これらのバランスを調節できることを報告した[42]．高密度のコラーゲンゲルで培養した血管内皮細胞は，複数の細胞が協調的に遊走し，安定したネットワークを形成した．一方，低密度のコラーゲンゲルで培養したときは，血管内皮細胞は連続したネットワークを形成せず，コラーゲンゲル内で単一細胞として急速に遊走した．血管内皮細胞の遊走が過剰に活性化されたとき，stalk cellが十分に供給されず，ネットワークを安定化できない可能性がある．上記の研究は，従来のフローチャンバーでは難しかった細胞パターニングや流体制御が可能となり，発見できた事例である．

23.7 おわりに

生体外における血管形成は生化学的因子だけでなく力学的因子によっても制御される．生体外の三次元培養モデルを用いて血管形成に及ぼす力学的因子の影響を調べることで，血管内皮細胞が力学的因子を感知し，ネットワーク形成を促進することがわかった．また，ネットワーク形成を制御するうえで，力学的因子の制御の他に血管内皮細胞種，細胞配置などの組合せも考慮する必要がある．したがって，血管形成を制御するためにはこれらの因子を時間的かつ空間的に組み合わせていかなければならない．

従来の細胞生物学や分子生物学などによる解析的な研究手法によって，血管形成にかかわる細胞内シグナル伝達など多くのことが明らかにされてきた．その一方で，ばらばらの細胞から組織を作り上げていく統合的な手法は確立されておらず，研究を進めていかなければならない．今後は，マイクロ流体デバイスによる微小培養環境の精密な制御と細胞間相互作用，力学的因子，生化学的因子などを巧みに組み合わせた統合的なアプローチによって血管形成を制御する手法が発展していくだろう．

（阿部順紀・須藤亮・谷下一夫）

文　献

1） A. Khademhosseini et al., *日経サイエンス* 2009年8月号, **39**, 22 (2009).
2） K. Nishida et al., *N. Engl. J. Med.*, **351**, 1187 (2004).
3） P. Carmeliet, R. K. Jain, *Nature*, **407**, 249 (2000).
4） L. G. Griffith, M. A. Swartz, *Nat. Rev. Mol. Cell Biol.*, **7**, 211 (2006).
5） E. R. Clark, *Am. J. Anat.*, **23**, 73 (1918).
6） S. Ichioka et al., *J. Surg. Res.*, **72**, 29 (1997).
7） R. Nasu et al., *Br. J. Cancer*, **79**, 780 (1999).
8） K. C. Boardman, M. A. Swartz, *Circ. Res.*, **92**, 801 (2003).
9） J. P. Cullen et al., *Arterioscler Thromb. Vasc. Biol.*, **22**, 1610 (2002).
10） G. E. Davis et al., *Anat. Rec.*, **268**, 252 (2002).
11） H. Gerhardt et al., *J. Cell Biol.*, **161**, 1163 (2003).
12） M. Koga et al., *Tissue Eng. Part A*, **15**, 2727 (2009).
13） K. M. Yamada, E. Cukierman, *Cell*, **130**, 601 (2007).
14） Y. T. Shiu et al., *Crit. Rev. Biomed. Eng.*, **33**, 431 (2005).
15） 安藤譲二,『シェアストレスと内皮細胞』, メディカルレビュー (1996).
16） E. W. Young, C. A. Simmons, *Lab. Chip*, **10**, 143 (2010).
17） P. F. Davies, *Physiol. Rev.*, **75**, 519 (1995).
18） 神谷暸,『循環系のバイオメカニクス』, コロナ社

(2005).
19) A. Ueda et al., *Am. J. Physiol. Heart Circ. Physiol.*, **287**, H994 (2004).
20) H. Kang et al., *Am. J. Physiol. Heart Circ. Physiol.*, **295**, H2087 (2008).
21) H. Kang et al., *J. Biol. Chem.*, **286**, 42017 (2011).
22) 阿部順紀他, *日本機械学会論文集B編*, **76**, 1061 (2010).
23) Y. Abe et al., *J. Biorheology*, [published online ahead of print].
24) M. Li et al., *Ann. Biomed. Eng.*, **37**, 1082 (2009).
25) R. Magid et al., *J. Biol. Chem.*, **278**, 32994 (2003).
26) M. Balcells et al., *J. Cell Physiol.*, **204**, 329 (2005).
27) S. Misra et al., *Am. J. Physiol. Heart Circ. Physiol.*, **294**, H2219 (2008).
28) J. M. Rutkowski, M. A. Swartz, *Trends Cell Biol.*, **17**, 44 (2007).
29) S. R. Chary, R. K. Jain, *Proc. Natl. Acad. Sci. USA.*, **86**, 5385 (1989).
30) C. P. Ng et al., *Microvasc. Res.*, **68**, 258 (2004).
31) C. L. Helm et al., *Proc. Natl. Acad. Sci. USA.*, **102**, 15779 (2005).
32) C. L. Helm et al., *Biotechnol. Bioeng.*, **96**, 167 (2007).
33) C. E. Semino et al., *Exp. Cell Res.*, **312**, 289 (2006).
34) V. R. Hernández et al., *Tissue Eng. Part A*, **15**, 175 (2009).
35) N. Yamamura et al., *Tissue Eng.*, **13**, 1443 (2007).
36) S. Huang, D. E. Ingber, *Cancer Cell*, **8**, 175 (2005).
37) A. J. Engler et al., *Cell*, **126**, 677 (2006).
38) S. Chung et al., *Ann. Biomed. Eng.*, **38**, 1164 (2010).
39) R. Sudo et al., *FASEB J.*, **23**. 2155 (2009).
40) J. W. Song, L. L. Munn, *Proc. Natl. Acad. Sci. USA.*, **108**, 15342 (2011).
41) V. Vickerman, R. D. Kamm, *Integr. Biol.*, **4**, 863 (2012).
42) A. Shamloo, S. C. Heilshorn, *Lab. Chip*, **10**, 3061 (2010).

計算科学的メカノバイオロジーⅠ：分子と細胞

Summary

計算科学的メカノバイオロジーは，主に力学・物理学の観点から生命現象を数理モデリングし，計算機シミュレーションによって，生命活動における力の役割を明らかにすることを目指す学問領域である．本章では，アクチンに関する計算科学的メカノバイオロジーによって明らかになった分子レベル，分子システムレベル，細胞レベルの力の役割について紹介する．分子レベルでは，張力作用下のアクチン線維の立体構造について取りあげる．アクチン線維に張力が作用すると，アクチン線維とアクチン修飾タンパク質との親和性が変化することが知られている．分子動力学法シミュレーションによって，アクチン線維の立体構造を計算機上で原子レベルから観察できるようになり，張力作用による立体構造や揺らぎの変化の解析をもとに，タンパク質間の親和性変化を議論できるようになってきた．分子システムレベルでは，アクチン細胞骨格におけるアクトミオシン収縮力発生と細胞骨格構造の再編について取りあげる．アクチン細胞骨格には，アクチン線維とミオシン分子との相互作用により，アクトミオシン収縮力が発生する．アクチン線維とミオシン分子からなる分子システムのシミュレーションから，収縮力の発生の仕組みや収縮力の大きさに応じて異なる構造のアクチン細胞骨格に再編されることがわかってきた．細胞レベルでは遊走性細胞について取りあげる．遊走性細胞は，細胞膜とアクチン線維からなる仮足を突き出し（突出），移動する．仮足突出シミュレーションから，突出はアクチン重合により細胞膜の揺らぎが一方向性に整流化されることで生じること，またその突出速度は仮足形状の曲率と負の相関を示すことがわかってきた．

24.1　はじめに

近年，原子間力顕微鏡[1]，光ピンセット法[2]などの微小スケールの力計測技術の発展に伴い，細胞レベル，生体分子レベルのそれぞれにおいて，力が本質的なシグナルとして生命活動に働いていることを示唆する膨大な知見が蓄積されてきている．今後もその蓄積量は増加の一途をたどるであろう．これを受け，メカノバイオロジー研究の流れは，これらの知見をどのように統合して生命現象の理解につなげるのか，最も重要な部分を抽出して個別論を包含する統一的な理論を構築することができるか，という方向に向かっており，数学的な方法や計算科学的な方法に注目が集まっている．とはいえ，生命科学に固有の数理や力学の知識体系が整備されているわけではないため，現状は，数理科学・力学の研究者が生命現象に魅せられ，分野を越境して生命科学に取り組み，また数理や力学に興味をもった生命科学の研究者が数学や計算科学的手法を応用しようと奮闘している．

本章では，このような取り組みから，計算科学によって力を生命活動の重要なシグナルとして明確に理解することができた研究のうち，特に細胞の機械的な強度を担い，能動的な力発生の源とな

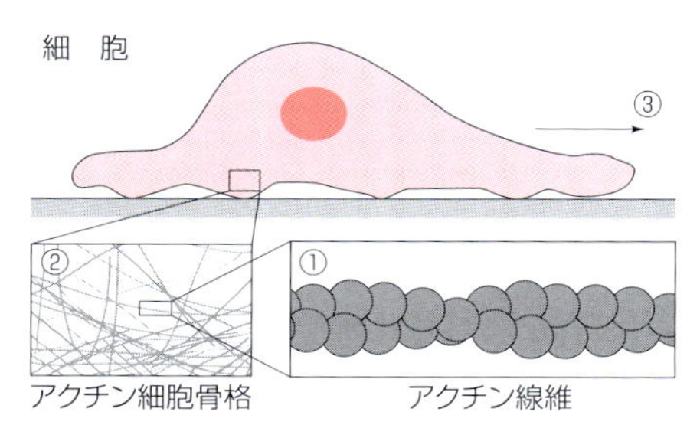

図 24.1　アクチンの計算科学的メカノバイオロジー

①張力作用下アクチン線維の立体構造変化シミュレーション，②アクチン細胞骨格における収縮力発生と細胞骨格構造の再編シミュレーション，③遊走性細胞の仮足突出シミュレーション

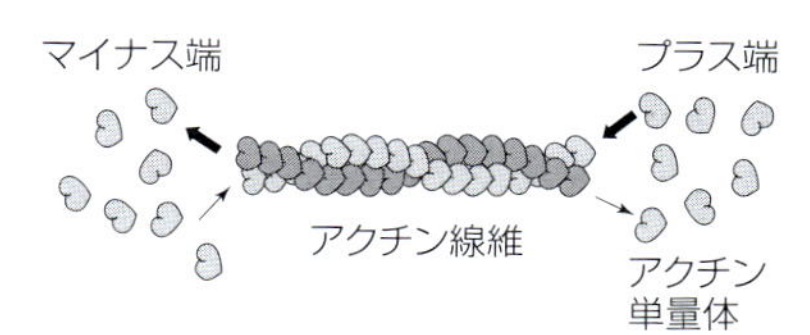

図 24.2　アクチン線維構造

右巻き二重らせん構造をしており，プラス端では重合により線維が伸長し，マイナス端では脱重合により短縮する．

るアクチン細胞骨格に関する研究を中心に紹介する（図 24.1）．最初に 24.2 節では，分子レベルにおいてアクチン線維に作用する力がタンパク質の立体構造変化を引き起こすことにより，別のタンパク質との相互作用が変調される仕組みについて紹介する．この仕組みは，力が生化学シグナル経路を変調する分子機構として理解されている．次に 24.3 節では，分子システムレベルとしてのアクチン細胞骨格を取りあげる．アクチンとミオシンの相互作用によってアクチン細胞骨格に力が発生する仕組みや，発生した力によって細胞骨格構造が再編される仕組みを紹介する．最後に 24.4 節では，細胞レベルの話題として，遊走性細胞の仮足突出について，アクチン重合と細胞形状変化が熱揺らぎを介して連成する仕組みを紹介する．

24.2　アクチン線維の数理モデル

24.2.1　アクチン線維の構造

アクチン線維は，アクチン単量体が右巻き二重らせん状に結合した構造をしている（図 24.2）．線維直径は，6〜8 nm，らせんピッチは，アクチンサブユニット（線維に結合したアクチン単量体の呼称）約 13 個（37 nm）相当で半周期となる[3,4]．アクチン単量体は，375 個のアミノ酸からなるタンパク質で，その立体構造は U 字型をしている．U 字の中央の裂け目（cleft，クレフトと呼ばれる）には，ATP または ADP が結合する．アクチン線維の長さは重合によって伸長し，脱重合によって短縮する．このとき，細胞内アクチン単量体濃度において速く伸長する端をプラス端，短縮する端をマイナス端と呼ぶ．線維内のアクチンサブユニットは，裂け目の開いている側をマイナス端側に，逆側をプラス端側に向けて結合しているため，アクチン線維には構造的な極性が存在することになる．細胞内では，アクチン線維のプラス端側には ATP 結合型のアクチン単量体が重合し，線維内で ATP から ADP へと加水分解され，マイナス端側から脱重合する際には ADP 結合型のアクチンとなっている[5]．

24.2.2　張力によるアクチン線維の構造変化

タンパク質間の結合は，それぞれのタンパク質の立体構造が組み合わさることにより生じるため，タンパク質の立体構造やその変化は，タンパク質間結合の成立に重要である[6-8]．たとえば，細胞自身の発生する力や細胞に作用する力などの力学的作用によってアクチン線維の立体構造が変化すると，アクチン修飾タンパク質との相互作用が大きく変調されると考えられている．それでは，張力によってアクチン線維の立体構造はどのように変化するのだろうか．

現在のところ，張力によるアクチン線維の立体構造変化の観察を，実際のアクチン線維に対して原子レベルの解像度で行うことは困難である．そ

図 24.3　アクチン線維の分子動力学モデル
張力 200 pN が作用したアクチン線維の分子動力学モデル．bar = 100 Å．

のためアクチンに限らず，生体タンパク質の立体構造変化の研究には，計算機シミュレーションが用いられている．その中でも，分子動力学法はタンパク質を構成するすべての原子の運動を解析することができるため，現実の実験では観察できない原子レベルの世界を観る超高分解能の顕微鏡として，また構造やエネルギーの定量的な解析手法として，生命科学研究に欠かせない研究手法として発展している．

分子動力学法による計算機シミュレーションによって，線維軸方向に張力 200 pN が作用するアクチン線維の立体構造が解析されている（図 24.3）[9]．その結果によると，アクチン線維には線維軸方向に約 0.2% の伸長変化が生じ，ねじれ方向にも二重らせん構造が解けるように，サブユニット間隔（2.75 nm）あたり約 −2° の立体構造変化が生じることがわかった．また細胞内のアクチン線維の立体構造には，熱揺らぎによって絶えず振動が生じている．興味深いことに，シミュレーションから，熱揺らぎによる立体構造の振動幅（振幅）は張力作用下において減少することが確認されている．特にねじれ方向の揺らぎは大きく減少し，張力の作用しない状態と比較してほぼ半分程度の振幅となった．したがって力学特性の観点からは，張力によりアクチン線維の剛性が増加するため，アクチン線維は非線形な特性を示す構造体であるといえる．このような張力作用による立体構造や揺らぎの変化は，タンパク質間の相互作用を変調するのであろうか．次に，アクチン線維の立体構造変化の生物学的な意義について触れたい．

24.2.3　アクチン線維の立体構造変化における生物学的意義

アクチン線維の張力感受として，アクチン線維とアクチン脱重合/切断因子コフィリン分子との相互作用変調が知られている[10]．コフィリン分子はアクチン線維に結合し，アクチン線維の脱重合や切断を促進する．コフィリン分子のアクチン線維への結合活性は，LIM キナーゼによってリン酸化されると不活性化され[11]，Slingshot によって脱リン酸化されると活性化されることが知られている[12]．このような生化学的シグナル経路に加えて，力学的シグナルによる結合調節が生じる可能性がある．光ピンセットを用いた *in vitro* 実験によると，張力作用下のアクチン線維とコフィリン分子との結合は抑制される[10]．またアクチン線維とコフィリン分子の複合体構造の解析によると，コフィリン分子の結合によって，アクチン線維のねじれ角度はサブユニット間隔あたり約 5° 増加することが指摘されている[13]．さらに前節の分子動力学シミュレーションによると，張力作用によるねじれ角度はサブユニット間隔あたり約 2° 減少したため，コフィリン結合と張力作用による二重らせん構造の変化は逆向きに生じていることが

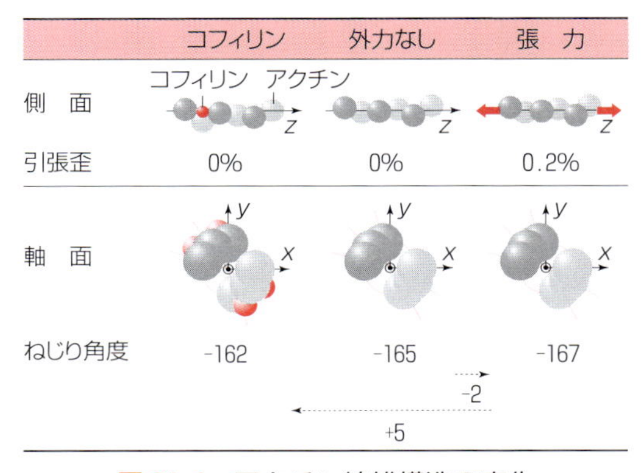

図 24.4　アクチン線維構造の変化
コフィリン結合および張力作用による構造変化は，それぞれねじれ方向が逆向きとなる．

わかる（図 24.4）．加えて，張力作用下のアクチン線維に誘起される立体構造揺らぎの振幅も減少していた．これらのことから，張力作用によってコフィリン結合が生じやすい立体構造の出現頻度は減少し，コフィリン結合は抑制されるのであろう．

コフィリン分子はアクチン脱重合/切断因子の名の通り，アクチン線維を解体するタンパク質である．張力によるコフィリン結合抑制により，張力作用下のアクチン線維は解体されにくいことになる．このような張力感受の機構が，アクチン線維の構造変化によって実現されている．張力を受けもつ線維軸方向の変形を抑えながら（0.2%の平均ひずみに相当するサブユニット間隔の変化はボーア半径と比較してもはるかに小さい），張力の存在をねじれ変化や揺らぎ変化によってコフィリン分子に提示する機構は，張力感受と構造維持を両立させる見事な戦略である．

24.3　アクチン細胞骨格系の数理モデル

24.3.1　アクチン細胞骨格系

アクチン細胞骨格系は，アクチン線維とアクチン分子に結合するタンパク質からなる分子システムである．アクチン結合タンパク質には，アクチン線維間を架橋する α-アクチニン，フィラミン，フィンブリンなど，分子の形状や力学的剛性や速度論的な動態のさまざまなものが知られている[14]．アクチン線維はこれらのタンパク質との相互作用によって束構造や網目構造を作り，微小管や中間径フィラメントとともに，細胞に機械的な強度を与えている[15]．また，後述するアクチン線維とミオシン分子の相互作用から生まれる収縮力（アクトミオシン収縮力）は架橋されたアクチン線維の１本１本に伝わり，細胞接着タンパク質を介して細胞外基質などの結合組織や隣接細胞へ作用する．これは，遊走性細胞の後端における接着斑の解体[16]や胚発生過程に見られる陥入や巻き込みなどの組織形態の変化[17]の駆動力となっている．また有糸分裂において倍加した染色体が分離する際，アクチンとミオシンは細胞表面の分裂溝を作る収縮環に集積し，最終的には細胞質を二分する力を生み出す[18]．このように，アクチン細胞骨格系における収縮力の発生は，細胞の動的な活動と常に関連している．さらにアクチン細胞骨格系においては，非生物的な平衡高分子系では成立していた揺動散逸定理がアクトミオシン収縮の存在によって破れることが発見され[19]，生物らしい非平衡系領域としても注目されている．

24.3.2　アクチン-ミオシン相互作用

ミオシン分子は，アクチン線維との結合・解離を繰り返しながら，アクチン線維のプラス端側に移動していく．逆にアクチン線維は，その反作用から，自身のマイナス端側に移動していく．ミオシンはこのように方向の偏った運動を生み出すことができるため，モータータンパク質と呼ばれる．それでは，どのようにして，一方向性のモーター運動を行うのだろうか．

ミオシン分子は ATP と結合でき，ATP の結合と加水分解によって生じる化学エネルギーを用いて，自身の立体構造に大きな変化を起こすと同時にアクチン線維に対する親和性を変化させる[20]．ATP の結合していないミオシン分子の頭部は，アクチン線維に対して最も親和性の高い状態となっている（図 24.5①）．ミオシン分子に ATP が結合すると，ミオシン頭部の親和性が大きく下がり，アクチン線維と解離する（図 24.5②）．次に ATP の加水分解と共役してミオシン頭部の立体構造が変化し，アクチン線維に対してミオシン頭部はプラス端側に移動する．このとき，加水分解によって生じた ADP と無機リン酸（Pi）はミオシン分子に結合したままである（図 24.5③）．

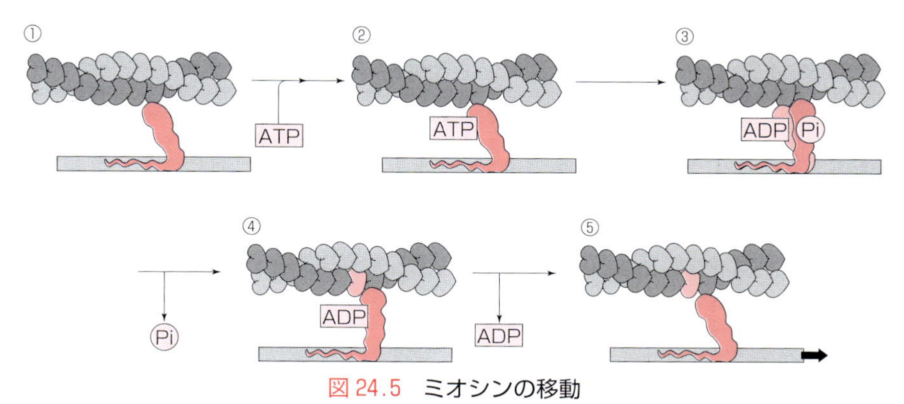

図 24.5　ミオシンの移動
アクチン線維に沿って動く II 型ミオシンの ATP 加水分解と構造変化．ミオシン頭部は，ATP 加水分解と共役した立体構造変化により，アクチン線維との親和性を変化させて，アクチン線維のプラス端（紙面右側）に向かって移動する．

無機リン酸が離れるとアクチン線維に対する親和性が少し上がり，ミオシン頭部はアクチンに弱く結合する（図 24.5④）．最後に，ミオシン分子から ADP が解離すると立体構造は最初の構造へ戻り，アクチン線維に対する親和性の最も高い状態となる（図 24.5⑤）．これらの一連のサイクルによって化学エネルギーは力学仕事に変換され，ミオシン分子はアクチン線維の上を移動することができるとされている．

24.3.3　アクトミオシン収縮力発生とアクチン細胞骨格構造の再編

分子システムとしてのアクチン細胞骨格系におけるミオシンモーター運動を扱う数理モデルでは，アクチン線維の極性を考慮しなければならない．また多くの数理モデルでは，分子システムを構成するタンパク質の運動を原子一つ一つから追わずに，タンパク質一つ一つの重心運動を追うための工夫がなされている．このように扱う自由度を少なくする理由は，原子一つ一つを扱うと，細胞全体の解析ではアボガドロ数以上の莫大な自由度の運動を扱うことになり，計算機の中で再現された現象をわれわれは理解することができるのだろうか，という本質的な問題に逢着するからである．それなら，物理的に妥当な仮定のもと，最も重要な自由度を抽出することこそ数理モデルの醍醐味である．

このような数理モデルには，アクチン線維を構成するアクチンサブユニットの集団をひとまとめにして，その平均的な運動を追う粗視化分子動力学モデル[21]や，アクチン線維を剛体棒として近似し，剛体棒の並進運動と回転運動として記述する力学モデルがある[22]．いずれのモデルも，アクチン線維の極性を考慮し，ミオシンのモーター運動に方向性を与えている．これらの数理モデルを用いた数値実験により，細胞内の収縮力発生やアクチン細胞骨格構造の再編が調べられている．

収縮力の発生機構として，胚発生過程に見られる細胞頂端面の収縮を対象に数値実験が行われている．細胞頂端面の細胞皮層には，動的に現れては消える焦点構造（foci）が存在し[23]頂端収縮を引き起こすことが示唆されていたが，どのように収縮力が発生するのかはわからなかった．最近になり，シミュレーションを使った数値実験によって，焦点構造にはアクチン線維のプラス端とミオシンが集結した中心があることが予想され，そこが力発生の中心となっていることがわかってきた．数値実験で観察された焦点構造形成過程を図 24.6 に示す[24]．ミオシンはアクチン線維のプラス端に向かうため，アクチン線維は反作用を受けてマ

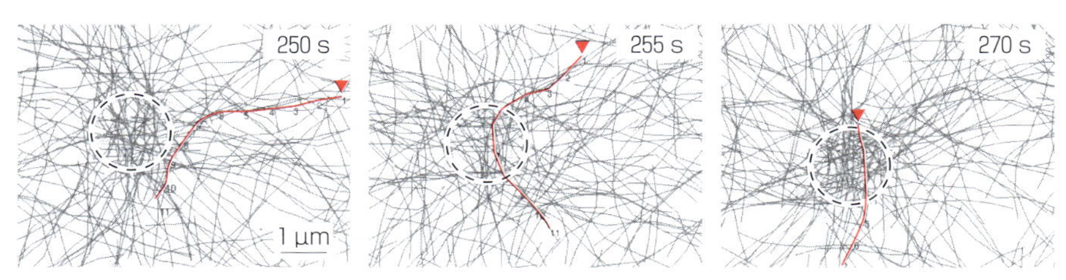

図 24.6　アクトミオシン焦点構造の形成シミュレーション
点線による丸囲み領域がミオシンの凝集領域を示す．プラス端（▼）を示したアクチン線維は，ミオシンのモーター運動によってミオシンの凝集領域に次第に引き込まれる．

イナス端側に移動する．ミオシンはアクチン線維のプラス端にたどり着くとそれ以上は移動できないため，そこにとどまるか，解離する．そのミオシンの近くに別のアクチン線維が存在すると，このアクチン線維の上をミオシンは移動するが，先程と同様にアクチン線維はマイナス端側に移動し，結果的にアクチン線維のプラス端が同じ場所に集まることになる．これをアクチン線維の極性選別（polarity sorting）という．このように，アクチン線維とミオシン分子の相互作用によって，焦点構造は自律的に形成される．焦点構造の中心にプラス端が存在するため，二つ以上の焦点構造が近接すると，互いの焦点構造は引き合い，大きな塊へと成長する．このような焦点構造の発生と成長の過程で，アクチン線維と結合した細胞膜タンパク質や細胞間接着タンパク質が引っ張られ，細胞の頂端面収縮を起こしていると考えられている[22,23]．

また遊走性細胞の内部では，その運動極性に応じて，細胞の先導端においてはアクチン線維の網目構造が活発に発達し，後端においては束構造が形成される[26]．このような細胞内の構造極性は，先導端から後端にかけて上昇するミオシン濃度の空間分布と相関することから，細胞内部に発生するアクトミオシン収縮力によって自律的に形成されるものと考えられている[26,27]．実際，シミュレーションから，架橋タンパク質の濃度に対してミオシン濃度の比率が高くなるにつれ，網目構造から束構造や凝集構造が自発的に形成されることが確認されている（図 24.7）[21]．

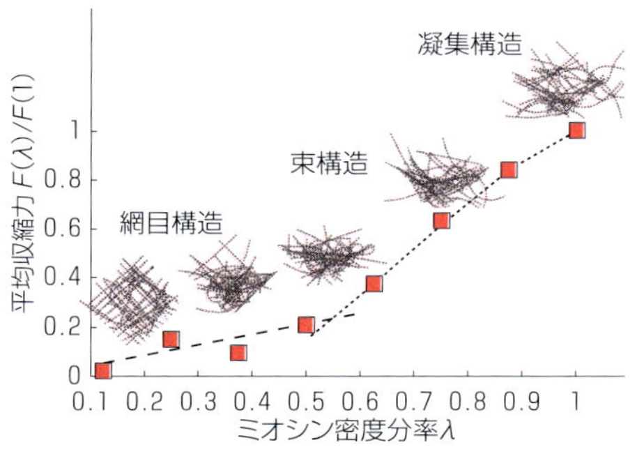

図 24.7　シミュレーションによる構造変化と収縮力発生
アクチン分子，ミオシン分子，α-アクチニン分子（架橋タンパク質）からなる分子システムのシミュレーションによる構造変化と収縮力発生．横軸：ミオシン分子の密度分率，縦軸：ミオシン分子の発生する収縮力．挿絵はシミュレーションによって得られたアクチン細胞骨格構造．

24.4　遊走性細胞の数理モデル

24.4.1　細胞移動の素過程

細胞が能動的に移動する細胞移動は，移動様式の違いにより，大きく二つに分類できる．一つは，精子やゾウリムシなどのように，鞭毛や繊毛と呼ばれる紐状突起を細胞外に突き出して液中でくねらせて泳ぐ「遊泳」である[28,29]．もう一つは，細胞膜を伸ばして足を作り，歩いて移動する「遊走」である[5]．生体内では，精子を除けば，移動する細胞はほとんど遊走性細胞である．したがって本節では，細胞移動として遊走を扱う．たとえば胚

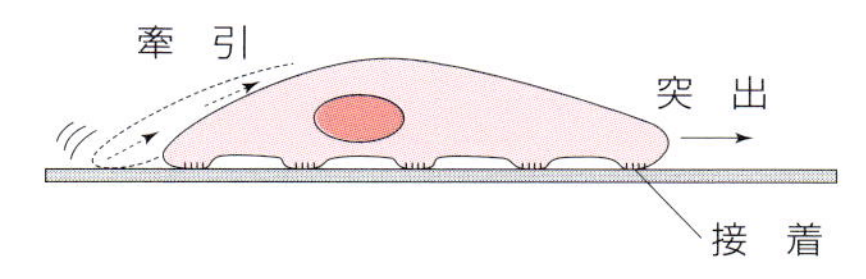

図 24.8　遊走性細胞の移動機構
移動方向（紙面右側）に，細胞膜でできた足（仮足）を伸ばす突出，仮足を基質と結合する接着，細胞を前方に動かす牽引．牽引において，後端側の基質との接着が剥がされる．これらが協調的に生じることにより，細胞は移動できる．

発生においては，神経堤細胞が神経管から這い出して活発に移動する[30]．これらは周囲組織への遊走後，さまざまな細胞種に分化する[31]．神経系の構築には，細胞遊走による長距離移動が不可欠である．免疫過程においては，白血球は感染部位に移動してウイルスや細菌などの異物を飲み込み，排除する[33]．創傷治癒においては，線維芽細胞が結合組織内を移動して創傷箇所の再構築を行う[34]．このように，細胞遊走は生命維持に欠かせない重要な活動である．それでは，細胞はどのように足を作って移動するのだろうか．

細胞移動は三つの素過程から理解されている(図 24.8)．細胞の前方に，アクチンと細胞膜でできた足（仮足）を突き出す「突出」過程，仮足を基質と結合する「接着」過程，細胞を前方に動かす「牽引」過程である[36]．いずれも，アクチン細胞骨格が決定的な働きを担っている．これらの素過程が，同時進行で常に調和することにより，細胞は移動できる[37]．特に培養環境下において，魚の表皮に含まれる角化細胞（ケラトサイト）は，細胞内の分子的活動の緊密な協調によって形を変えずになめらかに移動する．一方，線維芽細胞などでは，ケラトサイトほどにはなめらかに移動せず，頻繁に形状を変えながら移動する．

24.4.2　遊走性細胞の仮足突出とアクチン重合

遊走性細胞の仮足突出は，細胞先導端におけるアクチン重合により生じる[38]．アクチン線維は仮足を形成する細胞膜を支えるために細胞膜と接しており，アクチン単量体がアクチン線維先端に新しく重合できる空間的な隙間は存在しない．生体温度では，細胞膜はナノメートルのスケールで常に波打っており（熱揺らぎ），微視的には常に突出と退縮を繰り返している[38]．そのため，細胞膜とアクチン線維は接しているとはいえ，偶然的にナノメートルスケールの隙間が生じることがある．このときアクチン単量体が近傍に存在すると，アクチン線維は新しく単量体を重合でき，伸長できる．そうすると，熱揺らぎによって偶然的に突出した細胞膜は突出前の位置には戻れずに，少し突出した場所で波打つことになる．つまりアクチン単量体 1 個分だけ，仮足は伸びたことになる．熱環境は細胞膜に仕事をしたので，原理的には，熱環境の温度が極々わずかに下がるはずであるが，重合した ATP 型アクチンは線維内で ADP 型アクチンに加水分解されるため，熱環境にエネルギーを放出するので温度は下がらない．

このようにして細胞は，まず環境から熱エネルギーを前借りし，仕事が終わり次第，化学エネルギーを返すことで，収支として化学エネルギーを力学エネルギーに変換している．このように熱揺らぎを整流して一方向化する機構は，ブラウンラチェット（Brownian Ratchet）と呼ばれる[39]．

24.4.3　仮足突出のブラウンラチェットモデル

ナノメートルスケールのこのような偶然的事象がマイクロスケールの仮足の突出として本当に現れるのだろうか．残念ながら，実際に突出が生じる際のブラウンラチェットを可視化して観察できた事例はない．そこで，ブラウンラチェットによる突出が起こりえるかの評価として，ブラウンラチェットを仮定した突出の数理モデルを構築し，実験的に検証可能な予測を数理モデルから導いて検証することが行われている．ここでは，その数理モデルについて紹介する．

仮足突出は動的過程ではあるが，仮足を作る細胞膜は熱平衡状態にあると仮定する．これは，アクチン線維にアクチン単量体が重合してから次に重合するまでの間，細胞膜が十分に揺らいでいることに相当する．このような時間的（空間的にも）局所を見ることで平衡状態とすることを局所平衡の仮定という．局所平衡状態における細胞膜の位置は，その局所における束縛ポテンシャルによって決まる釣り合い位置を中心に変動しており，細胞膜上の任意の点 s の位置 z_s の確率密度関数を用いて，次のように表される．

$$P(z_s) = \frac{1}{\Omega}\exp\left(-\frac{U(z_s)}{k_B T}\right) \qquad (24.1)$$

ここで，k_B はボルツマン定数，T は温度，Ω は規格化定数である．束縛ポテンシャル U は，細胞外から細胞膜に作用する外力や細胞膜変形による弾性力などを表す．式（24.1）は，点 s の運動を束縛ポテンシャル U における Winner 過程として捉え，位置 z_s の時間発展を Fokker-Planck 方程式によって記述し，その平衡解として導出される．

アクチン線維は，接着性分子と結合しているため，アクチン線維先端と細胞膜との隙間の大きさは，細胞膜の熱揺らぎによって決まる．これにより，アクチン線維先端のアクチン単量体の濃度は確率的となり，$\rho P(z_s)\mathrm{d}z$ となる．ここで，ρ は細胞膜近傍のアクチン単量体の平均濃度，$\mathrm{d}z$ は確率を定義する微小幅である．ブラウンラチェットはアクチン線維の重合による線維伸長によって，細胞膜の揺らぎが一方向に整流されるメカニズムであるから，仮足の突出はアクチン線維の重合によって律速され，突出速度は次のように記述できる．

$$\frac{\mathrm{d}z_s}{\mathrm{d}t} = k_{on}\sigma\rho\exp\left(-\frac{\Delta U(z_s)}{k_B T}\right) \qquad (24.2)$$

ここで，重合定数を k_{on}，アクチン単量体一つの重合につき線維は長さ σ だけ伸長するとしている．なお式（24.2）の導出にあたり，式（24.1）において束縛ポテンシャル $U(z_s)$ を平衡状態のエネルギー U_{eq} と平衡状態からの変化 $\Delta U(z_s) = U(z_s) - U_{eq}$ に分けて計算を進めた結果を用いた．さて問題は，エネルギー変化 ΔU の具体的な表式である．Mogilner ら[40, 41]や Sun ら[42]は，細胞膜に作用する外力 f を用いて，次のように定式化した．

$$\Delta U = f\sigma \qquad (24.3)$$

これにより仮足突出速度は，式（24.2）から，外力 f に対して下に凸の関数であることがわかる．糸状仮足の形成に必要な N-WASP をコーティングしたマイクロビーズをアクチン分子の分散した溶液中に入れると，*in vitro* でも糸状仮足様のアクチン束が形成され，マイクロビーズの移動を観察できる[43]．観察結果から，アクチン重合によって進むマイクロビーズの移動速度は，マイクロビーズが溶液から受ける抵抗力に対して下に凸の関係を示し，ブラウンラチェットに基づく Mogilner らや Sun らの理論予測と一致することが確かめられている[43]．

24.4.4　遊走性細胞の形状と突出速度

遊走する細胞の形状が変化すると細胞膜に作用する張力などが変化するため，細胞の突出速度が変化する．また仮足の突出によって細胞形状が変化するため，細胞形状と突出速度は互いに影響しながら変化すると考えられる．そこで Inoue らは，遊走性細胞ケラトサイトを対象に，細胞の形状や接着を表す自由エネルギー F を定義し，細胞形状によって変化する力 f を反映したエネルギー変化 ΔU を点 s 上で次のように定義した[44]．

$$\Delta U = \frac{1}{2}\left.\frac{\partial^2 F}{\partial {z_s}^2}\right|_{eq}\left(\frac{\mathrm{d}z_s}{\mathrm{d}t}\tau\right)^2 \qquad (24.4)$$

ここで，時定数 τ はアクチン重合の時間スケールを表す．具体的には，アクチン線維 1 本につきア

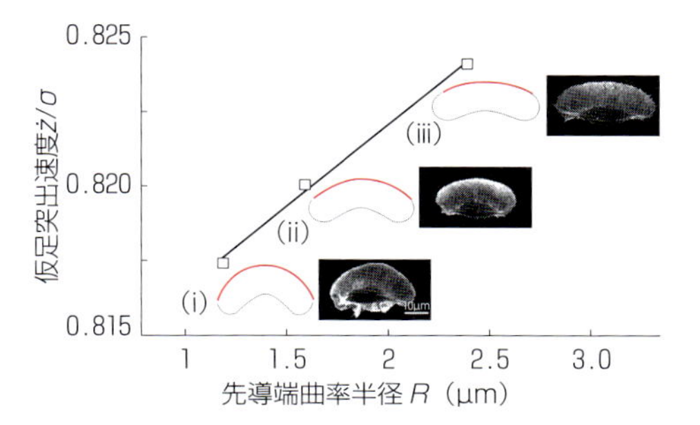

図 24.9　細胞遊走シミュレーションによる仮足突出速度とそのときの細胞形状の数値予測
縦軸：仮足突出速度，横軸：細胞先導端の曲率半径（μm）．仮足の突出速度は先導端の曲率半径に比例する．挿絵はシミュレーションによって再現された細胞形状および蛍光観察によるケラトサイト細胞の遊走時の形状（i）～（iii）．

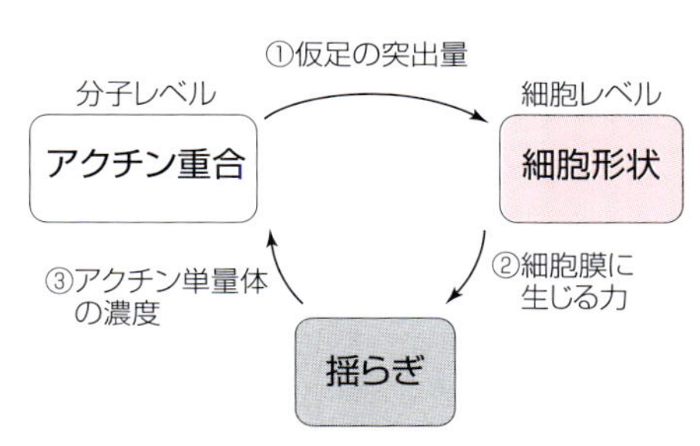

図 24.10　熱揺らぎを介したアクチン重合（分子レベル）と細胞形状（細胞レベル）の連成
① アクチン重合によって仮足の突出が生じ，細胞先導端の形状が変化する．② 細胞形状が変化すると細胞膜に生じる張力が変化し，熱揺らぎによって生じる偶然的な細胞膜の突出量が変化する．これにより，③ 細胞膜とアクチン線維先端に挟まれた微小空間におけるアクチン単量体の濃度が変化する．アクチン単量体の濃度が変化することで，アクチン重合速度が変化する．

クチン単量体が一つ重合されてから次に重合されるまでの平均時間間隔であり，ケラトサイト細胞の葉状仮足では約 10 ms である[44]．細胞の自由エネルギーの停留条件 $\delta F = 0$ を用いて式（24.2）をもとにシミュレーションすることで，遊走するケラトサイトの細胞形状と突出速度を予想することができる（図 24.9）．シミュレーションから得られた細胞形状は，実際に蛍光観察されたケラトサイトの細胞形状とよく一致していることがわかる．またシミュレーションから，細胞先導端の曲率と突出速度は負の相関をもつことが予想される．これは，曲率が大きくなるほど細胞の実効的な剛性が高くなり，細胞膜変形に必要となるエネルギーがより多く必要となるためである．実際，ケラトサイト細胞の観察から計測した移動速度と細胞曲率の相関関係は負の相関を示すことが確かめられている[45]．

24.4.5　異なる階層の現象が連成する仕組み

仮足突出に必要な化学-力学エネルギー変換には，熱揺らぎが重要な役割を果たし，さらに，細胞に作用する力そのものがアクチン重合の調節シグナルとして働くことがわかった．細胞膜に作用する力は熱揺らぎを介してアクチン重合速度を変化させ，アクチン重合は細胞膜変形を起こし，細胞膜に作用する力を変化させる（図 24.10）．このようにブラウンラチェットは，熱揺らぎを介することにより，細胞レベルの現象と分子レベルの現象が連成することを示している．これら階層の異なる現象が連成する仕組みは，数理モデルによって初めて理解されたことといえる．一方，このような数理モデル化の基礎は，非平衡統計熱力学の発展によるところが大きい．

Jarzynski は 20 世紀が終わろうとする 1997 年に，温度 T の平衡状態にある系から出発し，非平衡状態を含む任意の操作過程による外系がなす仕事 W について，次の等式が成立することを証明した[46]．

$$\left\langle \exp\left(-\frac{W}{k_{\mathrm{B}}T}\right)\right\rangle = \exp\left(-\frac{\Delta F}{k_{\mathrm{B}}T}\right) \qquad (24.5)$$

この等式は，始状態と終状態が平衡状態であるかぎり成立する．また，Jensen 不等式 $\langle \exp(x)\rangle \geq \exp(\langle x\rangle)$ により，Jarzynski 等式は，熱力学第 2 法則 $\langle W\rangle \geq \Delta F$ を含んでいる．

Jarzynski 等式（24.5）からブラウンラチェットの数理モデルを再考すると，仮足突出による自由エネルギー変化 ΔF を束縛ポテンシャルとして扱い，その具体的な表式を Mogilner や Sun らは等温準静操作の仕事により，Inoue らは平衡近傍の自由エネルギー変化により与えていたことがわかる．また，その自由エネルギー変化によって与えられる仮足突出の起こる確率は，熱揺らぎの中でアクチンが行う仕事 W の実現確率の期待値と解釈できることがわかる．

このように，非平衡過程を記述する統計熱力学の発展は，マクロな細胞動態とミクロな分子動態とを階層を超えて繋ぐための処方箋を与えることが期待される．一方で，細胞内は本質的に非平衡状態であり，Jarzynski 等式の仮定そのものが破られる現象も多いであろう．そのような現象を理解しようとしたときに，生物学に固有の新しい非平衡統計熱力学が生まれるかもしれない．

24.5　おわりに

本章ではアクチン細胞骨格を取りあげ，分子・細胞レベルにおいて，力が重要なシグナルとして働く機構を紹介した．ここでは取りあげられなかったが，生物の発生・再生過程では，多細胞組織のレベルにおいて，力が生命現象にかかわる重要なシグナルとして働くことが指摘されている．胚発生の期間に形態形成過程が正しく進むためには，分子から多細胞組織までの時間・空間スケールにおけるさまざまな力学的，生化学的な活動が統合されることが重要である[47,48]．組織レベルでは，モルフォゲンの濃度場などの生化学的な場に基づき，細胞の変形・移動が誘引され，また細胞間接着を介した細胞間相互作用により，細胞集団としての協調的な運動が創発する．同時に，このような細胞活動は組織レベルに力学的な場を形成し，個々の細胞内の分子的な活動に影響を与える．結果，組織レベルに新しい生化学的，力学的な場が形成される．このような生化学的，力学的な場の形成過程において，組織，細胞，分子の活動が影響し合い，力学的因子と生化学的因子の階層を超えた連成によって，形態形成の複雑な挙動は調節されていると考えられる．今後，分子・細胞動態から器官形成・再生までを階層を超えて途切れることなく理解するために，数理モデルや計算科学的手法の応用が盛んに行われるようになるだろう[49,50]．

また，計算科学や数理モデルは，実験では観察・観測することが困難であるような現象に対しても，予測することを迫られるようになるであろう．これにより，直接的に比較できる実験結果のないシミュレーション結果や解を本来的にどのように検証すべきなのか，という問題も同時に解決していかなければならないだろう．現状においても，細胞質中のタンパク質の分子動力学シミュレーションの結果を，実験によって原子レベルから検証することはできない．実験・観察の技術革新はもちろんのこと，数理科学の立場からも，数理モデルに存在する直接計測の困難な変数を観測可能量に結びつける理論構築が必要である．仮にそれが困難であっても，構築した数理モデルにおいて，本来的に検証できないものが何であるかを隠さず明らかにしておくことが必要だろう．このことは特に，数理・実験の研究者間の連携において，適切な科学的議論を進めるために不可欠である．

（井上康博・安達泰治）

文　献

1） E.-L. Florin et al., *Science*, **264**, 415 (1994).
2） K. Svoboda, S. M. Block, *Annu. Rev. Biophys. Biomol. Struct.*, **23**, 247 (1994).
3） K. C. Holmes et al., *Nature*, **347**, 44 (1990).
4） T. Oda et al., *Nature*, **457**, 441 (2009).
5） T. D. Pollard, G. G. Borisy, *Cell*, **112**, 453 (2003).
6） J. M. Bui, J. A. McCammon, *Proc. Natl. Acad. Sci. USA.*, **103**, 15451 (2006).
7） K. Arora, C. L. Brooks, *Proc. Natl. Acad. Sci. USA.*, **104**, 18496 (2007).

8）K. Okazaki, S. Takada, *Proc. Natl. Acad. Sci. USA.*, **105**, 11182（2008）.
9）S. Matsushita et al., *J. Biomech.*, **44**, 1776（2011）.
10）K. Hayakawa et al., *J. Cell Biol.*, **195**, 721（2011）.
11）N. Yang et al., *Nature*, **393**, 809（1998）.
12）R. Niwa et al., *Cell*, **108**, 233（2002）.
13）A. McGough et al., *J. Cell Biol.*, **138**, 771（1997）.
14）C. G. Dos Remedios et al., *Physiol. Rev.*, **83**, 433（2003）.
15）T. D. Pollard, J. A. Cooper, *Science*, **326**, 1208（2009）.
16）J. T. Parsons et al., *Nat. Rev. Mol. Cell Biol.*, **11**, 633（2010）.
17）K. E. Kasza, J. A. Zallen, *Curr. Opin. Cell Biol.*, **23**, 30（2011）.
18）L. G. Cao, Y. L. Wang, *J. Cell Biol.*, **110**, 1089（1990）.
19）D. Mizuno et al., *Science*, **315**, 370（2007）.
20）I. Rayment et al., *Science*, **261**, 50（1993）.
21）Y. Inoue et al., *J. Theor. Biol.*, **281**, 65（2011）.
22）S. Köhler et al., *Nat. Mater.*, **10**, 462（2011）.
23）A. C. Martin et al., *Nature*, **457**, 495（2009）.
24）Y. Inoue, T. Adachi, *Cell Mol. Bioeng.*,（in press）.
25）M. S. Silva et al., *Proc. Natl. Acad. Sci. USA.*, **108**, 9408（2011）.
26）T. M. Svitkina et al., *J. Cell Biol.*, **139**, 397（1997）.
27）S. Schaub et al., *Mol. Biol. Cell*, **18**, 3723（2007）.
28）H. C. Berg, *Annu. Rev. Biochem.*, **72**, 19（2003）.
29）K. Namba, F. Vonderviszt, *Rev. Biophys.*, **30**, 1（1997）.
30）M. Bronner-Fraser, *FASEB J.*, **8**, 699（1994）.
31）D. Anderson, *Trends Genet.*, **13**, 276（1997）.
32）C. Labonne, M. Bronner-Fraser, *Ann. Rev. Cell Dev. Biol.*, **15**, 81（1999）.
33）P. J. Murray, T. A. Wynn, *Nat. Rev. Immun.*, **11**, 723（2011）.
34）W. Stadelmann et al., *Am. J. Surg.*, **176**, 26S（1998）.
35）J. Lee et al., *Nature*, **362**, 167（1993）.
36）M. A. Schwartz, A. R. Horwitz, *Cell*, **125**, 1223（2006）.
37）A. J. Ridley et al., *Science*, **302**, 1704（2003）.
38）J. V. Small et al., *Trends Cell Biol.*, **12**, 112（2002）.
39）R. D. Astumian, *Science*, **276**, 917（1997）.
40）A. Mogilner, G. Oster, *Biophys. J.*, **71**, 3030（1996）.
41）A. Mogilner, G. Oster, *Biophys. J.*, **84**, 1591（2003）.
42）E. Atilgan et al., *Biophys. J.*, **90**, 65（2006）.
43）Y. Marcy et al., *Proc. Natl. Sci. USA.*, **101**, 5992（2003）.
44）Y. Inoue, T. Adachi, *Biomech. Model Mechanobiol.*, **10**, 495（2011）.
45）K. Keren et al., *Nature*, **453**, 475（2008）.
46）C. Jarzynski, *Phys. Rev. Lett.*, **78**, 2690（1997）.
47）N. Gorfinkiel G. B. Blanchard, *Curr. Opin. Cell Biol.*, **23**, 531（2011）.
48）L. A. Davidson, *Trends Cell Biol.*, **22**, 82（2012）.
49）M. Eiraku et al., *Bio Essays*, **34**, 17（2011）.
50）S. Okuda et al., *Biomech. Model. Mechanobiol.*, **12**, 627（2013）.

計算科学的メカノバイオロジーII：循環器系セミマクロ

Summary

時間的・空間的スケールの異なる力学的相互作用を体系的に理解するためには，理論的・実験的方法論では限界があるため，近年，第三の方法論として計算力学が脚光を浴びている．本章では，計算生体力学を用いた具体的な解析事例として，マクロスケールの血流では「脳動脈瘤に対する血行力学的指標の提案」と「脳動脈瘤への物質輸送」を，ミクロスケールの血流では「微小血管を流動する赤血球の変形量」と「マラリア感染への応用」を解説する．こうした現象においては，血管壁や赤血球膜に作用する力や，生体膜を透過する物質量が，細胞の生物学的な応答に大きな影響を及ぼすことが知られている．計算生体力学は，こうした定量的な議論が必要となるメカノバイオロジーの分野において，非常に有用である．

25.1　はじめに

生命現象を力学的に記述しようとするとき，細胞，組織，器官，系，そして身体は個別に存在しているのでなく，階層性をもった力学的相互作用のもとに成立していることを忘れてはならない．血液流れの流体力学的ストレスに血管内皮細胞が反応・適応し，結果として血流を調節し，生命活動を維持していることは重要な例である．

このような時間的・空間的スケールの異なる力学的相互作用を体系的に理解するためには，理論的・実験的方法論では限界があり，したがって第三の方法論として計算力学が選択されることは必然である．従来の工学における計算力学と対比的にもしくは発展的に計算生体力学と呼ぶならば，これにはマルチスケール・マルチフィジックスの相互作用を記述する計算モデルが必要不可欠であり，この計算モデルは生命体特有の反応・適応機能を表現しうるものでなくてはならない．

本章では，循環器系におけるマクロスケールおよびミクロスケールの現象に対して，計算生体力学を用いた具体的な解析例を解説する．そして，定量的な議論が必要となるメカノバイオロジーの分野において，計算生体力学が有用であることを示す．

25.2　マクロスケールの血流

25.2.1　脳動脈瘤に対する血行力学的指標の提案

脳動脈瘤の発生・進展のメカニズムにはまだ不明な点が多いが，血行力学因子の重要性が多くの先行研究によって示されている[1]．脳動脈瘤の発生にかかわる血行力学因子を特定することができれば，脳動脈瘤の予防に役立てることができるであろう．脳動脈瘤の発生にかかわる血行力学量の一つとして，血流による壁せん断応力（wall shear stress，WSS）が精力的に調べられてきた[2,3]．一方 Meng らは，WSS の空間勾配（spatial wall shear stress gradient，SWSSG）も同様に重要であると指摘している[4]．SWSSG は，血流が内皮細胞に及ぼす力の“空間的な”不均一性を表す量である．筆者らは，SWSSG が拍動に伴って“時間的に”大きく変動する場合，より好ましくない影響を内皮細胞に及ぼすのではないか，との着想に至った．関連する研究として，たとえば Jamous らも，脳動脈瘤の初期発生において，乱れた血流場の存在が重要であることを指摘している[5]．

そこで本節では，SWSSG の時間変動に着目した新しい血行力学量を，脳動脈瘤発生の指標として提案する[6]．提案する血行力学量，およびこれまでに提案されている三つの血行力学量を，瘤を取り除いた脳動脈実形状（瘤の発生前を模擬）に対して計算し，各血行力学量と瘤発生位置との相関を議論する．こうした取り組みを実験的に行うのは非常に困難である．なぜなら，生体内の流れの詳細（WSS や SWSSG）を計測することは難しく，動脈瘤が発見された段階で，時間を遡って瘤が発生する以前の現象を議論することが不可能だからである．こうした制約のない計算生体力学は，メカノバイオロジーを議論するうえで非常に強力なツールとなる．

動脈瘤を発症したヒト内頸動脈（ICA）実形状の一例を図 25.1 に示す[7]．動脈瘤の発生について議論するためには，この動脈瘤ができる前の状態を知る必要がある．そこで瘤および近傍の親血管を除去し，残された親血管の間を補間することにより，瘤発生前の内頸動脈形状を図 25.2 のように再構築した．この形状に対して血行力学量を計算し，瘤発生位置との相関を調べる．数理モデルの詳細は専門書および論文[6]に譲ることにするが，ひと言でいうなら，所望の境界条件下において質量保存則と運動量保存則を満たすよう数値計算を行う．

血流が内皮細胞に及ぼす単位面積あたりのせん断力，すなわち WSS を $\boldsymbol{f}$ と表すと，これは二つの成分（$f_{\rm p}$，$f_{\rm q}$）で表すことのできるベクトル量である．ここで p は，$\boldsymbol{f}$ の拍動一周期の時間平均方向であり，q は p に直交する方向である．いま，$f_{\rm p}$ と $f_{\rm q}$ の空間勾配量 $\boldsymbol{g}=(\partial f_{\rm p}/\partial p,\ \partial f_{\rm q}/\partial q)$，すなわち SWSSG を考えると，これは $\boldsymbol{f}$ の不均一性によって内皮細胞に生じる，単位面積あたりの引っ張り/圧縮力を表す量と考えられる[8]．仮に $\boldsymbol{g}$ ベクトルが拍動に伴って時間的に大きく変動するとすれば，それは内皮細胞に作用する引っ張り/圧縮力が大きく変動することを意味する．そこで時間変動の程度を評価する新しい血行力学量を以下のように提案する．

$$G = 1 - \frac{\left|\int_0^T \boldsymbol{g}\,\mathrm{d}t\right|}{\int_0^T |\boldsymbol{g}|\,\mathrm{d}t} \qquad (0 \le G \le 1) \qquad (25.1)$$

ここで T は拍動の周期である．

瘤発生前の ICA 形状（図 25.2c）に対して，今回提案する血行力学量，およびこれまでに提案されているさまざまな血行力学量の計算を行った

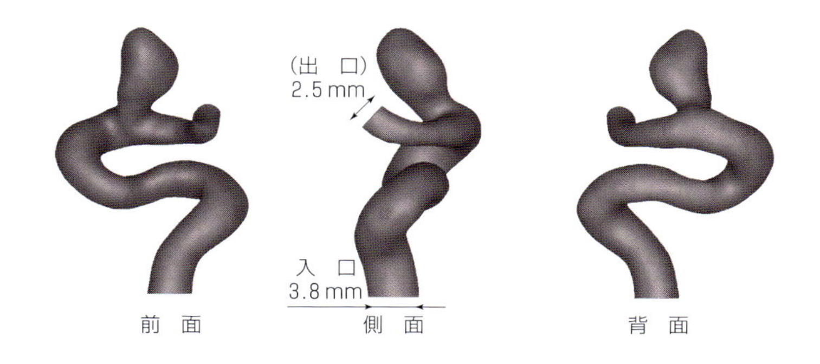

図 25.1　動脈瘤を発症したヒト内頸動脈（ICA）実形状の一例

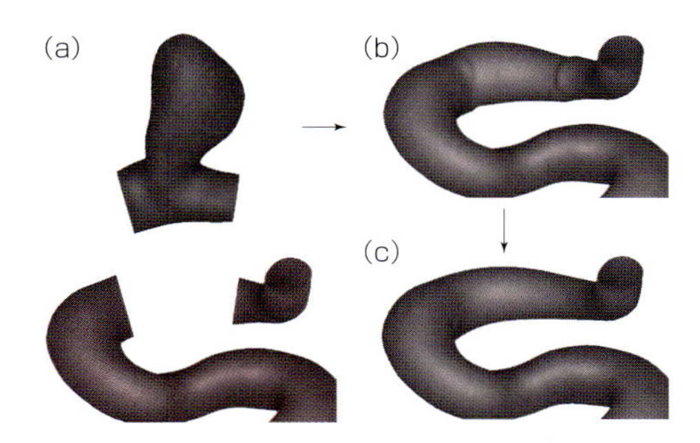

図 25.2 動脈瘤の切除手順[6]
（a）瘤および近傍の親血管を除去，（b）断面間をバネ構造体で連結，（c）構造体内の応力分布が滑らかになるよう変形．

(WSS の時間平均, WSS の最大値, SWSSG の時間平均, Mantha らによって提案されている potential aneurysm formation indicator（AFI）[9]）．その結果，WSS の時間平均値や最大値，SWSSG，および AFI は，瘤発生位置において特徴的な分布を示していないことが明らかになった．一方，今回提案する血行力学量（GON）は，図 25.3 に示すように瘤発生位置との強い相関が見られた．

今回提案する GON は，瘤発生位置において，最大値である 1 に近い値となった（図 25.3a）．これは式（25.1）における $\left|\int_0^T \boldsymbol{g}\,\mathrm{d}t\right| \approx 0$ に相当する．ここでは示さないが，実際に瘤発生位置において $\boldsymbol{g}$ ベクトルの変動を詳しく調べてみると，拍動一周期で $\boldsymbol{g}$ ベクトルがほぼ 1 回転するという，激しい時間変動が見てとれた．Jamous らは脳動脈瘤の初期発生において，乱れた血流場の存在が重要であると指摘しており[5]，今回の結果は彼らの主張を支持するものである．

Meng らは，高い WSS と高い SWSSG の組合せが，脳動脈瘤の発生にとって重要であると報告している[4]．一方，今回の結果は，WSS と SWSSG のいずれも，瘤発生位置において特徴的な分布を示さなかった．Meng らの研究は血管分岐部に発生する脳動脈瘤を対象としたものであるため，今回のような非分岐部の脳動脈瘤とは異なる発生メカニズムが存在するのかもしれない．

Mantha ら[9]と同様に，拍動の midsystolic deceleration における AFI を計算したが，今回の計算では瘤発生位置との有意な相関は見られなかった．ここでは示さないが，拍動中の他の主要なタイミングにおいても AFI を計算した．しかし同様に，有意な相関は見られなかった．AFI と今回提案する血行力学量の間には，以下の相違点がある．第一に，AFI は WSS の関数であり，WSS は内皮細胞に作用する力を表す量である．それに対し，血行力学量は SWSSG の関数であり，SWSSG は偶力を表す量である．したがって血行力学量は，内皮細胞に作用する引っ張り/圧縮力を表すことができる．第二に，AFI は時間平均 WSS に対する，ある瞬間の WSS 変動量を表すものである．一方，血行力学量は，拍動一周期にわたって積分された SWSSG 変動量を表す．したがって，血流が内皮細胞に及ぼす引っ張り/圧縮力の時間変動を評価できる．

こうした血行力学の詳細を議論することは，計算生体力学の最も得意とする分野であり，血行力学と血管壁のアダプテーションという生物学的な応答を関連づけることで，計算科学的にメカノバイオロジーを議論することが可能となる．また，

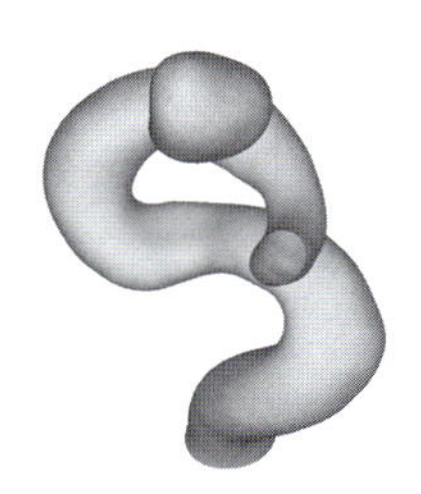

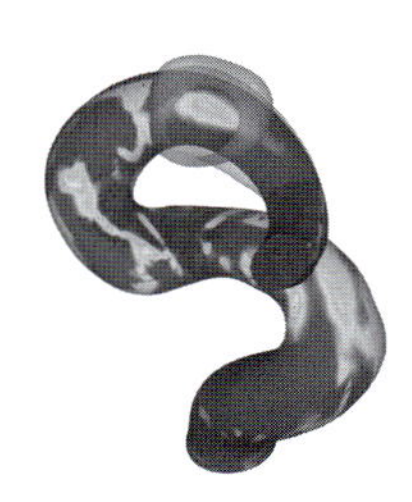

図 25.3 動脈瘤発症前の血管形状における GON の分布

動脈瘤の成長過程を数理モデル化できれば，計算生体力学を用いて動脈瘤の成長過程を議論することも可能となる．成長過程の数理モデル化はまだ始まったばかりだが，興味のある読者はShimogonyaらの取り組み[10]も参考になるであろう．

25.2.2　脳動脈瘤への物質輸送

脳動脈瘤の発生メカニズムとして，力学的な因子（WSSやGONなど）がこれまで多く議論されてきたが，生化学的な物質輸送の議論は未熟である．動脈疾患の基本病変である動脈硬化症の発症・進展に対しては，近年，血管内皮細胞におけるLDL，酸素，ATPなどの物質輸送問題として捉える報告がされている[11,12]．一方，脳動脈瘤の発症・進展に対しても脳動脈瘤の好発部位が動脈硬化症のそれと酷似していることから，動脈硬化症と類似の流体力学由来のプロセスが存在すると考えられている．実際に動脈瘤壁における動脈硬化症の存在も確認されている[13]．

循環器における流体現象の理解に数値流体力学（CFD）は広く貢献してきた．特に近年ではCTやMRIなど医用画像技術の発達により，患者個々の血管形状抽出が可能となりCFDの応用研究が注目されている．これら医用画像ベースの数値計算は患者特有の血流場を知れる反面，血管形状の複雑さゆえ，どのような形態学的特徴が健常との差を生むのか明確にするのが難しい．そこで本項では，形態学的特徴をパラメータ化した理想モデルを用い，形態学的特徴と流動場および物質輸送場との関連性を明確にする．理想モデルを用いた解析は古くから行われていたが，動脈瘤に関しては瘤の高さ，径，ネック径など瘤そのものの形状パラメータにのみ着目したものが多く，親血管形状の違いを考慮している報告は非常に少ない．さらには動脈瘤への物質輸送を解析したという報告はきわめて少ない．ここでは，さまざまな親血管形状をもつ動脈瘤に対するパラメトリックな物質輸送解析を行い，形態学的特徴と動脈瘤内皮細胞表面の物質濃度の関係を示す．

パラメトリック解析は計算生体力学の最も得意とする分野である．いったん計算モデルを構築すると，境界条件を変化させるだけでさまざまな条件の計算を行うことができる．計算資源が十分にあれば，いくつもの計算を同時に実行することも可能であり，計算を並列に処理することで研究期間を格段に短縮できる．また，境界条件は数学的

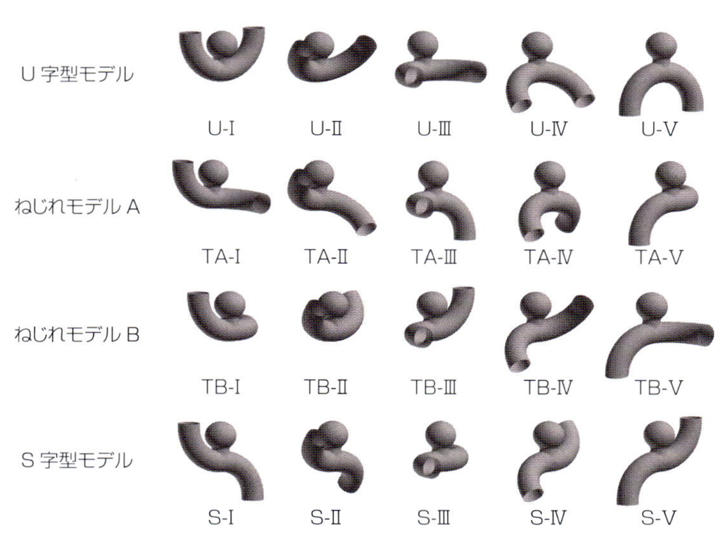

図 25.4　パラメトリック解析用に理想化された動脈瘤の形状

に厳密に記述されており，実験に比べ理想化した分，曖昧さが非常に少ない点も利点である．

本項では，理想化した血管湾曲部に発症した動脈瘤を対象とする．解析に用いた動脈瘤形状モデルを図 25.4 に示す．これらのモデルは U 字管，捻れ管，S 字管を動脈の基本形状とし，それぞれの動脈に対し，瘤の発症方向を変化させて作成した．なお親血管形状の影響を調べるため，動脈瘤形状は一定とした．それぞれのモデルについて動脈瘤左側の血管が上流側である．簡単のため定常流れを仮定し，物質の輸送は移流拡散方程式に従うものとする．ここでも数理モデルの詳細は専門書および論文[14]に譲ることにするが，ひと言でいうなら，所望の境界条件下において，血液の質量保存則と運動量保存則，および輸送物質の質量保存則を満たすよう数値計算を行う．

図 25.5 はそれぞれの動脈瘤モデルに対する，動脈瘤内皮細胞表面の平均物質濃度を示したものであり，瘤ネック部を通して輸送される流入濃度フラックスを横軸にとっている．ここで濃度は親血管壁における平均濃度で規格化している．親血管形状の違いは内皮細胞表面の濃度分布を大きく変化させる．平均濃度は流入濃度フラックスにほぼ比例し，たとえば U-I や S-I など上流側の血管と瘤のなす角度が小さいほど，流入フラックスが減少し，結果として表面物質濃度が低くなる．流入フラックスは血管湾曲部において発達する断面内二次流れと深く関係しており，二次流れの強さや分布は血管形状に大きく依存するため，それぞれの動脈瘤に対して異なる流入フラックスが得られる．平均的な濃度は図 25.5 のようであるが，それぞれの動脈瘤において空間的な分布も同時に生じる．図 25.6（a）は TA-IV モデルに対する内皮細胞表面の濃度分布を示したものである．瘤ドーム部において局所的に低濃度になるスポットが存在している．図 25.6（b）のようにこれは壁面近傍の渦中心と一致しており，瘤内の流れ構造が濃度場の空間分布に強く影響することがわかる．これまでの破裂・未破裂動脈瘤の臨床報告において親血管形状を分類したものは皆無であり，図 25.5 のような平均的な濃度分布と図 25.6 のような局所的な濃度分布のどちらが瘤内部の動脈硬化症の進展に寄与し，破裂に至るのか結論づけることはできない．ここに示したように，親血管形状によって動脈瘤内の生理学的な環境が異なることは明らかであり，瘤形状が同じであっても，その後の進展過程に差異が表れると推察できる．ここから先の議論は臨床例との比較が必要となるが，計算生体力学を用いることで動脈瘤における物質輸送の理解が飛躍的に進み，実験研究に対してもさまざまな提言ができることがわかる．

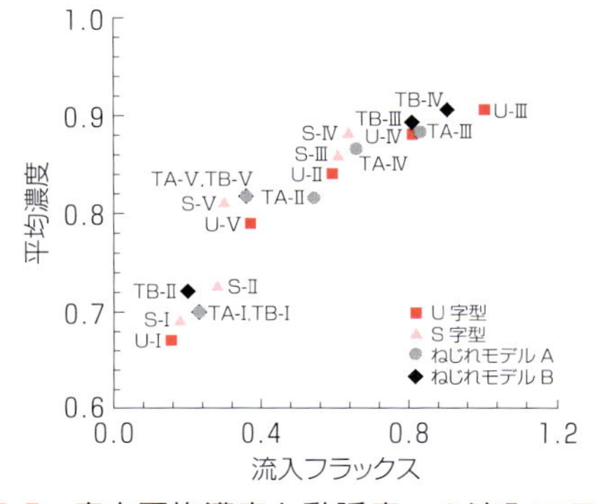

図 25.5　瘤内平均濃度と動脈瘤への流入フラックスとの相関

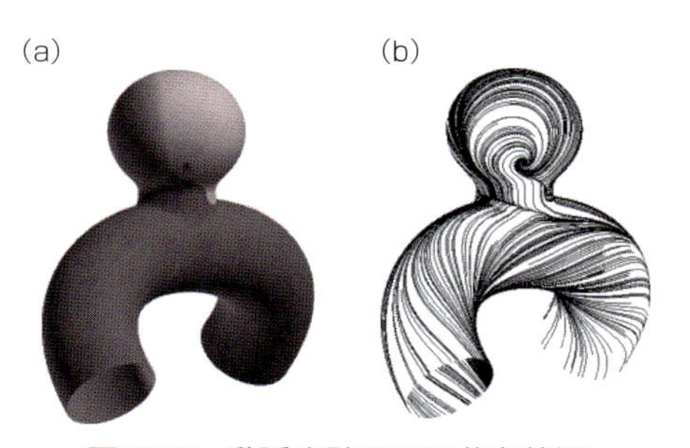

図 25.6　動脈瘤壁面での分布状況
（a）壁面濃度，（b）壁面直上での流れ方向．

25.3　ミクロスケールの血流

25.3.1　微小血管を流動する赤血球の変形量

血液は細胞が血漿中に浮遊する懸濁液であり，赤血球は体積率（Hct）20～45％を占めている．赤血球はスペクトリンの裏打ち構造をもつ脂質二重膜と内部流体からなり，非常に柔軟な変形能をもつ．赤血球の変形は毛細血管の通過や溶血と関係し，さらに最近では ATP 放出との関連性も指摘されている[15,16]．また，感染症の一つであるマラリアや鎌状赤血球症などの血液疾患も赤血球の変形能と密接に関連している[17,18]．共焦点顕微鏡とマイクロフルイディクスを用いた *in vitro* の実験によって，微小流路における個々の赤血球の挙動や赤血球流動によって生じる流体の挙動が明らかになってきた[19,20]．しかし赤血球による光の散乱や吸収のため，比較的低い Hct の条件下でしか赤血球を観察できず，特に管中央部における赤血球の変形を可視化することは困難である．これに対して計算生体力学では，Hct や赤血球の位置を問わず，変形量を定量的に評価できる．そのため，細胞への力学的な刺激を詳細に検討でき，メカノバイオロジーを議論するうえで非常に強力なツールとなる．

マクロスケールの血流計算と異なるのは，いうまでもなく赤血球を考慮する必要があることである．マクロスケールでは流体計算のみであったのに対し，ミクロスケールでは血漿，内部流体，赤血球膜の運動を連成して計算することになり，これは流体-構造（あるいは固体）連成計算と呼ばれている．流体-構造連成計算はいまだに計算力学の課題の一つであり，多くの計算手法が提案されている．ここでは粒子法を用いた計算結果について紹介する．粒子法では，血漿，内部流体，赤血球膜すべてを有限個の粒子の集合として表現する．支配方程式はマクロスケールの血流と同様，流体の質量，運動量保存則であるが，膜の弾性変形を表現するため，膜を構成する粒子については隣接する粒子との間にバネモデルによる弾性抵抗を外力として導入する．なお手法の詳細については文献 21，22 などを参照されたい．

(a)

(b)

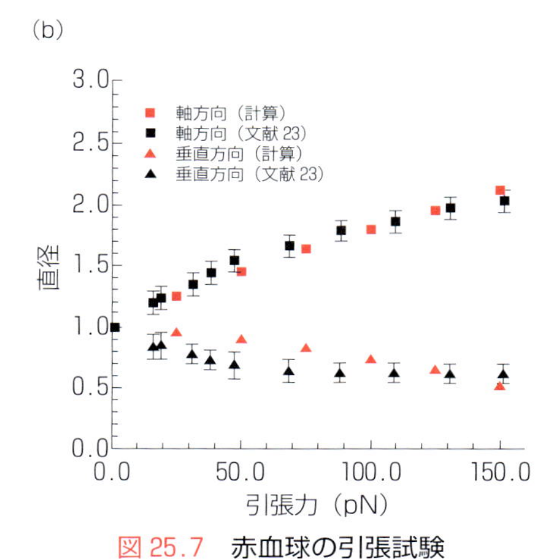

図 25.7　赤血球の引張試験
（a）引張力 75 pN に対する変形，（b）軸方向および垂直方向の径．

まず赤血球の変形能を制御するパラメータ（ここではバネ係数）を同定する．Suresh ら[23]によってオプティカルツイーザーを用いた赤血球の引張試験が報告されており，ここではこれを模擬した数値実験を実施した．図 25.7 はあるパラメータに対する計算結果を示したものであり，適切なパラメータを用いることによって，軸方向および垂直方向の変形ともに実験結果をよく再現できることがわかる．さらに検証として，微小血管における赤血球流動の特徴である見かけの粘度を実験値と比較した．赤血球の存在によって血液の見かけの粘度は Hct，管径などに応じて変化する．Pries らは過去に行われた実験結果にフィットする式を

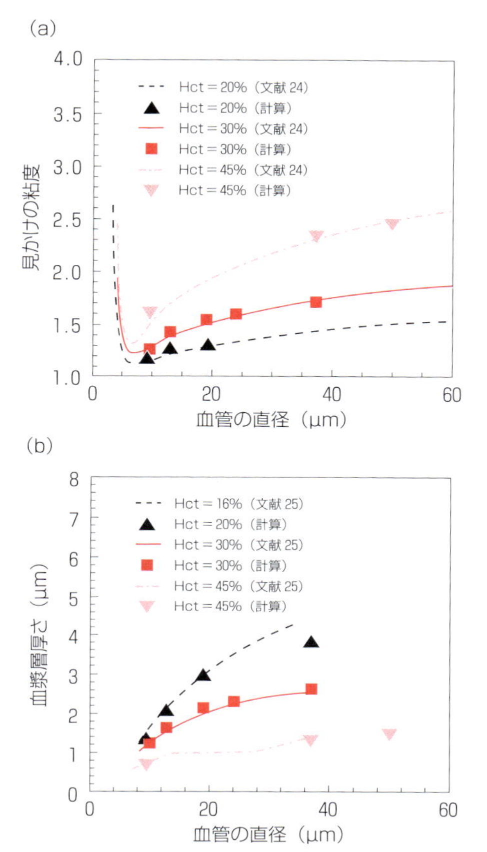

図 25.8　見かけの粘度および血漿層厚さに対する計算結果
（a）見かけの粘度，（b）血漿層厚さ．

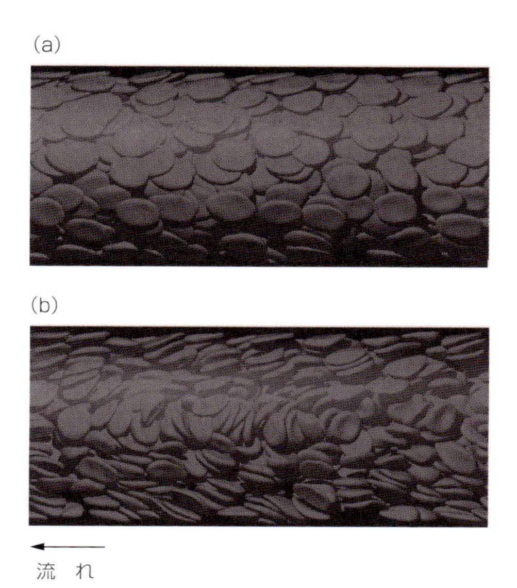

図 25.9　直径 50 μm の微小血管を流動する Hct＝45%の血液の計算結果
流れの方向は右から左．（a）すべての赤血球を可視化したもの．（b）中央断面より奥の赤血球のみを可視化したもの．

提案しており[24)]，図 25.8（a）はこれと比較したものである．さまざまな Hct および管径に対して，数値シミュレーションの結果がよい一致を示していることがわかる．次に血漿層の厚さを実験値と比較した．赤血球は変形能をもつため，管内流れでは管軸方向へと移動する．この軸集中の結果として，管壁近傍では赤血球が存在しない血漿のみの層（血漿層）が生じる．図 25.8（b）は Tateishi らの実験結果[25)]とシミュレーションの結果を比較したものであり，Hct および管径に依存した血漿層厚さの変化を精度よく再現することがわかる．

図 25.9 は直径 50 μm の微小血管を右から左に流動する Hct ＝ 45%の血液を計算した結果を示したものである．図 25.9（a）ではすべての赤血球を可視化し，図 25.9（b）では管中央を流れる赤血球が見えるように中央断面より奥側の赤血球のみを可視化している．すでに述べたように，実験的には最新の共焦点顕微鏡を用いたとしてもこのような像を得ることは困難である．管中央を流れる赤血球はパラシュート形状に変形して流れているものが多く，管壁近傍では流れに沿うように楕円体の円盤形状に変形していることがわかる．図 25.10 はそれぞれの径方向位置に対する平均的な変形量およびその標準偏差を示したものである．ここで変形量は，初期状態の長径からを基準とした相対的な伸びの量を示している．この図から赤血球の変形が，管中央領域，中間領域，および管壁近傍の領域において異なることがわかる．管中央領域（$r/R < 0.2$）では変形量が負の値からシャープに増加する．管中央近傍ではパラシュート形状に変形した赤血球を多く含むため，変形量が負の値となる．$r/R = 0.2$ に近づくと，流れに

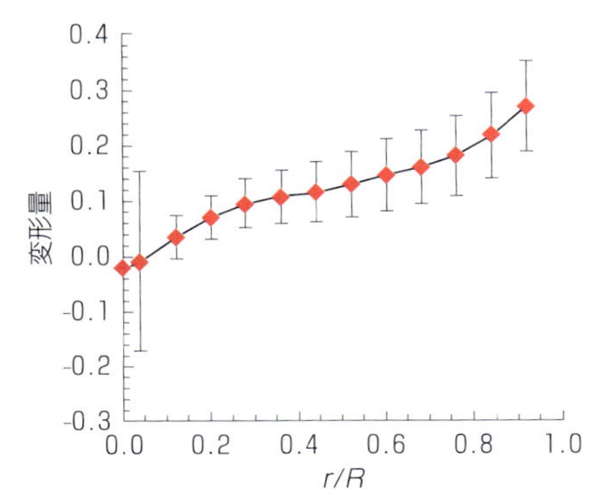

図 25.10　赤血球の管径方向位置と変形量の関係

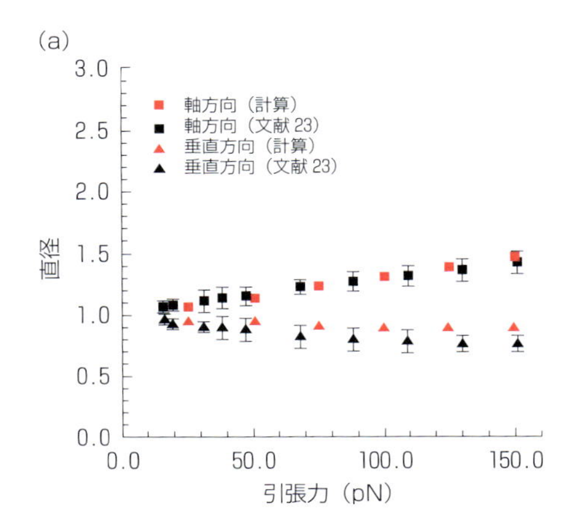

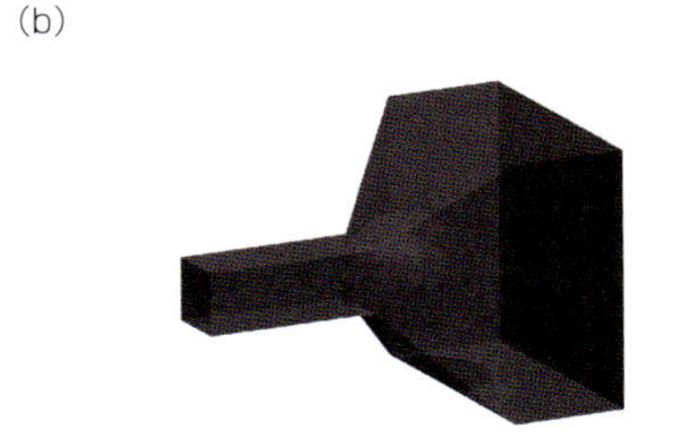

図 25.11　マラリア感染赤血球のモデル化
（a）引張試験．（b）微小流路の計算．

沿って円盤形状に変形する赤血球が増え始め，中間領域（$0.2 < r/R < 0.5$）では管径位置に対して変形量は直線的に増加するが，その傾きは緩やかである．これに対して管壁近傍領域（$r/R > 0.5$）では，血漿層に近づくに従い急勾配で増加する．これは軸集中をした血液の流速分布によるものであり，管壁近傍では局所的にせん断速度が増加するためである．なお，Hct や管径によってそれぞれの領域の大きさや生じる変形量は変化するが，定性的な傾向はここに示したものと同じである[26]．

25.3.2　マラリア感染への応用

前項で示したような数値シミュレーションは，血液疾患の解析にも応用できる．ここでは，赤血球膜を構成する分子の変化が細胞の物理特性を変化させ，最終的に臓器障害を引き起こす例として，マラリア感染のモデルを紹介する[21, 27]．

マラリアは地球上における最も深刻な感染症の一つであり，アフリカや東南アジアなどの熱帯・亜熱帯地域を中心に，罹患者および死亡者はそれぞれ数億人，数百万人に達する．マラリアは原虫を病原体とする感染症で，マラリア原虫がハマダラカという蚊を媒介に体内へ侵入することで発症する[15]．マラリア原虫には大きく分けて4種類あるが，特に熱帯熱マラリア原虫（*Plasmodium falciparum*）によるマラリアが深刻である．体内に侵入した *Plasmodium falciparum* は血液中の赤血球内に寄生し，増殖する．マラリアに感染した赤血球（*Pf*-IRBC）は，原虫由来のタンパク質の影響で膜の構造が変化し，原虫の成長に応じて次第に変形能を失っていく．さらにこのタンパク質は周囲の細胞表面のタンパク質と相互作用するため，健常赤血球や血管内皮細胞と接着するようになる．マラリア感染赤血球の変形能の低下は，前述した正常な赤血球に用いたパラメータを大きくすることでモデル化する．図 25.11（a）は図 25.7 と同様，オプティカルツイーザーによる引張試験[23]を模した数値実験の結果であり，成熟体（Trophozoite）と呼ばれる感染後期の赤血球では正常赤血球に比べて3倍程度大きいパラメータとなる．Microfluidics を用いた実験において成熟体の感染赤血球は幅 4 μm の微小流路を通過できなかったと報告されており[28]，図 25.11（b）に示すように数値シミュレーションにおいてもこれが再現されている．

成熟体（Trophozoite）や分裂体（Schizont）と呼ばれる感染後期のマラリア感染赤血球は，末梢血に存在せず，細静脈や細動脈の血管に接着していることが知られている[29]．これは脾臓におけるマラリア感染赤血球の破壊を免れるだけでなく，マラリア重症化の要因である微小循環閉塞と大きくかかわっていると考えられている[30]．マラリア感染赤血球は，白血球の接着と同じように，血管壁上にトラップされ，ゆっくりと回転運動し，その後，接着に至るといわれている[29, 31, 32]．マラリア感染赤血球が血管内皮細胞と接触するためには，その前に血管壁近傍へ移動する必要がある．しかし通常，健常赤血球は微小血管中で管中央付近に集まる軸集中を起こし，血管壁近傍には存在しない．したがってどのようにしてマラリア感染赤血球が管壁近傍に移動するのかを明らかにすることは，マラリア重症化のメカニズムを理解するための基礎となる．また近年，マラリア診断のため，マイクロフルイディクスの技術を用いて，マラリア感染赤血球と健常赤血球を分離して採取するマイクロチップが開発されている[33]．血液中でのマラリア感染赤血球の挙動を明らかにすることはこのようなマイクロチップの開発に対しても基本事項として重要である．微小循環の流速はmm/sのオーダーであり，さらにマイクロチップではより高い流速を用いることが多く，特定の感染赤血球を追跡し続けるためには観察面をその速度で移動する必要があり，実験的には困難である．しかし，数値シミュレーションではこれが容易に行える．

ここでは管径12 μmを流動するマラリア感染赤血球を計算した結果を例として示す．図25.12は感染赤血球の膜と血管壁との距離の時間変化を示したものである．Hct = 27%の条件では，マラリア感染赤血球は非常に高い頻度で血管壁近傍を流動している．図25.13（a）のように，マラリア感染赤血球の速度は正常な赤血球よりも遅いため，後方から流れてくる正常赤血球がこれに追いつき，マラリア感染赤血球を先頭に列をなす．これは白血球と赤血球の流動において観察される流動状態によく似ており，「Train」と呼ばれている[34]．Trainを形成した後，先頭の正常赤血球はマラリア感染赤血球の上に寄り掛かるように移動し，この際，マラリア感染赤血球は血管中心部から壁面方向へと押し出される．ヘマトクリットが27%と高く，かつTrainによってマラリア感染赤血球近傍ではさらに高濃度になっているため，この状態が長く継続される．マラリア感染赤血球は

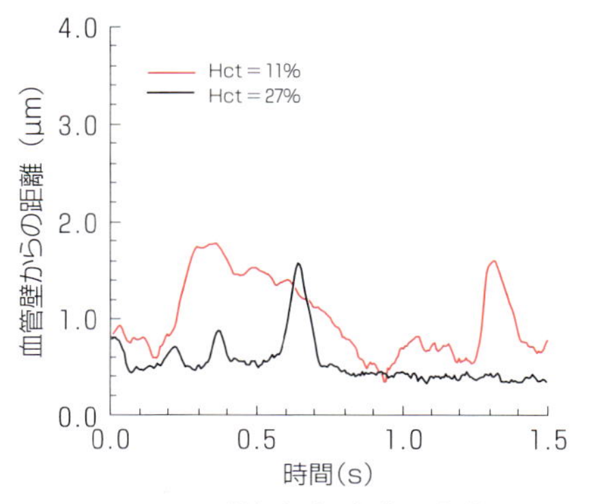

図25.12　マラリア感染赤血球膜と血管壁の間の距離の時間変化

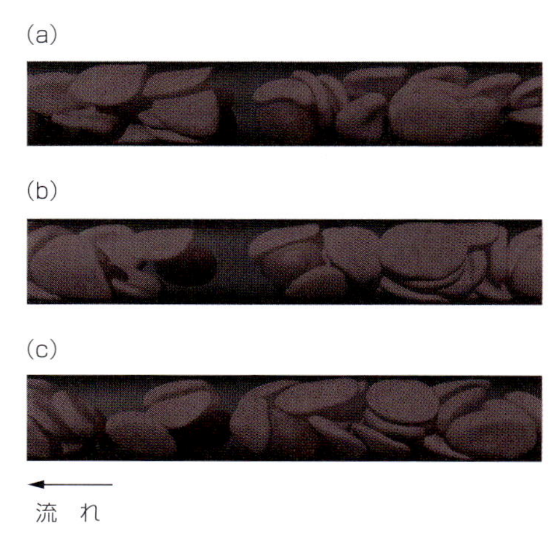

図25.13　マラリア感染赤血球の流動（Hct = 27%）

（a）$t = 0.60$ s，（b）$t = 0.94$ s，（c）$t = 1.16$ s.

壁面近傍でゆっくりと回転運動をしているため，周囲には回転速度場が生じている．正常赤血球との位置関係によっては，正常赤血球がマラリア感染赤血球と血管壁の間にすべり込み，図 25.13（b）のようにマラリア感染赤血球を管中心部へと移動させることがある．しかしそのまま，もしくは他の健常赤血球との相互作用により，すぐに壁面へと移動し，図 25.13（c）のように再度壁面近傍を流れはじめる．

一方，Hct = 11%の条件においても，小規模の Train を形成し，Hct = 30%と同じように健常赤血球によりマラリア感染赤血球は壁面近傍へと押し出される（図 25.14a）．しかし，後方に連なる健常赤血球が少ないため，頻繁に周囲の健常赤血球がない状態になる．したがって単体で流れているときと同様に，管中心部へと移動する（図 25.14b）．再度「Train」を形成したときには管壁方向へと移動するが（図 25.14c），ヘマトクリットが低いため，形成頻度は低く，結果として管中心部近傍を流れる時間が多くなる．

Hou ら[33]の作成したマラリア感染赤血球と健常赤血球の分離チップでは，Hct = 10%の条件においては十分な分離が得られず，Hct = 40%の条件において効果的な分離に成功したと報告されている．彼らの実験結果は本研究での計算結果を支持するものであり，またヘマトクリットによる分離効率の違いは上に述べたようなメカニズムによるものと考えられる．マラリア感染赤血球と血管内皮細胞の接着について，Flatt ら[35]は Hct = 20%の条件に比べて Hct = 10%の条件では接着する細胞数が減少したと報告している．本研究の計算結果に基づけば，少なくとも一つの要因として，Hct = 10%の条件では血管内皮細胞近傍に存在するマラリア感染赤血球の数が減少し，結果として，接着する感染赤血球の数が減少したものと考えられる．

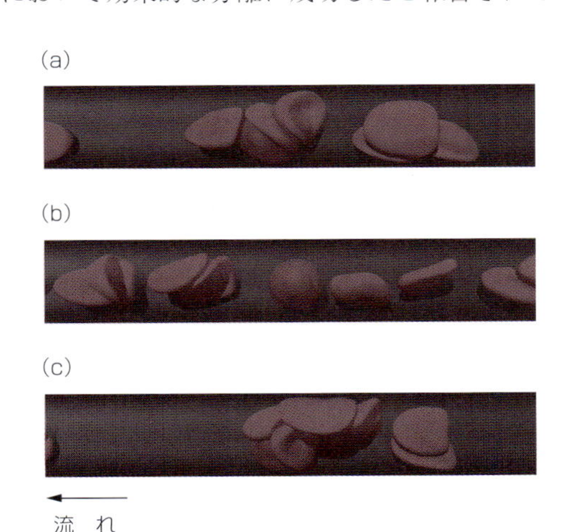

図 25.14　マラリア感染赤血球の流動（Hct = 11%）
（a）$t = 0.45$ s，（b）$t = 0.65$ s，（c）$t = 1.24$ s.

25.4　おわりに

本章では，計算生体力学を用いた具体的な解析事例として，マクロスケールの血流では「脳動脈瘤に対する血行力学的指標の提案」と「脳動脈瘤への物質輸送」を，ミクロスケールの血流では「微小血管を流動する赤血球の変形量」と「マラリア感染への応用」を解説した．これらの現象においては，血管壁や赤血球に作用する力や，生体膜を透過する化学物質が，細胞の生物学的な応答に大きな影響を及ぼすことが知られている．計算生体力学は，こうした力や物質輸送量を定量的に予測することができるため，定量的な議論が重要なメカノバイオロジーの分野において非常に有用である．

この分野における計算生体力学はまだまだ発展途上であり，メカノバイオロジーというマルチスケール・マルチフィジックス現象を記述するための数理モデルのさらなる発展，および数理モデルを高速・高精度で解く計算手法のさらなる発展が期待される．

（今井陽介・山口隆美・石川拓司）

文 献

1) A. C. Burleson, V. T. Turitto, *Thromb. Haemost.*, **76**, 118 (1996).
2) C. F. Gonzalez et al., *Am. J. Neuroradiol.*, **13**, 181 (1992).
3) S. Rossitti, *Acta. Radiol.*, **39**, 711 (1998).
4) H. Meng et al., *Stroke*, **38**, 1924 (2007).
5) M. A. Jamous et al., *J. Neurosurg.*, **102**, 532 (2005).
6) Y. Shimogonya et al., *J. Biomech.*, **42**, 550 (2009).
7) A. G. Radaelli et al., *J. Biomech.*, **41**, 2069 (2008).
8) M. Lei et al., *J. Biomech. Eng.*, **123**, 80 (2001).
9) A. Mantha et al., *Am. J. Neuroradiol.*, **27**, 1113 (2006).
10) Y. Shimogonya et al., *J. Biomech. Sci. Eng.*, **3**, 431 (2008).
11) S. Wada, T. Karino, *Ann. Biomed. Eng.*, **30**, 778 (2002).
12) T. David, *Ann. Biomed. Eng.*, **31**, 1231 (2003).
13) K. Kataoka et al., *Stroke*, **30**, 1396 (1999).
14) Y. Imai et al., *Ann. Biomed. Eng.*, **38**, 927 (2010).
15) D. J. Fischer et al., *Analyst*, **128**, 1163 (2003).
16) A. M. Forsyth et al., *Proc. Natl. Acad. Sci. USA.*, **108**, 10986 (2011).
17) L. H. Miller et al., *Nature*, **415**, 673 (2002).
18) J. M. Higgins et al., *Proc. Natl. Acad. Sci. USA.*, **104**, 20496 (2007).
19) R. Lima et al., *Ann. Biomed. Eng.*, **37**, 1546 (2009).
20) M. Saadatmand et al., *J. Biomech.*, **44**, 170 (2011).
21) Y. Imai et al., *J. Biomech.*, **43**, 1386 (2010).
22) D. Alizadehrad et al., *J. Biomech. Sci. Eng.*, **7**, 57 (2012).
23) S. Suresh et al., *Acta. Biomater.*, **1**, 15 (2005).
24) A. R. Pries et al., *Am. J. Physiol. Heart Circ. Physiol.*, **263**, H1770 (1992).
25) N. Tateishi et al., *J. Biomech.*, **27**, 1119 (1994).
26) D. Alizadehrad et al., *J. Biomech.*, **45**, 2684 (2012).
27) Y. Imai et al., *J. Biomech.*, **44**, 1553 (2011).
28) J. P. Shelby et al., *Proc. Natl. Acad. Sci. USA.*, **100**, 14618 (2003).
29) M. Ho et al., *J. Exp. Med.*, **192**, 1205 (2000).
30) B. M. Cooke et al., *Adv. Parasit.*, **26**, 1 (2001).
31) B. M. Cooke, R. L. Coppell, *Parasit. Today*, **11**, 282 (1995).
32) B. M. Cooke et al., *Parasit. Today*, **16**, 416 (2000).
33) H. W. Hou et al., *Lab. Chip*, **10**, 2605 (2010).
34) G. W. Schmid-Schönbein et al., *Microvasc. Res.*, **19**, 45 (1980).
35) C. Flatt et al., *Am. J. Trop. Med. Hyg.*, **72**, 660 (2005).

用語解説

【英文字】

ATP
アデノシン三リン酸．すべての生き物が細胞内に豊富にもつ生存に不可欠なエネルギー物質であり，生物存在の指標ともなる．細胞にはこれを放出する機構があり，細胞外 ATP は周りの細胞の各種 ATP 受容体を介して普遍的な細胞間情報伝達物質として働いている．

ATP 受容体（ATP receptor，P2X，P2Y）
UTP，UDP，ADP などを含むヌクレオチド受容体，あるいは P2 プリン受容体全体を代表して ATP 受容体という．代謝調節型の P2Y（1，2，4，6，11，12，13，14）とイオンチャネル型の P2X（1～7）が同定されている（表 7.1 参照）．ほとんどの細胞は何らかの ATP 受容体を発現している．

FMD 検査（flow-mediated dilation test，FMD）
血流をいったん途絶した後，再灌流すると血管が拡張する．これは内皮細胞が血流増加に応じて NO を分泌し，血管を拡張させるためである．この血管拡張量から内皮細胞の健康度を評価する検査のこと．詳細は 20.3.3 項と 20.7 節を参照．

***in vitro* 滑り運動系**（*in vitro* sliding assay）
ガラス基板上に吸着した分子モーターの上を，アクチンフィラメントや微小管が ATP 存在下で滑り運動をする人工的な実験系のこと．滑り運動する様子を光学顕微鏡下で直視し，動画として記録・解析できる．

MEMS（micro electro mechanical system）
微細加工技術により電子回路やセンサーなどの電気的デバイスや機械的に動くアクチュエーターなどを一つの基板に集積化したデバイス．

Piezo
機械感受性イオンチャネルで，1 と 2 の 2 種類がある．2 は哺乳類の感覚受容器細胞にも発現しており，Merkel 細胞のメカノトランスデューサーであることが 2014 年に報告された．

SPOC パターン（SPOC pattern）
収縮と弛緩の中間活性化条件で，横紋筋収縮系（筋原線維）中の筋節に見られる自発的振動のことを SPOC と呼ぶ．活性化のレベル，筋節の数，システムの弾性率などによって，さまざまな時空間的 SPOC パターンが現れる．

traction force microscopy
弾性体でできた基質上を遊走細胞に這わせ，細胞が発揮する牽引力を基質の歪みから計算し，疑似カラー表示などにより，細胞直下のどこでどのくらいの牽引力が発揮されているか視覚的に表示する顕微鏡法．

TRPV1・V2
小型の感覚受容器に多く発現しているイオンチャネル．V1 は 43 ℃以上で，V2 は 50 ℃以上でチャネルが開くため，侵害受容器の熱トランスデューサーであると考えられてきた．V1 はカプサイシン（唐辛子の辛味成分）や酸にも反応する．V2 は心筋や血管にも発現し，機械受容チャネルの候補でもある．

【あ】

圧迫（圧縮刺激）と牽引（伸展刺激）
（compression and tension）
歯の移動時には，移動（進行）方向では歯根膜と歯槽骨が圧迫されて刺激を受けた細胞により骨吸収が誘導される．後方ではそれらが牽引されて刺激を受けた細胞により骨形成が惹起される．

アデノシン受容体（adenosine receptor，P1）
ATP の代謝産物であるアデノシンに対する受容体．P1 プリン受容体ともいう．代謝調節型の A1，A2A，A2B，A3 の 4 種類が同定されている（表 7.1 参照）．アデノシンは多くの場合，放出された ATP を細胞外分解酵素が分解することによって作られ，受容体を介して新たなシグナルとなる．神経保護作用や免疫抑制効果など，いろいろな生理機能のモジュレーターとして機能している．

アドヘレンスジャンクション（adherens junction，AJ）
細胞間接着装置の一つ．細胞表面ではカドヘリンが認識，結合を担っており，細胞内ではアクチン線維が結合しているのが特徴．そのためモータータンパク質であるミオシンⅡの収縮力を隣接する細胞に伝える役割がある．

アポトーシス（apoptosis）
2 種類ある細胞死の一つで，管理・調節された細胞の自殺あるいはプログラムされた細胞死のこと．他の一つは細胞壊死（ネクローシス）と呼ばれる細胞死．語源はギリシャ語に由来し，離れて落ちる（枯れ葉などが木から）という意味.

αカテニン（alpha catenin）
カドヘリン-カテニン複合体に含まれるカテニンの一つで，アクチン細胞骨格との結合を担う．直接アクチン線維に結合しうるし，ビンキュリンなどを介して間接的にも機能する．その機能が力学的感受性をもって調節されているという特徴がある．

一分子 FRET 解析（single-molecule FRET, smFRET）
1分子内での蛍光共鳴エネルギー移動（Fluorescence Resonance Energy Transfer, FRET）を利用し，その分子のコンフォメーション変化を観察する方法.

遺伝子欠損マウス（gene knock-out mice, KO mice）
遺伝子操作により一つ以上の遺伝子を欠損させたマウスのこと．遺伝子産物の機能が不明なときに，正常マウスと比較することで，その機能を推定するために使われるモデル動物である．マウスは遺伝子操作が容易な動物の中で，最も人間に近いといわれている.

インテグリン（integrin）
細胞外マトリクスタンパク質の受容体で，細胞-細胞外マトリクス間の接着の主たるメディエーター．それぞれ1回膜貫通型のα鎖とβ鎖からなるヘテロ二量体で，細胞質ドメインにはシグナル分子やリンカー分子が結合する.

液胞（vacuole）
植物細胞の原形質内に存在する一重の単位膜（液胞膜）で仕切られた袋状の構造体．成長した植物細胞では細胞内体積の90%以上は液胞によって占められている．液胞内には，無機イオン，有機酸，糖，炭水化物，タンパク質，（色素）配糖体，アルカロイドなどが溶存しており，代謝産物の貯蔵や分解を行うとともに，自食作用（autophagy）や能動的な細胞死（アポトーシス）の中心的役割も果たす.

オウシャジクモ（*Chara corallina*）
シャジクモ科シャジクモ属の淡水藻．仮根，主軸，枝（葉）から構成され，維管束はもたない．主軸は巨大な節間細胞と小型の節部細胞からなり，多数の節をもつ．節間細胞は，大きいもので長さが数cmに達するものもあり，古くから細胞生物学的研究に利用されてきた.

オートクリン作用（autocrine）
細胞が情報伝達に用いる様式の一つで，細胞が産生し細胞外に分泌した増殖因子やホルモンなどの細胞外シグナル分子が，産生細胞自身に作用すること.

【か】

カドヘリン-カテニン複合体（cadherin-catenin complex）
接着分子カドヘリンの細胞質領域にβカテニンが結合，そのβカテニンにαカテニンが結合した三者からなる複合体．細胞の認識，接着を担うカドヘリン分子が機能するためにはこの複合体の形をとっていることが必須である.

カベオラ（caveola）
細胞膜に存在する，大きさが50～100 nmのフラスコ状の陥凹構造物で，血管内皮細胞を含む多くの細胞に存在している．物質を細胞内に取り込んで輸送し，細胞外へ排出する働きの他，カルシウム・ポンプ，Gタンパク質，チロシンキナーゼなどの細胞内情報伝達にかかわる分子が集積し，外来刺激を認識して情報を細胞内に伝達する“玄関”としての役割を果たしている.

感作（sensitization，イギリスやヨーロッパでは sensitisation と書くこともある）
感覚刺激に対し過敏になること．反応する閾値が低下し，同じ刺激に対してより大きく反応する状態.

間質流（interstitial flow）
間質における細胞外液の流れのこと．本書では，特に血管内壁を構成する血管内皮細胞の細胞間隙を通り抜けて血管外の間質へ浸み出していく血流よりもきわめて遅い流れのことを指している.

関節軟骨組織（articular cartilage）
骨端に存在する軟骨組織であり，関節の摺動を実現している．硝子軟骨組織であり，高い粘弾性特性をもつ．コラーゲンは線維軟骨組織とは異なりTypeIIであることが特徴的である.

間葉系幹細胞（mesenchymal stem cell, MSC）
骨髄や脂肪に存在する非造血系の接着性細胞のうち，自己複製能をもち試験管内で脂肪・骨・軟骨などの中胚葉性細胞の他，神経・肝・気道系などの外・内胚葉性細胞への分化能をもつ間質細胞由来の成体幹細胞の一種.

機械受容（MS）チャネル（mecahnosensitive channel, MS channel）
生体膜や細胞骨格の変形・張力で活性化されるイオンチャネルの総称で，1984年に初めて報告された．細菌からヒト細胞に亘って広く発現しており，浸透圧，伸展/圧縮，ずり応力などの力刺激に特化した多様なチャネルが知られている．その多くはCa^{2+}透過性で，細胞内

Ca^{2+} 濃度の上昇を導く．最近，ある種のヘミチャネルが力刺激依存的な ATP 放出を担うことがわかった．

気管支喘息（bronchial asthma）
気道の慢性炎症性疾患を本体とし，臨床症状として変動性をもった気道狭窄や咳で特徴づけられる疾患．気道狭窄はアレルギー性気道炎症や気道過敏性亢進によって生じる．

基質硬度（substrate stiffness）
基質が外力を負荷されたときの変形のしにくさ，破壊されにくさを示す機械的性質．細胞が生着する周囲環境としては，生体内における基底膜や間質の三次元マトリックス，そして生体外試験管系における培養材料表面などがあるが，これらを総称して本書では基質と呼ぶ．

キャッチボンド（catch bond）
力が加わることで結合寿命が長くなる分子間結合．通常の分子間結合は，力が加わると結合寿命が短くなり解離しやすくなる．このような結合はスリップボンドと呼ばれる．

計算力学・計算生体力学（computational mechanics・computational biomechanics）
物理現象を力学法則に基づき数理モデル化し，コンピューターシミュレーションを用いて，その現象を力学的観点から明らかにしようとする研究手法．計算力学によって生命現象を解明しようとする研究を計算生体力学あるいは計算バイオメカニクスと呼ぶ．

血管化（vascularization）
生体外において構築した細胞の組織に毛細血管を導入し，微小循環を伴う組織を形成すること．本書では，特に三次元培養組織に毛細血管網を導入することを指している．

血管新生（angiogenesis）
血管を構成している血管内皮細胞が増殖，遊走を繰り返しながら新しい血管を形成する現象のこと．

血行力学的指標（hemodynamic factor）
血流が血管壁に与える力学的ストレスを用いて血管病変の発生・進展を予測しようとする指標．壁せん断応力およびその時間・空間変動量などが調べられている．

牽引力（cell traction force）
アメーバ状の細胞が接着する基質に発揮する力．

原子間力顕微鏡（atomic force microscope，AFM）
柔らかいカンチレバーの自由端につけた突起状の探針で試料表面を走査することで，試料表面の凹凸を検出し，それを画像化する装置．

咬合性外傷（occlusal trauma）
咀嚼筋群が異常に緊張し，機能的運動と無関係に歯をこすり合わせたりくいしばったりする場合（ブラキシズム）や，他の歯よりも先に咬合接触する歯がある場合などに，歯周組織や歯が外傷を受け，歯根膜腔の拡大・骨や歯根の吸収・セメント質の肥厚・歯の破折などが起きる．

骨の部位特異性（site specificity of bone）
発生時の胚葉性の由来や力学的環境，皮質骨（たとえば四肢の骨の外套部）と海綿骨（たとえば骨髄内骨梁）の差異など，さまざまな要因から骨の部位により細胞の性状・産物が異なる．骨化の様式には，頭蓋骨のように積み上げられる膜内骨化と，軟骨の鋳型が順次置換される軟骨内骨化が知られる．

コフィリン（cofilin）
アクチン結合タンパク質で，アクチンフィラメントの切断活性をもつとともに，フィラメント P 端からの脱重合を促進する．コフィリンの活性はリン酸化およびイノシトールリン脂質の結合によって調節されるが，アクチンフィラメントとの結合はフィラメントにかかる引張力により調節される．アクチンフィラメントに引張力がかかると，コフィリンの結合が抑制されて切断されにくくなる．

【さ】

細胞運動（cell motility）
細胞が行う運動の総称．遊走，繊毛運動，鞭毛運動，原形質流動，筋収縮など．単細胞生物やバクテリアの中にはメカニズムが未知の個性的な細胞運動を行うものが多数いる．

細胞外 ATP 分解酵素（ectoATPase，CD39，CD73）
細胞外に放出された ATP は種々の細胞外分解酵素（ecto-nucleotidase）によってすみやかに分解され，新たな情報伝達分子アデノシンが生成される．CD39（ectonucleoside triphosphate diphosphohydrolase）は ATP，ADP を AMP に，CD73（ecto-5′-nucleotidase）は AMP をアデノシンに変換する．

細胞間接着装置（cell-cell junction）
細胞と細胞とが直接結合している構造（特定の膜領域とタンパク質の複合体を含む）．力学的な結合を担うもの，細胞の隙間をシールする作用のあるもの，細胞間のトンネルとなり物質の流通を担うものなどがある．

細胞骨格（cytoskeleton）
細胞内にあって，細胞になんらかの構造的支持を与えるもの．微小管，アクチン線維，中間径フィラメントなどが含まれる．

細胞分化コントロール（cell differentiation control）
細胞の分化コントロールには，細胞の分化状態を維持すること，分化を進めること，逆に分化を戻すこと，これらすべてが含まれる．それぞれの分化コントロールを実現させる技術は，再生医療，組織工学などにおいて基盤的な技術である．

細胞壁（cell wall）
植物細胞の細胞膜の外側を取り囲む構造体．セルロース微線維とマトリックス多糖類（キシログルカンやペクチン）を主成分とし，細胞の保護や細胞伸長の制御などの役割を担っている．

細胞力覚（受動力覚と能動力覚）
（cell mechanosensing: passive touch and active touch）
細胞が力（機械的）刺激を感知する機能で，従来の“細胞の機械受容”という表現を一語の学術用語にしたもの．細胞内外の力を感知する受動力覚と，細胞の微小環境（基質や隣接細胞）に細胞が力学的に働きかけてその機械的性質（硬さなど）を探知する能動力覚（アクティブタッチ）がある．細胞力覚は，力を感知して化学信号に変換するメカノセンサーと力をメカノセンサーに伝達する膜，細胞骨格や接着分子からなる複合体で実現される．

酸化ストレス（oxidative stress）
活性酸素と抗酸化システムとのバランスを意味する．生物が酸素を消費する過程で反応性の高いスーパーオキシド，ヒドロキシラジカル，過酸化水素，一重項酸素の4種類の活性酸素が産生される．これらは抗酸化物質や抗酸化酵素により消去されるが，過剰になると遺伝子，脂質，酵素，タンパク質を酸化することでさまざまな病気の発症にかかわる．

三次元培養担体（three dimensional scaffold）
細胞を三次元的に培養し，三次元組織を形成させるための構造体．コラーゲンなどの生体材料，ポリ乳酸などの生分解性高分子を素材とし，細胞を担体中心にまで播種することができるよう内部貫通孔をもつ多孔質体である．

ジキシン（zyxin）
細胞接着斑に局在するアダプタータンパク質．接着斑に力が加わると局在し，アクチン重合促進タンパク質であるEna/VASPをリクルートすることで，接着斑におけるアクチン重合を力依存的に促進する．

歯根膜（periodontal ligament，PDL）
顎に植立された歯と歯槽骨の間で咬合時にクッションの役割を果たす線維性結合組織．複数の細胞で構成され，主成分はコラーゲンで血管の密度が高く，代謝回転は非常に速い．力学刺激に応答して未分化な細胞から骨芽細胞や破骨細胞を分化させることが報告されている．

歯周病（periodontitis）
細菌感染により引き起こされる炎症性疾患．歯と歯肉の間の歯肉溝の清掃状態が悪いところに細菌が滞溜して歯垢が蓄積，歯肉の辺縁が炎症を起こした状態．進行すると歯周ポケットと呼ばれる歯肉溝の拡大が起き，歯槽骨が吸収されて歯の動揺がひどくなり，最後は抜歯を余儀なくされる．

収縮力（contractile force）
非筋Ⅱ型ミオシンとアクチンの相互作用によって細胞内に発生する張力であり，焦点接着斑の分子構成や，ひいてはシグナル分子の活性化状態などを調節する要素．

焦点接着斑（focal adhesion，FA）
単に接着斑，または細胞接着斑ともいう．膜貫通型タンパク質のインテグリンを受容体として細胞外マトリクスと結合し，細胞・基質間接着を担うタンパク質複合体．

上皮細胞（epithelial cell）
体を作る細胞のうち，隣接する細胞と接着しシートやその変形としての管状，袋状構造を作って外表面，内表面を覆う性質のあるもの．多細胞生物の外環境と内環境を分けるバリアを作り，細胞にも表裏の別（極性）がある．

シロイヌナズナ（*Arabidopsis thaliana*）
アブラナ科シロイヌナズナ属の1年草．ゲノムサイズがきわめて小さく（1億3000万塩基対），2000年にゲノム解読が完了した．栽培が容易であることやライフサイクルが短い（約40日）ことなどからモデル生物として幅広く研究されている．

侵害受容器（nociceptor）
侵害刺激（組織を損傷する，または損傷しかねないような刺激で，熱，機械，化学的を問わず）に反応する感覚受容器のこと．この興奮は痛み感覚を引き起こす．無髄（C）神経で伝えられるものと，細い有髄（Aδ）神経で伝えられるものがある．

神経成長因子（nerve growth factor，NGF）
神経栄養因子（タンパク質）の一つ．末梢では，胎生期には主として細径感覚神経と交感神経の生存と分化に必須で，成長後は炎症時に産生され，侵害受容器および脊髄における情報伝達を促進し，痛覚過敏を生じる．

人工呼吸器関連肺損傷（ventilator-induced lung injury，VILI）
人工呼吸器による陽圧換気に伴い，肺胞が過剰に伸展刺激を受けたり，肺胞の膨張と虚脱を繰り返すことにより肺が損傷を受けることを指す．原因として肺における炎症や血管透過性亢進を介した機序が考えられている．

スターリングの心臓法則（Starling's law of the heart）
拡張終期心室容積の増大とともに心臓の拍出量が増える性質のこと．これは内因性調節機構とも呼ばれ，循環器生理学における最も重要な法則の一つである．摘出心筋では，活性張力が筋長とともに増大するという「筋長効果」に置き換えられる．

（血管の）スティフネス（stiffness）
血管の管としての膨らみ難さを表す指標．同じ材料でできた同じ内径の管でも，壁厚が厚いと膨らみにくい．材料の力学特性と形状を合わせた指標となっている．圧力ひずみ弾性係数 E_p やスティフネスパラメーター β などがある．

ストークスの法則（Stokes' law）
低レイノルズ数環境における流体中の物体の運動に関する法則．粘性率 η の流体の中を，半径 a の小さな球が十分小さい速度 U で動くとき，球が受ける抵抗力 D は，$D = 6\pi a\eta U$ で表される．水中での微小生物や精子の運動を論じるうえで基礎となる理論．

ストレス線維（stress fiber）
細胞の形態を保つ細胞骨格を形成するアクチンとミオシンが複合した収縮性線維．基質接着性の多くの細胞に見られる．ストレスファイバーと表記することも多い．

スペックルビデオ顕微鏡（speckle microscopy）
蛍光分子により標識した少数のサブユニットを細胞内に添加することによって細胞骨格線維をラベルし，斑紋状（スペックル）に蛍光染色された線維を高感度ビデオカメラで観察する手法．標識された線維の軸方向の移動の観察が可能．

滑り運動機構（sliding movement mechanism）
1954 年に二人のハックスレー（A. F. Huxley と H. E. Huxley）によって独立に提唱された，筋収縮分子機構のこと．筋収縮系は 2 種類の筋フィラメント（アクチン・ミオシン）からなるが，収縮はこれらのフィラメントが長さを保ちつつ互いに「滑り合う」ことによって生じるというもの．

静水圧（hydrostatic pressure）
静止している水溶液中の物体に等方的に負荷される圧力．100 MPa オーダーの静水圧は細胞にアポトーシスを惹起し，1000 MPa オーダーの静水圧はタンパク質のコンフォメーションを変化させることが知られている．

接触阻害（contact inhibition）
細胞をシャーレで培養すると，底面に接着した状態で運動・増殖し，細胞どうしが密に接触するようになると，運動や増殖が停止する現象．生体の発生や再生における秩序だった組織形成に重要だと考えられている．がん細胞はこの機能が欠損しており腫瘍を形成する．がんを発症しないハダカデバネズミの線維芽細胞は過敏な接触阻害を示す．接触阻害には細胞間圧力の感知（細胞力覚）が関与することが示唆されている．

創傷治癒モデル（wound healing model）
傷口が近接してすみやかに自然治癒する一次創傷治癒と，傷口が大きく，瘢痕を残して治癒する二次創傷治癒に分けられる．実験的（*in vitro*）によく使われるのは，一次創傷治癒の表皮一層の治癒過程をモデル化したもので，密集培養した単細胞層に幅数百 μm の直線状の傷をつけてその治癒過程を測定解析する．それは，先頭細胞の遊走型への形質転換，後続細胞の移動と増殖を含む複雑なプロセスであり，細胞力覚が関与している．

粗視化分子動力学法
（coarse-grained molecular dynamics method，CGMD）
複数の原子をひとまとまりの仮想的な粒子によって代表し，ランジュバン方程式に基づいて，仮想的な粒子の位置と速度の時間発展を表す手法．水素結合などの原子レベルの情報は失われるが，分子動力学法に比べて長時間・大規模スケールの解析が可能．

組織工学（tissue engineering）
生物学と工学の原理を応用することによって，失われた臓器や組織の代替物を細胞から構築する概念のこと．

【た】

タリン（talin）
ホモ二量体で細胞接着斑に局在し，インテグリンおよびアクチンと直接結合する．複数のビンキュリン結合サイトをもつが，それらの多くは分子内折り畳み構造の中に隠蔽され，タリン分子に引張力が加わると露出する．

（血管の）弾性形数（elastic modulus）
材料の変形しにくさを形状によらず表す指標．代表的な指標としてヤング率がある．血管の場合，圧力-血管径関係に壁厚を考慮して求められるが，圧力上昇とともに大きく増加する点に注意が必要である．

弾性抵抗（elastance）
生体構成成分は分子，細胞レベルから組織，器官まで物理学的には粘弾性体である．おおむね弾性体とみなした際の弾性係数，すなわち硬さを指す．肺組織の弾性抵抗は線維化で上昇し，肺気腫で低下する．

張力ホメオスタシス（tensional homeostasis）
細胞がさまざまな力学的刺激などのじょう乱を受けても，ストレス線維や焦点接着斑にかかる張力（収縮力）が基底レベルに保持されるように細胞内再構築が起こる現象．

低出力超音波パルス（low intensity pulsed ultrasound，LIPUS）
骨折部位に低出力の断続的超音波の音圧による物理的刺激を与えて骨癒合を促進する．骨癒合が認められるまで，1日20分間毎日骨折部に経皮的に照射する．四肢の骨折の一部で1998年より保険適用．骨折治癒以外に，軟組織の創傷治癒にも有効性が報告されている．

低レイノルズ数環境（low Reynolds number，Re）
レイノルズ数は，流体中を運動する物体に作用する，粘性力に対する慣性力の比率で，$Re = \rho l v / \eta$ と定義される（ρ は流体の密度，l は物体の代表的長さ，v は流体に対する物体の平均速度，η は流体の粘性率）．1よりも小さくなる場合を低レイノルズ数環境といい，粘性力が支配的となる．水中での微小生物や精子の運動がこれに含まれる．

転写因子（transcription factor）
DNAに特異的に結合するタンパク質で，DNAの情報をRNAに転写する過程を促進，あるいは抑制する．転写因子は単独あるいは他のタンパク質と複合体を形成することで遺伝子の発現を調節し，生物の発生，環境に対する応答，細胞周期など多くの生命現象において重要な役割を果たす．

動脈硬化（arteriosclerosis）
厳密には粥状硬化，細動脈硬化，中膜硬化の3種類があるが，一般には粥状硬化（アテローム性動脈硬化）を指す．血管内腔に脂質が沈着しプラークとなり，内腔を狭くする一方，壁内が石灰化して硬化する．詳細は20.4節を参照．

トラクションフォース顕微鏡（traction force microscopy）
細胞を軟らかい基質の上に培養すると，その基質のゆがみから基質に作用している細胞のトラクションフォース（牽引力）を推定できる．このトラクションフォースの分布を光学顕微鏡レベルの分解能で推定する方法のこと．

【な】

脳動脈瘤（intracranial aneurysm）
脳動脈の一部が瘤状に膨らむこと．血管分岐部や血管湾曲部に主に発生する．脳動脈瘤の破裂はクモ膜下出血を引き起こす．

【は】

肺気腫（pulmonary emphysema）
病理形態学的な定義では，終末細気管支より末梢の気腔が肺胞壁の破壊を伴いながら異常に拡大した病態を指す．長期のタバコ喫煙や大気汚染物質の吸引が主な原因であるが，まれに遺伝的要因によっても生じる．

胚軸（hypocotyl）
種子植物の胚的器官で，子葉と根との間の茎的部分．

肺線維化（pulmonary fibrosis）
肺にコラーゲンを主体とする細胞外基質が過剰に沈着した状態を指す．炎症や放射線などにより肺が傷害を受けた後，異常な修復機転や過剰な修復反応により不可逆的線維化が生じる．

歯の移動（tooth movement）
歯列矯正の際，負荷された矯正力による歯槽骨の吸収と新生の結果，歯が移動する．所要時間を短縮しつつ，歯根の吸収や終了後の後戻りなどを防ぐさまざまな術式や処置が研究されている．

光ピンセット（optical tweezers）
レーザー光を，開口数の大きな顕微鏡の対物レンズなどで集光し焦点付近で高屈折率の透明粒子などを非接触に捕まえる装置．

非筋II型ミオシン（nonmuscle myosin II，NMII）
アクチンに沿って動くモータータンパク質の一つ．通常，II型ミオシン（あるいは英語読みに倣いミオシンII）と呼ぶと筋肉型を指すことが一般的であるが，非筋II型ミオシンはその非筋型分子種．

歪みと応力（strain and stress）
固体に外力を負荷すると，その固体は変形（歪み，strain）すると同時に固体内部に外力と拮抗する力（応力，stress）が発生する．歪みは変形の相対値（無次元），応力は単位面積あたりの力（圧力と同じ単位，N/m^2）であり，歪みが小さい範囲では応力は歪みに比例する（フックの法則）．この比例係数を弾性率（ヤング率）と呼び，固体の硬さの指標である．生体の構成要素は一般的に粘弾性体であるが，歪みと応力の関係はその弾性的性質の解析に使われる．代表的な生物学的応力として，膜張力や細胞骨格の張力がある．

ビンキュリン（vinculin）
アクチン結合タンパク質の一つ．細胞と細胞外基質間にできる接着斑と細胞間にできるアドヘレンスジャンクションに集積し，それぞれで細胞内の収縮力を細胞外に伝える．ノックアウトマウスは胎生致死となる．

フィラミン（filamin）
アクチン結合タンパク質で，ホモ二量体を形成してアクチン線維間を架橋する．インテグリン結合サイトをもつが，それは通常はイムノグロブリン様の折り畳み構造中に隠蔽されており，フィラミン分子に引張力が加わると露出する．

物質輸送（mass transport）
循環器系では血液が酸素や二酸化炭素を輸送しており，これらの物質は毛細血管において血管と周辺組織の間で交換される．このような物質は流れ（移流）とブラウン運動（拡散）によって輸送される．

ブラウンラチェット（Brownian ratchet，BR）
等方的な揺らぎを利用して仕事を取り出す仕組み．細胞内では分子のブラウン運動の対称性が破れる場合があり，細胞運動や細胞内物質輸送に必要な力学仕事が取り出される．対称性が破れる仕組みには，分子の構造極性，一方向性の化学反応サイクルや時間相関をもつ揺らぎなどが関連する．

分子クラッチ（molecular clutch）
アクチンフィラメントと細胞接着斑との結合の動的な調節機構．細胞の先導端では，重合したアクチンフィラメントがミオシンⅡの力によって細胞中心方向に引っ張られる．アクチンフィラメントが細胞接着斑と結合していないと，フィラメントは細胞中心方向に流れ，力は接着斑に伝わらない（クラッチOFF）．アクチンフィラメントと接着斑の結合が強まると，フィラメントは接着斑に繋ぎ止められ，力が接着斑に伝わるとともに，フィラメント先端でのアクチン重合が細胞膜を前方に押し出す（クラッチON）．

分子動力学法（molecular dynamics method，MD）
原子間に働く力をポテンシャル勾配として表し，ニュートンの運動方程式に基づいて，原子の位置と速度の時間発展を表す手法．分子の安定構造や動的な構造変化の過程を計算機シミュレーションによって解析することができる．

分子モーター（molecular motor）
生体（細胞）運動を担う力学酵素のこと．細胞骨格を基質とする分子モーターには，アクチンフィラメント上を運動するミオシンと，微小管上を運動するキネシン，ダイニンの3種類がある．それぞれ数十種類のメンバーからなるファミリーを形成し，筋収縮，細胞分裂，原形質流動などのさまざまな細胞運動機能を担っている．これらのリニア分子モーターに加えて，バクテリアべん毛やFOF1-ATPaseなどの回転分子モーターもある．近年では，DNA-RNAポリメラーゼなども広義の分子モーターに分類される．

平衡石（statolith）
無脊椎動物の平衡胞や脊椎動物の前庭嚢に含まれる塊．炭酸カルシウムなど，胞の壁にある細胞から分泌される物質の他，外来の砂粒からなることもあり，種により形状・組成は多種多様．平衡胞とともに平衡受容にかかわる．

平衡胞（statocyst）
いくつかの無脊椎動物に見られる平衡器官．外胚葉の陥入によってできた小嚢で，胞内に平衡石をもち，内面に多数の感覚毛がある．体軸の傾きに応じて平衡石が感覚毛を変位させることにより，重力に対する体軸変位を受容する．

ベイリス効果（Bayliss effect）
血圧の一過性上昇／下降などにより血管が受動的に拡張／収縮された後に，血管が能動的に収縮／拡張する現象のこと．平滑筋の筋原性応答により生じると考えられているが，内皮細胞の関与も指摘されている．詳細は20.3.4項を参照．

ヘミチャネル（hemichannel，CX，PNAX）
細胞間のギャップ結合を形成するコネキシン（CX26，30，40，43など20種類以上）は相手の細胞と結合していない単独のチャネル（ヘミチャネル）を細胞表面に形成し，ATPを含む比較的大きなイオンの通り道になる．パネキシン（PANX1，2，3の3種類）はコネキシンに相同性はないが構造の似たタンパク質であり，ギャップ結合は形成しないがヘミチャネルとしてさまざまな機能が明らかになってきた．

【ま】

マイクロ流体デバイス（microfluidic device）
微細加工技術を利用したμmオーダーの微小な流路をもつデバイスのことであり，微小環境での細胞培養や化学反応などの研究に用いられている．

マラリア（malaria）
マラリア原虫由来の感染症であり，微小循環の閉塞により重症化する．マラリア原虫は赤血球に寄生し，マラリア感染赤血球は変形能が低下し，周囲の細胞との接着能を発現する．

メカノセンサー（mechanosensor）
細胞外からの機械力学的刺激（圧入，引張，振動，流れなど）や細胞外基質・環境の機械的特性（粘性や弾性など）を検知し，細胞内部へ生物学的信号として変換し伝達する機能をもつ分子的実体．機械刺激応答性イオンチャネルのような膜タンパク質がその代表例であるが，細胞骨格構造のようなメゾスコピックな分子集合体全体が総体として，それらの機械的刺激・力学場の検出に関与することもあり，そのようなシステム自体をメカノセンサーと呼ぶ場合もある．

メカノタクシス（mechanotaxis）
機械的要因により駆動される細胞の定方向性運動．主として接着性細胞の基質上での運動に見られる．二つの異なるタイプの運動についてこの述語は用いられる．一つはせん断応力負荷条件下における流れの方向に順応した運動を指し，もう一つは基質の硬度の勾配に応答してより硬い領域を志向する細胞運動である．後者は特にデュロタクシス（durotaxis）とも呼ばれる．

【や】

遊走（cell migration）
細胞運動のうち，白血球や細胞性粘菌などアメーバ状の細胞が行う移動運動を遊走と呼ぶことが多い．

葉状仮足（lamellipodium）
細胞が移動する際に細胞質を移動方向へ一時的に突出させた足のような部分のことで，膜状の形状をしている．

幼（子）葉鞘（coleoptile）
単子葉植物の胚的器官で，第一葉以下の幼芽を包む鞘状の構造をもち，発芽時に最初に地上へ突出する．

索 引

【J～M】

【N・O】

【P】

【R・S】

【か】

【た】

【な】

【は】

【ま】

【や】

【ら】

編者略歴

曽我部正博 (Masahiro Sokabe)
工学博士
名古屋大学大学院医学系研究科メカノバイオロジー・ラボ
特任教授
シンガポール国立大学メカノバイオロジー研究所　客員教授
AMED-CREST, PRIME（メカノバイオロジー）総括
国際メカノバイオロジー学会 会長

1949 年 北海道生まれ.
1973 年 大阪大学基礎工学部生物工学科卒業, 1975 年 同大学大学院基礎工学研究科物理系（生物工学）専攻修士課程修了. 1975 年 同大学人間科学部助手, 1985 年より名古屋大学医学部講師, 助教授（1987), 教授（1992）を経て, 1999 年 同大学大学院医学系研究科細胞情報医学専攻教授, 2013 年定年退職. 現在に至る.
専門は細胞生物物理学・重力生理学・脳生理学. 現在の主力テーマは,「がんのメカノバイオロジー/細胞の重力感知機構/神経ステロイドによる脳卒中/アルツハイマー病の新規治療法開発」.
主な編著書に『イオンチャネル—電気信号をつくる分子—』(共立出版, 1997),『バイオイメージング』(共立出版, 1998),『生物物理学とはなにか—未解決問題への挑戦—』(共立出版, 2003),『動物は何を考えているのか？—学習と記憶の比較生物学—』(共立出版, 2009),『Towards Molecular Biophysics of Ion Channels』(Elsevier Science Pub Co, 1997) などがある.
ユニークな「日本のメカノバイオロジー」が世界をリードする日を夢見ています.

DOJIN BIOSCIENCE SERIES 21

メカノバイオロジー —— 細胞が力を感じ応答する仕組み

2015年 8 月15日　第1版　第1刷　発行

編　者　曽我部　正博
発行者　曽根良介
発行所　(株)化学同人

検印廃止

〒600-8074　京都市下京区仏光寺通柳馬場西入ル
編集部　TEL 075-352-3711　FAX 075-352-0371
営業部　TEL 075-352-3373　FAX 075-351-8301
振替　01010-7-5702
E-mail　webmaster@kagakudojin.co.jp
URL　http://www.kagakudojin.co.jp
印　刷　創栄図書印刷㈱
製　本　清水製本所

ISBN978-4-7598-1721-9